战略性新兴领域“十四五”高等教育系列教材

离散型制造智能工厂设计与运行

主　编　刘志峰　洪　军
副主编　黄海鸿　张超勇　李聪波　贾　康
参　编　张　雷　李新宇　柯庆镝　朱利斌
　　　　李　伟　李　磊

机械工业出版社

本书以离散型制造智能工厂为对象，聚焦其设计及运行所涉及的理论、技术，较全面地介绍了离散型制造内涵、离散型制造工厂智能化关键技术、离散型制造智能工厂关键装备、离散型制造智能产线、离散型制造智能车间、离散型制造智能工厂、离散型制造智能物流，并根据产业现状及发展趋势，结合家电行业、汽车行业、飞机行业、工程机械行业进行了典型案例介绍。

本书可作为机械工程、智能制造相关专业学生的教材，也可为相关专业研究人员、技术人员等提供参考，满足他们对离散型制造智能技术、装备、产线、车间、工厂、物流多层面的工程开发和建设需求。

图书在版编目（CIP）数据

离散型制造智能工厂设计与运行 / 刘志峰，洪军主编. -- 北京：机械工业出版社，2024. 12. --（战略性新兴领域“十四五”高等教育系列教材）. -- ISBN 978-7-111-77654-3

Ⅰ. TH166

中国国家版本馆 CIP 数据核字第 2024W9K668 号

机械工业出版社（北京市百万庄大街 22 号　邮政编码 100037）
策划编辑：丁昕祯　　责任编辑：丁昕祯　安桂芳
责任校对：丁梦卓　李小宝　　封面设计：王　旭
责任印制：刘　媛
河北京平诚乾印刷有限公司印刷
2024 年 12 月第 1 版第 1 次印刷
184mm×260mm · 24. 25 印张 · 597 千字
标准书号：ISBN 978-7-111-77654-3
定价：79. 80 元

电话服务　　网络服务
客服电话：010-88361066　　机 工 官 网：www. cmpbook. com
010-88379833　　机 工 官 博：weibo. com/cmp1952
010-68326294　　金 书 网：www. golden-book. com
封底无防伪标均为盗版　　机工教育服务网：www. cmpedu. com

序

为了深入贯彻教育、科技、人才一体化推进的战略思想，加快发展新质生产力，高质量培养卓越工程师，教育部在新一代信息技术、绿色环保、新材料、国土空间规划、智能网联和新能源汽车、航空航天、高端装备制造、重型燃气轮机、新能源、生物产业、生物育种、未来产业等领域组织编写了一批战略性新兴领域“十四五”高等教育系列教材。本套教材属于高端装备制造领域。

高端装备技术含量高，涉及学科多，资金投入大，风险控制难，服役寿命长，其研发与制造一般需要组织跨部门、跨行业、跨地域的力量才能完成。它可分为基础装备、专用装备和成套装备，例如：高端数控机床、高端成形装备和大规模集成电路制造装备等是基础装备；航空航天装备、高速动车组、海洋工程装备和医疗健康装备等是专用装备；大型冶金装备、石油化工装备等是成套装备。复杂产品的产品构成、产品技术、开发过程、生产过程、管理过程都十分复杂，例如人形机器人、智能网联汽车、生成式人工智能等都是复杂产品。现代高端装备和复杂产品一般都是智能互联产品，既具有用户需求的特异性、产品技术的创新性、产品构成的集成性和开发过程的协同性等产品特征，又具有时代性和永恒性、区域性和全球性、相对性和普遍性等时空特征。高端装备和复杂产品制造业是发展新质生产力的关键，是事关国家经济安全和国防安全的战略性产业，其发展水平是国家科技水平和综合实力的重要标志。

高端装备一般都是复杂产品，而复杂产品并不都是高端装备。高端装备和复杂产品在研发生产运维全生命周期过程中具有很多共性特征。本套教材围绕这些特征，以多类高端装备为主要案例，从培养卓越工程师的战略性思维能力、系统性思维能力、引领性思维能力、创造性思维能力的目标出发，重点论述高端装备智能制造的基础理论、关键技术和创新实践。在论述过程中，力图体现思想性、系统性、科学性、先进性、前瞻性、生动性相统一。通过相关课程学习，希望学生能够掌握高端装备的构造原理、数字化网络化智能化技术、系统工程方法、智能研发生产运维技术、智能工程管理技术、智能工厂设计与运行技术、智能信息平台技术和工程实验技术，更重要的是希望学生能够深刻感悟和认识高端装备智能制造的原生动因、发展规律和思想方法。

1. 高端装备智能制造的原生动因

所有的高端装备都有原始创造的过程。原始创造的动力有的是基于现实需求，有的来自潜在需求，有的是顺势而为，有的则是梦想驱动。下面以光刻机、计算机断层扫描仪（CT）、汽车、飞机为例，分别加以说明。

光刻机的原生创造是由现实需求驱动的。1952 年，美国军方指派杰伊·拉斯罗普（Jay W. Lathrop）和詹姆斯·纳尔（James R. Nall）研究减小电子电路尺寸的技术，以便为炸弹、炮弹设计小型化近炸引信电路。他们创造性地应用摄影和光敏树脂技术，在一片陶瓷基板上沉积了约为 200μm 宽的薄膜金属线条，制作了含有晶体管的平面集成电路，并率先提出了“光刻”概念和原始工艺。在原始光刻技术的基础上，又不断地吸纳更先进的光源技术、高精度自动控制技术、新材料技术、精密制造技术等，推动着光刻机快速演进发展，为实现半导体先进制程节点奠定了基础。

CT 的创造是由潜在需求驱动的。利用伦琴（Wilhelm C. Röntgen）发现的 X 射线可以获得人体内部结构的二维图像，但三维图像更令人期待。塔夫茨大学教授科马克（Allan M. Cormack）在研究辐射治疗时，通过射线的出射强度求解出了组织对射线的吸收系数，解决了 CT 成像的数学问题。英国电子与音乐工业公司工程师豪斯费尔德（Godfrey N. Hounsfield）在几乎没有任何实验设备的情况下，创造条件研制出了世界上第一台 CT 原型机，并于 1971 年成功应用于疾病诊断。他们也因此获得了 1979 年诺贝尔生理学或医学奖。时至今日，新材料技术、图像处理技术、人工智能技术等诸多先进技术已经广泛地融入 CT 之中，显著提升了 CT 的性能，扩展了 CT 的功能，对保障人民生命健康发挥了重要作用。

汽车的发明是顺势而为的。1765 年瓦特（James Watt）制造出了第一台有实用价值的蒸汽机原型，人们自然想到如何把蒸汽机和马力车融合到一起，制造出用机械力取代畜力的交通工具。1769 年法国工程师居纽（Nicolas-Joseph Cugnot）成功地创造出世界上第一辆由蒸汽机驱动的汽车。这一时期的汽车虽然效率低下、速度缓慢，但它展示了人类对机械动力的追求和变革传统交通方式的渴望。19 世纪末卡尔·本茨（Karl Benz）在蒸汽汽车的基础上又发明了以内燃机为动力源的现代意义上的汽车。经过一个多世纪的技术进步和管理创新，特别是新能源技术和新一代信息技术在汽车产品中的成功应用，汽车的安全性、可靠性、舒适性、环保性以及智能化水平都产生了质的跃升。

飞机的发明是梦想驱动的。飞行很早就是人类的梦想，然而由于未能掌握升力产生及飞行控制的机理，工业革命之前的飞行尝试都是以失败告终。1799 年乔治·凯利（George Cayley）从空气动力学的角度分析了飞行器产生升力的规律，并提出了现代飞机“固定翼+机身+尾翼”的设计布局。1848 年斯特林费罗（John Stringfellow）使用蒸汽动力无人飞机第一次实现了动力飞行。1903 年莱特兄弟（Orville Wright 和 Wilbur Wright）制造出“飞行者一号”飞机，并首次实现由机械力驱动的持续且受控的载人飞行。随着航空发动机和航空产业的快速发展，飞机已经成为一类既安全又舒适的现代交通工具。

数字化网络化智能化技术的快速发展为高端装备的原始创造和智能制造的升级换代创造了历史性机遇。智能人形机器人、通用人工智能、智能卫星通信网络、各类无人驾驶的交通工具、无人值守的全自动化工厂，以及取之不尽的清洁能源的生产装备等都是人类科学精神和聪明才智的迸发，它们也是由于现实需求、潜在需求、情怀梦想和集成创造的驱动而初步形成和快速发展的。这些星星点点的新装备、新产品、新设施及其制造模式一定会深入发展和快速拓展，在不远的将来一定会融合成为一个完整的有机体，从而颠覆人类现有的生产方式和生活方式。

2. 高端装备智能制造的发展规律

在高端装备智能制造的发展过程中，原始科学发现和颠覆性技术创新是最具影响力的科技创新活动。原始科学发现侧重于对自然现象和基本原理的探索，它致力于揭示未知世界，拓展人类的认知边界，这些发现通常来自于基础科学领域，如物理学、化学、生物学等，它们为新技术和新装备的研发提供了理论基础和指导原则。颠覆性技术创新则侧重于将科学发现的新理论新方法转化为现实生产力，它致力于创造新产品、新工艺、新模式，是推动高端装备领域高速发展的引擎，它能够打破现有技术路径的桎梏，创造出全新的产品和市场，引领高端装备制造业的转型升级。

高端装备智能制造的发展进化过程有很多共性规律，例如：①通过工程构想拉动新理论构建、新技术发明和集成融合创造，从而推动高端装备智能制造的转型升级，同时还会产生技术溢出效应；②通过不断地吸纳、改进、融合其他领域的新理论新技术，实现高端装备及其制造过程的升级换代，同时还会促进技术再创新；③高端装备进化过程中各供给侧和各需求侧都是互动发展的。

以医学核磁共振成像（MRI）装备为例，这项技术的诞生和发展，正是源于一系列重要的原始科学发现和重大技术创新。MRI 技术的根基在于核磁共振现象，其本质是原子核的自旋特性与外磁场之间的相互作用。1946 年美国科学家布洛赫（Felix Bloch）和珀塞尔（Edward M. Purcell）分别独立发现了核磁共振现象，并因此获得了 1952 年的诺贝尔物理学奖。传统的 MRI 装备使用永磁体或电磁体，磁场强度有限，扫描时间较长，成像质量不高，而超导磁体的应用是 MRI 技术发展史上的一次重大突破，它能够产生强大的磁场，显著提升了 MRI 的成像分辨率和诊断精度，将 MRI 技术推向一个新的高度。快速成像技术的出现，例如回波平面成像（EPI）技术，大大缩短了 MRI 扫描时间，提高了患者的舒适度，拓展了 MRI 技术的应用场景。功能性 MRI（fMRI）的兴起打破了传统的 MRI 主要用于观察人体组织结构的功能制约，它能够检测脑部血氧水平的变化，反映大脑的活动情况，为认知神经科学研究提供了强大的工具，开辟了全新的应用领域。MRI 装备的成功，不仅说明了原始科学发现和颠覆性技术创新是高端装备和智能制造发展的巨大推动力，而且阐释了高端装备智能制造进化过程往往遵循着“实践探索、理论突破、技术创新、工程集成、代际跃升”循环演进的一般发展规律。

高端装备智能制造正处于一个机遇与挑战并存的关键时期。数字化网络化智能化是高端装备智能制造发展的时代要求，它既蕴藏着巨大的发展潜力，又充满着难以预测的安全风险。高端装备智能制造已经呈现出“数据驱动、平台赋能、智能协同和绿色化、服务化、高端化”的诸多发展规律，我们既要向强者学习，与智者并行，吸纳人类先进的科学技术成果，更要持续创新前瞻思维，积极探索前沿技术，不断提升创新能力，着力创造高端产品，走出一条具有特色的高质量发展之路。

3. 高端装备智能制造的思想方法

高端装备智能制造是一类具有高度综合性的现代高技术工程。它的鲜明特点是以高新技术为基础，以创新为动力，将各种资源、新兴技术与创意相融合，向技术密集型、知识密集型方向发展。面对系统性、复杂性不断加强的知识性、技术性造物活动，必须以辩证的思维方式审视工程活动中的问题，从而在工程理论与工程实践的循环推进中，厘清与推动工程理念与工程技术深度融合、工程体系与工程细节协调统一、工程规范与工程创新互相促进、工程队伍与工程制度共同提升，只有这样才能促进和实现工程活动与自然经济社会的和谐发展。

高端装备智能制造是一类十分复杂的系统性实践过程。在制造过程中需要协调人与资源、人与人、人与组织、组织与组织之间的关系，所以系统思维是指导高端装备智能制造发展的重要方法论。系统思维具有研究思路的整体性、研究方法的多样性、运用知识的综合性和应用领域的广泛性等特点，因此在运用系统思维来研究与解决现实问题时，需要从整体出发，充分考虑整体与局部的关系，按照一定的系统目的进行整体设计、合理开发、科学管理与协调控制，以期达到总体效果最优或显著改善系统性能的目标。

高端装备智能制造具有巨大的包容性和与时俱进的创新性。近几年，数字化、网络化、智能化的浪潮席卷全球，为高端装备智能制造的发展注入了前所未有的新动能，以人工智能为典型代表的新一代信息技术在高端装备智能制造中具有极其广阔的应用前景。它不仅可以成为高端装备智能制造的一类新技术工具，还有可能成为指导高端装备智能制造发展的一种新的思想方法。作为一种强调数据驱动和智能驱动的思想方法，它能够促进企业更好地利用机器学习、深度学习等技术来分析海量数据、揭示隐藏规律、创造新型制造范式，指导制造过程和决策过程，推动制造业从经验型向预测型转变，从被动式向主动式转变，从根本上提高制造业的效率和效益。

生成式人工智能（AIGC）已初步显现通用人工智能的“星星之火”，正在日新月异地发展，对高端装备智能制造的全生命周期过程以及制造供应链和企业生态系统的构建与演化都会产生极其深刻的影响，并有可能成为一种新的思想启迪和指导原则。例如：①AIGC 能够赋予企业更强大的市场洞察力，通过海量数据分析，精准识别用户偏好，预测市场需求趋势，从而指导企业研发出用户未曾预料到的创新产品，提高企业的核心竞争力；②AIGC 能够通过分析生产、销售、库存、物流等数据，提出制造流程和资源配置的优化方案，并通过预测市场风险，指导建设高效灵活稳健的运营体系；③AIGC 能够将企业与供应商和客户连接起来，实现信息实时共享，提升业务流程协同效率，并实时监测供应链状态，预测潜在风险，指导企业及时调整协同策略，优化合作共赢的生态系统。

高端装备智能制造的原始创造和发展进化过程都是在“科学、技术、工程、产业”四维空间中进行的，特别是近年来从新科学发现、到新技术发明、再到新产品研发和新产业形成的循环发展速度越来越快，科学、技术、工程、产业之间的供求关系明显地表现出供应链的特征。我们称由科学-技术-工程-产业交互发展所构成的供应链为科技战略供应链。深入研究科技战略供应链的形成与发展过程，能够更好地指导我们发展新质生产力，能够帮助我们回答高端装备是如何从无到有的、如何发展演进的、根本动力是什么、有哪些基本规律等核心科学问题，从而促进高端装备的原始创造和创新发展。

本套由合肥工业大学负责的高端装备类教材共有 12 本，涵盖了高端装备的构造原理和智能制造的相关技术方法。《智能制造概论》对高端装备智能制造过程进行了简要系统的论述，是本套教材的总论。《工业大数据与人工智能》《工业互联网技术》《智能制造的系统工程技术》论述了高端装备智能制造领域的数字化网络化智能化和系统工程技术，是高端装备智能制造的技术与方法基础。《高端装备构造原理》《智能网联汽车构造原理》《智能装备设计生产与运维》《智能制造工程管理》论述了高端装备（复杂产品）的构造原理和智能制造的关键技术，是高端装备智能制造的技术本体。《离散型制造智能工厂设计与运行》《流程型制造智能工厂设计与运行：制造循环工业系统》论述了智能工厂和工业循环经济系统的主要理论和技术，是高端装备智能制造的工程载体。《智能制造信息平台技术》论述了产品、制造、工厂、供应链和企业生态的信息系统，是支撑高端装备智能制造过程的信息系统技术。《智能制造实践训练》论述了智能制造实训的基本内容，是培育创新实践能力的关键要素。

编者在教材编写过程中，坚持把培养卓越工程师的创新意识和创新能力的要求贯穿到教材内容之中，着力培养学生的辩证思维、系统思维、科技思维和工程思维。教材中选用了光刻机、航空发动机、智能网联汽车、CT、MRI、高端智能机器人等多种典型装备作为研究对象，围绕其工作原理和制造过程阐述高端装备及其制造的核心理论和关键技术，力图扩大学生的视野，使学生通过学习掌握高端装备及其智能制造的本质规律，激发学生投身高端装备智能制造的热情。在教材编写过程中，一方面紧跟国际科技和产业发展前沿，选择典型高端装备智能制造案例，论述国际智能制造的最新研究成果和最先进的应用实践，充分反映国际前沿科技的最新进展；另一方面，注重从我国高端装备智能制造的产业发展实际出发，以我国自主知识产权的可控技术、产业案例和典型解决方案为基础，重点论述我国高端装备智能制造的科技发展和创新实践，引导学生深入探索高端装备智能制造的中国道路，积极创造高端装备智能制造发展的中国特色，使学生将来能够为我国高端装备智能制造产业的高质量发展做出颠覆性、创造性贡献。

在本套教材整体方案设计、知识图谱构建和撰稿审稿直至编审出版的全过程中，有很多令人钦佩的人和事，我要表示最真诚的敬意和由衷的感谢！首先要感谢各位主编和参编学者们，他们倾注心力、废寝忘食，用智慧和汗水挖掘思想深度、拓展知识广度，展现出严谨求实的科学精神，他们是教材的创造者！接着要感谢审稿专家们，他们用深邃的科学眼光指出书稿中的问题，并耐心指导修改，他们认真负责的工作态度和学者风范为我们树立了榜样！再者，要感谢机械工业出版社的领导和编辑团队，他们的辛勤付出和专业指导，为教材的顺利出版提供了坚实的基础！最后，特别要感谢教育部高教司和各主编单位领导以及部门负责人，他们给予的指导和对我们的支持，让我们有了强大的动力和信心去完成这项艰巨任务！

由于编者水平所限和撰稿时间紧迫，教材中一定有不妥之处，敬请读者不吝赐教！

杨善林

合肥工业大学教授

中国工程院院士

2024 年 5 月

前言

离散制造涉及汽车、机床、电子设备、火箭、飞机、国防装备、船舶、家电、家居、纺织、食品等行业，在我国制造业中占有较大比重，与国家发展、居民生活息息相关。传统离散制造行业普遍存在自动化、数字化水平较低，基础支撑技术薄弱，产品附加值低，制造过程资源、成本和能耗较高，污染严重等问题。随着制造业进入了智能制造时代，离散制造的智能化已成为相关行业提质增效、促进我国制造业由大变强的重要支撑。

近年为适应我国制造业的迅速发展，市面上出版了关于工业4.0、制造业智能化的相关书籍，而较少从系统性、层次化的角度介绍离散型制造智能工厂的设计与运行。本书编写团队面向离散型制造智能工厂设计与运行，参考总结了相关领域的最新研究成果及发展现状，并结合团队在相关方向的应用基础研究、工程技术研究及工程应用实例，编写了此书。尝试为在校学生提供适用教材，并从工程应用及科学研究的角度为读者提供借鉴。

本书以离散制造智能工厂为对象，聚焦其设计及运行所涉及的理论、技术，结合工程应用，较全面地介绍了离散型制造内涵、离散型制造工厂智能化关键技术、离散型制造智能工厂关键装备、离散型制造智能产线、离散型制造智能车间、离散型制造智能工厂、离散型制造智能物流。

离散型制造工厂智能化的关键技术，涵盖了工业互联网、物联网、大数据、云计算、数字孪生和人工智能等，通过对相关技术的逐一分析介绍，便于读者理解各技术之间的相互关系及其对制造业的深远影响，并突出每项技术在智能制造中的独特作用和实际应用场景。离散制造的设备种类繁多，重点选取应用广泛、发展较为迅速的智能制造装备、工业机器人、智能感知仪器装备进行介绍，从减材、增材、等材制造的角度重点介绍了智能切削加工装备、增材制造装备以及智能金属成形装备，结合分类及应用场景介绍了工业机器人基本参数、集成系统以及智能技术，以离散制造工厂生产资源层的信息融合及处理技术介绍智能感知技术以及仪器装备。智能制造生产线是离散型智能工厂运行的重要载体，是智能工厂建设的重要物理基础，智能化产线数字孪生建模、产线数字孪生仿真以及产线仿真与决策构成了离散型数字化制造领域中的关键技术领域。结合企业的实际需求，对离散型智能制造车间的各种制造资源进行合理的组织和布局，并进行车间调度优化，是离散型制造企业实际生产关注的重点，直接影响着整个生产系统的总体性能。离散型制造智能工厂是先进智能化技术在离散型制造工厂深度融合的产物，是智能制造技术的集成化运用，可实现工厂自动化管理与改进、生产状态预测、生产决策、运行优化、智能运维、可视化管控等功能，涵盖智能设备、产线、工厂等层级，同时包含对人力、物料、装备等资源的综合管控。物流是连接生产各个环节的重要纽带，通过介绍离散型制造智能物流的概念、关键技术以及应用实践，引领读者深入了解如何通过智能物流技术提升离散型制造企业的竞争力。

本书共8章，编写分工如下：第1章绪论由刘志峰、洪军、李新宇编写，第2章离散型制造工厂智能化关键技术由李伟、李磊编写，第3章离散型制造智能工厂关键装备由朱利斌编写，第4章离散型制造智能产线由洪军、贾康编写，第5章离散型制造智能车间由张超勇编写，第6章离散型制造智能工厂由李聪波编写，第7章离散型制造智能物流由李新宇编写，第8章离散型智能制造工厂典型案例由张雷、柯庆镝、黄海鸿编写。

本书聚焦于离散型制造智能工厂的设计与运行，可为从事离散制造相关工作的学生、研究人员、技术人员等提供参考。可满足研究人员、技术人员对离散型制造智能技术、装备、产线、车间、物流、工厂多层面的工程开发、建设需求，以及公众对离散型制造智能工厂的学习以及兴趣需求。

编　者

目录

第 1 章

1

绪　　论

章知识图谱

在全球制造业转型升级的大潮中，智能制造作为先进制造技术的重要代表，正在不断改变传统生产方式和产业格局。而在智能制造的诸多分支中，离散型智能制造尤为引人注目。离散型制造以其高度的灵活性和多样化的生产需求，成为实现智能制造的重要领域。本章旨在深入探讨离散型智能制造的内涵、离散型制造工厂及其发展历程，为从业者和研究者提供系统的参考与指导。

1.1 离散型制造内涵

1.1.1 离散型制造特性

在经济全球化的背景下，我国制造业面临着从“制造大国”到“制造强国”的转型。制造业按照产品制造工艺过程特点，总体上可以分为离散型制造和连续型制造。传统制造企业的单一品种生产方式无法根据目标客户的需求进行调整，而种类繁多、个性化生产的离散型制造业产品显然更能满足客户需求。

离散型制造为生产制造的一种重要形式，指通过对参与制造的原材料，按照规定的生产工艺进行离散加工，改变其外形和功能，最后进行装配得到产品的制造活动。离散制造的产品通常由一些零件组成，这些零件在一系列离散的过程中被加工并最终组装起来。

离散型制造是将生产过程划分为离散的单元或操作步骤，并通过作业流程控制和信息化管理来实现生产目标和产品个性化。它具有生产效率高、质量控制好、灵活性强等优点，适用于各种离散型产品的生产。

离散型制造涉及航空、航天、兵器、船舶、电子、汽车、轨道交通、能源、石化等领域重大技术装备制造行业。我国是全世界离散型制造最集中的国家，离散制造是我国制造业的重要组成部分，占我国工业增加值的 50%以上。

离散型制造在制造过程中，材料变化不大，改变的只有形状和材料的组合。离散型制造往往存在多个设备和工位满足同一加工需求，具有生产路径灵活，设备关系复杂，生产不连续等特点。离散型制造还具备生产订单多样性和批量定制特点，工序多、工艺复杂，再加上各种突发事件的出现，如机器故障、计划变更和质量问题等，导致其生产组织比较复杂。

1. 离散型制造的特征

离散型制造具有以下特征：

1）不连续性。离散型制造将生产过程划分为离散的单元或操作步骤，每个单元之间存在明确的界限和交互。这些离散单元可以是机器、工序、工作站等，每个单元都有特定的功能和任务。

2）作业流程控制。离散型制造通过控制作业流程来实现生产目标。每个离散单元都有明确的作业流程和操作规程，生产工序之间有明确的协调和配合关系。这有助于减少生产过程中的浪费和错误。

3）定制化生产。离散型制造可以满足产品个性化的需求。由于生产过程被划分为离散的步骤，可以根据客户需求进行定制化生产。这使得离散型制造能够灵活应对市场需求的变化。

4）高度自动化。离散型制造借助先进的自动化设备和技术，实现生产过程的自动化和智能化。这可以提高生产效率和产品质量，减少人力投入和生产成本。

5）信息化管理。离散型制造借助信息技术进行生产过程的管理和控制。通过实时监控和数据分析，可以及时调整生产计划和资源分配，提高生产效率和资源利用率。

6）高度灵活性。离散型制造能够快速适应市场需求的变化。由于生产过程被划分为离散的步骤，可以灵活调整生产计划和资源配置，以满足不同产品的需求。

总而言之，离散型制造的这些特征能够提高生产效率、质量控制和客户满意度，适应市场需求的变化。

2. 离散型制造的发展趋势

随着科技的不断发展，离散型制造的发展趋势主要体现在以下几个方面：

（1）数字化转型和智能化升级　随着信息技术的快速发展，离散型制造正面临着数字化转型和智能化升级的挑战。这包括强化应用基础，如数据挖掘、数字化孪生等技术的应用，以实现生产效率的最大化和制造过程的智能化。

（2）智能制造　智能制造成为离散型制造的主攻方向，通过工业互联网平台的规模化能力，实现关键制造场景、不同工艺工序及设备协议的全面覆盖和接入管理。这涉及数据的集成管理与加工服务，以及围绕生产、设备、品控、经营等主要环节梳理场景化的价值需求。

（3）灯塔工厂的引领作用　全球灯塔工厂的案例为离散型制造业的数字化转型提供了可借鉴的经验。这些工厂通过实施先进的数字化实践，如智慧排产、智能决策中心、AI赋能的机器视觉加工检测等，实现了生产效率的提升和成本的降低。

（4）应对共性挑战　离散型制造业普遍面临着综合效率低、人力成本高、招工难、多品种小批量和混线生产需求强烈等共性特点。转型需求集中于单个工厂的极致降本增效，以及技术工艺和供应链的高度复杂性。

（5）行业特点与价值驱动　不同类型的离散型制造企业，如电子、汽车和机械行业，根据其产品种类数量和平均批量，采取不同的工厂原型和数字化转型策略。这要求企业在转型过程中考虑其行业特点及价值驱动因素。

(6) 政策支持与发展规划　随着国家层面对智能制造的重视，如工业和信息化部等八部门印发的《“十四五”智能制造发展规划》，离散型制造的转型升级步伐将进一步加快，转型需求也将更为迫切和丰富。

(7) 全球协同运营战略　面对全球化的市场和供应链，离散型制造需要构建全球协同运营的能力，以实现产品的标准化、一致化生产，并提高交付效率。

综上所述，离散型制造的未来趋势是朝着数字化、智能化、网络化和服务化的方向发展，通过技术创新和模式创新，实现生产效率的提升和成本的降低，以适应不断变化的市场需求和竞争环境。

1.1.2 制造过程特性

企业经营管理的目的是将人、物、资金等有限的资源通过各种科学的、合理的手段转换成客户所需的具有新的价值的产品并提供给顾客，以获得最大的利益。

根据企业制造过程的不同，可以将制造企业分为离散型、半流程型和流程型。

制造过程有广义和狭义之分。广义的制造是指产品的整个生命周期过程。国际生产工程学会（CIRP）在1990年对其进行定义：制造是涉及制造工业中产品设计、物料选择、生产计划、生产过程、质量保证、经营管理、市场销售和服务的一系列相关活动和工作的总称。狭义的制造是指产品的制作过程，定义为：使原材料在物理性质和化学性质上发生变化而转化为产品的过程。

通常所说的制造过程都是狭义的制造过程，是指围绕完成产品生产的一系列有组织的制造活动的运行过程。产品制造过程由一系列环节组成，一般包含加工制造过程、检验过程、运输过程、停歇过程等。

流程型制造过程是通过一条生产线不断地将原材料制造成成品的过程，完全按照顺序连续地进行加工，生产的产品、工艺流程和使用的设备都是固定的、标准化的。适用于化工行业、纺织行业、医药行业等。其行业特点表现为：管道式物料输送、产品单一、流程规范、生产连续性强、工艺柔性相对较小、原材料比较稳定。

离散型制造过程是相对流程型制造过程而言的。离散型制造过程，是指物料离散地按一定工艺路线运动，允许间歇过程存在，在运动中物料的形态和性能不断被改变，最终形成产品的过程。离散型制造过程的产品往往由多个零部件经过一系列并不连续的工序加工，最终装配而成。因为生产工艺是离散的，所以各个环节之间有一定的在制品储备，即库存。

1. 离散型制造过程的步骤

离散型制造将生产过程划分为离散的单元或操作步骤，每个步骤之间存在明确的界限和交互。离散型制造过程通常包括以下几个主要步骤：

(1) 订单接收与处理　离散型制造开始于接收客户订单。在这个步骤中，制造企业与客户进行沟通，了解客户的需求和要求，并对订单进行处理，包括确认订单内容、核实所需物料和资源等。

(2) 生产计划与排程　在离散型制造过程中，制造企业需要制订生产计划和排程，安排生产工序和资源。这包括确定生产任务的先后顺序、分配资源、制定生产时间表等。

(3) 物料采购与供应　在离散型制造过程中，需要采购和供应所需的原材料和零部件。制造企业与供应商进行协商和交流，以确保所需物料的及时供应。

(4) 生产操作与控制　离散型制造过程中的生产操作与控制是关键步骤。在每个生产单元内，操作员按照工艺流程和作业指导书进行生产操作，包括装配、加工、检验等。

(5) 质量控制与检验　离散型制造过程中的质量控制与检验是确保产品质量的重要环节。制造企业通过采用质量控制方法和检验手段，对产品进行质量检验和测试，以确保产品符合质量要求。

(6) 产品包装与出货　在离散型制造过程中，成品需要进行包装和出货准备。制造企业根据客户要求进行产品包装，并安排物流和运输，将成品送达客户。

(7) 售后服务与支持　离散型制造过程中的售后服务是确保客户满意度的重要环节。制造企业为客户提供售后支持，包括产品保修、维修、技术支持等，以满足客户的需求和解决问题。

离散型制造过程中的每个步骤都有其特定的任务和要求，通过精确的计划和控制，能够实现高效、高质量的产品生产。

2. 离散型制造过程的特性

离散型制造过程的主要目标，是在有限的时间内，以预先设定好的工艺路线将原材料加工成符合要求的产品。离散型制造过程的特性有离散事件、离散操作和工艺间隔。

(1) 离散事件（discrete event）　离散事件是指在离散型制造中发生的具体事件或活动。这些事件在时间上是离散的，可以是订单接收、物料采购、生产操作、质量检验、产品包装等。离散事件之间存在明确的开始和结束点，它们在制造过程中的发生顺序和时间间隔会直接影响整个生产流程和产品的制造。

(2) 离散操作（discrete operation）　离散操作是指离散型制造过程中的具体操作步骤。离散操作通常是在特定的工作站或机器上进行，每个操作都有明确的开始和结束时刻，它们按照预定的工艺流程和作业指导书进行。离散操作之间可以存在一定的间隔，这些间隔被称为工艺间隔。

(3) 工艺间隔（process interval）　工艺间隔是指在离散型制造过程中，完成一个工艺步骤所需要的时间。它表示在生产过程中，从一个工艺步骤的开始到下一个工艺步骤的开始之间的时间间隔。工艺间隔的长短会影响生产效率和流程的整体节奏，较短的工艺间隔可以提高生产速度，但可能需要更高的资源投入。

离散事件、离散操作和工艺间隔是离散型制造过程的特性，是关键概念，它们用于描述制造过程中的具体事件、操作和时间间隔。通过对这些概念的准确定义和控制，制造企业可以优化生产流程，提高生产效率和产品质量。

3. 离散型制造过程的发展趋势

离散型制造过程的发展趋势主要体现在以下几个方面：

(1) 智能制造和工业 4.0　智能制造是离散制造业发展的关键方向，它涉及生产过程的自动化、数字化和网络化。工业 4.0 的概念强调了通过物联网、大数据、云计算和人工智能等技术实现制造过程的智能化。

(2) 数字化转型　离散型制造企业正逐步推进数字化转型，通过引入先进的信息技术和工程手段，实现生产流程的数字化孪生、数据分析和智能决策，从而提高生产效率和产品质量。

(3) 柔性化生产　为了应对市场多变的需求，离散型制造过程越来越注重生产的柔性化，即能够快速适应产品变化和定制化需求的能力。

(4) 集成供应链管理 离散型制造过程的趋势之一是构建更加集成和敏捷的供应链，以实现对市场需求的快速响应和降低库存成本。

(5) 环境可持续性和能源效率 随着全球对环境保护和可持续发展的重视，离散型制造过程也在努力减少资源消耗和废物排放，提高能源效率。

(6) 定制化和个性化 消费者对产品的个性化需求不断增长，推动离散型制造过程向更加定制化的方向发展，以满足客户的特定需求。

(7) 预测性维护和远程监控 通过物联网技术，实现设备的预测性维护和远程监控，以减少停机时间，提高生产连续性和设备的使用寿命。

(8) 工艺创新和材料科学 新的制造工艺和先进材料的应用，将不断推动离散型制造过程的创新，提高产品的功能和性能。

(9) 人才培养和技能发展 随着技术的发展，对高技能工人和跨学科人才的需求也在增加，这要求离散型制造企业在人才培养和技能发展上进行投资。

(10) 政策和标准的支持 政府政策和行业标准的制定也在推动离散型制造过程的转型升级，如《“十四五”智能制造发展规划》等政策文件为行业发展提供了指导和支持。

总体而言，离散型制造过程的趋势是朝着更加智能化、柔性化、集成化和可持续化的方向发展，以适应快速变化的市场环境和提升全球竞争力。

1.1.3 产品特性

1. 离散型制造产品

离散型制造产品是指那些通过将多个组件、部件或材料进行组装或加工而生产出来的非连续性产品。这些产品的生产过程是分散的、不连续的，每个产品可能都具有一定的个性化特征或定制需求。一些常见的离散型制造产品示例如下：

(1) 汽车 汽车生产是一个典型的离散型制造过程。汽车由各种部件和组件（如发动机、车身、底盘、轮胎等）组装而成，每辆汽车可以根据客户的选择和需求进行定制生产。汽车制造流水线如图 1-1 所示。

图 1-1 汽车制造流水线

(2) 电子产品 诸如智能手机、笔记本计算机等电子产品都属于离散型制造产品。它们由不同的电子元件组装而成，生产过程是分散的，并且通常需要针对不同的产品型号进行生产配置。电子产品加工区如图 1-2 所示。

（3）家具　家具制造也是一种离散型制造过程。家具通常由多个部件（如桌面、椅子、抽屉等）组装而成，每种家具可能都有不同的尺寸、材质和风格，因此生产过程需要对每个产品进行个性化处理。家具制造流水线如图 1-3 所示。

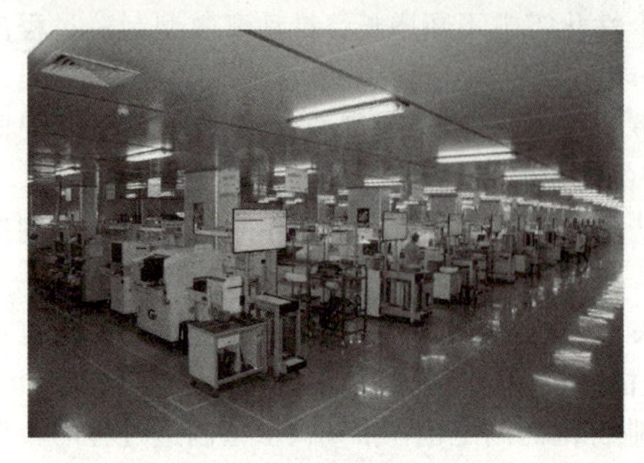

图 1-2　电子产品加工区

图 1-3　家具制造流水线

（4）定制服装　定制服装是一个典型的离散型制造产品。每件服装都根据客户的个人尺寸和风格喜好进行设计制作，生产过程是根据具体订单进行的个性化生产。

离散型制造产品的生产过程通常包括设计、原材料采购、加工、组装、检验、包装和物流等多个环节。以制造一辆汽车为例：①制订生产计划，根据市场需求和零部件供应情况来安排生产工序和时间；②工艺设计，规定每个生产步骤的具体要求和标准，如车架焊接、安装发动机、安装轮胎等；③物料准备，采购各种零部件和原材料，并进行库存管理，以确保生产顺利进行；④生产操作，按照工艺流程进行组装制造；⑤质量控制非常重要，对每个步骤进行严格检验，确保生产出来的汽车质量符合标准要求。

由于产品的多样性和定制化需求，离散型制造企业需要具备高度的灵活性和适应性，以快速响应市场变化和客户需求。随着工业 4.0 技术的应用，离散型制造正在向更加智能化、自动化的方向发展，以提高生产效率、降低成本并提升产品质量。总的来说，离散型制造产品涵盖了许多不同领域，具有高度个性化和定制化的特点，生产过程需要根据客户需求进行灵活调整。

2. 离散型制造产品的特性

离散型制造产品具有以下特性：

（1）个性化和定制化　由于离散型制造产品的生产是针对每个产品的需求进行的，因此产品往往具有个性化和定制化的特点，可以根据客户的需求进行定制生产。

（2）产品变化多样性　离散型制造产品的生产过程相对灵活，可以快速适应不同产品的生产要求。因此，产品变化多样性较大，生产线通常需要频繁更改设置以适应不同产品的生产。

（3）生产过程复杂性　由于离散型制造产品通常包含多个组件和工序，因此生产过程相对复杂，需要更多的计划和协调，以确保产品质量和交付时间。

（4）需求不确定性　由于离散型制造产品通常面向市场细分领域，客户需求可能随时发生变化，这带来了需求不确定性，生产计划和物料采购等工作需要更具灵活性和快速响应能力。

(5) 生产成本相对高昂 与连续生产相比，离散型制造产品生产过程中通常需要更多的人力和资源投入，因此生产成本相对较高。

总的来说，离散型制造产品的以上特性需要生产企业具备快速响应能力和灵活生产能力来满足客户需求。

如今个性化定制成为离散型制造企业的新型竞争力。个性化定制具有能满足客户的特殊需求，增强客户黏性，提升客户体验等优点。为了满足复杂多样的市场需求，离散型制造业往往以客户为导向，根据客户订单生产产品。按照客户的需求，企业对产品进行设计，产品品种多样，种类繁多，在这个过程中，也可能需要面对客户需求的改变，灵活更新产品。正是因为客户每次订单所定制的产品不同，加工的工艺流程也会有所改变，相应的加工方法和工艺参数也不同，所以在生产过程中，由于加工工艺的变化，可能会出现多种产品同时生产的情况，对工人的操作水平要求比较高，也会给生产设备维护带来问题。由多个部件组成的离散型制造产品的复杂性决定了一个企业物料的多样性。由于其依赖客户多变的订单需求，加剧了市场的不确定性，需要企业及时调整生产计划，避免产品库存过剩。如今离散型制造已经成为制造业的主流，可以应对客户个性化需求。随着定制化需求和快速响应市场的日益增长，离散型制造也将越来越重视灵活性和敏捷性。制造企业需要更加灵活地调整生产计划和产能配置，以满足市场的变化和消费者个性化的需求。

3. 离散型制造产品的发展趋势

离散型制造产品的发展趋势主要体现在以下几个方面：

(1) 产品多样化和个性化 随着消费者需求的多样化和个性化，离散型制造企业越来越注重产品的定制化。这意味着企业需要灵活的生产系统来适应不同客户的特定需求，同时保持成本效益。

(2) 智能制造和自动化 智能制造技术的应用，如机器人、自动化生产线、物联网（IoT）和人工智能（AI），正在改变离散型制造的产品开发和生产过程。这些技术提高了生产效率，减少了错误，并允许更复杂的产品设计和制造。

(3) 数字化和集成 数字化工具和软件，如计算机辅助设计（CAD）、产品生命周期管理（PLM）和企业资源规划（ERP）系统，正在集成到产品设计和生产中，以提高设计效率、减少产品开发时间和提高产品质量。

(4) 模块化设计 为了快速响应市场变化，离散型制造企业趋向于采用模块化设计，这使得产品能够更容易地进行修改和升级，同时也简化了生产和组装过程。

(5) 可持续性和环境友好 环保法规和消费者对可持续产品的需求推动了离散型制造企业采用更环保的材料和生产方法。这包括使用可回收材料、减少废物和提高能源效率。

(6) 服务化和解决方案导向 离散型制造企业不仅提供单一的产品，而且提供整体解决方案和服务，包括安装、维护、升级和培训等，以增加产品的附加值。

(7) 全球化和本地化 虽然全球化趋势使得离散型制造企业能够进入更广阔的市场，但同时也需要考虑到本地市场的特殊需求和文化差异，这要求企业在产品设计和营销策略上进行本地化调整。

(8) 安全性和合规性 随着技术的发展和法规的更新，离散型制造产品需要满足更高的安全标准和合规要求，这可能涉及数据安全、网络安全以及行业特定的安全标准。

(9) 快速原型制作和迭代 3D 打印和其他快速原型制作技术使得离散型制造企业能够

快速制作原型并进行测试，加速产品开发过程，并在短时间内将新产品推向市场。

(10) 供应链的优化和透明度　为了提高效率和降低成本，离散型制造企业正在优化其供应链管理，通过实时数据共享和合作伙伴之间的紧密协作，提高供应链的透明度和响应速度。

这些趋势反映了离散型制造企业在不断适应和应对全球市场变化、技术进步和消费者需求的变化。企业需要不断创新和改进，以保持竞争力并实现可持续发展。综上所述，离散型制造产品在未来将继续朝着数字化、智能化和灵活性发展，这将为制造业带来更大的发展空间，也将进一步提升产品质量和生产效率。

1.2 离散型制造工厂

离散型制造工厂是指采用离散型生产方式进行产品制造的工厂。在离散型制造工厂中，生产过程通常按照工艺流程进行，每个产品经过一系列离散的步骤完成生产。离散型制造工厂通常生产的是各种各样的产品，每种产品的数量和规格可能不同。这种生产方式比较灵活，适应性强，因为可以根据实际需求灵活安排生产流程和生产数量。

1.2.1 离散型生产

离散型生产（discrete manufacturing）是一种生产模式，它涉及生产一系列独立的、通常是可计数的产品单元。与连续生产（continuous manufacturing）相对，后者通常用于生产如化学品或石油产品等流动或连续的材料。离散型生产是指生产过程中的产品是一个个独立的单元，而不是连续流水线上的连续生产。

离散型生产是一种制造工艺方式，它将生产过程分解为若干个独立的步骤或阶段进行管理和控制。每个步骤都可以独立完成，然后将成品组装而成。这种生产方式适用于制造行业的广泛领域，包括汽车制造、电子设备制造、机械制造等，并且在现代工业生产中得到了广泛应用。

在离散型生产中，产品的生产过程是按照工序和流程分解的，每个步骤都有特定的任务和时间要求。这种分解使得生产过程更加灵活，可以根据需要对单个步骤进行优化和调整，从而提高整体生产效率和质量。

离散型生产的内容包括生产计划、工艺设计、物料准备、生产操作、质量控制等各个方面。生产计划需要根据市场需求和物料供应情况，对生产工序和时间进行合理安排；工艺设计需要详细规定每个生产步骤的具体要求和标准；物料准备包括原材料的采购和库存管理；生产操作则是按照工艺流程进行生产制造；质量控制则需要对每个步骤进行严格检验，确保产品质量符合标准要求。

1. 离散型生产的特点

离散型生产的特点包括：

(1) 产品多样性　离散型生产通常生产多种不同的产品，每种产品都有其独特的设计和制造要求。

（2）生产单元 产品通常以批次（batch）的形式生产，每个批次包含一定数量的相同产品。

（3）生产过程 生产过程可能包括切割、成型、组装、焊接、涂装等步骤，每一步都可能需要不同的设备和工艺。

（4）定制化 离散型生产更容易适应产品的定制化需求，因为它不依赖连续的生产流程。

（5）生产计划和调度 离散型生产需要复杂的生产计划和调度系统，以管理多品种、小批量的生产需求。

（6）设备和工具 生产过程中使用的设备和工具通常是为了特定类型的产品或工艺而设计的。

（7）库存管理 离散型生产需要有效的库存管理，以确保原材料、半成品和成品的及时供应和存储。

（8）质量控制 每个生产步骤后通常都有质量检查，以确保产品符合设计和质量标准。

（9）灵活性和适应性 离散型生产系统需要具备高度的灵活性和适应性，以便快速响应市场变化和客户需求。

（10）自动化和信息化 现代离散型生产越来越依赖自动化技术和信息化技术，如机器人、数控机床、ERP 系统等，以提高效率和降低成本。

离散型生产常见于汽车、航空、机械、电子、家具和消费品等行业。随着制造业的发展，离散型生产正在经历数字化转型，通过集成先进的信息技术和自动化技术，实现智能制造和提高全球竞争力。

在离散型生产中，按需生产和柔性生产线可以相互结合，以提高生产效率和灵活性。按需生产可以使企业根据实际市场需求来生产产品，避免库存过剩和生产浪费。而柔性生产线可以根据不同产品的生产要求进行调整，适应不同规格和产量的生产，从而更快速地实现按需生产。柔性生产线还可以减少生产线的停机时间，提高设备利用率，有效降低生产成本。结合这两种生产方式，可以实现更加高效、灵活和经济的离散型生产模式。

2. 个性化定制的发展阶段

目前离散型制造企业纷纷开展个性化定制的实践，个性化定制也逐渐成为企业的新型竞争力，呈现出离消费者越近且技术门槛越低的产业，个性化定制发展程度越深的趋势，其发展程度可大致分为三个阶段：

（1）模块定制 例如，2015 年长安新奔奔（PPO 版）开展个性配车新业务，推出的首批 PPO 版已上市，PPO 版是基于 8 种个性化配置选装包，各选装包之间具有联动、互斥机制，以保证整体协调与美观度。

（2）众创定制 例如，海尔挂机空调将用户需求转化为工程模块，通过模块研发和配置满足个性化需求，N 系列挂机划分 5 大系统 18 类模块，其中基础模块 13 类，可选模块 5 类，可满足用户在外观、智能、健康方面的需求，开放用户配置化产生自己需求的产品。

（3）专属定制 例如，红领集团的私人订制平台 RCMTM 为用户提供专属定制服务，以西服定制方式为例，如果对自己的制衣需求和身形特征有清楚的了解，在客户端输入身体 19 个部分的 25 个数据，便可以根据配图提示，按照自己的想法制作专属服装，包括不同部分的样式、扣子种类、面料，乃至每条缝衣线的颜色等。

随着产品种类的激增，对柔性产线的需求也随之增加，以适应多变的生产需求。2015年，富士康引入柔性机器人，应用于布局紧凑、精准度高的柔性化生产线。海尔的总装线由传统的一条长线分为四条柔性生产专业短线，以适应市场需求的变化。通常根据市场需求调整生产线的数量，包括必要时关闭某生产线，节约能源，减少用人数量。通用汽车的标准化柔性生产线基于标准化小型高精度定位台车、高精度定位机器人和标准工位的夹具系统构成柔性总装生产线。北京奔驰柔性化输送链系统基于车身与底盘的自动运行体系，实现多种车型发动机、底盘与车身合装的精准定位和自动合装。

目前生产线的模态有定制生产线、柔性定制生产线和单元定制生产线，分别对应批量大且个性化需求少的大众化产品生产、批量小且个性化需求多的小众化产品生产和单用户的个性化定制。

1.2.2　离散型生产设备

离散型制造业的特征是在生产过程中物料的材质基本上没有发生变化，只是改变其形状和组合，即最终产品是由各种物料装配而成，并且产品与所需物料之间有确定的数量比例。离散型生产设备是指用于制造离散型产品的设备，离散型产品是指那些可以被分成明确单元的产品，如电子产品、汽车零部件、手机、家用电器等。离散加工的生产设备布置是按照工艺进行编排的，由于每个产品的工艺过程的差异且一种工艺可能由多台设备进行加工，单台设备故障不会对整个生产产生严重影响。作为一家离散制造型企业，生产设备是企业生产力的重要组成部分，也是基本要素之一，更是企业产量、质量、效率和交货期的保证。

离散型生产设备涉及从生产计划、物料准备到生产操作和质量控制等各个环节。例如，为了满足生产计划，需要根据市场需求和物料供应情况对设备的运行时间和顺序进行合理安排。物料准备阶段需要对原材料和零部件进行精细化的管理，以确保生产过程的顺利进行。在生产操作环节，各种设备和工具需要按照工艺流程进行协调和配合，以确保产品的顺利生产。质量控制阶段需要对生产过程中的各个环节进行严格的监控和检验，以确保产品质量符合标准要求。

1. 常见的离散型生产设备

（1）自动装配线　自动装配线用于将零部件自动化地组装成成品产品。例如，汽车制造中的车门装配线（图 1-4）或手机制造中的电子组件装配线。

图 1-4　汽车车门装配线

(2) 数控机床　数控机床用于对实体零部件进行加工和制造的机床，如数控铣床（图 1-5）、数控车床、数控钻床等。通过程序控制，可以实现高精度和复杂形状的零部件加工。

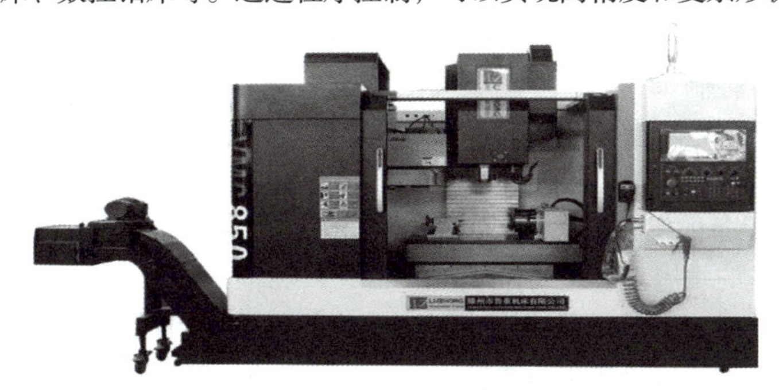

图 1-5　数控铣床

(3) 机器人系统　机器人系统用于自动化生产过程中的物料搬运、装配、焊接、喷涂等操作。机器人可以根据预设的程序执行各种任务，提高生产效率和质量。

(4) 印刷设备　印刷设备用于制造标签、包装箱、书籍、报纸等离散型产品的印刷机。这些设备可以自动地完成印刷、裁剪、折叠等工艺步骤。

(5) 注塑机　注塑机用于将熔化的塑料材料注入模具中，制造塑料制品。注塑机能够实现高速、高效率的塑料制品生产。

(6) 焊接设备　焊接设备用于将金属零部件通过焊接方法连接起来的设备，如电阻焊机、激光焊机、气体保护焊机等。焊接设备可以实现高强度、高质量的焊接连接。

(7) CNC 激光切割机　通过激光切割技术，可以快速、精确地切割金属材料，用于制造金属零部件、板材和结构件等。

(8) 粉末冶金设备　粉末冶金设备用于制造具有特殊性能和形状的金属或陶瓷制品，如粉末冶金压制机、烧结炉等。

以上是离散型生产设备的一些常见例子，不同行业和产品类型可能会使用不同的设备。随着科技的发展，离散型生产设备也在不断演进和创新。未来离散型生产设备的趋势将主要集中在智能化和数字化方面。随着工业互联网和智能制造技术的飞速发展，生产设备将更加智能化和自动化。通过物联网、大数据和人工智能等技术的应用，生产设备可以实现实时监测和智能控制，从而提高生产效率和产品质量。此外，对于定制化需求的增加，生产设备也需要更加灵活地适应不同生产需求，以实现快速调整和生产。这将为离散型制造带来更大的发展空间，同时也将提升生产效率和产品质量。

2. 离散型生产设备的特征

离散型生产设备通常具有以下特征：

(1) 自动化　离散型生产设备通常采用自动控制系统，可以实现自动化的生产操作和过程控制。自动化可以减少人工干预、提高生产效率、降低人力成本，并且能够实现精确的操作和稳定的生产质量。

(2) 高生产能力　离散型生产设备设计用于高产能需求，其生产速度通常较快，可以满足大规模生产的需求。这是为了能够快速满足市场需求，提高生产效率和产能。

(3) 高精度　离散型生产设备通常要求在制造过程中保持高精度，以确保产品的质量和符合规格要求。这涉及设备的精准控制、精确的工艺和高精度的测量等。

(4) 定制化　离散型生产设备往往需要根据不同产品的特定要求进行定制和适配。这是为了满足不同产品的工艺需求、材料特性或其他特殊要求。通过定制化设计，可以实现更高的生产效率和质量控制。

总的来说，离散型生产设备在自动化、高生产能力、高精度和定制化等方面的特点，能够满足制造业对高效、高质量、多样化生产的需求。

3. 离散型生产设备的发展趋势

离散型生产设备的发展趋势主要体现在以下几个方面：

(1) 智能化和自动化　离散型生产设备将更加智能化和自动化。这意味着设备将具备自我诊断、预测性维护和自我优化的能力，减少人工干预，提高生产效率和产品质量。

(2) 数字化转型　数字化技术的应用将使得离散型生产设备能够更好地集成到整个生产管理系统中。通过物联网、大数据和云计算等技术，设备能够实时收集和分析数据，优化生产流程和资源配置。

(3) 模块化设计　为了适应多变的市场需求和产品生命周期，未来的离散型生产设备将趋向于模块化设计。这种设计使得设备能够快速适应新产品的生产需求，提高生产线的灵活性和可扩展性。

(4) 绿色可持续发展　环保法规和可持续发展的要求将推动离散型生产设备向更加节能和环保的方向发展。这包括使用更高效的能源管理系统、减少废物产生和循环利用资源。

(5) 人机协作　未来的生产设备将更加注重人机协作，通过先进的传感器和人工智能技术，设备能够与操作人员安全地共享工作空间，提高生产效率并降低安全风险。

(6) 定制化和个性化　随着消费者对个性化产品需求的增加，离散型生产设备需要能够支持小批量、高定制化的生产。这要求设备具备快速切换生产线和工艺的能力，以满足个性化订单的需求。

(7) 供应链整合　离散型生产设备将更加紧密地与供应链管理系统整合，实现原材料的及时供应和成品的快速交付。这有助于减少库存成本，提高响应市场变化的能力。

(8) 标准化和互操作性　为了提高设备之间的兼容性和互操作性，未来的离散型生产设备将遵循更加统一的行业标准。这有助于降低企业在设备升级和维护方面的成本，同时促进行业内的技术交流和合作。

(9) 远程监控和维护　通过远程监控和维护技术，制造商和服务提供商能够实时监控设备状态，及时进行维护和故障排除，减少停机时间，提高生产连续性。

(10) 人工智能和机器学习　人工智能和机器学习技术的应用将使得离散型生产设备能够自动优化生产参数，预测和解决潜在的生产问题，提高生产过程的智能化水平。

这些趋势反映了离散型生产设备在适应快速变化的市场需求、提高生产效率和质量、降低运营成本以及实现可持续发展方面的不断进步和创新。总的来说，离散型生产通过对生产过程进行分解和优化，能够提高制造业的效率和灵活性，是现代工业制造的重要模式之一，也是未来制造业发展的趋势之一。

1.2.3　工艺流程

工艺设计是离散制造系统智能化的体现，工艺设计优劣以及复用的程度都会对离散制造系统的生产成本、效率、周期带来很大的影响。工艺流程是指在离散型制造中，对零件进行加工的一系列步骤和要求的总和。它包括零件工艺、特征工艺和加工要求工艺。对于每个产品的型号，其加工路线通常以自然语言的形式描述，并存储在产品的加工流程文档中。在离散型制造领域，工艺流程代表了加工零件的每一个具体加工步骤。这些步骤的描述通常具有包含性，意味着它们涵盖了从原材料到成品所需的所有加工活动。工艺流程中的每个工序描述不仅包含了零件的结构信息，还涵盖了根据零件特性所需的加工方法、设备要求、材料规格、加工顺序、质量标准等。在离散型制造发展的过程中，已经积累了丰富的工艺数据，其具有分布、分散、多源的特点。

离散型制造的产品由多个零件经过不连续的工序加工，部分装配后再总体装配而成。在产品结构上，离散型制造的产品由很多种零件装配而成，部分产品的零件多且具有复杂装配关系。在产品系列上，针对不同的用途和原料原理，以及私人定制的发展趋势，离散型制造的产品有多个系列和类型。制造过程上，不同零件的排产计划，同一零件的工序串、并联关系，都互相交叉、错综复杂，因此离散型制造具有高生产能力、自动化等特点。离散型制造的产品从设计到制造是全周期过程，工艺在其中承上启下，其重要性不言而喻。目前的工艺流程以人工决策、分配和传递为主，工艺数据以表格或文档等方式编辑、存储、下发，生产制造过程原则上由工艺指导。离散型制造的工艺流程可以有工艺路线和作业计划。

1. 工艺路线

离散型制造的工艺路线是指离散型产品在生产过程中所经过的工艺步骤和路线。离散型制造的典型工艺路线如下：

（1）设计与工程　在制造产品之前，要先进行产品设计和工艺规划。这包括确定产品的设计要求和规格，确定生产所需的工艺流程、设备和材料等。

（2）采购与供应链管理　采购原材料和所需的零部件，可能涉及供应商选择、价格协商、订单管理和库存控制等活动。

（3）材料准备与处理　对原材料进行检验、储存和准备，可能包括切割、冲压、成型、铸造等处理过程，以获得所需的零部件。

（4）部件加工　对零部件进行加工，可能涉及机械加工如铣削、车削、钻孔等，以及其他特殊工艺如焊接、冲压、注塑等。

（5）零部件组装　将加工好的零部件按照工艺要求进行组装，可能包括手动组装、自动化装配线的使用，以及各种连接技术如焊接、螺纹连接等。

（6）检验与质量控制　对组装好的产品进行检验和质量控制，包括对产品的外观、尺寸、性能等进行检测和测试，以确保产品符合质量要求。

（7）包装与运输　对成品产品进行包装，确保产品在运输和储存过程中不受损坏，可能包括标签、封装、装箱等操作，以及物流管理和出货安排。

（8）售后服务与维护　提供售后服务，包括产品保修、维护和故障修复，以确保产品在使用过程中可以得到良好的支持和维护。

2. 作业计划

离散型制造的作业计划是指根据产品需求和制造能力，对生产过程进行合理规划和安排的计划。离散型制造作业计划的一般步骤如下：

（1）制订生产计划　根据市场需求、销售订单和库存情况，制订生产计划。确定每个产品的生产数量和交货日期，以及生产批次和优先级。

（2）资源规划　评估可用的生产资源，包括设备、人力、原材料和工时等。根据生产计划和资源的可用性，合理分配和调度资源。

（3）制定作业流程　根据产品特性和工艺要求，确定产品的生产流程，确定加工序列、工艺路线和工序顺序，以及各个工序的所需时间和资源。

（4）制定作业顺序　根据生产计划和资源情况，确定产品的作业顺序。安排不同产品的生产顺序时，应考虑诸如产品优先级、交货期、设备利用率等因素。

（5）生产调度　将作业顺序转化为实际的生产调度。根据生产计划、作业流程和作业顺序，确定每个生产任务的开始时间和完成时间，以及分配给不同资源的工作量。

（6）跟踪和监控　跟踪生产过程，对生产进度进行监控。及时收集生产数据，如工时、产量、质量、故障等信息，以便进行实时调整和改进。

（7）优化和改进　根据生产调度和实际生产情况，分析生产效率和资源利用率，寻找改进和优化的机会。通过优化作业计划和流程，提高生产效率和质量。

3. 离散型制造工艺流程的发展趋势

随着科技的不断发展，离散型制造工艺流程的发展趋势包括：

（1）数字化与智能化　利用数字技术和智能制造系统，实现生产过程的自动化和信息化，提高生产效率和灵活性。

（2）定制化与柔性化　通过灵活的生产线和高效的生产调度，满足市场对个性化和定制化产品的需求。

（3）绿色可持续　采用环保材料和节能技术，减少生产过程中的能耗和废弃物，实现绿色可持续发展。

（4）供应链协同　加强与供应链上下游企业的合作，实现资源共享和信息互通，提高供应链的整体效率和响应速度。

（5）技术创新与集成　不断探索新的制造技术，如3D打印、机器人自动化、人工智能等，以及这些技术的集成应用，推动离散型制造工艺流程的革新。

离散型制造业正处在一个快速发展和变革的时期，通过不断的技术创新和流程优化，企业可以更好地适应市场的变化，满足消费者的个性化需求。

以上是离散型制造的工艺路线和作业计划的一般框架，具体工艺路线和作业计划需要根据产品类型、工艺要求、生产能力和市场需求等因素进行具体规划和调整。确保工艺路线的合理性和作业计划的准确性对于提高生产效率和满足客户需求非常重要。

1.3 离散型制造工厂发展历程

离散型制造工厂是一种典型的机械加工企业，其生产方式以分解加工任务和装配多个零件为主要特征，适用于生产复杂多样的产品。离散型制造工厂分别经历了传统离散型制造、数字化生产、制造车间柔性化和工业4.0这四个阶段。

1.3.1　传统离散型制造

1. 定义

传统离散型制造是指产品的生产过程通常被分解成很多加工任务来完成，每项任务仅要求企业的一小部分能力和资源。企业一般将功能类似的设备按照空间和行政管理建成一些生产组织（部门），在每个部门里，工件从一个工作中心到另外一个工作中心进行不同类型的工序加工，在产品设计、处理需求和订货数量方面变动较多。

2. 流水线

（1）定义　流水线制造是一种基于分工原则的生产方式，它将生产过程划分为一系列相互独立的工序，每个工序由专门的工人或机器完成，从而实现生产过程的高度自动化和标准化。

在流水线中，产品按照预先设计好的工艺流程，有节奏、有顺序地从一个工作站流向下一个工作站。每个工作站都负责完成特定的生产任务，如焊接、装配或质检。这种生产方式通过高度分工和专业化，提高了生产效率，降低了生产成本，并保证了产品质量的一致性。

（2）发展历程　1913 年，亨利・福特引入了第一条流水生产线，用于生产 T 型车，产品的生产速度得到了显著提升。很快，流水线制造方法被广泛应用于各种制造业，如家用电器、电子产品、玩具等。进入 20 世纪 80 年代，消费者对产品的个性化要求也越来越高，这促使流水线制造向柔性制造转变。进入 21 世纪，随着数字化和人工智能技术的快速发展，流水线制造开始进入智能化阶段，人工智能、物联网、大数据等技术的应用，使得生产过程更加透明、可控和优化，企业可以及时发现生产中的问题并进行调整，从而提高生产效率和产品质量。

（3）研究现状　当前，流水线制造领域正经历着技术创新和智能化的浪潮。随着物联网、大数据、人工智能等技术的不断发展，流水线制造系统正在向智能化、自动化、柔性化方向发展。研究人员正在致力于将先进的信息技术与流水线制造相结合，以实现更高效的生产能力、更精准的监测能力和更智能的决策能力。

（4）应用——汽车流水线制造　汽车生产流水线（图 1-6）是汽车制造过程中的重要环节，它涵盖了多个作业线工序，包括冲压、焊接、涂装和动力总成等。这些工序在汽车生产流水线上有序进行，从而提高了汽车生产厂家的自动化水平。

图 1-6　汽车生产流水线

汽车生产流水线通常从冲压车间开始，这是主机厂的第一个车间，主要生产汽车的车身零部件，图 1-7 展示了汽车前罩的冲压设备。

冲压车间加工出来的都是单个的白车身零件，然后需要对冲压件进行焊接处理，焊接车间将汽车不同的金属部件连接在一起，以构成汽车的车身和其他关键结构。图 1-8 展示了汽车焊接自动化车间。

涂装主要涉及车身表面的涂漆工艺，旨在保护汽车车身，延长其使用寿命，并赋予汽车美观的外观。图 1-9 所示为汽车涂装车间。

图 1-7　汽车前罩的冲压设备

图 1-8　汽车焊接自动化车间

汽车总装是汽车制造过程中的最后环节。总装车间通常按照装配内容划分为不同的生产线，如底盘线、发动机线等。工人将发动机、底盘、座椅等按照设计要求安装到车身上，并进行调整和测试，以确保汽车的质量和性能符合标准。图 1-10 所示为某品牌汽车的总装。

图 1-9　汽车涂装车间

图 1-10　某品牌汽车的总装

1.3.2　数字化生产

1. 定义

数字化生产是指在数字化技术和制造技术融合的背景下，根据用户的需求，迅速收集资源信息，对产品信息和工艺信息进行分析规划，实现对产品快速制造，最终生产出达到用户要求性能产品的生产模式。

2. 自动化技术

（1）定义　自动化技术是一种融合了计算机、自动控制、微电子等的综合性技术。自动化程序可以精准地控制整个生产流程，从而实现高效、规模化的自动化生产，提高生产效率，缩短产品的生产周期，保证产品质量。自动化制造技术是促进机械制造产业升级、提高企业竞争力的关键技术。

（2）发展历程　初期的自动化技术主要以机械自动化为主，使用各种机械设备和工具实现生产过程的自动化。随着电气技术的发展，人们开始使用电力来驱动机械设备实现自动化生产。20 世纪中叶，随着电子技术和计算机技术的迅猛发展，实现了生产过程的全面自动化控制以及对生产过程的优化和管理。现在人们开始将计算机、自动化、信息技术等融合在一起，形成了计算机集成制造系统（CIMS），实现了从产品设计、生产计划、生产过程控制到产品销售等全过程的自动化和信息化。

（3）研究现状　目前，人们正不断探索和应用自动化技术的新理论、新方法和新技术。自动化技术还与其他领域进行交叉融合，产生了许多新的研究方向和应用领域。例如，自动化技术与机器人技术的结合，形成了机器人自动化技术，被广泛应用于自动化生产线、智能仓储等领域；自动化技术与物联网技术的结合，形成了工业物联网技术，实现了设备间的互联互通和智能控制。

（4）应用

1）数控机床。数控机床制造是自动化技术在工业制造中的一个重要应用领域，数控机床是一种通过编程和数字化信息控制的高精度、高效率的自动化机床，可以按照预先编制的程序，自动完成对工件的加工，包括切削、铣削、钻孔、磨削等各种操作。图 1-11 展示的是 6180 数控车床，图 1-12 展示的是 1890 数控铣床。

图 1-11　6180 数控车床

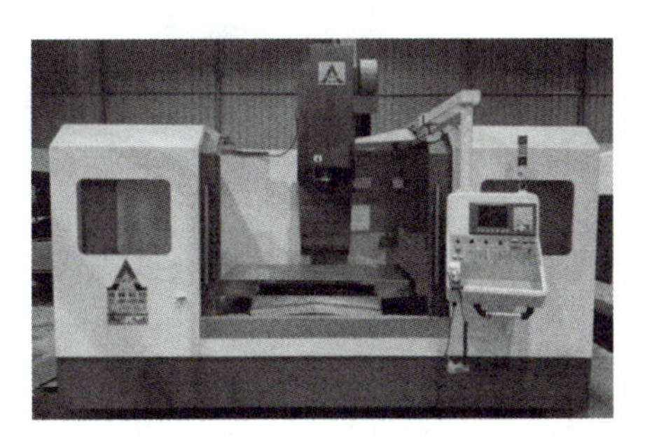

图 1-12　1890 数控铣床

2）自动化检测——红外检测。自动化检测技术集成了控制理论和计算机等技术，通过传感器实时准确地获取被检测对象的相关信息，并与预设的标准值进行比较，从而判断被检测对象是否合格。

其中，红外检测是自动化检测技术中的一种重要方法，它是利用红外传感器的原理，通过测量目标物体发射的红外辐射能量，来获取物体的温度分布、热状态或热异常等信息。图 1-13展示了某电路板的红外检测过程。

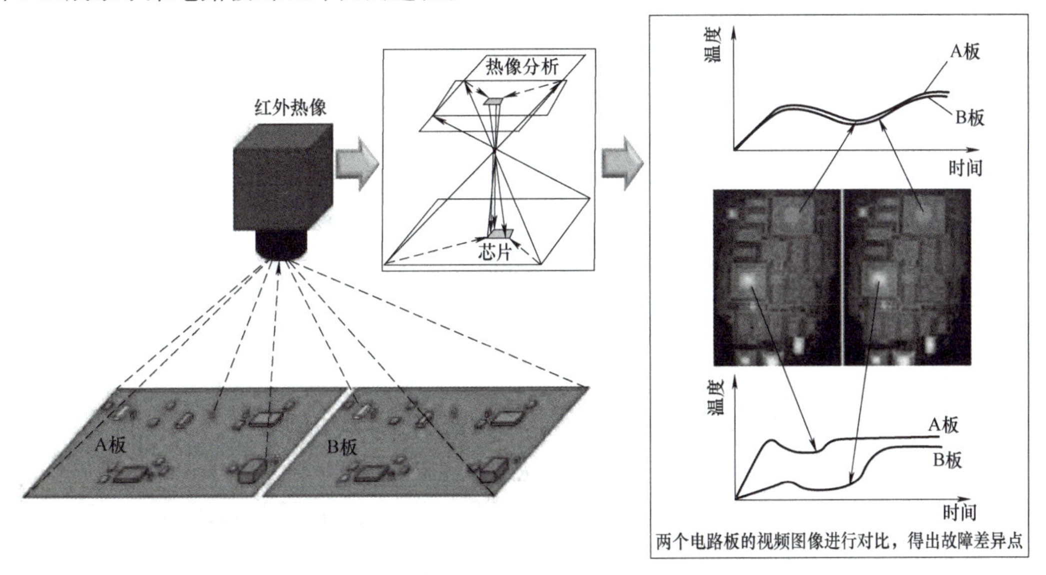

采样　处理　图像自动识别与显示

图 1-13　某电路板的红外检测过程

在工厂中，红外检测可以实时查看管道、储藏罐的表面温度分布情况，直观地呈现管道内部的损坏和储藏罐罐体的损伤程度，从而及时发现安全隐患。图 1-14 显示了红外检测技术在监测管道、储藏罐温度方面的应用。

图 1-14　管道、储藏罐的红外检测

3. 计算机技术

(1) 定义　计算机技术是指运用计算机综合处理和控制文字、图像、动画和活动影像等信息，使多种信息建立起逻辑链接，集成为一个系统并具有交互作用的技术，它与电子工程、应用物理、机械工程、现代通信技术和数学等紧密结合。

(2) 发展历程　计算机技术的发展历程大致可以分为四个时代：电子管计算机时代、晶体管计算机时代、集成电路计算机时代和超大规模集成电路计算机时代。

电子管计算机时代的计算机主要使用体积大、可靠性差的电子管作为逻辑元件，应用范围很小。后来晶体管的发明取代了电子管，使得计算机的体积缩小、速度提高。集成电路计算机时代的集成电路成为计算机的主要逻辑元件，主存储器也逐渐过渡到半导体存储器，计算机的运算速度进一步提升，可靠性得到提高。超大规模集成电路计算机时代的计算机的性能得到极大提升，同时随着微处理器、微型计算机、工作站、服务器等产品的出现，计算机逐渐普及到各个领域，人工智能、机器学习等新技术也在这一时代开始蓬勃发展。

(3) 研究现状　目前，计算机技术的研究正朝着更高性能、更低功耗的方向发展，随着微处理器技术的不断发展，计算机的运行性能也得到了显著提升。另外人工智能、机器学习、大数据等技术的发展也为计算机软件技术的研究提供了新的思路和方法。

(4) 应用

1) 计算机辅助设计与制造（图 1-15）。计算机辅助设计与制造主要指的是利用计算机技术来辅助进行设计和绘图的过程，它允许设计师在计算机上创建和修改产品设计，可以更快地迭代设计，减少对物理原型的需求。

例如，在新能源汽车电池设计的过程中，可以利用 CAD 技术进行电池的精确设计，模拟出电池的结构、材料属性等，并将这个模型导入到仿真软件中，对电池的充电、放电、热行为、机械应力等多方面的性能进行仿真分析，发现潜在的问题，在设计阶段进行修复和优化。图 1-16 展示了新能源汽车电池设计的仿真。

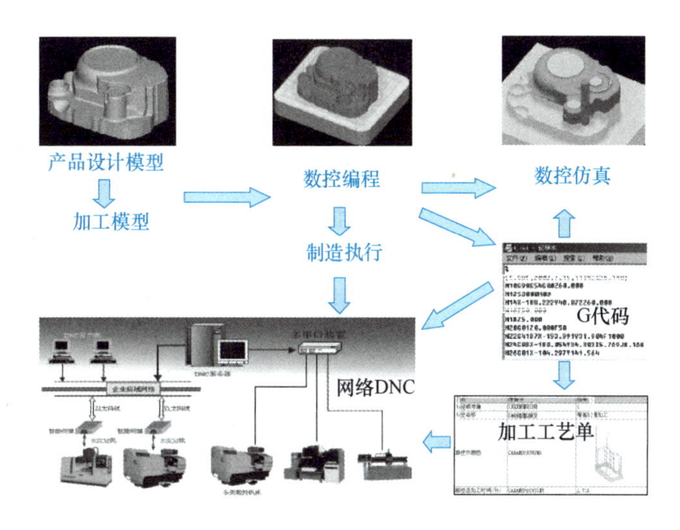

图 1-15　计算机辅助设计与制造

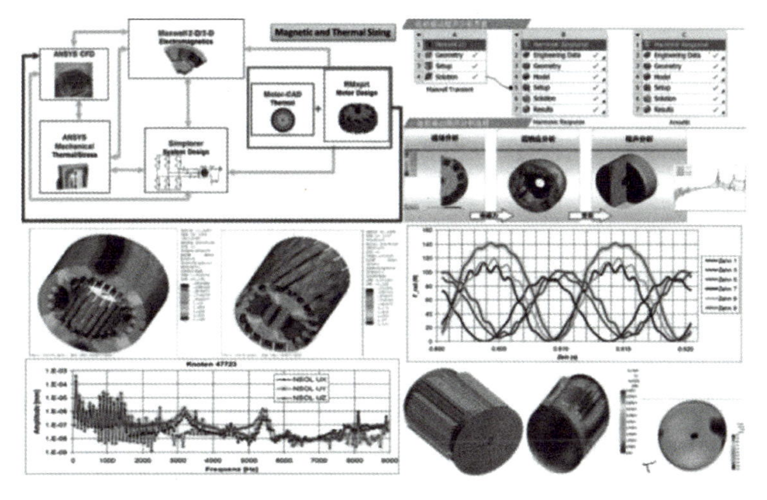

图 1-16　新能源汽车电池设计的仿真

2）计算机3D打印汽车零件。3D打印也称为增材制造，是一种将数字模型逐层堆叠材料来制造物体的先进制造技术，工程师可以利用CAD软件创建3D模型，并写入3D打印机中进行打印。

在汽车行业，传统汽车零件的制造方法往往受到工艺和材料的限制，难以实现一些复杂的设计。而3D打印技术则不受这些限制，可以根据设计数据逐层堆积材料，制造出具有复杂形状和结构的汽车零件。图1-17展示了3D打印技术制造的汽车零件。

图 1-17　3D打印技术制造的汽车零件

1.3.3 制造车间柔性化

制造车间柔性化是一种现代化的生产理念，它指的是制造车间能够适应市场需求的多样化和个性化发展，实现同一设备机床加工出不同的产品零件，且能够根据零件的需求变化而确定不同的工艺路线。图 1-18 展示了柔性车间生产线的流程。

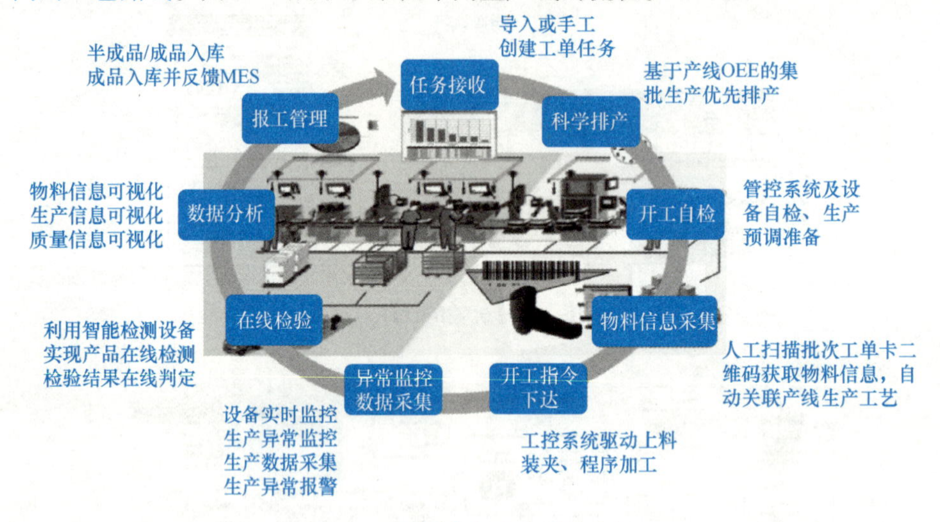

图 1-18　柔性车间生产线的流程

1. 柔性制造系统

（1）定义　柔性制造系统（FMS）是一种自动化机械制造系统，由信息控制系统、物料储运系统和数字控制加工设备组成，能够适应加工对象的变换，它标志着制造技术从刚性自动化发展到柔性自动化。

（2）发展历程　1967 年，英国首次在机械制造业中建立了柔性加工的概念，随后美国研制出了以中等品种、中等批量工件为加工对象的自动化制造系统，并将其命名为柔性制造系统（FMS）。20 世纪 70 年代至 90 年代，柔性制造系统已经进一步促进了制造业的转型升级。现在，随着物联网、人工智能等技术的快速发展和应用，柔性制造系统将进一步实现高度自动化和集成化，在提高制造效率的同时，也将更好地满足消费者个性化需求，推动相关产业的可持续发展。

（3）研究现状　目前，柔性制造技术正在与智能制造、物联网、大数据等先进技术进行深度整合，通过数字化和自动化技术，柔性制造系统能够实现自动分配和调度任务，提高生产效率和准确性，降低产品损耗和质量问题，这种自主分配和协调能力的增强是柔性制造系统智能化发展的重要表现。

（4）应用

1）航空航天零件加工。航空航天行业对产品的精度和质量要求极高，且产品种类繁多，一些航空航天企业采用柔性制造系统来加工复杂的零部件和结构件，以提高加工精度和生产效率。例如五轴卧式加工中心，这种加工中心专门用于加工钛和轻合金材料的大型结构件，具有多功能性，它的翻转配置可以减少占用的空间，并提供出色的动态容量，覆盖操作员与最远机器之间的距离仅需 8min，可应用于航空航天等多个领域。图 1-19 展示了航空航天零件的五轴加工。

2）电子产品柔性制造。在电子产品的生产过程中，柔性制造系统可以实现从装配到检测的自动化和智能化，可以自动完成电子产品的组装、焊接等工序，大大提高了生产效率。图 1-20 展示了电子产品的柔性制造。

图 1-19 航空航天零件的五轴加工

图 1-20 电子产品的柔性制造

2. 定制化

柔性制造系统在产品定制化方面显示出独特的优势。柔性制造系统具有较强的适应性和灵活性，当产品需求发生变化时，柔性制造系统可以快速地重新配置生产线，调整工艺参数和工装夹具，以适应新产品的生产要求。这种灵活性使得企业能够迅速响应市场变化，满足消费者的定制化需求。

（1）发展历程　在柔性制造系统刚刚兴起的时候，其主要应用于大批量生产的环境，此时，产品定制化并不是柔性制造系统的主要考虑因素。随着市场需求的多样化和个性化趋势的增强，柔性制造系统开始被引入到多品种、中小批量生产的环境中，并逐渐展现出其在产品定制化方面的潜力。现在随着技术的进步和柔性制造系统的不断完善，其在产品定制化方面的能力得到了显著提升，柔性制造系统已经能够实现高度自动化和智能化的生产，同时保持对多样化产品需求的灵活响应。

（2）研究现状　柔性制造通过将产品分解为一系列可以灵活组合的基础模块，能根据制造任务或生产环境的变化而灵活变换，在不显著增加成本的情况下提供多种配置选项。柔性制造在定制化方面的研究主要集中在提高系统的灵活性与响应速度上，包括开发更加智能的调度算法以优化资源配置，使用数控机床、机器人等自动化工具拓宽加工范围，使用物联网技术实现设备间的高效通信与协作，利用大数据分析和预测客户的需求变化趋势等，实现多品种、小批量生产模式的支持，满足定制化需求，解决生产品类“多”的难点。

1.3.4 工业 4.0

工业 4.0 是德国政府提出的一个高科技战略计划，它是以智能制造为主导的第四次工业革命，充分将信息通信技术和网络空间虚拟系统相结合，建立具有适应性、资源效率及人因工程学的智慧工厂提升制造业的智能化水平。

工业 4.0 包括三大主题：智能工厂、智能生产、智能服务。智能工厂重点研究智能化生产系统及过程，以及网络化分布式生产设施的实现；智能生产主要涉及整个企业的生产物流管理、人机互动以及3D技术在工业生产过程中的应用等；智能服务借助工业4.0具有高度灵活性和个性化，产品与服务都将完全按照个人意愿进行生产。在这种模式中，传统的行业界限将消失，并会产生各种新的活动领域和合作形式，产业链分工将被重组，生产效率和产品质量将会提高，最终增强企业的市场竞争力。

1. 智能制造

（1）定义　智能制造是一种由智能机器和人类专家共同组成的人机一体化智能系统，具有信息深度自感知、智慧优化自决策、精准控制自执行等功能，在制造过程中能进行智能活动，诸如分析、推理、判断、构思和决策等。通过人与智能机器的合作共事，扩大、延伸和部分地取代人类专家在制造过程中的脑力劳动。它把制造自动化的概念更新，扩展到柔性化、智能化和高度集成化。

（2）发展历程　20世纪50年代，人工智能概念出现，但主要应用于非制造领域；20世纪80年代，智能制造（IM 1.0）出现，主要表现为追求产品质量、机械化和劳动密集型；21世纪，制造系统迈入IM 2.0时代，主要表现为信息技术、通信技术与制造技术的高度融合。

（3）研究现状　近年来，随着物联网、大数据、云计算等技术的快速发展，智能制造进入了一个全新的发展阶段。这些技术的应用使得智能制造系统能够实现更精准的控制、更高效的生产和更智能的决策。研究人员和企业正在不断探索数字技术、网络技术、智能技术和制造技术的深度融合和创新应用，并利用大数据和人工智能技术进行生产数据的实时分析和预测，探索如何根据消费者需求进行灵活生产，并实现产品制造过程中的智能化。

（4）应用

1）油缸活塞杆的智能制造。油缸活塞杆智能制造生产线在运行前，要完成料库状态的设定，由工业机器人取出工件，并将工件放置在生产线上的工件缓存区，然后由3D视觉检测装置对缓存区的工件拍照确定工件的数量、位置，机器人再将工件抓取放回分拣台，由另一台机器人抓取托盘中的工件，配合车床、铣床等完成加工。工件加工结束后，由机器人取出工件，送入清洗、翻转等加工单元，随后用对比仪对加工后的工件进行检测。油缸活塞杆的智能制造流程如图1-21所示。

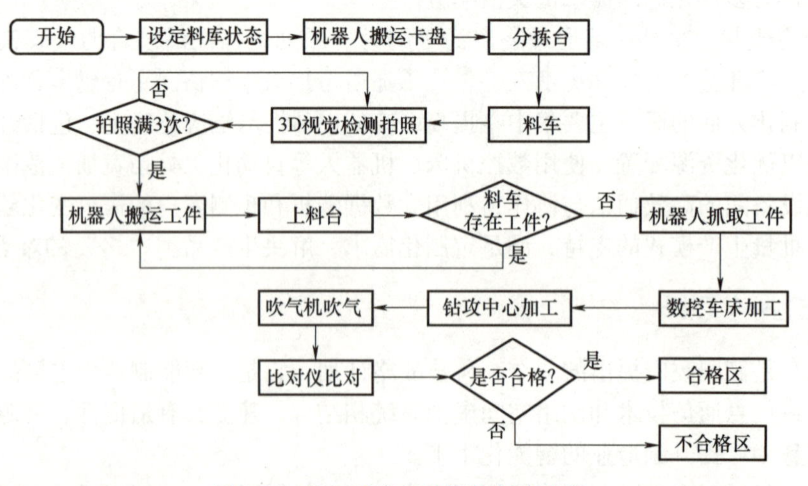

图1-21　油缸活塞杆的智能制造流程

2）汽车冲压。通过应用工业互联网、识别技术等，智能制造可以实现冲压车间底层设备与上层管理系统的互联互通，形成网络结构，其生产、质量、工艺、零部件信息都可以全采集，实现数据驱动管理，对冲压生产过程进行监控、管理、看板指挥、大数据分析，可以实时共享生产现场的信息，实现智能化、自动化的管理。

智能制造可以整合冲压车间制造执行系统的上下游业务单元，建立以生产需求为牵引的冲压拉式智能排产业务模式，如图 1-22 所示。该生产线实现物流数据、质量数据的互联互通，达到低库存运营、实时动态库存管理、实时动态盘存等技术指标，保证生产线柔性智能化运行。

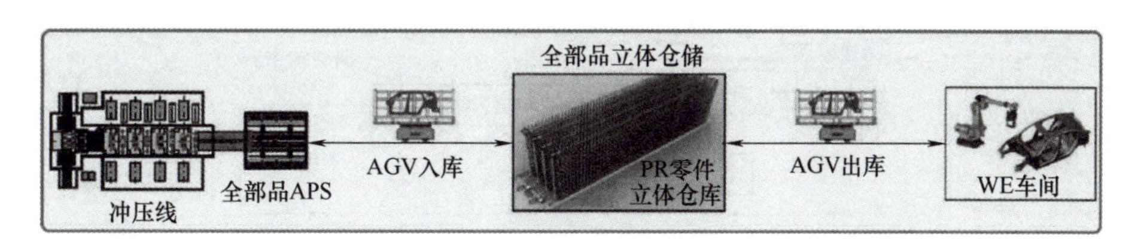

图 1-22 冲压车间无人化智能制造

2. 人工智能

（1）定义 人工智能（artificial intelligence，AI）是一门新兴的技术科学，旨在开发能够模拟和扩展人类智能的技术及应用系统，它结合了计算机科学、数学、心理学等多学科的理论和技术，通过让计算机模拟人类的思考和行为过程，实现人机交互，提高计算机的智能水平，以更好地服务人类社会。

（2）发展历程 20 世纪 50 年代提出了人工智能的概念，掀起人工智能发展的波澜。20 世纪 80 年代人工智能的发展走入低谷。20 世纪 90 年代由于硬件和软件的性能提升遇到瓶颈，人工智能的发展速度减缓。从 20 世纪 90 年代中期开始，随着神经网络技术的发展和计算机运算能力的提升，人工智能开始稳步发展，特别是进入 21 世纪，人工智能已经渗透到各个行业和领域，在机器学习、自然语言处理、计算机视觉等领域取得了显著的成果。

（3）研究现状 目前，随着计算机、大数据等技术的不断进步，人工智能在算法、模型和应用等方面都取得了重要突破，自动驾驶、智能家居、虚拟现实等新兴领域也逐渐涌现出来，这些领域的发展将进一步推动人工智能技术的进步。

（4）应用

1）AI 指导生产。人工智能利用机器人自动化技术，可实现生产线的自动化操作和智能化控制，提高生产效率和质量。例如：生产计划可以通过 AI 算法进行智能优化，以提高生产效率和资源利用率；物料搬运可以通过 AGV 小车、机器人等自动化设备实现自动化运输和精准配送，不仅速度快，而且准确度高。图 1-23 展示了 AI 驱动的自动化生产线，图 1-24 展示了 AGV 小车搬运物料。

2）视觉识别检测微小轴承缺陷。视觉识别检测是人工智能领域中的一个重要应用，它利用计算机视觉和深度学习等技术，对图像和视频进行自动化处理和分析，以实现对目标物体的识别、定位、分类和跟踪等功能。图 1-25 所示为视觉识别检测的工作流程。

图 1-23　AI 驱动的自动化生产线

图 1-24　AGV 小车搬运物料

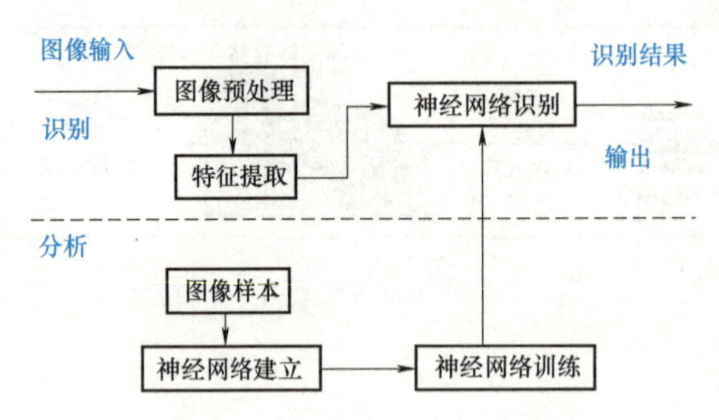

图 1-25　视觉识别检测的工作流程

微小轴承由于其体积小、结构复杂，传统的检测方法往往效率低下且容易漏检。而基于人工智能的视觉识别检测技术，能够通过高分辨率的图像采集设备和先进的图像处理算法，实现对微小轴承表面缺陷的快速、准确检测。图 1-26 所示为微小轴承视觉识别检测方案，图 1-27 是相应的硬件结构。

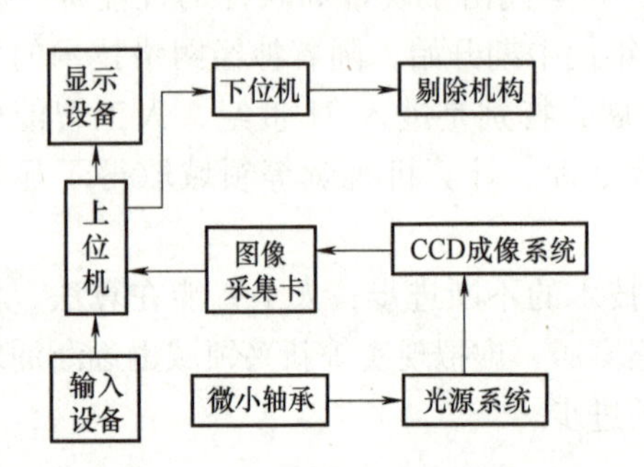

图 1-26　微小轴承视觉识别检测方案

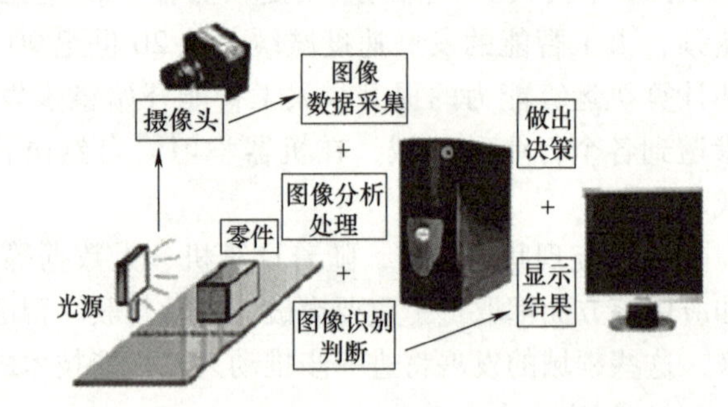

图 1-27　硬件结构

3. 可持续制造

（1）定义　可持续制造（sustainable manufacturing）概念由经济合作与发展组织（OECD）提出，并围绕其构建了一系列标准和程序。

（2）发展历程　1987 年，世界环境与发展委员会正式提出了可持续发展的概念，并强调了经济发展、社会公正和环境保护三者之间的平衡。20 世纪 90 年代，国际社会开始倡导清洁生产，旨在通过改进生产过程和产品设计来减少环境污染。进入 21 世纪后，随着可持续发展理念在制造业中的进一步渗透，可持续制造逐渐成为一个独立的研究领域，可持续制造已经成为现代制造业发展的重要方向之一，未来它将继续深化并影响制造业的各个领域。

（3）研究现状 可持续制造的研究内容已经从最初的环保制造、绿色制造等单一层面，逐渐扩展到包括产品设计、生产过程、供应链管理、产品回收与再利用等全生命周期的各个环节。物联网、大数据、人工智能等技术为优化生产流程、提高资源利用效率、降低环境污染提供了有力支持。

（4）应用

1）汽车轻量化设计。在汽车制造行业，轻量化设计是一种有效地减少汽车环境影响的方法。它指的是在保证汽车耐撞性、安全性、稳定性等性能指标不降低且造价不升高的情况下，合理减轻汽车重量。图1-28显示了我国汽车轻量化的路线，图1-29所示为汽车轻量化的具体流程。

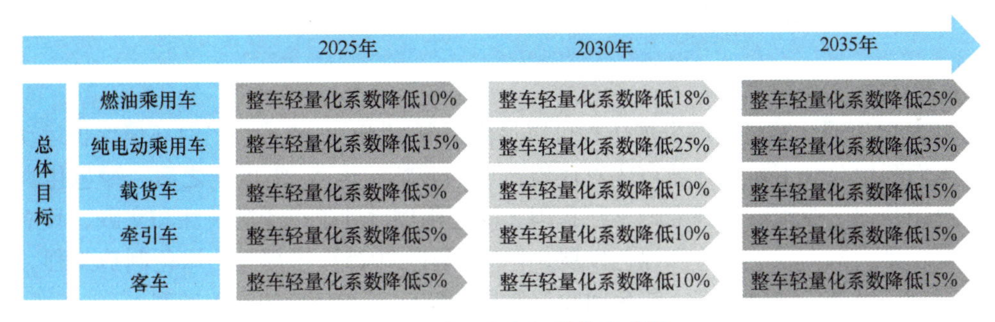

图1-28 我国汽车轻量化的路线

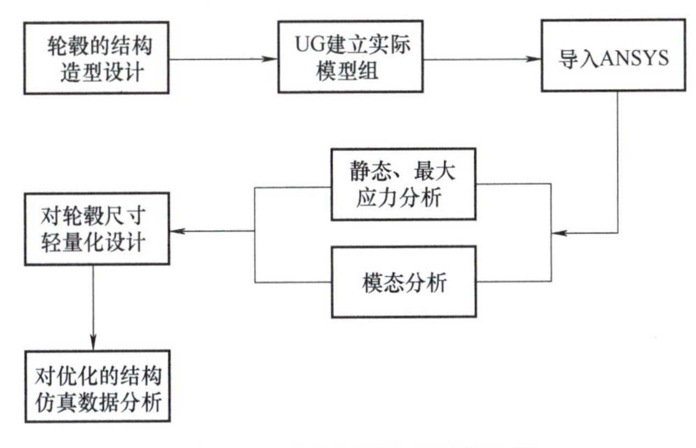

图1-29 汽车轻量化的具体流程

2）汽车环保涂料。传统的汽车涂料在使用过程中会产生大量的挥发性有机物（VOCs），对环境和人体健康造成危害。而环保涂料具有低排放、无毒无害等特点，能够显著减少汽车涂装过程中的环境污染，不仅可以满足日益严格的环保法规要求，还能提高产品的环保性能和市场竞争力。图1-30所示为某公司汽车绿色涂装工序流程。

4. 绿色化

（1）定义 绿色化是指在工业制造过程中，注重环境保护和可持续发展，通过采用先进的技术和设备，实现资源的高效利用、废弃物的减少和回收再利用，以降低对环境的负面影响。此外，绿色化还强调产品的全生命周期管理，从原材料采购、生产制造到产品使用和废弃物处理等环节，都力求实现资源的最大化利用和环境的最小化负荷，推动循环经济的发展。

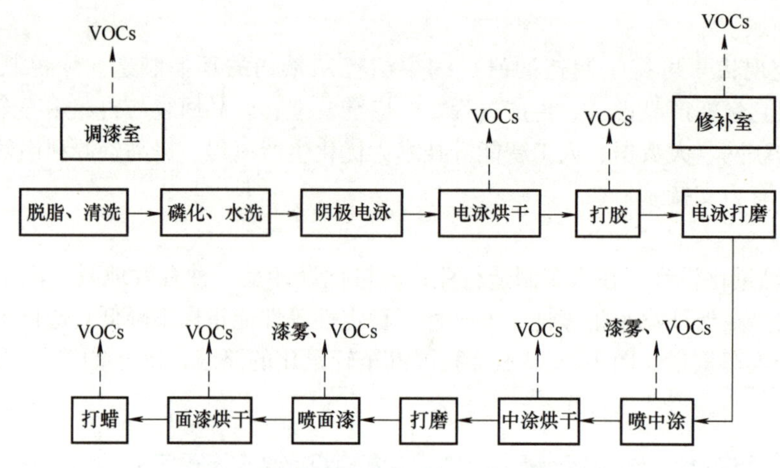

图 1-30　某公司汽车绿色涂装工序流程

（2）发展历程　绿色化的发展历程可以追溯到20世纪60年代，当时环境保护运动开始兴起，人们开始关注工业化和城市化对环境造成的破坏。进入21世纪之后，绿色化真正引起广泛关注并在工业领域得到实践。在我国，绿色化也得到了广泛的关注和实践，政府出台了一系列政策，推动绿色制造和绿色发展，《中国制造2025》中提到的绿色制造工程，旨在通过推动绿色设计、绿色生产、绿色回收等手段，实现工业制造的绿色转型。

（3）研究现状　目前，各国政府和国际组织都在加强绿色化相关的政策法规制定，推动绿色发展和低碳经济建设，传统产业正在向高效、节能、环保、低碳的方向发展。同时，研究者们正在致力于开发更高效、更环保的技术和工艺，如清洁能源技术等。此外，绿色化学和绿色化工也是当前研究的热点领域，旨在从源头上消除污染，实现可持续发展。

（4）应用

1）绿色工厂。绿色工厂是指实现了用地集约化、原料无害化、生产洁净化、废物资源化、能源低碳化的工厂（图1-31），是制造业的生产单元，也是绿色制造的实施主体。作为绿色制造体系的核心支撑单元，绿色工厂侧重于生产过程的绿色化。

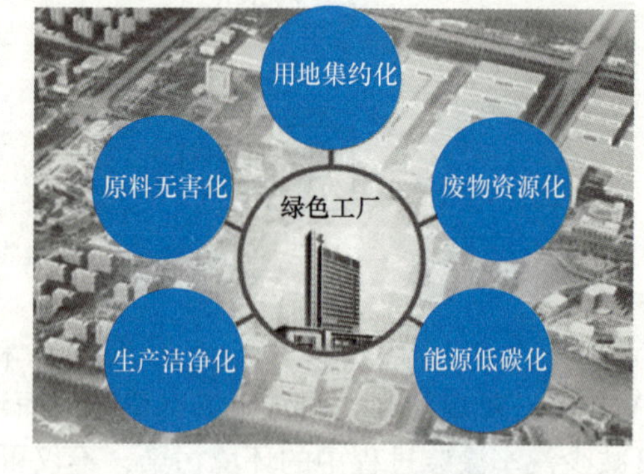

图 1-31　绿色工厂概念图

2）可再生能源。可再生能源在工业方面特别是电力生产领域的应用十分广泛，太阳能光伏发电、风力发电和水力发电已经是可再生能源用于电力生产的主要方式，如图1-32所示。工业领域利用这些可再生能源提供电力，可以减少对传统能源的依赖，并降低能源成本。

太阳能是太阳辐射出来的能量，是一种清洁、可再生的能源，不会对环境造成污染，而且只要有太阳光照射的地方，就可以利用太阳能发电，如图1-33所示。此外，太阳能发电系统的安装和维护相对简单，使用寿命长。

风能是指风所负载的能量，人们利用风车把风能转化为发电机的动能以产生电力，如图1-34所示。在风力资源丰富的地区，风能已经成为一种重要的能源来源。

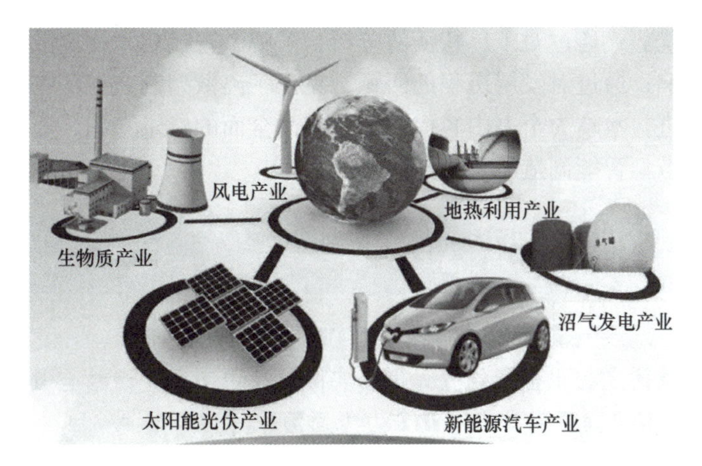

图 1-32 可再生能源利用

图 1-33 太阳能板光伏发电

图 1-34 风力发电

水能是指水体的动能、势能和压力能等能量资源。水力发电站是水力发电的主要建筑，它将水能转换为电能，为人类提供清洁能源，如图 1-35 所示。

图 1-35 水力发电

本章小结

本章通过深入剖析离散型制造的内涵、离散型制造工厂的特点及其发展历程，为读者勾勒出离散型智能制造的全景图。通过对基本概念的解读，认识了离散型制造在灵活性和多样化生产方面的独特优势；通过对工厂特征的分析，了解了智能技术在离散型制造中的具体应用和带来的深远影响；通过对发展历程的回顾，见证了离散型制造工厂在技术变革和市场需求驱动下的不断演进。本章为全书内容提供了系统而全面的背景知识，奠定了理论基础，引领读者深入探索离散型智能制造的未来发展之路。

思考题

1. 离散型制造的定制化生产能力如何在实际运营中实现？请结合具体技术和管理手段，分析其在提高客户满意度和市场竞争力方面的作用。

2. 在离散型制造过程中，智能制造和工业 4.0 技术如何具体提升生产效率和产品质量？请结合具体技术（如物联网、大数据分析、云计算、人工智能等）进行分析，并探讨这些技术在离散型制造中的应用案例。

3. 结合实例，论述离散型制造产品的个性化和定制化特性对企业生产过程的影响，并探讨企业如何通过智能制造技术应对这些挑战。

4. 请结合本章内容，分析离散型生产的特点和未来趋势，并讨论企业如何通过智能制造和柔性生产线来提高生产效率和适应个性化定制需求。请举例说明这些策略在实际生产中的应用。

5. 请结合本章内容，分析离散型生产设备在制造过程中的关键作用，并讨论自动化、高生产能力、高精度和定制化等特征如何影响生产效率和产品质量。举例说明这些特征在实际生产中的应用，以及未来离散型生产设备的发展趋势。

6. 什么是离散型制造的工艺流程？简要描述其主要步骤。

7. 结合实例说明离散型制造工艺流程中不同工序的描述如何体现其零件的结构描述。

8. 讨论离散型制造的工艺路线和作业计划的主要区别，并分析两者对生产效率和产品质量的影响。

9. 分析未来离散型制造工艺流程的发展趋势，并讨论数字化与智能化、定制化与柔性化、绿色可持续、供应链协同以及技术创新与集成等方面的影响。

参考文献

[1] 李君妍，胡欣，刘治红，等．大数据下离散制造业产品质量分析综述［J］．兵工自动化，2023，42（11）：23-27.

[2] 于若尘．离散制造行业数字化转型与智能化升级路径研究［J］．现代工业经济和信息化，2023，13（8）：82-84.

[3] 周成效，潘文静，刘晖．通过数据驱动离散型制造业数字化转型［J］．电站辅机，2023，44（2）：

38-43.

[4] 洪燕芳．离散制造过程的质量分析与预测：以半导体生产过程为例［D］．太原：中北大学，2023.

[5] 孙克．离散制造装备传感器应用技术现状与发展趋势［J］．仪表技术与传感器，2023（5）：1-4；9.

[6] 胡美珠．离散型制造企业数字化转型路径研究［J］．杭州科技，2022，53（6）：50-51.

[7] 杨伟凯．离散制造系统工艺知识发现与推理方法［D］．无锡：江南大学，2022.

[8] ROBERTO B，FABIO B，LORENZO F，et al. Safeguarded optimal policy learning for a smart discrete manufacturing plant［J］．IFAC-PapersOnLine，2022，55（2）：396-401.

[9] 陈鲁敏，黄梁，王加兴．离散型智能制造模式研究［J］．制造业自动化，2021，43（12）：14-18.

[10] 王秋瑶．工业互联网在离散制造现场的应用探析［J］．信息与电脑（理论版），2021，33（17）：13-16.

[11] 蒋金瑜．面向离散型制造的生产数据采集与产品质量预测方法研究［D］．重庆：重庆交通大学，2021.

[12] 严卫春．离散型制造业工艺智能化实施方案［J］．热力透平，2020，49（2）：152-157.

[13] 朱震宇，王艳，纪志成．基于高斯鸽群优化算法的典型工艺知识发现方法［J］．信息与控制，2019，48（1）：65-73.

[14] ARM J，ZEZULKA F，BRADAC Z，et al. Implementing industry 4.0 in discrete manufacturing：options and drawbacks［J］．IFAC-PapersOnLine，2018，51（6）：473-478.

[15] 张田，刘贺贺．离散行业智能制造应用现状和趋势［J］．现代电信科技，2017，47（5）：25-28；40.

[16] KOHR D，BUDDE L，FRIEDLI T. Identifying complexity drivers in discrete manufacturing and process industry［J］．Procedia CIRP，2017，63：52-57.

[17] 贾艳，李晋航．离散制造执行系统的仿真教学设计与实现［J］．机械设计与制造，2017（4）：269-272.

[18] 岳维松，程楠，侯彦全．离散型智能制造模式研究：基于海尔智能工厂［J］．工业经济论坛，2017，4（1）：105-110.

[19] 姜明．某离散型制造车间的布置规划与设计［D］．北京：清华大学，2016.

[20] 连志刚，焦斌，贾铁军．离散型制造业生产组织问题分析及其优化［J］．上海电机学院学报，2012，15（4）：260-264；275.

[21] 盛步云，王雨群，王静．基于RFID技术的生产过程管理系统研究［J］．武汉理工大学学报（信息与管理工程版），2012，34（2）：193-196.

[22] 刘永新．离散型制造过程工时数据处理与优化调度方法研究［D］．哈尔滨：哈尔滨工业大学，2010.

[23] 卢秉恒，邵新宇，张俊，等．离散型制造智能工厂发展战略［J］．中国工程科学，2018，20（4）：44-50.

[24] 王迟梅，王冬．自动化技术在机械工程中的应用研究［J］．佳木斯大学学报（自然科学版），2024，42（1）：91-94.

[25] 杨云鹏．流水线自动抓送料机械手控制系统设计［J］．自动化技术与应用，2021，40（7）：33-36.

[26] 李洋，周三三，杨许亮，等．离散型智能电装生产线建设研究及实践［J］．电子机械工程，2023，39（6）：46-50.

[27] 袁承家，董艳红．回转体轴类零件加工自动线的研究［J］．内燃机与配件，2022（1）：85-87.

[28] 闫占辉，刘旦，王征．汽车线束波纹管自动加工系统的开发［J］．汽车实用技术，2021，46（7）：121-123.

[29] 李尚波，刘少杰．汽车刹车盘自动加工生产线及其电气控制［J］．现代制造技术与装备，2018（1）：101-103.

[30] 窦笑，霍国庆．机器人发展的三种模式及其政策价值［J］．智库理论与实践，2024，9（1）：64-70.

[31] 岳建设，段好运．工业机器人在机械制造自动化产线上的应用［J］．内燃机与配件，2024（3）：90-92.

[32] 王晓莲．基于工业机器人控制的物料视觉分拣系统的研究与设计［J］．电子制作，2023，31（3）：23-26.

[33] 凌双明．智能视觉检测系统在物料分拣中的应用研究［J］．山西电子技术，2022（3）：77-80.

[34] 王卓群，谢福贵，解增辉，等．机器人化装备测量：加工一体化技术现状及展望［J］．机器人，2024，46（1）：118-128.

[35] 方伟光，郭宇，黄少华，等．大数据驱动的离散制造车间生产过程智能管控方法研究［J］．机械工程学报，2021，57（20）：277-291.

[36] 赵颖，侯俊杰，于成龙，等．面向生产管控的工业大数据研究及应用［J］．计算机科学，2019，46（S1）：45-51.

[37] 韦金宝，韦金洪．智能视频监控系统中的“人工智能+物联网”技术运用研究［J］．物联网技术，2024，14（2）：104-107.

[38] 刘欢，李萧均．工业物联网安全性的挑战和解决方案［J］．网络安全和信息化，2024（1）：50-52.

[39] 朱博承，王志军，李占贤．碰撞检测及其在机器人领域中的应用研究综述［J］．机床与液压，2023，51（16）：201-210.

[40] 盛永明，袁国庆．一个流柔性生产系统在十字轴车加工中的应用［J］．汽车制造业，2023（2）：37-40.

[41] 杨小佳，林若波．多工艺阶段柔性生产系统规划建模仿真研究［J］．机电工程技术，2023，52（11）：213-217.

[42] 李宾．绿色制造工艺在汽车零配件机械加工中的应用［J］．内燃机与配件，2022（11）：107-109.

[43] 王阳，滕纪云，汪兴．锻造车间绿色制造技术应用［J］．工程建设与设计，2020（23）：147-149.

[44] 兰箭，钱东升，邓加东，等．高性能环类零件绿色智能轧制的研究进展［J］．机械工程学报，2022，58（20）：186-197.

第2章 离散型制造工厂智能化关键技术

章知识图谱

说课视频

2.1 概述

离散型制造工厂的智能化转型正处于蓬勃发展的阶段，各种先进技术的应用正在深刻改变传统制造业的面貌。在这一背景下，本章将重点探讨离散型制造工厂智能化的关键技术，以及它们给离散型制造业带来的深远影响。首先，工业互联网技术作为推动制造业升级的关键驱动力之一，通过将传统制造业与互联网深度融合，实现了设备、企业和供应链的高度连接和协同。其次，物联网技术的应用使得制造设备具备了感知和通信能力，实现了设备之间的智能互联。各种传感器和设备通过物联网技术连接到互联网上，实现了设备状态的实时监测、生产数据的采集和传输，为智能制造提供了可靠的数据基础。再次，大数据和云计算技术作为支撑智能制造的重要基础设施，为制造企业提供了强大的数据处理和存储能力。大数据技术可以帮助制造企业从海量的生产数据中挖掘出有价值的信息，为生产调度、质量控制和资源优化提供数据支持。同时，云计算技术的引入也使得制造企业能够实现数据的集中管理和共享，降低了信息化建设的成本和复杂度。数字孪生技术则提供了制造过程的虚拟仿真环境，通过数字化的方式对整个制造过程进行建模和仿真。这种虚拟化的手段可以帮助制造企业进行生产过程的优化和调整，提高生产效率和质量，并且降低了实际试验和生产的成本及风险。最后，人工智能技术在制造业的应用也日益广泛，包括机器学习、深度学习、智能算法等方面。这些技术可以帮助制造企业实现智能化的生产调度、质量控制和预测性维护，提高生产过程的自动化程度和智能化水平。这些技术的不断进步和完善将进一步推动离散型制造工厂向着智能化、高效化的方向发展，为制造业的可持续发展和转型升级注入强大的动力和活力。

2.2 工业互联网技术

2.2.1 设备全生命周期管理

目前，企业正朝着数字化、智能化的方向发展，企业购买的设备种类逐渐繁杂，数量也不断增加，如果不建立一个完备、规范的设备管理体系，就不能对这些设备进行有效的管理，不能做到持续、合理地使用，也不能充分地发挥其价值。因此，企业迫切需要一套能够对其进行有效管理和使用的信息化管理体系。数字化设备管理系统的目标是使所有的设备都能够得到系统化和数字化的管理。利用信息化平台，把分散在各个单位的设备都汇集在一个平台上，从而实现数字化、智能化、可视化的管理。

设备全生命周期管理是指管理设备从需求、规划、设计、生产、营销、运行、使用、维护保养直到回收再利用的全生命周期范围之内的信息与过程，其涵盖了设备从设计生产到回收利用的全过程，能够实现全方位的覆盖管理。从本质上来讲，全生命周期管理不但是一种制造的理念，同时也是一门全新的技术类型，支持并行设计、敏捷制造以及协同设计，并且可以积极推进网格化制造等先进设计制造技术发展，有利于逐步形成对设备的充分利用，并且达到良好的发展效果。

设备全生命周期管理系统是利用计算机硬件、软件、网络设备、通信设备以及其他办公设备，进行设备管理的系统，如图 2-1 所示。该系统可应用于设备巡检、点检、维修、保养、工单和运行状况监控等各个场景，有效管理设备资源、维护设备的正常运转，从而提高工作效率，降低企业的运营成本。设备全生命周期管理系统能够使设备的台账、维保、归档及超期预警等自动生成，随时掌握设备的状态，保持和改善设备的工作性能。该系统可帮助制造企业缩短简化设备报修流程、加快设备维修响应时间、合理调配机修资源，使工厂管理层可以实时了解现场设备情况，保障设备安全高效运行。设备全生命周期管理系统的主要内容包括：

1. 实时的设备状态监测

快速物联接入，设备运行状态的在线监测，实时采集温度、电压、电流等数据，提高设备状态洞察力，避免设备突发故障。设备报警状态可视化，设备维修计划，设备运行履历可视化。

2. 多维度的设备统计分析

设备台账明细、设备资产汇总；设备巡检、点检、保养工单完成率，问题点统计；维修工单统计，故障设备、类别等统计；备件耗材领用、消耗统计；设备稼动率（设备在一定时间内实际运行时间与理论运行时间的比例）及设备综合效率（OEE）分析，自动统计并分析设备指标与效率，自动统计运行时长、故障时长、等待时长，分析工时浪费，为改善提供支撑。

3. 设备任务快速派工与执行

快速任务派发，手机极速报工。聚焦生产管理核心需求，涵盖工单、任务、报工、质检、绩效、统计看板等功能。生产进度一目了然，快速实现设备任务执行管理数字化。

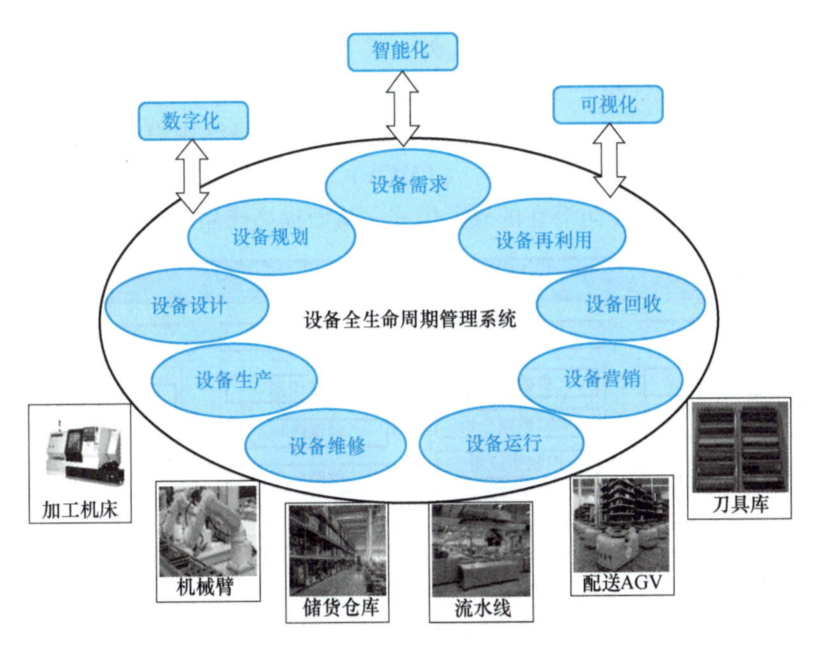

图 2-1　设备全生命周期管理系统

4. 移动化

定期点巡检工单、预防性保养工单，自动下发。异常、报修工单自动推送事件协同快速高效，实现流程驱动、任务在线、人员在线、工作透明化。

5. 规范化的备件管理

备件管理流程规范化，全方位管理备件的领用、出库、入库、盘点等环节，便捷灵活的实时库存查询、库存预警功能，优化备品库存，减少空闲的存量，提高备件利用率，降低备件沉淀资金，自动统计各类备件的消耗统计报表，为备件科学管理提供支撑。

6. 设备故障自动预警

实现设备故障自动上报、多级预警管理，让故障事件及时被响应处理。

2.2.2　产品质量控制

产品质量控制是企业为生产合格产品和提供顾客满意的服务及减少无效劳动而进行的控制工作。它的目标是确保产品的质量能满足顾客、法律法规等方面所提出的质量要求，如适用性、可靠性、安全性，范围涉及产品质量形成全过程的各个环节，如设计过程、采购过程、生产过程、安装过程等。产品质量控制一般分为产品智能设计、过程控制、故障诊断和预测性维护四个方面，如图 2-2 所示。

1. 产品智能设计

在产品智能设计中，设计师会充分运用现代信息技术、人工智能、大数据、云计算等技术手段，对产品的功能、结构、材料、工艺等方面进行全方位、多角度的优化和创新。利用先进的技术和工具，如计算机模拟和仿真，可以帮助工程师们在产品开发的早期阶段预测和解决潜在的问题，从而提高产品质量、缩短上市时间并降低生产成本。利用大数据和人工智能技术，可以对历史数据和市场反馈进行分析。通过机器学习和人工智能算法优化设计参数，可以提高设计的预测性和准确性。此外，采用标准化的设计元素和模块化的设计方法，可以提高产品的互换性和一致性，减少设计错误和生产缺陷。在设计过程中，早期引入用户反馈，通过用户体验（UX）设计，可以确保产品满足最终用户的需求和期望。在设计阶段，还需通过失效模式和影响分析（FMEA）以及失效模式、影响和危害性分析（FMECA）等工具，预测和预防潜在的故障模式，从而提高产品的可靠性和安全性。

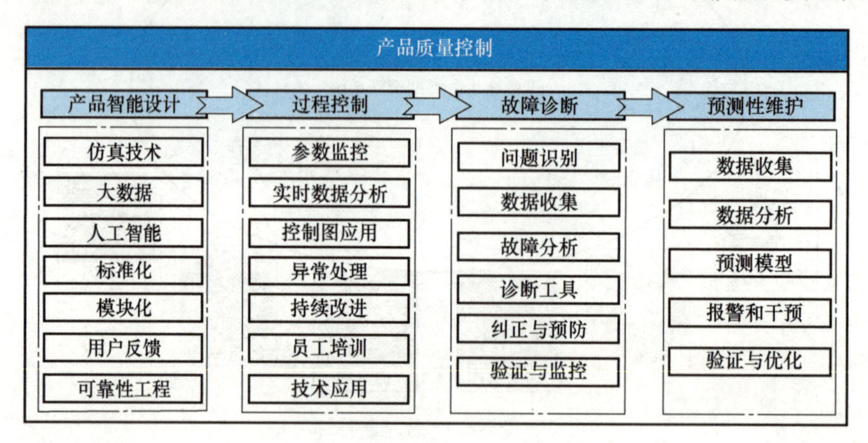

图 2-2　产品质量控制流程图

2. 过程控制

过程控制是确保产品质量的至关重要的一环，它在产品质量控制体系中占据着核心地位。这个过程主要包括对生产过程进行全方位、持续的监控和必要的调整，以确保每一件产品都能满足预先设定的规格和标准。在这个过程中，需要关注各种可能影响产品质量的因素，即监控过程参数，监测和记录生产过程中的关键参数，如温度、压力、速度、湿度等，以确保这些参数保持在规定的范围内。这些因素都需要被严格控制在预定的范围内，以确保产品的稳定性。同时，过程控制还需要通过实时数据分析，对生产过程进行动态调整，使用统计过程控制（SPC）等工具对收集到的数据进行分析，以检测过程是否失控或存在潜在的问题。当过程失控或超出规格限制时，及时采取措施进行调整，以减少缺陷和变异。此外，还需确保员工了解过程控制的重要性，并对其进行必要的培训，使其能够有效地参与过程控制活动，使员工能够利用自动化技术和信息技术，如传感器、执行器、监控和数据采集（SCADA）系统等，提高过程控制的效率和准确性。

3. 故障诊断

故障诊断是识别、隔离和查明系统故障或异常的根本原因的过程。它明确了具体问题，促进有针对性的维修和维护行动。故障诊断的第一步是识别故障模式和类型。首先需要收集与故障相关的各种数据，这些数据可能包括产品规格、操作条件、性能数据、客户反馈等。其次，需要利用失效模式和影响分析（FMEA）、故障树分析（FTA）等分析方法对收集到的故障数据进行分析，以确定故障的故障模式和类型。再次，需要根据故障诊断的结果采取相应的纠正措施，以解决问题。同时，还需要采取改进设计、优化工艺、加强质量控制等多种预防措施，以避免类似故障在将来再次发生。最后，需要验证采取的纠正和预防措施的有效性，并持续监控产品或过程，确保故障已经得到彻底解决，且不会再次出现。

4. 预测性维护

预测性维护是以状态为依据的维修，是对设备进行连续在线的状态监测及数据分析，诊断并预测设备故障的发展趋势，提前制订预测性维护计划并实施检维修的行为。总体来看，预测性维护中，状态监测和故障诊断是判断预测性维护是否合理的根本所在，而状态预测是承上启下的重点环节。根据故障诊断及状态预测得出的维修决策，形成维修活动建议，直至实施维修活动。可以说，预测性维护通盘考虑了设备状态监测、故障诊断、预测、维修决策支持等设备运行维护的全过程。预测性维护与传统的预防性维护不同，后者通常是基于固定的维护计划或时间间隔进行的，而不是基于设备的实际状态。预测性维护的优点在于它能够更精确地识别维护需求，从而提高维护效率和设备性能。这种方法在制造业、交通运输、能源生产等领域得到了广泛应用。

产品质量控制过程一般还涉及质量管理系统的使用。质量管理系统是一种基于云计算和互联网技术的系统，它允许企业在任何地点进行质量管理和质量保证工作，并帮助企业对产品的质量进行全面的控制和管理，为企业提供了一种高效、灵活且可靠的质量管理解决方案。网络化质量管理系统基本框架如图 2-3 所示。

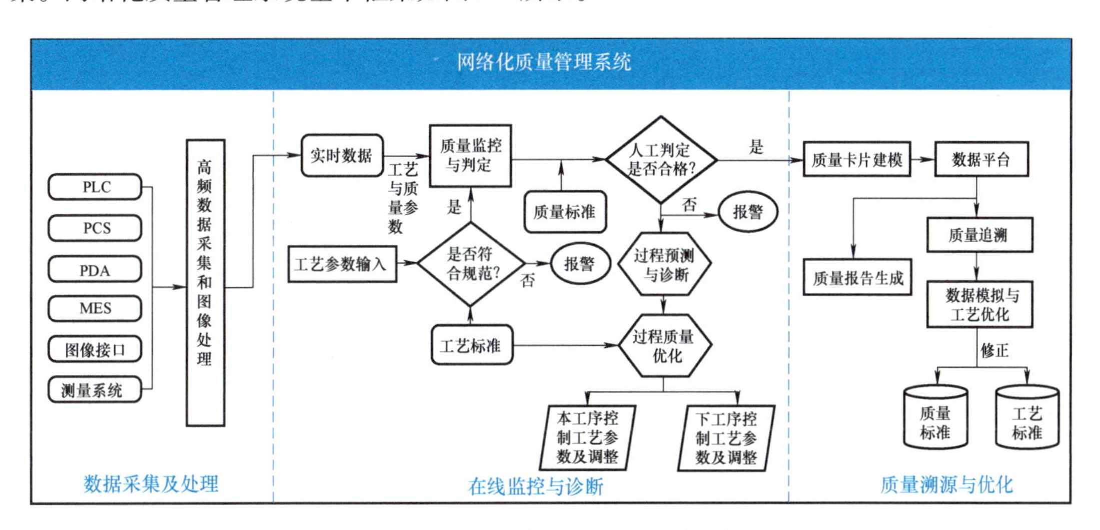

图 2-3　网络化质量管理系统基本框架

2.2.3　生产工艺管理

所谓的“离散型”制造，即“加工-组装”的生产模型。在现代的制造体系中，企业所生产的产品是由众多独立的组件组成的复杂结构，每个部件都是不可或缺的一部分。这些部件之间有着明确的界限，它们各自承担着特定的功能，彼此间几乎不存在直接或间接的依赖关系，从而保证了产品整体的稳定性和可靠性。为了将这些分散的部件有效地装配成一个完整的产品，需要采用离散型制造物流的方式，即让各个工序相互独立，直至最终完成装配工作。离散型生产物流如图 2-4 所示。

离散型制造过程中的生产工艺管理是一种系统的管理方式，它涵盖了从生产准备到成品出库的全过程。在这个过程中，管理者需要利用科学的方法和理论，如运筹学、系统工程、质量管理等，对生产工艺流程进行细致的计划、组织和控制。它的主要目的是在现有的生产条件下，通过优化资源配置、提高生产效率、保证产品质量，从而使生产过程达到最佳状态。在离散型制造中，生产工艺管理主要包括生产物流管理、生产流程优化、供应链管理以及车间物流优化四个方面，如图 2-5 所示。

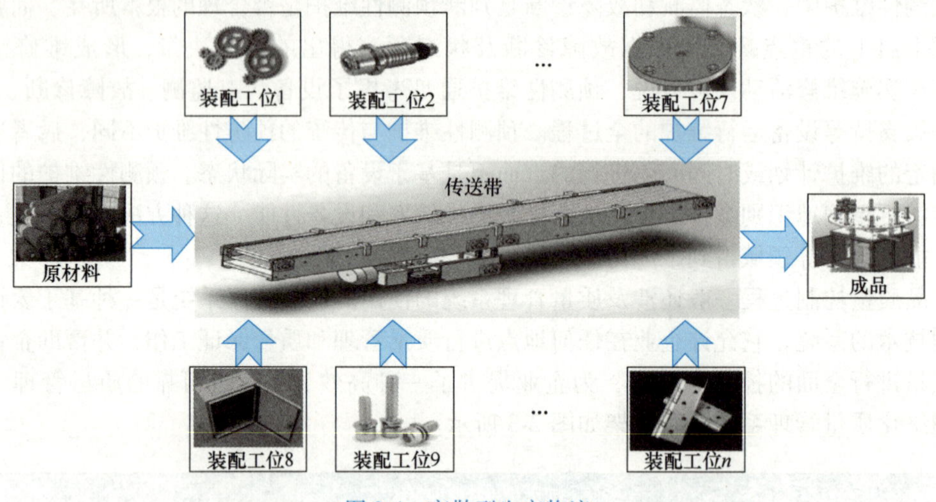

图 2-4　离散型生产物流

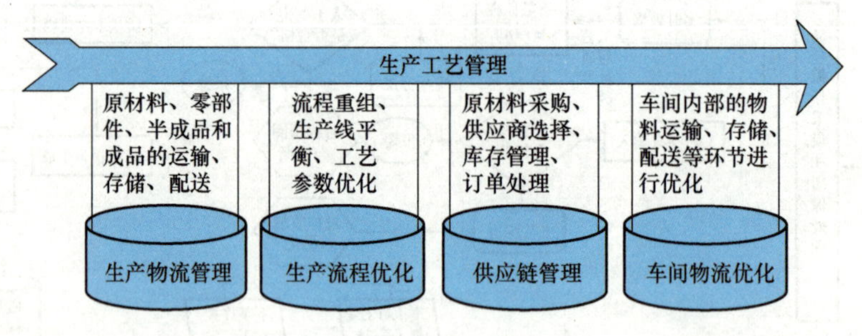

图 2-5　生产工艺管理

1. 生产物流管理

在进行离散型生产物流管理时，企业必须对材料供应保持高度关注，确保有足够的原材料储备以应对生产过程中可能出现的任何中断。这种管理策略要求企业不仅要防止因材料短缺而导致的生产停滞和存货积压，还要在确保零件生产质量符合行业标准的前提下，通过精确控制生产进度来实现库存的最小化。通常情况下，从事这类离散生产和物流活动的是那些专门处理特定类型零件的公司，如专注于汽车配件的生产厂、致力于电子产品制造的公司以及提供工业级零部件的供应公司等。这些企业拥有专业的技术团队和先进的设备设施，能够高效地完成从原材料采购到成品交付的全过程。离散型生产物流管理是一种系统性的策略，它要求企业在确保产品质量的同时，实现成本控制，提升响应速度，并为客户提供快速、可靠的服务。

2. 生产流程优化

工业互联网平台连接了各个环节，积累了海量的数据，可用于构建工业模型，并通过模型匹配实时数据，进行自主优化、自主决策等人工智能能力的开发，优化生产流程。产品生产流程优化是指通过对生产过程的分析和改进，以提高产品质量、降低生产成本、提高生产效率和满足顾客需求为目的的一系列活动。这通常涉及对生产流程的每一个环节进行细致的审查，包括原材料的采购、加工、装配、质量控制、库存管理以及最终产品的交付。优化的目的是使生产流程更加流畅、高效，减少浪费，提高生产的适应性和灵活性。流程的优化不管是在生产中的某一环节还是整体的生产过程中的改进，都需要围绕着优化的目标，通过去繁为减，改变顺序和必要的智能化制造手段等来达到目标的要求，从而来实现效率的提升、成本的降低以及生产周期的缩短等。流程优化主要表现在对现有过程进行复盘，重新规划和分析过程，并运用更多的设计方案来优化流程，再经过反复的调整和迭代来提升生产成果，最终形成完善的生产过程。

3. 供应链管理

供应链管理是指管理和协调供应链中所有活动和流程的过程，从原材料的采购、加工、生产、分销到最终产品交付给最终用户。供应链管理的目标是最大化供应链的效率和效益，降低整体成本，提高顾客满意度，同时确保供应链的韧性和可持续性。供应链管理包括供应商关系管理、采购管理、库存控制、物流配送、信息流管理等关键环节。随着企业对物流发展的需求越来越高，供应链的复杂性也越来越高，对供应链的管理提出了新的挑战。在大数据的支持下，企业能够根据供应链管理的需要，进行一系列的作业跟踪决策，如库存计划、资源分配、设备管理等，并对各个环节的成本、利润的比例和收益率进行科学的分析，以此来提高整个供应链的物流管理的质量与水平。全面考虑现代企业供应链物流中的各个环节、各项影响因素，构建立体化、可视化的数学模型，从中找出完善供应链物流的最优解，有利于保证现代企业生产过程的稳定性、安全性。

4. 车间物流优化

车间物流优化是一个涉及多个环节的综合性过程，主要关注于如何在生产车间内有效地管理和分配物料。它包括物料搬运策略、库存管理、合理规划生产线布局、物料流与信息流的无缝对接等关键方面。首先，物料搬运优化致力于通过改进搬运方式和工具，缩短物料从仓库到生产现场的流动时间，从而降低库存水平，减少搬运过程中的浪费。其次，库存控制的优化涉及对库存量的精确计算和调整，以确保工厂能够随时满足生产需求，同时最小化过剩库存的风险。再次，生产线的布局设计需要考虑物料流转路径的合理性，以缩短物料到达工位的时间，提高生产效率。最后，物料流和信息流的协调要求各部门之间建立起紧密的合作关系，共享信息，协同作业，以实现整个生产过程的顺畅运行。车间物流优化的最终目标是缩减不必要的物料滞留时间，提高物料在各生产阶段的可用性，降低库存成本，提升生产效率和产品质量。

2.3 物联网技术

2.3.1 设备关联优化

设备关联优化是指在不同的技术领域，如工业自动化、智能家居、物联网等，通过改进和提升设备之间连接、数据交换和协同工作的方式，从而提高系统效率、降低运营成本、增强用户体验等。设备关联优化是制造业中提高设备效率和生产效益的关键方法之一，它是一个复杂而全面的过程，包括设备协作优化、设备管理、工艺优化和工程知识管理等多个方面，如图2-6所示。

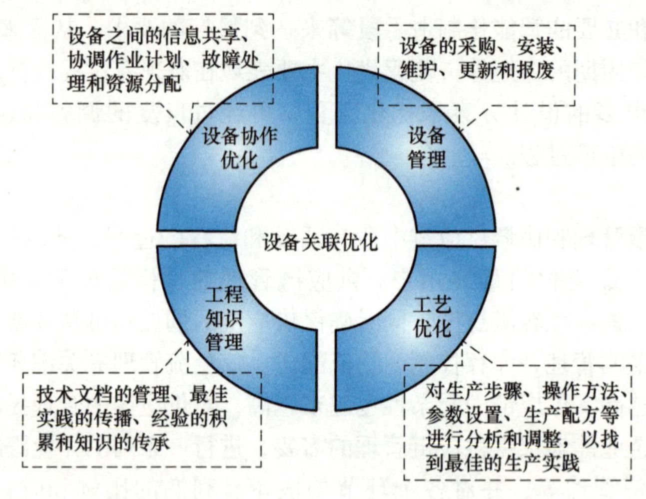

图2-6 设备关联优化

1. 设备协作优化

在现代生产环境中，设备协作优化的概念已经成为一种关键的管理实践。它着重于如何确保生产过程中各独立设备能够实现更加高效和无缝的合作。这种协作涉及一系列复杂的技术和策略，包括但不限于：通过信息系统共享数据，以提高整体操作的透明度；制订统一的作业计划，确保所有设备按照预定的时间表运行；及时处理故障，减少对生产流程的干扰；合理分配资源，使其最大限度地服务于生产目标。通过实施这些策略，企业可以显著减少生产过程中的瓶颈现象，提升生产线上每个环节的生产效率。这不仅有助于缩短产品从开始制造到完成交付所需时间，而且能缩短因机器故障或其他问题导致的停机时间，从而降低运营成本，并增强客户满意度。最终，这种协作模式促进了整个供应链的优化，提升了竞争力，为企业带来了可持续发展的优势。

2. 设备管理

设备管理涉及对生产设备的全方位管理，包括计划、组织、指导和控制等多个环节。具体来说，设备管理涵盖了设备的采购、安装、维护、更新和报废等各个方面。设备的采购是设备管理的首要步骤，企业需要根据生产需求和预算，选购适合的设备。在采购过程中，企业还需要考虑设备的性能、质量、售后服务等因素，以确保设备的正常运行。采购完毕后，需要对设备进行安装和维护。安装过程中，企业需要按照设备说明书进行操作，确保设备安装到位。安装完毕后，企业需要定期对设备进行保养和维护，以保证设备的正常运行。随着科技的不断发展，企业还需要不断引入新技术和新设备，以提高生产效率，因此设备的更新和升级也是设备管理的重要内容。同时，企业需要对达到使用寿命的设备进行报废处理，以减少设备故障和安全事故的发生。总之，良好的设备管理能够确保设备的高效运行，减少停机时间，延长设备寿命。

3. 工艺优化

工艺优化是企业提升生产竞争力的重要手段，它涉及对生产过程中的工艺流程进行细致的分析和改进。工艺优化旨在提高产品质量，降低生产成本，提高生产效率，同时确保生产过程的安全性。在工艺优化的过程中，企业首先需要对现有的生产工艺进行全面了解和评估。这包括对生产线的布局、设备的性能、工艺参数的设定等方面进行细致的分析和梳理。在此基础上，企业可以找到现有生产工艺中存在的问题和不足，为工艺优化提供依据。企业需要对生产过程中的各个环节进行改进。这可能涉及对生产设备的升级改造、对生产工艺参数的调整、对操作方法的优化等。工艺优化还需要注重创新和技术研发。企业可以通过引进新技术、新设备、新材料等，推动生产工艺的创新。同时，企业还需要加强与科研机构、高校等合作，共享研发资源，提升企业的技术创新能力。工艺优化是一个持续改进的过程。企业需要建立完善的工艺管理机制，定期对生产工艺进行评估和改进。

4. 工程知识管理

工程知识管理是一种系统的、有目的的方法，它涉及对工程领域内的知识和经验的全方位管理，包括有效的收集、组织、存储和共享。这一过程不仅涵盖了技术文档的全面管理，还包括对最佳实践的广泛传播，对经验进行深入的积累，以及对知识进行有效的传承。在工程知识管理的初期，需要对现有的知识资源进行全面的收集和整理。同时，还需要对工程领域内的最佳实践进行归纳和总结，以便在未来的工程实践中得到应用。在知识组织方面，需要将收集到的知识进行合理的分类和标签化，以便于检索和应用。此外，还需要建立一套完善的存储体系，确保知识资源的安全、稳定和长期保存。在知识共享方面，需要建立一种开放、透明的共享机制，鼓励员工相互分享知识和经验。这可以通过各种形式实现，如内部培训、研讨会、在线知识库等。通过这种方式，可以促进员工之间的交流和合作，提高整体的知识水平。

2.3.2　产品控制

物联网技术在产品控制中的应用，为企业和供应链管理带来了全方位的提升。在产品质量控制方面，物联网技术可以通过传感器和数据分析，实时监测产品的生产过程，及时发现和处理质量问题，从而提高产品质量；在产品溯源方面，通过物联网技术，记录产品从生产、运输到销售的全过程信息，这样一旦产品出现质量问题，企业可以快速定位问题环节，及时采取措施；在产品供应链协作中，物联网技术可以促进供应链各环节之间的信息共享和协同工作，通过物联网平台，各环节可以实时交换数据，协调生产、库存和物流等，提高供应链的整体运作效率；在人员培训方面，物联网技术的应用可以大大提高培训效率。通过在线培训平台、远程监控系统和虚拟现实（VR）模拟等技术手段，使员工能够在实际操作前模拟学习和实践，提高培训效果和安全性。物联网在产品控制过程中的应用如图 2-7 所示。

1. 产品质量控制

产品质量控制包括对产品的全面检测、监控和调整，目的是确保最终产品能够满足预先设定的质量标准。在物联网技术的发展和应用背景下，产品质量控制得到了极大的提升。通过集成先进的实时数据采集系统，可以准确地获取生产线上各项关键指标的数据，这些数据包括温度、湿度、压力、速度等各种物理量。利用传感器技术，可以对生产过程中的这些关键参数进行实时监测，一旦检测到数据超出既定的安全范围，系统就会立即发出警报，通知操作人员或自动调整设备，以保证生产过程始终在最佳状态下进行。此外，通过对采集到的海量数据进行深入的分析和处理，可以发现生产过程中的潜在问题和改进点。借助数据挖掘和机器学习算法，人工智能助手可以协助人们识别出那些可能导致产品质量波动的因素，并提出相应的优化建议。物联网技术在产品质量控制中的应用，不仅提高了检测的准确性和监控的实时性，还通过数据分析为产品的持续改进提供了科学依据。

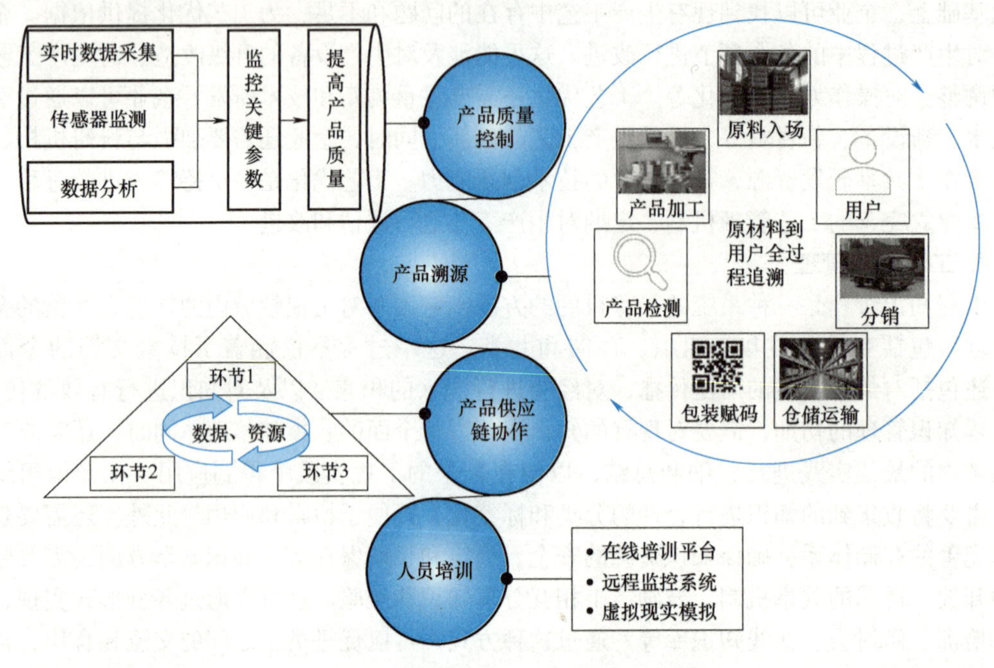

图 2-7　物联网在产品控制过程中的应用

2. 产品溯源

产品溯源是一种至关重要的管理手段，它涉及对产品从生产到销售的每一个环节，甚至是整个产品生命周期的详细信息的追踪和记录。溯源技术的起源可以追溯到 20 世纪 70 年代，当时条形码技术的出现标志着产品溯源技术的诞生。条形码通过一系列的线条和数字，记录了产品的生产日期、批次等信息，使得消费者可以通过扫描条形码来了解产品的来源和生产信息。随着技术的不断进步，条形码逐渐被更加先进的图像码和无线射频识别（RFID）技术所取代。图像码是一种将信息以图像的形式编码的技术，它比条形码拥有更大的信息容量，可以记录更多的产品信息。RFID 技术则是一种自动识别技术，通过无线电波实现对产品信息的读取和写入，具有非接触、远距离识别的特点，使得产品溯源更加高效和便捷。在电子、汽车、钢铁等工业和制造业中，产品溯源技术已经成为确保产品质量、提高生产效率、增强消费者信任的重要工具。产品溯源技术的发展历程是与其所应用的领域和技术本身的进步紧密相连的。随着技术的不断革新和应用领域的扩大，人们有理由相信，产品溯源技术将在未来的生产和供应链管理中发挥更加重要的作用。

3. 产品供应链协作

产品供应链协作是一种管理策略，它强调在供应链的各个环节之间进行信息共享、计划协调和资源优化，以此来实现整个链条的高效运作和快速响应。在现代供应链管理中，物联网技术的发展为供应链协作提供了强大的技术支持。通过物联网设备，如传感器、RFID 标签等，供应链中的各个环节可以实时收集和传输数据，实现信息的无缝对接和共享。这种技术的应用使得各合作伙伴能够及时了解生产进度、库存状况和市场需求，从而更加精准地协调生产和库存管理，减少无效生产和库存积压，提高供应链的灵活性和适应性。学术界目前认为，供应链协作的形式主要包括供应链上下游合作伙伴之间的相互了解、知识共享以及整合协作。相互了解是指合作伙伴之间对彼此的业务流程、运作模式和战略目标有深入的理解和认识。知识共享则是指在供应链内部传播和分享最佳实践、技术进步和管理经验，以促进整个链条的持续改进和创新。整合协作则是将供应链的各个环节无缝对接，形成一个协同工作的整体，实现资源的最佳配置和利用。

4. 人员培训

人员培训旨在提升各环节工作人员的专业技能和工作效率，从而优化整个供应链的运作。通过系统的培训，员工可以更好地掌握各自的职责和工作流程，降低错误发生率，提高工作质量。物联网技术的应用为人员培训带来了变革。在线培训平台利用物联网技术，能够提供灵活、便捷的学习方式，提高培训的参与度和效果。远程监控系统则可以对培训过程进行实时监控和管理，确保培训的质量和进度。此外，虚拟现实（VR）模拟技术的应用，更是为人员培训提供了前所未有的实践机会，这种培训方式不仅提高了培训的真实感和沉浸感，也大大提高了培训的安全性。不仅如此，物联网技术能够根据员工的学习进度、能力和需求，提供定制化的培训内容和方法。这样的个性化培训不仅能够满足员工的个性化需求，也能够提高培训的针对性和效果。

2.4 大数据和云计算技术

2.4.1 数据管理

在工业 4.0 时代，随着设备数字化、自动化和智能化水平的提高，工业生产数据呈现爆炸式增长。数据管理变得至关重要，不仅包括采集、存储和清洗，还需通过分析和挖掘数据中的商机，优化生产、识别风险。然而，随着数据规模扩大，数据管理面临安全、隐私保护和存储能力等挑战。深入理解和应用数据管理原理方法，对于构建离散型制造智能工厂至关重要。

1. 数据管理的概念和过程

（1）数据管理的概念　数据管理是指对数据进行系统化、有序化的组织、存储、维护和处理的过程。在工业领域，数据管理包括数据采集、存储、清洗、分析和运用，旨在有效管理和利用生产过程中产生的海量数据。

（2）数据管理的过程　在当今信息爆炸的时代，数据管理对于组织内部是一项必不可少的工作。它涉及各种类型和来源的数据的收集、存储、清洗、整合和分析的过程。数据管理的成功与否直接影响组织对信息资源的利用效率，同时也对决策和业务运作有深远的影响。数据管理的过程可以简单分为以下几个步骤，其流程图如图 2-8 所示。

1）数据采集。在数据管理中，数据采集是关键的第一步。通过传感器、设备监控系统等，将生产过程中产生的各种数据进行实时采集。

2）数据存储。采集到的数据需要进行存储，以便后续的处理和分析。

3）数据清洗。采集到的数据可能存在错误、重复、缺失或异常值等问题，需要进行清洗和预处理。

4）数据整合。数据管理中涉及多个系统和部门的数据，需要进行数据整合。

5）数据分析。通过对采集、存储、清洗和整合后的数据进行分析，可以获取有价值的信息和见解。

经过有效的数据管理，离散型制造工厂可以实现生产过程的监控、优化和智能化。数据管理不仅可以提高生产效率和质量，还可以为决策者提供准确的数据支持，帮助其做出更明智的决策。

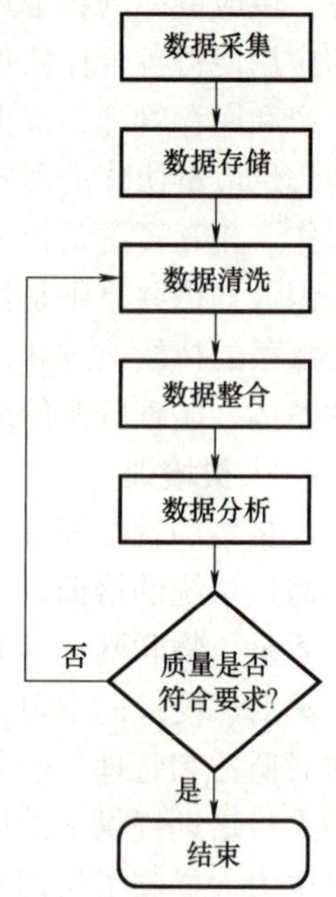

图 2-8　数据管理过程流程图

此外，数据管理中还有一些常用技术和工具。例如，数据库管理系统（DBMS）如 MySQL、Oracle 等，它们能够有效地处理和组织大量的数据，并提供高效的数据检索和更新功能。数据仓库则通过 ETL（extract-transform-load，抽取、转换、加载）技术从多个来源整合数据，提供一种集中式的数据存储和管理解决方案，以支持复杂的分析和报告需求。云计算作为一种灵活、高效的计算资源交付方式，提供了强大的数据管理和分析能力。这些技术和工具共同促进着数据管理的有效实施，帮助离散型制造工厂更好地进行智能化。

2. 数据分析的意义和方法

（1）数据分析的意义　数据分析的基本意义在于从数据中获取信息和见解，帮助做出更明智的决策。通过数据分析，可以发现趋势、关联和模式，揭示隐藏在数据背后的规律，从而指导行动并优化结果。另外，数据分析还有助于理解现状、预测未来，提高效率、降低风险，并持续改进业务绩效。

（2）数据分析的方法　数据分析方法的应用范围广泛，包括描述性分析、预测性分析和决策分析等，如图 2-9 所示。每种方法都有其独特的作用和重要性，共同为企业提供决策支持和战略指导。

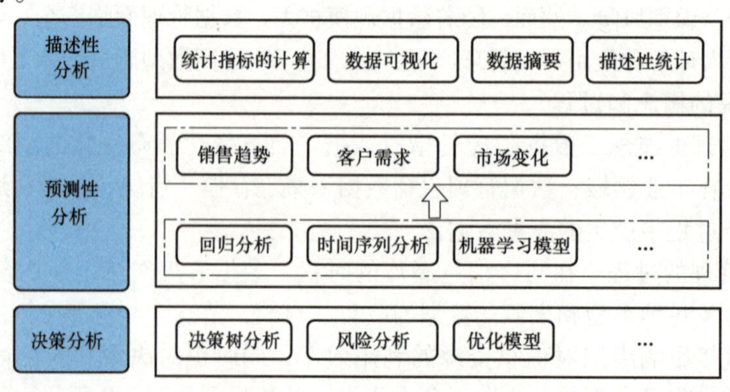

图 2-9　数据分析的方法

1）描述性分析。描述性分析旨在对已有的数据进行总结和描述，以揭示数据的基本特征和规律。这种分析方法包括统计指标的计算、数据可视化、数据摘要和描述性统计等，能够帮助人们更好地理解数据的分布、中心趋势、离散程度和相关性。

2）预测性分析。预测性分析旨在基于历史数据和趋势来预测未来事件或趋势的发展。这种分析方法包括回归分析、时间序列分析、机器学习模型等，能够帮助企业预测销售趋势、客户需求、市场变化等，从而做出相应的战略规划和决策。

3）决策分析。决策分析旨在帮助企业在不确定性条件下做出最佳决策。这种分析方法包括决策树分析、风险分析、优化模型等，能够帮助企业评估不同决策方案的风险和回报，并选择最优的决策方案。

（3）统计学基本原理　在进行数据分析时，熟练掌握假设检验、方差分析、回归分析等统计学基本概念是至关重要的。通过运用这些基本概念，不仅可以有效地验证假设、比较组间差异以及探索变量之间的关联，而且可以提供准确而可靠的结果，从而更好地指导决策和解决问题。

1）假设检验。假设检验，是指利用样本的实际统计量去检验事先对总体某些数量特征所做的假设是否可信，进而为决策取舍提供依据的一种统计分析方法。在数据分析过程中，通常会根据收集到的数据对某种假设进行验证。并且，通过对样本数据的分析，进而判断某种假设是否成立。

2）方差分析。方差分析是一种常用的统计方法，用于比较不同组别或因素对某个变量的影响是否存在显著差异。在数据分析中，经常会面临需要比较多个组别、处理条件或分类变量对某个连续性变量的影响的情况。通过方差分析可以计算组间变异与组内变异的比值，并以此来判断是否存在显著的组别差异。方差分析不仅可以了解不同组别之间的均值差异，还可以用来控制其他可能影响结果的混杂变量，提供更准确的比较结果。总而言之，方差分析为人们提供了有效的统计工具，可以帮助人们从数据中提取有用信息，并做出准确的推断和决策。

3）回归分析。回归分析是数据分析中常用的一种方法，用于研究自变量与因变量之间的关系。通过回归分析可以探索和建模变量之间的线性或非线性关系，以预测或解释因变量的变化。回归分析可以帮助理解自变量对因变量的影响程度，并进行因果推断。在实际应用中，回归分析常用于预测未来趋势、发现变量之间的关联、控制混杂因素等方面。通过回归分析可以揭示数据背后的规律和趋势，为决策提供科学依据。总之，回归分析作为数据分析中的重要工具，可以深入挖掘数据的信息，从而更好地理解和利用数据。

3. 数据挖掘的概念和步骤

（1）数据挖掘的概念　数据挖掘是一种从大量数据中发现有用模式和知识的过程。它结合了统计学、机器学习和数据库技术，旨在通过分析数据来揭示隐藏的关联、趋势和规律，以支持决策和预测。

（2）数据挖掘的步骤　数据挖掘的步骤包括数据理解、数据清洗与预处理、特征选择与变换、模型建立、模型评估以及模型部署与应用，如图 2-10 所示。每个步骤都有其独特的功能和目标，从而提取有意义的见解、支持决策制定和优化业务流程。

（3）常用的算法　当提到数据挖掘算法时，常见的包括聚类、关联规则挖掘、异常检测和分类，如图 2-11 所示。这些算法不仅有助于发现数据中隐藏的模式和规律，而且能够为决策提供重要支持。通过这些算法，能够从海量数据中提取出有价值的信息，为企业和组织的战略规划、市场营销、产品优化等方面提供可靠的决策依据。

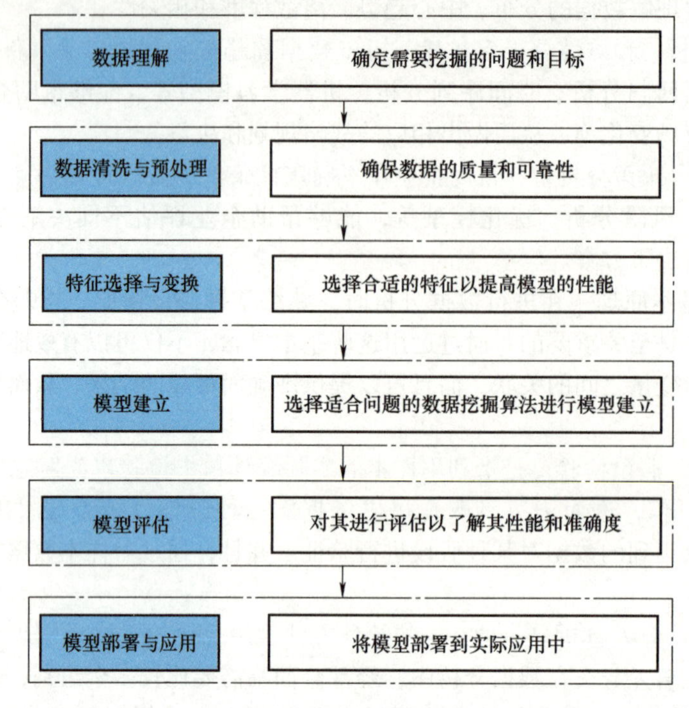

图 2-10　数据挖掘的步骤

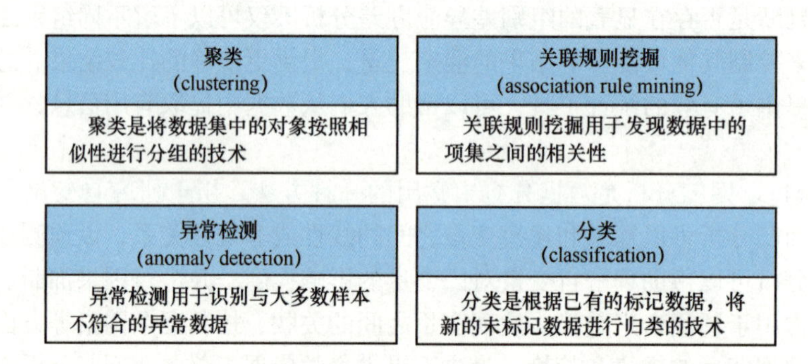

图 2-11　常用的算法

4. 数据安全的重要性、基本原则和技术

（1）数据安全的重要性　数据安全，在制造业中至关重要。制造业涉及大量敏感信息，如产品设计、生产流程和质量检测数据，需要保持机密性和完整性。同时，随着智能化技术的应用，网络攻击和数据泄露等威胁也日益增加。为了应对这些挑战，制造业必须采取适当的措施来确保数据的安全，包括加密数据、控制访问权限和实施网络安全措施。只有保护好数据，制造业才能实现供应链管理的安全和稳定，并保持竞争力和可持续发展。

（2）数据安全的基本原则和技术　数据安全在当今信息化时代变得尤为重要，特别是对于制造业这种涉及大量敏感信息和关键数据的行业。随着数字化和智能化技术的广泛应用，制造业面临着越来越多的网络攻击、数据泄露和合规性挑战。因此，建立有效的数据安全机制成为保障制造业正常运转和可持续发展的关键一环。在这个背景下，探讨数据安全的基本原则和技术（图 2-12），如身份验证、访问控制、加密等，变得尤为重要。

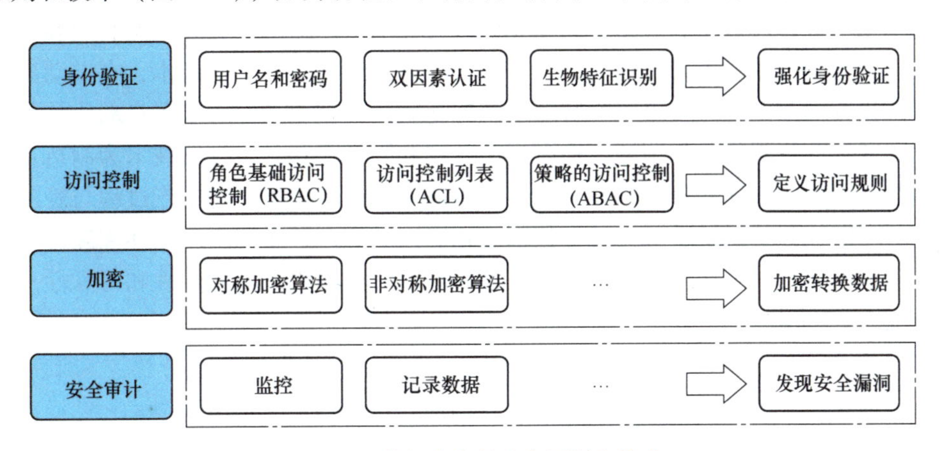

图 2-12　数据安全的基本原则和技术

上述的身份验证、访问控制、加密和安全审计是保护数据安全的基本原则和常用技术。通过综合运用这些技术，制造业可以确保数据的保密性、完整性和可用性，从而有效应对数据安全挑战。

（3）常见的数据安全威胁和防范措施　当面临数据安全威胁时，制造业需要采取有效的措施来保护公司的重要信息资产。网络攻击、数据泄露、人为疏忽、社交工程等安全威胁可能对制造业造成严重影响，因此建立健全的数据安全防护体系至关重要。常见的数据安全威胁和防范措施如图 2-13 所示。

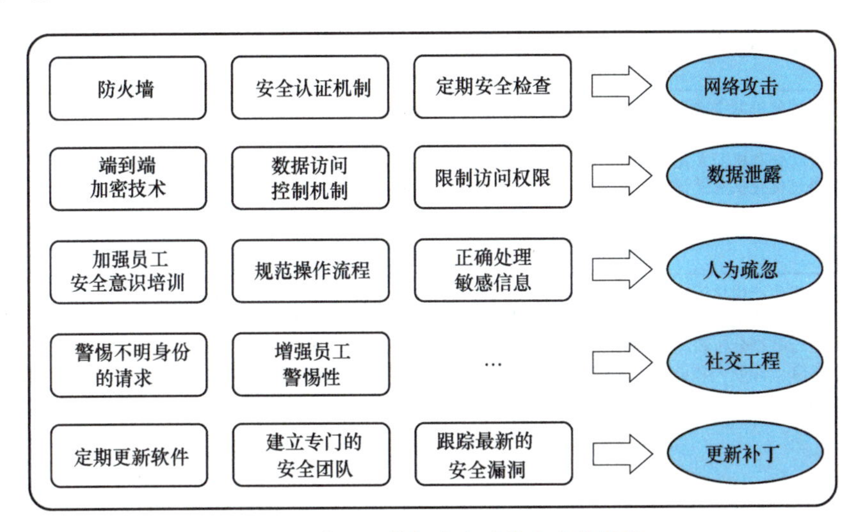

图 2-13　常见的数据安全威胁和防范措施

综合运用以上防范措施，制造业能够有效地保护数据安全，确保公司信息资产的完整性和机密性，提升企业的抗风险能力和竞争力。

2.4.2 生产优化

在数字化时代，离散型制造工厂智能化已成为提高生产效率、优化资源利用和保障产品质量的关键。其中，智能生产优化、云计算和实时监控预警作为关键技术，在推动离散型制造工厂智能化方面发挥着重要作用。智能生产优化利用数据驱动的方法和自动化技术，帮助制造企业实现生产过程的优化调整，提高生产效率和降低成本。云计算技术为制造企业提供了高效的数据存储、处理和分析平台，支持实时决策和远程协作，将生产过程与管理层面无缝连接。实时监控预警系统通过传感器技术和物联网的应用，实现对生产环境和设备状态的实时监测和预警，帮助企业及时发现和解决潜在问题，确保生产的稳定性和可靠性。

1. 智能生产优化

（1）智能生产优化的概念　智能生产优化，是指利用先进的数据分析、人工智能和自动化技术，对制造生产过程进行实时监控、分析和优化，以提高生产效率、降低成本、增强生产质量和灵活性的过程。

（2）智能生产优化的作用　智能生产优化在提高生产效率、降低生产成本、提升生产质量和支持生产灵活性等方面具有重要的作用。通过实时监控、数据分析和自动化调整，企业能够优化生产流程，提高生产效率和质量，同时降低成本。智能生产优化的作用如图 2-14 所示。

提高生产效率
❑ 智能生产优化系统通过实时监控和分析生产过程，能够识别生产中的瓶颈点和低效环节，并对其进行优化 ❑ 自动化操作和自动化调整参数能够减少人为干预和人为误差，提高生产效率 ❑ 系统实施实时调度和资源管理，确保资源的最佳利用，避免生产线闲置和过度投入，从而全面提高生产效率
降低生产成本
❑ 系统能够减少废料和次品率，从而降低原材料和能源的浪费 ❑ 通过优化生产计划和生产线配置，系统能够降低人力成本 ❑ 自动化和机器人化替代人力，系统能够降低劳动力成本，还能够减少设备故障和停机时间 ❑ 通过优化供应链管理，系统能够降低库存成本和物流成本，全面降低生产成本
提升生产质量
❑ 智能生产优化系统通过实时监测生产数据，进行质量控制和质量检测，能够全面提升生产质量 ❑ 自动化的生产过程能够减少人为误差，提高产品一致性和稳定性 ❑ 通过数据分析和反馈机制，系统能够快速发现并解决质量问题 ❑ 系统还能够实施自动化检测和质量追溯，确保产品质量可追溯，从而全面提升生产质量

图 2-14　智能生产优化的作用

（3）自动化和机器学习在生产优化中的应用　自动化和机器学习在生产优化中的应用可以帮助企业实现智能化生产、实时优化和数据驱动的决策，从而提高生产效率、降低成本、改善产品质量和提升市场竞争力。随着这些技术的不断发展和应用，未来生产优化将更加智能化、灵活化和可持续化。

1）自动化。自动化在生产优化中发挥着重要作用。通过自动化技术，生产线可以实现高度集成和智能化控制，提高生产效率和产品质量。自动化设备和机器人可以执行重复性任务，减少人为操作误差，并且可以 24/7 全天候稳定运行，从而实现生产过程的持续性和稳定性。此外，自动化还可以提升生产线的灵活性和适应性，使生产过程更容易调整和优化，以满足市场需求的变化。

2）机器学习。机器学习在生产优化中的应用也日益广泛。通过机器学习算法对大量生产数据进行分析和挖掘，可以发现隐藏在数据背后的规律和趋势，帮助企业做出更准确的决策。例如：机器学习可以应用于预测性维护，通过监测设备传感器数据并识别故障特征，提前预测设备可能出现的故障，并制订相应维护计划；机器学习还可以用于产品质量控制，通过实时监测和反馈，对生产参数进行智能调整，确保产品质量的稳定性和一致性。通过机器学习的应用，生产过程变得更加智能化和可持续化，为企业提供了更大的竞争优势。

2. 云计算

云计算对于离散型制造工厂的智能化转型具有重要作用。它可以帮助工厂更好地处理和管理大量的生产数据、设备数据和质量数据，并实现实时监控和远程管理。同时，云计算还支持机器学习和人工智能等技术应用，帮助工厂优化生产过程，提高生产效率和产品质量。此外，云计算还提供了灵活的 IT 基础设施，可以为工厂节省成本并提高系统的可扩展性和可靠性。

（1）云计算的重要性（图 2-15）　云计算在离散型制造工厂智能化转型中具有多重作用。它提供了强大的数据管理和处理能力，实现了实时监控和远程管理，支持智能优化和预测性维护，并提供灵活的 IT 基础设施。这些功能共同推动了离散型制造工厂的数字化转型，帮助工厂提高生产效率、产品质量和运营灵活性。

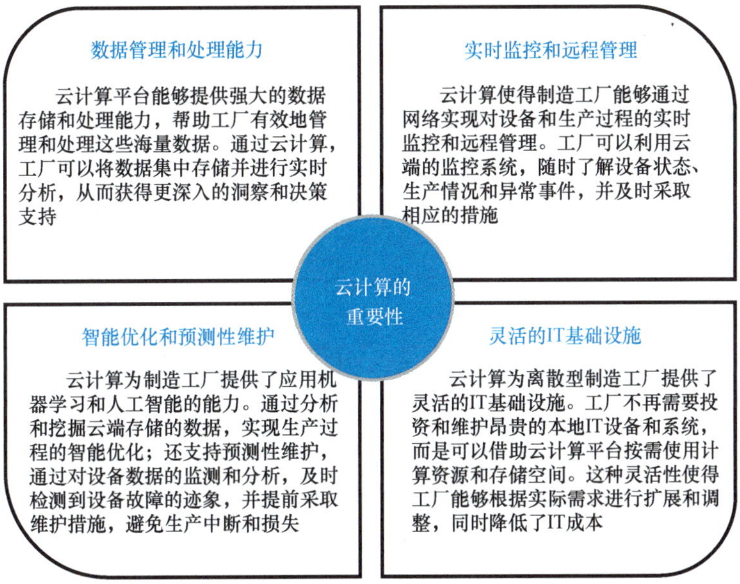

数据管理和处理能力

云计算平台能够提供强大的数据存储和处理能力，帮助工厂有效地管理和处理这些海量数据。通过云计算，工厂可以将数据集中存储并进行实时分析，从而获得更深入的洞察和决策支持

实时监控和远程管理

云计算使得制造工厂能够通过网络实现对设备和生产过程的实时监控和远程管理。工厂可以利用云端的监控系统，随时了解设备状态、生产情况和异常事件，并及时采取相应的措施

云计算的重要性

智能优化和预测性维护

云计算为制造工厂提供了应用机器学习和人工智能的能力。通过分析和挖掘云端存储的数据，实现生产过程的智能优化；还支持预测性维护，通过对设备数据的监测和分析，及时检测到设备故障的迹象，并提前采取维护措施，避免生产中断和损失

灵活的IT基础设施

云计算为离散型制造工厂提供了灵活的IT基础设施。工厂不再需要投资和维护昂贵的本地IT设备和系统，而是可以借助云计算平台按需使用计算资源和存储空间。这种灵活性使得工厂能够根据实际需求进行扩展和调整，同时降低了IT成本

图 2-15　云计算的重要性

（2）云计算架构和技术　云计算架构是支持云计算服务提供的基础设施和组件，其核心是以虚拟化技术为基础的资源池，包括计算、存储和网络等基础设施资源，以及自动化管理和安全保障等支持功能。根据服务模型的不同，云计算架构可以分为 IaaS、PaaS 和 SaaS

三种。在部署模型方面，云计算架构可以分为公有云、私有云和混合云三种。IaaS 提供基础设施，PaaS 添加了应用程序执行环境，SaaS 提供完整的软件应用程序作为服务。公有云是由第三方服务商提供的多租户共享资源的云服务，私有云则由单个组织独立管理和运营的云环境，混合云是公有云和私有云的结合，允许数据和应用在公有云和私有云之间灵活迁移。

云计算技术包括虚拟化技术、自动化管理和安全技术等方面。虚拟化技术是云计算的基础，它通过将物理资源分割成多个虚拟实例，从而实现资源的共享和可预测性。虚拟化技术包括虚拟机技术和容器技术。自动化管理是确保云计算环境高效可靠的关键，它通过自动化部署、自动化扩容和自动化监控等手段来简化资源管理和应用部署流程，提高生产力和可靠性。安全技术包括身份认证和访问控制、加密技术以及网络隔离等方面，以确保云计算环境的安全性和隐私性。身份认证和访问控制可以确保只有授权用户才能访问云资源；加密技术可以保护数据在传输和存储过程中的安全性；网络隔离可以确保不同租户之间的数据安全和隔离。这些云计算技术相互支持和补充，共同构建了安全、高效、可靠的云计算环境。

(3) 云计算的优势（图 2-16） 云计算在数据存储、处理和分析方面具备多重优势。云计算平台能够根据实际需求实现弹性扩展，快速调整存储和处理资源，避免资源浪费，同时确保始终有足够的资源可用。采用按需付费模式，云计算降低了运营成本，用户只需支付实际使用的资源，无须投入高额资本购买硬件设备和软件许可证。通过多个数据中心和冗余备份机制，云计算可提供高可用性和数据持久性，即使出现故障，数据依然可用。云计算还具有灵活性和快速部署的优势，用户能够根据需求选择不同的存储和处理服务，并利用自动化部署和管理工具快速部署数据环境，适应业务变化和快速上线新服务的需求。最后，云计算平台还提供了专业的安全措施和加密技术，以保护数据的安全性。

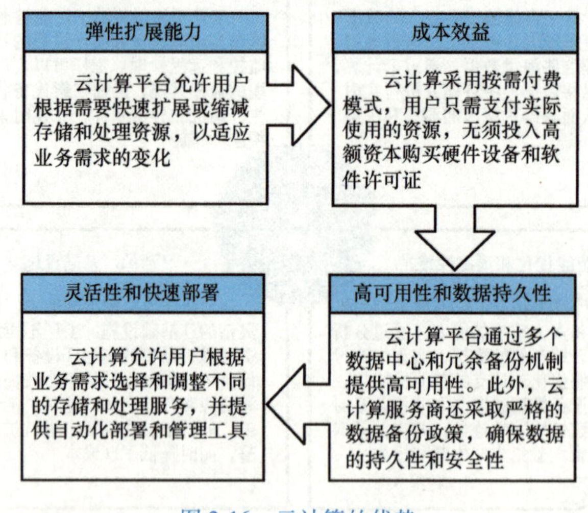

图 2-16 云计算的优势

3. 实时监控预警

(1) 实时监控预警的意义和目标 实时监控预警在现代企业中具有重要的意义和目标。它可以帮助企业及时发现潜在的风险和问题，从而采取预防措施，降低发生事故、损失或其他不良后果的可能性。实时监控预警系统能够实时收集和分析数据，一旦检测到异常情况或突发事件，可以迅速发出预警信息，使相关人员能够及时采取行动，处理紧急情况，减少损失和影响范围。此外，实时监控预警还能为管理层和决策者提供有价值的信息和洞察力，支持数据分析和决策制定。通过实时监控预警，企业可以提高运营效率、降低生产成本，并提供更高质量的产品和服务。最重要的是，实时监控预警可以加强企业的安全管理，保障生产过程和设施的稳定性。

（2）传感器技术和物联网技术在实时监控中的应用　实时监控在各行各业中扮演着至关重要的角色，它可以帮助组织即时获取关键数据、监测设备状态、预警潜在问题，并及时采取相应措施。传感器技术和物联网技术作为实现实时监控的关键支撑，发挥着不可替代的作用。传感器技术通过各种类型的传感器设备实时监测环境参数和设备状态，为实时监控系统提供精准的数据支持；而物联网技术则通过连接和集成各类传感器设备，实现数据的实时传输、交互和智能化处理，为实时监控系统提供了强大的连接和整合能力。下面将分别介绍传感器技术和物联网技术在实时监控中的应用和优势。

1）传感器技术。传感器技术在实时监控中扮演着至关重要的角色。各种类型的传感器，如温度传感器、压力传感器、振动传感器等，能够实时监测环境参数和设备状态的变化。通过这些传感器收集到的数据，实时监控系统可以及时发现潜在的问题和异常情况，并触发预警机制。例如，压力传感器可用于监测管道压力，一旦超过设定范围，系统可立即发出警报，帮助防止事故发生。传感器技术的广泛应用为实时监控提供了精准的数据支持，提高了生产安全性和效率。

2）物联网技术。物联网技术则为实时监控系统提供了数据传输和集成的解决方案。通过物联网技术，各类传感器设备可以连接到互联网，并实现数据的实时传输和交互。这使得实时监控系统能够将各种数据集中存储、分析和处理，实现更加智能化和自动化的监控。同时，物联网技术也支持远程监控和管理，用户可以通过互联网随时随访问监控数据和系统状态，及时做出反应。总之，物联网技术为实时监控系统提供了强大的连接和整合能力，使监控过程更加高效、便捷和智能化。

（3）数据分析和预测模型在实时监控预警中的作用　数据分析和预测模型在实时监控预警中的作用是不可替代的。数据分析通过识别异常情况和关联性，帮助系统及时发现潜在问题；而预测模型则通过历史数据和实时监测数据，提前预警可能的趋势和故障模式，为企业管理层提供智能决策支持。综合来看，它们共同加强了实时监控系统的预警能力，降低了生产风险，提高了生产效率，为企业的可持续发展提供了可靠的数据支持。

1）数据分析。数据分析在实时监控预警中扮演着关键角色。通过对实时监测数据的分析，可以及时发现异常情况、趋势变化和潜在问题。数据分析能够识别数据之间的关联性，帮助监测系统识别出可能存在的异常情况，如突然的数据波动或偏离预期范围的数值。这种即时的分析和识别有助于企业及时采取行动，防止潜在问题的进一步发展，确保生产和运营的顺利进行。

2）预测模型。预测模型在实时监控预警中扮演着重要角色。基于历史数据和实时监测数据，预测模型可以发现潜在的趋势和变化，提前预警可能出现的问题。通过建立的模型，监测系统能够识别设备或系统可能的故障模式，并提前发出警报，以便及时采取维护措施。预测模型还可以为企业管理层提供智能决策支持，帮助他们基于客观数据做出准确、快速的决策，从而降低风险并优化生产效率。

2.4.3 安全与隐私

离散型制造工厂智能化技术的发展在提高生产效率的同时，也引发了对安全与隐私的关注。数据泄露、网络攻击等安全问题可能对工厂运营造成威胁，因此确保系统安全至关重要。同时，关于员工数据和生产信息的收集及使用，需要遵守相关法律法规，保护个人隐私权。在推动智能化发展的过程中，必须重视安全防范措施，同时平衡好技术发展与隐私保护之间的关系，确保离散型制造工厂智能化技术的安全和可持续发展。

1. 企业隐私

（1）敏感数据分类　企业的隐私敏感数据可以分为几类，包括个人身份信息、金融和支付信息、员工和客户信息、企业机密信息以及其他敏感信息，如图 2-17 所示。这些数据在企业运营中起着至关重要的作用，但也面临着泄露和滥用的风险。

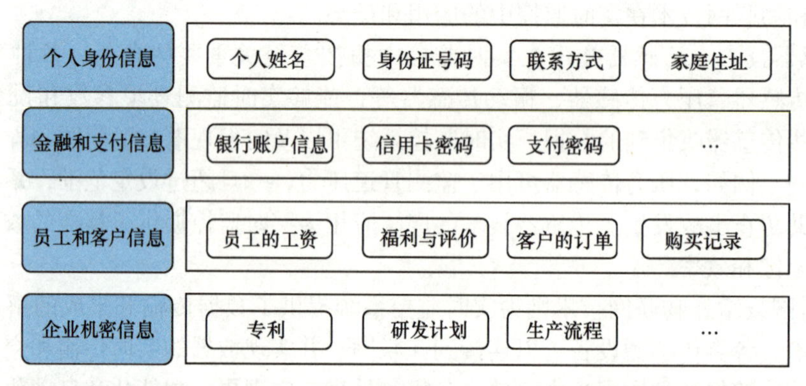

图 2-17　敏感数据分类

（2）访问控制与权限管理　访问控制和权限管理是确保企业数据安全的关键措施之一。访问控制是指通过技术手段限制用户对系统资源的访问，而权限管理则是指分配和管理用户所拥有的特定权限，以确保他们只能访问其工作职责所需的信息和功能。

1）访问控制。访问控制是信息安全领域中的重要概念，它指的是通过技术手段限制用户对系统资源的访问。在企业环境中，访问控制可以通过身份验证、访问控制列表（ACL）、角色基础访问控制（RBAC）等方式来实现。身份验证包括用户名、密码、双因素认证等方式，用于确认用户的身份，从而防止未经授权的访问。ACL 可以用于配置特定用户或用户组对文件或网络资源的访问权限，实现精细化的访问控制。而 RBAC 则是将用户分配到不同的角色，并授予相应的权限，以确保用户只能访问其工作职责所需的资源。通过这些方法，企业可以有效地限制用户的访问权限，防止未经授权的用户获取敏感数据或系统权限，从而提高系统的安全性。

2）权限管理。权限管理则是在访问控制的基础上，对用户所拥有的权限进行管理和控制。最小授权原则是权限管理的一个重要原则，即为用户分配最小必要的权限，避免赋予过多权限造成风险。此外，企业还需要定期审计用户的权限，及时更新和调整用户权限，确保其与实际工作需要相匹配，并及时撤销离职员工的权限，以降低内部滥用权限的风险。另外，采用分层权限管理策略也是一种常见的做法，通过设定不同级别的权限，确保敏感数据只能被有权限的人员访问，从而避免数据泄露风险。通过这些权限管理策略，企业可以更好地管理和控制用户的权限，降低数据泄露和滥用的风险，提高数据安全性和合规性。

(3) 数据加密技术应用（图 2-18）　数据加密技术在数据传输、存储介质、数据库、文件和端到端等方面都有广泛应用，可以有效保护数据的安全性和机密性。企业和组织在数据安全保护中应合理应用适当的加密技术，根据具体需求选择相应的加密方法和算法，确保数据在传输和存储中受到适当的保护。

数据传输加密
数据在网络中传输过程中，使用加密算法对数据进行加密，确保传输过程中的数据不被窃取或篡改
存储介质加密
对于存储在硬盘、闪存等物理介质上的数据，可以采用数据加密技术进行保护。加密后的数据只有在获得相应密钥的情况下才能解密，确保即使存储介质被盗或遗失，数据也不会被泄露
数据库加密
对于存储在数据库中的敏感数据，可以采用数据库加密技术加密相关字段或整个数据库，还可以在应用程序层面进行实现，使用数据库本身提供的加密功能
文件加密
对于敏感文件，可以使用文件加密技术进行保护。加密后的文件只有在输入正确的密钥或密码后才能解密，确保文件内容不被未经授权的用户访问
端到端加密
在通信应用中，端到端加密是一种重要的数据保护方式。它确保消息或通信内容只能在发送者和接收者之间进行解密，即使在通信过程中被中间人窃取也无法获取明文内容

图 2-18　数据加密技术应用

2. 数据安全

(1) 安全传输和存储措施　在数据传输和存储中，采取一系列安全措施至关重要，以确保数据的机密性和完整性不受损害。合理采取一些安全措施，能够全面保护数据在传输和存储过程中的安全性，确保数据不受到非法访问或篡改，维护数据的保密性和可靠性。

1）安全传输措施。在数据传输过程中，采取一系列措施以确保数据的安全性。首先，使用加密协议（如 SSL/TLS）对数据进行加密传输，以有效防止数据被窃听或篡改。其次，实施双因素身份验证，要求用户提供多个身份验证因素，如密码和短信验证码，以增强登录过程的安全性。再次，通过建立虚拟专用网络（VPN）来创建安全通道，以保护数据在公共网络上的传输安全。最后，采用安全文件传输协议（SFTP）代替传统 FTP，在文件传输中使用加密技术以确保数据传输的安全性。

2）安全存储措施。为保障存储数据的安全，可以采取多项措施。首先，对存储介质、数据库和敏感文件采用数据加密技术，以确保数据存储在介质上的安全性。其次，实施强密码策略，要求用户设置复杂且难以破解的密码，并定期更换密码。再次，定期备份数据并妥善存储备份数据，以便在数据损坏或丢失时进行及时恢复。通过访问控制和权限管理机制，限制用户对存储资源的访问权限。最后，采取物理安全措施，如锁定服务器房间、安装监控摄像头等，防止未经授权的访问和破坏。这些措施共同确保数据在存储过程中的安全性和完整性。

（2）定期安全审计与监控　定期的安全审计和监控对于保障数据传输与存储的安全至关重要。安全审计通过系统性的检查和评估来确认安全措施是否得当、符合标准，并发现可能存在的漏洞和风险。另一方面，安全监控则是通过实时监测和记录系统活动，以便及时发现异常行为和潜在的安全威胁。定期的安全审计和监控可以及时发现并解决潜在的安全问题，提高整体安全性水平，有效应对不断演变的安全威胁，使数据传输和存储环境更加可靠和安全。

建立定期的安全审计机制有以下关键步骤：制定安全审计策略；收集审计日志；分析和解读审计日志；定期评估安全控制措施；监控数据访问和使用情况；及时响应和修复。通过制订适当的审计计划，包括对系统配置、访问控制、身份验证、数据加密等方面进行审计；确保系统和应用程序生成详细的审计日志记录；定期分析和解读收集到的审计日志，快速识别异常行为和潜在的安全威胁；对系统中的安全控制措施进行评估，确保其符合最佳实践和合规要求；通过实施数据访问监控和行为分析，可以追踪和监测敏感数据的访问及使用情况；对于发现的安全事件或问题，采取及时的响应和修复措施，以确保数据传输和存储环境的安全性。

1）灾难恢复与备份策略。灾难恢复计划是为了应对灾难事件而制订的详细计划。它包括识别潜在灾难类型、评估其对业务的影响，以及确定相应的应急响应步骤和角色责任。通过制订灾难恢复计划，组织能够在灾难发生时迅速采取行动，减少业务中断时间，并最大限度地保护数据和恢复业务运作。

备份策略是为了保护数据而制定的一系列策略和措施。这包括确定备份频率、备份类型和备份存储位置。根据业务需求和数据重要性，选择适当的备份方法，如完全备份、增量备份或差异备份，并将备份数据存储在安全可靠的地方。定期测试和验证备份数据的可用性及完整性，以确保备份数据可以在需要时成功还原。

综合考虑灾难恢复与备份策略，组织能够在灾难事件发生时保持业务连续性并最小化数据丢失风险。通过制订灾难恢复计划，组织能够迅速响应灾难，并按照预先确定的步骤进行恢复操作。同时，通过备份策略，组织能够确保数据的可靠备份和还原，可以降低数据丢失和业务中断对组织的影响。

2）合规性与法律要求。合规性与法律要求的重要性不仅在于保护用户隐私权益和降低企业法律风险，更关乎企业的信誉和可持续发展。遵守相关的数据隐私法规可以增强用户对企业的信任，建立良好的用户关系，促进用户参与和忠诚度，这对于企业的品牌形象和市场竞争力至关重要。同时，合规性有助于降低法律风险，避免可能造成的罚款、诉讼和其他法律后果，为企业节省成本，保护企业的利益。此外，遵守法律要求可以确保数据处理活动的合法性和稳定性，为企业的长期发展提供法律保障。合规性是企业社会责任的体现，也是企业文化和价值观的具体表现，通过合规经营，企业能够获得社会和政府的认可，为可持续发展奠定坚实基础。因此，应将合规性与法律要求视为企业发展的基石，全力以赴确保业务运营符合法律的规定。

2.5 数字孪生技术

2.5.1 数字孪生框架

1. 数字孪生技术的概念

数字孪生是指通过数字化技术和模型在虚拟世界中创建物理实体、过程或系统的数字化双胞胎。这个概念源于物理世界和数字世界之间的联系，旨在利用数字技术在虚拟环境中建立对物理实体的精确模拟，达到物理实体状态在数字空间的同步呈现，通过镜像化数字化模型的诊断、分析和预测，进而优化实体对象在其全生命周期中的决策、控制行为，最终实现实体和数字模型的共享智慧与协同发展。

2. 数字孪生的主要用途

数字孪生的主要用途（图 2-19）有以下几个方面：

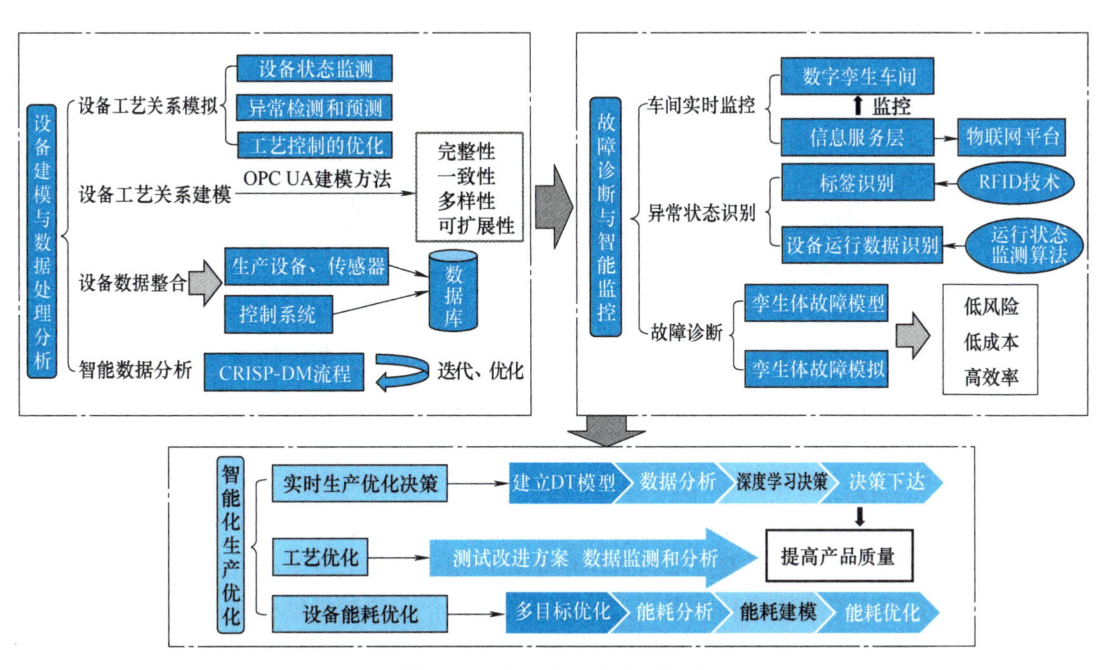

图 2-19　数字孪生的主要用途

（1）设备建模与数据处理分析　设备建模与数据处理分析包括设备工艺关系模拟和建模、设备数据整合、智能数据分析。通过对设备、工艺和相关参数的系统建模和分析，旨在优化生产效率、降低成本、提高质量。模型必须完整、一致、多样，并具备良好的可扩展性。数字孪生技术在此阶段提供模型构建的基础和方法，以及精确和全面的模拟和预测能力。将来自不同设备、系统的信息汇集、整理和统一，创造出一个一体化的数据集，为数据分析、实时监控和决策提供重要基础。数字孪生技术通过实时数据驱动，可以帮助优化工艺流程，提高设备效率和产品质量。利用整合后的数据进行分析，需要建立适当的分析模型和算法。

（2）故障诊断与智能监控　数字孪生技术通过虚拟车间和物理车间的结合，以及信息服务层的支持，能够实现对车间生产过程的实时监控和数据分析。通过对工件加工状态和设备运行状态的实时监测，数字孪生技术能够及时发现和应对生产过程中的动态异常，保障生产效率、产品质量和生产安全。结合数字孪生技术和故障模型，能够提高故障诊断的准确性和效率。数字孪生模型的仿真能力可以在虚拟环境中进行故障诊断，快速定位故障并选择最优修复策略。

（3）智能化生产优化　数字孪生技术支持智能制造监控系统的实时决策分析和执行，通过车间加工路线的动态规划算法，实现车间生产过程中动态扰动的及时响应。通过对生产过程的仿真和模拟，数字孪生技术可以帮助企业测试和优化工艺改进方案，提高生产效率、资源利用效率，同时确保产品质量。数字孪生技术在供应链管理中的应用能够提高供应链的透明度、效率和响应能力。

2.5.2　设备建模与数据处理分析

1. 设备工艺关系模拟

设备工艺关系模拟技术与数字孪生密切相关，数字孪生是一种通过数字化技术将实体设备、过程或系统的物理模型、数据模型与仿真模型相结合的方法，可实现对实体设备或过程的全生命周期虚拟化和仿真。在设备工艺关系模拟技术中，数字孪生可提供更加精确和全面的模拟和预测能力。数字孪生需要对实体设备或过程进行描述和建模，而设备工艺关系模拟技术中的模型构建方法也涉及对设备和过程进行描述，分析物理过程，并决定模拟的模型类型及结构。因此，数字孪生可以为设备工艺关系模拟提供模型构建的基础和方法。

设备工艺关系模拟技术中的计算求解方法与数字孪生的仿真计算密切相关。数字孪生通过模拟计算实体设备或过程的行为和性能，从而获取各种操作参数、设备状态和产品变化等信息，采用数值分析方法，应用常微分方程、偏微分方程等进行模拟计算，如离散事件模拟、动力学模拟等，从而实现对设备工艺关系的仿真和预测。

通过数字孪生技术，可以帮助优化工艺流程，提高设备效率和产品质量。在设备工艺关系模拟技术中，数字孪生可以实现设备状态监测、异常检测和预测，为工艺控制和优化提供支持。因此，设备工艺关系模拟技术与数字孪生相辅相成，数字孪生技术的应用可以进一步提升设备工艺关系模拟的精度和效率，为工艺设计、优化和控制提供更加可靠的支持。

设备工艺关系模拟框架如图 2-20 所示。

2. 设备工艺关系建模

（1）建模步骤　设备工艺关系建模是制造或生产过程中的关键方法，通过对设备、工艺和相关参数进行系统建模和分析，旨在优化生产效率、降低成本、提高质量等。该建模方法中几个主要方面的专业表述如下：

1）完整性。模型必须全面反映设备的整体情况，包括其全生命周期和功能需求，以最大限度地提供和表达详尽的信息。这要求模型不仅覆盖设备的所有方面，还需考虑设备与生产过程的各个阶段的关联。

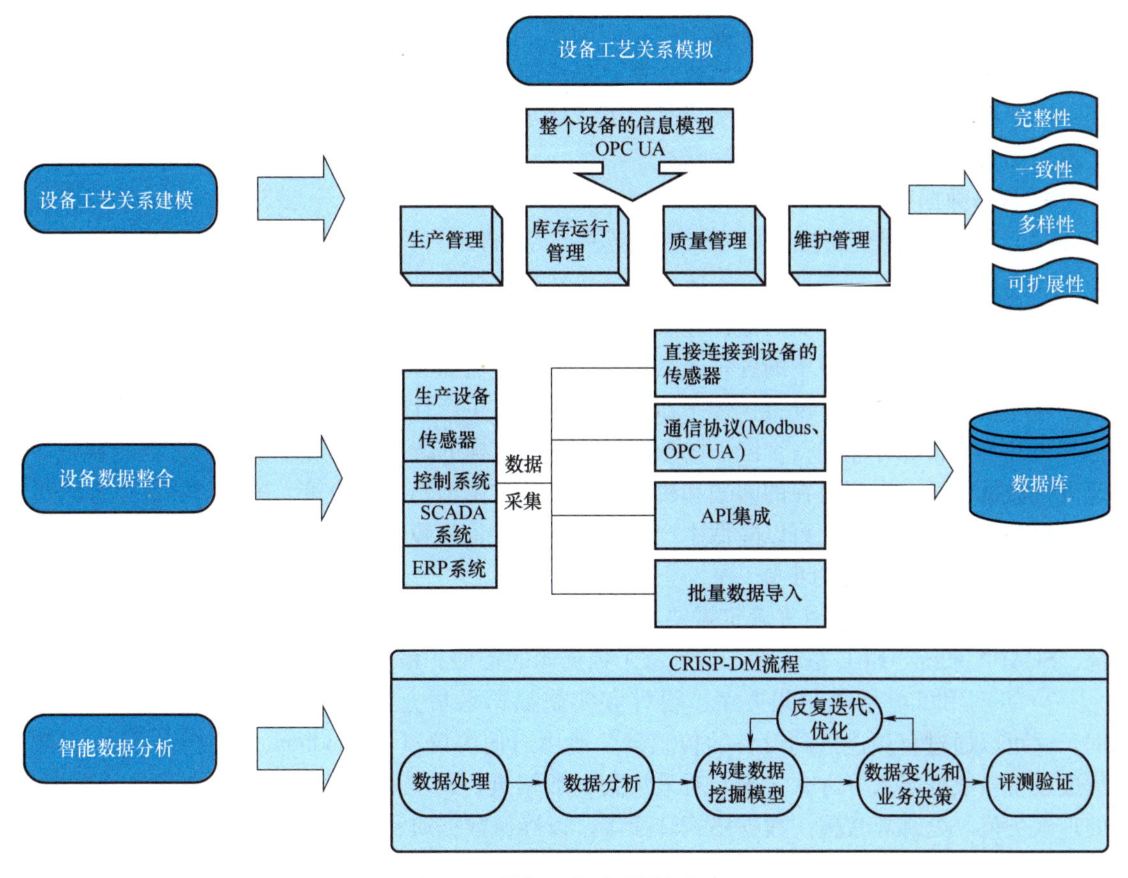

图 2-20　设备工艺关系模拟框架

2）一致性。数字化设备信息模型要求对各类信息具有一致的描述，包括设备类型、名称、计量单位、状态等。这需要在建模过程中采用统一的术语和标准化的描述方法，以确保信息的准确性和可比性。

3）多样性。模型应综合考虑整个架构和体系结构，并针对每个子模型内的具体信息进行详细定义。同时，模型需要从不同的视角（如功能、信息、资源、组织等）描述信息对象之间的联系和动态行为，以确保模型的多样性和全面性。

4）可扩展性。模型需要具备良好的可扩展性，以应对未来可能出现的变化和需求。这要求建模过程中采用专业的语言和方法，确保模型能够灵活适应不同的环境和要求，从而实现长期有效的使用和维护。

（2）建模思想及方法　设备工艺关系建模借鉴元模型建模思想，首先分析具体数字化设备，明确该设备在各个维度上的组成，确定建模覆盖范围，选择 OPC UA（或与 UML 相结合）作为建模方法。按照执行系统的功能构件划分，自上而下对整个设备工艺进行分解，得到相对独立的若干个分析域。将一个大而复杂的信息模型划分为生产管理、库存运行管理、质量管理、维护管理等若干个子模型。针对每个子模型，分析得出设备、人、零件等建模对象的基本信息，确定各对象的属性及其联系。对数据信息（如零件名称、编号）进行合理定义和命名，明确其具体含义。利用实体及其联系建立元模型，然后根据 OPC UA 建模方法和 XML 语言，对各个子模型进行详细设计，列出模型内涉及的各类信息，明确其属性、格式等，形成信息列表，完成子模型的构建，自下而上进行信息集成。根据子模型间的联系，对子模型进行横向和纵向集成。横向集成即对同一层的子模型进行一致性检验，建立同一层子模型之间的联系；纵向集成是将下一层子模型集成为高一层次的域信息模型，直到实现全局信息模型，进行检查和确认。

3. 设备数据整合

（1）设备数据整合的目的　设备数据整合旨在将来自不同设备、系统或数据源的信息汇集、整理和统一，创造出一个一体化、综合性的数据集。这个数据集是企业生产过程中的宝贵资产，为数据分析、实时监控和决策提供了重要基础。通过设备数据整合，企业可以更好地理解和把握生产过程中的各种变量和关联关系，从而实现生产过程的优化和管理的智能化。这项任务涉及从生产设备、传感器、控制系统、生产计划系统等多个来源收集数据，并将其清理、整合和存储到一个统一的数据平台中。这样的统一性和综合性使得企业能够更好地进行数据分析，发现潜在的问题和机遇，以及及时做出精准的决策。不仅能够优化生产过程，提高效率和质量，还可以降低生产成本、减少设备故障停机时间。

（2）设备数据整合的步骤

1）确定数据来源。首先确定需要整合的设备和系统，包括生产设备、传感器、控制系统、SCADA 系统、ERP 系统等。理解每个数据源的类型、格式和数据结构。

2）设计和实施数据采集方案。设计和实施数据采集方案，以从各个数据源中收集数据。这可以通过直接连接到设备的传感器、使用通信协议（如 Modbus、OPC UA 等）、API 集成或批量数据导入等方式实现。对采集到的数据进行清洗和预处理，包括去除重复数据、处理缺失值、处理异常值、数据格式转换等，以确保数据质量和一致性。

3）数据处理。将来自不同数据源的数据进行整合和合并，统一存储到一个数据仓库或数据库中。这可能涉及数据结构的调整、字段映射、数据标准化等工作，以确保数据的一致性和可比性。对整合后的数据进行验证，以确保数据的完整性、准确性和可靠性。

4）检查数据安全性。这包括与原始数据源进行比较，检查数据是否正确地转换和整合。将整合后的数据存储到适当的数据存储系统中，以确保数据的安全性和可访问性。这可能涉及选择合适的数据库技术、数据备份和恢复策略、访问权限管理等方面的工作。

4. 智能数据分析

（1）智能数据分析的意义　利用整合后的数据进行分析和应用，需要建立适当的分析模型和算法，以从数据中提取有价值的信息和洞见。构建一个高效精准的机器学习模型有很大一部分因素取决于特征向量的选择与提取，构造好的特征向量，应选择合适的、表达能力强的特征。尤其是对于工业大数据来说，由于数据来源多、业务机理复杂、外界因素干扰、传感器异常等原因，企业原始数据包含较多的异常点、干扰点，多维度之间存在非线性关系等，这些都将直接影响后续模型构建的准确性以及模型复杂度，因此在算法选择与模型构建之前，需要数据分析人员对原始数据进行探索分析与特征提取，开展过滤、转化、降维、特征选择等特征分析工作，为算法选择与模型训练提供良好输入。

（2）智能数据分析的方法

1）通过问题剖析、数据基础探索与特征工程处理后，算法类型的确定与具体算法的选择将成为搭建分析模型的关键。平台提供丰富的分析挖掘算法库，包括分类、聚类、回归、关联分析、时间序列、综合评价及文本挖掘等多类别上百种机器学习算法，并支持集成学习、深度学习等框架与应用模型搭建，全面实现复杂场景下各业务数据的分析与建模诉求。与此同时，平台提供基于 Python、Java、MATLAB 等编程语言的扩展编程接口，支持特定场景下，细分专业特定算法的快速写入与固化应用。

2）通过对模型迭代训练过程的可视化洞察功能，实现模型训练过程的全透明管理监控，辅助数据分析人员构建高性能和高精准度的挖掘模型。过程中需要基于 CRISP-DM 流程进行反复迭代、优化与评测验证，根据数据变化及业务决策使用要求反复调整优化模型。全方位观察分析建模过程及模型运算的结果，通过洞察能够为改进数据分析挖掘流程和模型调优提供支撑，从而提升模型有效性和精度。

3）整个数据分析及建模工程完成后，可以快速将分析挖掘模型等成果进行发布与共享，支持外部链接、数据展示门户及外部调用接口等多种分享方式。后续类似应用构建时可从模型库中选择已有模型进行快速调整，提升建模效率。支持将发布后的成果嵌入第三方平台或与已有信息业务系统集成，并支持将关键信息实时发送到移动端、PC 端等，满足多层级多场景下决策应用的需求。

2.5.3　故障诊断与智能监控

故障诊断与智能监控是一种技术手段，旨在通过监测、分析和识别系统或设备中的问题或异常情况，以及提供相应的解决方案或预警，以确保系统或设备的正常运行。这种技术通常应用于各种领域，如工业生产、电力系统、交通运输、医疗设备等。

1. 车间实时监控

（1）数字孪生车间的概念　数字孪生车间是一种将虚拟技术与物理制造过程相结合的先进生产模式。在数字孪生车间中，物理车间的各种生产要素（人员、设备、原材料、环境等）被映射到虚拟空间中，形成虚拟车间。这个虚拟车间并非简单的模拟，而是通过丰富的数据和复杂的模型，准确地反映了物理车间的各种特征和运行状态。

（2）数字孪生车间的特点

1）虚拟车间模型集合。虚拟车间实质上是物理车间各生产要素映射的孪生模型集合。这些模型包括了对人员、设备、原材料、环境等生产要素的几何、物理、行为、运动逻辑属性的多维度刻画。

2）多维度建模。孪生模型利用了多种数据和模型，对生产要素进行了多维度建模，包括了几何形态、物理特性、行为逻辑等方面。

3）脚本连接服务。通过脚本连接服务，各属性得以有机结合，实现了生产要素之间的数据交互和协同。

4）与物理车间同步运行。虚拟车间由实时数据驱动，能够与物理车间实时同步。这意味着虚拟车间可以随时反映物理车间的生产状态，并且可以进行实时调整和优化。

5）高度一致性。所建立的孪生模型具备与物理车间几何、物理、动作行为和生产活动等生产要素的高度一致性。这意味着虚拟车间可以准确地模拟物理车间的运行情况。

（3）数字孪生车间的实时监控过程　在车间的关键位置安装各种传感器，包括温度传感器、压力传感器、湿度传感器、振动传感器等。传感器负责采集车间内各种参数的实时数据，如设备运行状态、环境条件等。采集到的数据通过有线或无线网络传输到数据处理中心。在数据处理中心，数据被处理、解析，并存储在数据库中，以备后续分析和应用。对实时数据进行分析，以监测车间生产状态和设备运行状况。通过可视化界面展示监控结果，让操作人员和管理人员能够清晰地了解车间的运行情况。实时监控通常包括生产指标、设备状态、环境条件等方面的监控，如生产速率、产品质量、设备故障等。系统会自动识别异常情况，如设备故障、生产异常等。一旦发现异常，系统会触发警报，通知相关人员采取相应的措施。根据监控结果，操作人员可以及时调整生产参数、设备运行状态等，以优化生产过程。优化可能包括调整生产速率、改变工艺参数、进行设备维护等。系统会记录所有的监控数据和操作记录，以备日后分析和归档。定期生成监控报告，分析生产趋势、设备运行情况等，为管理决策提供数据支持。

车间实时监控是一个持续改进的过程，管理团队会根据监控结果和分析报告进行不断改进和优化，提高生产效率和产品质量。整个车间实时监控过程是一个闭环系统，通过不断地采集、分析、监控和优化，实现车间生产的高效运行和管理。

2. 异常状态识别

异常状态识别是指在工业生产车间中，通过监测设备、传感器和数据分析等技术手段，检测并识别与正常生产运行不一致的状态或行为。这些异常状态可能是设备故障、工艺参数异常、材料质量问题等，它们可能会导致生产效率下降、产品质量降低、安全风险增加等不良后果。

（1）判断异常类型　在车间生产过程中，异常类型的判断至关重要。异常可分为工件加工状态异常和设备运行状态异常。工件加工状态异常可能表现为尺寸偏差、表面质量问题或工艺参数异常，导致产品质量下降及生产效率降低。设备运行状态异常则可能包括设备故障、异响或运行参数异常，导致生产线停机、生产计划延迟及维修成本增加。判断异常类型需要综合考虑生产过程中的实时监测数据、生产工艺流程以及设备运行状况。例如，通过监测工件尺寸和表面质量的实时数据，可以判断工件加工状态是否异常；而通过设备传感器采集的数据，可以判断设备运行状态是否正常。针对不同类型的异常，需采取相应的措施，如调整工艺参数、维护设备或停机检修等，以确保生产过程的正常进行。

（2）分析引起异常的原因

1）设备故障。设备长时间运行或者频繁使用可能导致零部件磨损和老化，进而引发故障。设备本身设计或制造上的缺陷可能导致故障。这些缺陷可能在使用过程中逐渐显现，如材料选择不当、结构设计不合理等。车间内的环境因素，如温度、湿度、灰尘、化学腐蚀等，也可能导致设备故障。特别是在恶劣环境条件下，设备更容易出现故障。设备长时间处于过载或过热状态可能会造成部件损坏或烧坏，导致设备故障。外部物体的进入或干扰也可能导致设备故障，异物进入机器内部、外部物体打断设备传动系统等都可能造成设备运转不正常。

2）工艺参数异常。工艺参数的偏离可能导致生产过程中的不良品率增加或产品质量下降。温度、压力或流量等工艺参数的异常可能会影响生产线的正常运行，从而引起异常状态。

3）人为因素。操作员的错误操作可能导致设备工作不正常或者生产线出现故障。例如，错误设置设备参数、操作不当导致设备过载或损坏，或者在操作过程中错误调整工艺参数，都可能引发异常状态。不正确的设备维护和保养可能导致设备故障或性能下降。如润滑不足、零部件松动等，会增加设备发生故障的风险。操作员缺乏足够的培训可能导致对设备操作不熟练，或者无法正确应对突发情况。缺乏培训可能导致操作员无法准确判断异常情况，延误处理时机，进而加剧异常状态的发展。对安全规程和操作规程的理解不够，或者忽视安全标准可能导致安全事故发生，进而引发生产异常。例如，操作员忽略安全操作流程，可能导致人身伤害或设备损坏。

4）材料质量问题。原材料在运输、存储过程中，受潮、受热、受污染等影响，可能会影响其质量。存储条件不当可能导致材料发霉、变质、化学变化等问题。不同批次的原材料可能存在质量差异，即使是同一种材料也可能因为批次不同而导致工艺参数的波动。这可能是由于原材料生产工艺、原材料来源等方面的差异所导致。原材料中成分不均匀或者成分不稳定可能导致生产过程中工艺参数的不稳定性。

（3）采取措施，消除异常　通过建立完善的质量管理体系，包括原材料的严格筛选和供应商管理，以确保原材料质量稳定可靠。同时，加强对生产过程的监控，及时发现并纠正异常，确保产品质量稳定。对现有设备进行技术改进和优化，提高生产效率和稳定性。同时，考虑更新老化设备，采用更先进、更可靠的设备，减少设备故障的发生。加强员工培训，提高其操作技能和质量意识，使其能够及时发现和处理异常。建立绩效考核制度，激励员工积极参与质量管理。

优化生产流程，制定标准作业流程（SOP），明确各项工艺参数和质量标准，确保生产过程稳定可控。同时，进行生产数据分析，找出影响异常的关键因素，通过持续改进来降低异常发生的可能性。通过以上措施，可以消除车间异常状态，提高生产效率和产品质量，确保生产过程的稳定性和可持续发展。

3. 故障诊断

（1）故障诊断的概念　故障通常指系统、设备或机器出现了某种异常或错误状态，导致其无法正常工作或达到预期的性能水平。故障可能是由各种原因例如机械故障、电气故障、软件错误、网络中断、人为错误等引起的。

（2）故障模型的建立　故障模型是指对系统或设备可能出现的故障类型和故障原因进行描述和分类的模型。它可以帮助人们更好地理解和诊断系统中的故障，并采取相应的措施进行修复或预防。故障模型的建立需要考虑多个方面的因素，包括故障的类型、故障的原因、故障的发生频率、故障的影响范围等。通过建立故障模型，可以提高故障预测和诊断的准确性，有效地避免或降低故障对系统或设备的影响。设备中的实际故障包括元器件故障、传感器故障和执行器故障等，其中元器件故障指的是系统中某些零部件出现故障导致系统无法正常工作，传感器故障指的是由于各种原因导致传感器输出的测量值与实际值存在差异，执行器故障指由于各种原因无法正常控制信号转换为具体动作或操作的过程。工业生产中，准确且实时的故障诊断对于提高生产效率和降低生产成本至关重要。

（3）数字孪生在故障模型中的作用　将数字孪生技术与故障模型结合起来，可以有效地提高故障诊断的准确性和效率。通过数字孪生技术，可以建立系统或设备的数字孪生模型，这个模型能够准确地反映实际系统或设备的结构、特性和运行状态。而故障模型则可以帮助理解系统可能出现的各种故障类型和原因。将可能的故障类型和原因纳入数字孪生模型中。通过模拟不同类型的故障场景，并观察系统的响应和行为，进而识别和定位故障。与此同时，实际设备中的故障数据也可以反馈到数字孪生模型中，用于更新和优化模型。数字孪生模型对系统进行模拟，可以在虚拟环境中进行故障诊断，避免了在实际设备上进行试错所带来的风险和成本；可以快速定位故障发生的位置和原因，有针对性地采取修复措施。在模拟环境中，可以评估不同修复方案对系统性能的影响，选择最优的修复策略，提高维修效率和效果。

2.5.4 智能化生产优化

智能化生产优化是指利用先进的信息技术、自动化设备以及数据分析方法，对生产过程进行智能化改造和优化，以提高生产效率、降低成本、提升产品质量和灵活性的一种生产管理方式。

1. 实时生产优化决策

（1）实时生产优化决策的概念　实时生产优化决策是现代工业中至关重要的一环，它可以帮助企业更有效地管理生产过程，提高效率和质量。通过数字孪生技术创建真实系统的虚拟副本，可以实时地收集和分析数据，帮助企业了解生产过程中的各种变量和影响因素。这些数据可以来自传感器、生产线上的监测系统，甚至是物联网设备。企业可以进行模拟测试，预测可能的生产结果，并针对不同情况制定优化决策。管理层可以实时监测生产线的各种参数，如生产速度、能耗、物料利用率等。当检测到任何潜在问题或优化机会时，系统可以自动提出建议，并根据预测结果调整生产。

（2）实时生产优化决策的流程　首先，对智能制造物理车间进行调研，建立车间 DT 模型（决策树模型），搭建车间监控系统的基础平台；其次，通过制造车间数据处理系统对车间原点数据进行分类和融合，采用车间事件监测方法对制造过程数据进行分析，提取车间实时状态信息；再次，依据车间实时状态，使用深度强化学习算法动态选取车间调度方案，并利用建立的车间 DT 模型进行方案的仿真验证；最后，通过虚拟空间信息交互实现决策指令数据的下达，实现车间动态决策。这一环节将车间监控系统与实际生产过程进行有效连接，确保决策指令能够及时、准确地传达到车间生产现场，从而实现对生产过程的有效控制和管理。

在基于数字孪生的车间动态决策机制下，通过对生产过程数据的实时感知，获取生产监控决策所需的车间生产过程状态信息，使用车间加工路线动态规划算法实现实时动态的调度规划，及时响应车间生产过程中的动态扰动，从而提高车间监控系统的自适应能力，可以很好地实现实时准确的车间生产决策，更贴近实际车间生产情况。

2. 工艺优化

（1）工艺优化的概念　工艺优化旨在通过改进生产过程的各个环节，提高生产效率、降低生产成本、提高产品质量，并最终实现企业的竞争优势。数字孪生技术通过建立生产过程的虚拟模型，实现了对整个生产过程的仿真和模拟。企业可以在虚拟环境中测试和优化各种工艺改进方案，如生产流程的优化、设备参数的调整等，从而降低实际生产中的风险。利用现代信息技术，实时采集和分析生产过程中产生的大量数据，包括但不限于生产效率、设备状态、产品质量指标等。

（2）设备参数优化　设备参数优化在任何加工行为开始之前都是关键，以确保高效-低碳-低成本加工。数字孪生技术可以同步地进行仿真评估，如果发生异常事件，则基于智能优化算法重新生成加工方案，实现参数的动态优化，从而达到“以实驱虚，以虚控实”的目的。将新的加工方案反馈至物理设备，从而实现新方案的实际加工。对这些数据的实时监测和分析使企业可以及时发现生产中的异常情况和潜在问题，为工艺优化提供数据支持。利用所建立的孪生模型模拟和优化生产过程中的能源消耗、原材料利用率等，提高资源利用效率。

（3）工艺优化的目的　工艺优化的最终目标是提高产品质量。因此，质量管理与控制是工艺优化过程中的重要环节。通过建立严格的质量管理体系，实施全面的质量控制措施，确保产品在生产过程中达到预期的质量标准。通过数字孪生技术，企业可以实时监测产品质量，及时发现并纠正质量问题，确保产品在生产过程中达到预期的质量标准。

3. 设备能耗优化

（1）建立绿色能耗模型　绿色能耗模型通常是指用于评估和预测绿色能源系统、节能技术及环境友好型能源系统的工具或方法。这些模型可以帮助了解不同能源选择的影响，以及如何优化能源使用以降低环境影响。绿色能耗模型以其对能耗、资源等重要特征的获取，成为物理空间与虚拟空间之间信息传递的关键。在物理空间，生产车间和服务系统的实体提供了丰富的数据源，这些数据对于优化能源利用至关重要。在虚拟空间，基于模型的绿色能耗模型以物理实体的映射为核心，实现了生产线生产过程和状态的更新迭代、预测和诊断。通过建立数字孪生模型，生产车间的实际运行情况可以在虚拟空间中得到准确反映。这使得在虚拟环境中可以对生产流程进行精细化管理和优化，从而提高能源利用效率。数据传输在数字孪生技术中扮演着至关重要的角色。孪生数据是实现数字孪生驱动的基础，它包含了各个层面的数据集，如传感器数据、生产过程记录等。这些数据不仅可以用于更新虚拟模型，同时也可以为物理空间提供实时反馈。通过数字孪生技术，物理空间和虚拟空间之间实现了紧密的互动和信息交流。从物理空间到虚拟空间，数据的采集和模拟提供了对实际情况的准确把握；而从虚拟空间到物理空间，模型的优化和反馈则为实际操作提供了指导和支持。这种双向的信息传递机制使得绿色能耗模型得以实现。

（2）绿色能耗模型的应用

1）能源系统规划和优化。能源系统规划和优化是利用绿色能耗模型来设计和管理能源系统，以提高效率、降低成本、减少环境影响和提高可靠性。收集相关能源数据，包括能源供需情况、能源价格、环境影响等。分析历史能源使用数据，了解能源需求的季节性、周期性和趋势，识别能源使用模式和瓶颈。基于收集的数据建立能源系统模型，包括各种能源来源、能源转换设施、输电网络等。利用建立的模型进行不同场景的分析，考虑不同的能源供应和需求情况，以及可能的未来变化。通过优化算法和数学模型寻找最佳的能源系统配置和运营策略，使系统在满足需求的同时最大化效率、最小化成本和环境影响。利用模型优化可再生能源的布局、容量和运营，考虑其不可预测性和间歇性，以确保系统的稳定性和可靠性。

2）运营管理。

① 制订运行计划。根据能耗预测结果，制订最佳的设备运行计划，包括起停时间、负载调节等方面的优化。优化设备的运行策略，使设备在高效的工作状态下运行，并避免能源浪费。

② 制订维护计划。利用绿色能耗模型预测设备的性能衰退和故障风险，制订相应的维护计划。根据设备的工作状态和维护需求，优化维护策略，减少维护时间和能源消耗。

③ 优化参数调整。根据绿色能耗模型的分析结果，调整设备的运行参数和控制策略。

对设备的控制系统进行优化，实现智能化调控，提高能源利用效率。

④ 持续改进。定期评估和优化运行及维护策略，根据实际效果调整模型参数和算法。不断改进监控系统和绿色能耗模型，提高预测精度和优化效果。

4. 调度优化

在大多数情况下，多目标优化不存在多个目标同时达到最优目标值，而且目标之间存在相互制约和相互关联的情况。例如一些性能目标的优化可能会引起其他目标的性能变差，所以需要权衡各个目标函数，尽量做到多目标的适度最优，多目标问题的难点在于如何在多个目标函数中处理好相互冲突的目标，并进行快速有效的搜索。制造服务动态优化需要合理的调度优化机制来促进企业生产的节能高效。从企业方面考虑，如果生产企业制造能耗、成本等指标较高，则不符合用户的预期目标。从节能减排上看，政府也制定相关的政策来限制企业高消耗和高污染的生产活动。所以，不断改进技术以提供低能耗制造服务，有利于制造服务平台催生出更多优质、低耗、高效的产品服务，并有利于可持续发展新模式。从用户方面考虑，在智能制造服务过程中，用户往往关注价格和品质等多因素，在基本要求可接受的范围内，鼓励用户自发选择低碳绿色服务。在满足同等标准下，服务平台可优先推行低能耗产品，使得用户可选择低能耗的服务类型。对于两个及两个以上的目标函数在限定范围内的最优化问题，例如在车间生产产品时要考虑效益、质量、加工时间、能耗等即为多目标优化问题，通过定义目标函数和约束条件，使用加权和法、Pareto 优化或遗传算法等多目标优化方法求解并验证，最终可以有效地提高能源利用效率，降低能耗成本。

2.6 人工智能技术

2.6.1 智能管理

1. 智能物流供应链管理

（1）智能物流供应链管理概述　智能供应链的建设是推动我国经济和社会发展的关键手段之一。利用物联网、虚拟现实、大数据分析和人工智能等技术，智能供应链可以为企业提供智能化的物流服务体系，从而提高物流效率、降低成本、提升服务品质，进而增强企业的竞争力。传统供应链和智能供应链的比较如图 2-21 所示。

智能供应链由三大核心系统组成：

1）感知系统。运用射频识别（RFID）技术、红外线感应、卫星定位等高科技手段，在各个环节中及时、迅速地收集物流信息，并进行数据分析，以实现物流信息的追踪和定位。这种感知系统能够帮助企业实现对货物运输、仓储等环节的实时监控和管理。

2）决策系统。利用大数据分析、整理和提取供应链上的商品、货运和消费者需求等相关信息，对物流资源进行合理配置，确定物流配送路径的优先次序，帮助企业进行更优决策并具体部署。这样的决策系统可以优化物流路线和仓储布局，提高运输效率和资源利用率。

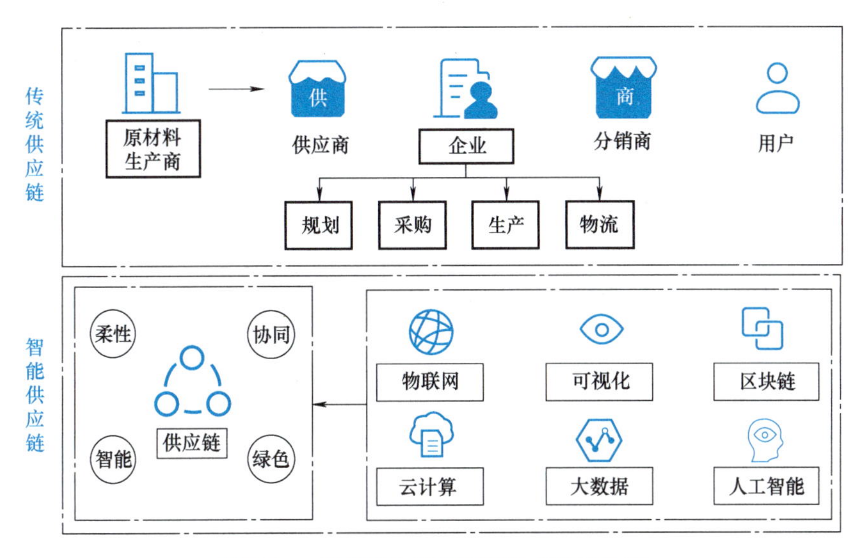

图 2-21 传统供应链和智能供应链的比较

3）反馈系统。在现代物流供应链中，发货方和接收方都需要更多信息来提供相应的服务，以提高其运作效率。智能配送中心采用信息系统，以各种形式收集、处理相关信息，包括订单管理、货物跟踪、运输状态监控等。通过物联网技术，实现手机实时物流追踪和配送信息及时更新，并向发送者和接收者进行有效反馈。

这样，智能供应链系统的建设使得物流流程智能化和自动化成为可能，为企业提供更精准、更高效的物流服务，从而推动我国经济和社会的发展。

（2）智能物流供应链管理系统　智能物流供应链管理系统涵盖了多个方面，其中包括智能仓库选址、生产采购管理、销售管理、运输管理、库存管理、智能仓储作业和产品管理等关键领域。

1）智能仓库选址。在传统物流供应链管理中，仓库选址主要依赖地理数据和地图，但这种方式存在局限性。智能技术的应用使得企业在选址过程中可以综合考虑多方面因素，从而减少人为因素的影响，使选址更科学、更精准。具体来说，可以考虑生产商和供应商的地理位置、运营成本、同行竞争情况以及交通便利程度等因素。

2）生产采购管理。EPC（电子产品代码）技术在自动化运行中的应用至关重要。通过 EPC 技术，企业可以准确地识别产品所需的部件和材料，实现对生产线产品、零部件等的识别和追踪，从而保证产品生产的顺利进行。信息实时反馈系统在这一过程中扮演着关键角色，为管理人员提供即时、准确的生产数据和情况反馈，帮助他们做出及时的决策和调整。

3）销售管理。销售管理者应深入市场调研，全面掌握消费者的不同需求，并利用物联网技术做好产品的补充，以免因产品供应不到位而削弱消费者的体验。同时，借助智能平台获取产品相关信息，根据消费者的需求为其提供最理想的产品，避免在产品营销中出现各种纠纷问题。

4）运输管理。智能运输系统相较于传统系统在运输路线和配送设备方面有突出优势。智能运输系统可以根据城市道路分布状况精准计算出运输路线，并利用实时数据优选运输路线，保证运输效率。智能配送设备能够自动接收订单信息、配货，并通过预设的录像进行产品配送，实现订单接收、配送的融合。

5）库存管理。智能库存管理利用互联网等多项技术来管理企业库存，提高仓储数据读取效率和信息准确性，同时缓解企业库存压力，节约仓储成本。

6）智能仓储作业。智能仓储作业可以实现储运向集装化、自动化方向的发展目标。通过货物储运集装化和仓储自动化，可以优化货物运输环节，提高企业物资周转率。自动化设备的运用不仅可以提高作业效率，还可以减少人为操作可能带来的误差和风险，保证货物处理的精准和可靠性。

7）产品管理。产品进入供应链阶段后，利用 RFID 阅读可以实现对各种产品的代码解读，掌握产品实时信息，并在保证质量的前提下进行下一环节的工作。

(3) 智能物流供应链管理系统设计　在当今信息技术和网络技术迅速发展的背景下，对物流业的要求不断提高，物流供应链管理的竞争也日益激烈。为了应对这一挑战，建立物流信息链条成为重要方式之一，通过这种方式，核心物流企业可以充分发挥综合实力，实现各地区、各行业的物流信息资源共享。

智能物流供应链管理系统体系结构包括五个关键部分（图 2-22），为系统的应用扩展提供支撑，满足客户对信息的需要。

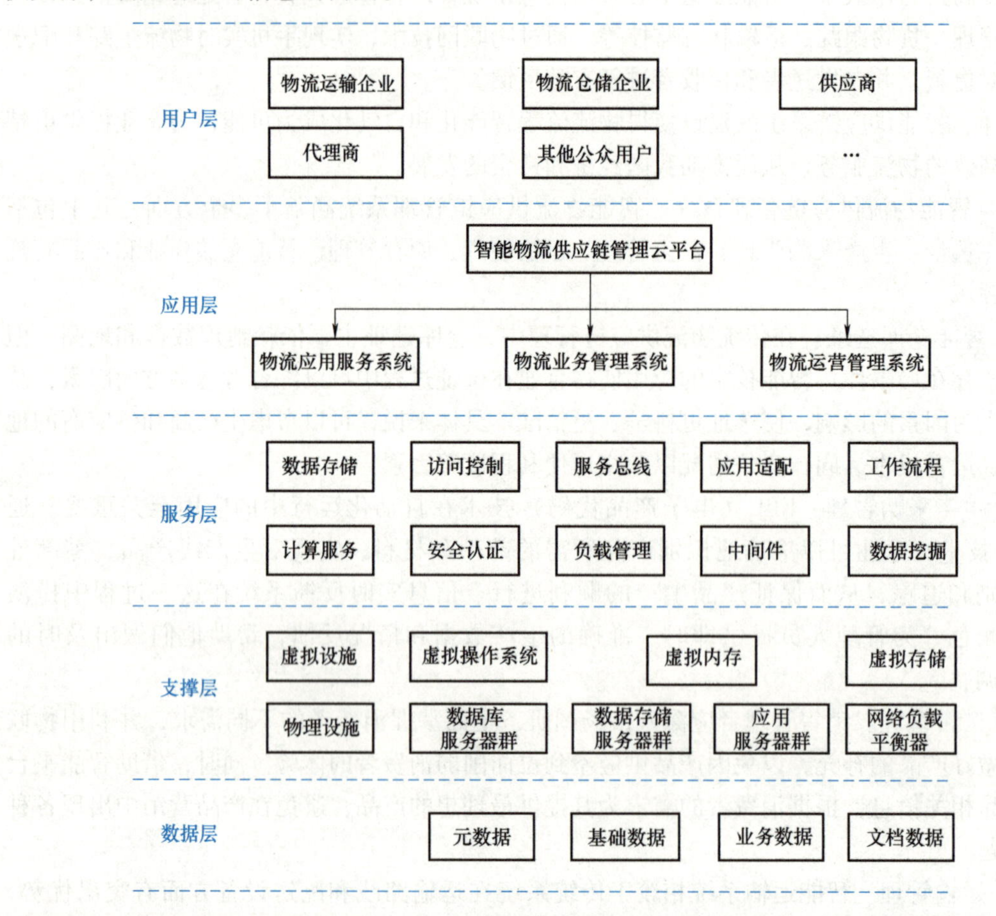

图 2-22　智能物流供应链管理系统体系结构

1）用户层。主要涉及智能物流和供应链管理的用户，是平台的最终使用者。

2）应用层。采用软件即服务的商业模式，为物流、供应链、企业以及个人用户提供多元化的商业运作和网站服务。

3）服务层。采用平台即服务的模式，对业务系统进行统一管理和部署，提供公共服务接口和开放的基础设施平台，使得应用系统可以对外提供服务，促进业务模型之间的兼容性和资源共享。

4）支撑层。采用基础设施即服务（IaaS）模式，在数据中心或机房内构建虚拟化的硬件资源池，并将所有终端设备与该资源池连接，以实现对物流资源的数据采集。IaaS 层的实体装置和虚拟装置相连，形成了一个虚拟群集，提升了网络安全性与稳定性。

5）数据层。将物流中的各种设备、车辆和人员等接入 RFID 技术中，并在一定区域内布设无线感知节点，构建多个传感器的无线传感网络。该网络支持无线传感器网络的多源数据采集方法，包括 RFID 标签、液晶/LED 显示屏、车载终端等。

（4）物流供应链管理模式　在当前我国物流供应链管理中，主要存在两种模式：按订单管理模式和按库存管理模式。这两种模式各有优劣，但在物联网大环境下，企业可以通过优化供应链管理模式实现智能化发展。

1）按订单管理模式。这种模式通过订单拉动的方式，将客户需求传输到供应链的每个环节中，然后让其做出反应。这种模式可灵活应对客户需求的变化，但也容易导致供应链反应不及时，产生订单滞后等问题。

2）按库存管理模式。这种模式则是根据库存需求提前进行补货，以确保库存充足。然而，这种模式可能导致荷载风险等问题，因为库存管理的不足或过多都可能影响供应链的正常运作。

在物联网环境下，企业可以优化供应链管理模式，实现智能化发展。在仓储管理过程中，有效应用物联网技术，根据客户的实际管理情况，对物品需求、库存等方面情况进行核算。例如，通过物联网系统，企业可以实时监测客户的需求和库存情况，当库存量充裕时，降低订单需求，从而减少库存压力；反之，当库存不足时，自动释放生产物品的订单，以满足需求。

物联网系统能够将所有信息反馈到供应链的各个环节中，使得供应链管理效率得到明显提升。通过实时监测和反馈，企业可以更加灵活地调整生产和库存，提高供应链的响应速度和效率，从而更好地满足客户需求。

（5）人工智能在供应链管理中的应用（图 2-23）　人工智能技术在供应链管理中的应用主要体现在物流工作中。通过依托多种技术手段，包括机器视觉、运动等功能，人工智能可以实现对供应链物流质量与效率的提升。这些应用不仅可以提高供应链的运作效率，还可以促进供应链的智能化和现代化发展。

2. 智能决策支持系统

（1）智能决策支持系统概述　传统的决策支持系统（DSS）是一种计算机化的信息系统，旨在为组织内的管理者和决策者提供支持，帮助他们做出更好的决策。这些系统结合了数据分析、模型建立、信息可视化等技术，提供了一个交互式的环境，让用户能够探索数据、测试假设、评估方案，并最终做出明智的决策。

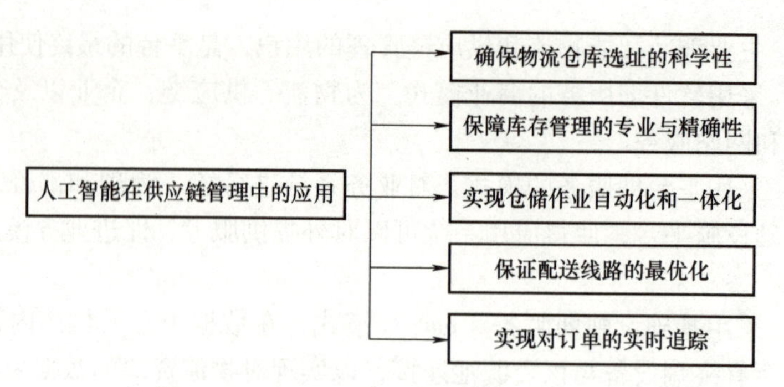

图 2-23　人工智能在供应链管理中的应用

智能决策支持系统（intelligent decision support system，IDSS）是一种高级的信息系统，它结合了人工智能、机器学习、大数据分析和数据挖掘技术，以辅助个人或团队在复杂和不确定的环境下做出更好的决策，如图 2-24 所示。以下是智能决策支持系统的几个关键特点和组成部分：

1）人机交互。系统不仅提供数据分析结果，还允许用户与系统进行交互，以更好地理解数据和潜在的决策路径。

2）模型驱动。系统内置多种决策模型，能够处理复杂的决策问题，如预测、优化和模拟。

3）学习与适应。通过机器学习和人工智能技术，系统能够从历史决策中学习，不断优化其决策模型。

4）数据驱动。系统依赖大量的数据输入，能够处理结构化和非结构化数据，以提供深入的洞察。

5）实时分析。系统能够实时分析数据，为快速变化的业务环境提供及时的决策支持。

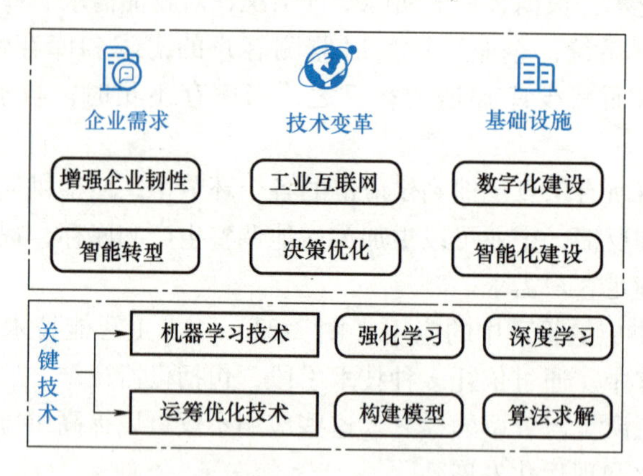

图 2-24　智能决策支持系统

智能决策支持系统可以应用于各种领域，如企业管理、金融投资、医疗诊断、交通运输等，为决策者提供更准确、更及时的决策支持，提高决策效率和质量。

（2）智能决策支持系统架构及应用场景构建　传统的决策支持系统（DSS）主要解决了结构化问题，随着信息化时代的发展，使得规程化、流程化的工作实现了电子化、自动化。这些数据可以通过 DSS 模型为经营决策者提供程序化、确定型的智能决策参考。然而，对于半结构化、非结构化等开放性问题的决策，传统的 DSS 并不足够，因此需要借助于基于大数据及人工智能技术构建的智能决策支持系统（IDSS）。

智能决策支持系统利用大数据和人工智能技术，将物联网传感数据、移动互联网数据、生产数据、经营数据、理论知识、数学模型等复杂数据进行分析，并建立可实时监测和分析预测的智能决策系统。这种系统能够更好地处理半结构化和非结构化数据，提供更全面、更准确的决策支持。它不仅可以帮助企业管理者更好地理解和解释数据，还可以通过人工智能算法进行深度学习和预测分析，提供更高级别的决策建议。

智能决策支持系统依据企业所涉及的各方面有效数据及大数据挖掘出的相关数据，运用各种基本知识定律、各类分析模型和人工智能算法，采用人机交互的方式为各级企业决策者提供个性化的决策支持。智能决策支持系统的突出特点是以知识分析和智能算法为主体，运用大量结构化、半结构化、非结构化信息数据，为逻辑决策和开放性决策提供问题分析、模型构建、决策模拟、方案寻优及决策结果情景展示的功能。图 2-25 所示为基于大数据的智能决策支持系统的架构模型，其中，决策模型的构建是核心和难点。

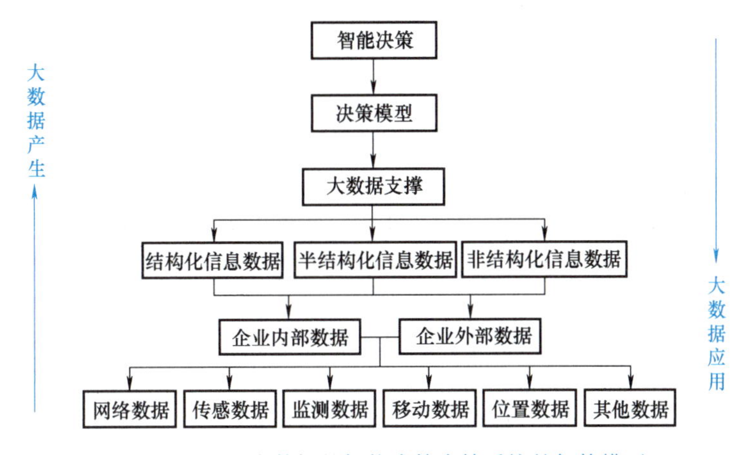

图 2-25　基于大数据的智能决策支持系统的架构模型

目前，智能决策可以实现基于专家系统、机器学习及 Agent 的人工智能决策，也可以实现基于数据仓库、联机分析处理及数据挖掘的数据智能决策，实现从过去经验中寻找基于范例推理的非线性决策，还包括多模型决策等。大数据产生的基础已具备，大数据的应用将促进决策支持水平上升到一个新的高度。

基于大数据的智能应用体现在四个方面，一是智慧生产，即按照一定决策条件和生产流程下进行的自动感知、识别、响应的智慧控制闭合回路；二是智能决策，即以大数据为基础，利用人工智能等先进技术对复杂决策问题进行辅助决策；三是信息化的全面数字升级，大数据 DT 实际上是 IT 的升级，是技术更加深入、应用更加广泛、运行更加智能的 IT；四是结构重组及流程再造，工业时代金字塔式的“垂直化”组织架构和大规模集中生产方式，在信息化深入发展时代将向网络组织下的结构化分布式生产转变，企业集团化的组织变革要求更加适应这个转变。

（3）智能决策支持系统实施　基于企业大数据的智能决策支持可通过以下步骤来实施：

1）需求分析和规划。首先明确系统的需求和目标。与相关部门和利益相关者沟通，了解他们的需求和期望，确定系统应该提供的功能和特性。同时，制订项目计划和时间表，规划系统的实施过程。

2）数据收集和整理。收集系统所需的各种数据，包括内部企业数据、外部市场数据、行业数据等。确保数据的准确性和完整性，并进行必要的整理和清洗，以便后续分析和应用。

3）技术选型。根据需求分析，选择适合的技术和工具来构建智能决策支持系统。这可能涉及选择合适的大数据处理平台、人工智能算法、数据可视化工具等。

4）系统设计和开发。根据需求和技术选型，进行系统的设计和开发工作。这包括数据库设计、模型构建、算法开发、界面设计等方面的工作。确保系统具有良好的扩展性、可维护性和用户友好性。

5）测试和优化。在系统开发完成后，进行系统的测试工作，包括功能测试、性能测试、用户体验测试等。根据测试结果进行系统的优化和调整，确保系统的稳定性和可靠性。

6）部署和上线。完成测试和优化后，将系统部署到生产环境中，并进行上线。确保系统的安全性和稳定性，同时培训相关人员，使其能够熟练使用系统。

7）监控和维护。系统上线后，需要对系统进行持续的监控和维护工作，确保系统的正常运行。及时处理系统出现的问题和异常，同时根据用户反馈和业务需求进行必要的更新和优化。

3. 产品质量控制

随着物联网、云计算、大数据和人工智能等技术的发展，离散型制造的生产数据量不断增加。这些数据包括传感器数据、机器数据、工艺参数数据、设备状态数据和检测数据等。通过对这些生产数据进行质量分析，可以发现生产中的瓶颈，并优化生产流程，降低生产成本，提高生产效率和质量水平。这些举措有助于企业提高竞争力，促进可持续发展。

产品质量控制（quality control，QC）是指企业在生产过程中采取的一系列措施和方法，旨在确保产品在设计、制造、检验等各个环节满足既定的质量标准和用户需求。质量控制的目的是减少生产中的缺陷和偏差，提高产品的一致性和可靠性，最终达到提高客户满意度和市场竞争力的效果。

对于离散型制造的质量大数据，其特点主要有：

1）大规模。需特殊的工具和技术进行处理、分析和可视化。

2）实时性。需使用各类数据获取、传输和处理技术来进行分析。

3）高多样性。包含文本、音频、视频、图像和传感器数据等多种类型。

4）高可靠性。需保证其准确性、完整性和可信性，以确保它可以用于之后的生产决策以及其他关键任务。

5）高价值性。用于深入地了解客户行为，优化业务运营，做出更好的战略决策。

根据以上特点，对大数据下的离散型制造产品进行质量分析包括：数据采集及处理、质量预测、质量控制、质量追溯。

（1）数据采集及处理　产品质量数据主要从企业内部的数据采集设备和信息系统中获取。这些数据涵盖了采集人员、机器、物料、方法、环境、测试等六大类影响质量的数据，并且采集方式包括手工采集、半自动采集和自动采集，数据类型包括非结构化数据、半结构化数据和结构化数据。

结构化数据可进一步分为定量数据和定性数据。定量数据包括几何参数、位置参数、公差参数、加工参数、设备参数、环境参数、质量缺陷和传感器采集参数；而定性数据则包括机器故障、半结构化数据和非结构化数据。

在对质量数据进行分析时，需要进行适当的预处理，根据所使用的研究方法进行数据整合和数据重采样。数据整合是将多源异构数据合并到一个满足一致性和易访问性的数据集中的过程，通过使用统一的协议和标准解决信息模型的异构性。而数据重采样则是对类别分布不平衡的数据集进行重新采样，以使类别均衡。这在需要对数据集的少数类重点关注的情况下特别有用，因为它会改变原始数据的分布，但相较于代价敏感学习具有更普遍的适用性。

（2）质量预测　质量预测是指根据历史生产数据建立预测模型，实时采集当前产品数据，对未来时刻的产品质量进行预测。通过质量预测，可以在产品生产制造过程中评估质量趋势，避免不必要且成本高昂的生产步骤，从而使企业以最低成本获得合格产品。现有质量预测方法主要有专家系统、统计学习、机器学习，见表 2-1。

表 2-1　质量预测方法

方　法	优　点	缺　点	适用范围
专家系统	可解释性强	难以建模复杂关系	机理清晰场景
统计学习	模型构建工作量小，预测速度快	难以使用于高维非线性数据	低维线性数据
机器学习	可拟合非线性关系	需大量数据	高维非线性数据

专家系统方法从系统内在机理出发（如动力学、热力学等理论），通过研究产品生产制造过程中的机理模型和专家知识，构建专家系统，并使用不确定性推理进行质量预测。

统计学习方法针对在产品生产过程中的某个工序进行关键质量指标预测或进行偏差预测。

离散型制造的生产过程中存在产品品种多、批次多、批量小等问题，传统统计学习方法对于此类生产过程的适应性不强，因此，研究者提出使用支持机器学习方法来处理。

支持向量机（SVM）基于统计学习理论，通过寻找一个满足分类要求的超平面来进行分类，该超平面两侧的空白区域越大则表明其分类性能越好。

人工神经网络在分类、聚类、模式识别和预测中均有应用，主要用于数值范式中通用函数逼近，其具有自学习、适应性、容错性、非线性以及输入到输出映射的先进性等优异的特性。研究者们多使用自组织神经网络、反向神经网络，使用 PSO 和 AGNES 算法进行优化。

深度学习提供端对端的质量预测模型，从收集的数据中自动学习质量特征，减少特征提取时间。运用于质量预测的深度学习模型主要有用于图像数据的卷积神经网络和针对时间序列数据的长短期记忆神经网络。

（3）质量控制　质量控制是针对过程质量进行实时管理和分析的方法，通过对某一个时序变量进行监控，一旦该变量的变化趋势不符合预期，就会进行实时报警。主要采用的方法是统计过程控制（SPC）方法，最早由休哈特提出，称为休哈特控制图。

SPC 能够对关键质量特性进行实时监控，建立分析用控制图和控制用控制图，监控人员操作、加工精度、机器磨损、工艺变化、环境变化等因素引起的系统误差，对产品质量进行动态监测。同时，SPC 还能够实时图形化分析，形成质量趋势图，帮助企业更好地了解生产过程中的质量变化情况。

（4）质量追溯　质量追溯是指在产品出现质量问题时，追溯产品生产过程中所涉及的各种影响因素，以寻找质量问题产生的原因，并改进生产制造过程。质量追溯可以分为质量追踪和质量溯源两个方面。质量追踪通常利用 RFID 技术串联产品生命周期信息，建立完整的质量追溯信息链条，从而帮助企业更好地监控产品生产过程，及时发现和解决潜在的质量问题。

2.6.2　故障分析

近年来，随着大数据时代的到来，智能工业正在快速发展。在确保设备能够稳定输出的前提下，设备系统正变得越来越精密和智能化，同时对设备部件的可靠性要求也在不断提高。传统的“恢复性”和“定期预防性”维护策略已经不能满足当今企业的需求，因此，基于大数据、智能算法和各类失效模型的设备故障预测与健康管理技术应运而生，如图 2-26所示。相应的智能运维管理策略也正在迅速地融入企业的设备管理体系之中。

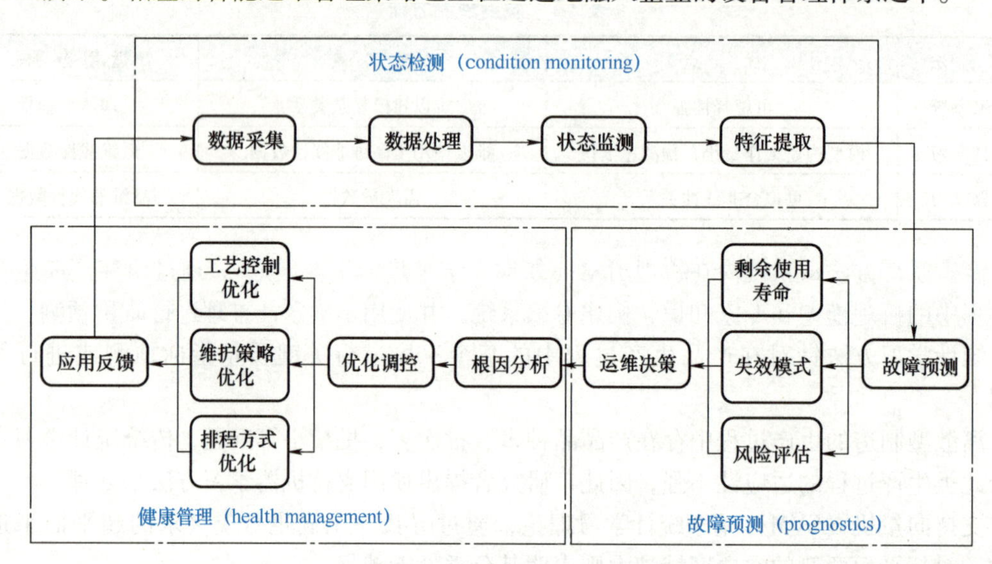

图 2-26　设备故障预测与健康管理技术示意图

1. 健康管理

设备健康管理系统的定义是基于故障预测与健康管理理论方法，整合现代传感器技术、无线/有线通信技术、物联网技术、云计算等前沿技术，通过实时采集设备的运行数据，并对机械设备故障进行大数据分析，实现设备健康状态的监测，发现设备的早期故障，预测性地诊断部件或系统的剩余使用寿命或正常工作时长等。健康管理的要素及特征如图 2-27所示。

设备健康管理系统主要由以下几部分组成：

（1）知识库　知识库是一种信息系统，用于存储和管理已经被数据化的关系、规律及经验。它可以将事件符号化，并提取其中的因果关系，从而形成关于知识的知识库，有助于管理大量信息。故障知识库是设备管理知识的一种表达形式。

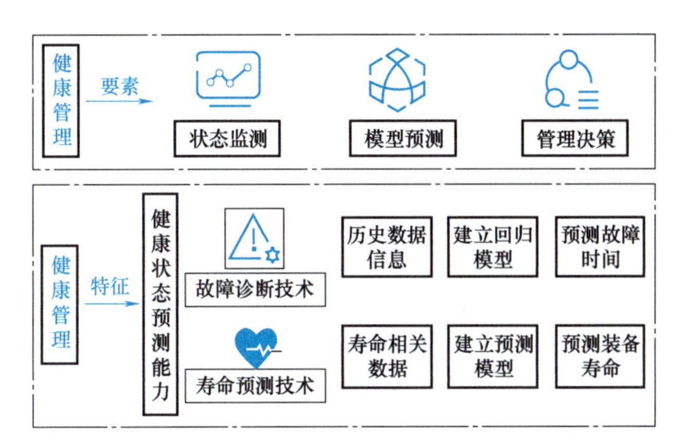

图 2-27　健康管理的要素及特征

维修知识库包含了维修标准规范、设备手册、操作说明、维修知识和运行原理等内容，是专家智能决策系统的核心组成部分。建立设备管理知识库的目的是通过实时数据对比，实现故障前预防维修、故障时隔离和控制、故障后追溯分析等闭环管理目标。

（2）状态监测　监控信息是设备状态诊断和库存优化的基础。通过实时共享设备信息，各级维修保障部门能够提前制定维护策略，并及时调整仓库的补货和配送方案。在智能工厂中，设备运维数据的结构复杂，格式多样，涵盖了维修数据、设备履历等多个方面的内容，其记录和查看方式也多种多样，呈现出明显的异构性特征。

传统的数据采集主要依赖人工记录和表格汇总，导致数据的规范性不足，记录的准确性和实效性也较低。因此，需要建立一个统一的、集成的运维数据平台，以更好地管理和利用这些信息。

（3）故障诊断　故障诊断是利用各类传感器数据对设备运行状态进行分析的过程。通过比对设备正常工作时的数据，可以判断设备是否发生故障。一旦确定故障发生，就会对故障的类型、位置和原因进行分析。在智能工厂的背景下，设备的故障诊断案例更加丰富，诊断速度也更快。

对设备的故障诊断并不要求掌握所有部件的所有故障形式，而是需要对设备进行分级。主要设备的重要部件故障类型应被纳入设备运维知识库中。而对于次要设备和设备的非重要部件，则可以降低监控等级，通过控制整体设备的可靠性来保证生产活动的正常运行。

（4）寿命预测　寿命预测是利用前述各部分数据处理的结果，对设备未来的运行健康状态进行评估和预测的过程。通过寿命预测，可以确定设备的正常工作时间。面向智能工厂实际需求的健康预测应注重在有限的健康样本前提下，提供实时且高效的趋势分析，支持健康管理，并更好地服务于生产全局。

（5）运维执行　运维执行是将维修资源与维修需求匹配，避免出现供不应求和不能满足维修需求的现象，提高资源利用率。设备的维修需求是随着时间和运行情况不断变化的，设备故障的随机性决定了维修资源必须动态配置。

2. 预测性维护

在设备发生故障后，为恢复设备正常运行而执行的维护活动，称为故障维护（CM），又称为事后维护。由于这种维护方式发生在设备故障之后，往往会存在意外停机造成损失、维修等诸多弊端，故障排查与设备维修需要耗费大量的时间成本，从各方面综合来看，这都是一种不合理的维护方式。

预防性维护（preventive maintenance，PM），又称为定时维护，是一种基于时间或使用寿命的计划性维护策略。它是根据设备的平均使用寿命或固定时间间隔，定期进行维护和检修。这种维护策略虽然保证了非常高的系统可用性，但存在致命的缺点，就是成本较高，有时会存在过度维修导致不必要的维护成本。

由此可见，以上两种维护方式，从长远来看，都不是较为合理的维护方式，且极有可能会因为维护不善导致成本大额损失。

预测性维护（predictive maintenance，PdM）提供了很好的解决方案。它基于数字孪生技术，被誉为工业 4.0 领域的核心创新之一。预测性维护（图 2-28）通过实时监测设备运行状态，结合大数据、人工智能等新兴技术预测其未来工作状况，实现故障诊断、寿命预测、设备维护与管理，是人工智能技术在智能制造领域的最典型应用之一。

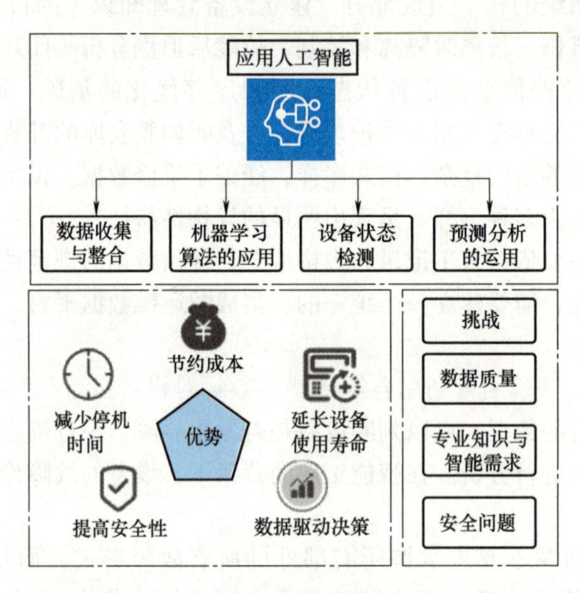

图 2-28 预测性维护

尤其是针对高价值、结构复杂、故障模式多样以及维护困难的数控机床等高端装备，实施预测性维护，对保证其加工精度、工作效率、稳定性、可靠性以及降低生产和维护成本具有重要意义。根据其实施的侧重点不同，预测性维护可分为狭义和广义。狭义的预测性维护建立在状态监测的基础上，强调故障诊断，对设备进行连续的或不定时的状态监测，根据其结果判断该设备是否存在异常状态或是否有发生故障的趋势，并在适当的时间安排设备维修，也可称为基于状态的维护。广义的预测性维护是一个系统的过程，将状态监测、故障诊断、寿命预测和维修维护决策综合考量，是相对完整的预测性维护。

与传统的维护方式相比，预测性维护更加智能、高效、精准，已逐渐成为未来企业的核心需求。一般来说，预测性维护可以最大限度地提高设备的可用性和生产效率，不仅能降低维护成本，还能促进设备性能改良。

预测性维护的基础是状态监测，通过持续实时评估设备的运行状况，优化设备的性能和使用寿命。通过从传感器收集数据，并应用机器学习等先进的分析工具和流程，预测性维护可以识别、检测和解决发生的问题，并预测设备未来的潜在状态，从而降低风险。

预测性维护依赖多种技术，包括物联网、预测分析和人工智能。互联传感器从机械和设备等资产收集数据。这些信息是在边缘或云端的、由 AI 支持企业资产管理或计算机化维护管理系统中收集的。AI 和机器学习用于实时分析数据，构建设备当前状况的描述，如果发现任何潜在缺陷，则触发警报并将其发送给维护团队。

除了提供缺陷警告外，得益于机器学习算法的进步，预测性维护解决方案还能预测设备的未来状况。这些预测可用于提高维护相关工作流程的效率，例如实时工单调度、劳动力和零件供应链。此外，收集的数据越多，产生的洞察就越多，预测质量也就越高。这让企业获得信心，能确信设备正以最佳状态运行。

本章小结

本章详细探讨了离散型制造工厂智能化的关键技术，涵盖了工业互联网、物联网、大数据和云计算、数字孪生以及人工智能等在智能制造中的重要作用和应用场景。这些关键技术的不断创新与发展，为制造企业带来了全新的生产方式和管理理念。首先，工业互联网技术作为推动制造业转型升级的核心技术之一，实现了设备间的互联互通和信息共享。通过各类传感器和设备的连接，工业互联网技术使生产过程实现了数字化和智能化管理，实时监测生产状态，优化生产调度，提高了生产效率和质量。其次，物联网技术将更多的设备、产品和环境纳入到互联网中，构建起一个巨大的物联网生态系统。制造企业可以通过物联网技术实现对设备的远程监控和管理，实现自动化生产和远程服务，提高了生产效率、降低了成本，并且为企业提供了更多的商业机会。大数据和云计算技术则为制造企业提供了大规模数据处理和存储的能力，支持企业进行数据分析和挖掘。通过大数据技术，企业可以从海量数据中获取有价值的信息，进行预测性分析和智能决策，实现精准化生产和个性化定制，提高了生产效率和客户满意度。数字孪生技术是近年来兴起的一种新技术，通过建立实体工厂的数字化双胞胎，实现了对生产过程的仿真和优化。数字孪生技术可以帮助企业预测和模拟生产过程中的问题，提前做出调整和优化，减少生产中的风险和损失，提高了生产效率和质量。最后，人工智能技术在智能制造中发挥着越来越重要的作用。机器学习、深度学习、自然语言处理等人工智能技术的应用，使得制造企业能够实现智能化的生产调度、自动化的质量控制、智能化的故障诊断等功能，提高了生产线的自动化程度和生产效率。综合而言，离散型制造工厂智能化的关键技术为制造企业带来了巨大的机遇和挑战。只有不断创新和应用这些关键技术，制造企业才能在激烈的市场竞争中立于不败之地，实现可持续发展和长期成功。

思考题

1. 工业互联网技术如何改变了传统制造业的生产方式和管理模式?
2. 物联网技术在制造业中的哪些方面发挥着关键作用?举例说明。
3. 大数据和云计算技术如何帮助制造企业实现数据驱动的决策和优化?
4. 数字孪生技术如何提高制造企业的生产效率和质量?
5. 人工智能技术在智能制造中的具体应用有哪些?如何实现智能化生产?
6. 运用工业互联网技术,如何实现设备之间的实时通信和协同生产?
7. 物联网技术如何支持制造企业建立智能化的供应链管理系统?
8. 大数据技术如何帮助企业进行预测性维护,降低设备故障率?
9. 数字孪生技术如何模拟生产过程中的不同情景,帮助企业做出更合理的决策?
10. 人工智能技术如何应用在质量控制中,提高产品合格率和降低次品率?

参考文献

[1] 郭峻源,牛鹏飞,郭志喜,等.全生命周期智能制造试验线仿真平台开发[J].机电工程技术,2024,53(8):84-88.

[2] 李杰,牛旭.智能设计赋能产业创新与变革[J].设计,2024,37(2):48-53.

[3] 刘佳睿.新消费场景下的智能产品设计方法探索[J].艺术教育,2024(1):204-208.

[4] 陈钱,陈康康,董兴建,等.一种面向机械设备故障诊断的可解释卷积神经网络[J].机械工程学报,2024,60(12):65-76.

[5] 钟卫连,李奇.基于电动汽车电气设备的电池管理系统的检修:评《电动汽车动力电池管理系统原理与检修》[J].电池,2023,53(6):715-716.

[6] 王士顺.基于人机协作系统的视障者辅助设备优化设计研究[J].工业设计,2022(5):32-34.

[7] 徐雷,吴怡婷,吴从焰.航天产品总装生产线工艺布局优化研究[J].工程与试验,2023,63(2):118-119.

[8] 吴莹莹.逆向工程、知识管理对制造企业颠覆式创新的影响:制度资本的调节作用[D].广州:华南理工大学,2022.

[9] 王宏君,蔺娜,鬲玲,等.工程知识管理系统模型研究[J].航天制造技术,2015(3):56-59.

[10] ACETO G, PERSICO V, PESCAPE A. Industry 4.0 and health: Internet of things, big data, and cloud computing for healthcare 4.0 [J]. Journal of Industrial Information Integration, 2020, 18: 100129.

[11] CHENG B, ZHANG J, HANCKE G P, et al. Industrial cyberphysical systems: realizing cloud-based big data infrastructures [J]. IEEE Industrial Electronics Magazine, 2018, 12 (1): 25-35.

[12] ZHANG Q, YANG L T, CHEN Z, et al. An adaptive dropout deep computation model for industrial IoT big data learning with crowdsourcing to cloud computing [J]. IEEE Transactions on Industrial Informatics, 2018, 15 (4): 2330-2337.

[13] 罗军舟,何源,张兰,等.云端融合的工业互联网体系结构及关键技术[J].中国科学(信息科

学)，2020，50（2）：195-220.

[14] 徐泉，王良勇，刘长鑫．工业云应用与技术综述［J］．计算机集成制造系统，2018，24（8）：1887-1901.

[15] 张洁，高亮，李新宇，等．前言：工业大数据与工业智能［J］．中国科学（技术科学），2023，53（7）：1015.

[16] 任磊，贾子翟，赖李媛君，等．数据驱动的工业智能：现状与展望［J］．计算机集成制造系统，2022，28（7）：1913-1939.

[17] YANG C W，HUANG Q Y，LI Z L，et al. Big data and cloud computing：innovation opportunities and challenges［J］. International Journal of Digital Earth，2017，10（1）：13-53.

[18] 张卫，丁金福，纪杨建，等．工业大数据环境下的智能服务模块化设计［J］．中国机械工程，2019，30（2）：167-173；182.

[19] WANG W，WANG Y. Analytics in the era of big data：the digital transformations and value creation in industrial marketing［J］. Industrial Marketing Management，2020，86：12-15.

[20] SAHAL R，BRESLIN J G，ALI M I. Big data and stream processing platforms for Industry 4.0 requirements mapping for a predictive maintenance use case［J］. Journal of manufacturing systems，2020，54：138-151.

[21] SANDHU A K. Big data with cloud computing：discussions and challenges［J］. Big Data Mining and Analytics，2021，5（1）：32-40.

[22] JAGATHEESAPERUMAL S K，RAHOUTI M，AHMAD K，et al. The duo of artificial intelligence and big data for industry 4.0：applications，techniques，challenges，and future research directions［J］. IEEE Internet of Things Journal，2021，9（15）：12861-12885.

[23] WANG J L，XU C Q，ZHANG J，et al. Big data analytics for intelligent manufacturing systems：a review［J］. Journal of Manufacturing Systems，2022，62：738-752.

[24] 赵迪．基于物联网的智能物流供应链管理分析［J］．中国储运，2023（12）：86-87.

[25] 董洋溢．面向智能决策应用的本体关键技术研究［D］．西安：西北工业大学，2018.

[26] 李君妍，胡欣，刘治红，等．大数据下离散制造业产品质量分析综述［J］．兵工自动化，2023，42（11）：23-27.

[27] 胡昌华．装备智能健康管理技术［J］．智能系统学报，2023，18（6）：1142.

[28] 王成城，王金江，黄祖广，等．智能制造预测性维护标准体系研究与应用［J］．制造技术与机床，2023（2）：73-82.

3

第3章

离散型制造智能工厂关键装备

章知识图谱

说课视频

离散型制造智能工厂的关键装备涵盖了智能制造装备、工业机器人以及智能感知仪器与装备。智能制造装备包括智能切削加工装备、增材制造装备和智能金属成形装备，这些装备为制造业提供了高效、精确的生产工具。工业机器人作为智能化生产的重要组成部分，实现了生产协助、数据采集和新兴技术的应用，极大地提升了生产效率和管理水平。而智能感知仪器与装备则涉及装备数据整合、实时数据采集和集成化等方面的技术应用，使得生产过程更加智能化、灵活化和可持续化。

这些关键装备和技术的应用共同构建了一个智能化、高效化的生产环境，为制造业带来了更大的竞争力和创新力，同时也为企业提供了更加可持续的发展路径。通过离散型制造智能工厂关键装备，可以看到这些装备之间的密切联系和相互补充，共同推动着制造业的数字化转型和智能化升级。

3.1 智能制造装备

3.1.1 智能切削加工装备

智能切削加工装备是指应用自动化过程和先进技术，在各行各业的切削加工过程中提高精度、生产率和安全性的先进工具。这些装备融合了计算机控制、人工智能和传感器技术，以实现切削任务的精确执行、高效率和成本效益。它们被广泛应用于汽车、航空航天、纺织和包装等对切削质量要求严格的领域。

随着汽车和航空航天等行业的快速发展，对于制造复杂零件的需求日益增加，因此，精密切削技术显得尤为关键。同时，随着先进材料如碳纤维复合材料的广泛应用，对于高效、精确智能切削加工装备的需求也与日俱增。在这样的背景下，智能切削加工装备成为提高生产率、降低运营成本的必然选择。随着对可持续生产流程的日益重视和对高质量产品的追求，智能切削加工装备的需求量也在不断增长。

1. 智能切削加工装备的主要分类

根据不同的加工对象、加工方式以及技术特点，智能切削加工装备可以分为：数控机床（如数控车床、数控铣床、数控钻床、数控磨床等）、非传统切削装备（如激光切割装备、水切割设备等）、电火花加工设备（线切割电火花加工机、数控电火花放电加工机等）、高速加工中心（如立式高速加工中心、卧式高速加工中心等）、特殊加工设备（如多轴加工中心）和柔性制造系统（如智能柔性制造系统）。

智能切削加工装备依据不同分类标准，也会有不同的分类情况。上述智能切削加工装备涵盖了各种加工方式和工件类型，从旋转对称零件到复杂曲面零件，满足了不同领域的加工需求。

2. 装备性能及产品工艺分析

切削装备的装备性能指该装备在切削加工过程中所表现出来的各种技术指标和性能特征。这些性能包括加工精度、加工表面质量、加工效率、加工稳定性与可靠性、能源和资源利用效率、自动化及智能化程度、适用灵活性、操作人员友好性和环境友好性等方面。装备性能分析能区别不同装备的功能大小、适用领域，有助于对应需求来选择切削装备，可以提升生产效率和产品质量、降低生产成本、优化设备选型和配置、改进产品设计和工艺规划、保障生产安全和环境保护等。

智能切削加工装备在提高生产效率和产品质量的同时，也为产品工艺分析提供了更丰富、更可靠的数据和基础，并提供了更丰富、更可靠的产品工艺。而产品工艺分析对于提高生产效率、降低生产成本、确保产品质量、支持技术创新以及减少生产风险等都具有重要意义。

例如，传统汽轮机轮槽铣刀的制造通常经历多个步骤，首先是从棒料开始的车削、铣削容屑槽和前刀面、背齿的铲床加工，然后进行热处理，最后进行刀柄的精磨以及对刀具型线的精细磨削。下面以采用了五轴加工中心新工艺方法的某型号轮槽成形铣刀为例，其利用五轴车铣复合加工中心进行初始的开粗加工，然后采用五轴工具磨床进行后续的精细加工，在保证刀具质量的同时提高了制造效率。

（1）工艺方案　该铣刀采用奥钢联 S390 粉末冶金高速钢，其基本结构如图 3-1 所示，切削部分主要分为侧刃及端面切削刃。侧刃由切削刃和前后刀面组成，侧刃型线制造精度要求极高。刀具还设计有分屑槽、后刀面台阶、刃口三角槽和刃口月牙槽等结构，以优化切削效果和避免磨削时的干涉。刀具基本参数见表 3-1。基于五轴平台，该刀具的加工工艺分为粗加工和精加工两部分。

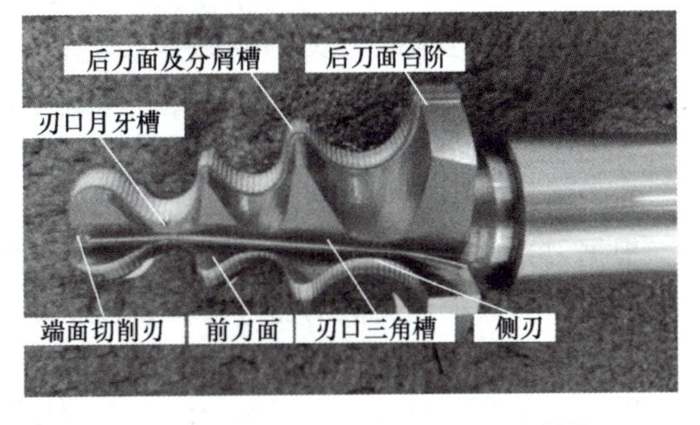

图 3-1　枞树型轮槽成形铣刀基本结构

粗加工阶段通过 UG 软件建立刀具粗加工模型，并预留 0.5mm 余量，采用车削或铣削加工规划不同位置的刀具路径，最终在 DOOSAN PUMA SMX2600ST 车铣复合加工中心上完成轮廓的粗加工。而精加工阶段则利用 NUMROTO 刀具设计软件建立刀具理论模型，进行磨削工艺设计，通过实时调整刀具加工参数，生成磨削的 NC 代码，并在 SAACKE UWIF 五轴工具磨床上进行磨削加工。

表 3-1 刀具基本参数

指标参数	尺寸要求	公差范围
刀具总长（切削刃部分）	106mm	0~-0.03mm
直径（最大）	73mm	±0.03mm
刀槽数	4	—
侧刃后角 1（径向）	9°	0°~2°
侧刃后角 2（径向）	19°	0°~2°
侧刃后角 3（径向）	29°	0°~2°
螺旋角	0°（直槽）	—
切削方向	右	—
端齿前角	5°	±0.5°
端齿后角 1	6°	0°~2°
端齿后角 2	18°	0°~2°
端齿 A 刃倾角	0°	—
端齿 B 刃倾角	2°	—

（2）粗加工工艺分析　在车铣复合机床上进行的粗加工包括车削加工和铣削加工。车削加工时，首先采用35°硬质合金外圆车刀对毛坯进行外径粗车（留出1mm 精车余量），然后对型线轮廓进行精加工，确保准确性。切削过程及粗加工成品如图 3-2 所示。

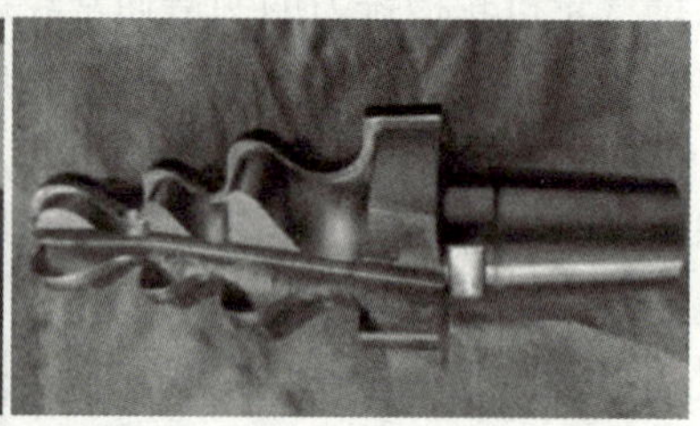

图 3-2　切削过程及粗加工成品

在铣削加工中，使用硬质合金圆鼻铣刀和硬质合金燕尾铣刀对刀槽进行加工。在粗开槽时，根据刀具直径变化将后刀面分成三个角度的台阶面，并分三步进行加工以提高效率。对不同区域的刀槽采用类似的加工方法，以驱动曲面为基准进行加工。粗开槽完成后，使用燕尾铣刀对刀槽前刀面进行精加工，并同时加工出刃口三角槽。然后，对后刀面进行加工，使用硬质合金圆鼻铣刀加工后刀面台阶，再使用硬质合金球头铣刀加工刃口月牙槽。整个过程中，采用了 UG 软件规划刀具路径，根据加工需求设置切削参数，确保加工精度和效率。

（3）热处理工艺　粗加工完成后对刀具进行热处理，柄部淬火，刃部调质处理。热处理完成后使用车铣复合机床精磨刀具柄部，确保柄部圆柱度在 ϕ0.005mm 内。

（4）精加工工艺分析　精加工工艺分析包括刀槽加工、端齿容屑槽及端齿后角加工以及后角加工的工艺过程和参数设置。首先，对刀槽进行加工时，使用30°的1V1 砂轮，根据砂轮几何尺寸调整切削姿态，确保以点接触或线接触的方式对刀具进行磨削，并设置合适的切削角度、旋转角度和横向位移。然后，对端齿容屑槽和端齿后角进行加工，分别使用 12V9 砂轮和 11V9 砂轮，通过调整容屑槽角度、深度和砂轮的展宽、长度等参数，确保切削刃符合设计要求，并根据实际情况补偿砂轮磨损误差。最后，针对具有分屑槽的后角设计，采用特定的加工方式和砂轮类型，确保刀具的后角设计符合要求。磨削过程与刀具成品如图 3-3 所示。

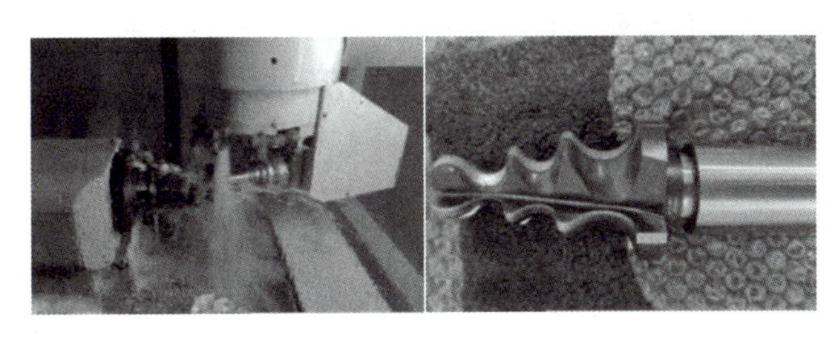

图 3-3　磨削过程与刀具成品

（5）仿真验证及刀具切削刃数据检测　仿真验证主要用于检查试切过程中是否存在碰撞、干涉和超程等问题，验证工艺路线和数控程序的准确性和合理性。在粗加工方面，采用 VERICUT 软件进行虚拟仿真，通过规划刀具路径生成刀位源文件，并转换为车铣复合机床能识别的 NC 程序，然后导入虚拟机床进行模拟验证。在仿真过程中，刀具运行平稳，未出现碰撞及干涉现象，验证了工艺的可行性和正确性。在精加工方面，采用 NUMROTO 软件进行工艺路线规划，并通过编制好的 NC 代码进行虚拟磨削。在仿真过程中，砂轮运行平稳，未出现与工件碰撞及干涉现象，证明了工艺的可行性和正确性。

由于刀具型线一般由圆弧及直线段组合而成，以两种线段的搭接点为参考对刀具型线进行分段及检测，以确定刀具型线各处公差值。由于实验刀具有分屑槽，因此精加工后的刀具需保证排屑槽高点和低点的尺寸均控制在 0.03mm 之内。得到型线检测结果后，继续对刀具切削刃参数进行检测，包括侧刃后角、端面切削刃的前后角及刃倾角。

3. 切削加工装备智能技术

切削智能装备加工是基于切削理论建模和数字化制造技术，旨在预测和优化切削过程。在加工过程中，采用先进的数据监测和处理技术，实时监测并提取机床、工件和刀具的状态特征。结合理论知识和加工经验，利用人工智能技术对加工状态进行判断，并通过数据对比、分析、推理和决策，实现切削参数和刀具路径的实时优化，以达到最优加工效果和理想的工件质量。图 3-4 为智能切削加工涉及因素简图。

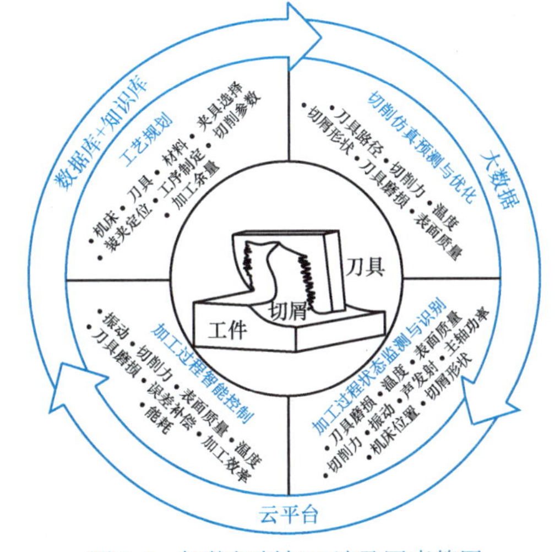

图 3-4　智能切削加工涉及因素简图

数控系统在切削加工装备的智能技术中扮演着至关重要的角色。作为智能化生产的核心，数控系统通过数字化和自动化的控制，实现了对加工参数的精准调整和加工路径的灵活控制。现针对数控系统进行以下介绍。

（1）数控机床的机电匹配与参数优化技术　目前，提升数控机床性能的关键在于增强机床数控系统的伺服控制精度和响应速度，从而改善机床的动态特性和加工精度。通过数控系统与数控机床的机电匹配及参数优化技术，通过对伺服控制的动态特性进行分析及参数调节整定，使得机床数控系统的伺服参数与机械特性达到最佳匹配，从而提高了数控系统伺服控制的响应速度和跟随精度。

通过将在线伺服调试和伺服软件自整定算法集成到数控系统中，并开发伺服驱动器调试软件，实现了机床数控系统的伺服参数与机械特性的最佳匹配。这进一步提高了数控系统伺服控制的响应速度和跟随精度，实现了机床数控系统环路的最终三个控制目标：稳定性、精确性和快速性。这一切促成了国产数控系统与数控机床的机电匹配及参数优化。

为提高高性能数控机床的伺服系统性能，需要对位置环、速度环和电流环进行调节，但参数调节一直是工程技术人员的困扰。目前采用伺服调试软件监控进给系统伺服电动机转矩波形，并通过滤波器消除振动，合理提高速度环和位置环增益，确保伺服电动机在运动过程中的平稳性，从而实现伺服参数优化。这一过程本质上是对各环路的参数进行修改，以在匹配机械特性的基础上最大限度地发挥机床的优良特性，进而实现机床数控系统的稳定性、精确性和快速性的三个控制目标。

（2）数控机床智能化编程与优化技术　数控机床的智能化不仅提高了生产效率和产品质量，还带来了更便捷、更人性化的操作界面和操作方法。智能化编程系统作为 NC 代码的生成平台，也在不断发展壮大，其智能化程度是数控机床行业持续追求的目标之一。

通过这种编程方式，企业可以充分利用已有的制造知识和经验，实现工艺和数控编程的标准化和智能化。这进一步提高了制造质量和竞争能力，为加工系统的自动化提供了技术基础。

（3）数控系统模拟实际工况运行实验技术　模拟工况运行实验旨在评估国产中高档数控系统的功能、性能和可靠性，并与国外同类产品进行对比性实验，同时进行可靠性增长研究。实验主要包括以下步骤：

1）根据数控机床的型号和使用条件，数控系统被配置并安装到相应的实验平台上。每个实验平台都根据数控机床的类型和负载情况配备了不同数量的轴，并且模拟了实际加工情况，以确保每个实验平台都能独立地模拟数控机床的工作情况。实验平台的负载方式主要包括对拖加载和惯量盘加载两种方式。

2）在实验平台上进行数控系统的调试工作，包括配置数控系统单元中的轴号、设置电子齿轮比以及设定刀具偏置补偿数据等。同时，调试伺服驱动单元的控制方式，设置电动机的磁极对数和编码器类型等参数，以确保实验平台能够准确模拟数控机床的真实工作状态。

3）将常见典型零件的加工程序输入到实验平台的数控系统中，并启动循环运行程序。

4）一旦数控系统调试完成，实验平台将被启动并持续运行，除非需要进行必要的检修，否则不得中断电源。在实验过程中，专人将定期巡视每个实验平台，并记录设备的运行状态数据。这些数据记录包括设备的运行状况、任何问题或异常现象的出现以及处理方法及所需时间等信息。

（4）基于互联网的数控机床远程故障监测和诊断　在制造车间中，可以通过有线连接、Wi-Fi 网络以及 5G 设备等接入方式，对数控机床的运行状况数据进行采集。这些数据随后通过互联网传输到位于中心服务器上的 SQL Server 数据库。借助终端计算机，可以运行数控机床的远程故障监测和诊断软件，实现对各个数控机床的故障监测和诊断功能。

1）有线方式。制造车间机床→车间服务器运行采集软件→数据输送至中心服务器数据库并存储→终端计算机运行远程故障监测和诊断软件，实现实时故障监测和诊断。虽然有线方式在数据传输速度和可靠性方面表现出色，但是需要在用户车间进行网线敷设，并且需要配置车间服务器和交换机等设备，这增加了现场组网的难度和成本。因此，用户对这种方案的接受程度较低，实施起来的可操作性也较差。

2）Wi-Fi方式。制造车间机床（配装Wi-Fi路由器）→车间服务器运行采集软件→数据输送至中心服务器数据库→终端计算机运行远程故障监测和诊断软件，实现实时故障监测和诊断。尽管Wi-Fi方式具有较高的数据传输速度和可靠性，但是需要在用户车间安装无线设备，并配置车间服务器和交换机等设备，这会增加现场组网的难度和成本。因此，用户对这种方案的接受程度较低，实施起来的可操作性也较差。

3）5G工业无线路由器方式。制造车间机床（配装5G工业无线路由器）→中心服务器运行采集软件，数据存储到服务器数据库→终端计算机运行远程故障监测和诊断软件，实现实时故障监测和诊断。通过5G工业无线路由器方式，仅需要在用户车间的数控机床上设置工业无线路由器。这种方案使得现场组网的难度较小、成本也较低，因此用户对这种方案的接受程度较高，实施起来的可操作性也较强。然而，数据传输速度和可靠性会在一定程度上受到工业无线路由器接入互联网时信号强弱的影响。

3.1.2 增材制造装备

1. 增材制造技术概述

增材制造（additive manufacturing，AM）是一种先进的制造技术，在各种文献中被赋予多样的名称，包括3D打印、快速原型制造、直接数字制造等。这种多样性的命名主要源于不同的研究机构和公司在采用增材制造技术时所涉及的工艺对象、设备配置等技术细节存在一定的差异。尽管存在这些差异，但增材制造的基本工艺流程是相似的。这种技术的多重命名反映了其在不同领域和应用中的广泛灵活性，使其成为当今制造领域中备受瞩目的革新技术之一。

增材制造技术的发展历程可以追溯到20世纪80年代。最早的增材制造主要用于原型制造，其方法包括光固化聚合物和熔融沉积建模。随着时间推移，增材制造逐渐从原型制造拓展到直接制造功能性零部件和组件的领域。20世纪90年代，激光烧结和电子束熔化等金属增材制造技术的兴起使得金属部件的生产成为可能，推动了增材制造在航空航天和医疗领域的应用。21世纪初，增材制造开始广泛渗透到工业制造领域，引起了广泛的关注和研究。随着对材料、工艺和设备的不断改进，增材制造技术在制造业中取得了显著的进展。新的材料，如金属合金、复合材料和生物材料，使得增材制造适用于更多领域。21世纪，增材制造已经成为制造业中的重要趋势之一，为创新、定制和可持续性提供了新的机遇。技术的快速发展预示着增材制造在未来将继续推动制造业的变革和进步。

增材制造技术的基本原理是通过逐层堆积材料来构建物体。首先，通过计算机辅助设计（CAD），将所需产品的三维模型分解成一系列薄层切片。然后，这些切片的数据被传输到增材制造设备，如3D打印机。在制造过程中，选择合适的材料，可以是塑料、金属、陶瓷等，以粉末、液体或线材的形式存在。增材制造设备根据切片数据，逐层将材料进行堆积，通常使用激光、电子束或喷头等工具进行精确的控制。每一层的形状和结构都根据设计要求进行精准放置，逐渐堆叠形成最终的三维物体。这个逐层堆积的过程使得增材制造技术能够实现复杂几何形状、内部结构和定制化设计。最后，完成物体的堆积后，可能需要进行后处理工艺，如热处理、表面处理或其他加工步骤，以提高零件的机械性能和表面质量。总体而言，增材制造技术的核心原理是通过逐层建构材料，从数字模型直接制造出具有复杂形状和特殊功能的物体。

增材制造技术的特点是其高度灵活性和定制性，能够实现复杂的几何形状和个性化设计，从而满足各种特定需求。此外，相较于传统的减材制造方法，增材制造在建构过程中逐层叠加材料，仅使用需要的部分，最大限度地减小了废料产生，从而在环保和资源利用效率方面取得了显著的进步。这项技术还在新产品的快速开发、小批量生产和定制化生产方面展现出独特优势。然而，增材制造技术也存在一些挑战和局限性。首先，生产速度相对较慢，尤其对于大尺寸、高精度的零部件而言，可能需要较长时间；其次，成本仍然是一个问题，特别是在金属增材制造领域；再次，一些材料的可用性和质量仍在不断改进中，限制了该技术在某些领域的广泛应用；最后，与传统制造方法相比，增材制造技术在一些特定工程应用中可能存在材料强度和表面质量的挑战。总体而言，增材制造技术的优势包括灵活性、定制性和资源效益，但在速度、成本和材料性能等方面仍需不断创新和改进。

2. 增材制造装备的主要分类

在离散型制造智能工厂中，增材制造装备扮演着至关重要的角色，成为推动技术进步的关键引擎，为生产流程引入了灵活性和创新性。数十年来，增材制造装备经历了不断的创新与技术演进，如今已经形成了适用于各种加工对象的多种装备类型。这些装备类型的多样性主要源于不同的材料形态，包括粉末、液态树脂、线材、片材等。每一种材料形态都对应着经过精心设计的增材制造装备。这里将以增材制造材料形态为切入点，详细介绍针对不同材料形态的增材制造工艺所需装备的基本组成，并从成型精度、成型速度和应用场景三方面对其使用特点进行分析。

选区激光熔化（selective laser melting，SLM）是一种经典面向粉末材料的增材制造工艺。如图 3-5 所示，常见的选区激光熔化装备主要包括激光源、光学系统、粉末床系统、控制系统、辅助系统、监测系统和工艺软件等几个关键组成部分。激光源作为提供高能激光束的关键组件，目前主要采用市场上成熟的光纤激光器。光学系统包括准直镜、振镜和聚焦镜等元件，主要用于扩束和聚焦激光，确保其精准照射到粉末床的目标位置，实现选区熔化。粉末床系统是支撑和提供金属粉末的平台，通常包含可移动的刮刀，用于将送粉仓的粉末逐层添加至成型室，确保每层均匀平整。控制系统包括硬件和软件，用于管理激光光路和粉末床铺粉，确保零部件制造的精度。辅助系统涵盖冷却和气体保护，分别用于控制激光熔化过程中的温度和提供惰性气体以防氧化。监测系统主要为高速摄像机，主要对熔池的形状、大小等特征进行监控。工艺软件负责模型切片、参数设置、路径规划和后处理等关键任务，从而使制造过程更加准确、可控和可靠。基于上述选区激光熔化装备的关键组成部分，选区激光熔化装备能够实现微米级别的精细成型，确保生产出高度复杂和精密

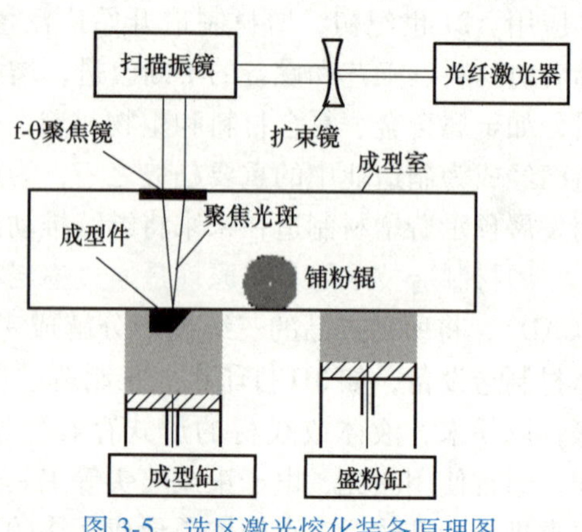

图 3-5　选区激光熔化装备原理图

的零部件，从而使其在航空航天、医疗、汽车和其他高端制造领域得到广泛应用。

光固化成型（stereo lithography apparatus，SLA）是一种基于液态树脂的先进增材制造工艺。如图 3-6所示，光固化成型装备主要包括激光源、光学系统、光固化材料、工作台、控制系统以及辅助设备。激光源是光固化成型装备的核心部分，通常采用氦-镉激光器或氩激光器，以产生紫外线激光束。光学系统包括扫描装置和其他光学元件，主要用于控制光束的大小、形状和强度，并确保光束能准确地照射到工作区域。光固化材料通常为光敏树脂，其具有对特定波长的光敏感性，当受到光照射时，会发生聚合反应，从而固化成所需形状。工作台是用于支撑和定位待加工物体的平台，以控制成型工件的升降。工作台上装有刮刀，刮刀用于保证新一层树脂迅速、均匀地涂敷在已固化的层上。控制系统负责管理整个光固化成型过程，包括光源的控制、工作台的运动控制、光学系统的调整等。此外，还会配有相应的辅助设备，如冷却系统、废料处理系统等，以确保设备正常运行和保证产品质量。光固化成型装备具有成型精度高、成型速度快等特点，广泛应用于 3D 打印、快速原型制作、医疗器械制造等领域，尤其适用于高精度和快速生产需求。其优势在于精准控制材料固化，制品表面光滑、结构精细，为定制化、小批量生产提供高效解决方案。

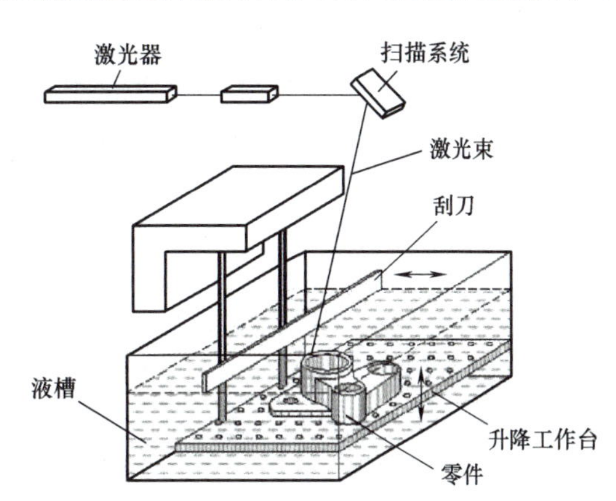

图 3-6　光固化成型装备原理图

熔融沉积成型（fused deposition modeling，FDM）是一种基于线材熔融堆积的成型工艺，与依赖激光热源的工艺不同。该技术通过加热和熔化各种线材，实现材料逐层堆积来构建物体。如图 3-7 所示，熔融沉积成型装备主要由熔融系统、运动控制系统、供料系统、建造平台、温度控制系统等关键组件组成。在熔融系统中，加热器和熔融喷嘴起到关键作用，将原材料（通常为塑料或复合材料）加热至熔点，并通过喷嘴挤出线材。运动控制系统用于控制整个成型过程中喷嘴的运动轨迹，确保材料被精确地沉积在所需的位置上，形成预定的三维实体。供料系统负责将线材提供给熔融喷嘴，以确保喷嘴始终有足够的材料供应。建造平台则承担支撑制造物体的任务，也是熔融沉积成型过程中构建物体的基础。温度

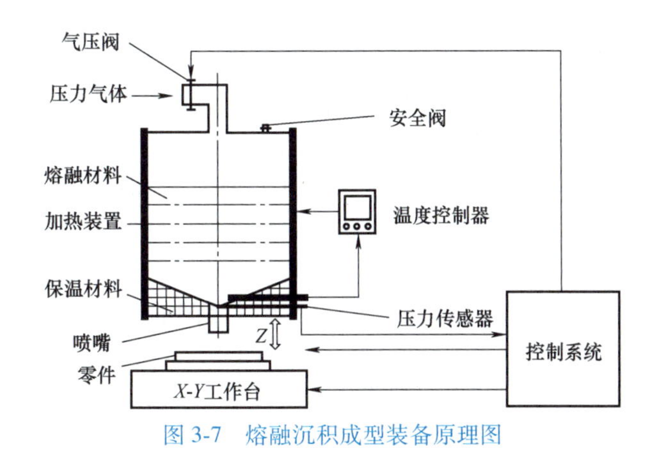

图 3-7　熔融沉积成型装备原理图

控制系统用于确保熔融池中的材料保持适当的温度，以及控制成型过程中的温度变化。由于受到喷嘴直径和层高的限制，相较于其他成型技术如选区激光熔化（SLM），熔融沉积成型装备的成型精度相对较低。因此，其在处理细小结构和复杂几何形状的建造质量方面不如SLM。熔融沉积成型装备主要用于快速原型制作、教育和一些低成本的应用，也广泛应用于生活消费品的定制。

薄材叠层制造成型（laminated object manufacturing，LOM）又称为薄形材料选择性切割，是一种以纸、塑料薄膜等片材为原材料的成型工艺。如图 3-8 所示，薄材叠层制造成型装备主要由激光切割系统、建造台、供料系统、热压辊、控制系统、废料处理系统等组成。在 LOM 中通常使用激光切割系统，其通过激光束来切割每一层的材料片。激光切割根据计算机辅助设计（CAD）模型的几何形状和尺寸进行精确定位。建造台用于支持并逐渐构建三维物体，其运动可在垂直和水平方向上进行，以逐层添加新材料。供料系统用于提供材料片，通常由一个卷轴或盘形式的材料库组成，这些材料片被输送到建造区域，以供激光切割系统处理。热压辊用于加热并压制新添加的材料片层，以确保其牢固地黏合在一起。控制系统负责接收并解释 CAD 文件中的数据，控制建造台和激光切割系统的运动，以及管理整个建造过程。废料处理系统负责处理 LOM 过程中产生的废弃材料，以确保系统的稳定性和效率。LOM 在精细产品和塑料件成型等方面不及 SLA，但其在较厚的结构件模型、实物外观模型、砂型铸造等方面具有独特的优越性。

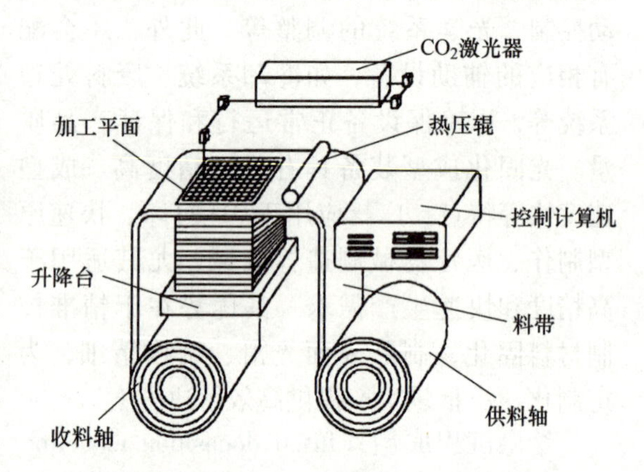

图 3-8　薄材叠层制造成型装备原理图

3. 增材制造装备的智能化

在迈向离散型制造智能工厂的过程中，智能增材制造设备将成为至关重要的元素。随着制造业迎来数字化和智能化的浪潮，增材制造以其革命性的生产方式，将为制造业开启更为高效、灵活和创新的生产模式，同时蕴藏着巨大的创新潜能。将高端机床和智能工业机器人纳入增材制造设备架构，将显著提升增材制造过程中传感和控制的效率，实现更高水平的自动化。与此同时，设备自动化与数字信息化的紧密结合成为实现智能化的关键途径。借助基于数据、软件和网络的数字生态系统，结合多尺度建模、仿真、机器学习和人工智能等先进技术，更有效地将信息与物理过程紧密连接，激发出新的制造潜能。

在设备架构方面，机器人辅助增材制造展现出广阔的前景，其设计选择为制造过程提供了额外的自由度。多机器人系统为多材料加工提供了便利，同时也消除了尺寸的限制，能够以局部可定制的方式进行加工。此外，借助机器人配备的传感器或摄像头，增材制造得以通过在线识别和反馈的形式实现自主路径规划和原位参数修正。对于增材制造数字生态系统而言，物理和数据驱动的框架能够识别出过程-结构-属性之间的关系，从而降低试错成本。物理驱动的建模和仿真在多个尺度上揭示了过程和结构的潜在物理机制。同时，数据驱动的方法运用数据挖掘算法、机器学习和人工智能技术来探索增材制造输入和输出之间的相关性。在快速预测、过程优化以及实时诊断和反馈控制方面，数据驱动的方法表现得尤为出色。通过将物理和数据驱动的方法相结合，基于物理的数据科学因其可解释性和快速性而变得越来越具吸引力，这种综合方法提高了增材制造装备的智能化水平。

4. 增材制造装备的工艺流程——以选区激光熔化（SLM）为例

增材制造是一项先进的制造技术，随着其不断的发展，各种设备的性能和产品工艺流程也在不断地得到优化和提升。以选区激光熔化（SLM）技术用于制造多孔结构为例，对增材制造装备的性能特点以及 SLM 的产品工艺流程进行了深入的分析。涉及的关键步骤包括装备的技术参数以及工艺流程中的数字化建模和切片、预处理、打印、后处理等方面，以全面展示 SLM 在增材制造中的应用。通过详细的分析，读者可以更全面地了解增材制造装备的性能特点，并深入了解 SLM 技术的产品工艺流程。这些信息不仅为增材制造领域的研究者提供了深入的参考，也为实际应用提供了指导。

选区激光熔化装备的主要技术参数包括了可成型尺寸、铺粉层厚、扫描速度、激光功率、成型材料种类等。选区激光熔化装备可成型尺寸主要受制于扫描振镜平面场区域，目前在选区激光熔化装备中主流采用扫描振镜+f-θ 聚焦镜、扫描振镜+动态调焦两种方式，其中前者主要用在小尺寸成型上，而当需成型大尺寸时，往往会采用动态聚焦方式。铺粉层厚是指每一层激光熔化过程中使用的金属粉末层的厚度，通常以毫米（mm）为单位。较薄的层厚度可能会提供更高的表面质量和更精细的细节，但会增加制造时间。大多数设备铺粉层厚的范围为 0.02~0.1mm，选择合适的铺粉层厚通常是在质量和效率之间寻找平衡的关键。扫描速度是激光束在每一层上移动的速度。较高的扫描速度可能会加速制造过程，但可能会影响激光与金属粉末的相互作用，对成品质量产生影响。较低的扫描速度可以提高熔化的质量，但会增加制造时间。激光功率是激光束的能量强度，通常以瓦特（W）为单位。激光功率的选择直接影响金属粉末的熔化深度和速度。较高的激光功率可以加快熔化过程，但也可能导致过多的热输入，影响零件的精度和质量。合理选择激光功率是确保零件密度和质量的关键因素。这三个参数通常需要在实际生产中进行优化，以满足特定零件的要求，找到适当的工艺窗口。不同的金属材料和应用场景可能需要不同的参数设置。

图 3-9 以涡轮发动机燃烧室为打印对象，介绍 SLM 的工作流程。首先，进行数字化建模和切片过程，采用三维绘图软件（Solidworks、nTopology 等）创建多孔结构模型，并将其导

图 3-9　选区激光熔化打印流程

出为STL格式。通过SLM设备内置的软件，沿*Z*轴方向将多孔结构模型切割成一层层的薄片数据，生成3D打印机专用格式的SLC片层文件，并设置相应的打印参数。然后，在预处理阶段，起动水冷机，确保水冷机水管无压折，且液位正常。将基板安装在成型仓内，并调整刮刀与基板之间的距离为0.05mm。使用沾有酒精的无尘布擦拭成型室门的密封圈和安全玻璃，然后关闭仓门。充入惰性气体，对成型室进行气体置换，直至氧含量降至设定值后起动设备。打印过程中，需观察打印状态以确认供粉量、铺粉均匀性和激光扫描顺序是否正常。最后，进行后处理，打印完成后，升起成型仓，回收多余粉末并取出打印的工件。

3.1.3 智能金属成形装备

1. 智能金属成形装备概述

金属成形制造是指利用金属成形技术，通过对金属材料施加力或热能，使其发生塑性变形，从而获得所需形状、尺寸和性能的制造过程。金属成形制造作为制造业中至关重要的一部分，广泛应用于汽车工业、航空航天、机械制造等领域。

传统的金属成形装备包括各种机械设备和工具，用于实现金属材料的加工和成形。如在锻造过程中，锻锤、压力机、模具以及加热炉等装备共同作用，通过施加力，使金属材料发生塑性变形，从而形成符合要求的锻件。又如在冲压过程中，利用压力机、冲模以及金属板材，通过施加压力将金属板材置于冲模之间，以一次或多次冲击，使其发生塑性变形，最终成形为所需形状和尺寸的金属零件或构件。

然而，面对多样化的市场需求和不断提升的生产要求，传统金属成形装备的生产效率较低，无法满足客户对于快速交付的需求，导致生产周期长、交付周期慢的问题突显。其次，由于人工操作和机械设备限制，传统装备的产品质量波动大，难以实现稳定的产品质量水平，容易出现次品率偏高的情况。此外，生产过程中存在的安全隐患和设备故障频发，使得金属成形装备在保障生产安全和可靠性方面也存在一定的困难。

智能金属成形装备是在传统金属成形加工装备的基础上，应用人工智能技术、数值模拟技术和信息处理技术，以工艺装备一体化设计和智能化过程控制方法，取代传统材料制备与加工过程中的“试错法”设计和工艺控制方法，以实现材料组织性能的精确设计与制备加工过程的精确控制，获得最佳的材料组织性能与成形加工质量，从而在工艺感知、工艺寻优、多目标协同调控等多方面均展现出强大的应用潜力。因此，发展智能金属成形装备成为行业发展的必然趋势。

2. 智能金属成形装备的分类与组成

金属成形是制造业中至关重要的工艺之一，它可以根据不同的加工方式、材料特性以及产品要求进行分类。首先，按照加工方式的不同，金属成形可分为多种类型，每种类型都具有其独特的加工特点和适用范围。压力成形是一种常见的成形方式，它通过施加压力使金属材料在模具中产生形变，常见的压力成形方法包括冲压和辊压。与之相对的是热成形和冷成形，热成形是在材料达到一定温度时进行的成形过程，通常用于处理高温合金或需要更复杂形状的金属件，而冷成形则是在常温下进行的成形，常见的冷成形方法包括冷拔和冷锻。此外，塑性成形和旋转成形也是常见的成形方式，它们分别适用于柔软的材料和轴对称零件的加工。

其次，根据材料特性的不同，金属成形可以进一步划分为多个类别。锻造是一种古老而有效的金属成形方式，通过对金属材料施加压力和热量来改变其形状和性能。铸造则是将液态金属注入模具中，待其凝固后获得所需形状的方法，这种方式适用于生产复杂形状和大批量的产品。挤压和拉伸是另外两种常见的成形方式，它们通过将金属材料挤压或拉伸至所需形状和尺寸，适用于生产各种截面形状的材料，如管材、棒材等。此外，冲压也是一种常见的金属成形方式，它通过在金属板上施加高速冲击力来使其产生形变，用于生产各种金属零件和产品。

每种成形方法都有其独特的功能特点和适用场景，了解并选择适用的成形方式对于提高生产效率、降低成本和保证产品质量具有重要意义。表 3-2 列出了常见金属成形装备加工特点与应用。

表 3-2　常见金属成形装备加工特点与应用

类　型	主要特点	主要应用
锻造设备	使用压力对金属材料进行塑性变形	生产锻件，如曲轴、连杆、齿轮等
铸造设备	将熔化的金属材料注入模具中形成所需形状	生产各种铸件，如零件、构件等
挤压设备	将金属材料挤压成带有所需截面形状的产品	生产型材、管材、棒材等
冲压设备	利用压力机和冲压模具对金属板材进行加工	生产汽车零部件、电器外壳等
辊压设备	将金属板材置于两个旋转辊之间进行压制	生产板材、薄板、卷材等
拉伸设备	将金属材料拉入带有所需截面形状的模具中	生产细丝、管材等
焊接设备	通过热能或压力将金属件连接在一起形成一体	生产焊接结构、焊接构件、组装件等

智能金属成形装备在传统金属成形装备的基础上，通过集成智能驱动装置、传感网络、智能数控装置、云边协同系统等，应用人工智能、数值模拟、信息处理等智能使能技术，实现对加工参数的设计、加工过程的监测、加工状态的感知与控制。图 3-10 所示为智能金属成形装备的分类与组成。

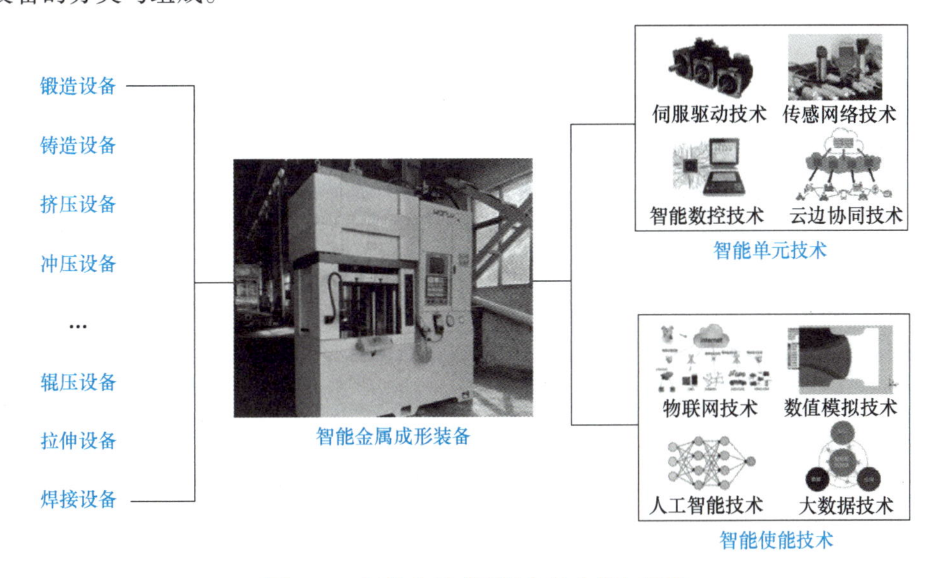

图 3-10　智能金属成形装备的分类与组成

通过智能驱动装置的运用，实现了对加工设备的高度自动化控制。如采用伺服驱动装置能够根据预设的加工参数和实时采集到的数据，动态调整设备的运行状态，以最优化的方式完成金属成形过程。

此外，依托于传感网络的覆盖，能够实时采集加工过程中的各项数据。这些数据包括温度、压力、形变等多个方面，通过对这些数据的实时监测和分析，可以及时发现加工过程中的异常情况，并采取相应的措施进行调整，保证了加工过程的稳定性和安全性。

而引入的智能数控装置，能够根据预先设计的加工方案，自动调整加工参数，实现对加工过程的精确控制。这种智能数控装置结合了人工智能和数值模拟等先进技术，能够更好地适应不同工件的加工需求，提高了加工精度和产品质量。

通过云边协同系统的建立，智能金属成形装备实现了生产过程的信息化管理和协同优化。生产现场的各个环节都可以通过云端平台实现实时数据共享和协同决策，从而提高了生产资源的利用效率和生产计划的执行效率。

3. 智能金属成形装备的特征

智能金属成形装备能对其本身进行监控，可自行分析众多与加工装备、加工状态、加工环境有关的信息及其他因素，然后自行采取应对措施来保证机床的健康状态与最优化的加工，而这依赖其独特的智能化特征。智能金属成形装备的特征如图 3-11 所示。

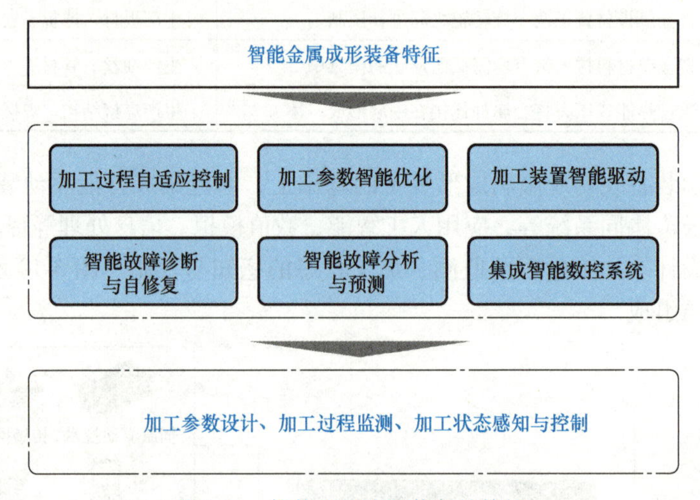

图 3-11　智能金属成形装备的特征

（1）加工过程自适应控制　通过装备控制回路、机身、模具等加工部件的振动、功率、电压、电流等多种信息，可以准确辨识出驱动、传动部件的受力、磨损等状态，同时能够实时监测加工过程的稳定性状态。在实际应用中，加工过程经常会受到各种因素的影响，如原材料的质量变化、设备的老化程度、环境条件的变化等。因此，采用自适应控制技术可以及时应对这些变化，通过实时修调加工参数（如速度、压力等）与加工指令，使设备处于最佳运行状态。通过实施自适应控制，不仅可以提高加工精度、降低工件表面粗糙度值，还可以有效提升生产效率、降低生产成本，并且提升设备运行的安全性。

（2）加工参数智能优化　通常情况下，零件加工具有一般规律和特殊工艺经验可循。然而，传统的基于经验的方法可能无法充分利用现代科技的优势。因此，借助现代智能方法，可以构建基于模型的“加工参数的智能优化与选择器”。这种智能选择器能够综合考虑加工过程中的各种因素，如材料性质、加工方式、设备状态等，并利用数据驱动的方法进行分析和优化。通过这种智能化的优化过程，可以获得最优化的加工参数（速度轨迹、控制器参数等），从而提高生产效率并提升加工工艺水平。通过应用加工参数智能优化技术，加工装备能够始终处于较合理和较经济的工作状态。这不仅有助于降低生产成本，还能够提升产品质量和制造效率。

（3）加工装置智能驱动　通过加工装置智能驱动技术，加工设备可以实现自主识别电动机及负载的转动惯量，并根据实际情况自动对控制系统参数进行优化和调整。智能交流驱动装置能够根据加工任务的不同，自动调整转速和转矩，以适应不同的加工需求。此外，根据工件的特性和加工过程中的变化，实时调整速度和压力，以确保加工过程的稳定性和精度。通过应用加工装置智能驱动技术，加工设备可以实现最佳运行状态，提高生产效率和加工质量。这种智能化的驱动系统不仅能够降低人工干预的需求，还能够减少能源消耗和设备的磨损。

（4）智能故障诊断与自修复　智能故障诊断技术可以通过基于模型或是数据驱动的方式，快速而准确地定位液压、电气、机械系统的故障。通过分析设备传感器和控制系统的数据，检测异常行为，并据此识别可能的故障原因和部位。智能故障自修复技术则能够根据诊断出的故障原因和部位，通过硬件冗余或是容错控制实现自动排除故障或提供故障排除指导。这种技术集故障自诊断、自排除、自恢复、自调节于一体，贯穿于设备的全生命周期。

（5）智能故障分析与预测　智能故障分析技术利用信号处理分析技术，通过对设备传感器和控制系统的数据进行实时监测和分析，能够准确识别设备运行中的异常情况。这种技术能够快速定位故障，帮助维修人员迅速采取相应的措施，以减少设备停机时间并确保生产计划的顺利进行。与此同时，采用云边协同系统的潜在故障预测技术则能够在故障发生之前进行预测。通过将设备数据上传至云端进行分析和处理，结合机器学习和数据挖掘算法，可以识别出潜在的故障模式和趋势，提前预警可能发生的故障。这使得维修人员可以采取预防性的维护措施，避免设备故障对生产造成的不利影响。

（6）集成智能数控系统　集成智能数控系统技术将测量、建模、加工和机器操作四者融合在一个系统中。通过将传感器数据与数学模型相结合，实现实时监测和控制加工过程。这种一体化的系统能够实现信息共享，从而提高制造过程的整体效率和质量。通过集成智能数控系统技术，制造企业可以快速响应市场需求。当需要调整加工参数或生产流程时，系统能够快速进行调整，以满足客户的要求。同时，通过实时监测和检测，系统能够及时发现并纠正可能存在的问题，确保产品质量符合标准。

4. 智能金属成形装备实例——以伺服压力机为例

冲压生产具有生产效率高、产品质量高、材料消耗少等优点，广泛应用于汽车、家电、航空航天等领域。机械压力机是汽车冲压生产中最广泛使用的装备之一，然而由于其冲压曲线固定、生产柔性差而导致其工艺适应性差。且由于高强钢、镁铝合金等材料的广泛应用，传统机械压力机由于无法实现多材质多品种工件的高品质共线融合生产，需要进行智能化、数字化改造从而提高产品质量，因此以伺服压力机为基础而发展的伺服冲压生产线成为智能制造的重要一环。

对于伺服冲压生产来说，伺服压力机通常配备柔性驱动传动单元以及制造信息系统与多机互联制造系统，图 3-12 为伺服压力机智能化模块示意图。其中，伺服压力机作为一种新型冲压装备，其摒弃了飞轮、离合器等部件，由伺服电动机直接提供能量，通过执行机构将伺服电动机的旋变运动变为滑块的直线运动，伺服压力机可以通过数控编程实现滑块的行程、速度、压力等的柔性调节，甚至在低速运转时也可达到压力机的公称吨位。此外，根据工艺和模具的要求，其能够对滑块运动曲线进行控制和优化，实现了冲压曲线的柔性可控，极大地提升了冲压工艺适应性。由于降低了模具与工件的接触速度，其冲击振动小，延长了模具的使用寿命，还具有损耗低的节能效果。

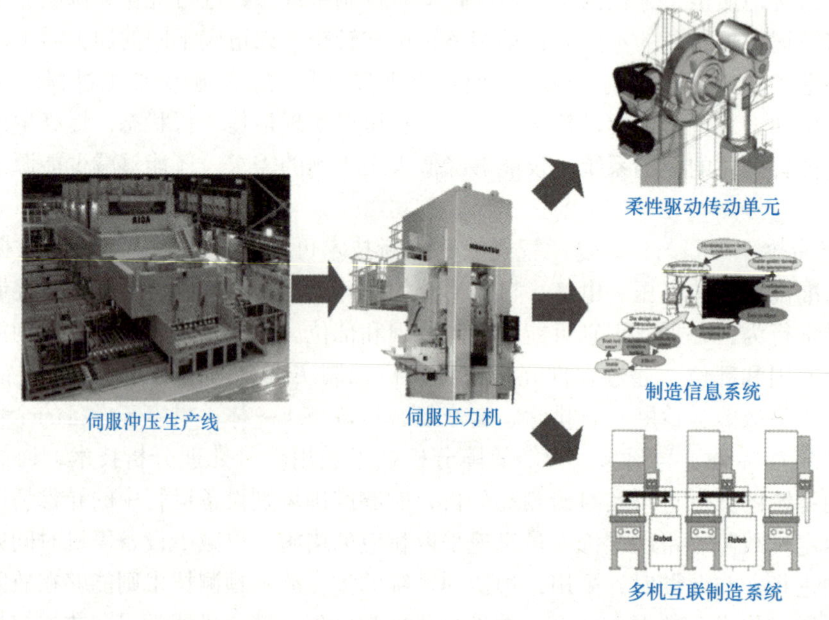

图 3-12　伺服压力机智能化模块示意图

无论是与液压机还是传统机械压力机相比，伺服压力机都更适合在热冲压工艺中使用，其性能优劣表现为与热冲压工艺紧密相关的几个关键性能指标：位置精度、保压能力、生产效率和能耗。国内外通过对伺服压力机的结构进行改造升级来提高其性能，且行业内已逐步完善伺服压力机的性能标准，例如下死点精度是非常重要的动态精度，但目前尚无统一标准，日本株式会社能率机械制作所（Laboratory of Effective Machines，LEM）要求的下死点精度标准见表 3-3。

表 3-3　高精密压力机下死点精度标准

公称力/kN	<300	450~600	800~1250	>1500
下死点精度/μm	≤±1.5	≤±2.0	≤±3.0	≤±5.0

伺服压力机的柔性驱动传动单元使其具有更多样的运动模式，从而能够根据实际工况进行匹配。图 3-13 所示为伺服压力机的典型滑块运动模式，按照曲柄运动规律通常可分为单向整周运动模式、自由编程模式、摆动模式三类。例如：当伺服压力机需要完成多次正向-逆向的运动时，自由编程模式可以实现不同的复杂运动规律；当伺服压力机采用非偏置的曲柄滑块执行机构或肘杆机构时，摆动模式可以完成非整周运转的周期性运动。

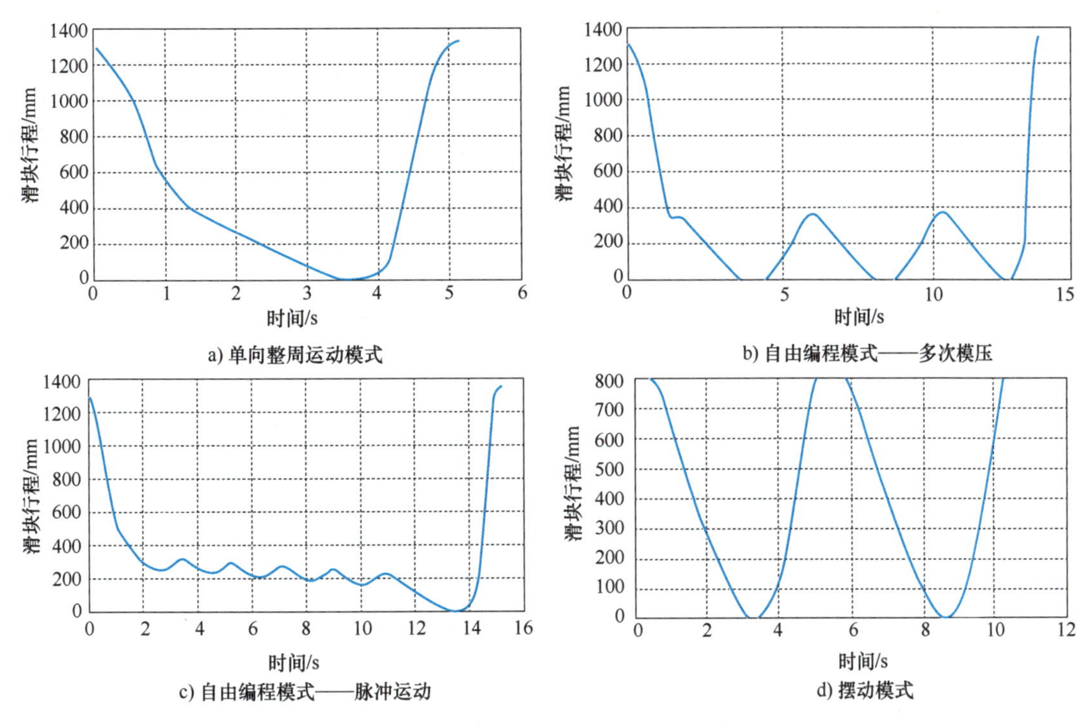

图 3-13　伺服压力机的典型滑块运动模式

除了硬件上的独特优势，伺服压力机还能通过制造信息系统与多机互联制造系统实现装备、工艺的智能化监测和控制。制造信息系统通过订单管理、生产计划与调度、物料管理和生产过程监控，实现对生产全过程的管控与优化。通过集成的传感网络能够感知到生产过程中工艺、装备的潜在变化，而后台进行的能耗、压力等数据分析与决策支持则为企业提供数据驱动的决策依据，帮助提升运营效率和竞争力。当涉及产品的多工序加工时，需要多个液压机进行协同工作，采用多机互联的方式，通过机械臂、传送带等部件进行工件的传输，从而完成整个产品生产。多机互联制造系统则基于工序步骤、工序时间等基本参数进行多个伺服压力机、机械臂的统筹规划，在确定最优运动轨迹的同时，提高生产质量与生产效率。

3.2 工业机器人

3.2.1　工业机器人基本参数

在现代工业生产中，工业机器人扮演着越来越重要的角色。它们就像是工厂中的“百宝箱”，可以完成各种各样的任务，从简单的装配到复杂的焊接，无所不能。本章将介绍工业机器人的基本情况，包括什么是工业机器人，它们是如何发展起来的，以及一些关键的技术参数。通过本章的学习，可对工业机器人有一个全面的认识，为后续的学习打下坚实的基础。

1. 工业机器人概况

工业机器人是一种可编程的自动化装置，通常用于在制造和生产环境中执行各种任务。它们通常由机械臂、传感器、控制系统和执行器等组成。工业机器人能够执行复杂的任务，如组装、焊接、涂漆、装卸货物等，以取代人工劳动。其设计目的是提高生产效率、提高产品质量、降低生产成本，并且可以在危险或繁重的环境中工作，从而减少人类的受伤风险。

从广义上来说，人们通常理解工业机器人是一种能够自动完成各种任务的机械设备，它们在制造和生产领域发挥着重要作用，如装配、焊接、涂漆、搬运等，如图 3-14 所示。然而，正因为工业机器人的功能和应用广泛，不同的组织对其有着略有不同的定义，见表 3-4。

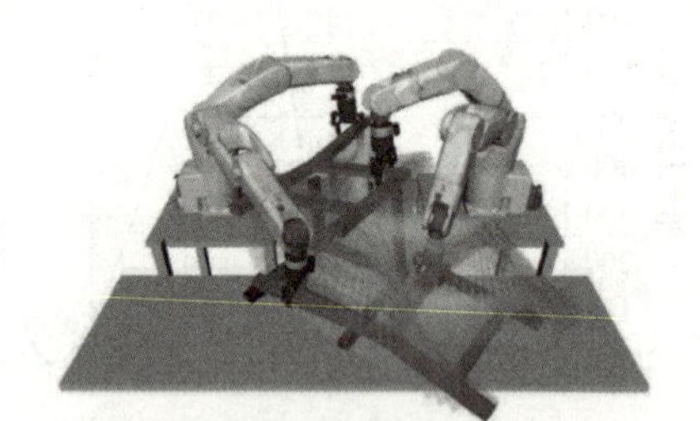

a) 机器人组装家具

b) 电弧焊增材制造技术

c) 汽车喷涂机器人

d) 搬运机器人

图 3-14 工业机器人在工业生产中的应用

表 3-4 工业机器人定义

组 织	定 义
国际标准化组织（ISO）	自动操作工具，其在程序控制下，能够对物体执行一系列任务，这些任务可替代人的动作，可以是一个或多个的动作序列
美国机器人协会（RIA）	可编程的多功能操作设备，通常采用固定编程或点对点控制，应用于组装、装配、包装、搬运、处理等工业场景
日本工业机器人协会（JIRA）	工业机器人是一种装备有记忆装置和末端执行器的，能够完成各种移动来代替人类劳动的通用机器
德国工程师协会（VDI）	具有多自由度的、能进行各种动作的自动机器，它的动作是可以顺序控制的，轴的关节角度或轨迹可以不靠机械调节，而由程序或传感器加以控制。工业机器人具有执行器、工具及制造用的辅助工具，可以完成材料搬运和制造等操作

工业机器人的发展历史可以追溯到 20 世纪 50 年代，自第一台机器人被引入到汽车制造业起，工业机器人的发展历史正式开始，以下是工业机器人发展的主要历程。

20世纪50年代：第一台工业机器人问世。1954年，美国工程师乔治·德沃尔首次提出了“工业机器人”这个概念，并于1956年创建了Unimation公司。1961年，Unimation公司生产了世界上第一台商用工业机器人，用于在汽车制造业中进行铸造操作。

20世纪60年代：工业机器人开始在汽车制造业中得到广泛应用。通用汽车率先在生产线上使用工业机器人进行点焊和涂漆等操作。随着技术的发展，工业机器人的种类和功能也不断增加。

20世纪70年代：工业机器人的普及和应用范围进一步扩大。日本成为工业机器人的主要生产和应用国家，丰田、本田等公司开始大规模引入工业机器人以提高生产效率。

20世纪80年代：电子技术的进步和计算机的普及推动了工业机器人的发展。出现了第二代工业机器人，具有更高的精度和更复杂的运动控制能力。工业机器人在电子、电气、医药等领域的应用也逐渐增加。

20世纪90年代至今：工业机器人进入了智能化时代。随着人工智能、机器学习和传感器技术的不断发展，工业机器人具备了更高的自主学习和自适应能力。人机协作机器人开始出现，与人类共同工作，提高了生产效率和安全性。

现如今，工业机器人在全世界范围内得到广泛应用。据国际机器人联合会（IFR）2023年9月26日在德国法兰克福发布的《2023年世界机器人报告》（World Robotics 2023 Report）数据，2022年全球服役工业机器人数量已超过390万台，同比2021年增长12.2%，如图3-15所示，全球工业机器人服役数量稳步增长。

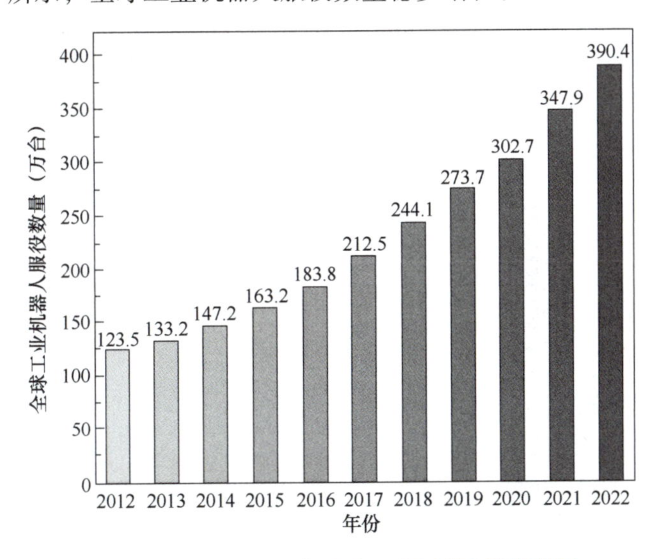

图3-15　2012—2022年全球工业机器人服役数量

中国作为世界上最大的制造业基地之一，其对工业机器人的需求持续增长。在汽车制造、电子产业、机械加工等领域，工业机器人已成为提高生产效率、降低成本的重要手段。中国政府也积极支持工业机器人的发展，出台了一系列政策措施，促进机器人技术创新和产业升级。以2022年全球工业机器人销售量（图3-16）为例，中国销量全球占比超过58.5%。从工业机器人销售量数据中，可以清晰地展示了中国在全球工业机器人市场的主导地位。然而，这并不仅仅是数字上的优势，更是反映了中国在工业机器人应用方面的广泛需求和强劲发展态势。

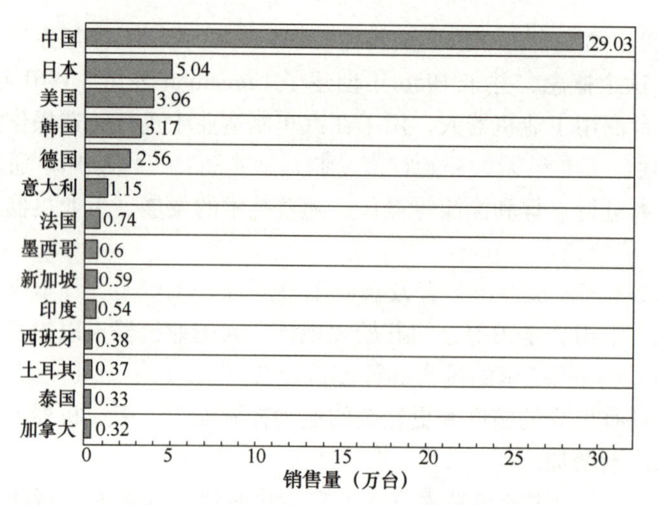

图 3-16　2022 年全球工业机器人销售量

工业机器人在我国的应用场景十分广泛，涵盖了多个行业和领域。除了汽车制造、电子产业和机械加工等传统行业外，近年来，食品加工、医疗器械、物流仓储等领域也开始大量引入工业机器人，以提高生产效率、保障产品质量和提升竞争力。

如图 3-17 所示，在不同类型的工业机器人中，搬运机器人依然是销量最大的类型，其在工厂内的物料搬运、装卸等方面发挥着重要作用。焊接机器人紧随其后，虽然销量有所下降，但仍然是工业机器人中的重要一环。此外，装配机器人、清洁机器人、分拣机器人等类型也都展现出了不同程度的增长趋势。这些数据充分展示了工业机器人在我国市场的多样化应用和持续发展的态势，同时也为人们展望了未来工业机器人行业的发展方向和潜力。

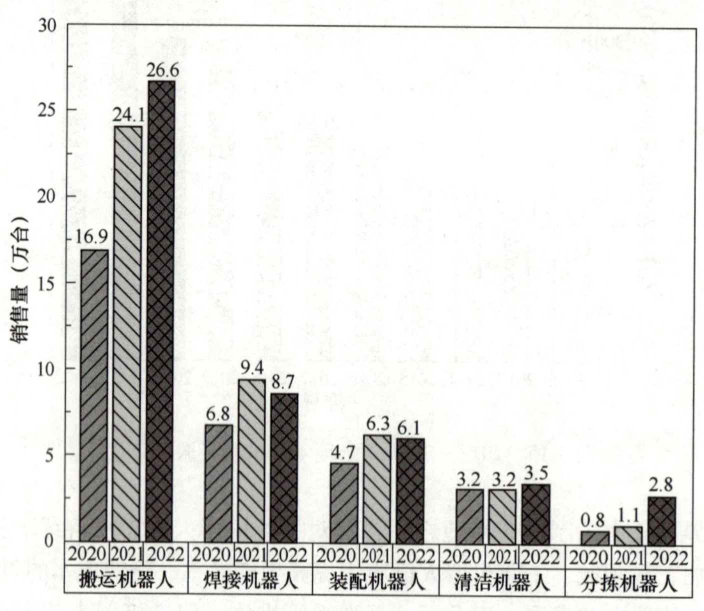

图 3-17　2020—2022 年主要行业领域的工业机器人服役情况

综上所述，工业机器人经过几十年的发展，已经成为现代制造业中不可或缺的重要组成部分。随着人工智能、机器学习、物联网等技术的不断成熟和应用，工业机器人将变得更加智能化、灵活化和高效化。这将进一步推动制造业的数字化转型和智能化升级，为企业提供更多的生产方式和解决方案。同时，工业机器人的应用领域也将不断拓展，涵盖更多的行业和领域，为各行各业的发展注入新的活力和动力。

2. 工业机器人基本技术参数

工业机器人的基本技术参数不仅是评估工业机器人性能和功能的重要指标，也是决定其在不同应用场景中适用性的关键因素。工业机器人的基本技术参数包括以下几个方面。

（1）负载能力　负载能力是工业机器人的关键参数之一，可以简单地理解为工业机器人能够承受的最大质量，它包括额定负载、附加负载和有效负载。额定负载是指机器人法兰上装载的最大负载，由夹具质量和可抓取最大物体的质量之和确定。附加负载则是指附加在机械臂上的负载，如供能系统和材料储备。有效负载则考虑了机器人工作时所能处理的最大负载质量，超过此限制可能导致机器人停运或出现精度偏差。这些参数共同决定了机器人在不同任务中的承载能力和稳定性，为确保机器人安全、稳定地运行提供了重要依据。

（2）自由度　自由度是指工业机器人可运动的独立方向数量。例如，一个典型的工业机器人通常具有 6 个自由度（图 3-18），这意味着它可以在 6 个独立的方向上进行运动。这 6 个自由度分别对应于机械臂的旋转和关节运动，使得机器人能够在三维空间内灵活地执行各种任务。通过这些自由度的组合，工业机器人可以实现复杂的运动轨迹和操作，从而适用于各种不同的生产和加工需求。

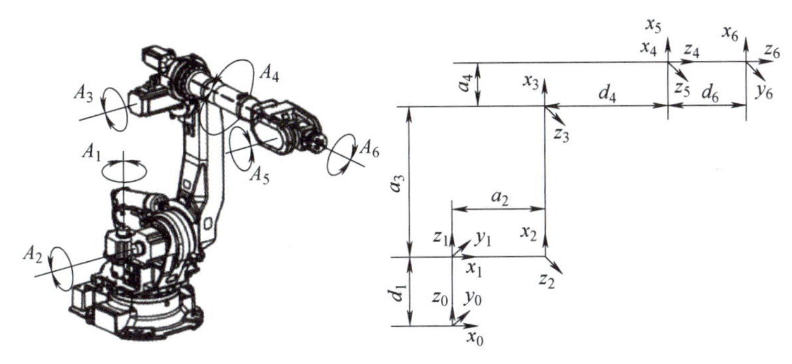

图 3-18　六自由度工业机器人

（3）工作空间　工作空间是工业机器人的另一个重要参数，它指的是机器人能够覆盖到的空间范围，如图 3-19 所示。通常，工作空间以立方体或球形区域来描述，其中包括机器人可以达到的所有位置。这一参数直接影响机器人在实际工作中的灵活性和适用性，决定了机器人能够执行的任务类型和范围。对于不同类型的工业机器人，其工作空间大小和形状可能会有所不同，因此在选择和设计机器人时，需要充分考虑工作空间的要求，以确保机器人能够有效地完成所需的任务。

（4）工作速度　工作速度是工业机器人的重要性能指标之一，它描述了机器人在执行任务时的移动速度。通常以毫米/秒（mm/s）或米/秒（m/s）为单位。工作速度的大小直接决定了机器人完成任务所需的时间。较高的工作速度意味着机器人能够更快地执行任务，从而提高生产效率和生产能力。然而，工作速度也需要在稳定性和精度之间取得平衡，以确保机器人在高速运动时能够保持稳定性和准确性。因此，在实际应用中，工作速度需要根据具体任务的要求进行调整和优化，以达到最佳的生产效率和产品质量。

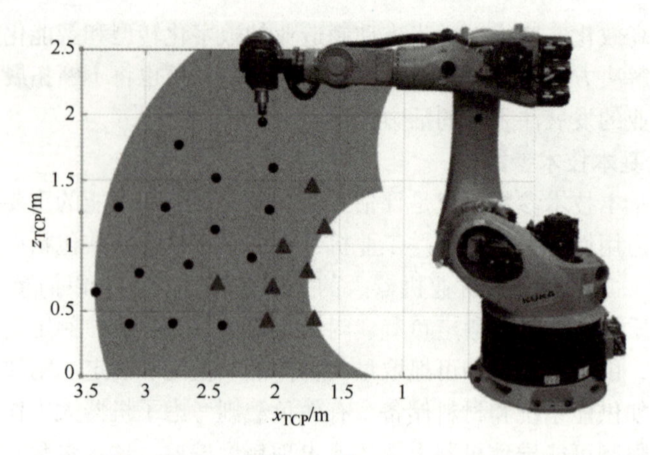

图 3-19　工业机器人工作空间（灰色区域）

（5）工作精度　工作精度是工业机器人的另一个重要性能参数，它描述了机器人在执行任务时实际达到的位置与期望位置之间的偏差。通常以毫米（mm）为单位，工作精度反映了机器人在执行任务时的准确性。较高的工作精度意味着机器人能够更准确地达到目标位置，从而确保生产过程中产品的精度和质量。在需要高精度加工和装配的应用场景中，工作精度是一个至关重要的指标，直接影响着生产过程中的产品质量和一致性。因此，在选择和设计工业机器人时，需要充分考虑其工作精度，以满足具体任务的要求，并确保生产过程的稳定性和可靠性。

3.2.2　工业机器人的分类和应用场景

1. 工业机器人的分类

关于工业机器人的分类国际上没有指定统一的标准，根据分类标准的不同，工业机器人可被分为不同的类型。例如日本工业机器人协会将机器人分为 A~F 六种类型，依次是多自由度人工操作装置、固定顺序机器人、可变顺序机器人、示教再现机器人、数控机器人、智能机器人。而美国机器人协会只将以上 C~F 视为机器人。

本书按照机器人发展历程和机械结构对机器人进行简单分类。

按照工业机器人技术的发展，工业机器人大致可分为以下三代：

第一代工业机器人是以“示教再现”的方式工作或者依靠操作员进行程序编写控制的程序控制机器人。示教再现是操作员通过示教器操控机器人的动作使其按照预定的轨迹完成任务，在此过程中机器人定义及记忆相关位置的名称，并完全按照记录的指令执行任务。此类机器人内部具备完善的感知系统，可对机器人各个关节的位置及速度进行检测及反馈，以达到控制机器人的目的。但是其也存在一定的弊端，其单一的工作程序无法适应工作环境的变化，例如在生产线中若是工件发生倾斜或者其位置发生变化，机器人就难以准确识别并完成相关作业。因此第一代机器人大多在机床、焊机等生产线上使用，目前常见的已被商品化的工业机器人大都属于第一代工业机器人。

第二代工业机器人是自适应机器人，其通过外部传感器实现了诸如视觉、触觉的功能，对于外部的工作环境和对象具备一定的识别能力，克服了第一代工业机器人难以应对工作环境变化的缺点。自适应机器人通过传感器对工作环境、操作对象的简单信息进行获取，并结合计算机对信息数据进行控制运算，以达到识别工作环境的变化并做出调整控制的目的。例如，在机器人上装备相关摄像头和力传感器实现工作台上零件位置的识别以及准确地将其抓起并移动到指定的位置的操作。第二代工业机器人虽然实现了初步的智能化，但其仍旧需要专业操作员进行辅助协调。尽管如此，现如今第二代工业机器人仍旧越来越多地投入工业生产中。

第三代工业机器人是智能机器人，其具备类似人类的智能，并装备了多种高级且高灵敏的传感器，具备诸如远超人类的视觉、嗅觉、触觉等感知。因而其对工作环境及对象具有高度适应性和调节能力，并在外部环境或对象发生变化时做出及时应对。此外，智能机器人还搭载了复杂的逻辑思维能力和决策能力，实现了自我学习、归纳以及总结并强化已经掌握的知识，可实现在复杂的环境中做出独立决策及行动和理解指示命令与人达成信息交换的能力，是一种具备高度智能化的机器人，因此又被称为高级智能机器人。目前，第三代机器人尚处于发展阶段，随着人工智能的兴起，其主要被用于各种复杂、困难等人类难以完成作业的场合。

按机械臂的结构类型和顺序可将工业机器人分为直角坐标机器人、圆柱坐标机器人、球坐标机器人、关节型机器人、并联机器人等，见表 3-5。

表 3-5　工业机器人的分类

分　类	图　示	说　明
直角坐标机器人		直角坐标机器人又被称为笛卡儿坐标机器人或者桁架机器人，其机械臂是由三个互相垂直的移动关节组成的，每个移动关节的自由度均对应笛卡儿坐标系中的一个直角坐标空间变量，可以很好地在空间内沿坐标轴做直线运动。其特点为刚性好，定位精度高，控制算法简单，但灵活性较差，运行速度慢，后期维修困难。因此仅被用于货物搬运、材料抓取和放置等简单工作，驱动方式主要为电动机驱动
圆柱坐标机器人		圆柱坐标机器人实现了机械臂整体旋转运动、手臂的升降以及径向运动，在三维空间内形成圆柱坐标系。其特点为结构简单，运行速度快，便于安装，受结构的影响其具备良好的机械刚度，但对接近机械臂底座的物体的定位精度与抓取能力相对较差。相比于直角坐标机器人，其两点间的移动能力有极大地提高，因此常被应用于大型货物的平稳搬运，驱动方式一般为液压或者电动机驱动

（续）

分　类	图　示	说　明
球坐标机器人		与圆柱坐标机器人不同，球坐标机器人将第二移动关节由转动关节替代，在三维空间内形成球坐标系描述工作位置。其特点为工作空间范围大，可以实现工作空间内任意位置的随意抓取，但是球坐标机器人结构较为复杂，定位精度降低，体积相对较大，在执行作业运动时误差较大。驱动方式主要为电动机驱动
关节型机器人		关节型机器人的机械臂类似于人的手臂，其是由多个转动关节组成的。相较于其他机器人，关节型机器人具备更大的工作范围和较小的占地面积，结构紧凑，灵活性强，运行速度快，因而被广泛应用于各个自动化行业，如码垛机器人、焊接机器人、装配机器人等
并联机器人		并联机器人一般具备 2 个或者 2 个以上的自由度。其特点为结构紧凑，刚度大，运行速度快，较为灵活，但因其独特的结构，对控制驱动系统的要求较高，被广泛应用于航天、医疗、数控加工等诸多领域

2. 工业机器人的应用场景

目前机器人技术不仅广泛应用于汽车制造、3C、机床等工业领域中，在农业、电子、医疗、铸造、冶金、娱乐服务，以及太空和水下探索等诸多领域机器人也被大规模应用，尤其在一些不适宜人类作业的工作环境中，机器人的应用极大地提升了作业安全与效率，并且具备低廉的成本。工业机器人的应用场景见表 3-6。

表 3-6　工业机器人的应用场景

分　类	特　点	应　用
装卸机器人	多应用于拥有大量重复工作的流水线装卸工件。此类操作仅需要工件位置进行移动，技术含量较低	一般被用于物流、建筑等领域，如简单堆叠物品、码垛、装填药品等
焊接机器人	可以连续运动作业，焊缝较为均匀和精确。但其具有较大的体积和功率，并且由于其是按事先编写的程序进行作业，在作业中可能会出现焊接位置稍有偏差或者焊缝形状发生改变的情况	应用于一些高强度重复作业的场所，如汽车焊接
喷涂机器人	可在较为恶劣的工作条件下持续工作，且与人工喷涂相比，具备更高的生产效率且生产较为灵活，可以减轻工人的工作量和降低生产成本	在汽车行业较为常见
检测机器人	与人工检测相比，检测机器人可长时间持续运转，检测误差小且工作效率高	一般应用于检测产品的质量性能参数以及元器件的识别，如药品、零部件及其他产品
装配机器人	工作环境较为简单，且装配效率高，生产成本低，但其易受工作环境影响，装配元件的微小误差可能会使机器人装配复杂化	应用于各种部件及零部件的装配，如电子元器件的装配等
机械加工机器人	具备一定类似加工中心的加工能力，但其刚度、强度均较差且加工较为复杂，一般采用离线编程来完成	主要用于材料去除、钻孔、去毛刺、涂胶、切削等工作
医疗机器人	视野较为立体化，操作更为精细化，可以辅助医生完成更为精细复杂的手术，提高手术的稳定性和安全性	主要应用于外科手术和术后治疗康复等工作，如神经外科手术机器人、康复机器人等
危险环境应用机器人	可代替人在危险环境中持续不间断作业，作业效率高	通常应用于作业条件恶劣、人工作业较为困难的场合。例如在核工业中核燃料的处理、检查以及设备维修和太空、火山、深海等的探索工作

3.2.3　工业机器人集成系统

工业机器人集成系统是指将各种机器人硬件、软件和网络技术进行整合，以提供能够满足特定生产或服务需求的解决方案。通过将工业机器人配套装置、控制软件及机器人配套设备等结合起来，综合其各功能特点并整合作为工程实用基础，将有利于特定的工业自动化系统开发和工业机器人作业。工业机器人集成系统主要包括工业机器人本体结构设计、工业机器人集成系统控制、针对实际现场的集成开发（工装夹具、焊枪、喷枪等）、安全系统、辅助装置、软件系统调试开发、设备维护与故障排除、工业机器人智能技术等。

1. 工业机器人本体结构设计

工业机器人本体结构设计主要包括工业机器人基本技术参数、工业机器人本体结构、机器人杆件、工业机器人基本组成模块以及工业机器人系统配置及成套装置。

工业机器人基本技术参数主要包括机器人负载、最大运动范围、自由度、精度、速度、机器人重量、制动和惯性力矩、防护等级、机器人材料等。

工业机器人本体结构是指机体结构和机械传动系统，也是机器人的支承基础和执行机构。机器人本体由传动部件、机身及行走机构、臂部、腕部及手部等部分组成。其具有以下主要特点：开式传动链、相对机架、扭矩变化非常复杂以及动力学参数（力、刚度、动态性能）都是随位姿的变化而变化。机器人本体设计的两个重要特征是机器人的刚度和机器人的柔顺。

（1）机器人的刚度　当机器人的末端遇到障碍不能到达期望的位置时，机器人的关节也不能到达期望的位置，关节位置的期望值与当前值之间存在偏差。影响机器人末端端点刚度的因素主要有连杆的挠性、关节的机械形变以及关节的刚度。通常情况下，机器人的刚度主要取决于其关节刚度。

（2）机器人的柔顺　机器人的柔顺是指机器人末端能够对外力的变化做出相应的响应，表现为低刚度。根据柔顺性是否通过控制方法获得，将柔顺分为被动柔顺和主动柔顺。被动柔顺是指不需要对机器人进行专门的控制即具有的柔顺能力，具有低的横向刚度和旋转刚度。被动柔顺的柔顺能力由机械装置提供，只能用于特定的任务，响应速度快，成本低；主动柔顺指通过对机器人进行专门的控制获得的柔顺能力。主动柔顺是通过控制机器人各个关节的刚度实现的，关节空间的力或力矩与机器人末端的力或力矩具有直接联系，通常，静力和静力矩可以用六维矢量表示。

$$\boldsymbol{F}=[f_x \quad f_y \quad f_z \quad m_x \quad m_y \quad m_z]^{\mathrm{T}}$$

式中，$\boldsymbol{F}$ 为广义矢量；$[f_x \quad f_y \quad f_z]$ 为静力；$[m_x \quad m_y \quad m_z]$ 为静力矩。

机器人杆件包括机器人的肩、臂、肘及腕等，一般来说杆件模块结构的刚度比强度更为重要，若模块结构轻、刚度大，则机器人重复定位精度高，因此提高模块刚度非常重要。

工业机器人基本组成模块包括工业机器人操作机的结构模块、工业机器人的辅助模块、工业机器人驱动装置模块以及工业机器人程序控制装置。

工业机器人系统配置及成套装置包括电驱动装置、液压驱动装置、气压驱动装置、带谐波齿轮减速器的电驱动装置、液压与气动式手臂回转装置、气动式手臂提升回转装置、气压驱动手臂/手腕/夹持装置、手臂气压平衡装置、带电液步进电动机的传动装置以及其他装置等。

2. 工业机器人集成系统控制

工业机器人集成系统控制对实现机器人作业起着重要作用，主要由驱动器、传感器、控制器、处理器以及软件等组成。控制系统可以采用分级控制方式和模块化结构软件设计，上位机负责信息处理、路径规划、人机交互，下位机实现对各个关节的位置伺服控制，模块化软件设计便于增减机器人功能，并使系统具有良好的开放性和扩展性。通过软件平台可以针对模块化机器人开发全新的控制系统，提高模块间识别和通信可靠性，并增加模块的串联供电功能等，为模块化机器人整体协调运动提供可靠的硬件平台，通过虚拟仿真机器人与实际机器人的步态映射机制和同步控制的实现，建立完善的机器人控制系统。

3. 针对实际现场的集成开发

针对实际现场的集成开发是指为适应实际现场生产需要，自主设计开发包括现场使用的工装夹具、焊枪、喷枪等配套软件的完整系统的调试开发。

4. 安全系统

工业机器人可能会对附近的人类造成伤害，安全系统力求确保不会因无意接触靠近机器人操作的人而造成生理或心理伤害。传统上，包含机器人的生产单元周围有一个笼子，如

图3-20、图3-21所示，可确保机器人运行时人类无法进入该区域，提高了安全性，但增加了单元的占地面积。新兴的安全系统可以通过机器人技术减少生产单元的占地面积，在某些情况下甚至完全不需要笼子。安全系统分为被动安全系统（不会主动检测人类的存在）和主动安全系统（包含检测人类接近度的传感器）。被动安全系统要么通过传感器来运行，当机器人与环境中的人类或物体碰撞时触发停止，要么通过被认为对人类交互安全的设计特性（例如对机器人可以施加的力的限制）来运行。主动安全系统涉及传感器的集成，分为标准工业传感器（例如光幕或单元内的接近传感器）或机器人本身的主动传感器（例如机器人上的扭矩传感器和电容式皮肤）两类。这些安全系统通常需要符合ISO 15066安全标准，该标准限制了机器人的整体速度以及机器人与人交互的力。

图3-20 带有笼子的工业机器人单元

图3-21 光幕安全系统描述

5. 辅助装置

工业机器人辅助技术是指通过计算机和智能系统来协助工业机器人完成各种任务和工作，这些技术包括人工智能、自然语言处理、计算机视觉等先进技术，可以自动化、智能化地处理和分析大量的信息。通过工业机器人辅助技术，可以节省时间、提高效率，工业机器人因此可获得更精确的工作效果。

6. 软件系统调试开发

工业机器人软件开发涉及多个方面，包括工业机器人控制、传感器数据处理、运动控制算法等，基本流程为：确定软件需求、设计软件框架、开发软件模块、调试和测试、集成和部署以及运行和维护。在工业机器人软件系统开发过程中，需要注重软件的稳定性和性能以及保护用户隐私和数据安全，同时需要不断进行迭代和软件改进，以适应工业机器人技术的发展和用户需求变化。

7. 设备维护与故障排除

新一代人工智能技术的发展与应用装备积累了大量数据，推动着故障预测与健康管理（prognostics and health management，PHM）进入了工业大数据时代。结合装备的功能作用、结构组成和工作特点，分析装备大数据，进行价值挖掘、信息提取进而实现装备的状态监测、异常预警、故障诊断、寿命预测、智能维护等工作十分迫切。PHM系统一般应具备数据的采集与分析、健康监测与异常预警、故障诊断、故障检测、信息融合分析、状态评估、剩余寿命预测、容错控制、运维决策分析等功能。

8. 工业机器人智能技术

工业机器人集成系统逐渐与智能技术相融合，开发了智能工业机器人，3.2.4节将详细介绍工业机器人的一些智能技术。

3.2.4　工业机器人智能技术

工业机器人技术对现代工业做出了不可或缺的贡献，近年来，工业机器人技术得到了长足的发展，这个时代正在发生的一场数字革命，其目标是涵盖尽可能多的行业，同时适应和改进现有技术，在最少的人力或物理交互的情况下实现整个生产过程的数字化、自动化以及智能化。随着人工智能技术的发展和计算机能力的增强，人工智能及其子集机器学习（machine learning，ML）被应用于工业机器人数字化、自动化和智能化改造中。如今，工业机器人超越了自身的极限，变得灵活、移动且更加智能，作为工业 4.0 的一部分，工业机器人已成为前所未有的自动化驱动力，目前视觉识别技术、语音交互技术、智能管理系统、智能移动系统、数据驱动的预测性维护、基于强化学习的人机协作、智能感知系统、机器人物联网、力控制和检测、实时防撞以及协作操作等智能技术已开始应用于智能工业机器人。

1. 视觉识别技术（智能传感技术）

机器人视觉的主要作用是获取和理解目标物体或外部环境的信息，这些信息是规划机器人行动所必需的信息。视觉识别技术是指用摄像头模拟人类视觉功能的技术，与传统技术相比，视觉识别技术具有高质量、高速度、高智能等不可替代的优势。视觉识别技术通过结合视觉传感器并采用机器学习算法进行目标识别，进而提高目标识别能力，使得工业机器人的灵活控制成为可能。

视觉传感器主要是指利用光学元件和成像装置获取外部环境图像信息的仪器，通常用图像分辨率来描述视觉传感器的性能。视觉传感器的精度不仅与分辨率有关，而且同被测物体的检测距离相关。被测物体距离越远，其绝对的位置精度越差。在捕获图像之后，视觉传感器将其与内存中存储的基准图像进行比较并做出分析。视觉传感器主要分为二维视觉传感器和三维视觉传感器，如图 3-22 所示。二维视觉传感器主要是一个可以执行多种任务的摄像头。二维视觉传感器技术较为成熟且应用广泛，许多智能相机都可以检测零件并协助机器人确定零件的位置。与二维视觉传感器相比，三维视觉传感器是最近几年才出现的，它必须具备两个不同角度的摄像机或使用激光扫描器，通过这种方式来检测对象的第三维度。

图 3-22　视觉传感器

视觉传感器技术主要分为两大类，一为 3D 视觉传感技术，二为智能视觉传感技术。3D 视觉传感技术是基于某种图像传感器获取、量化图像信息，这些图像传感器有的直接获取可见光的图像，有的间接通过监测辐射、红外线、X 射线或者超声波来获取图像信息。不同的传感器技术有不同的分辨率、精度和噪声。3D 视觉传感器广泛应用于多媒体手机、网络摄影、数码相机、机器人视觉导航、汽车安全系统、生物医学像素分析、人机界面、虚拟现实等。智能视觉传感技术是指一种高度集成化、智能化的嵌入式视觉传感技术，它将视觉传感器、数字处理器、通信模块及其他外围设备集成在一起，成为一个能独立完成图像采集、分析处理、信息传输一体化的智能视觉传感器。智能视觉传感技术下的智能视觉传感器也称为智能相机，智能相机是一个兼具图像采集、图像处理和信息传递功能的小型机器视觉系统，是一种嵌入式计算机视觉系统。它将图像传感器、数字处理器、通信模块和其他外设集成到了一个单一的相机内，这种一体化设计可降低系统的复杂度，并提高可靠性，同时系统尺寸大大缩小，拓宽了视觉技术的应用领域。

视觉传感器的图像采集单元主要由 CCD/CMOS 相机、光学系统、照明系统和图像采集卡组成，将光学影像转换成数字图像，传递给图像处理单元。通常使用的图像传感器主要有 CCD 图像传感器和 CMOS 图像传感器两种。CCD 图像传感器是指 CCD 及电子耦合组件，它由微镜头、滤色片、感光元件三层组成。CCD 图像传感器具有高解析度、低杂讯、高灵敏度、动态范围广、良好的线性特性曲线、大面积感光、低影像失真、重量轻、低耗电、不受磁场影响、电荷传输效率佳、可大批量生产、品质稳定、坚固、不易老化等优点，但同时存在 CCD 芯片技术工艺复杂、不能与标准的工艺兼容、所需电压功耗大等缺点，因此 CCD 技术芯片价格昂贵且使用不便。CMOS 图像传感器通常由像敏单元阵列、行驱动器、列驱动器、时序控制逻辑、A-D 转换器、数据总线输出接口、控制接口等几部分组成，这几部分通常都被集成在同一块硅片上。其工作过程一般可分为复位、光电转换、积分、读出，具有随机窗口读取能力、抗辐射能力、系统复杂程度低、可靠性高、非破坏性数据读出方式以及优化的曝光控制等优点。图 3-23 所示为 CCD 和 CMOS 的组成结构。

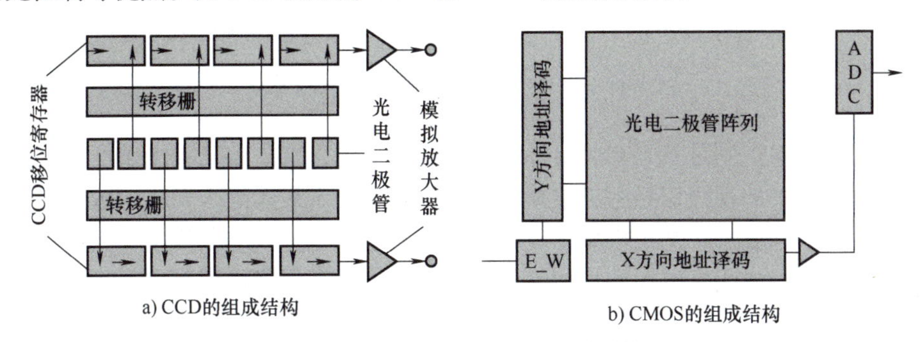

图 3-23　CCD 和 CMOS 的组成结构

利用视觉传感器获取目标图像，通过一些机器学习算法实现目标图像的特征提取，提高目标识别能力，使用图像识别技术能够有效地处理特定目标物体的检测和识别、图像的分类标注以及主观图像质量评估等问题。深度学习是机器学习的一个分支，是近些年来机器学习领域取得的重大突破和研究热点之一。卷积神经网络（convolutional neural network，CNN）是一种为了处理二维输入数据而特殊设计的多层人工神经网络，网络中的每层都由多个二维平面组成，而每个平面由多个独立的神经元组成，相邻两层的神经元之间互相连接，而处于同一层的神经元之间没有连接，如图 3-24 所示。

工业机器人视觉执行任务需要两个功能，一是从由未知场景的图像（或照片）组成的数据中检测要抓取的物体并识别其大致位置和姿态（粗略识别）的功能，二是利用该结果执行更高级别识别（精确对齐）的功能。工业机器人识别技术可分为两大类：基于外观的对象识别和基于模型的对象识别，如图 3-25 所示。

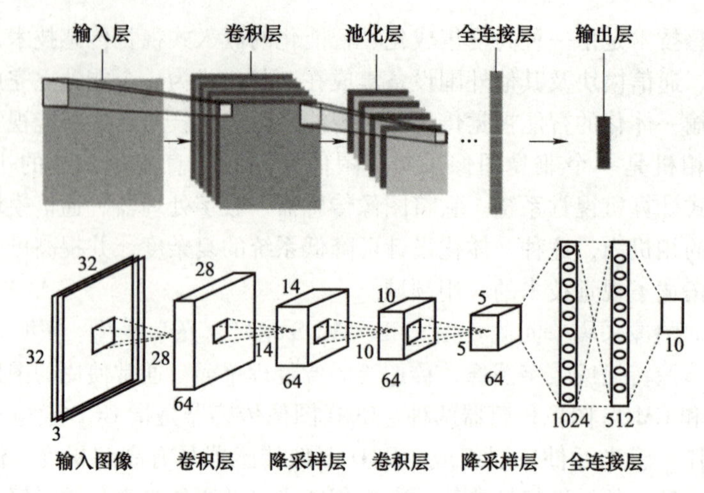

图 3-24　CNN 的基本结构

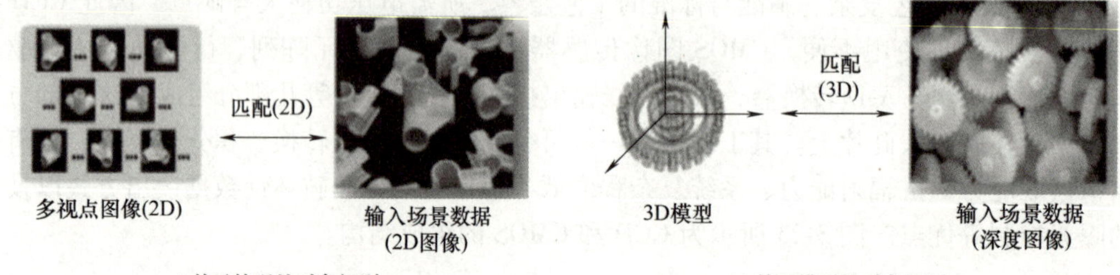

图 3-25　基于外观和基于模型的对象识别

基于外观的对象识别是基于有关目标对象外观的信息，首先将从各个角度捕获的大量模型物体图像以及相关的视线信息组成数据库，然后通过确定最接近未知输入数据的图像来估计目标物体的位置和姿态；基于模型的对象识别是基于三维特征对象模型，其中目标对象是基于模型与输入场景之间一致性的评估来识别的，三维特征在物体识别中的作用是为在三维点中检测到的关键点赋予局部形状等识别信息，通过识别这些关键信息，可以在比较关键点时产生正确匹配的索引。生成三维特征的方法可以分为描述关键点周围特征的方法和描述两个或三个点的位置或法线之间关系的方法。

关键点周围特征的描述通常基于以关键点为中心的某一区域内的三维点及其关联信息，由以原始形式存储的计算信息或由直方图表示的统计值组成。此外，有时将关键点周围区域预先划分为多个子区域，以保持每个子区域计算的特征分布。如方向直方图特征（signature of histograms of orien tations，SHOT），通过将围绕关键点的球面区域划分为 32 个区域，每个区域由表示该区域中点的法向量与关键点法向量之间关系的内积直方图表示，从而产生 352 维特征，如图 3-26 所示。

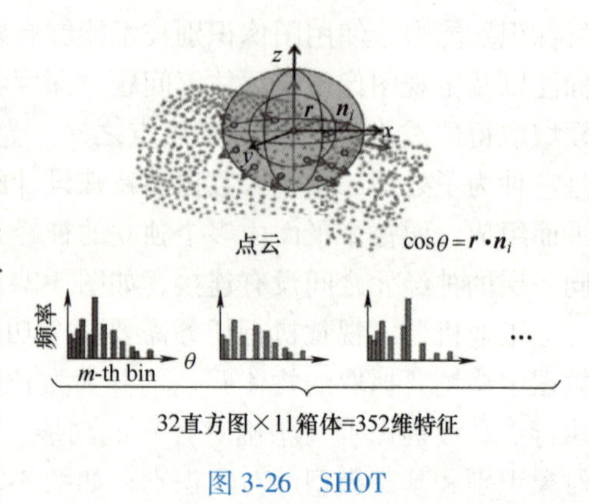

图 3-26　SHOT

涉及多个点的特征描述了两个或三个点之间的几何关系。因此，两个主要的关键参数是选择要组合的模型表面上的采样点和选择用于该组合的几何参数。如点对特征（the point pair feature，PPF），如图 3-27a 所示从物体模型上的所有三维点中采样两个点（点对）。然后，将两点之间的距离（F_1）、两点之间的线段与两点法线之间的夹角（F_2，F_3）、两点法线之间的夹角（F_4）四个参数定义为四维特征 F，如图 3-27b 所示，点对之间的转换参数在匹配后确定。当参数被投票到投影空间时，投票数高的参数表示多个点对共有的刚体变换参数，因此，即使产生一定数量的错误识别，仍然可以确定模型的正确位置和姿态。

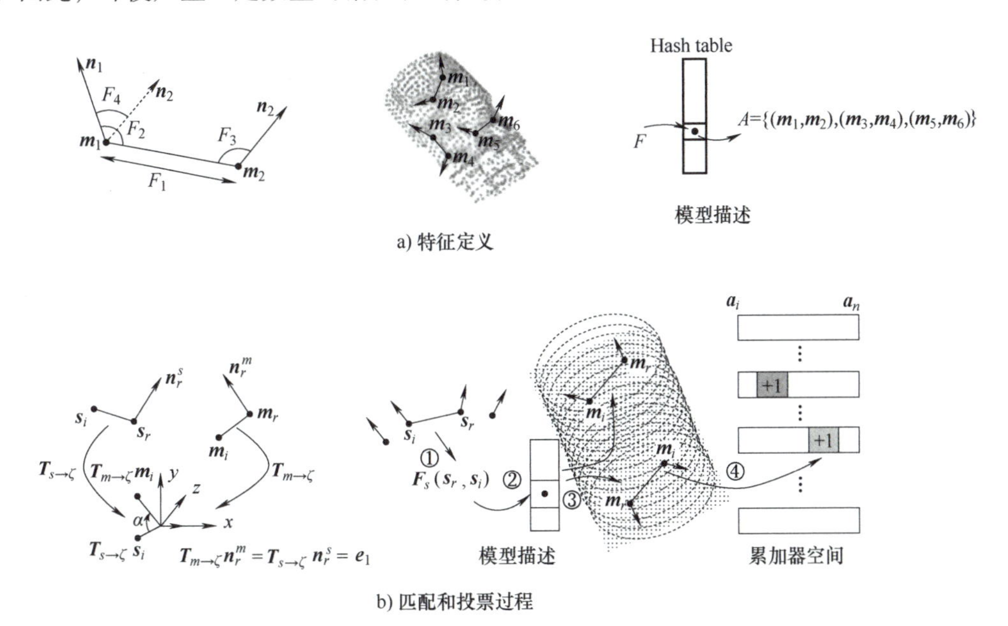

图 3-27　点对特征（PPF）

此外，还有如图 3-28 所示的向量对特征，在该方法中，通过给三个三维点不同的描述符号，由两个共享一个共同初始点的空间向量构成识别三维姿态的最小数据集，通过分析模型中向量对的出现概率，选择唯一的向量对来消除。

除此之外，工业机器人视觉识别技术另外一项关键技术是本地参考系。本地参考系（local reference frame，LRF）是指在每个关键点处建立的坐标系，如图 3-29 所示。LRF 最重要的作用是定义特征，前面描述的各种特征都是基于 LRF 进行数值表示的，因此 LRF 的稳定性与特征的稳定性直接相关。由于 LRF 表达了两个匹配的关键点的几何关系，它也可以用来估计物体的姿态。LRF 是典型的矩形三维坐标系，在许多情况下，第一个轴（Z 轴）是

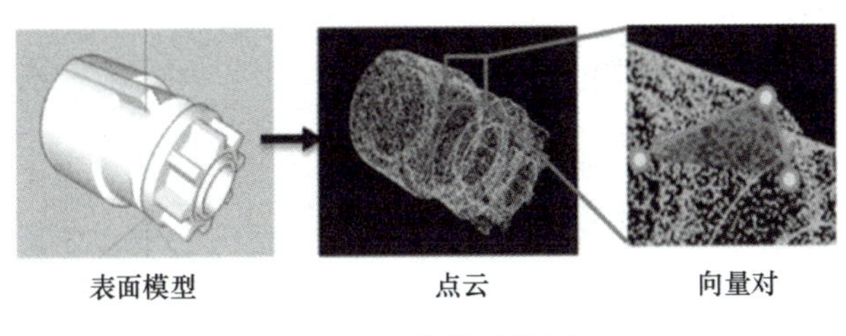

图 3-28　向量对特征

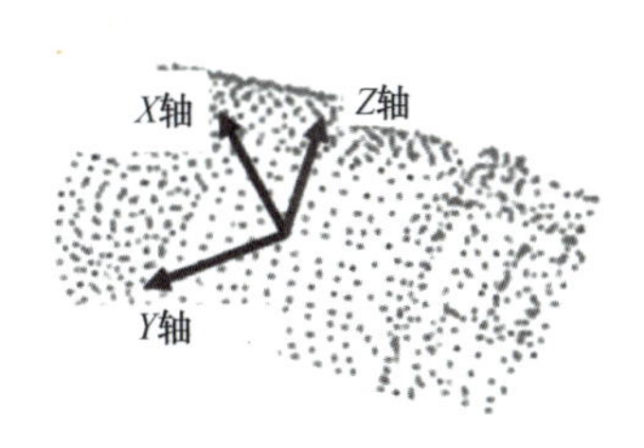

图 3-29　本地参考系（LRF）

围绕关键点的局部表面的法向量，第二个轴（X 轴）是垂直于第一个轴的向量，第三个轴（Y 轴）计算为第一个和第二个轴的向量积。因此在设置 LRF 时，第二个轴（X 轴）的设置是最重要的参数设置。

2. 智能控制技术

智能控制技术连接工业机器人的感知和动作，是智能工业机器人独立执行任务的基础。智能控制技术是从传统控制理论发展起来的，并取得了长足的进步与突破，主要包括基于自动控制技术和微机技术的智能控制技术，如数字 PID 控制技术、模糊神经网络等。智能控制技术使机器人的动作更加灵活方便、复杂多样，并能有效克服随机干扰，增加机器人的自由度和独立性。

3. 智能动力技术

智能动力技术为工业机器人提供动力，主要分为电动、液压和气动三大类。其中，电动技术在工业机器人中应用最为广泛，而微电机技术是目前的主要研究方向，并因其体积小、性能优越、精度高、功率小和稳定性强等优点而得到广泛应用，动作更加灵活多变，它的主要局限性在于它可以提供的功率有限。液压、气动动力系统占用体积和重量较大，但能提供强大的动力，并具有无级调速、传动平稳、操作控制方便，易于实现快速起动、制动、频繁换向和自动控制等优点，因此成为工业机器人动力系统的重要选择。对液压、气动动力系统的研究主要是提高灵活性和紧凑性。

4. 智能材料技术

智能材料技术是影响工业机器人发展的关键技术，与工业机器人相关的材料包括机械材料和电子材料。前者与工业机器人的机械结构设计有关，先进的机械材料可以增加机构的强度、刚度和寿命，提高稳定性和可靠性，可以实现一些特殊零件和机构的设计、加工和使用，还可以实现机器人的减重、增强环境适应性和降低制造成本。后者可以大大增加计算机硬件系统的集成度，提高计算机运行的速度和稳定性。

5. 数据驱动的预测性维护

传统运维方式是在装备发生故障时，通过对装备进行维修、维护来恢复装备原有的功能，其本质为一种反应式措施，无法避免故障对社会造成的重大负面影响。随着人工智能、互联网、云计算、大数据等新兴技术的发展，故障预测与健康管理（PHM）应运而生。装备运维理念的发展历程如图 3-30 所示。

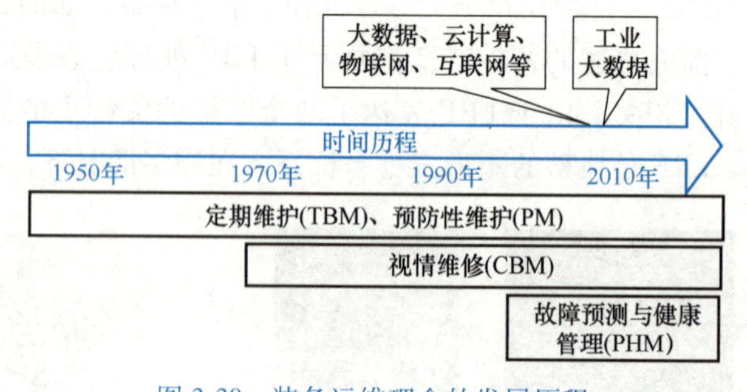

图 3-30　装备运维理念的发展历程

PHM 指利用传感等方式得到装备的工况、周围环境、实时或历史运行状态等各类数据，通过特征提取、信号分析、数据融合建模，对装备进行运行状态监测、性能退化建模、剩余寿命预测和可靠性评估等，是一个集机械、电气、计算机、人工智能、通信、网络等多学科为一体的高端技术，其目的是保障装备或产品完成规定功能，避免突发故障导致性能降低、任务缺陷、意外操作等非预期事件对任务安全的影响。从运维理念方面，PHM 是装备的运维体系从事后维修到定期巡检，再到主动预防的创新与转变；从概念内涵方面，PHM 涵盖装备的状态监测、异常预测、故障诊断、寿命预测、运维决策等具体任务；从技术方法方面，PHM 涉及故障预测和健康管理两方面内容，故障预测根据装备历史和当前信息数据评估、诊断其当前的健康状态以实现装备的异常监测、故障定位和故障评估，同时结合未来的使用环境、条件、所规划的任务等信息预测装备性能的变化情况、剩余使用寿命和故障发生的概率等，基于故障预测的分析结果，健康管理、动态调整装备的使用情况，实现容错控制、制定并安排具体的运维策略、避免突发故障等，从而保障装备完成规定任务。

随着传感器、物联网、互联网、云计算、人工智能等技术的发展与应用，装备积累了海量数据，通过挖掘、利用隐含在工业大数据中的规律、价值、知识等，一些企业优化了资源配置效率，降低了生产运营成本，提升了社会和经济效益，增强了竞争力。

PHM 技术通过利用先进的传感器技术，感知与装备健康状态密切相关的可测量信息（如振动、温度、电流、电压等），基于装备历史数据和当前监测数据的融合分析，借助信号处理、机器学习和数据挖掘等技术和方法判断装备的在线运行状态，检测早期故障，定性或定量评估故障程度，揭示装备性能的衰退规律，预测装备未来时刻的健康状态和剩余使用寿命，必要时可以根据装备当前的健康状态调整生产计划或改变控制策略来延长装备的使用寿命，并基于装备的历史运行信息、维修记录以及未来预计的使用情况，结合故障成本分析，采购、存储等备件库存管理信息，实现装备的自适应容错控制，提高资源管理效率，优化运行维护策略。PHM 系统的框架结构如图 3-31 所示。

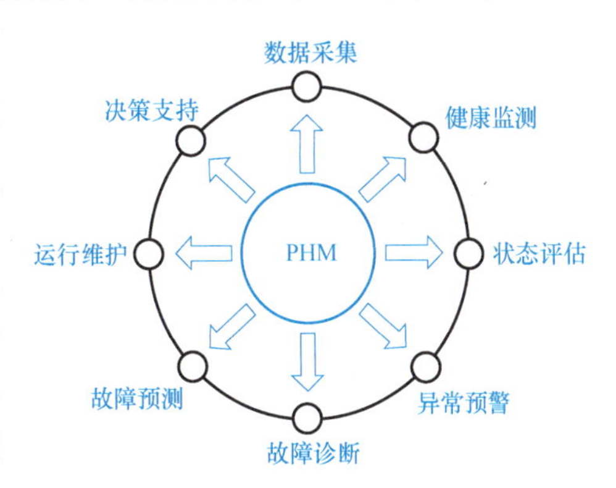

图 3-31 PHM 系统的框架结构

6. 人机交互技术

人机交互技术是工业机器人智能化的关键技术之一。工业机器人智能化研究的目的是让工业机器人像拥有人脑一样智能地工作，这必然涉及人类对机器人的指挥控制和维护巡检，以及机器人对动作结果的反馈，因此，人机交互就显得尤为必要。目前，人机交互技术已取得显著进步，文本识别、语音合成与识别、图像识别与处理、机器翻译等技术已开始实用化。通过人机交互，人类可以根据需要随时改变机器人的状态和任务，可以实现两者之间的协调和相互配合，也可以提高工业机器人的适应性。

7. 机器人物联网

物联网（IoT）提供了一个强大的平台，将对象连接到互联网，以促进机器对机器（M2M）通信并使用 TCP/IP 等标准网络协议传输数据，为用户使现有设备变得智能并能够将其连接到互联网从而允许设备之间交换信息奠定了坚实的基础。随着不断的发展，军事、农业、医疗保健、机器人等许多领域正在采用物联网来提供先进的解决方案。特别针对工业机器人技术提出了物联网新概念，即机器人物联网（IoRT），IoRT 是云计算、人工智能和物联网等多种技术的结合。机器人物联网设计和开发的主要动机是“云机器人”，云机器人被认为是一种依赖“云计算”基础设施，通过访问大量数据来执行操作的处理系统。在云机器人中，将传感、计算和内存等所有操作都集成到一个独立的系统中，如网络机器人。云机器人系统包括其本地处理能力的一部分，以便在出现网络故障的情况下实现延迟响应。云机器人是设计为预编程机器人和网络机器人之间的过渡状态，如图 3-32 所示。云机器人技术广泛应用于大数据、云计算、协作计算（人类和机器人技术）等各个领域，但在实时操作过程中在服务质量、基础设施设计、可靠性、安全性、延迟等多方面受到限制。为克服操作中的各种限制，云机器人通过物联网（即机器人物联网）进行改造，提供智能、高效、可靠、安全以及廉价的异构协作多机器人网络。

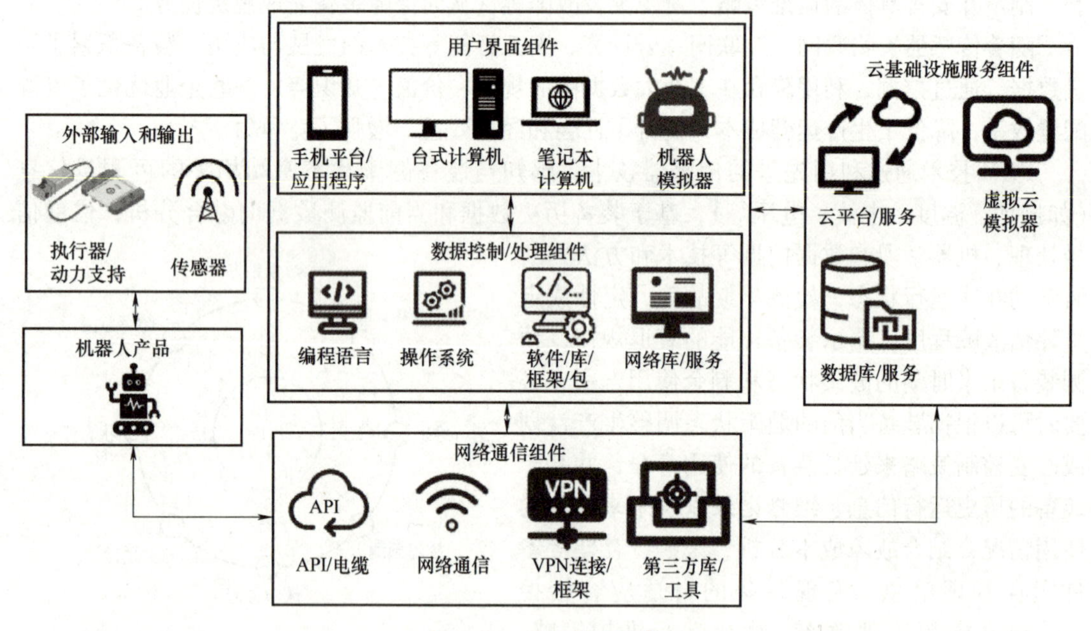

图 3-32　云机器人架构

机器人物联网（IoRT）指可以监控事件融合来自各种来源的传感器数据，使用本地和分布式智能来确定最佳行动方案的智能设备。大多数情况下，机器人的大脑和控制机制是本地的，即附加在机器人系统本身上的微控制器或微处理器，但在物联网中，计算和控制可以在云端进行。互联网是 IoRT 机器人系统连接到云的主要媒介。随着机器人操作系统框架的进步，通信不再有任何复杂性，只需要简单调用 API（应用程序编程接口）即可执行所有通信。图 3-33 给出了机器人物联网（IoRT）的总体结构。

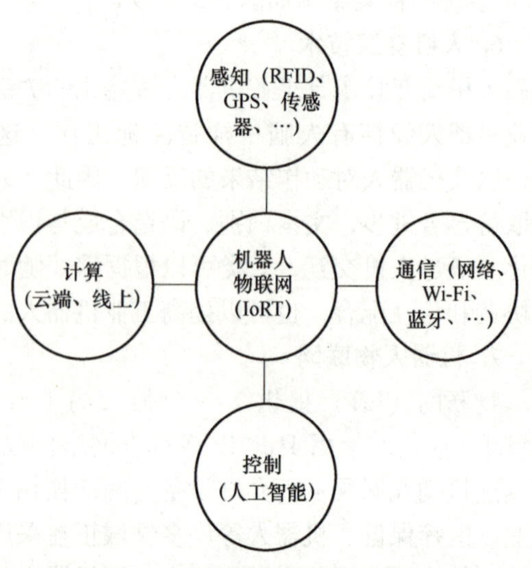

图 3-33　机器人物联网（IoRT）的总体结构

机器人物联网（IoRT）指通过将异构智

能设备集成到可在云端和边缘运行的分布式平台架构中，将联网或云机器人提升到新的水平。物联网技术、架构和标准可帮助机器人系统更快地访问后端数据、云端计算机服务，从无处不在的环境中获取输入，从环境中运行的大量传感器和先进的通信系统获取帮助。

3.3 智能感知仪器与装备

3.3.1 智能感知技术

车间智能感知技术是制造业融合物联技术、信息技术以及现代通信技术等多种技术的产物。通过建立车间感知网络体系，实现对车间制造资源信息的实时采集与传输。目前，智能感知技术已经成为推动制造业智能化转型升级的重要支柱。在离散制造车间的日常生产活动中，涌现出大量与生产相关的数据。通过高效智能感知这些数据，并对海量实时数据进行处理，能够深入了解车间运转状况。通过对数据的精准分析，可以有针对性地进行车间管理调配和设备维护等活动。

然而，实现离散制造车间对象的智能感知和数据采集面临两大挑战。首先，如何有效实现“人机料法环”等不同类型车间生产要素的数据感知和采集是一个难题。其次，由于权限限制和技术隔离，不同数控系统的车间加工设备存在技术壁垒，难以实现数据的统一感知和采集。物联网技术的广泛应用及其在仓储管理、物流配送等领域的成功实践，为解决离散制造车间的数据感知和采集问题提供了新的思路。下面将详细介绍这些技术如何应用于离散制造车间。

1. RFID 技术

自 1980 年起，射频（radio frequency，RF）技术在传感应用领域广受欢迎，并不断发展。无线射频技术通过消除传感元件与数据处理电子设备之间的直接连接，有效降低了对精密空间的占用，增强了在实际应用中的可行性。为了把各种传感器顺利融入无线系统中，人们做了大量工作，并深入研究了由被动或主动电路组成的射频感应方案，以把生化刺激转化为可读的电子信号。现在，基于 LC 谐振器、射频识别（radio frequency identification，RFID）技术等的无线射频检测系统已经成为生活中必不可少的一部分，广泛应用于食品安全、环境监测、生命科学研究和医学诊断等领域，满足物联网（IoT）的迫切需求。

这一技术运用了无线射频的方法，达到了非接触式双向数据通信，用于识别目标并进行数据交互，成为车间数据感知和采集的根本。RFID 技术主要通过电子标签或射频卡片来达成，根据是否有电源可分为有源 RFID 和无源 RFID 两种。考虑到成本和便携性，车间通常选择使用无源 RFID 标签。在车间实现生产过程感知，需要使用读写器和天线来读取 RFID 标签。为了覆盖各个生产工位和其他关键位置，车间会安装 RFID 读写器，读写器与天线合作形成识别区域。当 RFID 标签进入该识别区域时，读写器与标签通过射频信号建立通信，读取标签中的生产要素基本信息，并记录下标签的感知时间。由于 RFID 读写器与特定工位或关键位置有逻辑绑定，通过最新的感知记录中 RFID 读写器的编码，可以确定相应生产要素的位置区域。相比于其他技术，RFID 技术具有感应范围广、安全性高、成本低等优势，在车间中常被用于物料、工装、人员等动态生产要素的数据采集。

近年来，基于 LC 谐振器的思想，射频识别（RFID）技术得到快速发展。一个 RFID 系统由查询读取器［矢量网络分析仪（VNA）］、天线，以及主动或被动的 RFID 传感器标签构成。传感器标签包含偶极标签天线、感应材料和一个集成电路（IC）芯片（用于提供独特 ID）。与主动传感器标签相比，被动传感器标签的检测范围更小。然而，由于非接触标签具有长寿命、便携性和低成本等优点，被动传感器标签显示出巨大的应用前景。最近，被动超高频（UHF）RFID 传感器标签已经在无线传感系统中应用，用于感测距离和信号强度。VNA 以特定功率 P1 发出查询信号，激活传感器标签，如图 3-34 所示。基于天线与 IC 芯片之间的阻抗匹配，传感器标签的反射信号形态（即振幅和相位）随着目标分析物的变化而改变。最后，回波序列信号以功率 P2 反射到 RFID 读取器天线。然而，RFID 通常需要使用庞大、昂贵和复杂的 VNA 或阻抗分析仪来接收和处理数据，这对于实时检测的便携性造成了不利的影响。

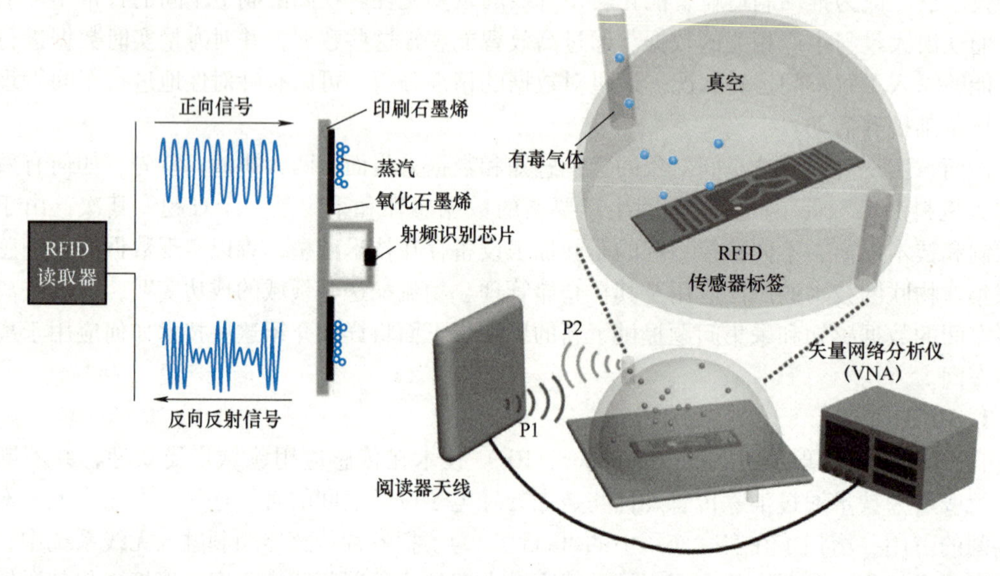

图 3-34 RFID 传感器系统的工作原理

2. 条形码技术

条形码技术通过将生产要素信息压缩成各种形状的黑白色块，形成一维码或二维码，利用光电扫描设备进行读取和采集，其采集门槛相对较低。与 RFID 技术相比，条形码技术无法在移动中实现识别，也无法一次性识别多个目标，容易受到污垢影响导致无法识别。通常被广泛用于仓储标识和物料标识。一维条形码只能在一个方向（通常是水平方向）表达信息，而在垂直方向则不表达任何信息，其高度通常为了方便阅读器对准而设定。虽然一维码能够提高信息录入速度和减少差错率，但也存在一些缺点：

1）数据容量较小，约 30 个字符左右。

2）只能包含字母和数字。

3）条形码尺寸相对较大，空间利用率较低。

4）条形码一旦受损，就无法被读取。

二维码在水平和垂直方向的二维空间中存储信息。与一维码相似，二维码有多种不同的编码或码制，通常分为以下三种类型：

1）线性堆叠式二维码。基于一维码原理，通过在纵向堆叠多个一维码产生，如 Code 16、Code 49、PDF417 等。

2）矩阵式二维码。通过在矩形空间中的黑白像素不同分布进行编码，如 Aztec、Maxi Code、QR Code、Data Matrix 等。

3）邮政码。通过不同长度的条进行编码，主要用于邮件编码，如 Postnet、BPO 4_State。

在众多二维码中，常用的码制有 Aztec、Maxi Code、QR Code、Data Matrix、PDF417 等。Data Matrix 主要用于电子行业中小零件的标识，Maxi Code 用于包裹分拣和跟踪，而 Aztec 最多可容纳 3832 个数字或 3067 个字母字符，或者 1914 个字节的数据。

3. 传感器技术

车间调度是生产调度的一部分，它依据生产进度计划进行，是一项重要的活动。现代企业的生产活动具有高度持续性、多环节、复杂的生产协作关系等特点，在任何一个环节出现问题都可能对整个生产流程造成影响。因此，实时掌握生产流程中各项数据变得非常重要。对于一些无法直接获取但对车间生产至关重要的物理量，可以通过设置传感器进行采集，如加工设备的振动信号、刀具振动信号、加工设备内部温度等。传感器技术确保了数据采集的多维度性，是车间数据感知和采集的重要补充。根据制造车间生产环节的整体结构，数据采集是产品生产加工的核心环节。数据采集主要通过传感器对设备原始信息进行电能转换，经过处理后完成数据采集工作。针对车间的生产过程，将车间数据采集过程设定为周期性数据采集模式，具体采集过程如图 3-35 所示。

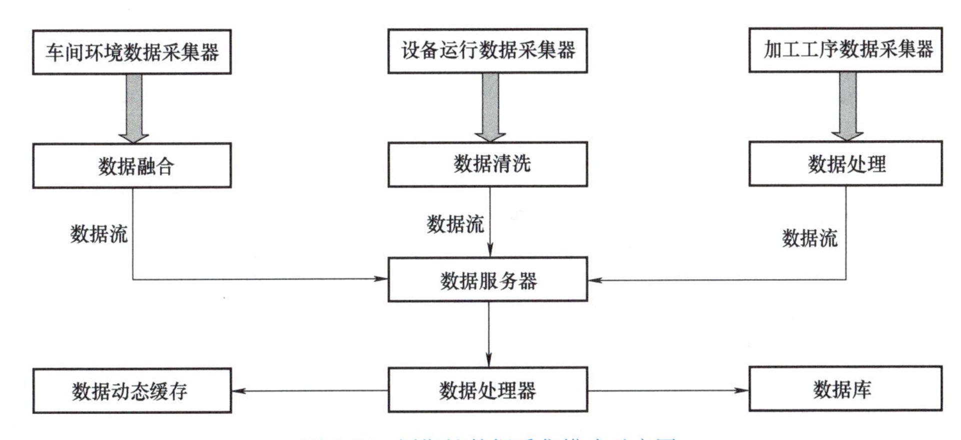

图 3-35　周期性数据采集模式示意图

4. FOCAS 数据采集技术

FOCAS 是 FANUC 公司专门为使用 FANUC 数控系统的加工设备开发的 CNC 信息库和拓展包，通过 FANUC 加工设备的串口或网口调用 FOCAS 库函数，实现对机床报警信息和机床主轴等数据的采集，允许开发人员通过计算机与数控系统进行数据交换，实现自定义功能和应用。FANUC 数控系统的 CNC 机床内部安装了以太网板，内置了以太网接口。CNC 机床和计算机都使用 RJ45 标准网络接口接入网络，严格按照 TCP/IP 网络通信协议进行数据传输。把 CNC 机床和计算机连接到同一个网络中，可以实现高效的数据采集。图 3-36 展示了 FANUC 数控系统的数据采集架构。

FOCAS 的二次开发包括以下步骤：

1）网页抓取。通过 FOCAS 系统获取所需采集的数据。

2）数据清洗。对采集到的数据进行处理，去除无用信息。

3）数据提取。从清洗后的数据中提取所需信息。

4）数据存储。将提取后的数据存储到数据库或文件中。

这一技术在工业 4.0 的背景下展现了创新性，将 FOCAS 机床联网与编写机床调试软件相结合，为机床调试的标准化开辟了新的途径。

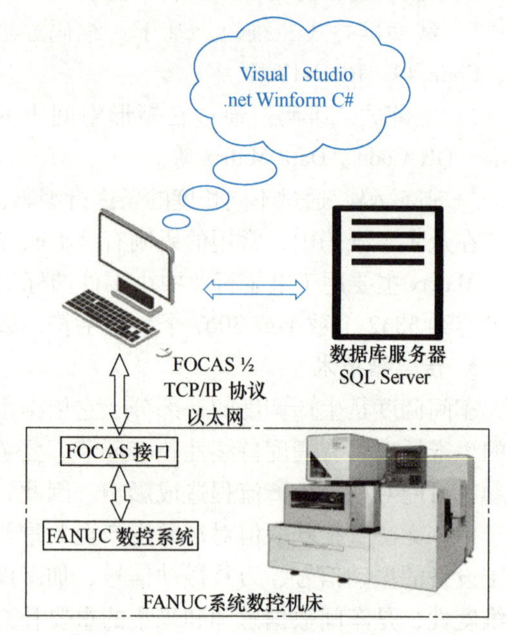

图 3-36　FANUC 数控系统的数据采集架构

5. OPC UA 技术

在工业控制领域，有多种通信协议，不同协议间存在技术障碍，难以实现互通。OPC（OLE for process control）技术应运而生，通过集成各厂家设备的通信协议，构建出一个兼容性强的框架。设备终端使用不同通信协议，通过连接此框架实现数据交互。OPC UA 是在 OPC 的基础上发展而来的，与 OPC 有着明显的不同。OPC UA 的目的是为工业自动化的新需求设计一个更优秀的通信模式，摆脱了 OPC 的原始通信方式，即只能在 Microsoft Windows 上进行 COM/DCOM 的进程通信。经过多年的标准制定和原型开发，OPC UA 在 2006 年首次展示给世人，其摆脱了对 COM 平台的依赖，进一步提升了兼容性和普适性，已经成为物联网的核心技术之一。利用 OPC UA 技术，能够为车间所有的加工设备建立信息模型，并分配地址空间与相应节点，实现统一化管理。同时，建立信息模型有助于将相关联的数据进行采集分组，轻松实现数据集成。在数据交互方面，OPC UA 技术提供了多种数据编码方式，如 UA 二进制或 XML 编码，并可以兼容 TCP、UDP、HTTP 等多种传输协议，为设备的无障碍通信提供了保障。

OPC unified architecture（OPC UA）是一项跨平台、开放源代码的技术规范，用于从传感器到云应用的数据交换，由 OPC Foundation 开发，符合 IEC 62541 标准，应用框架如图 3-37 所示，其显著特点包括：

1）开放性。OPC UA 是开放的技术标准，适用于各种设备和系统，实现了无缝集成。

2）统一架构。OPC UA 提供了一种统一的架构和数据模型，使不同设备的数据能够以统一的方式表示和交换，简化了设备间的数据传输。

3）跨平台和跨语言。OPC UA 支持多种操作系统和编程语言，包括 Windows、Linux、C++、Java、Python 等，降低了集成的复杂性。

OPC UA 是一种在工业自动化和物联网领域得到广泛应用的通信协议，它为不同的行业

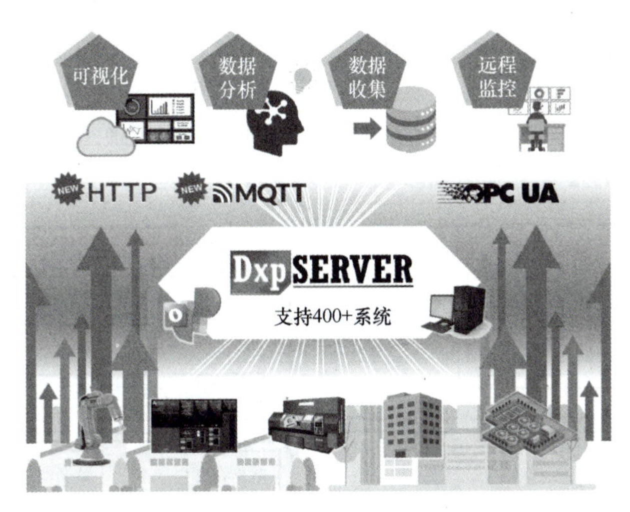

图 3-37　OPC UA 应用架构

创造了很多价值。它的一些典型的应用场景如下：

1）数据采集和监控。利用 OPC UA，可以方便地从各种设备和系统中获取数据，并进行实时的监控和分析。这有助于优化工业流程和解决问题。

2）设备集成和互操作性。OPC UA 让来自不同厂商的设备能够无缝地集成。无论是机器人、传感器还是控制系统，只要兼容 OPC UA，它们就可以协同工作，提升生产效率和灵活性。

3）云平台连接。通过 OPC UA，工业设备可以与云平台连接，实现远程的监控和管理。这为远程诊断、远程维护等带来了极大的方便，同时也为数据分析开辟了更多的途径。

OPC UA 作为一种开放、统一的通信协议，在工业自动化领域发挥着重要作用。它通过设备互联、统一架构和跨平台集成，为工业系统的高效运行和智能化奠定了基础。随着技术的不断进步，相信 OPC UA 将继续促进工业自动化的发展，为各行各业带来更多的创新和便利。

3.3.2　新型感知技术

新型感知技术是指利用先进的传感器、计算机视觉、物联网（IoT）、激光雷达、声呐等技术手段，实现对环境、设备、产品等信息的高精度、实时、全面感知的技术体系。这些技术是近期发展起来的，具有创新性、高灵敏度、高精度和智能化特征的传感与数据采集技术，能够帮助智能制造系统获取大量实时数据，以便更好地进行决策、优化和控制生产过程。这些技术能够实时或近实时地捕捉物理世界中的复杂信息，并通过先进的信号处理算法和数据分析，将其转化为可操作的智能决策依据。

1. 基于数字孪生的感知技术

近年来，数字孪生技术成为实现物理信息融合的核心热点技术之一，为智能制造车间监控带来了革新，打破了信息孤岛，实现了实时动态监控和精准决策。通过构建物理车间的虚拟镜像，以及实时数据双向交互，实现物理与虚拟世界的融合。在智能制造车间监控领域，数字孪生技术主要具有四个优势，包括全息感知、实时映射、精准分析和智能决策，多维度、多时空尺度描述车间生产要素，实现全方位感知；实时采集数据，构建虚实映射，动态反映车间生产状态；基于感知数据分析，提取异常状态，辅助故障诊断；结合历史数据和人工智能，实现生产过程的动态优化。产线智能制造过程的数字孪生系统体系架构如图 3-38 所示。该体系架构主要由四部分构成，包括物理实体层、虚拟模型层、孪生数据层和应用服务层，并通过各层间的连接实现信息的交互。

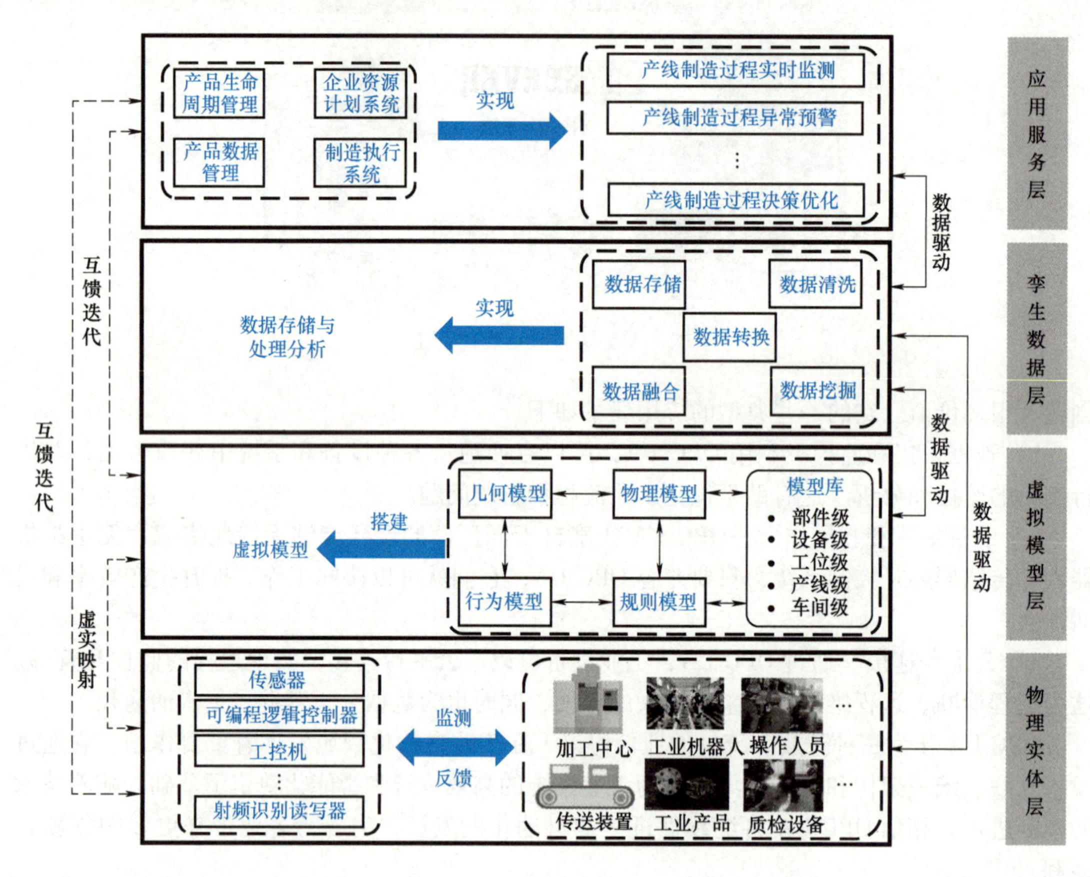

图 3-38　产线智能制造过程的数字孪生系统体系架构

（1）物理实体层　物理实体层构成了自动化生产线的坚实基础，它由一系列实体要素和功能部件组成，这些要素和部件共同构成了智能制造的核心。物理实体层不仅包括了数控加工中心、工业机器人和专用生产设备等关键加工设备，还涵盖了工业产品、原材料、半成品等各类物料。此外，操作人员、维护人员、管理人员等人力资源也是物理实体层的重要组成部分。在控制系统方面，物理实体层配备了可编程逻辑控制器（PLC）、工业控制计算机等先进设备，确保了生产线的高效运作和精确控制。监测系统则通过传感器、数据采集卡、无线射频识别读写器等技术手段，对生产过程中的关键数据进行实时采集和监测。这些实体要素之间的紧密协作，根据控制系统的指令，协同完成产品的加工、装配、运输等一系列任务。同时，部署在各个实体要素上的传感器等监测设备，不断采集制造过程中的关键数据，为生产活动的监测和分析提供了有力支持。物理实体层的稳定性和可靠性是整个数字孪生系统运行的前提，它支撑着其他各层的有效工作，并确保了生产活动的顺畅进行。通过物理实体层与数字孪生系统中的其他层——虚拟模型层、孪生数据层和应用服务层的紧密结合，实现了制造过程的数字化转型和智能化升级。

在产品的制造过程中，参与生产活动的关键要素包括产线设备、在制产品、工作人员等，同时生产环境会对产品的制造过程产生影响，综合考虑以上因素，采用形式化建模语言对产线制造过程的关键要素进行建模，模型定义如下：

$$PS::=PE \rtimes PP \rtimes PW \tag{3-1}$$

式中，PS 表示产线制造过程关键要素的物理空间；PE 表示物理空间中产线设备的集合；PP 表示物理空间中在制产品的集合；PW 表示物理空间中工作人员的集合；$\rtimes$表示 PE、PP、PW 之间自然连接，表明了三者之间的自然交互关系。PE、PP、PW 都是动态集合，集合元素及其状态随着制造过程的动态运行不断更新。

1）产线设备实体建模。智能化产线是指由自动化机器体系实现的产品加工、包装、运输的一种生产组织形式，主要由自动化设备、控制器、执行器、异构传感器等组成。自动化设备是用于完成产品加工、包装、运输等执行功能的基础部件；控制器和执行器用于发送与接收控制信号，实现对设备动作的自动化控制与执行；异构传感器是利用泛在感知技术对自动化设备运行工况、生产环境等进行实时高效的数据采集。产线设备的工位上安装有 RFID 读写器，通过读取在制产品的 RFID 电子标签实时追踪产品的状态，实现产品生产全过程的质量监控管理。采用形式化建模语言对产线设备实体进行建模，模型定义如下：

$$PE=\{PE_1,\cdots,PE_i\} \tag{3-2}$$

$$PE_i=\{EP_i,SDSet,ELog\} \tag{3-3}$$

$$SDSet=\{SD_{i1},\cdots,SD_{im},\cdots,SD_{in}\},\ \forall m\in[1,n] \tag{3-4}$$

$$SD_{im}=\{S_{type},DSet\} \tag{3-5}$$

式中，PE_i 表示物理空间中第 i 个自动化设备；EP_i 表示第 i 个自动化设备的型号及技术参数；SDSet 表示第 i 个自动化设备运行过程中所配置的 n 个传感器数据集合；ELog 表示自动化设备动作执行过程中的日志信息；SD_{im}表示第 i 个自动化设备中第 m 个传感器的型号和实时采集的数据集合；S_{type} 表示传感器的型号；DSet 表示第 m 个传感器实时采集的数据集合，依据传感器型号的不同涵盖能耗数据集、振动数据集、力数据集等。

2）在制产品实体建模。在制产品由待加工的物料和 RFID 电子标签组成。RFID 电子标签通过电子产品代码（electronic product code，EPC）标识在制产品的 ID 号，使得每个产品具有唯一性。通过 EPC 和自动身份识别（Auto-ID）技术实现在制产品规格型号、加工工艺、质量检测、生产进度等制造信息的关联数据索引。采用形式化建模语言对在制产品实体进行建模，模型定义如下：

$$PP=\{PP_1,\cdots,PP_j\} \tag{3-6}$$

$$PP_j=\{IP_{id},PA_j,LDSet,PLog\} \tag{3-7}$$

$$LDSet=\{LD_{j1},\cdots,LD_{jp},\cdots,LD_{jq}\},\ \forall p\in[1,q] \tag{3-8}$$

式中，PP_j 表示物理空间中流转的第 j 个在制产品；IP_{id}表示在制产品绑定 RFID 电子标签的唯一编码；PA_j 表示第 j 个在制产品的材料和规格属性；LDSet 表示第 j 个在制产品完成制造流程所需的 q 个加工特征集合；PLog 表示在制产品制造过程的日志信息；LD_{jp}表示第 j 个在制产品的第 p 个加工特征。

3）工作人员实体建模。一般通过 RFID 进行身份识别和位置定位，从而实现物理空间中的身份和位置管控，同时，通过目标检测技术可以对工作人员的动作进行识别。采用形式化建模语言对工作人员实体进行建模，模型定义如下：

$$PW=\{PW_1,\cdots,PW_k\} \tag{3-9}$$

$$PW_k=\{WI_{id},PDSet,WLog\} \tag{3-10}$$

式中，PW_k 表示物理空间中第 k 个工作人员；WI_{id}表示工作人员身份信息的唯一编码；PDSet 表示第 k 个工作人员的空间位置定位集合；WLog 表示工作人员参与制造过程的系统日志信息。

（2）虚拟模型层　虚拟模型层是产线智能制造数字孪生系统的核心枢纽，它扮演着物理实体层在信息空间中的精确映射角色。通过先进的数字化建模技术，虚拟模型层将物理实体的几何模型、物理模型、行为模型等关键信息进行了详尽的数字化表达，形成了高度精确的虚拟模型。在几何建模方面，虚拟模型层通过构建精细的数字化模型，精确地再现了物理实体的形态、位置和组合关系。在物理属性方面，有限元分析等技术被广泛应用于结构、声场、电磁场以及多物理场耦合分析中，以揭示物理实体的内在属性、特征和约束条件。规则模型则基于物理实体的历史数据，构建出能够进行判断、优化和预测的规律性模型。至于行为模型，它综合考虑了物理实体在不同时间尺度下的外部环境、突发事件和内部运行机制，为不同层次和空间尺度的评估和决策提供了有力支持。虚拟模型层不仅是数字孪生系统的驱动力，更具备虚拟性、超现实性、动态性、集成性和跨学科融合等显著特点。它是实现产品制造、状态监测、故障预测等关键功能的核心组件，为智能制造过程提供了强大的数据支持和决策依据。通过虚拟模型层的高效运作，数字孪生系统能够实现对物理实体层的深度理解和精准控制，从而推动智能制造向更高水平的发展。

数字孪生虚拟模型需要具有高度模块化、良好的可扩展性和动态适应性，模型的构建可以采用参数化建模方法在信息空间内完成。在 Tecnomatrix、Demo3D、Visual Components 等软件中建立物理实体的虚拟模型，虚拟模型除了对智能化产线的几何信息和拓扑关系进行描述外，同时还包含每个物理对象完整的动态工程信息描述。然后，对模型的多个维度属性进行参数化定义，以实现产线智能制造过程的实时映射。

$$CS::=DE\bowtie DP\bowtie DW \tag{3-11}$$

式中，CS 表示产线制造过程关键要素的信息空间；DE 表示信息空间中产线设备数字孪生模型的集合；DP 表示信息空间中在制产品数字孪生模型的集合；DW 表示信息空间中工作人员数字孪生模型的集合；$\bowtie$表示 DE、DP、DW 之间自然连接，表明了三者之间的自然交互关系。DE、DP、DW 都是动态集合，信息空间中集合元素及其状态随着物理空间中制造过程的动态运行来同步更新。

1）产线设备数字孪生模型建模。产线设备具有实现对待加工物料和产品进行加工、包装以及运输的功能，在现代工业生产中占有极其重要的地位。为实现物理空间中实体设备与信息空间中数字孪生模型的忠实映射，首先需要在信息空间中建立能够准确描述产线设备的几何尺寸、物理结构、运动姿态、运动特性等方面的数字孪生功能模型。同时，为了保持数字孪生模型与实体设备间规则和行为的一致性，数字孪生模型需要具备实时获取和分析实体数据的能力，通过预定义的数学模型实现对数字孪生模型规则和行为方面的指导。采用形式化建模语言对信息空间中的产线设备数字孪生模型进行建模，模型定义如下：

$$DE=\{DE_1,\cdots,DE_i\} \tag{3-12}$$

$$DE_i=\{DM_i,EDSet,MM_i\} \tag{3-13}$$

式中，DE_i 表示信息空间中第 i 个自动化设备；DM_i 表示第 i 个自动化设备的数字孪生功能模型；EDSet 表示第 i 个自动化设备运行过程中数字孪生模型能够获取的实体数据集合；MM_i 表示第 i 个自动化设备数字孪生模型中预定义的规则和行为方面的数学模型。

2）在制产品数字孪生模型建模。在制产品在不同的加工阶段对应着不同的几何形态，为保持物理空间与信息空间中在制产品的映射，可以通过 RFID 电子标签对在制产品进行辨识，同时，关联在制产品的生产订单、加工工艺以及加工质量等全生命周期信息，从而驱动在制产品的几何形态和位置状态演变。采用形式化建模语言对信息空间中的在制产品数字孪生模型进行建模，模型定义如下：

$$DP=\{DP_1,\cdots,DP_j\} \tag{3-14}$$

$$DP_j=\{IP_{id},DA_j,VDSet,PM_j\} \tag{3-15}$$

式中，DP_j 表示信息空间中流转的第 j 个在制产品；IP_{id}表示在制产品绑定 RFID 电子标签的唯一编码；DA_j 表示第 j 个在制产品的数字孪生功能模型；VDSet 表示第 j 个在制产品在信息空间中完成制造流程，其数字孪生模型所能够获取的加工工艺、加工质量等信息集合；PM_j 表示第 j 个在制产品数字孪生模型中预定义的规则和行为方面的数学模型。

3）工作人员数字孪生模型建模。工作人员的数字孪生模型主要体现在身份信息、动作识别和位置定位上，从而实现信息空间中的动作和位置与物理空间同步。采用形式化建模语言对信息空间中的工作人员数字孪生模型进行建模，模型定义如下：

$$DW=\{DW_1,\cdots,DW_k\} \tag{3-16}$$

$$DW_k=\{WI_{id},DH_k,DDSet\} \tag{3-17}$$

式中，DW_k 表示信息空间中第 k 个工作人员；WI_{id}表示工作人员身份信息的唯一编码；DH_k 表示第 k 个工作人员的数字孪生功能模型；DDSet 表示第 k 个工作人员在信息空间中，其数字孪生模型所能够获取的动作和位置的数据集合。

（3）孪生数据层　孪生数据层是数字孪生系统的能量之源，承担着数据存储与分析的关键职责，它涵盖了产品制造全过程中的各种数据类型。这些数据类型包括但不限于物理实体数据、虚拟模型数据、应用服务数据，以及通过数据融合技术衍生出的新型数据。物理实体数据主要聚焦于物理实体要素的详细规格、技术性能参数、配置状况等基础信息。此外，它还整合了通过嵌入式系统、传感器、数据采集设备、无线射频识别读写器等高科技功能部件所采集的实时运行状况、生产环境监测、突发事件响应等相关状态信息。虚拟模型数据则涵盖了几何模型的具体形状、位置关系、装配细节，物理模型的属性特征、约束条件，以及行为模型在面对外部干扰和内部运行机制时的反应模式。这些数据还包括了基于模型进行的深入分析、优化调整、效果评估、趋势预测等活动所产生的关键数据。应用服务数据则更加关注于用户服务导向的生产信息化管理、产品生命周期管理、企业资源规划等重要领域，确保数据的实用性和针对性。

融合衍生数据则是通过一系列复杂的数据处理技术，如数据清洗、关联分析、聚类整合、跨层融合等，从各层级数据中提炼出的高价值信息物理融合数据。

在整个产品制造的生命周期中，孪生数据层持续进行着实时数据的更新与深度挖掘，确保数字孪生系统能够提供全面、精准的信息支持，从而为智能制造的高效运作和决策提供坚实的数据基础。

虚实映射关联建模是建立在物理空间实体模型 PS 和信息空间孪生模型 CS 的基础之

上，进一步建立两者之间的虚实映射关联，采用形式化建模语言对其虚实映射关联关系进行建模，模型定义如下：

$$
\begin{gathered}
PS::=PE \bowtie PP \bowtie PW \\
CS::=DE \bowtie DP \bowtie DW \\
PS \overset{1:1}{\longleftrightarrow} CS
\end{gathered} \tag{3-18}
$$

式中，$\overset{1:1}{\longleftrightarrow}$表示物理空间实体模型与信息空间孪生模型间的双向真实映射；$\bowtie$表示不同模型之间的自然连接。由此，可以得出实体设备 PE 和孪生设备 DE、实体产品 PP 与孪生产品 DP、实体人员 PW 与孪生人员 DW 彼此之间均应保持同步的双向真实映射。

（4）应用服务层　应用服务层面向用户，通过数字孪生系统将自动化产线的制造过程在信息空间内进行实时映射，驱动虚拟模型实现制造过程的状态监测，同时，利用海量的孪生数据实现制造过程的故障预警、决策优化等服务，最终以准确、直观的形式展现给用户，为制造加工环节的智能监测提供解决方案。

2. 基于工业物联网的感知技术

当前制造企业所面临的典型挑战之一就是缺乏制造执行过程中实时、准确、一致的制造资源信息。实时、透明且可追溯的制造资源信息对于提升制造车间的计划、调度和控制决策水平发挥着至关重要的作用。通过将工业物联网技术融入制造领域，可以构建一个制造资源实时信息主动感知与集成的参考技术架构。借鉴物联网技术的实施架构，可以设计出一套基于工业物联网的制造资源实时信息主动感知与集成技术。如图 3-39 所示，该技术首先通过物联传感装置构建起车间内的传感网络，实现制造车间的智能配置，从而使车间的制造资源具备主动感知与获取加工制造过程的能力。随后，对传感装置进行注册与管理，确保其能够对车间生产过程的实时数据进行准确而高效的采集。进一步地，对从制造资源端采集到的数据进行增值处理，将多源异构数据转化为实时多源制造信息，为生产过程的优化提供数据支持。最终，车间的上层决策系统能够利用这些实时多源制造信息，对不同生产环节进行决

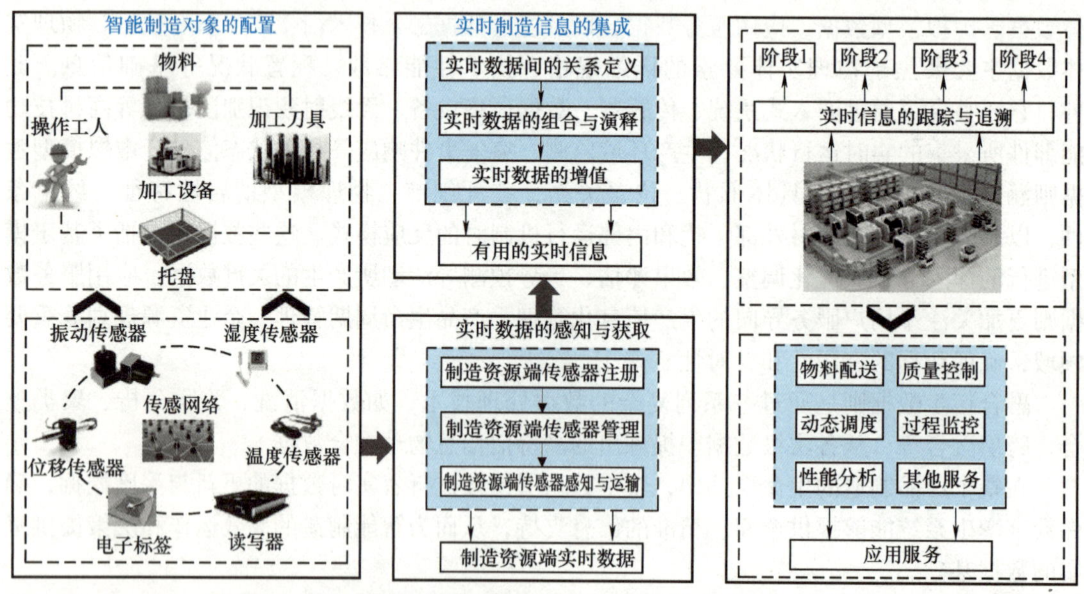

图 3-39　基于工业物联网的制造资源实时信息主动感知与集成技术

策优化。在此架构下，制造资源的实时追踪与追溯成为可能，实现了整个制造执行过程的透明感知与动态监控。基于物联传感装置的传感网络负责采集生产过程中的环境参数（如温度、气压、湿度等）、动作参数（如速度、加速度、振动等）以及制造资源的实时状态参数变化，为决策层提供有效且准确的实时制造信息，以实现制造执行系统的动态控制与决策。

基于工业物联网的制造资源实时信息主动感知与集成体系架构由四个部分组成：智能制造对象的配置、实时数据的感知与获取、实时制造信息的集成、应用服务。

（1）智能制造对象的配置　智能制造对象的配置是指通过配置物联传感装置，形成可靠稳定的传感网络，使得加工设备、装配站等传统的加工制造资源具有主动感知自身实时状态以及物料、刀具、操作员工等辅助制造资源实时状态的能力。例如：通过对加工设备配置温湿度传感器，可以使其具有对加工环境中温度、湿度数据进行采集获取的能力；通过对加工设备配置位移传感器、振动传感器，可以使其具有感知自身实时加工工况的能力；通过配置 RFID 读写器、电子标签等射频传感装置，可以对加工设备端在制品、操作员工、加工工序、刀具等的实时数据进行主动感知获取。

传感设备配置模型是实现加工设备实时状态信息主动感知的基础。图 3-40 描述了传感网络拓扑构型与优化配置的实现逻辑。首先，以设备本身工况量（刀具磨损、振动等）、工件几何量（长度、几何误差等）以及物料等信息的采集为目标，完成对传感设备节点的选型（如对 RFID 读写器、标签容量的选择，传感设备类型和精度的选择）；然后，根据被感知的制造资源在设备端的移动区域，建立相应的感知空间，进而基于感知区域和传感器群的感知范围，优化各传感设备节点的安置位置，形成用于感知多源制造信息的传感网络。在传感设备优化配置方面，其核心是建立一个量化的目标函数，以满足采集 k 个采集量的所有传感设备总成本最小为目标，进而根据相应的约束条件对目标函数进行优化，建立的目标函数数学模型如下：

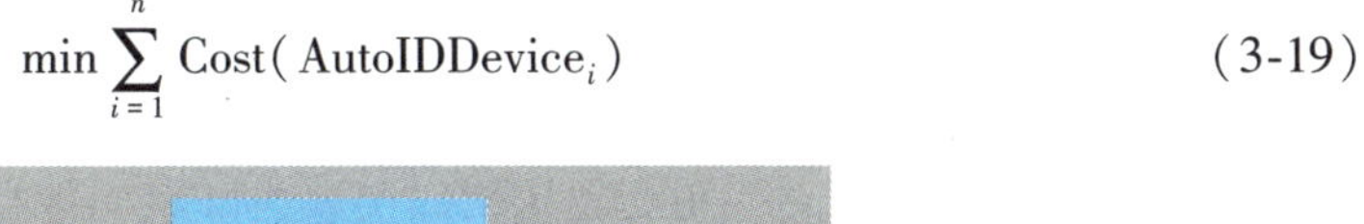

$$\min \sum_{i=1}^{n} \text{Cost}(\text{AutoIDDevice}_i) \tag{3-19}$$

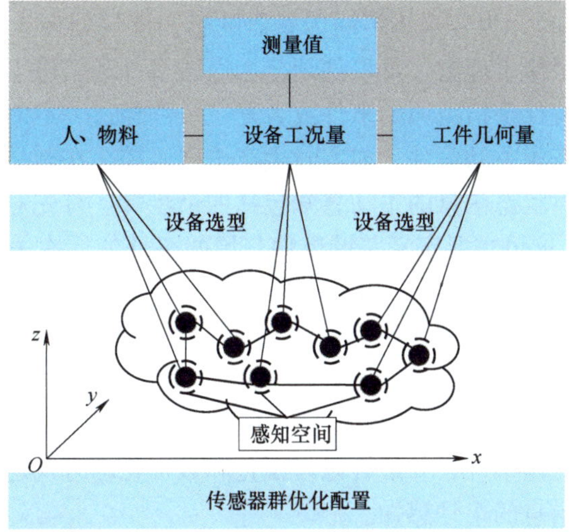

图 3-40　传感器群的优化配置

约束： $(x_1,\cdots,x_k)\in(x_{\text{AutoIDDevice}(1)},\cdots,x_{\text{AutoIDDevice}(m)})$ (3-20)

$$(a_1,\cdots,a_k)\in(a_{\text{AutoIDDevice}(1)},\cdots,a_{\text{AutoIDDevice}(m)}) \tag{3-21}$$

$$\sqrt{(X_{\text{AutoIDDevice}(i)}-X_i)^2+(Y_{\text{AutoIDDevice}(i)}-Y_i)^2+(Z_{\text{AutoIDDevice}(i)}-Z_i)^2}\leqslant c_i \tag{3-22}$$

其中，式（3-19）是目标函数，其物理意义是通过对制造资源配置相应的 n 个自动识别设备，在同时满足对 k 个采集量的采集和精度时，硬件的总成本最小；式（3-20）为所选的传感设备满足 k 个采集量（x_1，…，x_k）的约束；式（3-21）为所选的自动识别设备满足 k 个采集量的精度（a_1，…，a_k）约束；式（3-22）为自动识别设备的感知区域约束。

（2）实时数据的感知与获取　基于上述智能制造对象的配置，加工制造资源能够实现对生产过程中产生的实时原始数据的感知与获取。首先，在软件系统的支持下，对制造资源端配置的物联传感装置进行注册，以实现对传感数据的区别标识；然后，通过对传感装置进行管理，以实现对制造资源端有效实时数据的最优化采集；最后，通过数据传输装置，完成实时数据的传输。图 3-41 所示为实时数据的感知与获取。中间的圆形代表附加在车间加工制造资源上的物联传感装置，虚线代表配置物联传感装置后该加工制造资源的智能感知区域，上下两个方框分别代表操作员工和装有一定数量物料的托盘。操作员工与托盘配有存储相关员工数据以及托盘承载物料数据的传感装置。例如，操作员工带有 RFID 标签，当操作员工进入到加工设备的智能感知区域时，装备在加工设备上的读写器可以对 RFID 标签上的电子产品代码（EPC）进行捕获感知，并采集获取与该操作员工相关的数据。

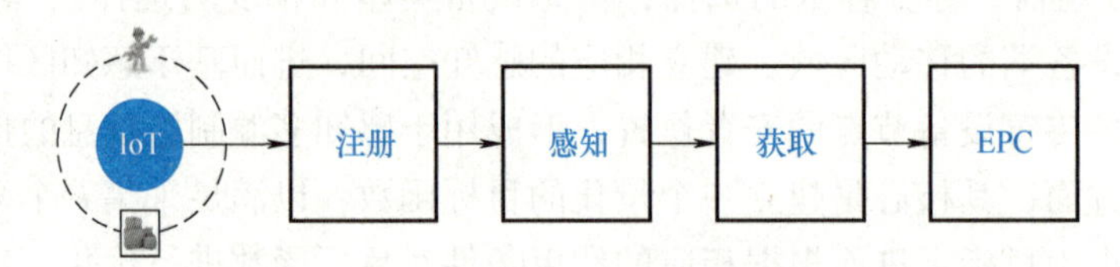

图 3-41　实时数据的感知与获取

如图 3-42 所示，实时状态信息的主动感知用于将附加于加工设备端的各类传感器捕获的实时事件感知为加工设备的实时状态信息（如对员工、物料、在制品、在制品库存、加工质量信息等的实时感知）。为实现将不同传感器的感知事件处理为状态信息，采用关键事件模型实现此过程。为了便于理解，将事件划分为原始事件和关键事件。原始事件是指传感器端采集的事件，关键事件是指由原始事件或者复杂事件经过一定的规则运算而合成的一类新的与实时制造服务状态相关的事件，如实时生产进度监控、在制品库存信息、生产异常信息等。智能制造服务实时状态信息的主动感知包括四个步骤。首先对制造服务状态感知事件（关键事件）进行定义，这里主要定义关键事件与原始事件的层次关系、时序关系和逻辑关系，定义完成后，用可扩展标记语言（extensible markup language，XML）存储该关键事件与相应所有原始事件的层次结构和各种关系；在关键事件执行时，首先建立一个关键事件的实例，进而根据预定义的各类节点事件的原始事件触发关键事件的执行；一旦与此关键事件相关的原始事件被捕获，则触发该关键事件，按预定义的层次关系、时序关系和逻辑关系，快速解析和计算该关键事件，并最终以可视化和数字化的方式返回该关键事件的执行结果，即实现对实时状态信息的主动感知。

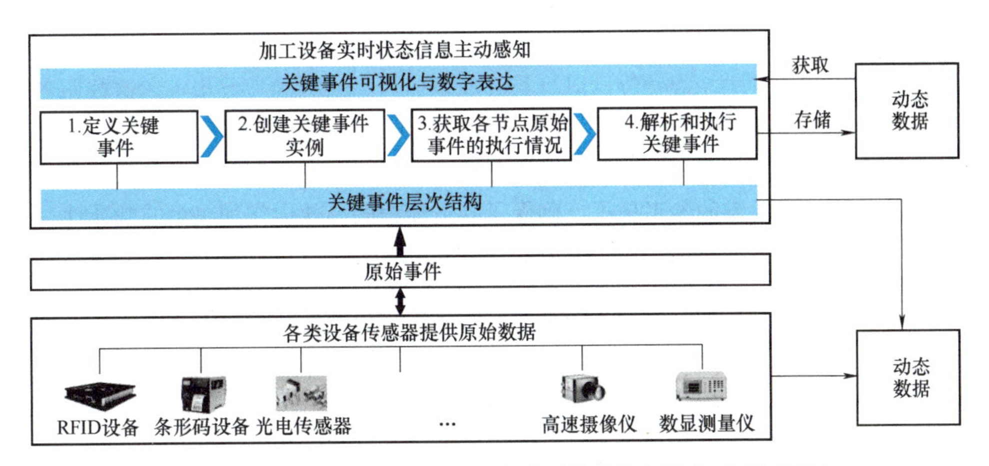

图 3-42　基于关键事件的加工设备实时状态信息的主动感知模型

（3）实时制造信息的集成　在基于工业物联网的制造资源实时信息主动感知与集成体系架构下，虽然加工制造资源端能够通过配置的物联传感装置对车间生产过程的海量实时数据进行感知与获取，但是这些采集到的多源异构数据并不能被直接用于上层管理系统的控制决策过程，而是需要实时制造信息集成模块将制造资源端感知的多源异构数据转化成对生产决策有用的实时信息。图 3-43 所示为实时制造信息的集成。以射频识别技术为例，在数据的感知与采集阶段，附加在加工制造资源端 RFID 电子标签的 EPC 数据可以被采集与获取。然而，这些被采集到的数据并不能用于制造系统的控制决策。实时制造信息的集成模块通过建立这些数据间的对应关系，根据知识库中的数据组合演绎规则以及标准的信息输出模板，将感知采集到数据转化成有效的制造信息，实现数据的增值。例如，当操作员工或者承载物料的托盘到达制造资源的智能感知区时，他们所附加 RFID 电子标签中的 EPC 可以被感知与获取，并通过数据处理模块转换成对应操作员工以及托盘承载物料的相关信息，从而帮助上层的管理系统对车间的生产过程进行控制与决策。

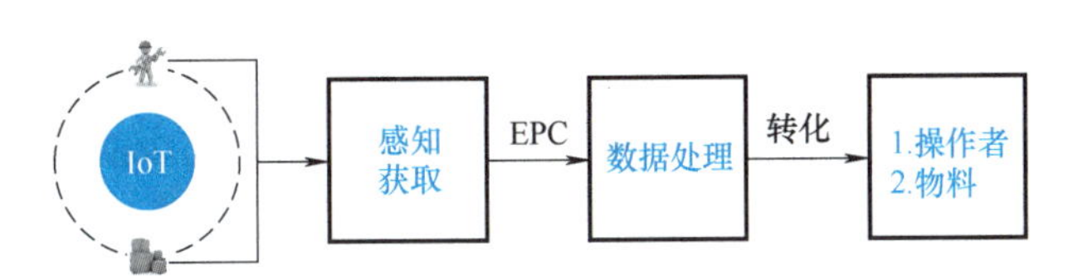

图 3-43　实时制造信息的集成

不同的企业可能应用不同的信息管理系统来实现对生产过程的管理，同一企业也可能应用不同的管理系统来实现不同生产制造环节的管理。在基于工业物联网的制造资源实时信息主动感知与集成体系架构下，搭建实时制造信息的集成服务（real-time manufacturing information integration service，RTMIIS），将获取到的海量实时数据转换成有用的实时制造信息，并实现实时制造数据的处理以及实时制造信息在多相异构应用系统和智能识别装置之间的交互使用，如图 3-44 所示。

（4）应用服务　制造资源端实时信息的集成化，使得生产过程各个阶段的制造信息得以追踪与追溯。这些信息能够为上层制造管理系统的优化决策提供服务，构建起基于实时数据的重要应用服务集合。在工业物联网支持下的制造资源实时信息主动感知与集成体系架构中，提供了一系列应用服务，包括生产过程的动态监控、制造能力的深入分析、动态调度的优化、物料的主动配送、产品质量的在线监控，以及与其他企业信息系统的高效集成。这些服务遵循面向服务的架构（service-oriented architecture，SOA）原则，既能够作为独立的应用工具提供服务，也能作为即插即用的服务单元，与第三方系统无缝集成。车间制造资源的实时信息为这些服务的有效执行提供了关键的参考依据，确保了制造流程的高效运作和决策的精准性。

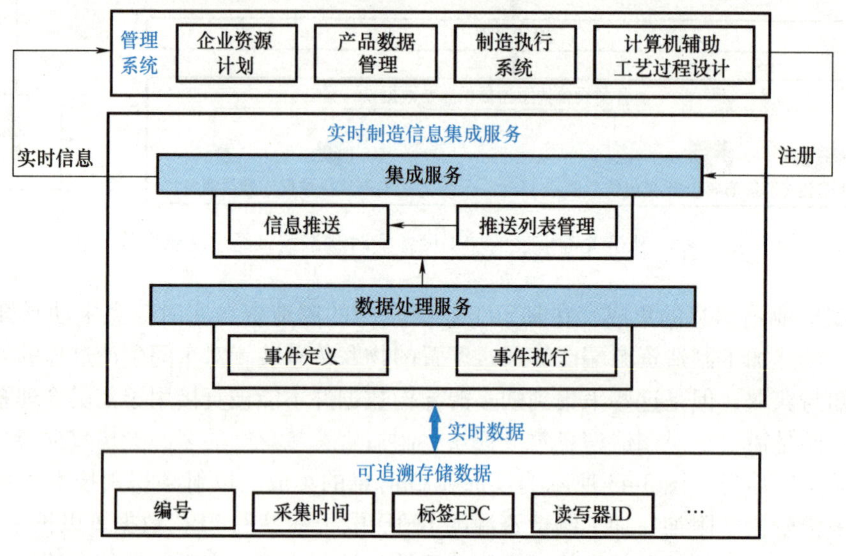

图 3-44　实时制造信息集成服务

3.3.3　多传感器信息融合

为了获取对外界信息的全方位感知，多种类型的传感器被用于感知信息，包括触觉、视觉、位置、振动、红外等传感器。随着智能化的推进，控制系统中使用的传感器种类和数量越来越多，而每种传感器囿于使用条件和感知能力，只能获取环境或对象的部分信息。为了提高所感知到的信息的利用率，进一步综合各类传感器的特有优势，更加准确、形象地描述观测对象或环境，多传感器信息融合（multi-sensor information fusion，MSIF）技术成为人工智能领域的研究热点之一。

多传感器信息融合技术的基本原理就像是大脑集中处理人体所有感知器官获取的信息一样，融合技术需要协调所有的传感器，将所有数据在时间和空间上做到统一，合理利用各个传感器的能力，合理分配各个传感器的计算单元，并综合判断信息的有效性和准确性。多传感器信息融合，就是利用计算机技术将来自多传感器或多源的信息和数据，在一定的准则下加以自动分析和综合，以完成所需要的决策和估计而进行的信息处理过程。

为消除单一传感器获取的信息存在片面与不足的缺陷，多传感器信息融合通过计算机技术对多种传感器采集的数据信息采用合理有效的融合算法进行数学分析，从而剔除冗余的数据，得到更加有效的对象信息。通过多传感器信息融合，系统能够实现更全面、准确的环境感知，整合来自不同传感器的数据，弥补各自的局限性，提高对复杂场景的理解。这种融合不仅有助于提高系统的决策制定准确性，还增强了系统在面对不同工作条件和不确定性时的鲁棒性。通过充分利用多源传感器提供的信息，系统可以更可靠地执行任务，适应动态环境变化，并降低对单一传感器故障的敏感性。

多传感器信息融合在现代技术应用中扮演着关键角色，通过整合来自不同传感器的数据，提高了系统对环境的全面感知和决策制定的准确性。在智能交通系统中，它支持实时交通监测和导航；在无人车辆领域，提高了自动驾驶车辆的环境感知和决策能力；在医疗诊断中，促进了患者监测和疾病诊断的精准性。这种技术的广泛应用还涵盖了军事、环境监测、工业自动化、智能家居以及航空航天等领域，推动着现代技术在多个方面的创新和发展。通过充分利用多样化的传感器信息，多传感器信息融合为各行业提供了更可靠、智能化的解决方案，为构建智能、高效的现代社会奠定了基础。

1. 多传感器信息融合分类

由于观察问题的视角不同，信息融合的分类方法多种多样。在多传感器信息融合中，按在融合系统中信息处理的抽象程度可分为三个层次：数据层融合、特征层融合和决策层融合；按照信息传递的方式不同可以将其分为串联型、并联型和混合型信息融合。

（1）按信息处理的抽象程度分类

1）数据层融合。数据层融合也称为像素级融合，属于底层数据融合。图 3-45 说明了数据层融合的基本内容，数据层融合通常用于多源图像合成、图像分析与理解等方面。

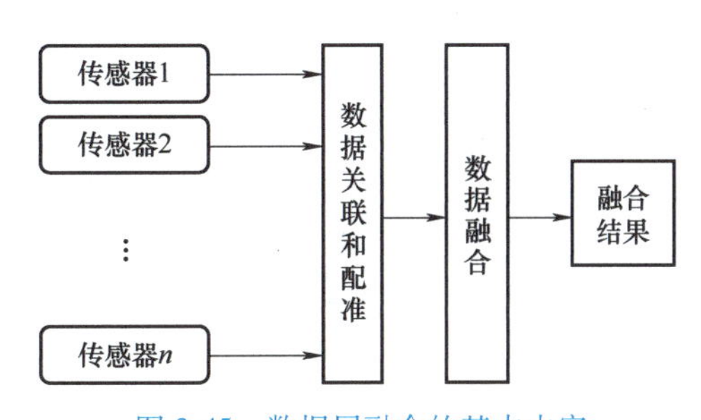

图 3-45　数据层融合的基本内容

数据层融合对数据传输带宽、数据之间配准精度要求很高。例如在图像分析与理解中，为了再现立体图像的深度，必须首先识别出不同图像中相应物体上的同一点像素。从信息融合的角度看，由于没有任何办法对多传感器原始数据所包含的特性进行一致性检验，因此数据层上的合成具有很大的盲目性。因而信息融合原则上不赞成在数据层上直接进行。但由于图像处理本身的特殊性，才保留了数据层这一带有浓厚图像处理色彩的融合层次。

数据层融合将多个传感器的原始观测数据直接进行融合，然后再从融合数据中提取特征向量进行判断识别；数据级融合要求多个传感器是同质的（传感器观测的是同一物理量），否则需要进行尺度校准。数据级融合不存在数据丢失的问题，得到的结果也较为准确；但是计算量大，对系统通信带宽要求较高。

常见的研究方法有小波变换、人工神经网络、加权平均、产生式规则、遗传算法等。

2）特征层融合。特征层融合可划分为两大类：目标状态信息融合、目标特征融合。

目标状态信息融合主要应用于多传感器的目标跟踪领域，目标跟踪领域的大量方法都可以修改移植为多传感器目标跟踪方法。跟踪问题也有了一整套渐趋成熟的理论，因此通常能建立起一个严格的数学模型来描述多传感器的融合跟踪过程。

图 3-46 说明了特征层目标状态信息融合的基本内容。融合系统首先对传感器数据进行预处理以完成数据配准，即通过坐标变换和单位换算，把各传感器输入数据变换成统一的数据表达形式，在数据配准之后，融合处理主要实现数据关联和状态估计。常见的是序贯估计技术，其中包括卡尔曼滤波和扩展卡尔曼滤波。目前该领域发展所遇到的核心问题是如何针对复杂的环境建立具有较强的鲁棒性及自适应能力的目标机动和环境模型，以及如何有效地控制和降低数据关联及递推估计的计算复杂性。

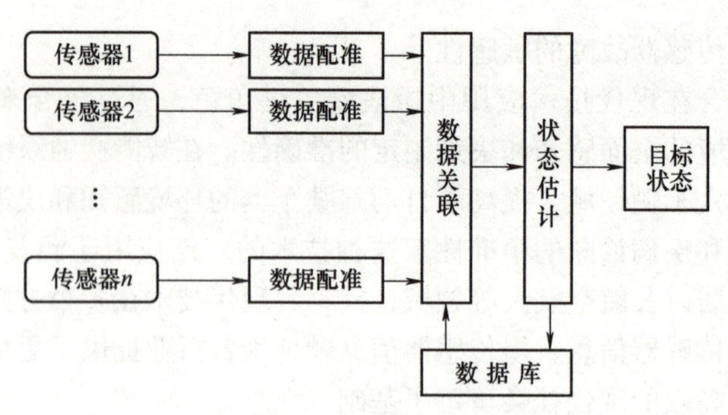

图 3-46　目标状态信息融合

该层常见的研究方法有卡尔曼滤波法、扩展卡尔曼滤波法、参数模板法、特征压缩和聚类分析法、K 阶近邻法、人工神经网络法、模糊集合理论法等。

特征层目标特征融合就是特征层联合识别，其实质就是模式识别问题。多传感器系统为识别提供了比单个传感器更多的有关目标的特征信息，增大了特征空间维数。具体的融合方法仍是模式识别的相应技术，只是在融合前必须先对特征进行关联处理，把特征向量分类成有意义的组合，如图 3-47 所示。

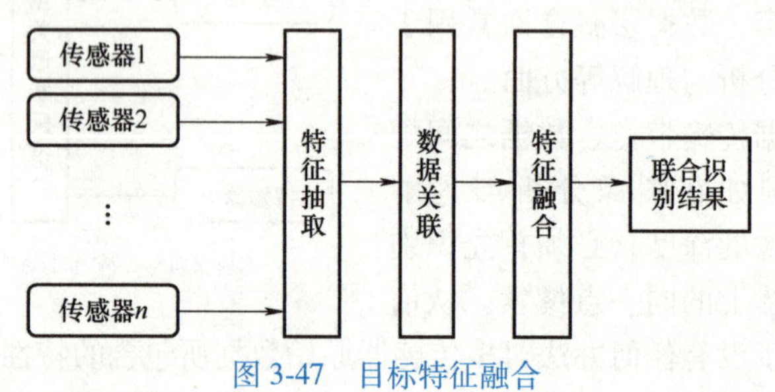

图 3-47　目标特征融合

对目标进行的融合识别，就是基于关联后的联合特征向量。具体实现技术包括参数模板法、特征压缩和聚类算法、K 阶近邻法、神经网络法等，除此之外，基于知识的推理技术也常试图被应用于特征融合识别，但由于难以抽取环境和目标特征的先验知识，因而这方面的研究仅仅才开始。

特征层融合无论在理论还是应用上都逐渐趋于成熟，形成了一套针对问题的具体解决方法。在融合的三个层次中，特征层上的融合可以说是发展最完善的，而且由于在特征层已建立了一整套的行之有效的特征关联技术，可以保证融合信息的一致性，所以特征层融合有着良好的应用与发展前景。但由于跟踪和模式识别本身所存在的困难，也相应牵制着特征层融合的研究和发展的进一步深入。

主要的研究方法有贝叶斯推理法、统计决策法、D-S（Dempster-Shafer）证据推理法、专家系统法、人工神经网络法、遗传算法、粗糙集理论法等。

3）决策层融合。图 3-48 所示为决策层融合，不同类型的传感器观察同一目标，每个传感器在本地完成处理，其中包括预处理、特征抽取、识别或判决，以建立对所观察目标的初步结论。然后通过关联处理、决策层融合判决，最终获得联合推断结果。

决策层融合输出的是一个联合决策结果，在理论上这个联合决策应比任何单传感器决策更精确或更明确，决策层融合所采用的方法有 Bayes 理论、D-S 证据理论、模糊集理论及专家系统方法等。决策层融合在信息处理方面具有很强的灵活性，系统对信息传输带宽要求很低，能有效地融合反映环境或目标各个侧面的不同类型信息，而且可以处理非同步信息，因此目前有关信息融合的大量研究成果都是在决策层上取得的，并且构成了信息融合的一个热点。但是由于环境和目标的时变动态特性、先验知识获取的困难、知识库的巨量特性、面向对象的系统设计要求等，决策层融合理论与技术的发展仍受到阻碍。

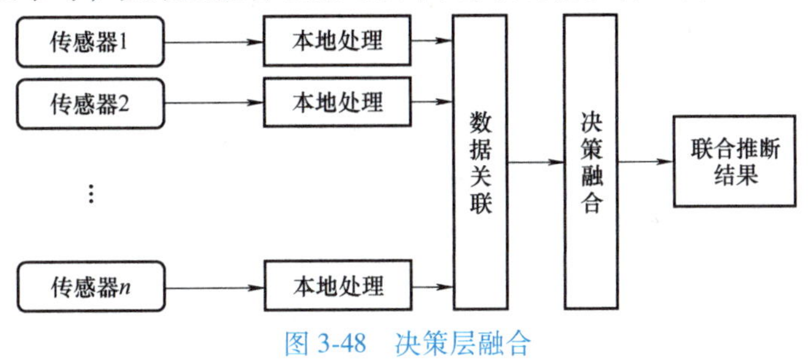

图 3-48　决策层融合

（2）根据数据处理过程的差别分类　根据数据处理过程的差别可以将以目标状态为基准的方法进行划分，包括分布式信息融合、集中式信息融合和混合式信息融合，如图 3-49 所示。

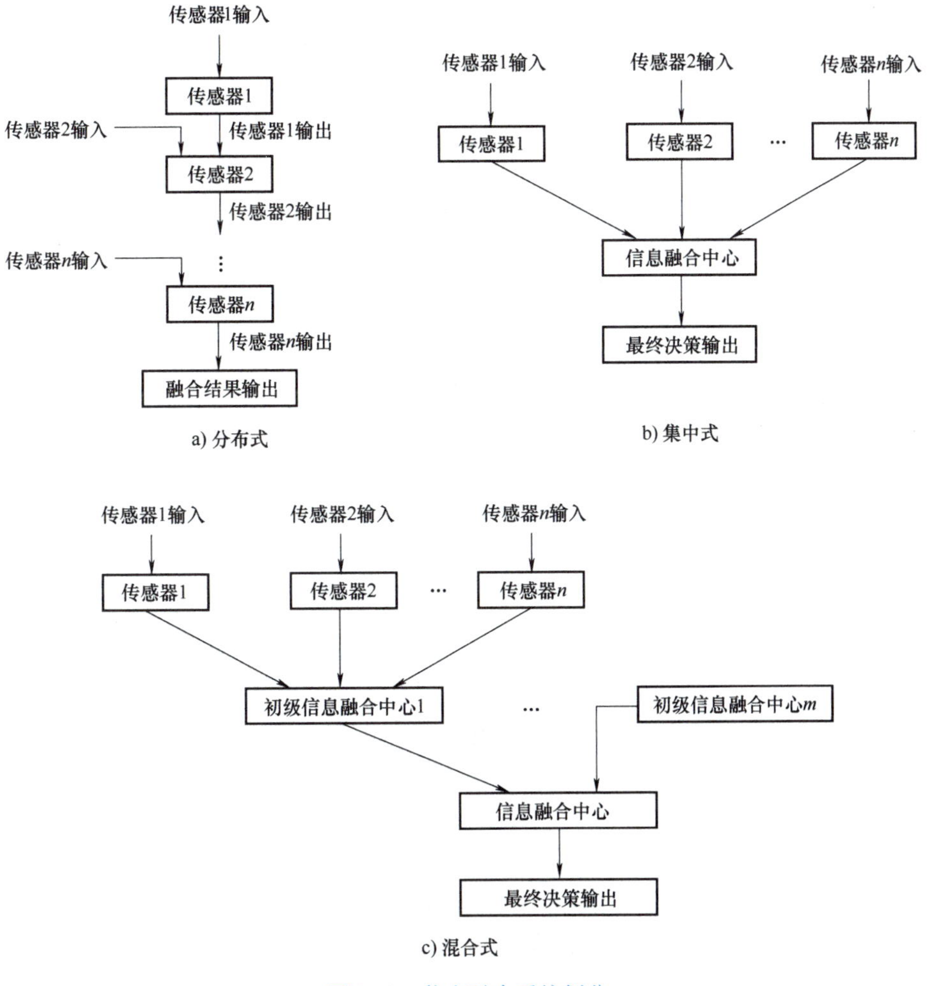

图 3-49　信息融合系统划分

1）分布式信息融合。先对各个独立传感器所获得的原始数据进行局部处理，然后再将结果送入信息融合中心进行智能优化组合来获得最终的结果。分布式对通信带宽的需求低、计算速度快、可靠性和延续性好，但跟踪的精度却远没有集中式高。

2）集中式信息融合。集中式将各传感器获得的原始数据直接送至中央处理器进行融合处理，可以实现实时融合。其数据处理的精度高，算法灵活，缺点是对处理器的要求高，可靠性较低，数据量大，故难于实现。

3）混合式信息融合。混合式多传感器信息融合框架中，部分传感器采用集中式融合方式，剩余的传感器采用分布式融合方式。混合式融合框架具有较强的适应能力，兼顾了集中式融合和分布式融合的优点，稳定性强。混合式融合方式的结构比前两种融合方式的结构复杂，这样就加大了通信和计算上的代价。

2. 融合结构

实现目标估计级融合时，通常采用三种通用处理结构：集中式、分布式和混合式。

（1）集中式融合结构　集中式融合结构表示的是原始观测数据的融合，传感器采集到的数据直接输送到数据融合中心，在其中进行数据校准、关联、融合等一系列处理，其结构如图 3-50 所示。

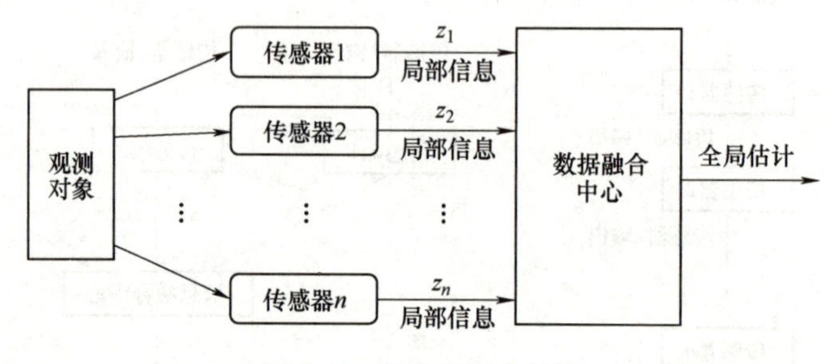

图 3-50　集中式融合结构

（2）分布式融合结构　分布式融合结构首先在局部传感器上对观测信息进行初步处理，之后将处理结果传送至数据融合中心形成最终的全局估计，其结构如图 3-51 所示。

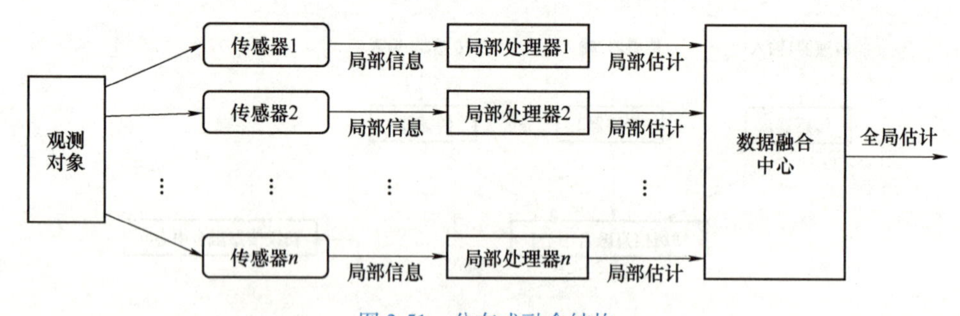

图 3-51　分布式融合结构

（3）混合式融合结构　混合式融合结构包括了原始数据和矢量数据的融合，兼顾集中式融合和分布式融合的优点，稳定性强，其结构如图 3-52 所示。缺点是数据处理的复杂性大为提高，需要较高的数据传输速率，降低了计算和通信效率。

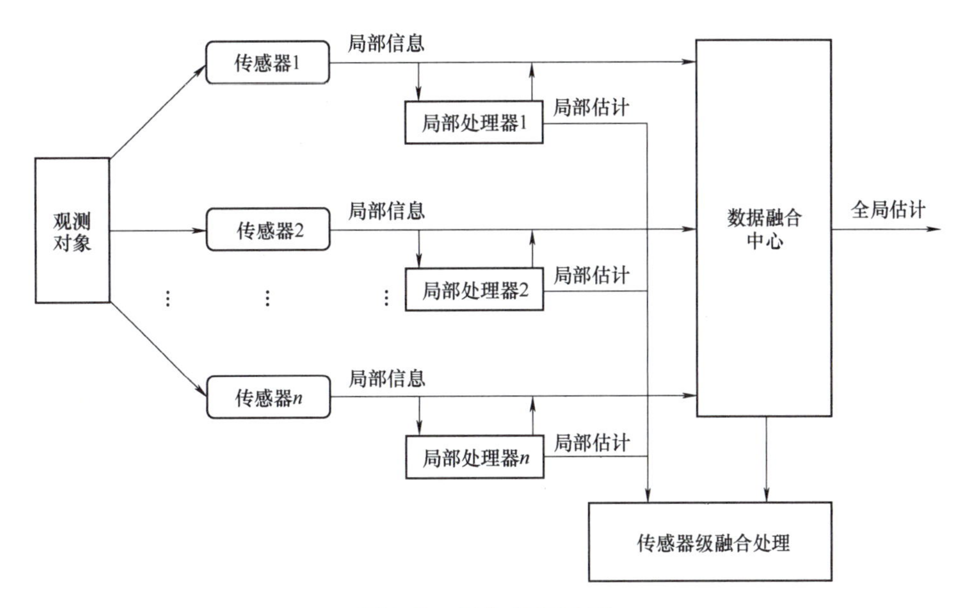

图 3-52　混合式融合结构

3. 融合算法

（1）融合算法分类

1）前融合算法。前融合算法是只有一个感知的算法，对融合后的多维综合数据进行感知，如图 3-53 所示。

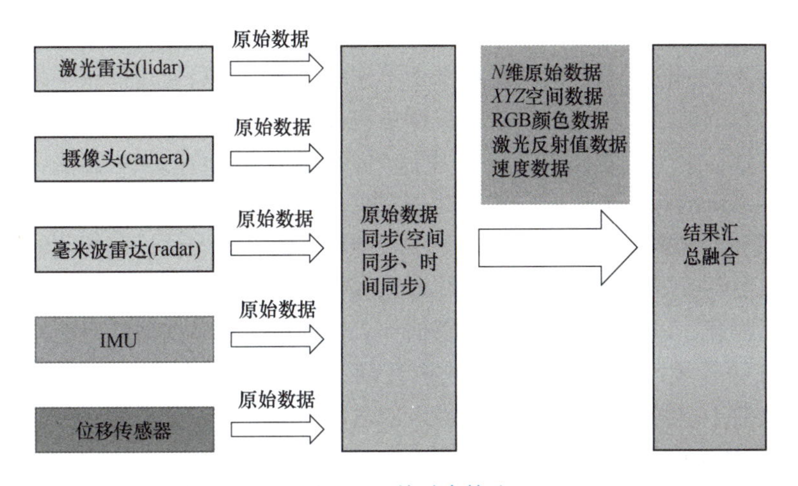

图 3-53　前融合算法

在原始层把数据都融合在一起，融合好的数据就好比是一个传感器，而且这个传感器不仅有能力测红外线，还有能力测 RGB 颜色数据，也有能力测 lidar 的三维信息，进而开发感知算法，最后输出一个结果层的物体。

2）后融合算法。每个传感器各自独立处理生成的目标数据，如图 3-54 所示。每个传感器都有自己独立的感知，如摄像头有摄像头的感知，激光雷达有激光雷达的感知，毫米波雷达也会做出自己的感知。当所有传感器完成目标数据生成后，再由主处理器进行数据融合。

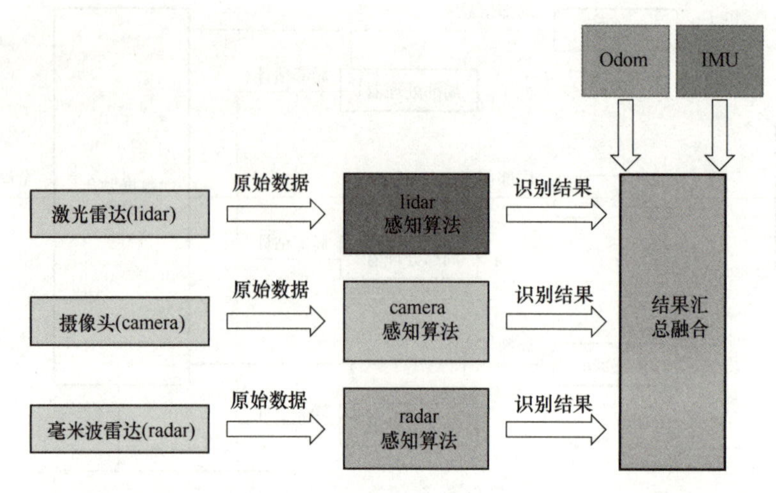

图 3-54　后融合算法

（2）常用融合算法　对于多传感器系统而言，信息具有多样性和复杂性，因此对信息融合算法的基本要求是具有鲁棒性和并行处理能力。其他要求还有算法的运算速度和精度，与前续预处理系统和后续信息识别系统的接口性能，与不同技术和方法的协调能力，对信息样本的要求等。一般情况下，基于非线性的数学方法，如果具有容错性、自适应性、联想记忆和并行处理能力，则都可以用来作为融合方法。

多传感器数据融合的常用方法基本上可分为两大类：随机类和人工智能类。

1）随机类。加权平均法是一种常见的信号融合算法，特别适用于多传感器信息融合。在这个方法中，来自不同传感器的信息被赋予不同的权重，然后通过加权平均来合并这些信息，得到一个综合的估计值。这种算法的目标是充分利用每个传感器的优势，以提高整个系统的性能和准确性。卡尔曼滤波法是一种用于多传感器信息融合的强大算法，其核心思想在于通过递归估计系统的状态，从而有效地处理系统动态变化和测量噪声。该算法首先建立了系统的动态模型和测量模型，然后通过预测步骤使用先前的状态估计和控制输入来预测系统的下一状态。在更新步骤中，卡尔曼滤波结合传感器测量，通过卡尔曼增益调整预测，同时考虑测量和系统噪声，以获得更准确的状态估计。这使得卡尔曼滤波广泛应用于导航、目标跟踪、自动控制等领域，尤其在需要高效估计动态系统状态的实时应用中表现卓越。然而，卡尔曼滤波对于非线性系统和非高斯噪声的适应性有限，因此在面对更复杂情况时，可引入扩展卡尔曼滤波和无迹卡尔曼滤波等变体。这些变体通过适应性更强的状态估计方法，拓展了卡尔曼滤波的适用范围，使其在多传感器信息融合中更为灵活和可靠。综合利用卡尔曼滤波及其变体的优势，多传感器系统能够更精准地感知和理解复杂环境，从而推动了现代技术应用的发展。多贝叶斯估计法是一种强大的信号融合方法，它将贝叶斯推断引入多传感器数据融合过程中，通过对不同传感器提供的信息进行概率建模，得到更全面、准确的系统状态估计。该方法通过融合先验知识、传感器测量和系统动态模型，以概率分布的形式表示系统状态的不确定性。在更新过程中，多贝叶斯估计法根据贝叶斯定理动态调整状态估计的概率分布，实现了对系统状态的迭代优化。这种方法能够更好地处理非高斯噪声和非线性系统，因而在复杂环境下，尤其是需要对不确定性进行有效建模的应用中，多贝叶斯估计法展现了其优越性。D-S 证据推理法是贝叶斯推理的扩充，包含三个基本要点：基本概率赋值函数、信任函数和似然函数。D-S 证据推理法是一种用于处理不确定性和冲突信息的推理框架。该方法通过概率论的扩展，使用“信任分配函数”来表示不同证据的可信度。D-S 理论在信任分配的基础上，通过合并和修正相互冲突的证据，最终产生具有高度可信性的综合结果。它不仅能够有效地处理证据的不确定性，还具备对不同源头的信息进行融合的能力，因此在多传感器信息融合、决策支持系统等领域得到广泛应用。然而，D-S 理论的计算复杂性和对先验知识的敏感性是其在实际应用中需要考虑的挑战，需要谨慎选择和优化。产生式规则，采用符号表示目标特征和相应传感器信息之间的联系，与每一个规则相联系的置信因子表示它的不确定性程度。当在同一个逻辑推理过程中，两个或多个规则形成一个联合规则时，可以产生融合。应用产生式规则进行融合的主要问题是每个规则置信因子的定义与系统中其他规则的置信因子相关，如果系统中引入新的传感器，需要加入相应的附加规则。

2）人工智能类。模糊逻辑是多值逻辑，通过指定一个 0 到 1 之间的实数表示真实度（相当于隐含算子的前提），允许将多个传感器信息融合过程中的不确定性直接表示在推理过程中。如果采用某种系统化的方法对融合过程中的不确定性进行推理建模，则可以产生一致性模糊推理。信号融合的模糊逻辑推理是一种处理多源信息的方法，通过模糊逻辑理论有效地融合具有不确定性和模糊性的信号。在这个过程中，模糊逻辑推理利用模糊集合和隶属度函数描述信号的模糊性，允许对信号的不确定性进行更灵活的建模。通过模糊逻辑运算规则，如模糊与、模糊或，对来自不同传感器的模糊信号进行操作和组合，产生综合的模糊输出。这种方法特别适用于环境变化大、信息不完整或存在噪声的情境下，能够提高系统对复杂场景的感知和决策能力。然而，精心设计的模糊规则和隶属度函数对于确保融合结果的准确性和合理性至关重要。通过信号融合的模糊逻辑推理，系统能够更鲁棒地处理多源信息，从而为各种应用场景提供更全面、可靠的决策支持。神经网络具有很强的容错性以及自学习、自组织及自适应能力，能够模拟复杂的非线性映射。神经网络的这些特性和强大的非线性处理能力，恰好满足多传感器数据融合技术处理的要求。在多传感器系统中，各信息源所提供的环境信息都具有一定程度的不确定性，对这些不确定信息的融合过程实际上是一个不确定性推理过程。神经网络根据当前系统所接受的样本相似性确定分类标准，这种确定方法主要表现在网络的权值分布上，同时可以采用学习算法来获取知识，得到不确定性推理机制。利用神经网络的信号处理能力和自动推理功能，即实现了多传感器数据融合。

4. 应用领域

多传感器数据融合作为一种智能化的数据处理技术，通过整合军事、工业监控、智能检测、机器人、图像分析、目标检测与跟踪、自动目标识别等领域的多源信息，显著提升了系统性能。在军事领域，多传感器融合不仅提供了高精度的目标检测与跟踪，还增强了军事作战的实时决策能力。在工业监控中，传感器网络、视觉传感器和力传感器的融合使得工厂生产过程更为智能化，实现了对生产状态的实时监测和调控。同时，多传感器信息的融合为智能检测、机器人和图像分析等领域带来了革命性的变革，使得系统对于环境的感知和理解能力大幅提升。多传感器信息融合的广泛应用为各行业带来了更高效、更智能的解决方案，推动了现代科技的发展。

（1）工业自动化和机器人技术　在工业自动化和机器人技术领域，多传感器信息融合发挥着关键作用。通过整合传感器网络、视觉传感器和力传感器等多源数据，系统能够实现对生产过程的全面监测和控制。这种融合提高了工厂自动化水平，支持智能制造。视觉传感器能够进行产品质量检测和目标识别，传感器网络可实时监测设备状态，力传感器则能够提供实时的力学信息。这样的多传感器协同工作，不仅增加了生产线的灵活性，提高了生产效率，还使得机器人在协作和感知方面更为智能。总体而言，多传感器信息融合在工业自动化和机器人技术中为提高生产质量、降低成本、增强制造灵活性提供了关键支持，推动了工业智能化的发展。

（2）自动驾驶　在自动驾驶领域，多传感器信息融合是关键技术之一。通过整合激光雷达、摄像头、毫米波雷达和 GPS 等传感器数据，系统实现了全方位的环境感知，能够高效检测障碍物、行人及其他车辆。这使得自动驾驶车辆在复杂交通状况下更安全、可靠。融合多源信息还提供了更全面的场景理解，支持智能决策和高精度的路径规划，推动了自动驾驶技术的不断创新，为未来智能出行提供了更高水平的自主性和安全性。

（3）智能交通管理系统　多传感器信息融合在智能交通系统中发挥关键作用，通过整合摄像头、毫米波雷达、激光雷达和 GPS 等多源数据，实现了全面的交通监测和管理。这使得系统能够准确检测车辆流量、实时监控交通状况，并通过智能信号灯和导航系统提供最优路径规划，以提高道路安全性和交通效率。通过融合多种传感器信息，智能交通系统能够更精准地应对复杂的交通情境，为城市交通管理带来创新解决方案，改善出行体验并推动城市可持续发展。

（4）智能家居与物联网　在智能家居与物联网领域，通过整合各类传感器如温度传感器、湿度传感器、运动传感器和门窗磁感应器等，能够系统实现对家庭环境的全面监测。这种融合不仅支持家居设备的自动化控制，如智能照明、智能安防系统和智能温控，还提供了对用户行为的精准感知，从而为个性化的智能服务创造了条件。通过物联网连接，用户可以通过智能手机或语音助手实现对家居设备的远程监控，提高了生活的便捷性和安全性。多传感器信息的综合应用不仅使得智能家居更加智能、智能化水平更高，同时也为未来物联网生态系统的发展奠定了基础，将智能家居嵌入到更广泛的智能城市网络中。

本章小结

离散型制造智能工厂关键装备的综合探讨揭示了制造业智能化发展的关键路径和未来发展方向。通过对智能制造装备、工业机器人以及智能感知仪器与装备的介绍和分析，可以深刻认识到数字化技术在提升生产效率、质量管理和生产灵活性方面的重要作用。

展望未来，随着人工智能、物联网、大数据等技术的不断发展和应用，离散型制造智能工厂将迎来更加智能化、柔性化的生产模式。智能制造装备和工业机器人将更加智能化和自主化，实现更精准、高效的生产操作。同时，智能感知仪器和数据整合技术将进一步完善，实现对生产过程的全面监控和管理，为企业决策提供更多数据支持。

思考题

1. 列举智能切削加工装备的主要分类，并简要介绍每种分类的特点。
2. 列举并简要描述三种增材制造装备的主要分类及其特点。
3. 描述增材制造技术的基本原理。
4. 相较于传统金属成形装备，智能金属成形装备具有哪些特征?
5. 工业机器人有哪些基本参数?
6. 工业机器人的主要应用场景有哪些?

参考文献

[1] 张晨阳，唐清春，周乐安，等. 基于五轴平台的枞树型轮槽铣刀加工工艺分析［J］. 工具技术，2024，58（1）：74-81.

[2] 刘献礼，刘强，岳彩旭，等. 切削过程中的智能技术［J］. 机械工程学报，2018，54（16）：45-61.

[3] TIAN X Y，WU L L，GU D D，et al. Roadmap for additive manufacturing：toward intellectualization and industrialization［J］. Chinese Journal of Mechanical Engineering（Additive Manufacturing Frontiers），2022，1（1）：39-48.

[4] SINGH S，SINGH G，PRAKASH C，et al. Current status and future directions of fused filament fabrication［J］. Journal of Manufacturing Processes，2020，55：288-306.

[5] ZHANG F，LI Z A，XU M J，et al. A review of 3D printed porous ceramics［J］. Journal of the European Ceramic Society，2022，42（8）：3351-3373.

[6] AWASTHI P，BANERJEE S S. Fused deposition modeling of thermoplastic elastomeric materials：Challenges and opportunities［J］. Additive Manufacturing，2021，46：102177.

[7] SEFENE E M. State-of-the-art of selective laser melting process：a comprehensive review［J］. Journal of Manufacturing Systems，2022，63：250-274.

[8] OSAKADA K，MORI K，ALTAN T，et al. Mechanical servo press technology for metal forming［J］. CIRP Annals，2011，60（2）：651-672.

[9] HALICIOGLU R，CANAN DULGER L，TOLGA BOZDANA A. Modeling，design，and implementation of a servo press for metal-forming application［J］. The International Journal of Advanced Manufacturing Technology，2017，91（5/8）：2689-2700.

[10] OZTEMEL E，GURSEV S. Literature review of industry 4.0 and related technologies［J］. Journal of Intelligent Manufacturing，2020，31（1）：127-182.

[11] TAO F，QI Q L，LIU A，et al. Data-driven smart manufacturing［J］. Journal of Manufacturing Systems，2018，48：157-169.

[12] DAVIS J，EDGAR T，GRAYBILL R，et al. Smart manufacturing［J］. Annual Review of Chemical and Biomolecular Engineering，2015，6：141-160.

[13] HUANG Z W，ZHU J M，LEI J T，et al. Tool wear predicting based on multi-domain feature fusion by deep

convolutional neural network in milling operations [J]. Journal of Intelligent Manufacturing, 2020, 31 (4): 953-966.

[14] TONG X, LIU Q, PI S W, et al. Real-time machining data application and service based on IMT digital twin [J]. Journal of Intelligent Manufacturing, 2020, 31 (5): 1113-1132.

[15] 焦宗夏，吴帅，李洋，等. 液压元件及系统智能化发展现状及趋势思考 [J]. 机械工程学报，2023，59 (20)：357-384.

[16] 宋学官，来孝楠，何西旺，等. 重大装备形性一体化数字孪生关键技术 [J]. 机械工程学报，2022，58 (10)：298-325.

[17] 金晓航，王宇，ZHANG B. 工业大数据驱动的故障预测与健康管理 [J]. 计算机集成制造系统，2022，28 (5)：1314-1336.

[18] WEIDEMANN C, MANDISCHER N, KERKOM V F, et al. Literature review on recent trends and perspectives of collaborative robotics in work 4.0 [J]. Robotics, 2023, 12 (3): 84.

[19] SUÁREZ-RUIZ F, ZHOU X, PHAM Q C. Can robots assemble an IKEA chair? [J]. Science Robotics, 2018, 3 (17): eaat6385.

[20] DING D, SHEN C, PAN Z, et al. Towards an automated robotic arc-welding-based additive manufacturing system from CAD to finished part [J]. Computer-Aided Design, 2016, 73: 66-75.

[21] XIE F G, LIU X J, WU C, et al. A novel spray painting robotic device for the coating process in automotive industry [J]. Proceedings of the Institution of Mechanical Engineers, Part C: Journal of Mechanical Engineering Science, 2015, 229 (11): 2081-2093.

[22] 谢杨春. 基于 PLC 的工业机器人搬运系统现状研究 [J]. 内燃机与配件，2024 (1)：58-60.

[23] WALLÉN J. The history of the industrial robot [M]. Linköping: Linköping University Electronic Press, 2008.

[24] KARIM A, HITZER J, LECHLER A, et al. Analysis of the dynamic behavior of a six-axis industrial robot within the entire workspace in respect of machining tasks [C] //2017 IEEE International Conference on Advanced Intelligent Mechatronics (AIM). New York: IEEE, 2017: 670-675.

[25] 李星辰，杨国庆，王宪，等. 6 轴工业机器人工作空间快速求解 [J]. 机械科学与技术，2023，42 (8)：1213-1220.

[26] 张秋怡，吴清锋，胡伟健. 六自由度工业机器人工作空间的研究与分析 [J]. 机电工程技术，2021，50 (7)：63-67.

[27] 李光雷，崔亚辉. 工业机器人技术及应用 [M]. 北京：化学工业出版社，2019.

[28] 廉迎战，黄远飞. ABB 工业机器人基础操作与编程 [M]. 北京：机械工业出版社，2019.

[29] 王凯. 面向离散车间的设备智能感知与运维方法研究 [D]. 无锡：江南大学，2023.

[30] XUE H L, GAO W S, GAO J W, et al. Radiofrequency sensing systems based on emerging two-dimensional materials and devices [J]. International Journal of Extreme Manufacturing, 2023, 5 (3): 325-346.

[31] 刘仲会. 基于 FPGA 的制造车间关键数据自动采集方法 [J]. 制造业自动化，2021，43 (10)：83-85；90.

[32] 陶飞，张贺，戚庆林，等. 数字孪生模型构建理论及应用 [J]. 计算机集成制造系统，2021，27 (1)：1-15.

[33] TAO F, XIAO B, QI Q L, et al. Digital twin modeling [J]. Journal of Manufacturing Systems, 2022, 64: 372-389.

[34] VANDERHORN E, MAHADEVAN S. Digital twin: generalization, characterization and implementation [J]. Decision Support Systems, 2021, 145: 113524.1-113524.11.

[35] LI L H, LEI B B, MAO C L. Digital twin in smart manufacturing [J]. Journal of Industrial Information Integration, 2022, 26: 100289.

[36] 王闯，江平宇，杨小宝. 智能车间 RFID 标签有效识别及制造信息自动关联 [J]. 中国机械工程，2019，30 (2)：149-158.
[37] 陶飞，张辰源，刘蔚然，等. 数字工程及十个领域应用展望 [J]. 机械工程学报，2023，59 (13)：193-215.
[38] 陈启鹏. 面向数字孪生的自动化产线制造过程状态监测关键技术研究 [D]. 贵阳：贵州大学，2021.
[39] JIANG H F，QIN S F，FU J L，et al. How to model and implement connections between physical and virtual models for digital twin application [J]. Journal of Manufacturing Systems，2021，58：36-51.
[40] 郭斌，刘思聪，刘琰，等. 智能物联网：概念、体系架构与关键技术 [J]. 计算机学报，2023，46 (11)：2259-2278.
[41] 和征，李彦妮，杨小红. 制造企业工业物联网的发展与智能制造转型分析：基于三一重工的案例研究 [J]. 制造技术与机床，2022 (7)：69-74.
[42] 黄艳，黄蓉. 基于物联网技术的工业机械臂抓取位姿快速检测研究 [J]. 制造业自动化，2022，44 (9)：189-192；197.
[43] 张耿. 基于工业物联网的智能制造服务主动感知与分布式协同优化配置方法研究 [D]. 西安：西北工业大学，2018.
[44] MALIK P K，SHARMA R，SINGH R，et al. Industrial internet of things and its applications in industry 4. 0：state of the art [J]. Computer Communications，2021，166：125-139.
[45] JAVAID M，HALEEM A，SINGH R P，et al. Upgrading the manufacturing sector via applications of industrial internet of things (IIoT) [J]. Sensors International，2021，2：100129.
[46] QI Q S，XU Z Y，RANI P. Big data analytics challenges to implementing the intelligent industrial internet of things (IIoT) systems in sustainable manufacturing operations [J]. Technological Forecasting and Social Change，2023，190：122401.
[47] 许博玮，马志勇，李悦. 多传感器信息融合技术在环境感知中的研究进展及应用 [J]. 计算机测量与控制，2022，30 (9)：1-7；21.

第4章 离散型制造智能产线

章知识图谱

说课视频

生产线也称产线，是指产品生产过程所经历的工艺路线，按对象原则组织起来，完成产品工艺过程的一种生产组织模式。自1913年美国福特公司创始人亨利·福特（Henry Ford）创立起，生产线的发展历经了手工生产线、机械化生产线、自动化生产线和智能化生产线等阶段。随着21世纪10年代智能制造在全球各国的兴起，智能制造产线成为制造的核心环节，所有的智能制造规划都需要依靠智能产线落地实施。智能制造产线是离散型智能工厂运行的重要载体，是智能工厂建设的重要物理基础。相较于传统的自动化产线，智能化产线进一步融入了信息通信技术、人工智能技术，具备自感知、自学习、自决策、自执行、自适应等功能，从而具有制造柔性化、智能化和高度集成化等特点，适应单件大批量、多品种变批量、混线制造等模式。

智能化产线数字孪生建模、产线数字孪生仿真以及产线仿真与决策构成了离散型数字化制造领域中的关键技术。数字孪生建模通过将实际生产环境的数据和物理特征转化为数字化形式，为产线优化和决策提供了准确参考。数字孪生仿真通过模拟真实生产过程，为制造企业提供了低成本、低风险的环境，结合虚实数据对比，实现优化生产线能效的目标。最后，产线仿真与决策则将仿真结果与实际生产相结合，为决策者提供基于数据的智能化建议，从而提高生产效率、降低成本、优化资源利用。这些关键技术的综合应用将为制造业带来更高效、更灵活的生产方式，推动数字化制造的发展。

4.1 离散型制造工艺的数字孪生建模

离散型制造工艺建模是指将整个制造过程抽象为一个形式化模型，以便更好地理解、分析和优化制造系统。这种建模可以涉及物理过程、资源分配、任务调度、库存管理等方面。产线的支撑性是指为实现顺畅和高效生产所需要的各种支持和辅助资源、设施以及管理系统，产线的支撑性对生产效率、质量控制和资源利用的优化起着关键作用。它不仅直接影响产线的运作效率，还对企业整体竞争力和可持续发展产生深远的影响。

数字孪生是指通过将实体世界的物理系统与数字化的虚拟模型相结合，创建出实体系统的数字化副本，以实现实时监测、仿真模拟、预测分析等功能的技术。在制造业中，数字孪生技术通过将实际工厂的设备、产线、物流系统等数字化，构建出与实际生产环境相对应的虚拟模型。这个虚拟模型可以通过传感器实时采集的数据与实际生产环境同步更新，使得数字孪生系统可以准确地反映实际生产状态。

在智能化产线的数字孪生建模中，整体对象如人机料法环测等要素、设备逻辑关系、机构运动副等，是数字孪生准确建模的基础对象；依据离散工艺的产线运行仿真与虚实同步是产线数字孪生的关键技术支撑；基于虚实同步的产线运行仿真开展逻辑分析与智能决策是产线数字孪生的关键使能闭环。

4.1.1　智能化产线数字孪生建模

离散型制造工艺涵盖的人机料法环测等，是智能制造产线的基本组成要素。从数字孪生建模角度出发，对于产线的数字孪生建模包括基本组成要素建模、产线及设备 2D/3D 可视化、设备运动逻辑建模及具体运动仿真实现等。

1. 智能化产线的人机料法环测要素

（1）智能化产线人机料法环测的定义　智能产线的人机料法环测是指在产线上，通过人、机器、原材料和方法等要素之间的相互作用和影响，它包括了人员的参与、使用各种仪器和设备进行测量以及对材料进行测试的过程。这种方法可以帮助企业实时了解产线的运行情况，及时发现问题并采取相应的措施，以确保产线的高效运转和产品质量的稳定性。产线上的人机料法环测如图 4-1 所示。

人（man）：指在产线上从事操作、监控、管理等工作的人员。

机器（machine）：指产线上的各种设备、机械和工具。

物料（material）：指产过程中所使用的原材料、零部件、半成品和成品等。

方法（method）：指生产过程中采用的工艺流程、操作规程、生产计划等。

环境（environment）：指产线所处的物理环境和工作环境。

测量（measurement）：指对生产过程中各项参数和指标的实时监测和测量。

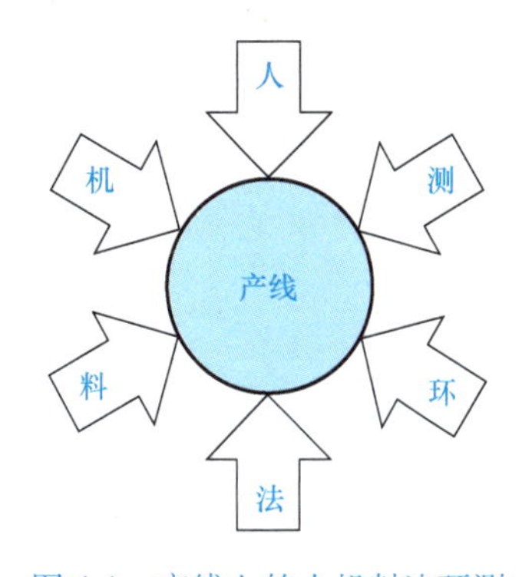

图 4-1　产线上的人机料法环测

人机料法环测是一个相互联系、相互影响的系统，只有通过对各个要素之间关系的深入理解和有效管理，才能实现生产过程的优化和提升。因此，在工业生产中应注重人机料法环测之间的关系，全面考虑各个要素的影响，以实现生产效率和产品质量的提升。

（2）产线层次分类　从产线的实际组织运行以及数字孪生建模与仿真角度出发，产线的组成可以划分为不同的层次，通常包括构件层、设备层、工件层、工艺层等，如图 4-2 所示。每个层次都有其特定的作用和分类依据，有助于对产线进行更细致的管理和优化。

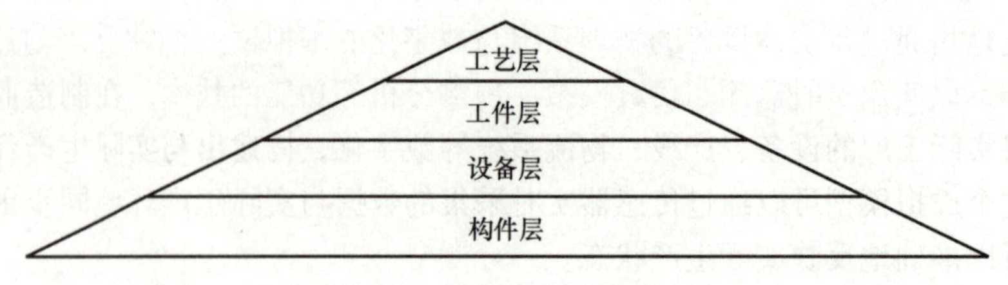

图 4-2　产线层次

构件层是指产线中的各个组成部分或零部件，其作用是构成整个产线系统，保证产线的正常运行。设备层是指产线中的各种设备和机器，其作用是实现生产过程中的各项操作和加工。工件层是指在产线上进行加工和处理的产品或零部件，其作用是完成生产过程中的各项加工和组装任务。工艺层是指产线中的生产工艺和流程，其作用是指导和规范生产过程中的各项操作和步骤。

总体而言，产线层次分类可以帮助企业更清晰地了解产线的结构和运行方式，有助于对产线进行有效的管理和优化。通过对构件层、设备层、工件层、工艺层等不同层次的细致分析和调整，企业可以实现生产过程的高效运转和产品质量的稳定提升。

2. 智能化产线的 2D/3D 可视化

2D/3D 可视化技术指的是利用计算机图形学和图像处理技术，将数据转换成二维或三维图形或图像在屏幕上显示出来，并进行交互处理的理论、方法和技术。2D/3D 可视化是产线数字孪生运行可视化以及融合 VR/AR 使能的基础性支撑技术。

（1）2D 可视化技术——矢量图形、栅格图像技术　矢量图形是一种基于数学公式计算的图形表示方式，它不受分辨率影响，能够无限放大或缩小而不失真。如图 4-3 所示，矢量图放大 8 倍后依然非常清晰，而位图放大 8 倍后却明显有了锯齿感。

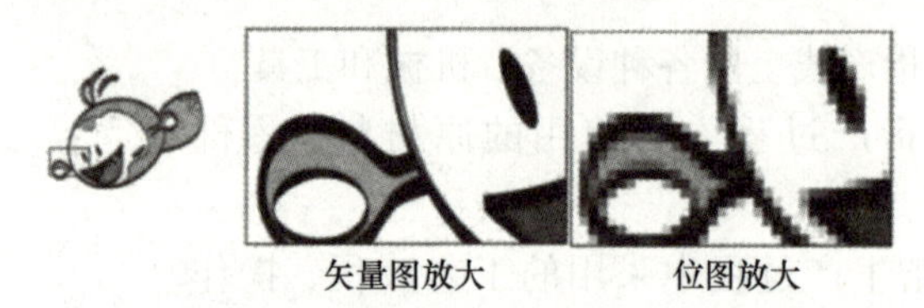

图 4-3　矢量图形和位图放大 8 倍的效果

栅格图像技术是一种将图像表示为由像素组成的二维数组的方法。与矢量图形相比，栅格图像更适合用于表现复杂的场景和细节丰富的图像，但在放大和编辑时可能会受到限制。

（2）3D 可视化技术——三维虚拟场景建模和渲染、虚拟现实（VR）和增强现实（AR）　三维虚拟场景建模，通常称为虚拟现实建模，是指在虚拟的数字空间中创建模拟现实世界中的物体和环境的过程。三维场景建模及模型渲染车间如图 4-4 所示。

图 4-4　三维场景建模及模型渲染车间

虚拟现实技术是一种可以创建和体验虚拟世界的计算机仿真系统的技术。它利用计算机生成一种模拟环境，利用多源信息融合的交互式三维动态视景和实体行为的系统仿真使用户沉浸到该环境中。

增强现实技术是一项在虚拟现实基础上发展起来的新技术，是基于计算机的显示与交互、网络的跟踪与定位等技术，将计算机形成的虚拟信息叠加至现实中的真实场景，以对现实世界进行补充。增强现实的三大特点，即虚实结合、实时交互和三维配准。

3. 设备的逻辑关系建模

产线作为制造设备的集合，其运行本质是离散型制造工艺的映射。因此，对于产线设备之间的逻辑准确建模是确保离散型制造工艺正确实施的基础，也是产线数字孪生模型运行的内嵌逻辑。

（1）设备的逻辑关系　设备的逻辑关系是指在一个系统或生产线中，各个设备之间通过数据、控制信号或其他方式进行交互和协作的关系。这种逻辑关系可以是设备之间的数据交换和通信、控制关系、同步和协调、错误处理和故障恢复等多种形式。

（2）设备的逻辑关系建模　设备的逻辑关系建模是指通过建立模型来描述和分析设备之间的交互和协作关系，以便更好地理解和优化设备之间的逻辑关系。

（3）设备的逻辑关系建模相关技术　主要包括 Petri 网、流程图、UML、状态机模型、系统动力学模型、时序图等。

1）Petri 网。Petri 网是一种数学工具，用于描述并发系统的行为。在设备逻辑关系建模中，Petri 网可以帮助建模设备之间的并发操作和状态转换，清晰地展示系统的工作流程和逻辑关系。

2）流程图。流程图是一种图形化表示工作流程和操作步骤的工具。

3）UML（统一建模语言）。UML 是一种通用的建模语言，用于描述系统结构和行为。在设备逻辑关系建模中，可以使用 UML 来绘制类图、时序图、状态图等。

4）状态机模型。状态机模型用于描述系统的状态和状态之间的转换。在设备逻辑关系建模中，状态机模型可以帮助建模设备的工作状态和状态转换条件。

5）系统动力学模型。系统动力学是一种系统分析方法，用于研究系统的动态行为和反馈机制。

6）时序图。时序图是一种描述对象之间交互顺序和时序关系的图形表示。在设备逻辑关系建模中，时序图可以用来展示设备之间的消息传递顺序和时序关系。

综上所述，设备之间的逻辑关系是确保生产线依据离散型制造工艺进行正常运行和高效生产的关键。通过合理设计和管理设备之间的逻辑关系，可以提高生产效率、降低故障率，实现产线的稳定运行和持续发展。因此，产线建设和设备配置时，需要充分考虑设备之间的逻辑关系，确保设备之间的协作和配合达到最佳状态。

4. 运动副的建模及功能组态绑定

机械中的构件既保持相互接触又能产生确定相对运动的可动连接称为运动副。运动副是机构中两个或多个构件之间的相对运动的约束，它是通过连接两个或多个构件的接触表面实现的。根据接触的方式运动副可以分为低副、高副、球面副、螺旋副等。

运动副是产线设备执行动作的基础要素，是产线数字孪生模型仿真与驱动的直接作用对象。运动副的建模和功能组态绑定涉及对运动副的结构、运动学、动力学等方面进行详细的分析和描述，并将其与系统功能进行有效的集成。一般分为运动副的建模和功能组态绑定两个方面。

运动副的建模如图 4-5 所示。

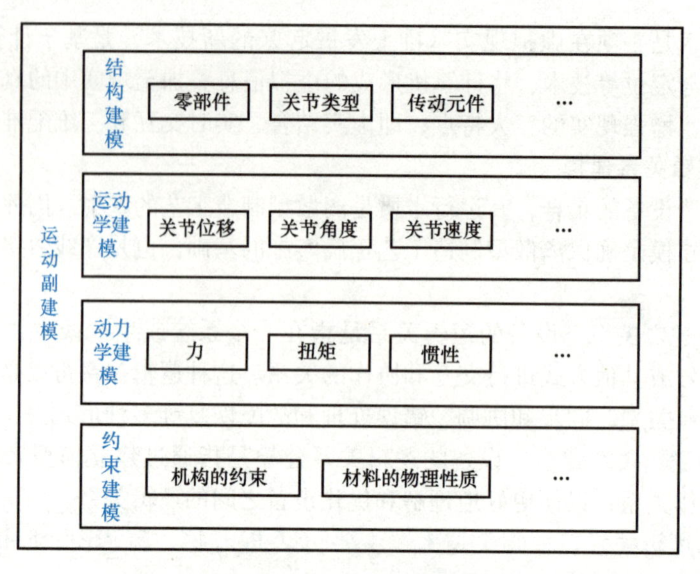

图 4-5　运动副的建模

（1）结构建模　确定运动副的结构，包括连接的零部件、关节类型、传动元件等。这可以通过使用计算机辅助设计（CAD）软件进行三维建模来实现。

（2）运动学建模　确定运动副中各个零部件之间的运动关系，包括关节角度、关节位移、关节速度和加速度等参数。运动学模型可以通过数学建模或使用多体动力学软件完成。

（3）动力学建模　分析运动副中的力、扭矩、惯性等动力学参数。这对确定系统在外部力或扭矩作用下的响应至关重要。动力学模型的建立通常包括使用牛顿-欧拉方程等方法。

（4）约束建模　考虑运动副中的约束条件，包括机构的约束、材料的物理性质等。这有助于更真实地反映系统行为。

运动副的功能组态绑定是一种工程实践，旨在将运动副的各种功能与控制系统和其他相关系统紧密集成，以实现高效、精确和智能的运动控制和自动化操作。具体来说，功能组态绑定的核心目的包括以下五个方面：

（1）实现运动控制　将运动副的运动控制功能与控制系统相连接，以便实现对运动副的精确控制。这可以通过控制系统中的软件算法和硬件接口来实现，使得运动副可以按照预先设定的路径和速度进行运动。

（2）集成传感器数据　将运动副上的各种传感器与控制系统相连接，以获取实时的运动状态和环境信息。通过对传感器数据的融合和处理，可以实现对运动副运动状态的实时监测、反馈和调节，从而提高运动控制的精度和稳定性。

（3）用户界面交互　设计和集成用户界面，使得操作者可以方便地监测和控制运动副的运动。

（4）实现自动化功能　通过与其他系统的集成，实现对运动副运动模式、参数等的自动调整和优化。例如，通过与工艺流程控制系统或者逻辑控制系统的集成，使得运动副可以根据生产流程或者逻辑规则自动调整运动方式，实现自动化生产和智能化操作。

（5）简化系统集成　通过优化各个系统之间的接口和通信方式，简化系统集成的过程，降低集成的成本和风险。

4.1.2　产线数字孪生仿真关键技术

立足于生成规划，产线仿真利用虚拟仿真技术对产线的布局、工艺路径、物流等进行预规划。从实际的物理生产过程来看，产线仿真是实现虚拟产线和预测产能的重要决策依据。数字孪生产线仿真则是将实际产线的物理过程和系统数字化建模，并结合实时数据采集、仿真技术以及数据分析方法，以模拟、预测和优化产线的运行。产线的数字孪生仿真重点包括产线的离散事件仿真、面向数字孪生虚实同步的仿真机制与实现等。

1. 离散事件仿真

离散事件仿真（DES）和数字孪生（digital twin）是两种不同但相关的概念，它们在某些方面可以相互补充。其共同的目标是对实际系统进行建模、分析和优化，以实现系统的监测、诊断、预测和优化。数字孪生通常使用传感器数据和实时监测来反映实际系统的状态和行为，而 DES 可以利用这些数据来校准和优化仿真模型，从而提高仿真结果的准确性和可信度。离散事件系统是指状态在离散的时间点由于事件的驱动而产生突变，在离散的时间点间状态保持不变的系统。构成离散事件系统的基本要素如下：

（1）实体　实体指构成系统的各种成分，如设备、缓冲区、AGV、工件、仓库等。

（2）属性　属性指实体的某些性质，实体的状态可以由属性的集合来表示。

（3）状态　状态指在某一时刻，离散事件系统中所有实体属性的集合。

（4）事件　事件指会引起系统状态发生变化的行为。

（5）活动　活动指实体在相邻两个事件中保持某一状态的持续过程。

（6）进程　进程由与某类实体相关的事件和若干活动组成。

离散事件系统各要素之间的关系如图 4-6 所示：

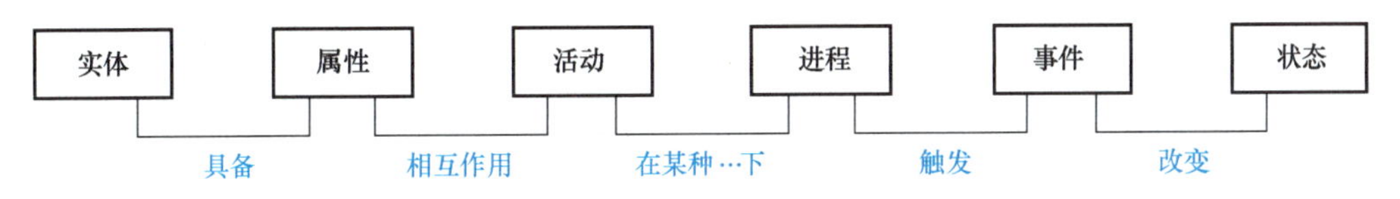

图 4-6　离散事件系统各要素之间的关系

离散事件系统中事件的发生具有很强的随机性，因此难以用数学方程等数学模型对系统进行描述，而通过离散事件仿真可以有效解决这个问题。离散事件仿真即针对离散事件系统进行的仿真过程，与通过数学推理建立的精确解析模型不同，离散事件仿真通过计算机程序，利用数值方法来对系统中状态的变化进行分析。基于计算机程序，可以设置一系列的随机数来模拟一些随机事件的发生，并通过给定不同的数据分布来控制事件发生的频率，再对计算机程序的运行结果进行收集并统计，从而分析得到仿真模型对应的实际系统的性能。

离散事件仿真的步骤如图 4-7 所示。

离散事件系统建模的方法种类繁多，如利用 Petri 网进行离散事件系统建模，利用有限状态机（FSM）、排队论模型等方法进行系统模型搭建。

Petri 网是一种用于描述并发系统的数学工具，也可以用于建模和分析离散事件系统。利用 Petri 网完成离散事件系统建模的一般方法如下：

（1）确定系统的组成部分　确定离散事件系统中的各个组成部分，包括状态、事件、

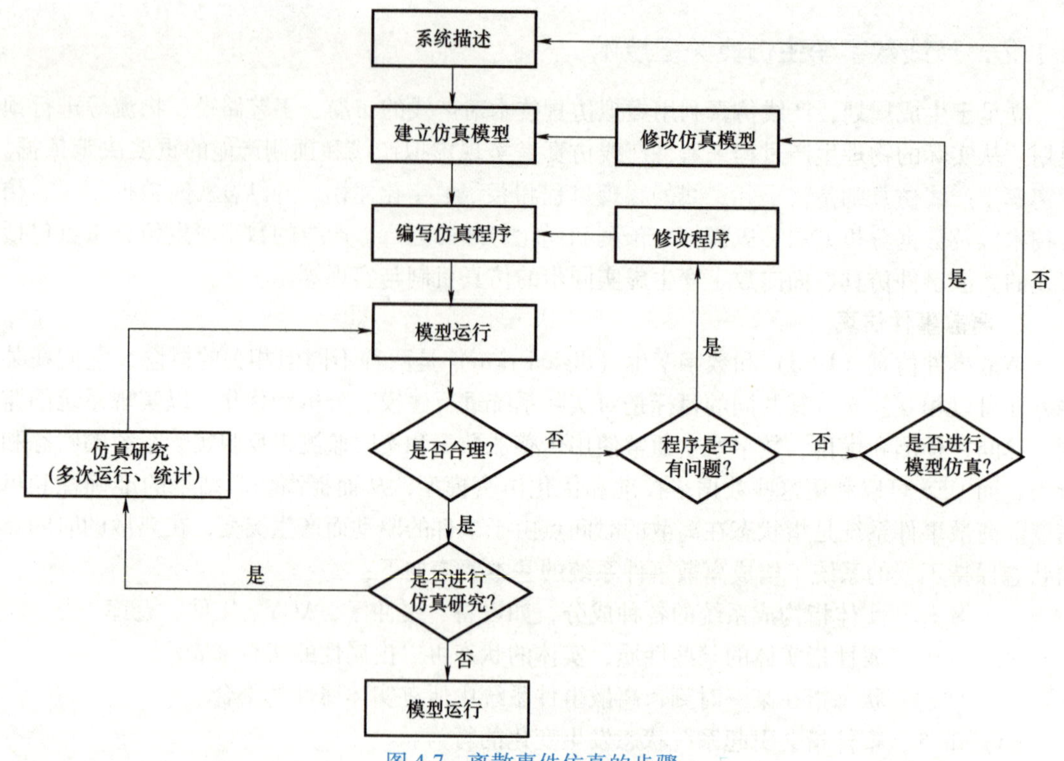

图 4-7　离散事件仿真的步骤

资源等。这些组成部分可以是生产线上的设备、任务、工件等。

（2）标识系统的状态　使用 Petri 网的节点来表示系统可能处于的不同状态，如设备的运行状态、工件的位置等。

（3）定义系统的事件　使用 Petri 网的变迁（transition）来表示系统中可能发生的事件或行为，如任务的开始、结束、设备的故障等。

（4）建立状态转移关系　使用 Petri 网的有向边来描述状态和事件之间的转移关系。

（5）标识资源和约束　使用 Petri 网的权重或标记来表示系统中的资源和约束条件。

（6）模拟系统行为　使用 Petri 网模拟系统的行为，通过使变迁发生来模拟事件的发生，观察系统状态的变化。

（7）分析系统性能　利用 Petri 网工具或方法，对系统的性能进行分析和评估。可以通过模拟仿真来评估系统的吞吐量、延迟、资源利用率等指标。

有限状态机（FSM）是一种用于描述系统行为的数学模型，特别适用于离散事件仿真。系统在任何给定时间点都处于某个状态，状态可以表示系统的某种特定配置或条件。在有限状态机中，事件是导致系统状态转换的触发器。这些事件可以是外部输入、内部条件的变化、定时器到期等。当事件发生时，系统根据定义的状态转移规则转移到下一个状态。这些规则描述了状态之间的关系，包括哪些事件导致状态转换以及转换的条件。通常情况下，仿真开始时系统处于某个预定义的初始状态。状态转移图以图形的方式显示系统的状态以及状态之间的转换关系。每个状态用节点表示，状态转移用有向边表示。这种图形化表示方式使得系统的行为和状态转换规则更直观可见。仿真过程模拟系统的行为，根据事件的发生和状态转移规则，逐步推进系统的状态转换。在仿真过程中，记录系统状态的变化、事件的发生以及其他关键信息。通过分析仿真结果，评估系统的性能、行为和其他关键指标。这可以帮助识别系统中潜在的问题、优化系统设计，或者进行其他改进。

排队论模型在离散事件仿真中的运用涉及将排队论的理论转化为实践步骤。这包括确定顾客到达时间、服务时间、队列长度等模型参数，并将其用于仿真。首先，需要确定到达过程和服务过程的模型参数，如顾客到达时间间隔的分布和服务时间的分布。然后，初始化仿真系统状态，包括设置仿真开始时间和将队列初始化为空及服务器空闲。仿真过程中，根据到达过程模型生成顾客到达事件，并模拟顾客到达时的事件。如果队列为空且服务器空闲，则顾客立即进入服务；否则，顾客进入队列等待服务。当服务器完成当前服务后，根据排队规则选择下一个顾客进行服务。根据服务过程模型确定服务时间，并模拟服务过程。重复以上步骤，直到仿真结束。最后，使用收集到的数据评估系统的性能指标，如平均等待时间、系统繁忙率、顾客满意度等。这种方法将排队论模型与离散事件仿真相结合，能更准确地模拟实际系统，并提供更深入的性能分析。

2. 面向数字孪生虚实同步的仿真机制与实现

数字孪生技术属于一种智能化的制造技术。通过建立与物理实体相同且等价的数字虚拟化模型，利用智能化技术将实体和与之对应的数字虚拟化模型进行交互响应、数据的统一分析、迭代优化分类决策等处理，以此来加强或扩展实体物件或结构的新性能口。该技术凭借高维度、高严谨性、交互性以及高效性在工业生产中的应用得到了重视。数字孪生技术包括对测量感知技术、通信网络技术及人工智能技术的应用。通过技术的交互应用，实现数字孪生虚拟模型的工业化表达，促进工业生产领域的数字化转型。

实现数字孪生虚实同步的技术包括传感器技术、物联网（IoT）技术、数据采集与处理技术等。

（1）传感器技术　数字孪生传感器技术是一种结合数字孪生和传感器技术的创新应用，是通过感知物理量或化学量，并将其转换为电信号的技术。一般来说，传感器由敏感元件与转换元件两部分组成。传感器的组成框图如图 4-8 所示。

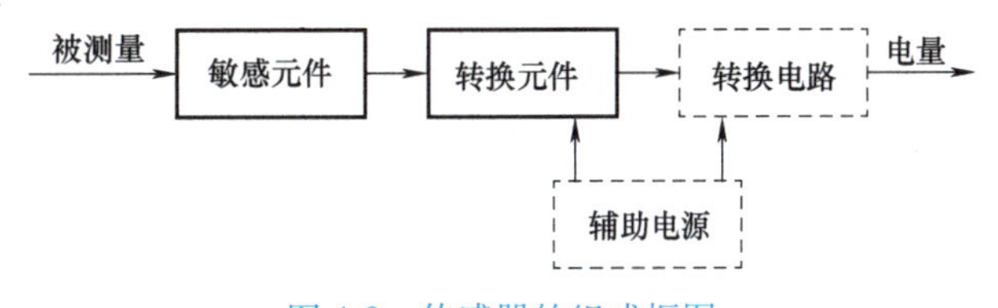

图 4-8　传感器的组成框图

（2）物联网（IoT）技术　无线射频识别（RFID）技术在数字孪生与物联网（IoT）技术结合中发挥了核心作用，为现代工业和日常生活带来了巨大变革。通过无线通信，RFID 实现了对物体的自动化识别和跟踪，为物理实体与其数字副本之间的实时数据同步提供了有效手段。这种技术特别适用于智能制造中的生产线跟踪、零售和物流的库存管理，以及智慧城市和健康医疗领域的设施监测，通过收集的数据更新数字孪生模型，确保模型精准反映物理状态。RFID 不仅提高了生产效率、优化了供应链管理，还增强了物流透明度和公共设施的运维效率，将物理世界与数字世界紧密连接，为多个行业带来了效率提升和管理优化的新机遇。图 4-9 为典型物联网结构框图。

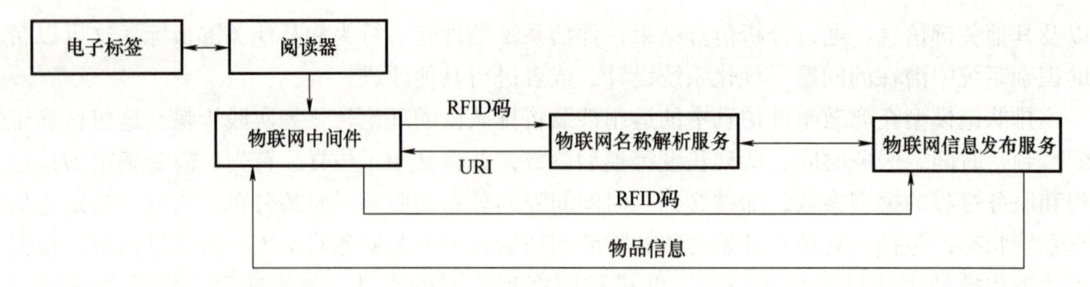

图 4-9　典型物联网结构框图

数字孪生物联网技术的关键特点和应用如下：

1）数字孪生模型与物联网设备融合。数字孪生模型通过物联网设备，可以实时地获取物体状态数据，并将这些数据反馈到数字孪生模型中。

2）实时监测与反馈。通过物联网设备采集的数据可以即时传输到数字孪生模型中，实现对物体或系统的实时监测。

3）预测性维护。数字孪生模型结合物联网数据，可以进行预测性分析，提前预测设备或系统的可能故障，并制订维护计划，以减少停机时间，降低维护成本。

4）智能决策支持。结合数字孪生和物联网的数据，可以建立智能决策支持系统，帮助用户做出更明智的决策。

5）虚拟仿真测试。数字孪生模型可以用于虚拟仿真测试，以评估不同的物联网方案、设备配置或系统设计。

6）资源优化。通过实时数据和数字孪生模型的分析，可以实现对资源的更有效利用。

7）安全性与隐私保护。数字孪生物联网技术也需要考虑安全性和隐私问题。

（3）数据采集与处理技术　数字孪生虚实同步数据采集与处理技术集成了传感器监测、物联网设备、高效通信网络、数据预处理与高级分析，以及边缘计算和数字孪生平台，确保了虚拟模型与物理实体之间的实时、准确同步。这一技术体系不仅为数字孪生模型提供了实时数据支持，促进了模型的持续更新和优化，还加强了对物理实体状态的监测与预测，大大提高了运营管理的精度和效率，为各行各业的智能化转型和决策优化开辟了新路径。

3. 模型的更新

模型的更新是指根据实时采集到的数据和信息，通过一系列算法和技术手段，对数字孪生模型的状态、参数或结构进行调整和更新的过程。数字孪生模型的更新是一个综合且持续的过程，它依赖精确地理解和应用各类更新、层级和对象。从静态更新的物理实体基本属性变化，如几何形状和材料特性，到动态更新中实时变化的运行状态，如速度和温度，每一类更新都需要不同的技术支持。更新涉及数据层的原始数据收集、模型层的参数调整以及应用层的服务优化，覆盖了从单一组件到整个系统乃至整个过程的不同对象。实现这些更新的技术手段包括传感器和物联网（IoT）技术的实时数据采集、边缘计算和云计算的数据处理优化，以及机器学习和人工智能技术的模式识别和预测分析。此外，集成开发环境和数字孪生平台的支持是跨层级和对象更新管理与协调的关键。这个多维度的更新过程确保了数字孪生模型能够准确反映物理实体的最新状态，支持组织有效地规划和实施其数字孪生策略，推动智能决策和操作优化。

4.1.3　产线仿真与决策

基于数字孪生模型开展产线仿真，不仅能够实现基于离散型制造工艺驱动的产线运行状态分析，诸如工序节拍、工序能力等，还可进一步从评估分析角度支持产线的设计与布局优化等。在融入实现产线运行状态反馈后，通过对产线数字孪生模型进行虚实同步，以仿真视角对产线后续运行各种潜在故障模式如资源不足、工序能力瓶颈、工艺质量波动及设备故障等进行预测，进而及时做出决策与调控。面向产线数字孪生的仿真与决策，可形成诸如预测性仿真、故障模拟仿真、孪生数据驱动仿真及新技术集成的验证性仿真等。

1. 预测性仿真

（1）产能规划预测性仿真　产线仿真能在生产实际开始之前，建立仿真模型，模拟不同的生产场景，结合生产过程中的各种变量，包括不同的市场需求、设备故障、维护计划等，能够更准确地了解产线在不同条件下的产能。

当产线出现意外的异常波动时，在产线数据采集体系、制造执行系统与仿真系统集成的基础上，可以通过仿真模拟对出现的异常进行分析评估，判断其对产线未来生产运行的影响程度并决定是否需要进行干预处理。图 4-10 所示为产线异常波动处理流程。

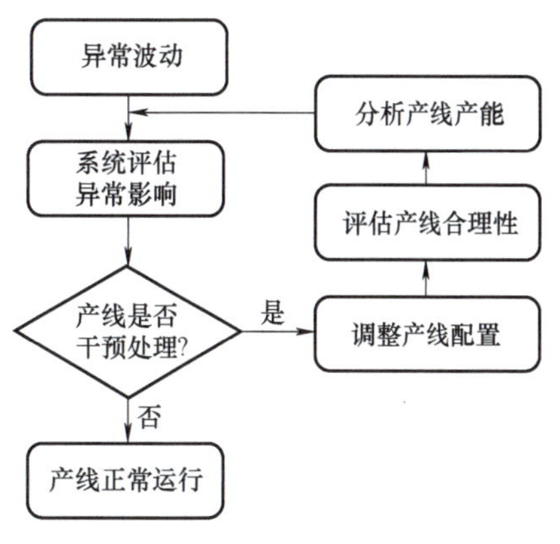

图 4-10　产线异常波动处理流程

（2）设备维护规划预测性仿真　通过模拟设备的运行情况、故障率以及维护计划，并结合历史数据和实时监测信息，可以预测未来设备维护的需求，从而优化维护计划，确保设备的可靠性和稳定性。通过分析这些数据，可以制订更加精确和高效的维护计划，避免因突发故障导致的生产中断和损失。产线仿真对设备维护的精确预测和优化规划，确保了生产线的稳定运行。

（3）新工艺和技术的引入预测性仿真　当产线配置需要根据情况进行调整时，调整后的配置方案的合理性以及重新配置后的产线都处于不确定的状态，这对后续产线的运行和生产计划的制订都存在不利的影响，在这种情况下，就需要借助仿真平台对调整后的产线方案进行模拟和分析，模拟新工艺或技术的运作方式，并观察其对产线各个方面的影响，包括生产效率、产量、质量、能耗等。可在实际投入使用之前评估其潜在效果，帮助识别新工艺或技术引入可能带来的风险和挑战，确保调整方案的合理性，规避可能会出现的设备兼容性问题等。产线仿真通过模拟新技术的运行效果和可能的成本节约，可以更准确地评估其对产线的经济效益。

2. 故障模拟仿真

（1）针对设备可靠性分析的故障模拟仿真　对产线设备进行分析，识别可能发生的设备故障，包括设备部件的磨损、电子元件故障、传感器失灵等。同时收集获取历史设备的故障数据，包括故障发生的频率、维修时间、维修成本等，用于确定故障的概率和维修所需的时间。基于概率的模型，考虑不同故障类型和发生的概率，根据识别的故障模式，建立故障模型。在建立的设备仿真模型中引入故障模型，模拟设备的运行过程，考虑故障发生情形和对产线性能的影响。通过仿真结果评估设备的可靠性，包括平均无故障时间（MTBF）、平均维修时间（MTTR）、系统可用性等。

（2）针对工艺问题的故障模拟仿真　收集过去工艺问题导致的生产线故障的历史数据，包括问题类型、发生频率、影响范围等。基于收集到的数据，建立工艺问题的模型。建立如概率模型、基于物理原理的模型或基于经验的模型等仿真模型。在仿真模型中引入工艺问题，模拟工艺问题发生的情况和影响范围，观察工艺问题对生产线的影响，包括问题发生的概率、影响程度、生产效率、产品质量、资源利用率等方面。分析仿真结果，评估不同工艺问题情况对生产线的影响，并识别潜在的改进措施。根据评估结果提出改进策略，包括优化工艺路线、改进工艺参数控制、优化资源调度等。

（3）针对备件库存的故障模拟仿真　产线仿真可以评估备件库存不足或其他故障对生产线可靠性和效率的影响。通过模拟各种故障场景，能够更全面地了解潜在的风险来源，从而有针对性地制定风险管理策略，产线的仿真所构建的仿真模型，包括生产线的各个组成部分、备件库存管理系统、供应链环节等。该模型会反映实际产线的运作情况，包括备件库存的数量、类型、存放位置、订购流程、供应商信息等。然后模拟确定不同的故障场景，如备件库存不足、备件质量问题、供应延迟等。每个故障场景都有清晰的定义和触发条件，设定模型中的各种参数，如备件的订购周期、库存水平、备件使用频率、产线的生产能力和需求情况等。根据设定的故障场景和参数，向模型中注入相应的故障，模拟备件库存不足或其他故障对产线的影响。运行模型进行仿真，观察模拟产线在不同故障情况下的表现，包括产线停机时间、产量损失、生产效率下降等指标。再对仿真结果进行分析，评估不同故障场景对产线的影响程度，识别主要风险点和潜在问题。最后根据分析结果，制定相应的优化方案和改进措施，包括优化备件库存管理策略、改进供应链管理、提高备件质量、建立应急响应机制等。

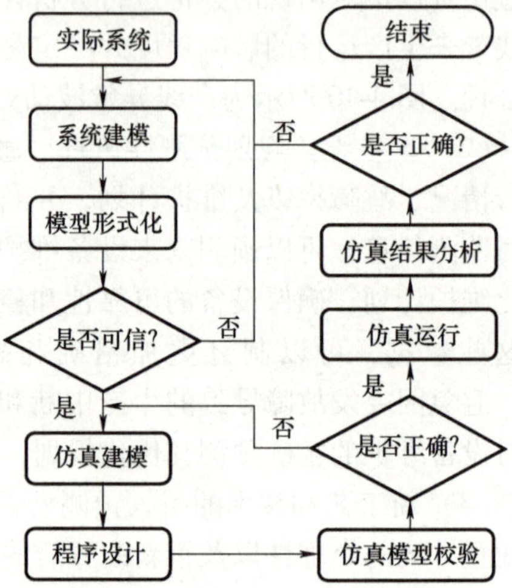

图 4-11 所示为系统仿真的一般步骤。

图 4-11　系统仿真的一般步骤

3. 孪生数据驱动仿真

（1）数字孪生数据来源　对于产线的仿真系统，运行的关键所在便是数据的驱动。系统采集的数据应该满足数字孪生产线的数据处理的相关需求，保证系统功能的完整性和及时性。所以为了保证系统功能的及时性和完整性，总结了系统所需的所有数据的来源并进行分类。其中，数据来源主要包括数控设备、生产物料、辅助设备以及其他数据，如图 4-12 所示。

1）数控设备数据包括机床的基本信息、运行状态信息和报警信息等。机床的基本信息包括车间机床的厂家名称、型号、设备参数等。运行状态信息包括设备运行中的主轴倍率和进给倍率、主轴转速、进给速度、加工零件个数等。报警信息包括故障的机床编号、故障种类、发生次数、发生率信息等。

2）生产物料数据和仓库库存数据。生产物料数据包含产品的属性、原料种类、数量等。仓库库存数据包含产品入库、出库的数量、存储的数量等。

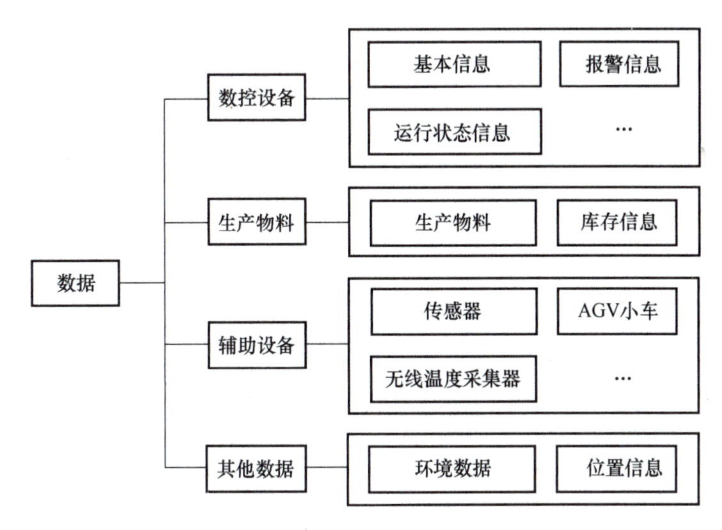

图 4-12　数据来源

3）辅助设备数据主要包含机械臂、AGV 小车、无线温度采集器、物联集中器、传感器等系统相关的辅助设备产生的数据，包括辅助设备的基本信息、技术参数等。

4）其他数据主要包括环境数据和位置信息。环境数据包含车间产线的温度、湿度以及日期，位置信息是设备在车间中的坐标。

（2）数字孪生数据驱动的仿真　数据驱动的产线仿真是利用实时数据和先进的仿真技术来模拟和优化制造产线的运作。这种方法结合了传感器、物联网、大数据分析和仿真技术，以更精确、实时地模拟和分析生产过程，从而帮助企业做出更明智的决策，提高生产效率和质量。

数字孪生仿真技术不同于传统的仿真技术，传统仿真是离散的、虚拟的，是不需要结合实际物理实体的仿真手段，是离线仿真。而数字孪生仿真技术是通过数据传输通道将物理世界与数字世界连接，通过实体设备的数据驱动仿真环境中的孪生设备进行同步运行仿真，是在线仿真。通过在线仿真，能够实时获取产线运行的各类状态数据、动作数据，在仿真环境中，对加工装备、产品物料、工序流程进行全面监控，能够为管理者提供全方位、多维度、最大化的价值。

1）数字孪生数据驱动的仿真调度。车间调度是实现车间稳定、高效生产的运营支柱。在车间生产过程中，车间生产要素由于工作的不确定性常常会引发不可控的生产扰动，影响车间生产计划。数字孪生驱动的车间调度优化是借助数字孪生服务系统，通过对车间内制造资源的虚实映射和信息的交互融合达到以虚控实、虚实融合的效果，从而实现对车间生产计划的调度优化。在新的车间调度模式下，物理车间内的生产要素与虚拟车间内相对应的模型形成映射关系，共同组成虚实共生的协同优化网络。当物理车间存在异常情况时，虚拟车间通过分析异常的调度数据，从而快速确定出现生产异常的区域，通过自学习、自仿真的方式进行调度方案的优化与调整，优化后的调度计划作为生产指令直接下发到物理车间指导生产，形成虚实迭代、虚实共进的车间调度过程。

通过数字孪生技术将过程中的虚拟空间与物理空间相互联系起来。物理空间将获取的各类生产信息包括加工设备信息、人员信息和过程信息等反馈给虚拟空间，虚拟空间中的调度服务系统利用反馈的数据建立调度模型包括车间目标函数和约束条件，并选择合适的调度优化算法求解得到调度计划，调度计划经过仿真迭代优化后下发给车间执行。车间生产过程中，物理空间实时掌握车间生产进度，依据采集的数据监测车间可能出现的动态情况，系统及时响应，针对影响后续车间生产的事件，对调度计划做出相应的调整，调整的方案经过仿真优化后下发给物理车间，实现车间虚实结合的效果。基于数字孪生的车间作业调度运行机制如图 4-13 所示。

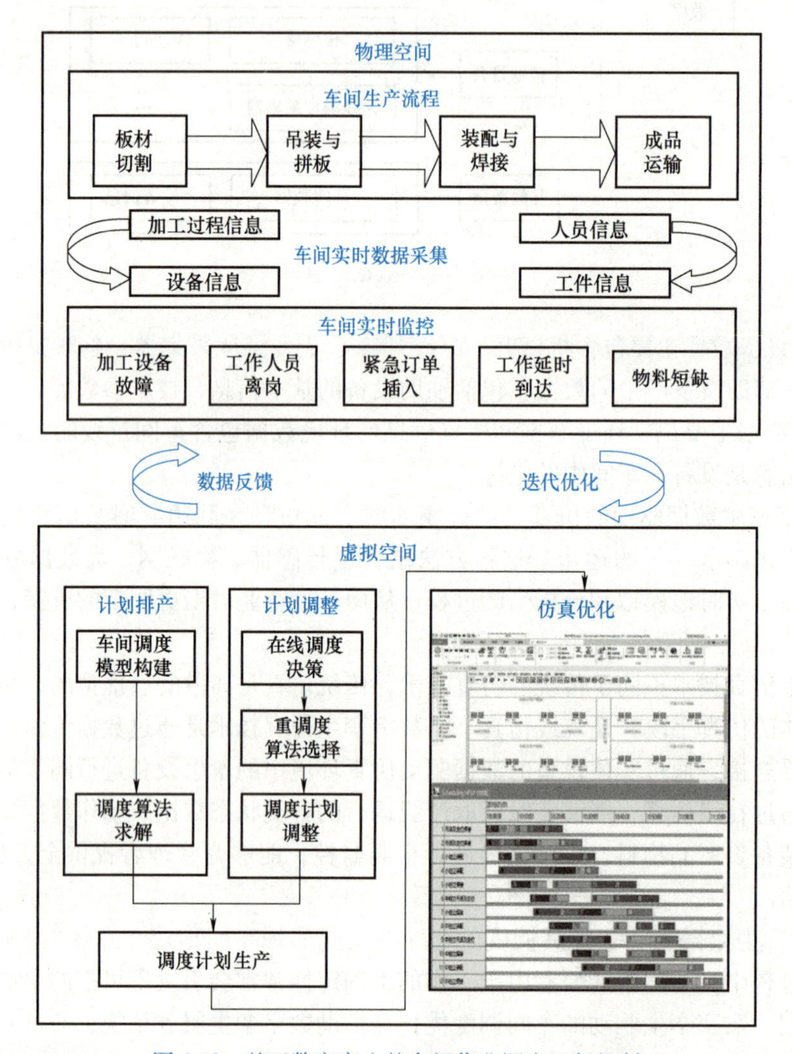

图 4-13　基于数字孪生的车间作业调度运行机制

2）数字孪生数据驱动的仿真优化。在产线上，发现潜在问题并进行主动提前优化是至关重要的。产线是一个复杂的系统，涉及多个环节和工序等。如果能发掘潜在问题并进行优化，将提高整个生产过程的效率和质量。产线中的生产中断问题在数字孪生技术下可以得到更好的模拟和仿真。通过产线仿真，可以模拟和评估各种可能导致生产中断的故障类型，并模拟评估生产中断的持续时间和由此导致的产量损失，帮助企业了解故障对生产进程的影响程度，并为制订紧急计划提供时间框架。

产线仿真还能够量化生产效率下降的程度，并预测在不同故障情景下可能丢失的产量。通过测试不同的备用设备和备货策略，可以减轻生产中断的影响。模拟应急响应情况下的备用设备使用和库存管理策略，有助于优化处理生产中断的方案。此外，通过产线仿真可以提高员工的技能水平和适应能力，因为模拟中的生产中断场景能够为员工提供实践和训练的机会。

总的来说，基于数字孪生技术的产线仿真可以提供关于生产中断问题的全面理解和解决方案。它能够帮助企业量化损失、优化备用设备和库存管理策略，提高员工技能，并为制订应急计划和处理生产中断提供支持，从而实现生产线的高效运行和生产能力的最大化。

4. 新技术集成的验证性仿真

（1）深度学习　深度学习在产线仿真中有着广泛的应用，可以提供更准确、更灵活的仿真模型，帮助生产企业优化生产流程、提高生产效率和质量。以下是一些深度学习在产线仿真中的应用场景。

1）生产流程优化。利用深度学习模型对生产流程进行建模和仿真，根据实际生产数据和历史记录，预测不同生产参数对生产效率和质量的影响，从而优化生产流程，提高生产效率和质量。

2）异常检测。通过深度学习模型对生产过程中的传感器数据进行分析，识别异常事件和故障情况，及时发现并解决潜在的问题，避免生产中断和质量问题。

3）资源调度和规划。利用深度学习模型对生产资源（如设备、人力、原材料等）进行建模和仿真，优化资源调度和生产计划，实现资源的最大化利用和生产成本的最小化。

4）产品质量控制。利用深度学习模型对生产过程中的图像、声音等数据进行分析，实现产品质量的自动检测和控制，提高产品质量一致性和合格率。

（2）卷积神经网络　卷积神经网络在产线仿真中有着多种应用，主要是通过对数据进行特征提取和模式识别，从而实现生产过程的监测、控制和优化。以下是一些卷积神经网络在产线仿真中的应用场景：

1）缺陷检测。利用卷积神经网络对生产过程中的图像数据进行处理和分析，实现对产品表面缺陷、瑕疵等缺陷的自动检测和识别，提高产品质量控制的效率和准确性。

2）质量控制。通过卷积神经网络对传感器数据进行处理和分析，实现对产品质量参数的监测和控制，及时发现并解决生产过程中可能出现的质量问题，提高产品质量一致性和合格率。

3）异常检测。利用卷积神经网络对生产过程中的数据进行监测和分析，实现对异常事件和故障情况的检测和识别，及时发现并解决潜在的问题，避免生产中断和质量问题。

4）产品分类。通过卷积神经网络对产品的外观、尺寸等特征进行识别和分类，实现对不同类型产品的自动识别和分类，提高生产线的灵活性和适应性。

5）预测与优化。通过卷积神经网络对生产过程中的数据进行建模和分析，实现对生产参数的预测和优化，帮助生产企业制订更合理的生产计划和调度方案，提高生产效率和资源利用率。

4.2 离散型制造工艺设计与仿真优化

零件的机械加工和零部件的装配是产品制造的两大主要工艺过程，作为典型的离散型制造过程，由具体的制造工艺流程和对应的工艺方法组织而成。制造工艺流程是零件（产品）采用何种工艺方法和机器来执行生产的各种工艺操作的顺序活动。工艺流程规划系统地确定了从原材料到零件/产品的详细制造方法，是产线设计与生产运行所遵循的技术依据。工艺规划实质包含了制造流程的规划和每一工序、工步具体的工艺参数规划，其直接决定着产品的制造精度质量的准确性与一致性，同时也决定了产品制造的组织模式与生产效率。

对于离散型制造，其工艺规划包含工艺流程规划和制造工艺参数规划。其中，工艺流程规划表示制造过程的执行逻辑，而制造工艺参数规划确保每一工序、工步的执行质量。对于离散型制造，在进行合理的工艺流程规划基础上，进一步开展制造工艺的仿真分析与验证对于确保工艺的可行性与优化具有重要意义。

4.2.1 离散型制造工艺流程规划

1. 机加工工艺流程规划

机械加工是零件/产品成形的主要方法，工艺流程规划被定义为决定应该使用哪些制造工艺和机器来执行生产组件所需的各种操作以及工艺应该遵循的顺序的活动，设计和制造之间的关键环节是工艺规划。

机加工工艺流程规划是指在进行机械加工时，对整个加工过程进行系统性的规划和安排，以确保产品能够按照设计要求准确、高效地完成加工。在机加工工艺领域，一般的工艺规划包括：首先，必须评估零件的几何特征、尺寸大小、公差和材料规格，以便选择适当的加工操作顺序和特定的机器/工作站；然后确定操作细节，如切割计划、速度、进料、装配步骤、工具等，并计算标准时间和成本；最后，生成的工艺计划被记录为成本估算、作业路线（或操作）表或数控（NC）设备的编码说明。这个过程涵盖了从工艺设计到最终进行产品加工的各个环节，包括工艺路线设计，工序顺序安排，刀具、夹具、设备的选择以及加工参数的确定等方面，旨在实现高效、精确、经济地生产零部件或产品。

机加工工艺流程规划根据技术途径可以分为基于模糊规则推理的机加工工艺流程规划、基于特征表示与识别的机加工工艺流程规划、基于深度强化学习的机加工工艺流程规划、基于知识的机加工工艺流程规划、基于遗传算法的机加工工艺流程规划。

（1）基于模糊规则推理的机加工工艺流程规划　根据专家经验、行业标准或设计要求定义一系列规则，用于指导机加工流程的制定和优化。基于规则的工艺流程规划，也称为规则驱动方法，利用知识的 IF（前提）THEN（结果）表示。模糊规则推理技术的原理是：通过定义语言变量、语言值及相应的隶属函数，采用一组“If-Then”形式的模糊规则来描述系统输入与输出之间的对应关系。模糊规则推理流程如图 4-14 所示，包括数据模糊化预处理、模糊推理、结果评价。

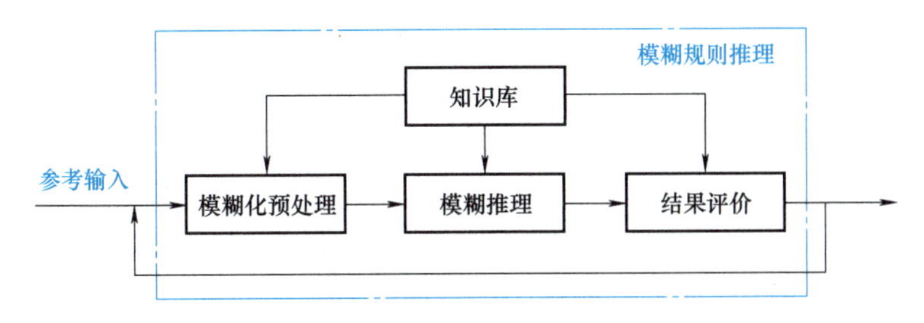

图 4-14　模糊规则推理流程

具体过程如下：将知识存储到 SQL 中的知识库中，当系统输入初始条件参考值后，采用三角形隶属度函数对输入值进行模糊化预处理，同时结合知识库中的机加工知识进行模糊推理，获得第一步推理结果，再进行模糊评价，若结果符合约束条件则输出，否则重新进行模糊规则推理。获取的第一步推理结果作为下一步的输入参考，重复上述步骤，直至推理出所有工艺。

（2）基于特征表示与识别的机加工工艺流程规划　基于特征表示与识别的机加工工艺流程规划通过识别工件的特征，来确定最佳的加工方法和工艺参数。通常需要使用计算机视觉、图像处理和模式识别等技术来实现工件特征的自动识别和提取，以减少人工干预，提高加工的自动化程度和效率。

获取特征有两种方法：特征识别和基于特征的设计。特征识别方法检查零件的拓扑和几何形状，并确定特征的存在和定义。基于特征设计方法根据存储在特征库中的预定义特征构建零件，定义这些特征的几何形状，但在建模过程中使用特征时，将其尺寸作为变量进行实例化。

加工特征识别是对零件模型数据结构进行重新解释的过程，通过加工特征识别技术可以从零件模型中提取出数控加工、工艺规划所需的信息，便于下游制造活动的展开。目前为止，加工特征识别技术总体上可以分为三类：基于边界匹配、基于体分解和基于制造资源映射的加工特征识别方法。

（3）基于深度强化学习的机加工工艺流程规划　神经网络是一种模仿人类神经系统结构和功能的计算模型，它可以通过大量数据的训练来学习和优化机加工流程。在机加工工艺流程规划中，深度强化学习可以通过构建深度神经网络模型来表示智能体的策略，以及值函数等关键组件，实现对加工工艺流程的学习和优化，自动发现潜在的加工模式和规律，并进行智能化的加工流程规划和优化。

基于深度强化学习的机加工工艺流程规划具有广泛的应用前景，但也面临一些挑战。其中包括训练数据获取困难、模型泛化能力不足、计算资源需求高等问题，需要进一步的研究和技术突破来克服。然而，随着深度学习和强化学习技术的不断发展，相信这种方法将在工业生产中发挥越来越重要的作用，为生产企业提供更高效、更智能的加工工艺规划解决方案。

（4）基于知识的机加工工艺流程规划　基于知识的机加工工艺流程规划将机加工领域的知识表示为计算机可理解和处理的形式，通常采用形式化的知识表示语言（如本体语言）来描述加工工艺、加工设备、材料特性等知识。通过建立系统化的知识表示结构，可以支持机加工流程的自动推理、决策和优化，从而提高生产效率和产品质量。该技术主要分为面向加工效率、面向加工变形以及面向加工效率与加工变形混合的三种类型。

1）面向加工效率的工艺规划。以关键设备负荷、设备总负荷和完工时间最小化为目标建立工艺规划优化模型。

2）面向加工变形的工艺规划。从一个特征的加工会对其他特征表面质量产生不利影响入手，根据力学原理分析各种情况下加工是否满足表面质量要求来确定加工优先级。

3）面向加工效率与加工变形混合的工艺规划。针对结构件结构复杂、壁薄易变形、加工精度要求高等特点引起的加工特征排序困难问题，通过扩展加工元构建优先权系数矩阵，建立符合系数矩阵的初始种群，以机床变换、装夹变换和刀具变换最少为优化目标，提出一种基于遗传算法的飞机结构件加工特征排序方法。

（5）基于遗传算法的机加工工艺流程规划 遗传算法（genetic algorithm，GA）是一种模拟自然界生物进化过程的优化算法，它通过模拟生物的遗传、突变、选择等过程，以解决优化问题。在机加工工艺流程规划中，遗传算法被用来寻找最优的加工工艺参数组合，以达到最佳的加工效果。

基于遗传算法的机加工工艺流程规划是利用遗传算法来优化加工工艺流程和参数，以提高加工效率、降低成本、优化加工质量等。遗传算法能够在复杂的解空间中进行全局搜索，并具有较强的并行搜索能力，适用于多目标、多约束的优化问题，适用于机加工工艺流程规划中的工序顺序优化、切削参数优化、刀具路径优化等方面，尤其是在多目标冲突和约束条件较多的情况下，能够帮助优化加工工艺参数，提高加工效率和质量，降低生产成本。

2. 装配工艺流程规划

装配作为产品制造的重要阶段，占到制造周期的30%~70%，是产品质量形成的重要工艺阶段。将零件按照一定的顺序及合理的技术方法组合成产品的过程即为产品的装配工艺，决定着产品的装配效率、装配过程稳定性及装配质量。从产品的模型结构及内嵌的知识角度等出发，装配工艺流程规划一般有基于几何分析、基于模型、基于知识专家系统、基于遗传算法、基于神经网络、基于知识图谱等方法。

（1）基于几何分析的装配工艺流程规划 装配规划需要进行一定的几何分析，以确保零件之间的关系，从而实现在装配过程中的准确拾取和插入。目前，基于几何分析的装配工艺流程规划主要有以下几种方法：B-Reps、分面表示和基于体素的表示。

相对简单的表示方法如分面和基于体素可以实现简单的几何测试，但面对复杂的几何中的大量元素则需要处理复杂的几何测试，而精确的几何表示如B-Reps能够进行复杂的测试。

（2）基于模型的装配工艺流程规划 基于模型的定义（model based definition，MBD），是一种使用集成的三维实体模型来完整表达产品定义信息的方法。MBD由三维实体模型和描述其他加工、装配、检测数据信息的文字、数字、字母组成。这些信息类似于数控加工系统使用的刀具路径规划和特征识别系统。

MBD的工艺规划阶段，需要根据产品结构进行装配工艺结构和工艺流程的划分，并确保装配单元的工作量分配均匀，以提高生产效率。在仿真阶段，根据不同工艺节点的选择，可以进行不同方面的仿真，验证工艺规划的合理性、工序操作的平行性以及产品及工装设计的正确性。而在三维工艺文件设计阶段，则需要根据预先构思好的工艺文件结构，通过程序生成各种不同的工艺文件，并结合轻量化的三维模型，形成最终的三维工艺文件，以便生产现场使用和参考。

（3）基于知识专家系统的装配工艺流程规划 专家系统（expert system，ES）是一种模拟人类专家知识和推理过程的系统，它通过收集和存储领域专家的知识，并利用推理和推断技术来分析和解决问题。而基于知识的专家系统（knowledge-based expert system，KBES）是一种特殊的 ES，它更强调对领域知识的获取、表示和利用。在装配工艺流程规划中，知识专家系统可以应用于制造过程中对部件和组件进行精确的组装等方面。智能装配规划系统利用基于知识的专家系统，结合人工智能技术，进行自主决策。

KBES（基于知识的专家系统）的总体架构如图 4-15 所示，展示了数据库、知识库和推理引擎之间的相互关系和作用机制。

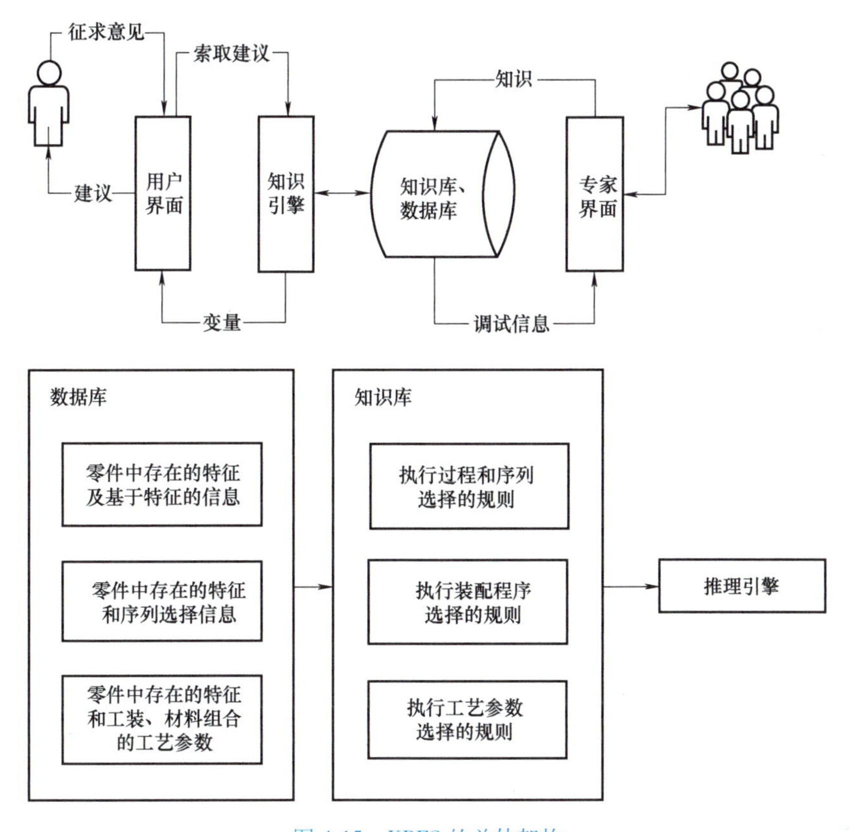

图 4-15　KBES 的总体架构

基于知识专家系统的装配工艺流程规划方法主要包括需求分析、知识库构建、推理引擎开发、流程规划四个步骤。①对产品的特性、结构、精度要求等进行深入了解，明确装配工艺的需求和目标；②搜集和整理与装配工艺相关的专业知识、经验和技术文献，构建一个完整的知识库；③设计并开发一个能够根据实际情况进行推理和判断的推理引擎；④利用知识库和推理引擎，对装配工艺流程进行模拟和优化，提出合理的装配方案和建议。图 4-16 为基于知识专家系统的面向装配设计方法流程图，其中包括了产品设计、评估等环节。

（4）基于遗传算法的装配工艺流程规划　装配可以通过两种方式进行：一种是线性装配，即一个接一个地装配零件；另一种是并行装配，即识别并同时将一组部件（一组分组在一起的部件）组装在一起，以获得最终组装好的产品。从可能序列集合中获取可行序列是一个相当困难的过程。在 20 世纪 90 年代初，研究人员致力于为零部件装配至少获得一个

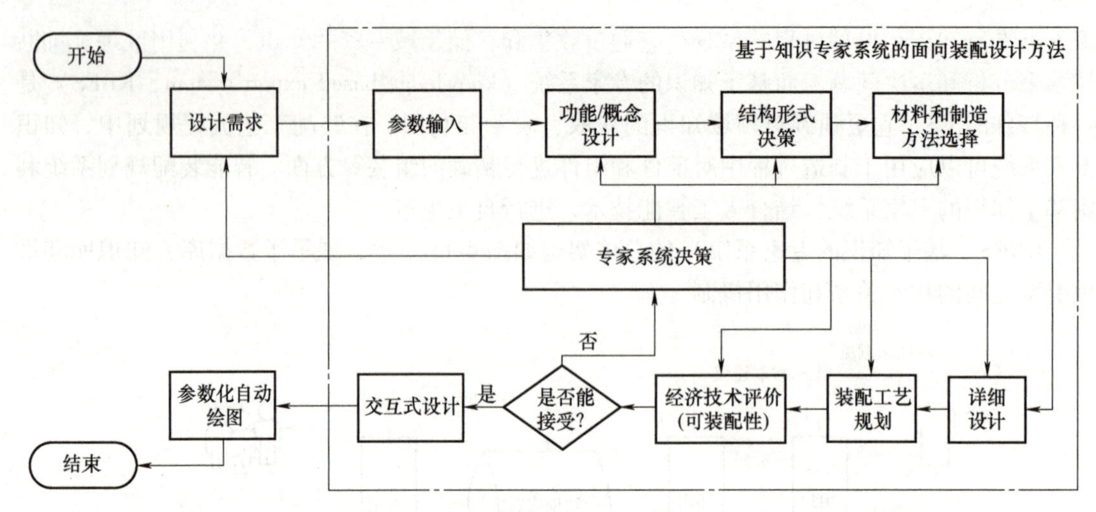

图 4-16　基于知识专家系统的面向装配设计方法流程图

可行的装配序列，然而这种装配顺序不一定是最优的，同时提取谓词数据较为耗时。随后，AI 算法被开发出来，可在更短的时间内实现最佳可行的装配序列。

优化算法流程图如图 4-17 所示。GA 作为一种简单、直接但强大的方法，与其他方法结合用于多模态函数的全局搜索和优化，能更好地解决 CAPP 中的优化问题。早期的研究表明，GA 与神经网络的组合使用可以消除 Hopfield 神经网络导致问题陷入局部最优解的缺点。在混合 Hopfield 神经网络的组合方法中，通过个体评估、亲本选择、繁殖和突变等遗传操作，以获得最佳个体作为解。这种方法能够获得工艺计划选择问题的近似全局最优解。另外，部分研究人员还提出了一种基于多目标适应度的工艺序列优化策略，其中最低制造成本、最短制造时间和制造序列规则的最佳满足度被考虑。他们建议将遗传算法、神经网络和层次分析法（AHP）结合起来进行过程排序，并定义了一个全局优化的适应度函数，包括使用 AHP 评估制造规则、计算成本和时间，以及使用神经网络技术确定相对权重。

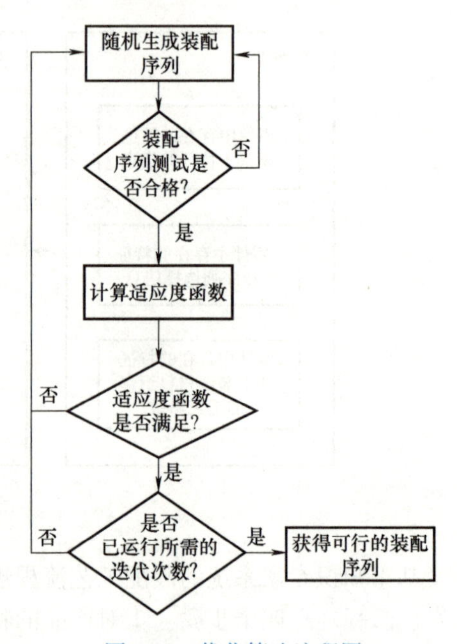

图 4-17　优化算法流程图

（5）基于神经网络的装配工艺流程规划　人工神经网络（ANN）是通过模拟人类神经元功能并使用分布在神经元之间的权重来执行隐含推理而开发的技术。神经网络系统的功能由四个参数决定：网络拓扑、训练或学习规则、输入节点特性和输出节点特性。神经网络的使用可以赋予过程规划系统自适应和学习能力，与 CAPP 中使用的其他方法相比，神经网络具有以下几个优点：①它能够容忍输入中的轻微错误；②因为处理过程仅限于简单的数学计算，并不需要通过搜索或应用逻辑规则来解析信息，因此其速度相对较快；③神经网络还具有通过实例训练导出规则或知识的能力，并且能够处理知识或规则库中的异常和不规则情况；④使用神经网络还可以更容易地并行考虑多个约束条件。

在装配工艺流程规划中，并没有直接使用人工神经网络，而是将其用于存储装配数据并对数据进行排序，通过应用搜索引擎中所述的 ANN 算法，考虑不同的绝对约束以获得最佳的装配序列。因此有研究人员将神经网络与基于规则的方法相结合，用于获得装配序列。在这种方法中，神经网络用于存储从 CAD 环境中提取的装配数据，而基于规则的方法用于制定规则以获得最佳解决方案。类似地，根据提取的数据推导出网络的演化方程，利用神经网络根据从专家系统中提取的数据从而获得最佳装配序列。

早期的研究提出了使用感知网络进行特征识别的方法，这种感知神经网络专门处理线性可分离模式，具有监督学习能力。经过特定训练，它可以识别部分制造特征如口袋、缝和通孔，但对于更复杂的特征，识别可能存在困难。随后，反向传播神经网络被引入特征识别问题中，通过学习调整权重和阈值来实现目标识别。此外，将神经网络与设计和过程规划相结合可以增强系统的适应性和灵活性。除此之外，混合智能推理模型结合了专家系统和神经网络的优点，提供了有效的 CAPP 功能管理和协调方法。同时，模糊逻辑规则和神经网络为过程规划提供了动态自适应学习能力。另外，前馈神经网络被成功应用于 CAPP 系统，解决了复杂问题。Hopfield 神经网络和反向传播神经网络被用于选择可行的操作。此外，基于多目标适应度的工艺序列优化策略结合了人工神经网络的评估模型，为最小化成本、缩短时间和满足规则提供了指导。

（6）基于知识图谱的装配工艺流程规划　装配工艺流程规划方法的有效实施需要大量的装配属性信息，这些信息包括但不限于装配优先约束、装配优先图、装配连接细节、支撑矩阵和联络矩阵。然而，提取这些数据来测试装配的有效性是一项复杂的任务，涉及复杂推理方法的应用。鉴于此，一些研究人员试图将启发式规则与装配属性相结合，以生成最佳的装配顺序。然而，这种方法的局限性在于其依赖专家经验和静态规则，无法充分应对多变的装配环境和需求。

使用“三元组”的概念来提取与装配相关的知识。利用知识对象（零件）的集合、与对象相关的函数的集合、零件的谓词信息的集合，提取最佳的装配顺序。使用词法分析器挖掘工艺知识记号，再通过语法分析器挖掘相应的下一个工艺知识记号，通过不断的迭代对整个文件集合进行显式工艺知识元的挖掘，形成知识元集合，包含人、机、料、法、环、测等要素。通过工艺实体抽取、工艺关系抽取、工艺属性抽取和工艺规则抽取形成离散的工艺知识元，再通过工艺知识融合的相关操作完成离散工艺知识元的对齐。最终建立以<h，r，t>（头节点、关系、尾节点）表示的装配组态工艺知识三元组。

构建支持自进化的装配工艺知识图谱。首先，构建制造工艺知识元，这些知识元涵盖了装备制造的各个方面和环节。然后，通过挖掘这些工艺知识元，可以建立起装配工艺知识图谱的模式层和数据层。在模式层，可以定义装配工艺的基本模式和规则，包括装配流程、约束条件等；而数据层则是实例化的模式层，存储着实际装配过程中所涉及的具体数据，如零部件信息、装配顺序等。这些数据组成了知识图谱的语义网络，为装配工艺规划提供了丰富的信息和参考。

模式层是装配工艺知识图谱建模的核心，描述经过抽象的装配工艺知识。装配知识图谱的模式层可以分为装配结构模式层和装配工序模式层。构建之前应该定义装配工艺的信息模型架构。根据人、机、料、法、环、测等基本工艺要素定义装配件之间的结构关系和序列关系，如图 4-18 所示。其中，结构关系包括 Has、HasPart、SubPartOf、HasAssembly、SubAssemblyOf、Close、Sequence、Parallel、Recycle 等，序列关系包括 Sequence、Parallel、Recycle 等。根据装配组态工艺知识三元组和结构关系，定义装配知识图谱的装配结构模式层。装配结构模式层描述子装配体类、零件类、基体特征类、非基体特征类、组合特征类的属性信息以及它们之间的装配结构语义。

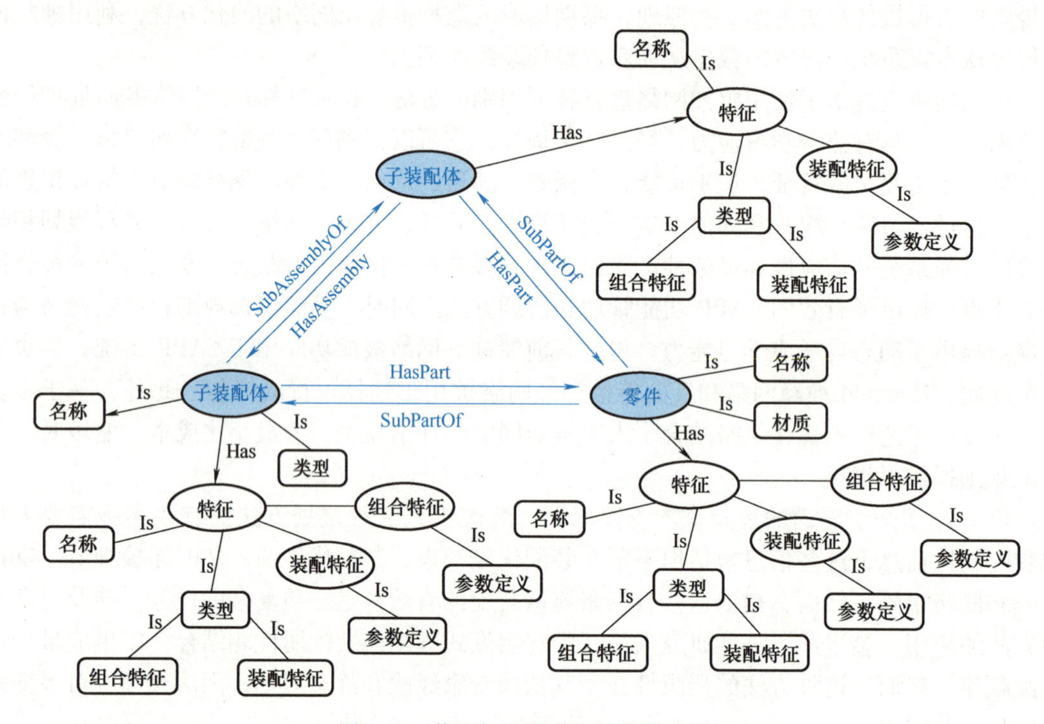

图 4-18 装配知识图谱的结构模式层

在图 4-19 所示基于知识图谱的装配工艺流程规划中，通过数字化映射模型转换为数字化的知识描述及工序关系，再由文档级关系抽取模型从中识别抽取出有意义的三元组，通常该方法由文档级关系抽取模型 GLRE 实现。GLRE 模型是一种神经网络，它能够从全局到局部编码实体的语义信息。然后，利用 Word2Vec 词向量模型将这些抽取出的信息转换为向量表示，这样就把工艺需求转换成了可处理的向量形式。通过在创建的异构图上使用 R-GCN 来学习实体全局表示，实体局部表示使用多头注意选择性地聚合上下文信息，上下文关系表示利用自我注意对其他关系的主题信息进行编码，可以有效提取距离较远且有多个提及的实体之间的关系，将初步生成的新工艺子图映射到向量空间后，因相似的语义在向量空间中的位置相近，所以采用图聚类的方法加快进行范围性初步检索，再将检索得到的子图与新工艺子图进行相似性判断；通过二次筛选选出相似度最高的子图，当该子图的相似度无法满足预设阈值时，结合先验知识图谱数据库判断该子图的实体对之间是否存在隐含实体或关系；通过基于 ConvGNNs 图神经网络模型的知识补全和推理技术对其进行完善，其优势在于模型直接对图域的邻接节点进行聚合，可以处理大型图，还可以通过节点采样技术提高效率；通过注意力机制可实现邻域对中心贡献程度的自适应调节，它在节点嵌入表示时保留了实体和关系之间的属性信息，并可以很好地用于知识图谱补全任务。

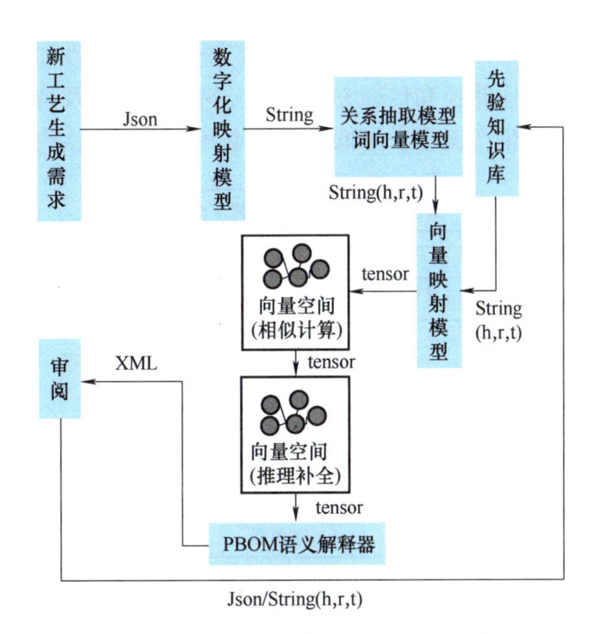

图 4-19　基于知识图谱的装配工艺流程规划

此外，提出了基于连接语义的装配树概念，用于提取零件之间的知识，以获得最佳的装配顺序。通过零件之间的连接关系，标记连接器的集合与连接器约束的所有零件的集合的连接关系。另一方面，提出了一种三阶段装配优化方法，其中包含一些启发式工作规则。该方法利用反向传播神经网络、田口方法和响应面方法来提取零件之间的知识。通过解决与装配相关的推理型问题来生成可行的装配序列，并将其分解为子装配，以 Petri 网模型的形式表示，以提取零件之间的知识，从而实现最佳的装配顺序。采用了类似产品的先前可用装配序列数据，开发了基于知识的混合整数规划方法，其中利用主装配序列作为参考来构建给定产品的装配顺序。在“基于知识的系统”部分，对基于知识的方法进行了深入分析，尽管这些方法在解决方案质量上优于人工智能技术，但在解决具有更多零件的复杂装配产品时，搜索空间的复杂性会产生挑战。最近，研究人员开始专注于通过识别给定产品的子装配来减少装配的层级数量，以节省时间，而不是采用线性或者顺序装配。提出了一种自动子装配检测方法，旨在获得最佳的装配顺序。然而，这种方法仅限于检测子装配，并未说明如何实现给定产品的最佳装配顺序。

4.2.2　离散型制造工艺仿真与优化

离散型制造智能产线的工艺仿真与优化涉及机械加工工艺和装配工艺两个方面，如图 4-20 所示。机械加工工艺仿真与优化利用计算机技术模拟和分析机械加工过程，并依据科学优化方法提高机械加工的生产效率和产品质量。首先，通过仿真加工过程，可以真实模拟刀具切削、材料去除等环节，全面评估加工方案的可行性，及时发现潜在问题。其次，工艺仿真有助于优化加工参数，包括切削速度、进给速度、刀具选择等，以提高加工效率和降低成本。此外，仿真分析也有助于提前预测加工过程中可能出现的问题，从而保证产品的稳定性和一致性，提高产品质量。通过减少试验加工和调整工艺的次数，工艺仿真也能够节约成本，提高生产效率和利润率。装配工艺的仿真和优化是提高生产效率和产品质量的关键步骤。通过装配工艺仿真与优化技术，可以模拟、分析和控制影响产品装配性能的各种因素，包括装配过程中零部件之间的误差传递路径和传递方式、装配精度预测以及装配工艺参数的智能优化等，从而帮助制造企业优化生产流程、降低生产成本和实现高效生产。

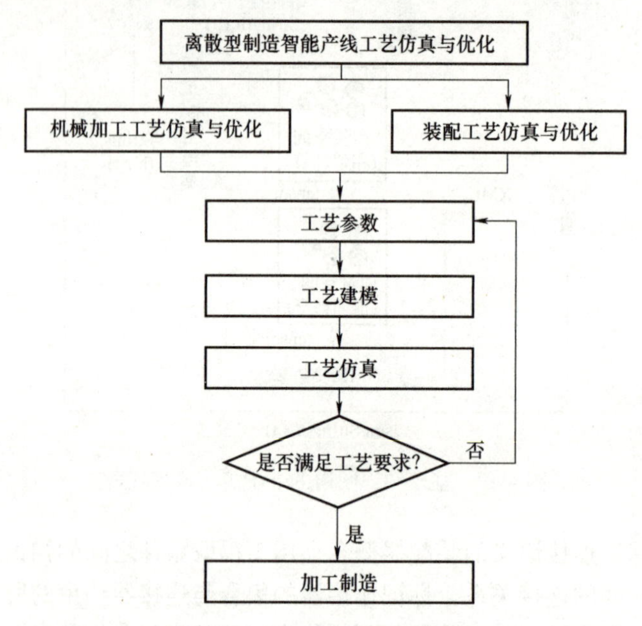

图 4-20　离散型制造智能产线工艺仿真与优化分类

工艺仿真优化作为离散型制造智能产线的重要组成部分，推动着制造业的数字化转型和智能化发展。通过优化制造工艺，提高产品质量和生产效率，工艺仿真为企业提升竞争力、赢得市场份额起到了重要作用。

1. 机械加工工艺仿真与优化

机械加工工艺仿真与优化的发展历史可以追溯到 20 世纪中叶。起初，机械加工领域主要采用数控（NC）技术，这是第一个将计算机技术应用于机械加工的方法。随着计算机技术的进步，有限元分析技术逐渐兴起。有限元分析技术能够模拟复杂的物理过程，如切削、热传导和应力变形等，为工艺仿真提供了可靠的数值模型。20 世纪 90 年代，随着 CAD/CAM 技术的发展，工艺仿真与优化开始融入 CAD/CAM 系统中。CAD/CAM 系统不仅可以设计产品模型，还可以生成数控加工程序，并提供工艺仿真和优化功能，从而提高了加工效率和产品质量。然而，早期的仿真与优化工具存在计算能力有限、数据处理不足等问题，限制了其在复杂零部件加工过程仿真的应用，难以满足现代智能产线对高效、精密加工的需求。

目前，传统机加产线仍然依赖加工试验数据和生产经验来确定最佳的加工工艺参数。然而，这种传统方法需要大量的切削试验和长期生产实践的积累，这不仅消耗了大量的人力、物力和时间，而且成本高、周期长、效率低。现代智能产线对加工工艺参数提出了更高的要求，需要快速、精确地调整加工参数以应对不断变化的市场需求和生产环境。这意味着加工工艺参数的优化必须更加智能化和自适应，能够实时监测生产过程中的各种变量，并根据数据反馈进行实时调整。因此，现代智能产线需要具备先进的传感器技术、数据分析算法和自主决策能力，以实现加工工艺参数的快速优化，提高生产效率和产品质量，同时降低成本和缩短周期。

对于产线切削加工过程智能控制，各过程参量的监测是对加工过程进行有效调控的基础，其中涉及传感器技术、刀具状态监测结构设计和信号采集及提取技术，而针对切削力、切削温度、刀具磨损以及表面质量的控制则依赖刀具内部或外置的调控系统以及调控算法。专用的刀具切削模拟仿真软件主要有 VERICUT、Mastercam、NX、HyperMill、SolidCAM 等，能够对刀具路径、切削力、温度等进行仿真分析，模拟整个加工过程中刀具、夹具、工件等各个部件之间的碰撞情况。其中，推出于 1988 年的专业切削仿真软件 VERICUT 应用广泛，具有直观的用户界面和丰富的功能模块，包括刀具路径优化、碰撞检测、刀具磨损模拟等，同时支持多种数控机床和刀具系统，能够适用于不同类型和规模的制造环境。基于 VERICUT 软件可以开展智能产线数控加工仿真系统研制，复杂零件加工仿真，结合优化算法如遗传算法、粒子群算法、动态规划等优化算法完成对刀具轨迹、切削参数等加工参数优化，寻找最优加工参数组合，以实现最佳的加工效果和成本效益。

通过有限元仿真模拟复杂的物理过程，如切削、热传导和应力变形等，可以为工艺仿真提供可靠的数值模型，进一步对加工参数进行优化，提高加工稳定性，获得更好的加工质量。切削加工有限元仿真流程如图 4-21 所示，其关键在于对仿真过程的近似化处理，包括复杂结构简单化、连续结构离散化和计算近似化等，选用合适的本构模型、刀屑摩擦模型、网格划分方法等建立仿真模型，确保仿真结果可靠。主流的切削加工有限元仿真分析软件有 ABAQUS、ANSYS、DEFORM、AdvantEdge 等，均提供刀具切削、材料去除、切削力和切削温度仿真模块，在工程界得到广泛使用。

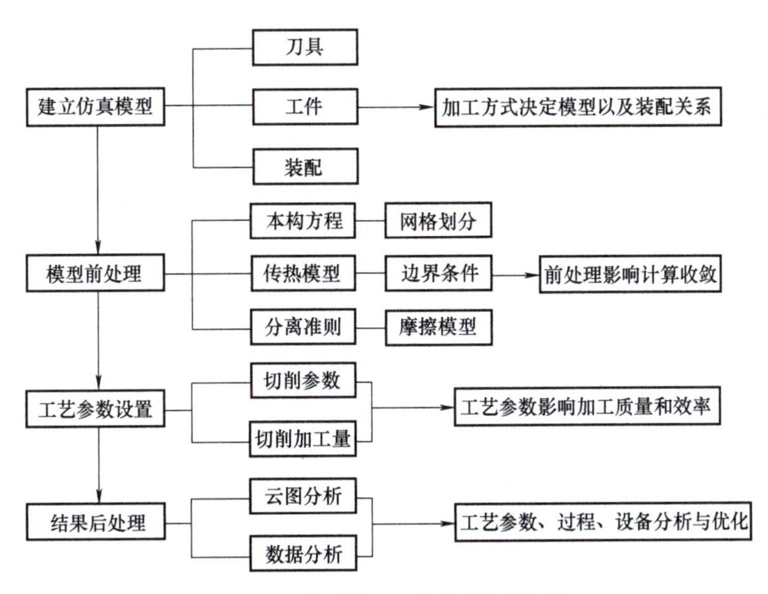

图 4-21　切削加工有限元仿真流程

随着计算机性能的不断提高和仿真软件的不断发展，多物理场仿真和优化技术得到广泛应用。机械加工过程中涉及多种物理场，利用多物理场仿真技术，可以综合考虑如力学、热学、流体力学等物理场的相互影响，模拟切削加工中的考虑切削力、切削温度和材料去除等多因素复杂情况，可以更准确地预测加工过程中的变形、残余应力和表面质量等关键参数，进一步评估加工参数组合对加工质量、加工效率和刀具寿命等方面的影响，并找到最佳的加工参数组合，以降低生产成本、提高产品质量和加工效率。多物理场仿真技术与智能产线相结合，有助于实现智能化的工艺优化，提高加工质量与效率。

2. 装配工艺仿真与优化

在装配领域，装配工艺的完整性和优良性是保证产品高效和高质量生产的前提，合理的装配工艺能够有效减少生产成本，缩短生产周期，提升产品竞争力，对企业的发展具有重要意义。传统的装配工艺规划和装配产线布局方法大多依赖装配工艺设计人员的经验和计算，其往往会因工艺规划的不合理而造成装配干涉、装配精度不能保证、装配效率降低，甚至装配工作的停滞等。随着装配工艺仿真与优化技术的出现，为工艺人员规划、评价和优化装配工艺提供了重要依据，也为实现产品全生命周期管理和控制奠定了坚实基础。现阶段的装配工艺仿真与优化主要集中于装配尺寸链分析、装配精度预测和装配生产线建模仿真及工艺研究等方面。

（1）装配尺寸链分析　在装配领域，装配尺寸链是设计和检验产品是否满足装配功能需求的重要工具，其描述了各个零部件之间的关联装配尺寸和公差信息。装配尺寸链通常分为组成环和封闭环，组成环是与装配精度有关的各零件上的关联尺寸，封闭环则是加工自然形成的尺寸或装配中的某间隙。任意一个组成环的微小变动都将影响封闭环的大小和变动范围。因此，尺寸链建立的正确与否将直接关系到产品的质量和性能。

在装配工艺仿真中，首先需要建立零部件的几何模型，并确定它们之间的尺寸链关系。按照组成环所处的空间位置，尺寸链的类型可以分为线性尺寸链、平面尺寸链或空间尺寸链。装配尺寸链的生成，是在三维实体模型的基础上建立的。如图 4-22 所示，根据加工和工艺流程，通过分析零部件模型对象，确定基准特征、关键特征等并定义关联特征的基本尺寸和公差。同时，定义特征之间的约束关系以及确定封闭环，以完成尺寸链最终设计。

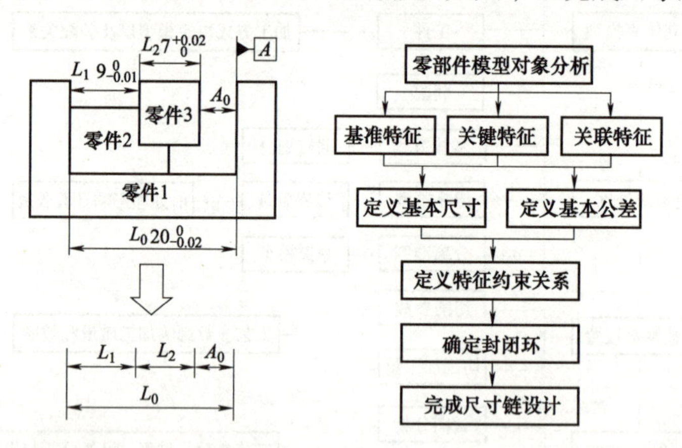

图 4-22　构建装配尺寸链

初步设计尺寸链后，尺寸链的分析至关重要。这一步旨在对各零件在装配时是否存在干涉以及间隙要求是否合理等进行安全性和可行性的分析。具体而言，利用产品设计的几何尺寸公差信息，并结合计算机辅助公差设计的方法，验证产品公差设计的合理性，以指导产品装配工艺的设计。常见的尺寸链公差数值分析方法有极值法、概率法。但这些传统的分析方法对于大型复杂产品的尺寸链求解存在难以分析和求解效率偏低的问题。目前，蒙特卡洛模拟法成为公差数值分析领域中广泛使用的方法。蒙特卡洛模拟法的思想是通过随机抽样的方式，对设计参数进行多次模拟计算，从而得出参数的概率分布和系统性能的分布情况。因此，蒙特卡洛公差数值分析法能够更好地应对零部件加工制造过程中的不确定性，提高尺寸链的计算效率，且能够更准确地评估产品的装配质量和可靠性。

事实上，尺寸链的设计并不是一成不变的，而是需要根据实际情况和需求进行调整和优化的。公差设计是指在尺寸链已经设计完善的基础上，考虑降低制造成本和提高装配性能的需求下对零部件的公差进行再次优化分配的过程。如图 4-23 所示，公差设计中，对关键组成环变量的敏感度分析和贡献度分析是尺寸链公差设计优化求解的首要研究内容。敏感度描述了尺寸链中各个组成环尺寸的变化对产品质量的影响程度。贡献度描述了尺寸链中各组成环尺寸公差对封闭环尺寸公差的贡献大小。根据敏感度和贡献度的分析结果，优先考虑敏感尺寸或关键尺寸，并进一步对公差进行针对性地优化分配，如用极值法或概率法结合建立的目标成本公差函数进行计算。对于尺寸链设计分析的结果，进行零部件设计制造和装配。当出现装配超差时，工程师按需修配调整或更改零部件的设计公差方案，使得产品装配质量和可靠性达到最佳状态。

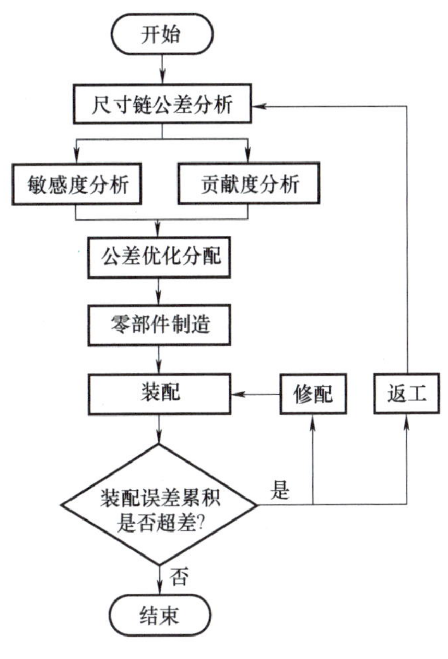

图 4-23　公差设计流程图

（2）装配精度预测　装配精度预测是指在产品设计阶段，根据已知的零件公差值和装配工艺条件，提前估算影响产品关键功能的尺寸、方向或位置参数的精度。随着数字孪生技术的引入，装配精度预测的方法也得到了革新。通过数字孪生技术与装配过程相结合，可以更全面地考虑零件几何误差、形状误差、装配过程中的变形以及环境因素等多方面因素，实现对装配精度的更加准确的预测。这种方法不仅可以帮助提前发现可能存在的装配问题，还可以指导产品设计和制造过程，提高产品的装配质量和性能。

相较于传统的尺寸链分析方法，结合数字孪生技术的三维公差建模分析技术能够在三维空间中表达和传递特征在公差阈的变动，同时充分考虑几何公差及其耦合关系，使得分析过程和结果更加合理准确。近些年来，国内研究主要集中于零部件的误差表面建模、误差传递建模以及装配精度预测与调整等三方面。

零部件的误差表面建模表达是装配精度预测准确性的基础。现阶段比较常见的零件公差表示模型有多面体（polytopes）模型、公差图（tolerance-map，T-Map）模型、旋量（Torsor）模型、雅克比（Jacobian）模型等。然而，上述模型主要基于零件的尺寸、方向和位置误差的表达，忽略了零件表面形貌误差对装配精度的影响。直至 2014 年，Schleich 提出了一种采用离散几何表达的肤面模型（skin model，SM），才实现了公差建模形式的新转变。根据新一代 GPS 标准体系中提出的新概念，肤面模型主要是作为设计产品与物理模型分界的几何模型，其实质是设想出来的且符合公差规范要求的非理想表面模型。然而，肤面模型因具有无限点集的特性，计算机难以进行几何偏差的描述。为此，以有限个离散数据点构成的肤面形状模型（skin model shape，SMS）概念被提出，从而实现零件表面几何形状、位置方向和尺寸的表达，如图 4-24 所示。

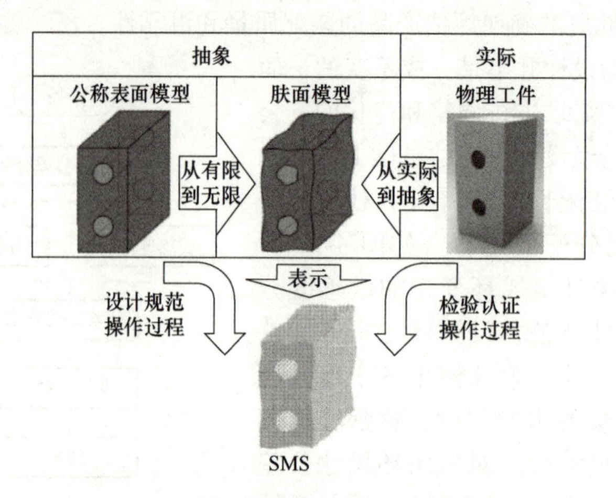

图 4-24　肤面形状模型

一个完整的产品是由零部件按照一定的装配顺序组装而成的，零件加工制造误差以及装配过程中产生的装配误差不断传递与积累，最终形成了产品的装配体误差。如图 4-25 所示，在装配过程中，误差从基准零件传递到最终装配精度输出的零部件，这一过程涉及零部件之间的相互作用关系，包括零部件之间的配合定位、连接方式、约束关系等。因此，要准确评估产品的装配误差，除了要建立高保真的误差表面模型外，还需研究误差的传递路径和传递方式。

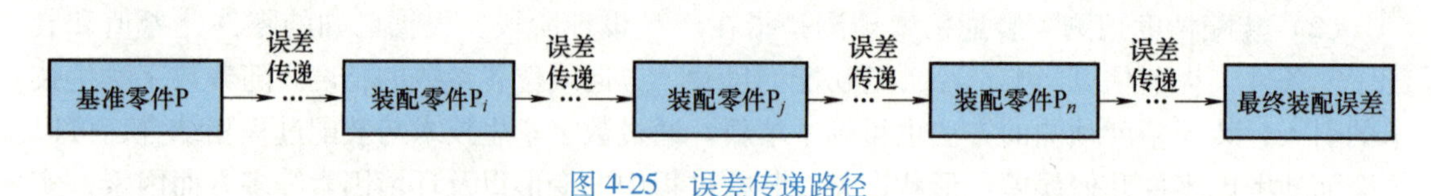

图 4-25　误差传递路径

在误差传递路径确定之前，需要综合考虑装配顺序、零部件之间的配合关系、装配工艺等因素。不同的装配顺序会导致误差的不同传递路径，进而影响最终装配误差的大小和分布。在确定装配顺序时，需要考虑零部件之间的相互作用关系，以最小化误差的传递路径。此外，装配过程中相邻零件之间形成的配合面是局部误差累积传递的关键节点，采用合理的配合关系处理方法也可以减小传递误差。除了装配顺序和零部件之间的配合关系外，装配工艺也会影响误差的传递路径。因此，在装配过程中需要特别关注装配顺序、零部件之间的配合关系以及装配工艺，以最大程度控制和优化误差的传递路径，从而降低装配误差。

确定完最佳装配误差传递路径后，需要进一步建立装配功能需求与各装配特征元素之间的具体关系。如图 4-26 所示误差传递模型中，对于装配误差传递链中特征配合面元素之间的空间关系，选用空间齐次坐标变换矩阵计算，以表达配合特征在空间的相对位置关系。

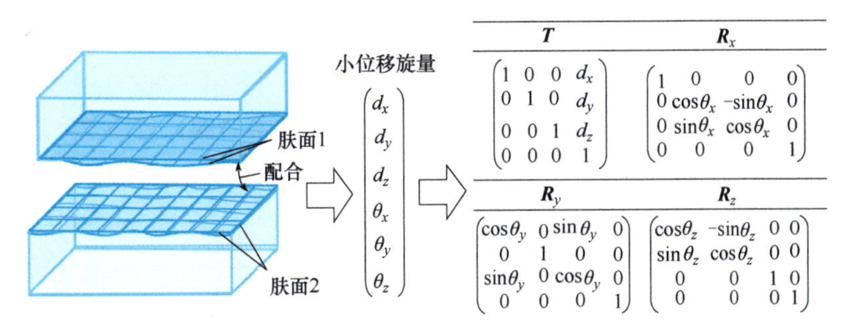

图 4-26 误差传递模型

在产品的实际生产装配产线中，如图 4-27 所示，需要根据不同的装配阶段孪生数据驱动进行装配质量评估，并对不符合装配质量要求的阶段进行进一步装配工艺迭代优化。现阶段完整的智能装配制造产线工艺优化主要通过目前已有的 MES、ERP、PDM 等生产管理系统协同作用，实现产线数据采集、融合与管理，进而进行产品装配产线关键环节的装配质量评估和工艺优化。同时，利用智能算法和数据挖掘技术，对装配工艺参数进行持续优化和改进，使其更加适应生产线的需求和变化。

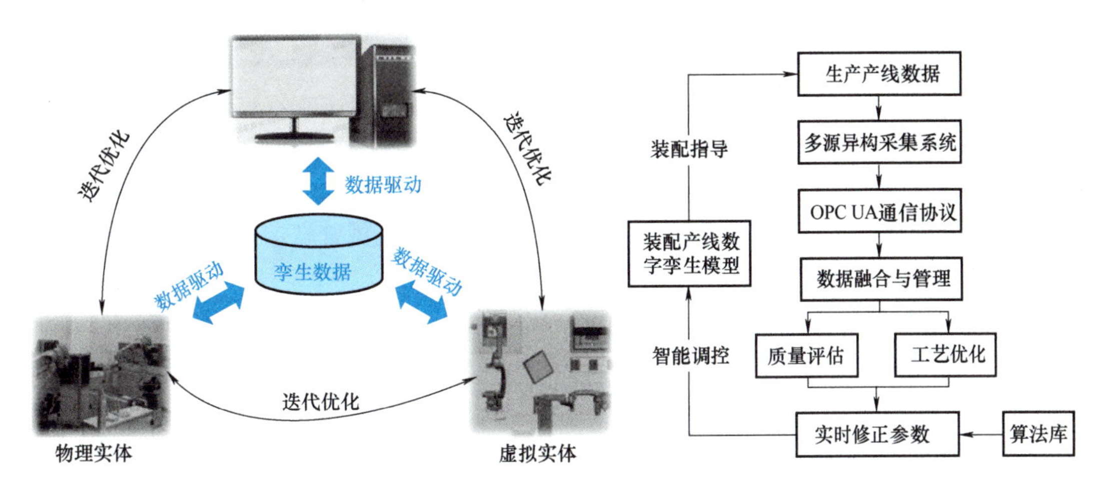

图 4-27 智能装配制造产线

4.3 离散型制造智能产线设计

离散型制造智能产线设计是指针对离散型制造的生产流程和工艺特点，利用先进的信息技术和自动化设备，设计出具有智能化、自动化和数字化特点的产线。这种产线能够实现智能化的生产过程监控、自动化的生产操作和数字化的生产数据管理，从而提高生产效率、降低生产成本、提升产品质量和灵活性。

4.3.1 工艺流程分析

在离散型制造智能产线中，节拍/动作时序计算是非常重要的，它涉及产线上各个设备、机器人或工作站的协调和同步。

1. 工艺流程规划

定义工艺流程：描述生产线上产品的制造过程，标识关键工作站和设备。以某智能制造车间物联系统为例，标识生产设备确定工艺流程。产线中主要的关键设备有3D打印机、CNC、成品库、传送带、坯料库、视觉检测装置、机械臂。图4-28所示为智能制造车间物联系统。

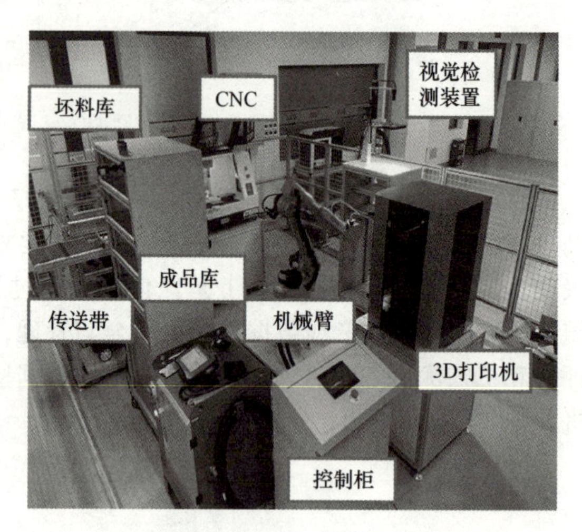

图4-28 智能制造车间物联系统

产线设备确定标识后对其工艺制造过程进行分析，如图4-29所示，此产线主要工艺包括：坯料库自动上料，吸附底板后放置在传送带上；传送带输送底板至机械臂取货处，自动取料装置在安全距离外等待；机械臂吸盘吸附底板，自动取料装置归位；机械臂将底板送至3D打印加工位置并退出安全距离；3D打印机进行打印，机械臂取走打印成品运送至视觉检测装置并退出安全距离；视觉检测装置进行质量比对并给出合格/不合格的判断结果；机械臂转运产品至成品库，根据其检测结果放置于对应的货架上，随后机械臂回归原位。

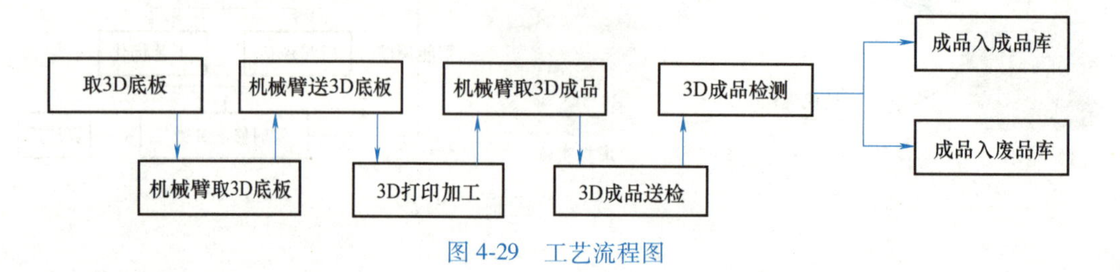

图4-29 工艺流程图

2. 节拍/动作时序计算

根据任务单元的依赖关系和工时评估，计算每个任务单元的开始时间和结束时间，确定各任务单元的实际执行时间。节拍与时序动作规划见表4-1。

表4-1 节拍与时序动作规划

节拍时间	动作描述
0~16s	从坯料库取1层3D打印底板
16~18s	传送带将底板运送到停放处
12~20s	机械臂移动至取货处，并调整位姿抓取物料

（续）

节拍时间	动作描述
20～28s	机械臂将底板送至 3D 打印加工位置
30～200s	进行 3D 打印工作
180～204s	机械臂先移动至 3D 打印机处，等待加工完成后抓取产品
204～210s	机械臂运送 3D 打印产品至检测处，并等待检测
210～215s	检测装置检测产品
215～222s	依照检测结果，机械臂将产品运送至对应的库位

其中，若产线是复合制造工艺，则需要考虑不同任务单元之间的协同作用，确保设备和工作站之间的同步，并确定任务单元的序列、依赖关系和逻辑约束以确保任务的有序执行。其中逻辑约束是指不同任务、工序或操作之间的依赖关系和顺序限制。有以下几种：

顺序约束：这是最基本的约束之一，它规定了工序之间的执行顺序。

条件约束：这些约束指定了在执行某些操作时必须满足的特定条件。

资源约束：这些约束涉及生产所需的资源，如机器、设备、人力和原材料等。一台机器可能同时只能处理一个任务，或者一个工序可能需要多个操作员共同完成。因此，资源的有效分配和利用对于整个制造流程至关重要。

时间约束：这些约束确定了工序的时间安排，包括开始时间、完成时间和持续时间。这些约束可以是固定的，也可以是基于任务的动态调整。

容量约束：这些约束指定了资源在一定时间范围内能够处理的任务数量。

排他性约束：这些约束表示某些操作之间的互斥关系，即它们不能同时进行。

4.3.2　工位设计

离散型制造产线工位设计是指在制造过程中针对离散型制造（如汽车制造、电子产品制造等）中的生产线对工位进行布局和设计的过程。一个完整的工位设计通常包括以下步骤：

1. 生产流程分析

如图 4-30 所示，通过对原材料到成品的每个步骤进行分析，确定各任务完成所需要的工位和顺序与关联性，主要包括流程分析与流程优化两个主要任务。工位设计中生产流程分析的流程分析主要包括定义流程目标、制定流程图、识别关键步骤、收集数据，以对现有问题进行分析。通过分析数据和流程图，识别当前生产流程中存在的问题，如低效率、资源浪费、不必要的等待时间等。

如图 4-31 所示，流程优化主要包括制定改进目标、提出改进建议、评估潜在风险、实施改进、监控和调整等。基于流程分析的结果，通过团队协作和专业知识，提出具体的改进建议，这可能涉及重新设计工艺、引入新技术、优化物料流等方面。通过制定明确的改进目标，以达到缩短生产周期、提高设备利用率、降低生产成本的效果。

2. 工位布局

考虑工位之间的空间布局，以确保最小化物料和人员之间的移动，并确保生产流程的顺畅进行。一般的工位布局需要遵守以下八项原则：流程优化、工序顺序、人机协作、空间利用、工位平衡、标准化、可维护性、安全性。基于此，大多数离散型制造智能产线通常基于生产流程的特点和空间限制采用直线布局、U形布局、S形布局等布局方式。

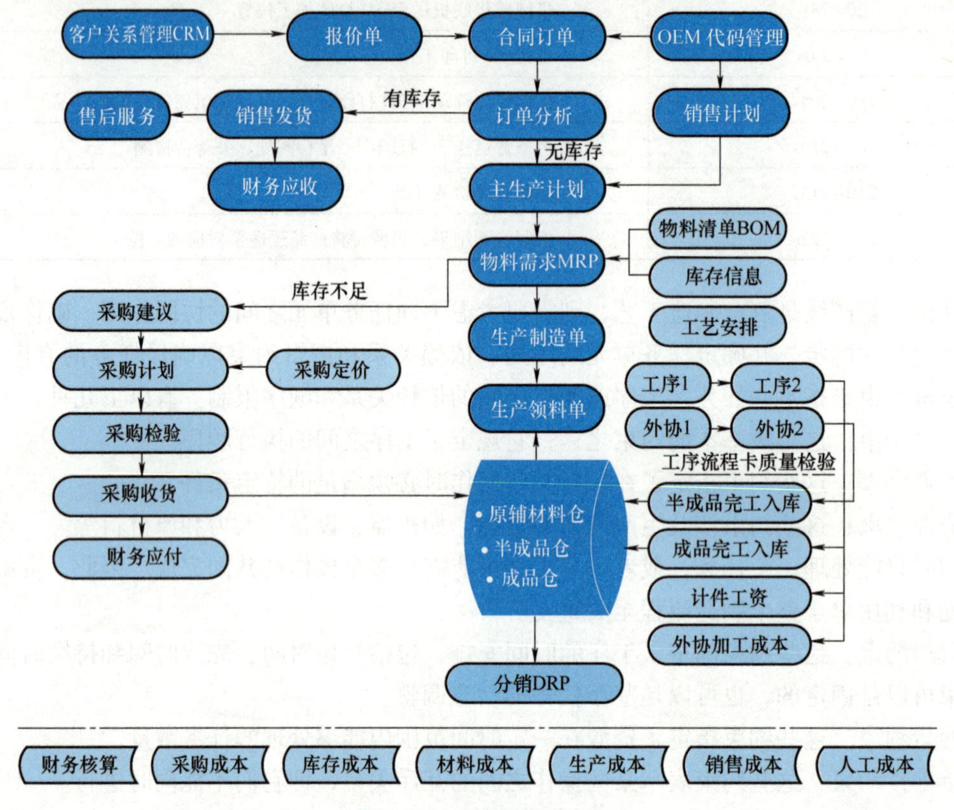

图 4-30　生产流程分析

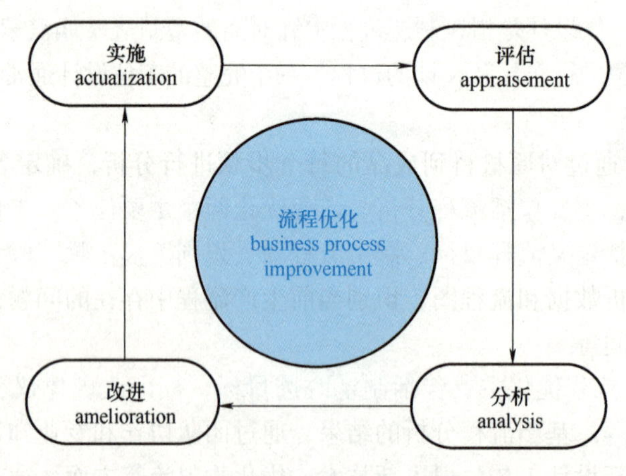

图 4-31　生产流程优化 4A 模型

3. 工位设备和工具

确定每个工位所需的设备、工具和材料，以确保工人能够高效地完成任务。此外，还需要考虑设备之间的协调性和工位之间的物料流动。对于离散型制造智能产线，对整条产线的各工位设备属性进行确定是核心任务，通常在一条离散型制造智能产线中有以下四类设备：

（1）专用工装设备　这些设备是针对特定任务或工艺定制的，它们用于执行特定的功能或操作，如特定形状的夹具、模具或装配工具。

（2）工业机器人　工业机器人是一种自动化设备，可以执行各种任务，包括装配、焊接、搬运和加工等。例如 SCARA 机器人、轴式机器人、Delta 机器人等。同时，根据工作负载、尺寸、精度、重复性、安全性、灵活性、可编程性、成本效益、供应商支持和服务等的不同，工业机器人的选用也不尽相同。

（3）通用工装设备　这些设备是指可以用于多种不同的任务或工艺的通用性设备。

（4）物流设备　这些设备主要用于物流和仓储操作，包括传送带、叉车、自动导航车（AGV）、仓储系统等。它们有助于优化物流流程，提高货物处理和运输的效率。

4. 人员安全和舒适性

工位设计应考虑到工人的安全和舒适性，包括确保工位之间有足够的空间以避免碰撞，以及提供符合人体工程学的工作台和工具。同时，针对离散型制造车间的生产集成，对工作人员的素质提升培训必须作为一项重要规程。其措施包括但不限于以下八项原则：安全通道设计、防护设备和标识、人机协作、人体工程学、照明和通风、噪声和振动控制、人员培训和意识、应急预案和演练。

5. 自动化技术的灵活性与持续性改进

工位设计应具有一定的灵活性和可调整性，以适应生产需求的变化。这意味着工位布局和设备应该能够轻松地进行调整和重新配置。工位设计是一个持续改进的过程，通过定期评估生产线的性能，并收集员工的反馈意见，可以不断优化工位设计，以适应不断变化的市场和技术环境，包括使用先进机器人、自动化传送带、传感器等。

综上所述，离散型制造产线工位设计是一个复杂而关键的过程，需要综合考虑生产流程、设备、人员和技术等多个因素，并通过持续改进来不断优化生产效率和产品质量。

4.3.3　产能分析

产线产能评估的任务包括四项：①根据评估结果找出影响离散型产线产能的主要要素，了解产线各制造资源的配置情况；②通过产能评估得到产线的现实产能，以便掌握实现产能与制造任务能力需求的匹配度；③提出相应的产能调整策略和资源优化配置策略；④评估调整策略和配置策略的可行性，确保制造任务按时完成。

产线产能评估应遵循如下准则：

（1）准时性准则　准时性准则是指根据下游工序的需求，准时完成生产任务，既不延误，也不提前，在需要的时间、按需要的数量、提供需要的产品（或零件）。过多、过早或延迟出产都是不允许的，否则就会增加原材料、在制品和半成品在生产过程中的存储数量和存储时间。生产过程中各种物料的存储数量太多，或存储时间太长，都会造成资金积压，会增加资金的时间成本，影响企业的经济效益。

（2）生产运行的经济性准则　生产运行的经济性准则一般指应使零件的生产和使用的总成本降至最低，经济效益最高。另外，在生产过程中，需要考虑产能规划的经济性原则，产能不足会导致产品不能在交货期内按时交付，造成客户的满意度下降；产能过剩会造成人员、设备、厂房等制造资源的浪费。

（3）投入产出的高效性准则　投入产出的高效性准则是指离散型产线的构建、改造、更新要符合高效性原则。这里的高效性主要包括生产效率的高效性、制造资源利用的高效性。

（4）环境的动态适应性准则　环境的动态适应性准则是指离散型产线能够快速、协调而又经济地响应内外部环境变化的能力。由于离散型产线以制造任务为拉动，因此，它必须具有针对不同的产品类型、不同的产能需求、不同的生产规模、不同的生产阶段的针对性需求，具备快速动态响应的能力，这种能力主要体现在柔性、可靠性、敏捷性等特点上。

（5）核心优势保障性准则　核心优势保障性准则是指在相应的生产战略下，离散型产线所提供的产品在某些方面或某一方面更具有优势竞争的能力。它是指离散型产线在资源、组织、管理、技术等方面为企业带来的中长期的竞争优势。

产能分析涉及对产线的各个组成部分的能力进行评估，包括机器、人员、工作流程等，以确定产线的最大生产能力。进行产能分析时，通常需要考虑以下几个关键因素：

（1）工时计算　包括直接劳动时间和间接劳动时间。直接劳动时间指直接参与产品生产的时间，而间接劳动时间包括准备、维护、清洁等非直接生产活动的时间。

（2）机器和设备的能力　评估每台机器和设备的最大产出能力、实际运行效率和可能的维护停机时间。这有助于确定产线的物理产能限制。

（3）工序布局和流程　分析生产过程中各工序的顺序和布局，以及物料流通路径，寻找提高效率和减少生产时间的方法。

（4）工序瓶颈分析　识别并解决瓶颈问题对于提高生产线效率至关重要。

（5）库存和物料需求计划（MRP）　评估原材料和半成品的存储需求，并根据生产计划调整。

（6）质量控制　考虑质量检查时间和可能导致的生产延迟。

进行产能分析的目的是确保产线不仅能够满足当前的生产需求，而且有助于提高效率、降低成本，并确保产品质量。通过这些分析，可以识别和解决生产过程中的瓶颈，优化资源分配，提高产线的整体性能和产出。

产能分析结合工序和工时等因素，涉及具体工位数量、缓冲区以及其他产线设计要素的规划，这些都是确保产线效率和灵活性的关键因素。在后续分析与优化环节中可能需要考虑的几个方面如下：

（1）工位数量和布局　根据产能需求和工序特点，确定所需工位的数量，并优化工位布局以减少物料传输时间和成本，提高产线的流畅性。

（2）缓冲区设计　根据产线的具体情况和瓶颈工序来设计合理的缓冲区。

（3）灵活性和可扩展性　包括模块化设计、易于调整的工位和设备等。

（4）继续识别和解决瓶颈　通过持续的监控和分析，识别新出现的瓶颈工序，并采取措施进行优化，如增加设备、调整工人分布或改进工作方法。

（5）技术和自动化的应用　评估在产线中引入新技术或自动化设备的可能性，以提高生产效率和减少人力需求。

（6）持续的质量控制　优化质量控制流程，以减小缺陷率和避免重工，从而提高生产效率。

通过对这些要素进行持续的分析和优化，可以使产线保持高效运转，同时保有适应市场变化的灵活性。这要求企业不仅在初始设计阶段进行全面的规划，还需要在生产过程中进行持续的监控、分析和调整，以不断提升产线的性能。

4.3.4　工序平衡分析

在对以人为主要劳动对象的传统产线进行优化时，面对瓶颈工序或其他工序的改进，主要采取两种策略：一是通过合并或分解工序来降低瓶颈工序的标准工时或提升产线的平衡率；二是在瓶颈工序增加操作工，以此提升生产效率。其中，合并或分解工序是一项重要的生产管理策略，它旨在优化生产流程，通过调整工序结构来提高整体生产效率和降低生产成本。这一策略的实施涉及对产线进行细致的分析，识别出瓶颈工序，并通过合理的工序重组来实现生产效率的提升。在实际应用中，这种方法不仅有助于提高产线的运行效率，还可以面对和克服生产过程中可能遇到的各种挑战。

在生产过程中，瓶颈工序是制约整个生产速度的最慢环节，其处理能力直接决定了产品的生产周期和产量。标准工时指完成一定生产任务所需的时间标准。通过合并或分解工序，可以有效调整生产流程，优化瓶颈工序的工作负载，从而降低标准工时，提高生产效率。实施步骤如下：

1. 确定瓶颈工序

通过数据分析和现场观察确定生产过程中的瓶颈工序。这一步骤是实施策略的基础。

2. 分析工序

对工序的操作步骤、所需时间、使用设备和人员配置等进行详细分析，以确定合并或分解工序的可行性。

3. 设计新的工作流程

根据分析结果，设计新的工作流程。例如，瓶颈工序过于复杂，导致标准工时过长，可以考虑将其分解成多个简单步骤，以便于快速完成。

4. 实施与监控

按照新设计的工作流程实施改进，同时设置监控机制，实时跟踪改进效果，确保策略实施的效果符合预期。

5. 持续改进

根据监控结果和生产实际需要，不断调整和优化生产流程，实现持续改进。在生产和制造行业，提高生产效率是企业持续发展的关键。一种直观且常见的策略是在瓶颈工序增加操作工。这里将详细探讨这一策略的实施步骤、优势、可能面临的挑战以及解决方案。

瓶颈工序增加指的是在生产过程中，为了解决产线上限制生产速度和产量的关键工序（即瓶颈工序），通过增加该工序的资源（如人力、机器等）来提升整个产线的效率和产能。瓶颈工序是生产流程中最缓慢的环节，其处理能力决定了整个生产系统的最大输出能力。通过对瓶颈工序的增强，可以平衡产线，提高生产效率，从而达到更高的产出目标。在瓶颈工序增加操作工，意味着通过增加人力资源来提升该工序的处理速度和生产能力，从而提高整条产线的效率。实施瓶颈工序增强的步骤见表 4-2，这种策略看似简单，但其成功实施需要对生产流程有深入的理解、合理的规划和精细的管理。

1）识别瓶颈工序。在生产过程中找到导致整个系统产能受限的特定工序或环节。瓶颈工序通常是导致生产效率低下、产量无法提高、周期时间增加的关键限制点。

表 4-2　实施瓶颈工序增强的步骤

序　号	步 骤 描 述	责任部门/人员	所 需 资 源	预 期 成 果
1	识别瓶颈工序	生产管理部	生产数据分析工具	确定瓶颈工序的位置和原因
2	评估瓶颈原因	质量控制部	分析报告	识别导致瓶颈的主要因素
3	增加人力	人力资源部	员工调配	瓶颈工序人力充足
4	增加设备	设备管理部	新设备投资	瓶颈工序设备能力提升
5	改进工艺	研发部	技术改进方案	瓶颈工序效率提升
6	调整生产计划	生产计划部	调整后的生产计划	生产流程顺畅
7	持续监控与优化	全部部门	监控工具	生产效率持续提高

2）评估瓶颈原因。评估生产过程中导致某工序成为瓶颈的根本原因。通过了解瓶颈形成的原因，企业可以采取有效措施来消除或缓解瓶颈，从而提高整体的生产效率和产能。

3）增加人力。增加人力旨在缓解瓶颈工序的负荷，提升其产能和生产效率，从而实现整个生产流程的平衡，提高整体产出，缩减产品的制造周期，满足市场需求。这一措施需要结合实际生产情况进行合理评估和实施，以确保效果达到预期。

4）增加设备。增加设备作为缓解瓶颈工序的有效措施，能够显著提高瓶颈工序的产能和效率，进而提高整体生产能力。然而，实施这一措施需要进行全面的可行性评估，确保场地空间、设备成本、操作人员等条件都能满足生产需求。同时，要做好新增设备的集成与调试工作，以确保设备能够顺利融入现有生产系统并实现预期的效果。

5）改进工艺。改进瓶颈工序的工艺，可以有效提升生产线的效率，减少瓶颈工序对整个生产过程的影响，进而提高产能并降低成本。在实施工艺改进时，需要结合工艺问题的具体情况，选择适合的改进方案，并通过充分的验证、合理的培训和持续的监控，确保工艺改进能够取得预期效果，并为整体生产带来持久的改善。

6）调整生产计划。调整生产计划可以有效缓解瓶颈工序的负荷，优化整个生产系统的效率。这一过程需要动态调度和实时监控，以确保瓶颈工序的资源得到充分利用，整个生产过程保持平稳流动。合理的生产计划调整需要结合瓶颈工序的具体情况，通过设定合理的优先级、均衡生产负荷和资源的优化配置，达到提升瓶颈工序产能和效率的目标，从而提高整条产线的产出。

7）持续监控与优化。持续监控与优化是瓶颈工序增强过程中的关键步骤，通过建立有效的数据监控系统、设定关键绩效指标、实时追踪瓶颈工序的生产状况，可以确保瓶颈工序的改进措施得以有效实施并逐步优化。持续的监控可以及时发现问题，数据分析有助于制定针对性的优化措施，从而实现瓶颈工序的有效提升，提高整体产线的产能和效率。同时，员工的参与和反馈也是持续优化的重要组成部分，通过有效的培训和反馈机制，可以让瓶颈工序的优化效果持续累积并保持长久。

4.3.5　产线资源配置与优化

产线资源配置与优化是指在制造业中通过合理分配和优化各种资源，以提高生产效率、降低成本、提高产品质量和提升产线的整体竞争力的过程。

产线资源配置与优化的目标是使得节拍最小和资源需求总量最少。目前的产线设计往往是刚性的，在规划之初就限定了站位分配和作业单元划分的方案，并未考虑重新组合优化的实现。然而随着工艺的改进、产能的变化以及多构型的混线生产需求，需要对生产线站位和装配指令等进行动态划分。为了实现产线的资源配置与优化，首先要通过对不同产品工艺流程的合理规划，减少多构型产品共线导致的各站位之间作业不均衡，实现多站位之间装配节拍的一致。同时，也需要对产线内与工艺流程匹配的人员、设备、夹具等资源进行合理配置，提高产线重点资源的利用率，降低产品的装配成本。

ECRS 分析法是工业工程学中程序分析的四大原则，即取消（eliminate）、合并（combine）、重组（rearrange）和简化（simplify），用于对生产工序进行优化，减少工序浪费，有利于找到更好的效能和更佳的工序方法。

1. 存在问题分析

对于产线存在的问题，主要从资源、节拍和工序三个角度进行分析。资源是工序任务执行的重要约束，串行工序过多会降低资源的利用率。节拍是工艺流程的优化目标之一，不合理的作业单元划分也会导致节拍问题。工序本身也会存在一些问题，对节拍和资源产生影响。产线工艺存在的问题如下：

（1）资源问题

1）资源利用不均衡。不同时段资源的使用量存在较大差距，造成资源不均衡现象。

2）资源利用率过低。某些时段资源的使用量远低于资源能力，造成资源浪费。

3）资源需求种类复杂。某些工序任务的执行同时需要多种资源。

（2）节拍问题

1）节拍不均衡。每个站位的节拍差异较大，不利于装配线平衡。

2）节拍过长。某些站位节拍时间过长，影响装配效率。

（3）工序问题

1）工时过长或过短。工时过长或过短不利于作业单元划分。

2）瓶颈工序。工序之间存在复杂的约束关系，某些工序会直接影响其他多个工序的执行，这种工序称为瓶颈工序。瓶颈工序是装配工艺优化的重点目标。

3）工序约束过多。某些工序与其他工序的约束关系过多，导致这些工序无法并行运行，不利于节拍的减少。

2. 改进建议

针对产线中存在的资源、节拍以及工序等问题，需要对产线进行调整。在产线设计的内容中，作业单元划分对资源和节拍等问题影响最大，所以可以从作业单元划分的角度提出一些改进建议。作业单元划分需要满足的主要原则是结构相关性、装配工艺相关性和功能相关性，这里基于作业单元划分启发式规则，从资源、节拍和工序的角度对产线工艺存在的问题提出改进建议，如图 4-32 所示。

（1）资源问题

1）资源利用不均衡和资源利用率低。进行拆分资源需求较高的工序，组合资源需求较低的工序，降低资源利用率低的时段的资源能力。

2）资源需求种类复杂。根据资源需求独立原则，尽可能划分相同技能类型的人员完成某个装配指令，避免交叉专业协同作业。

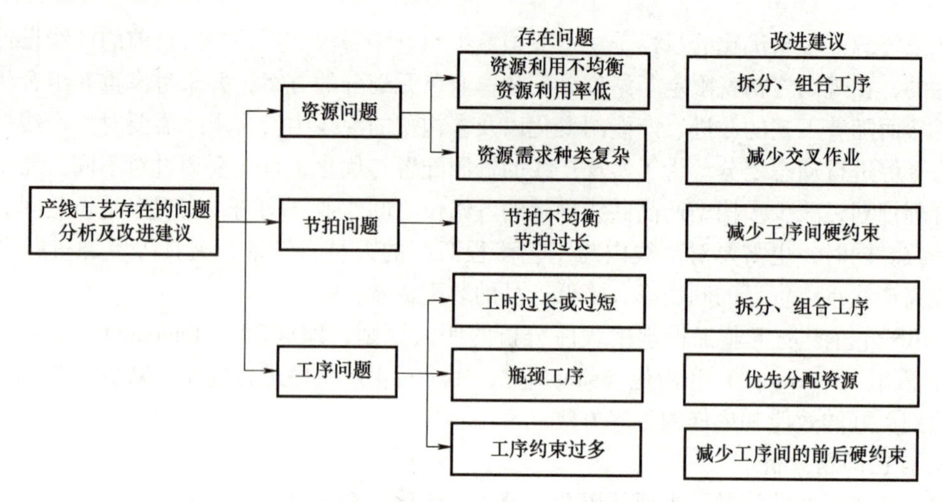

图 4-32　产线工艺的改进建议

（2）节拍问题　节拍不均衡和节拍过长：根据最大并行化原则，在工时过长的站位尽可能减少工序间硬约束，使工序并行化运行，减少站位节拍。

（3）工序问题

1）工时过长或过短。根据 ECRS 四大原则中的 E/eliminate 和 C/combine 两项原则，以及根据最大并行化原则，拆分工时过长的工序，组合工时过短的工序，尽量减少不同工序间工时的差异。

2）瓶颈工序。根据 ECRS 四大原则中的 R/rearrange 原则，在合理范围内为瓶颈工序分配更多的资源，使该工序尽快完成，减少对装配进度的影响。

3）工序约束过多。根据 ECRS 四大原则中的 R/rearrange 和 S/simplify 两项原则，以及根据最大并行化原则，尽可能减少工序之间的前后硬约束，使其并行化运行，有助于节拍的减少。

4.3.6　产线布局设计

产线指产品生产过程所经过的路线，即从原料进入生产现场开始，经过加工、运送、装配、检验等一系列生产活动所构成的路线。产线布局模式是指在生产过程中，将工作站、设备和生产资源按照一定的规划和安排方式进行组织的方法。这种布局的设计旨在最大化生产效率、降低生产成本、减少物料和人员流动，并提高整体生产流程的顺畅性。

不同的产线布局模式适用于不同的生产需求和工业环境，可以根据产品类型、生产量、工艺要求等因素进行选择。以下是一些常见的产线布局模式：

1. I 形产线

如图 4-33 所示，I 形产线是最简单的生产线类型，总体就是一条直线。通常用于长度较短的生产线或自动线。还有一些由于技术原因而导致必须采用 I 形产线，如生产平板玻璃、造纸等，I 形产线可以方便地从产线的两侧获得原材料，同时操作人员可以从两侧对生产过程进行监控和操作。但是，如果 I 形产线的长

图 4-33　I 形产线

度太长，就会成为一个障碍，导致材料和操作人员都必须绕过这条线。同时，长度越长，管理 I 形产线的成本就越高（步行距离造成的浪费等）。

2. L 形产线

如图 4-34 所示，L 形产线大多是由于工厂可用空间不足而被迫采用的。只有在仓库的入口和出口之间的夹角为直角时，才会主动采用 L 形产线。图 3-34 中，左边是仓库的入口，底部是仓库的出口，这时 L 形产线就会变得有意义。在优点和缺点上，L 形产线和 I 形产线很相似。

3. U 形产线

如图 4-35 所示，U 形产线总体呈现一个“U”字，其中头（材料进口）和尾（成品出口）都在同一个方向，这样做的好处在于减少了上文提到的“步行浪费”。U 形产线最大的优点是，操作工能够在产线中处理多个工序，如相邻的工序和“另一边”的工序。因此，这种类型的产线非常适合多机器、多设备线。此外，一个工人可以兼顾产线的开始和结束。一旦某一生产环节出现停顿，尾部无成品产出，这名工人在头部就马上停止新半成品的输入，然后去处理发生问题的工序。这样，不仅可以减少线边库存，而且故障和其他问题会比其他类型的产线更快地得到修复。

图 4-34　L 形产线　　　　图 4-35　U 形产线

4. S 形产线

如图 4-36 所示，S 形产线通常用于长度超长的产线，如汽车组装线。这类产线经常会达到数千米。如果把它们排成一条直线不仅需要很大的空间，而且会给内部的物料运输带来非常大的压力。相比之下，S 形产线会使物流运输更加快捷、容易。与 U 形产线不同的是，S 形产线内部需要给叉车流出足够宽的过道，因此工人们通常只负责操作自己这一侧的机器，而不会像 U 形产线那样同时照看对面一侧的机器。

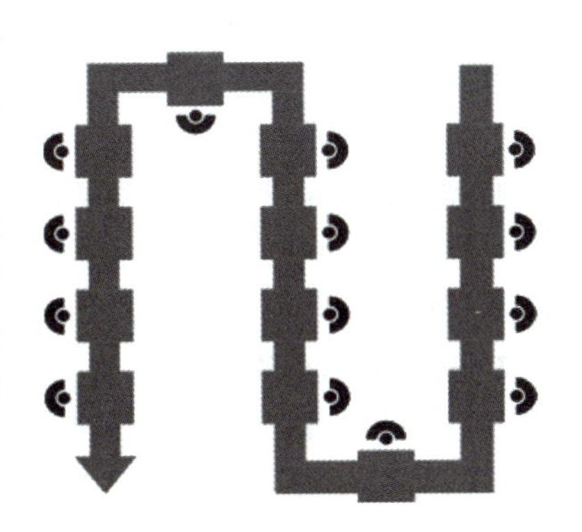

图 4-36　S 形产线

除上述的产线布局模式，还有环形布局、功能布局和细胞制造等。选择合适的产线布局模式可以在提高生产效率的同时降低生产成本，并使整个生产流程更为顺畅。布局的选择应根据具体的生产需求、产品特性和市场要求来进行优化。

4.4 离散型制造智能产线运行

智能产线的运行以工厂、车间级的生产任务为驱动点，通过生成排程映射为产线设备的具体运行时序任务，进而通过制造执行系统等经由总线传输到产线具体物理工位、设备，实现制造动作的准时准确执行与状态反馈及决策实施。产线运行的智能化不仅体现在底层设备之间的总线连接与自动化、智能化控制，还体现在产线运行的多维状态信息准确实时感知与调控预警，以及产线运行过程制造大数据所蕴含信息的挖掘与智能决策调控。

伴随多品种小批量、混线制造等制造模式的迁移，对产线的柔性要求不断提高。在传统的产线设备、单元运行控制的基础上，混线制造模式对产线的设备空闲率、能耗等提出了更高的控制要求，这使得产线的控制从传统的自动化逐步转入以数字孪生、大数据智能决策为支撑的智能化控制阶段。

4.4.1 智能产线总线集成与数据采集

数据采集是打通产线设备互联互通实现产线运行状态监控的基础，是提升产线从自动化到智能化的重要支撑。数据采集与监控（SCADA）系统是基于计算机通信和控制技术发展起来的生成过程控制与调度自动化系统。对于设备的控制扩展到诸如机器人、AGV、自动化立体仓库、专用智能化设备等。同时对于数据的采集与控制，进一步地通过大数据技术进行深度挖掘，力图实现智能化分析、设备预测性维护、质量管控等深层次应用。

1. 产线数据采集层次

针对产线级工业物联网的数据采集与监控，其可分为现场层、采集层、网络层、监控层和集成层。其中，现场层位于产线数据采集与监控底层，主要包括产线上人员、设备等数据，是产线各大要素的实时状态数据；采集层由各类采集设备组成，包括传感器、RFID、工业相机等，具体依靠传感器技术等支撑；网络层是数据采集与监控系统中的重要组成部分，包含了产线层的网络设备，也与工厂级的网络设备联通，网络层主要基于工业互联网等技术，针对设备的厂家、型号等属性进行多源异构数据实时采集，实现产线设备的互联互通；监控层一般部署在本地服务器或者云服务器上，基于采集层和网络层提取的产线数据进行产线运行状态的监控，包括对人员和设备等的各种监控；集成层通过定义数据接口等方式与车间层应用系统集成，为诸如MOM、WMS、大数据可视化等系统提供数据支撑。

2. 产线数据采集要素

产线数据采集的对象主要包括生产六要素（人、机、料、法、环、测）。其中：人作为产线执行的重要组成部分，对基本的人员信息、人员位置信息、人员行为信息需要采集监控，用于对人员的监控与分析优化；机包含了具体的执行设备和各类传感器，其数据采集包括两方面，一方面是设备的运行状态，用于感知设备运行等情况，另一方面是产品的生产数据，用于和订单、生产过程的工艺、质量等进行关联；料与生产过程紧密相关，直接构成物料-订单-产品数据，通常通过RFID、二维码等技术对物料设置唯一身份表示，实现产品从原材料、零部件、半成品到成品生产过程的实时数据采集与状态监控；法作为产品制造的工艺，包括工艺流程、工艺衔接等，其通过加工方法、工艺参数和工艺装备的正确性与合理性影响工序的加工质量；环指的是产线运行的环境参数，诸如温度、湿度等，影响着产线设备运行和加工工艺的稳定准确执行；测主要指产品生产过程的质量检测，以及在线采集工艺过程的关键技术参数由此进行分类、检测、判断等。

3. 产线数据采集方法

对于产线运行过程的数据采集，主要通过自动化采集和人工采集实现，其中自动化采集依托通信条件较好的设备及各种传感器，而人工采集作为自动化采集难度较大、经济成本较高场景的补充。常用的数据采集方法主要包含如下几种：

（1）RFID 采集　通过 RFID（射频识别）来采集人员、物料、设备、工装等的编码、位置、状态信息，类似于条码扫描方式，需要绑定 RFID 芯片，并事先将信息写入 RFID 中。

（2）设备控制系统采集　基于目前绝大多数设备所提供的专用设备类接口，利用外部计算机与 MES、SCADA 等系统集成实现远程监控和设备管理。

（3）PLC 类数据采集　包含 I/O（input/output，输入/输出）、信号采集、模拟量信号数据采集，这些数据经过 PLC 内部的逻辑运算用于设备控制或传输给 MES。PLC 的采集对象包含开关等设备，分布于现场各处的设备数据通过各种现场总线传输到 PLC 中。PLC 获取这些数据后通过 OPC（OLE for process control）服务、S7 服务（S7 系列通信协议）再次将数据传输至 MES。

（4）组态软件类数据采集　指一些数据采集与过程控制的专用软件。对于非数控类的采用 PLC 控制类的设备时，可采用组态软件直接读取 PLC 中的相关信息，然后用计算机采集、处理数据，可实时输出各种曲线，从而提高设备的监控效果。

（5）测量设备数据采集　在生产过程中常常需要对工件的质量点如加工精度、间隙等数据点进行检测，然后通过现场总线传输至 PLC 系统或者直接传输至 MES 系统进行分类汇总。

（6）手持终端采集　利用专用的手持终端，输入机床运行及生产的状态等信息，并通过以太网传递给数据库。

（7）条码扫描采集　将常用信息（操作员、产品批号等）进行分类并编码处理，转化成条码，现场使用条码扫描器就可以直接读取。

（8）手工录入　即人工信息录入。操作员在控制面板上实现对设备的监控或操作员在系统中手工录入，实现相关信息的填写上报。

（9）其他采集方式　可通过智能传感器、录像监控等方式实时获取生产现场的部分数据。

4. 产线数据采集通信

产线设备之间的互联互通消除了设备之间的壁垒，可以通过统一的网络实现设备之间的程序数据共享、远程监控、设备集中管理，有单机模式实现自动化、智能化的转型。产线设备之间的互联互通通过现场总线、工业无线网等实现。在具体的实现形式上，包括：基于 HMI（人机交互）系统的设备互联互通，主要面向具有提供开发数据库的 HMI 设备；基于网口的设备联通，主要借助设备自身的通信协议和网口，直接连接到车间以太网；基于串口的设备互联，一般需要通过现场总线技术连接至 HMI，或者通过对串口设备增加网关进行

TCP/IP 协议的转换；基于网络 I/O 采集模块的设备互联，对于通信能力不足的设备，可通过增加网络 I/O 采集模块的方式与工业互联网连接。

作为产线设备联通的重要通信手段，现场总线应用于现场控制系统与现场设备之间的双向数字通信，是现场设备与控制系统之间的一种开发的、全数字的、双向的、多点的串行通信系统。现场总线一方面在体系结构上成功实现了串行连接，克服了并行连接的不足；另一方面解决了开发竞争和设备兼容量大的难题，实现了现场设备的高度智能化、互换性和控制系统的分散化。常见的现场总线主要有 PROFINET、CC-Link 等。与此同时，设备之间的无线通信目前在物联网技术的驱动下，由于其部署的灵活性和管理效率，以及对于传统设备升级维护的便捷性，已经渗透到生产的各个环节。常见的工业无线标准有 ZigBee、Wireless HART 以及 WIA-PA 等。此外，伴随产线设备多元化，对于数控机床、机器人、AGV 等设备通信的异构问题，目前提出了 OPC UA（OLE for process control unified architectue）这一开放性的跨平台数据交换协议，已经成为工业通信标准。

4.4.2 智能产线运行控制

传统的产线运行管控主要由产线制造执行系统（MES）、数据采集与监控系统、产线控制系统、单元控制系统组成。伴随多品种、小批量、研产一体等制造模式与市场响应的迫切需求，智能制造工厂中各层级的管控要求更加的智能化、柔性化和高度集成化，以减少人员的决策参与而充分利用信息系统的智能决策。因此，智能产线需要在传统的运行管控模式基础上，基于产线运行状态数据采集，引入产线运行仿真与分析模型，集成 AI、机器学习、大数据、云计算等技术形成自主决策机制，以数字孪生产线来提升产线运行的智能化。其最终以 MES 和数字孪生对产线的运行管控进行使能。

1. 智能产线运行管控 MES 特点

在传统的数字化工厂中，制造的业务分为 ERP、MES、PCS、SCADA 等层级。其中，ERP 进行企业、工厂级的资源管控；MES 作为车间级管控，承接具体的生产任务并转映射到设备控制层；PCS 层为具体生产设备控制层，与 MES 高度集成实现设备状态的采集反馈与设备具体控制参数的下发等；SCADA 作为现场数据采集与监控系统，对产线的物理设备执行状态进行感知与监控，反馈至 MES 以推进产线的运行控制。MES 作为传统产线与车间级控制的核心，与工厂级的业务流程等信息互通全面扩展，同时 MES 承载着核心的产线控制角色，并凸显如下特点。

（1）数据交互实时性增强　工业互联网的发展使得企业通过对制造数据的采集，实现 MES 与底层控制设备互联互通，进行信息交互。

（2）决策功能日益突出　大数据、人工智能、工业互联网等使得 MES 对于收集的产线制造数据，可进一步通过数据建模、大数据分析、实时状态信息传输，支撑企业运营活动的实时分析与精准控制，实现智能决策。

（3）与新兴技术的融合　物联网技术引入制造数据、设备智能化与自主控制、人机交互方式等；数字孪生、三维可视化技术对产线的制造数据在虚拟模型中的整合，实现实际孪生数据的产线数字模型的实时驱动；工业互联网、云计算等技术的发展使得云平台等得到快速应用，形成了利用软件即服务（software as a service，SaaS）的云 MES 等低成本、高性能的部署模式。

2. MES 框架的发展

伴随信息化与工业互联网的发展，MES 的框架也逐渐从早期的高度专用化系统转向模块化配置、业务可重构的新型框架，以适应大数据、云计算等技术的融合，实现系统智能化的发展。

（1）C/S 结构的 MES 架构　MES 一般包含用户界面、业务逻辑和数据存储部分。在进行三层框架组织的基础上，可将数据集中到服务器端进行共享，这就形成了具有两层结构的客户端/服务器（C/S）架构。这种架构模式中，MES 的客户端与服务器端必须采用相同的构件体系，且组件必须是同构技术，制约了系统自由扩展的实现。

（2）B/S 结构的 MES 架构　B/S 网络结构模式的特点在于 Web 浏览器作为客户端的应用软件。B/S 结构能够支持远程操作与分布式操作，打破了局域网限制。MES 架构一般由表示层、应用逻辑层和数据库层组成。其中，表示层由基于 Web 浏览器的标准客户端和基于专用软件的专业客户端组成；应用逻辑层由 Web 服务器采用 HTTP（超文本传输协议）处理表示层发送的用户请求；数据库层包含存储历史数据的关系数据库和存储实时数据的实时数据库。

（3）SOA 结构的 MES 架构　SOA（面向服务架构）是一种企业应用体系架构，其提供了一种软件系统设计方法和编程模型，使得部署在网络上的服务组件能够通过已经发布和可发现的接口被其他应用程序或服务发现和调用。企业服务总线（ESB）是构建基于 SOA 解决方案基础架构的关键部分，它由中间件技术实现并支持 SOA 的一组基础架构功能。在 SOA 中，ESB 能够通过多种通信协议连接并集成不同平台上的组件，将其映射成服务层的服务。基于 SOA 的 MES 架构具有集成性、功能扩展、开放性等特点。其中，基于语义 Web 服务，采用基于语义网关的系统集成框架消除了系统之间集成对象在语法结构和语义层面的异构性，可以实现系统的无缝集成。

（4）基于微服务的 MES 架构　微服务架构（micro-service architecture，MSA）对 SOA 进行了进一步的升华，其核心思想是在系统设计开发阶段将单个应用划分为一系列的微小服务来实现系统的所有功能。MES 微服务架构主要包括表示层、微服务管理层、微服务层和数据库层。其中，微服务层提供 MES 业务功能所需的所有独立的微服务；微服务管理层进行微服务的管理与处理逻辑；表示层通过微服务管理层中相应的 MES 业务模块服务代理向服务端发送请求，经微服务管理层内部处理后再将请求传递给相应模块服务的服务接口进行 MES 服务端处理，完成后将相应信息按照相反顺序依次传递给 MES 客户端。基于微服务的架构，针对大型单体应用进行了以业务为单元的拆分，每个拆分的微服务应用都可以独立的部署与测试，简化了开发过程与成本，在应用与维护方面具有显著的优势。

3. 智能产线数字孪生

数字孪生技术将现实世界中的物理对象、系统或过程通过数字化建模的方式呈现在虚拟空间中，以便于人们进行实时的监测、分析和预测。面向产线的智能运行管控，数字孪生技术可以支撑以下方面的运用：

1）产线的实时监控和预警（图 4-37）。数字孪生技术可以在虚拟空间中构建产线的数字模型，以便于工作人员及时获取产线上设备和产品的状态信息，了解产线的实时运行情况。数字孪生技术可以对产线运行数据进行实时分析，及时发现可能发生的故障并解决。

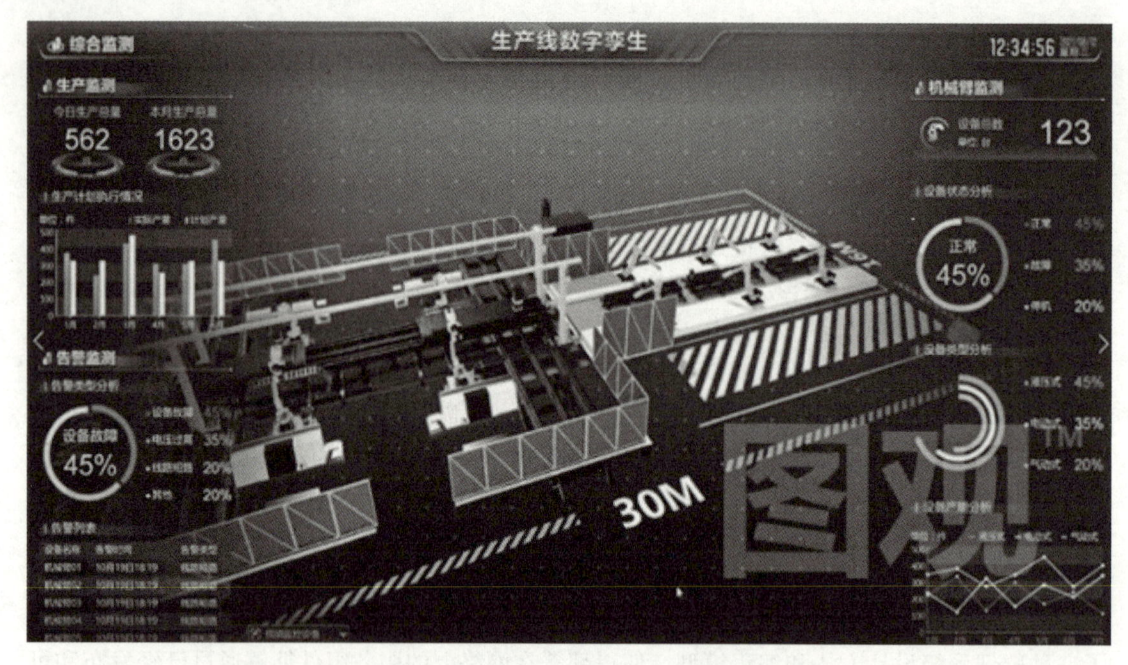

图 4-37　数字孪生产线的实时监控和预警

2）产线的实时预测和调度（图 4-38）。产线数据的预测是利用车间设备、产品等状态信息，根据数学模型描述产品制造过程与设备指标的内在关系，并根据现有数据对产线未来状况进行预测的过程。调度是根据产线的预测模型，合理分配现有资源，找到影响产线运行效率的关键指标并进行调整。数字孪生产线可以反馈产线的各种数据，包括总产量、维护时间等，并利用这些数据驱动数字孪生产线以实现生产状况的分析和优化。

图 4-38　数字孪生产线的实时预测和调度

3）产品的质量控制。数字孪生技术可以实现产品生产全过程的追溯，检查产品生产的各个环节中出现的问题，并进行分析和改进。

4）生产过程的改进。数字孪生技术的虚拟仿真模拟过程，可以帮助企业分析解决生产过程中遇到的瓶颈和问题，从而制定相应的改进措施，提高生产效率和产品质量。

4.4.3　产线制造数据分析

在智能产线运行过程中，所生成的海量制造数据蕴含着产品制造质量、产线设备服役状态、产线运行效能等信息。采用大数据、数字孪生等技术对产线运行数据进行挖掘分析，可以从产品过程质量监测与调控、产线运行效能提升、产线设备故障预警等方面实现产线运行的智能化，并结合可视化等技术提供智能管控交互。

1. 面向产线运行的大数据分析

面向产线运行的大数据分析，在大数据技术的基础上进一步面向产线运行开展优化决策等支持，其主要包含数据采集、数据清洗、数据标准化、数据挖掘和面向产线优化等环节。

（1）数据采集　数据采集是大数据技术应用的首要步骤，是指从传感器和其他待测设备等模拟和数字被测单元中自动采集信息的过程。

（2）数据清洗　在产线优化过程中，为了能够确定关键性能指标以及收集到能用于制定优化方案和优化策略的数据，需要用到数据清洗技术。数据清洗是指在数据分析过程中，识别和纠正数据集中的错误、缺失、重复、不一致或不准确的信息的过程。

（3）数据标准化　数据的标准化使得来自不同源头的数据能够在相同的标准下进行比较，其有助于将来自不同系统的数据整合到一个统一的数据集中，为综合分析和决策提供更全面的数据。

（4）数据挖掘　采用数据挖掘技术利用清洗和标准化后的数据来发现隐藏在其中的模式、趋势和规律，识别出潜在的优化机会。

在进行数据挖掘的过程中，需要根据已经进行数据预处理的数据，选择合适的分析工具。对于数值型数据可以使用应用统计方法；对于可分类或有标签的数据可以使用决策树；适用于描述性规则的场景和可分类的数据则规则推理更加适用；当含有不确定性或模糊性的数据，处于模糊性较高的情况则用模糊集更好；特别是在产线优化过程中处理复杂的非线性关系和大规模数据集如生产速率、质量控制、设备故障等，就可以运用深度神经网络来进行数据挖掘操作。

（5）面向产线优化　基于产线运行数据挖掘的结果，可以将其用于制定合理有效的产线优化策略，并在生产线上实施制定的优化策略。最后还需要不断监测产线性能，确保优化策略的实施达到预期效果。并且制定产线优化状态指标和风险监测，以便于随时调整模型或优化策略以适应变化的生产环境。

2. 产线运行过程的统计过程控制

为实现产线优化的实时性，通常会在产线优化过程中引入统计过程控制。统计过程控制（statistic process control，SPC），是指采用数理统计的方法（如分析均值、标准差、回归分析等）分析过程的样本统计数据，以此判断生产过程的波动是否处于可接受状态，在必要时调整生产过程参数以避免产品质量特性值过多地偏离目标值，从而使整个过程维持在仅受偶然因素影响的稳定受控状态。

SPC 软件界面如图 4-39 所示。SPC 其实是一种利用统计方法如均值控制图、极差控制图、EWMA 控制图等来监测和控制生产过程稳定性的质量管理工具。将 SPC 与产线优化结合起来，可以帮助企业更有效地管理生产过程，提高产品质量，降低生产成本。其作用主要体现在以下几个方面：

1）对于生产过程的实时监控和反馈。利用 SPC 技术对生产过程中关键参数进行实时监控，通过收集数据、制作控制图等方式，识别任何异常或趋势。

2）质量控制和缺陷预防。使用 SPC 进行质量控制，通过统计分析来预测潜在的质量问题，及时纠正过程中的变异，减少产品缺陷。

3）持续改进和优化。SPC 强调持续改进，通过分析过程数据、检查控制图，找出生产过程中的变异源，进行根本性的改进。

4）故障预测和预防性维护。SPC 可以用于监控设备和工艺的性能，通过识别趋势和异常，提前预测可能的故障。

5）数据驱动的决策。SPC 提供基于数据的决策支持，帮助管理层做出合理的决策，确保生产过程的稳定性和一致性。

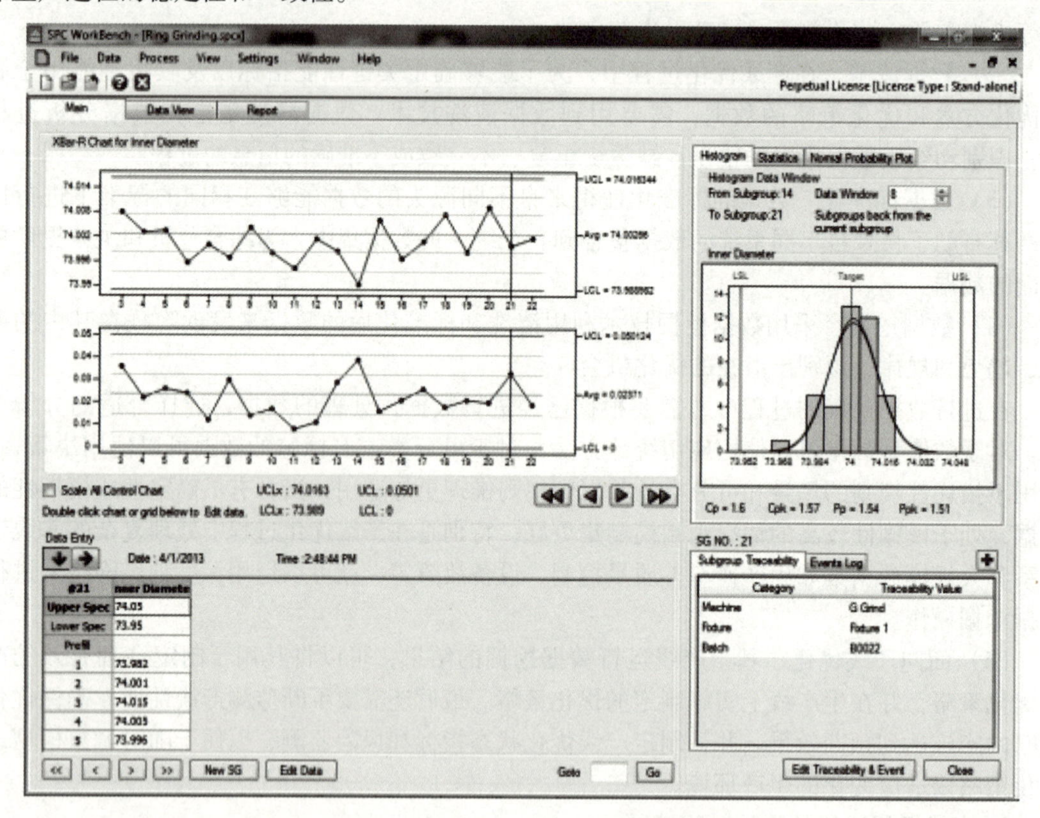

图 4-39　SPC 软件界面

3. 面向产线运行中的风险预测

在产线运行过程中，制造设备在长期运行中，其性能和健康状态会不可避免地下降。根据设备运行的监测数据和退化机理模型的先验知识，利用人工智能技术，及时检测异常并预测设备剩余使用寿命（remaining useful life，RUL），进而设计合理的最优维修方案。基于寿命和维修决策的预测性维护（PdM）技术是实现以上功能的一项关键技术，它能够保障设备的可靠性和安全性，而且能够提高任务的完成率。

PdM 技术主要由数据采集与处理、状态监测、健康评估与 RUL 预测及维修决策等模块组成，其核心功能是根据监测数据预测设备的 RUL，然后利用获得的预测信息和可用的维修资源，设计合理的维修方案。RUL 预测对维修决策具有指导性价值，是 PdM 技术的基础。在产线优化过程中，常见的三种预测性维护方法如下。

（1）基于故障树与贝叶斯的系统动态风险预测　基于故障树与贝叶斯的系统动态风险预测是一种结合了故障树分析和贝叶斯统计的方法，用于预测系统在不同操作条件下的风险水平。该方法首先通过故障树分析，对系统的各种可能故障进行建模。然后将故障树的事件作为节点，通过贝叶斯网络建立这些节点之间的概率关系，可以实时监测系统各个组件的运行状态，并根据实际数据，利用贝叶斯更新原理，动态地更新各个节点的概率参数。最后通过贝叶斯推断，计算系统在给定条件下的后验概率。该方法的优势在于能够动态地考虑系统状态的变化，根据实时监测数据对系统风险进行及时、准确的评估。

（2）基于神经网络组合的风险预测　在产线优化中，基于神经网络组合的风险预测是一种利用神经网络模型结合的方法，用于预测潜在的风险和问题。可以使用多个不同类型的神经网络，每个神经网络专注于捕捉数据的不同特征和模式。将多个神经网络的输出结合起来，通过集成学习的方法利用各个网络的预测结果，从而提高整体的预测性能。

（3）数据与模型混合驱动的风险预测　当前寿命预测研究的新趋势在于融合运用信号处理、退化模型和机器学习等多种方法。融合思想主要体现在整合不同模型、数据驱动方法以及模型与数据驱动方法的融合。这种综合方法旨在通过利用各自优势，提高风险预测的准确性和可解释性，实现了数学模型方法和数据驱动方法的优势互补，提高了对工业设备风险预测的精度和实用性。

4. 智能产线的看板可视化

看板作为数字孪生的可视化管理工具，帮助车间操作人员轻松实现车间的运行管理，便于实现生产过程的监控跟进。主要的看板类型包括生产进度看板、设备异常看板、物料管理看板、质量监控看板等。生产进度看板将部门的生产计划以指令的形式分配给各个车间；设备异常看板主要监测生产设备的运行状况；物料管理看板精确计算每种物料的出入库时间、数量变化等；质量监控看板能直观了解产品生产过程的质量信息。

通过设计不同层次、不同类型的看板，能动态呈现车间多层次实时状态数据，并且可以实现数据驱动的状态指标自动计算以及可视化展示，以多种类型展示的看板能够适用车间三维可视化展示的需求，并具备可配置、可扩展的特点。

5. 智能产线的人机交互

人机交互（human-machine interaction，HMI）是指人与机器之间使用某种交互方式，完整特定信息交换的过程。在工业生产线领域，人机交互技术的发展经历了几个显著的阶段。在工业化初期，人机交互的主要方式为手动操作机械设备；进入 20 世纪初期，人机交互通过电气化和自动化阶段，实现了部分自动化功能；随着计算机技术的发展和普及，人机交互发展进入新的阶段，工作人员开始通过键盘、鼠标以及显示器进行操作，更为高效地完成产线任务；进入智能制造时代，产线人机交互进一步朝着智能化的方向发展，物联网、云计算、大数据等先进技术的融合，使得人机交互可以大幅提高产线生产的灵活性、可靠性和效率。

在智能制造时代，新一代人机交互方式需要更多地关注生产数据的实时采集和处理，并为操作人员提供更为准确的预测和决策方案。利用图像识别、自然语言处理等先进技术，处理生产效率、质量监控、能耗等多方面的数据，并在人机交互界面可视化展示，提供优化方案。智能制造时代促进了人机协作模式的发展，负责执行体力劳作的机器人逐渐转换为可以理解操作人员意图的智能机器人。

人机交互在智能产线中具有举足轻重的地位，精准的人机交互可以帮助企业对生产过程中的各个环节进行精细化管理，挖掘潜在的优化空间，解决瓶颈问题，从而实现产线的改进。

4.4.4 绿色产线

伴随全球气候变化对自然生态产生重大影响，绿色制造助推节能减碳的技术变革，正式成为全球新一轮工业革命和科技竞争的重要新兴领域。2006 年 2 月，国务院发布了《国家中长期科学和技术发展规划纲要（2006—2020 年）》，将绿色制造列为制造业科技发展的三大方向之一。2011 年 7 月，国家科学技术部发布了《国家“十二五”科学和技术发展规划》，明确提出了重点发展先进绿色制造技术与产品，突破制造业绿色产品设计、环保材料、节能环保工艺、绿色回收处理等关键技术。2015 年 5 月，我国政府提出了“全面推行绿色制造，实施绿色制造工程，努力构建高效、清洁、低碳、循环的绿色制造体系”的总体发展思路。

针对智能产线的绿色制造，秉持安全、节能、节材、环保的理念。在产线设备的选型上，从使用寿命周期、运维等角度综合评估节能效果，以确保实现节能、低碳、环保的目标。在产线运行过程中，突出能源管理智能化，融合物联网、大数据、云计算、人工智能等技术，建立能源管理关键数据的采集、传输、存储、管理体系，以实现能源信息的实时互通。

本章小结

本章针对离散型制造智能产线的设计与智能运行，从数字孪生建模与使能、离散型制造工艺设计与仿真优化、智能产线设计和智能产线运行角度开展。针对离散型制造智能产线的数字孪生建模仿真与使能，从产线要素、可视化、逻辑关系以及运动副的建模及功能组态绑定给出了产线数字孪生建模方法，基于离散事件系统、排队论等结合数字孪生仿真机制与实现给出了产线数字孪生的关键技术，从生产预测、故障模拟、数据驱动和新技术集成的角度给出了产线数字孪生仿真与决策的使能技术。针对离散型制造工艺的设计与仿真优化，面向机械加工和装配两个制造阶段，介绍了基于模糊规则、基于特征表示与识别、基于深度强化学习、基于知识和基于遗传算法的主流机械加工工艺流程规划方法，以及基于几何分析、基于模型、基于知识专家系统、基于遗传算法、基于神经网络和基于知识图谱的装配工艺流程规划方法，并从加工仿真实现、装配尺寸链和装配精度预测角度介绍了离散制造工艺仿真与优化的主要方法。针对离散型制造智能产线的设计，从制造工艺流程分析、工位设计原则、产能分析、工序平衡分析、产线资源配置与优化以及产线的布局设计角度进行了主要设计原则与部分案例分析。针对智能产线的运行，从产线运行的数据采集层次、采集要素、采集方法和采集通信分析了产线的总体集成与数据采集；针对产线的运行控制，主要从 MES 的运行特点、架构演变和数字孪生使能角度进行了梳理；针对产线的制造数据分析，主要从产线运行的大数据分析、产线运行过程的统计过程控制、产线运行中的风险预测、看板可视化与人际交互方面进行了讨论。整体上为离散智能制造产线的设计、数据采集、集成管控与智能运行和数据智能分析与使能提供了全面的技术参考体系。

思考题

1. 产线的数字孪生建模包含哪些要素？
2. 产线设备的逻辑关系建模有哪些方法？有哪些技术特点？
3. 离散制造产线仿真有什么意义？目前主要包括哪些方面的仿真？
4. 离散事件仿真与产线数字孪生仿真有什么关系？哪些数学工具可支撑离散事件仿真？
5. 产线数字孪生的数据来源包括哪些？
6. 工艺流程规划是什么？对于离散制造产线有什么作用？
7. 常规的机械加工工艺流程规划和装配工艺流程规划分别有哪些方法？
8. 离散制造产线的工艺流程分析主要包括哪些内容？
9. 对于瓶颈工序一般如何处理？工序平衡分析的基本流程包括哪些？
10. 产线的资源配置与优化的目标是什么？ECRS 原则分别指什么？如何应用？
11. 产线常用的数据采集方法包括哪些？
12. 智能产线 MES 有哪些特点？
13. 产线制造大数据分析的主要流程包括哪些？
14. 产线运行的预测性维护主要包括哪些方法？

参考文献

[1] STEUDEL H J. Computer-aided process planning: past, present and future [J]. International Journal of Production Research, 1984, 22 (2): 253-266.

[2] ALTING L, ZHANG H C. Computer-aided process planning: the state-of-the-art survey [J]. International Journal of Production Research, 1989, 27 (4): 553-585.

[3] MARRI H B, GUNASEKARAN A, GRIEVE R J. Computer-aided process planning: a state of art [J]. The International Journal of Advanced Manufacturing Technology, 1998, 14 (4): 261-268.

[4] XU X, WANG L H, NEWMAN S T. Computer-aided process planning-A critical review of recent developments and future trends [J]. International Journal of Computer Integrated Manufacturing, 2011, 24 (1): 1-31.

[5] YUSOF Y, LATIF K. Survey on computer-aided process planning [J]. The International Journal of Advanced

Manufacturing Technology, 2014, 75 (1/4): 77-89.

[6] WEN X J, LIU J F, DU C X, et al. The key technologies of machining process design: a review [J]. The International Journal of Advanced Manufacturing Technology, 2022, 120 (5/6): 2903-2921.

[7] ABDULLAH M A, et al. Optimization of assembly sequence planning using soft computing approaches: a review [J]. Archives of Computational Methods in Engineering, 2019, 26 (2): 461-474.

[8] ALEMANNI M, DESTEFANIS F, VEZZETTI E. Model-based definition design in the product lifecycle management scenario [J]. The International Journal of Advanced Manufacturing Technology, 2011, 52 (1/4): 1-14.

[9] BOURNE D, CORNEY J, GUPTA S K. Recent advances and future challenges in automated manufacturing planning [J]. Journal of Computing and Information Science in Engineering, 2006, 27 (10): 1027-1034.

[10] CAKIR M C, CAVDAR K. Development of a knowledge-based expert system for solving metal cutting problems [J]. Materials & Design, 2006, 27 (10): 1027-1034.

[11] CAKIR M C, INFAN O, CAVDAR K. An expert system approach for die and mold making operations [J]. Robotics and Computer-Integrated Manufacturing, 2005, 21 (2): 175-183.

[12] CHEN C P, PAO Y H. An integration of neural network and rule-based systems for design and planning of mechanical assemblies [J]. IEEE Transactions on Systems Man and Cybernetics, 1993, 23 (5): 1359-1371.

[13] CHEN S F, LIU Y J. The application of multi-level genetic algorithms in assembly planning [J]. Journal of Industrial Technology, 2001, 17 (4): 1-9.

[14] CHEN W C, TAI P H, DENG W J, et al. A three-stage integrated approach for assembly sequence planning using neural networks [J]. Expert Systems with Applications, 2008, 34 (3): 1777-1786.

[15] DEEPAK B B V L, et al. Assembly sequence planning using soft computing methods: a review [J]. Proceedings of the Institution of Mechanical Engineers, Part E: Journal of Process Mechanical Engineering, 2018, 233 (3): 653-683.

[16] LIT P D , LATINNE P, REKIEK B, et al. Assembly planning with an ordering genetic algorithm [J]. International Journal of Production Research, 2001, 39 (16): 3623-3640.

[17] GRIEVES M, VICKERS J. Digital twin: mitigating unpredictable, undesirable emergent behavior in complex systems [J]. Transdisciplinary Perspectives on Complex Systems, 2017: 85-113.

[18] DINI G, FAILLI F, LAZZERINI B, et al. Generation of optimized assembly sequences using genetic algorithms [J]. CIRP Annals, 1999, 48 (1): 17-20.

[19] GUAN Q, LIU J H, ZHONG Y F. A concurrent hierarchical evolution approach to assembly process planning [J]. International Journal of Production Research, 2002, 40 (14): 3357-3374.

[20] HONG D S, CHO H S. A neural-network-based computational scheme for generating optimized robotic assembly sequences [J]. Engineering Applications of Artificial Intelligence, 1995, 8 (2): 129-145.

[21] HONG D S, CHO H S. A genetic-algorithm-based approach to the generation of robotic assembly sequences [J]. Control Engineering Practice, 1999, 7 (2): 151-159.

[22] HONG D S, CHO H S. Optimization of robotic assembly sequences using neural network [C]. Proceedings of 1993 IEEE/RSJ International Conference on Intelligent Robots and Systems (IROS′93), 1993: 232-239.

[23] LEO K S P, et al. A review on current research aspects in tool-based micromachining processes [J]. Materials and Manufacturing Processes, 2014, 29 (11/12): 1291-1337.

[24] LEO KUMAR S P. Knowledge-based expert system in manufacturing planning: state-of-the-art review [J]. International Journal of Production Research, 2018, 57 (15/16): 4766-4790.

[25] LEO KUMAR S P. State of the art-intense review on artificial intelligence systems application in process planning and manufacturing [J]. Engineering Applications of Artificial Intelligence, 2017, 65 (C): 294-329.

[26] RODRIGUEZ K, AL-A A. Knowledge web-based system architecture for collaborative product development

[J]. Computers in Industry, 2005, 56 (1): 125-140.
[27] SINANOGLU C, RIZA BORKLU H. An assembly sequence-planning system for mechanical parts using neural network [J]. Assembly Automation, 2005, 25 (1): 38-52.
[28] SMITH G C, SMITH S S. An enhanced genetic algorithm for automated assembly planning [J]. Robotics and Computer-Integrated Manufacturing, 2002, 18 (5/6): 355-364.
[29] SMITH S S. Using multiple genetic operators to reduce premature convergence in genetic assembly planning [J]. Computers in Industry, 2004, 54 (1): 35-49.
[30] WU M P, ZHAO Y, WANG C X. Knowledge-based approach to assembly sequence planning for wind-driven generator [J]. Mathematical Problems in Engineering, 2013, 2013 (1): 1-7.
[31] ZHOU X M, DU P A. A model based approach to assembly sequence planning [J]. The International Journal of Advanced Manufacturing Technology, 2008, 39 (9): 983-994.
[32] XU X, WANG L H, NEWMAN S T. Computer-aided process planning-a critical review of recent developments and future trends [J]. International Journal of Computer Integrated Manufacturing, 2011, 24 (1/3): 1-31.
[33] ZHA X F, DU H J, QIU J H. Knowledge-based approach and system for assembly oriented design, part Ⅰ: the approach [J]. Engineering Applications of Artificial Intelligence, 2001, 14 (1): 61-75.
[34] 王宇钢，修世超. 核模糊聚类和 BP 神经网络的切削工艺绿色度评价 [J]. 机械设计与制造，2018 (11): 41-44.
[35] 陶鑫钰. 基于深度强化学习的柔性加工系统工艺路线规划方法研究 [D]. 无锡：江南大学，2023.
[36] 李东升. 面向 STEP-NC 自由曲面特征的智能特征识别和工艺规划方法研究 [D]. 沈阳：东北大学，2021.
[37] 张魁，范玉青，卢鹄，等. 基于 MBD 制造体系的装配工艺数据集成 [J]. 机械工程师，2009 (1): 55-58.
[38] 周秋忠，范玉青. MBD 技术在飞机制造中的应用 [J]. 航空维修与工程，2008 (3): 55-57.
[39] 王昭. 船舶复杂曲面外板水火弯板加工工艺参数设计及工艺规划技术研究 [D]. 镇江：江苏科技大学，2022.
[40] 郭祥雨，王琳，张永健. 规则约束下基于免疫遗传算法的机加工艺规划 [J]. 中国机械工程，2020，31 (4): 482-488.
[41] 潘青姑. 基于 PLM 平台的汽车典型零件加工工艺规划方法研究与应用 [D]. 武汉：武汉理工大学，2019.
[42] 张禹，王志伟，李东升，等. 基于规则和混合算法的智能 STEP-NC 微观工艺规划 [J]. 东北大学学报 (自然科学版)，2020，41 (8): 1116-1122.
[43] 裴大茗，任帅，景旭文，等. 基于模糊规则推理的船舶焊接工艺规划 [J]. 电焊机，2016，46 (5): 63-66.
[44] 徐思尧. 基于数字孪生的工业机器人离线编程研究 [D]. 上海：东华大学，2022.
[45] 刘明俊，张振久，王基维，等. 基于数字孪生的智能生产线构建及教学实践 [J]. 实验室研究与探索，2023，42 (2): 209-214.
[46] 姚鑫骅，于涛，封森文，等. 基于图神经网络的零件机加工特征识别方法 [J]. 浙江大学学报 (工学报)，2024，58 (2): 349-359.
[47] 李伟奇. 面向知识重用的角盒类结构件数控加工自动工艺规划研究与实现 [D]. 大连：大连交通大学，2022.
[48] 阴艳超，李旺，唐军，等. 数据—模型融合驱动的流程制造车间数字孪生系统研发 [J]. 计算机集成制造系统，2023，29 (6): 1916-1929.
[49] 刘献礼，刘强，岳彩旭，等. 切削过程中的智能技术 [J]. 机械工程学报，2018，54 (16): 45-61.

[50] 赵彪，王欣，陈涛，等. 航空航天难加工材料切削加工过程模拟与智能控制综述［J］. 航空制造技术，2023，66（3）：14-29.
[51] 魏林. 基于 VERICUT 的数控加工仿真系统的研究［D］. 沈阳：沈阳理工大学，2008.
[52] 赵海洋. 车齿加工过程分析及运动学仿真［D］. 西安：西安工业大学，2016.
[53] 周峰，张紫旭，刘昊天，等. 基于动态规划算法的刀具轨迹优化及实验验证［J］. 组合机床与自动化加工技术，2019（2）：120-122；130.
[54] 孙小刚. 基于遗传算法的数控铣加工切削参数优化及仿真研究［D］. 成都：西南交通大学，2008.
[55] 赵庆军，尹胜，向瑶，等. 基于 ABAQUS 切削仿真加工技术应用［J］. 工具技术，2022，56（2）：76-80.
[56] 张东进. 切削加工热力耦合建模及其试验研究［D］. 上海：上海交通大学，2008.
[57] 叶小丽. CETOL 6sigma 在中职尺寸链教学中的应用研究［D］. 贵阳：贵州师范大学，2022.
[58] 张开富. 飞机部件装配误差累积分析与容差优化方法研究［D］. 西安：西北工业大学，2006.
[59] 易扬，冯锦丹，刘金山，等. 复杂产品数字孪生装配模型表达与精度预测［J］. 计算机集成制造系统，2021，27（2）：617-630.
[60] 陈华. 基于雅克比旋量模型的三维公差分析方法研究及在发动机装配中的应用［D］. 上海：上海交通大学，2015.
[61] 王为民. 面向质量目标的产品制造过程优化关键技术研究［D］. 南京：南京理工大学，2018.
[62] 王栎淇，范维，陈传军，等. 基于实时数据驱动的车间输送线数字孪生系统研究与实现［J］. 制造业自动化，2023，45（8）：171-177.
[63] 胡长明，贲可存，李宁，等. 数字化车间：面向复杂电子设备的智能制造［M］. 北京：电子工业出版社，2022.
[64] 孙连胜，高庆霖，王黎黎，等. 基于数字孪生的航天器结构件产线重构与自适应调度方法［J］. 航空制造技术，2023，66（21）：36-45；57.
[65] 黄敏杰，赵佳琪. 基于数字孪生的总装产线模型构建及仿真技术研究［J］. 智能制造，2023（5）：68-72.
[66] 裴兴林. 基于数字孪生技术的智能产线设计与实现［J］. 中国新通信，2023，25（13）：54-56.
[67] 王萌，彭飞，郑杰，等. 智能制造产线数字孪生体建模方法研究［J］. 工业技术与职业教育，2023，21（6）：1-6.
[68] 李泽军，都腾飞，李仲树. 基于柔性遗传算法的化工产线数字孪生仿真研究与优化［J］. 制造业自动化，2023，45（11）：142-146；184.
[69] 富珍. 统计过程控制（SPC）技术在质量管理中的应用研究及实现［D］. 武汉：武汉理工大学，2006.
[70] 傅利平. SPC 运作实务［M］. 深圳：海天出版社，2002.
[71] 宗群，李光宇，郭萌. 基于故障树的电梯故障诊断专家系统设计［J］. 控制工程，2013，20（2）：305-308.
[72] 陶飞，刘蔚然，张萌，等. 数字孪生五维模型及十大领域应用［J］. 计算机集成制造系统，2019，25（1）：1-18.
[73] 朱彦，王坚. 基于知识图谱推荐的钢铁产线智能故障诊断［J］. 控制理论与应用，2023，40：1-10.
[74] 吴琦，张胜文，国明义，等. 数字孪生驱动的车间物流可视化监控方法［J］. 机床与液压，2023，51（22）：120-126；131.
[75] 赵浩然，刘检华，熊辉，等. 面向数字孪生车间的三维可视化实时监控方法［J］. 计算机集成制造系统，2019，25（6）：1432-1443.
[76] 朱智涛. 某乘用车总装生产线产能和布局问题的研究［D］. 哈尔滨：哈尔滨工业大学，2020.
[77] 章海波. 智能生产线产能的分析与优化研究［D］. 桂林：桂林电子科技大学，2020.

[78] 张月红，郑联语，李春雷，等. 面向多品种大型筒类薄壁件的智能生产线设计及优化［J］. 航天制造技术，2023（5）：73-78.
[79] 刘强. 离散型生产线生产能力评估系统研究［D］. 西安：西安电子科技大学，2010.
[80] 田津休. 基于数字孪生的生产线平衡算法优化及软件设计［D］. 扬州：扬州大学，2023.
[81] 常笑，贾晓亮，刘括. 数字孪生与设计知识库驱动的飞机装配生产线设计及应用［J］. 航空制造技术，2020，63（20）：20-28.
[82] 尹静，杜景红，施灿涛. 智能工厂制造执行系统（MES）［M］. 北京：化学工业出版社，2024.

5

第5章

离散型制造智能车间

章知识图谱

智能车间是一种智能化的生产车间，它通过应用传感识别、人机智能交互、智能控制等技术和智能装备，实现车间计划排产、加工装配、检验检测等各生产环节的智能协作与联动。车间布局是如何根据企业实际需求，在预先给定的车间内部空间内，将生产过程中所使用的各种制造资源进行合理的组织和布局，以达到设计目标的最优。长期的实践证明，设施布局对于生产系统运行过程中的物料搬运费用、搬运效率、面积费用、在制品数量以及系统的实际产出率等均有重要影响。车间的布局方式直接影响着整个生产系统的总体性能，并且车间物料搬运费用占总生产费用的20%~50%，而良好的布局方式可以节省10%~30%的物料搬运费用。调度问题是在实际工作中广泛应用的运筹学问题，可以定义为“把有限的资源在时间上分配给若干个任务，以满足或优化一个或多个目标”。调度不只是排序，它还根据得到的排序确定各个任务的开始时间和结束时间。这类问题的应用如此之广、人们对其所产生的兴趣如此之浓厚，以至于在生产作业计划、企业管理、交通运输、航空航天、医疗卫生和网络通信等领域，以及工程科学的几乎所有分支领域内，大量新的研究文献不断涌现，调度研究的重要性由此也可略见一斑。现在许多有关调度问题的研究假设机器在计划的时段内均是可用的，但这个假设在许多实际生产中并不合理，这是因为设备故障、停机维护或其他的限制可能会导致机器在某个时间段不可用，造成车间的生产效率降低或生产计划不能按时完成。并且随着时间的累积，设备役龄的增加，设备不可避免地要出现故障，并且设备运行时间越长，故障的频率会越高，甚至会发生设备整体的损坏以至于无法运行的情况。设备的重大故障会导致整个车间生产停滞，会对企业产品的交货期产生重大影响，并且设备故障后维护需要更高的人工、能耗等成本，造成资源的浪费，给企业带来经济或名誉上的损失。

5.1 离散型制造车间规划

5.1.1　车间规划布局分类

自 20 世纪 60 年代以来，车间布局领域的研究一直方兴未艾，但由于问题的 NP-hard 属性及实际布局问题的多样性，现有的大量数学模型及求解算法越来越难以适应现代制造系统车间布局设计的需要。随着客户个性化需求的增多，企业必须拥有生产效率高、生产成本低、车间柔性高的布局方式才能满足多变的市场需求。因此，针对动态需求下的车间布局问题，寻求一种合理的解决方案对企业实际问题的解决具有重要的意义。

目前，针对动态需求下的设施布局问题的研究，按照最终的布局策略分为动态布局和鲁棒性布局。动态布局是根据不断变化的生产需求来改变车间布局方式，使重布局费用及物料搬运总费用最小。由于动态布局方式需要中断生产来进行车间重新布局，可能会造成交货期延迟，以及客户满意度降低而带来其他的无形损失。因此，实际多品种小批量生产企业往往不采用动态布局方式进行车间布局。鲁棒性布局是选用一种布局方式应对动态的生产计划，这种布局方式对于单个生产阶段可能不是最优，但在整个生产周期内为最优布局方式。此种布局方式不必像动态布局那样进行频繁地重布局，在不中断生产的前提下满足生产需求并尽可能降低车间生产费用及提高车间的柔性。在已查到的相关文献中，关于鲁棒性布局的研究大都是针对设施面积相等的车间类型，优化目标为最小化车间物流费用。然而，实际生产系统中，不同型号设备的占地面积往往是不同的，如果都按统一的面积进行布局势必造成面积的浪费或搬运费用的增加，并且，面积利用率是车间布局需要考虑的重要因素之一，因此针对设施面积相等的车间鲁棒性布局研究并不能满足实际企业的需求。为了给企业提出一种具体可行的解决方法，以设施面积不等的车间类型为研究对象，对动态需求下的鲁棒性车间布局进行研究具有重要的实际意义。

1. 车间布局问题

车间布局问题是指在一定的生产环境下，生产系统设计人员根据生产目标确定系统中的各设备的摆放形式和位置。一般情况下，对车间进行布局优化应按照以下几个步骤实施：

（1）确定布局类型　根据产品的工艺流程、产量、厂房面积、设施的数量和形状，确定设施布局的类型。如按工艺布局、按产品布局等。

（2）建立车间布局模型　确定车间布局的优化目标及约束条件，然后将实际的车间布局优化问题转化为块状布局问题，建立具体的数学模型或者图论模型，选用适当的算法进行求解，得出设备间的位置关系。在模型的选择上，一般利用二次分配问题（quadratic assignment problem，QAP），求解算法可选用系统布置设计（systematic layout planning，SLP）方法或启发式算法。

（3）评价与仿真　根据设备的具体形状，对布局方案进行微调，然后选用评价指标对此种布局方案进行评价，并选用可视化的软件进行模拟仿真。若布局方案不能满足车间的生产需求，则重新优化。对布局进行评价时可选用层次分析法或模糊评价法，利用 FlexSim 或 Witness。

由于不同企业的实际需求不同，所规划的车间类型、优化目标和约束条件也相差很大，因此，在解决实际问题时，只能根据实际情况选用合理的布局类型，设定符合企业实际的优化目标，根据车间的实际情况设定车间布局约束条件。目前，根据车间布局领域现有的相关研究，将车间布局问题进行如下分类，具体如图 5-1 所示。

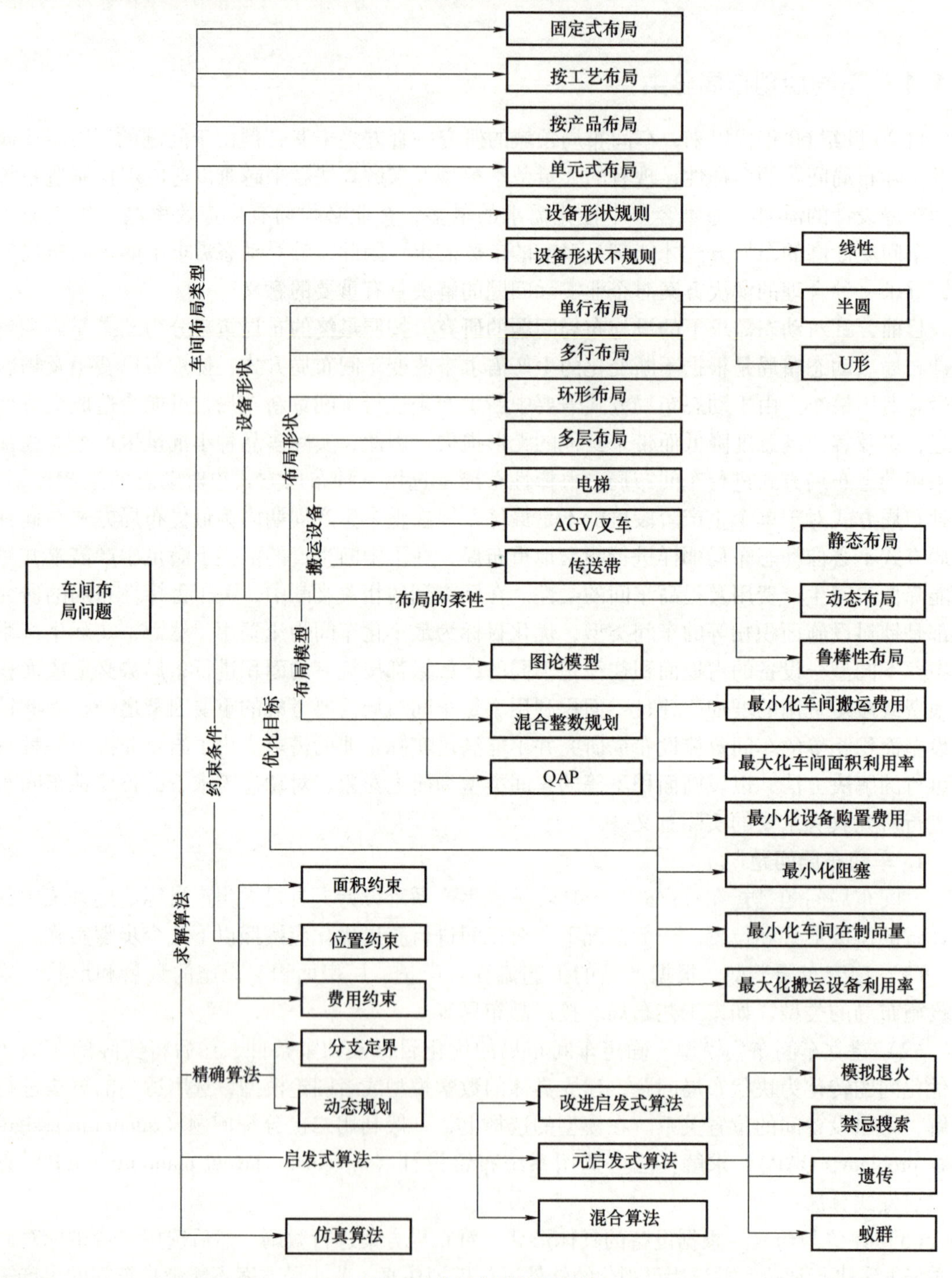

图 5-1　车间布局问题分类

2. 车间布局类型

不同行业的产品类型、生产流程差别很大，在生产系统规划过程中所采用的布局方式也各有特点，若按照产品的加工方式进行分类，车间内设备布局可以分为以下几种方式：

（1）按工艺布局　按工艺布局是指根据设备的加工能力对其进行分类，把工艺相同或者相似的设施设备放在一起，在一个固定的区域内进行布局，然后再对各个区域进行合理规划，如图 5-2 所示。这种布局方式适合多品种小批量的生产方式，车间柔性好，生产连续性好，有利于提高工人的生产技能。但物料搬运量大，生产过程中管理困难，难以制订合理的生产计划，工序间在制品量较高。

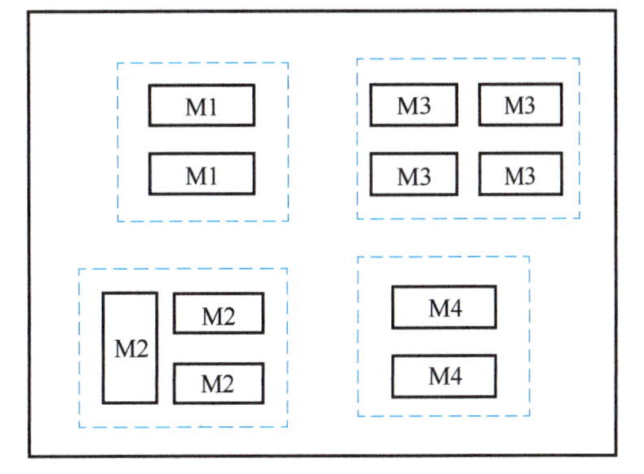

图 5-2　按工艺布局

（2）按产品布局　根据产品的加工工艺，对车间内设施设备及人员进行合理布局，如图 5-3 所示。这种布局方式适用于产品相对稳定的企业，可以高效率地进行生产，但生产的柔性差，产品种类单一。

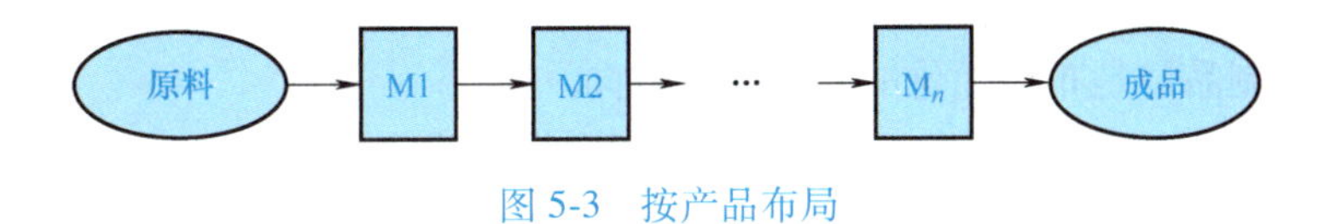

图 5-3　按产品布局

（3）单元式布局　通过对零件的相似度分析，把加工相似产品的设施放置在同一个单元车间内，由多个这样的单元车间组成整个生产系统，如图 5-4 所示。单元式布局方式能够高效地利用车间设备，减少车间内物流量，提高车间布局的柔性，但对操作人员的要求高，车间管理困难。

（4）固定式布局　所加工的产品固定不动，设备、生产人员布局在产品周围，如图 5-5 所示。此种布局方式适用于大型产品的生产，如船舶、飞机、火箭等。

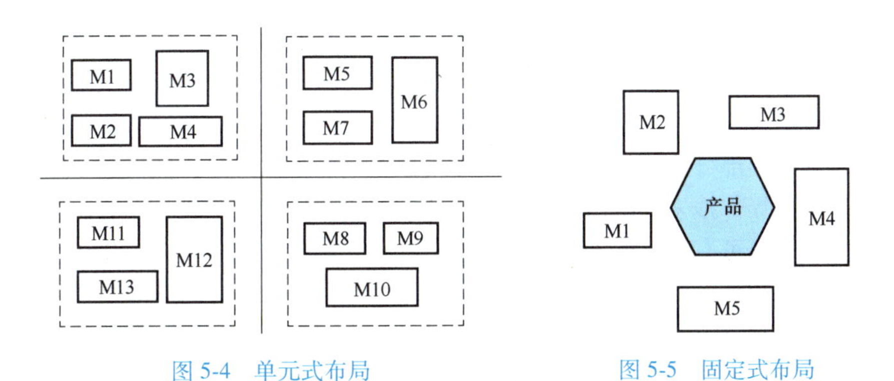

图 5-4　单元式布局　　图 5-5　固定式布局

3. 车间布局问题的优化目标

设施布局问题的研究目的是找出适合企业实际的最优布局方式，根据企业的具体情况不同，所需要优化的目标也不同。目前，在车间布局问题的相关研究中，主要应用以下几种优化目标：

（1）最小化车间搬运费用　车间内搬运费用的高低是衡量设施布局是否合理的重要指标，良好的设施布局方式可以降低车间10%～50%的物料搬运费用，在以往的布局问题相关研究中，大都以最小化车间总物流费用为优化目标。其中，设施之间的搬运费用包括工作站处的装卸费用及设施间的运输费用。

（2）最大化车间面积利用率　实际生产系统中，不同型号设备的占地面积往往是不同的，如果都按统一的面积进行布局势必造成额外的面积费用或物料搬运费用，并且，车间的面积利用率直接影响着车间布局的美观和投资成本，应在生产系统设计初期予以考虑。

（3）最小化设备购置费用　若车间的布局类型是按工艺布局或者单元式布局，则可以根据产品的工艺流程和产量对设施的数量进行优化，通过最小化设备数可以提高车间设施的利用率，降低车间的投资成本。

（4）最小化阻塞　在生产过程中，由于原材料进入到生产系统的间隔时间及每台设施的加工时间不同，会造成物料搬运设备在运送在制品时出现阻塞或者拥挤，通过设定此目标，可以优化搬运设备的运送路径及缩减阻塞和等待时间。

（5）最小化车间在制品量　在制品占用了企业大量的流动资金，隐藏了生产系统中所存在的缺陷，严重制约着企业的发展。并且，精益生产和准时制生产都要求实行零库存，因此，降低车间在制品量是布局优化的一个发展方向。

（6）最大化搬运设备利用率　通过提高车间内搬运设备的利用率，可以降低产品的生产成本，为车间生产平准化提供保障。

一个车间布局问题，不可能涵盖所有的车间布局优化目标。针对具体的车间布局问题，通常根据企业的实际情况，设定优化目标中的一个或者多个进行组合优化，虽然不同的车间布局问题的优化目标不同，但主要目的都是降低车间生产成本，缩短交货提前期，提高车间布局对市场需求的反应能力。

5.1.2　生产车间鲁棒性车间布局

为避免动态环境下频繁进行车间布局同时降低车间投资成本，针对设施面积不等的车间类型，将静态布局中的面积费用指标引入到鲁棒性车间布局中，建立以车间物料搬运费用和面积费用最小化的多目标鲁棒性布局优化模型；为提高最终方案的鲁棒性，对现有鲁棒性指标进行改进，设计了一种鲁棒性布局约束。为求解该模型，提出一种改进蛙跳算法，首先通过系统布置设计得出部分较优的初始解以提高初始解集的整体质量，然后利用差分变异算子替代蛙跳算法中的局部搜索策略以提高寻优速度。通过算例验证了模型和算法的有效性。

良好的车间布局可有效降低车间物流成本、优化在制品数量、改善工作环境、提高生产系统运行效率。据统计，生产系统中良好的车间布局能降低10%～30%的物料搬运费用。同时日趋激烈的市场竞争及不断增长的个性化需求带来了一个多品种、小批量的动态多变的生产需求，车间设施布局能否适应动态变化的生产需求，成为企业降低成本、提高竞争力的有效措施之一。因此，对动态环境下的车间布局问题的研究具有重要的理论与实际意义。

ROSENBLATT等首次把鲁棒性概念引入车间设施布局领域，指出布局的鲁棒性是车间应对生产变化时仍能保持良好性能的能力。鲁棒性布局是选用一种布局方式应对各阶段不同的生产需求，对于其中某个特定阶段，它不一定是最优方案，但在整个生产周期内却是整体最优的布局方式。此种布局方式不必像动态布局那样频繁地进行重布局，在不中断生产的前提下满足各阶段生产需求及提高车间的柔性，使整个生产周期内的总物料搬运费用最低。通过最大化车间布局的鲁棒性指标找出车间物料搬运费用较低的布局方式，定义鲁棒性指标：最终鲁棒性布局方案在各阶段内的物料搬运费用落入该阶段给定的最优解的百分比范围之内的次数。BRAGLIA 等针对设施面积相等的单行设施布局车间，将总惩罚费用（total penalty cost，TPC）作为鲁棒性指标，指出降低总惩罚费用可以提高车间布局的鲁棒性，并以最小化总惩罚费用作为优化目标，建立鲁棒性布局模型，寻求车间最优鲁棒性布局方式。PILLAI 等在文献的基础上，将研究对象扩展到设施面积相等的单元式车间，建立单元式车间的鲁棒性布局模型，使车间布局在满足各阶段不同需求的情况下保证物料搬运费用最低。目前对鲁棒性车间布局的研究还不多，只找到对模型和鲁棒性指标进行研究的文献，其余研究主要集中在对鲁棒性布局问题的求解算法方面。现有鲁棒性布局的研究对象均为设施面积相等的生产车间，优化目标都是最小化车间物料搬运费用。而实际生产系统中，不同型号设施的占地面积往往是不同的，如果都按统一的面积进行布局势必造成额外的面积费用和物料搬运费用，因此，需要研究设施面积不相等的鲁棒性车间布局。而且，车间面积费用这项指标直接影响车间布局的投资成本，已在静态车间布局研究中广泛采用，在动态布局问题中也开始被采用，但目前还未见到在鲁棒性布局中考虑面积费用的相关文献，将面积费用指标引入到鲁棒性布局问题可以提高车间面积的利用率，从而降低车间投资成本。为此，选定设施面积不等的作业车间作为研究对象，将面积费用指标引入到鲁棒性设施布局问题中，以最小化车间物料搬运费用和面积费用为优化目标，建立多目标鲁棒性布局模型。

鲁棒性布局问题具有 NP-hard 的特点，一般启发式方法很难得到满意解。所提出的模型需要求解各阶段的最优解及最终鲁棒性布局方案，是一个复杂的组合优化问题。目前，启发式算法、模糊理论、模拟退火算法、遗传算法已在鲁棒性设施布局问题中得到应用。然而，启发式算法和模糊理论不适用于求解大规模问题；遗传算法具有隐含的并行性和良好的全局寻优能力，但搜索速度较慢，易陷入局部最优；模拟退火算法在进行全局搜索时，运算效率不高。而混合蛙跳算法（shuffled frog leaping algorithm，SFLA）是一种结合了模因演算算法和粒子群优化算法的元启发式协同搜索群智能算法，已在水资源网络优化、车辆路径选择、作业车间调度等领域得到成功应用，目前还未见到在设施布局领域的应用。为了验证蛙跳算法在车间设施布局领域的寻优能力，将蛙跳算法应用于求解动态环境下的鲁棒性设施布局问题。为了提高问题的求解速度和算法的寻优能力，提出一种引入系统布置设计（SLP）和差分变异算子的改进蛙跳算法对问题进行求解。

1. 问题模型

目前鲁棒性车间布局的研究对象均是针对设施面积相等的生产车间，不能解决实际企业车间布局问题中存在的设施面积不相等的情况，因此，选择设施面积不等的生产车间作为研究对象，整个生产周期包含 P 个生产阶段，各阶段设施间物流量不等。车间内设施呈多行排列，设施占有的面积为矩形结构。

（1）问题假设

1）各设施的横、竖摆放已定。

2）P 个阶段的生产计划已经确定。

3）同行设施的中心点位于同一条水平线上。

4）设施间物料搬运只能走水平和垂直直线。

5）车间产出能力完全满足生产需求。

（2）问题建模　针对目前鲁棒性设施布局文献中均以车间物料搬运费用最低这一单目标进行优化，忽略了车间投资所消耗的面积费用。因此，将静态设施布局中已普遍采用的面积费用指标引入鲁棒性布局，建立多目标鲁棒性车间布局模型，以保证车间物料搬运费用和面积费用的总费用最低。总物料搬运费用及面积费用的数学模型如式（5-1）和式（5-2）所示：

$$\mathrm{MHC}=\min\left\{\sum_{p=1}^{p}\sum_{i=1}^{n}\sum_{j=1}^{n}c_{ij}f_{pij}(|x_i-x_j|+|y_i-y_j|)\right\} \tag{5-1}$$

$$\mathrm{AC}=\min\{Rsh\} \tag{5-2}$$

约束条件：

$$|x_i-x_j|\geqslant[(X_i+X_j)/2+s_{ij}]z_{ik}z_{jk},i,j=1,2,\cdots,n\ i\neq j \tag{5-3}$$

$$\sum_{k=1}^{m}z_{ik}=1,i=1,2,\cdots,n;k=1,2,\cdots,m \tag{5-4}$$

$$x_i-\frac{X_i}{2}\geqslant s_{io},\forall i \tag{5-5}$$

$$x_i+\frac{X_i}{2}\leqslant L,\forall i \tag{5-6}$$

$$y_i+\frac{Y_i}{2}\leqslant H,\forall i \tag{5-7}$$

$$y_i-\frac{Y_i}{2}\geqslant h_{io},\forall i \tag{5-8}$$

式中，i、j 表示车间设施设备，i、$j\in[1,\ 2,\ \cdots,\ n]$；x_i、y_i 为设施 i 的坐标值；X_i、Y_i 表示设施 i 的长和宽；s_{ij}表示设施 i 与设施 j 的 X 向最小间距；R 为单位土地面积费用；L、H 为车间的长和宽；c_{ij}表示从设施 i 到设施 j 的单位距离物料搬运费用；s_{io}、h_{io}为设施 i 与车间边界的 X 向、Y 向最小间距；s、h 为布局的最小 X 向、Y 向边界值，若设施 i 和设施 j 的边界具有最大的 X、Y 坐标值，则 $s=x_i+\frac{1}{2}X_i+s_{io}$、$h=y_j+\frac{1}{2}Y_j+h_{jo}$，不同的布局方式中处于边界的设施不同，$s$、$h$ 的取值也相应变化；z_{ik}是 0-1 决策变量，其中，$z_{ik}=\begin{cases}1，设施\ i\ 在\ k\ 行上\\0，其他\end{cases}$，$k$ 为设施所在的行；f_{pij}表示 p 阶段从设施 i 到设施 j 的物料搬运量。

其中，式（5-1）为车间的总物料搬运费用；式（5-2）为面积费用；式（5-3）保证车间设施不重叠放置，由于采用自动换行策略，Y 方向上的行间距根据设施尺寸设定，设施之间不会出现重叠放置；式（5-4）保证一台设施只能被放置一次；式（5-5）~式（5-8）为边界约束，表明设施不能超出车间边界。

考虑到所提的鲁棒性模型既要最小化物料搬运费用与面积费用，又要提高车间布局的鲁棒性。对鲁棒性指标进行改进，设计一种鲁棒性布局约束，即最终鲁棒性布局方案在每阶段的鲁棒控制系数（robust control coefficients，RCC）必须小于预先设定的鲁棒约束值 λ。通过设置合理的 λ 值，可将鲁棒性布局在每个阶段的物料搬运费用 C_p 与此阶段最优费用 C_p^{opt} 的差值控制在可接受的范围之内，保证车间能够以较低的物料搬运费用应对各阶段不同的生产需求，从而提高车间布局的鲁棒性。计算公式为

$$\mathrm{RCC}_p \leqslant \lambda \tag{5-9}$$

$$\mathrm{RCC}_p = \frac{C_p - C_p^{\mathrm{opt}}}{C_p^{\mathrm{opt}}} \tag{5-10}$$

式中，RCC_p 为 p 阶段鲁棒控制系数；C_p^{opt} 为 p 阶段最优物料搬运费用；C_p 为所求布局方式在 p 阶段的车间物料搬运费用；λ 为鲁棒约束值，λ 越小，则最终布局在各阶段所消耗的物料搬运费用与最优物料搬运费用的差别越小。λ 值要根据车间内各阶段的物流变化来设置，若 λ 设置得过小，则可能得不到可行的鲁棒性布局，一般情况下，λ 可在 0.15 之内取值。若 λ 取 0.15 时仍找不到可行的鲁棒性布局，说明此车间各阶段的设施间物流量变化很大，鲁棒性布局方案下的物料搬运费用与最优费用的差值足以抵偿车间重布局费用和生产中断费用，因此不适于采用鲁棒性布局方式。

2. 布局优化问题求解

蛙跳算法是模拟青蛙觅食过程中群体信息共享和交流机制而产生的一种群体智能进化算法。基本蛙跳算法的运算机制是：将 N 只青蛙分到 m 个模因组内，在模因组的每次进化中，找出组内位置最好和最差的青蛙分别存入 P_w 和 P_b 中，P_g 表示全局最优个体，最差位置青蛙根据操作算子执行位置更新，经过一定次数的进化后，不同模因组间的青蛙重新混合成整个群体，实现组间信息传递，然后再进行分组进化，直到算法达到预定运算次数结束。具体步骤如下：

步骤 1：随机产生初始种群，含 N 只青蛙个体。

步骤 2：按照分组算子将 N 只青蛙分配到 m 个模因组内，并确定 P_w、P_b 和 P_g。

步骤 3：每个模因组内分别执行局部位置更新算子。

步骤 4：青蛙在模因组间跳跃，重新混合成新种群。

步骤 5：判断是否满足运算代数，若满足则输出结果，否则，执行步骤 3。

与其他的智能进化算法一样，蛙跳算法也存在早熟和收敛速度慢的缺点。并且，传统的蛙跳算法在进行局部优化时，前后个体空间位置变化较大，使得收敛速度不高。为了解决上述问题，将差分变异算子引入蛙跳算法的局部搜索过程中，由于差分进化算法（differential evolution algorithm，DEA）的差分变异算子利用个体局部信息和群体全局信息指导算法进一步搜索，具有较强的全局收敛能力，不仅可以避免在优化过程中前后个体空间位置变化较大的问题，还可以提高算法的搜索能力。同时，为给算法提供高质量的初始解以提高求解速度，提出利用系统布置设计生成部分较优的初始个体，同随机生成的初始个体组成初始种群；为降低算法的复杂度，设计一种最优/随机策略（best/rand approach）进行分组。改进后的算法运算流程如图 5-6 所示。

（1）编码/解码机制　为使个体编码能够清楚地表示设施排列顺序及设施间距，设计一种二维编码方式。前半部分使用随机数编码方式表示设施排列顺序，后半部分采用实数编码表示设施间距，如图 5-7 所示。Δ1 表示设施顺序编码中第一台设施与车间边界的间距，Δs 表示第 $s-1$ 台设施与第 s 台设施的间距。

编码步骤如下：①为每个青蛙生成一个（0，1）之间的随机数，形成一个随机序列；②按照随机序列数值大小按升序从 1 到 n 排列；③根据数值排列的顺序，和设施号形成对应

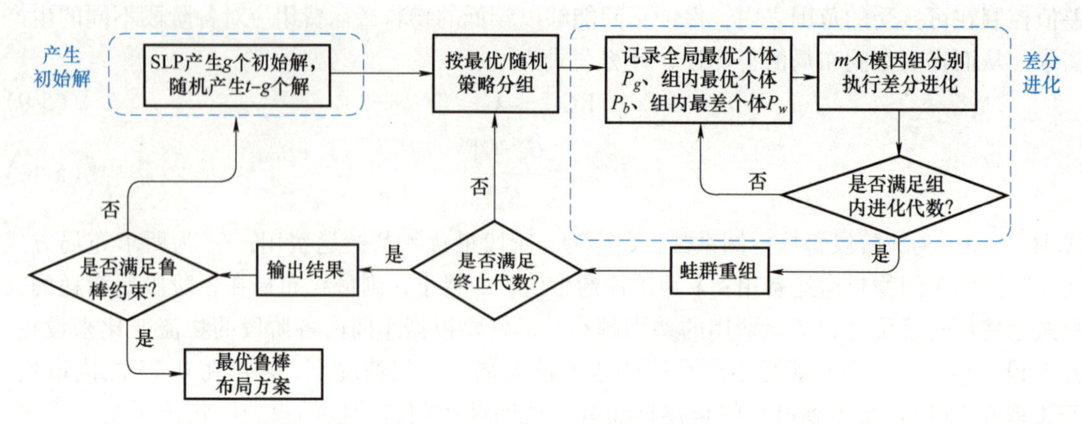

图 5-6 改进后的算法运算流程

关系；④随机产生 n 个最小间距 $U_{\min}$ 与最大间距 $U_{\max}$ 之间的实数作为设施间距。假设车间内有 7 台设施，设施间距范围为［0.5，2］，随机产生一组编码如图 5-8，由此得到一个设施的排列顺序为 M2、M3、M6、M7、M1、M5、M4，设施间距为 1.2、0.9、0.6、1.3、0.7、1.1、1.7，若设施超出车间边界，则自动换行。

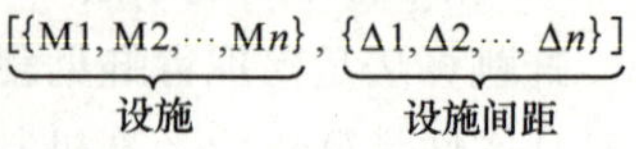

$$[\underbrace{\{M1, M2,\cdots,Mn\}}_{\text{设施}}, \underbrace{\{\Delta 1,\Delta 2,\cdots, \Delta n\}}_{\text{设施间距}}]$$

图 5-7 编码设计

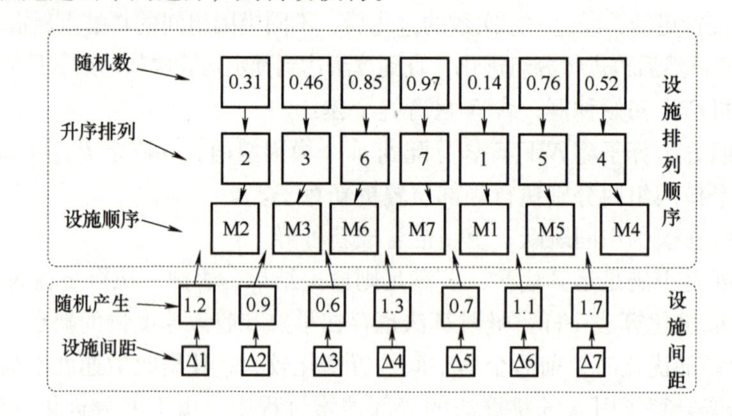

图 5-8 编码实例

（2）初始种群生成 由于算法的求解速度与初始解质量密切相关，提出利用 SLP 得出一些较高质量的初始解，同随机生成的初始解组成蛙跳算法的初始解集，初始种群生成步骤如下：

步骤 1：对设施间物流量进行评价，分为 A、E、I、O、U、X 六个等级。

步骤 2：根据步骤 1 中的评级，分析设施的亲密程度，得出 g 个具体的布局方式。

步骤 3：对 g 个布局方式进行编码，作为初始个体 $N(g)$。

步骤 4：通过初始个体生产器，随机生成（$t-g$）初始个体，与步骤 3 中的 $N(g)$ 组成初始种群 $N(t)$。

步骤 5：将初始种群代入到蛙跳算法中执行优化计算。

（3）适应度函数 本模型中涉及车间物料搬运费用和面积费用，通过设定权重值 α、β 将目标函数简化：

$$Z=\min\{\alpha \text{MHC}+\beta \text{AC}\} \tag{5-11}$$

设青蛙 $N(i)$ 的适应度函数计算公式如下：

$$\mathrm{Fit}(N(i)) = 1/Z \tag{5-12}$$

（4）最优/随机策略　为降低算法的复杂度，设计最优/随机策略，具体的表述如下：首先，对 $N(t)$ 内的个体按适应度值进行降序排列，并存放到 $Z(t)$ 中；将最优个体 $Z(1)$ 放入第一个模因组 $MEM(1)$，次优个体 $Z(2)$ 放入 $MEM(2)$，直到 $Z(m)$ 分到 $MEM(m)$；最后将剩余个体随机分配到 m 个模因组内。其中，第一轮分配到 m 个模因组内的青蛙个体 $Z(1)$ 到 $Z(m)$ 作为组内最优个体 P_b，$Z(1)$ 为全局最优个体 P_g。此种分配方式不仅能够保证每个模因组内都存在较优的个体，并且能提高算法的运行速度。

（5）基于差分进化的局部搜索　在差分进化算法中，差分进化算子利用群体之间的距离和方向信息引导个体向更优的位置移动。常用的四种差分进化算子是：随机向量差分法（DE/rand/1）、最优解加随机向量差分法（DE/best/1）、最优解加多个随机向量差分法（DE/best/2）、最优解与随机向量差分法（DE/rand-to-best/1）。其中，第一种方法的随机性较强，全局搜索能力较好，不易于陷入局部最优，但收敛速度慢；第二种和第三种方法的收敛速度快，但个体受局部最优解的影响较大，容易陷入局部最优；第四种方法是通过设置多个参数对算法进行调节，既加快了算法的收敛速度，又降低了陷入局部最优解的概率。鉴于第四种方法的优点，用 DE/rand-to-best/1 替换传统蛙跳算法中模因组内的搜索算子，按式（5-13）进行差分进化运算：

$$X_k(t+1) = X_k(t) + \xi(X_{\mathrm{best}}(t) - X_s(t)) + F(X_m(t) - X_n(t)) \tag{5-13}$$

式中，$X_k(t)$ 表示模因组内 t 代进化过程中的最差位置的个体 P_w；$X_{\mathrm{best}}(t)$ 为 t 代进化过程中的最优个体，即模因组内的最优个体 P_b 或全局最优个体 P_g；$X_m(t)$、$X_s(t)$、$X_n(t)$ 为三个随机获取的个体；ξ 为控制算法进化方向的“贪婪系数”，控制下一代个体与最优解的接近程度，在［0，2］之间取值；F 为放大因子，在［0，1］之间取值。具体的差分变异算子执行步骤如下：

步骤 1：找出模因组内 P_b 和 P_w，并随机选择三个个体 $X_m(t)$、$X_s(t)$、$X_n(t)$。

步骤 2：对上述个体按式（5-13）执行差分进化运算，得到新个体 $X_k(t+1)$。

步骤 3：若新个体适应度值 $\mathrm{Fit}(X_k(t+1)) > \mathrm{Fit}(X_k(t))$，执行步骤 5，否则舍弃 $X_k(t+1)$。

步骤 4：利用种群最优个体 P_g 替换 P_b，执行差分进化，若仍然没有改进，则随机产生一个个体，替换 $X_k(t)$。

步骤 5：利用新个体替换 $X_k(t)$，执行下一轮优化，直至满足终止代数。

通过执行差分变异算子，可以依次对模因组内最差个体进行优化，并避免了前后个体空间变化位置变化较大的问题，提高了模因组内个体的进化速度。

3. 计算结果与分析

为了验证提出的鲁棒性模型的有效性及改进蛙跳算法在求解问题时的寻优能力，构造一鲁棒性车间布局算例。该车间内的一条混流装配线长宽为 10m×10m，设施的具体尺寸见表 5-1，该车间在某个周期内要生产 A、B、C、D 共四种产品。表 5-2 和表 5-3 中分别给出每个阶段的生产计划和各产品的生产流程。其中 X、Y 轴方向的安全距离分别为 1m、1.2m，行间距 $s=2\mathrm{m}$，设施间最小间距 $U_{\min}=0.5\mathrm{m}$，最大间距 $U_{\max}=2\mathrm{m}$，单位搬运费用为 0.01 元/(件·m)，权重值 $\alpha=\beta=0.5$，设惩罚值 $T=1000$ 元，土地面积费用 $R=500$ 元/m^2。根据车间物流状况设鲁棒约束值 $\lambda=0.1$。

表 5-1　设施的具体尺寸

设施号	M1	M2	M3	M4	M5	M6	M7	M8	M9	M10
长/m	0.8	0.5	1.5	0.7	1.0	1.2	0.6	0.8	1.3	1.2
宽/m	1.0	0.3	1.0	0.8	0.8	1.0	0.9	0.8	0.9	0.8

表 5-2　车间的生产计划　（单位：10000 件）

产品种类	生产阶段				
	p=1	*p*=2	*p*=3	*p*=4	*p*=5
A	5	9	2	4	3
B	7	6	1	3	3
C	10	4	5	7	0
D	8	3	3	6	9

表 5-3　产品的生产流程

产品种类	加工顺序
A	M1 M5 M3 M2 M7 M6 M8 M10
B	M3 M2 M1 M7 M6 M9 M5 M4
C	M1 M5 M3 M2 M7 M9 M6 M8 M4 M10
D	M1 M7 M4 M8 M9 M4 M3 M6 M8 M10

（1）各阶段最优布局方案求解　为了求解该车间的鲁棒性布局，必须先求解各阶段的最优物料搬运费用，以便于计算各阶段的鲁棒控制系数。对某个阶段来说，此问题相当于该阶段的静态布局问题，利用静态布局模型及提出的改进蛙跳算法进行求解。为了证明改进蛙跳算法在求解此类问题时的有效性，利用标准蛙跳算法（SFLA）、粒子群算法（PSO）、遗传算法（GA）与改进蛙跳算法进行比较。改进蛙跳算法的参数设置如下：初始种群的个体数 $N=200$，模因组数量 $m=5$，种群进化代数为 300 代，模因组进化代数为 30 代，$F=0.6$，$\xi=0.3$。其他算法参数的设计均采用与所提算法相同的种群规模和进化代数。

通过求解五个阶段的最优布局，得到各阶段的最优物料搬运费用分别为 78.28 千元、61.62 千元、42.60 千元、64.43 千元、52.67 千元，见表 5-4。从表 5-4 也可以看出，与其他三种算法相比，改进蛙跳算法在求解静态布局问题时，寻优能力较强。

表 5-4　求解各阶段最优布局结果对比

阶段	算法	费用/千元	设施排列顺序
p=1	改进蛙跳算法	78.28	M2 M3 M7 M1 M5 M4 M10 M8 M6 M9
	SFLA	80.62	M6 M9 M8 M4 M10 M2 M3 M1 M5 M7
	PSO	83.50	M3 M5 M4 M8 M10 M9 M2 M7 M1 M6
	GA	82.16	M1 M5 M7 M4 M8 M10 M6 M2 M3 M9
p=2	改进蛙跳算法	61.62	M4 M9 M7 M5 M1 M2 M3 M10 M6 M8
	SFLA	62.59	M6 M10 M8 M9 M1 M7 M5 M2 M4 M3
	PSO	63.46	M9 M4 M1 M5 M3 M6 M10 M8 M7 M2
	GA	64.21	M1 M7 M5 M2 M3 M6 M4 M9 M8 M10

（续）

阶段	算法	费用/千元	设施排列顺序
$p=3$	改进蛙跳算法	42.60	M1 M9 M6 M4 M8 M10 M5 M3 M2 M7
	SFLA	43.82	M9 M3 M6 M5 M1 M10 M7 M8 M2 M4
	PSO	48.61	M10 M8 M5 M6 M7 M9 M2 M3 M4 M1
	GA	45.72	M4 M8 M10 M7 M1 M5 M9 M6 M2 M3
$p=4$	改进蛙跳算法	64.43	M6 M8 M3 M5 M9 M1 M4 M7 M2 M10
	SFLA	67.14	M10 M4 M7 M8 M6 M9 M3 M2 M1 M5
	PSO	70.89	M10 M8 M4 M7 M1 M2 M9 M6 M5 M3
	GA	68.43	M6 M8 M4 M2 M7 M1 M9 M10 M3 M5
$p=5$	改进蛙跳算法	52.67	M3 M4 M2 M1 M7 M5 M6 M9 M8 M10
	SFLA	53.64	M7 M1 M4 M9 M8 M6 M10 M2 M5 M3
	PSO	53.87	M2 M7 M4 M6 M8 M10 M1 M5 M3 M9
	GA	55.17	M9 M8 M4 M1 M7 M5 M2 M6 M10 M3

（2）鲁棒性布局求解　利用提出的鲁棒性布局模型及改进蛙跳算法求解鲁棒性车间布局，算法的相关参数设置如下：初始种群的个体数 $N=200$，模因组数量 $m=5$，种群进化代数为 200 代，组内进化代数为 40 代，$F=0.5$，$\xi=0.6$。首先由 SLP 得出四个初始布局方案：①M10 M8 M5 M6 M7 M9 M4 M3 M1 M2；②M1 M5 M9 M7 M6 M3 M10 M4 M8 M2；③M10 M9 M7 M8 M3 M2 M5 M4 M1 M6；④M1 M9 M2 M8 M5 M3 M10 M6 M7 M4。对上述四种布局进行编码，与随机产生的初始解组成初始解集，代入算法中优化。将所提的改进蛙跳算法的运行结果与 SFLA、PSO、GA 所得到的运算结果进行对比分析，进化过程对比如图 5-9 所示，算法结果对比见表 5-5。表 5-6 给出了由改进蛙跳算法得到的各阶段最低费用及最终鲁棒性布局方案下的各阶段鲁棒控制系数。

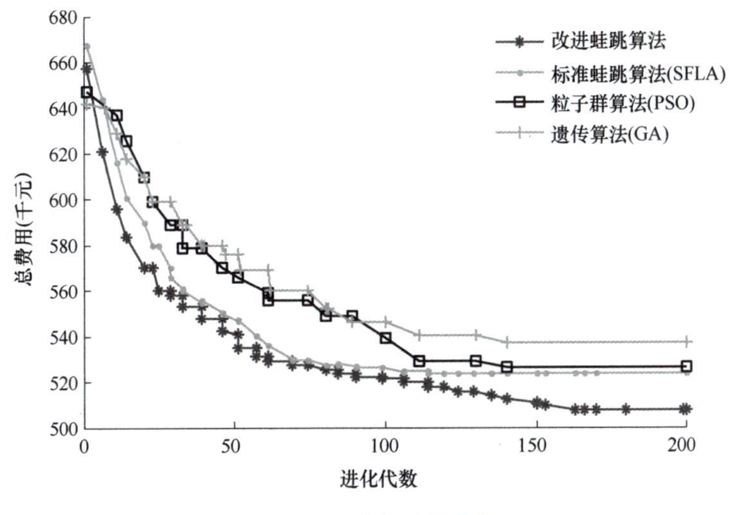

图 5-9　最优解进化曲线

表 5-5　算法结果对比

智能算法	最优结果/千元	设施排列顺序	平均解/千元	平均运算时间/s	运算标准差
改进蛙跳算法	507.50	M10 M8 M9 M6 M5 M4 M7 M3 M1 M2	518.92	47	32.29
SFLA	523.73	M10 M4 M8 M3 M6 M5 M9 M2 M1 M7	542.93	55	37.08
PSO	526.41	M8 M6 M10 M9 M4 M5 M3 M7 M1 M2	561.47	59	43.20
GA	537.33	M5 M1 M9 M7 M6 M2 M8 M10 M4 M3	556.94	66	40.01

表 5-6　各阶段费用比较

阶　段	$p=1$	$p=2$	$p=3$	$p=4$	$p=5$	总计
各阶段最低物料搬运费用/千元	78.28	61.62	42.60	64.43	52.67	299.60
鲁棒性布局下各阶段物料搬运费用/千元	82.39	66.18	45.31	68.72	55.42	318.02
各阶段费用差值/千元	4.11	4.56	2.71	4.29	2.75	18.42
鲁棒控制系数	0.0525	0.0740	0.0636	0.0666	0.0522	—

由图 5-9 可知，与 SFLA、PSO、GA 相比，改进蛙跳算法的前期寻优能力较强，并且在搜索后期能够避免陷入局部最优，且寻优能力最好；由表 5-5 可看出，改进蛙跳算法在求解鲁棒性布局问题时比 SFLA、PSO、GA 具有更强的寻优能力及搜索速度，且解的稳定性好；由表 5-6 可知，在不中断生产及重新布局的情况下，所提出的鲁棒性模型及改进蛙跳算法所得到的最终布局方式在每个阶段的物料搬运费用与此阶段最低物料搬运费用都相差不大，鲁棒性布局方式所消耗的总物料搬运费用与最低物料搬运费用的差值仅为 18.42 千元，各阶段的鲁棒控制系数都小于 0.1，说明此种布局方式鲁棒性较高。

由此可见，所提出的鲁棒性车间布局模型可以解决动态环境下的设施面积不等的鲁棒性车间布局问题，所提出的改进蛙跳算法在解决鲁棒性布局问题时具有良好的寻优能力和运算效率。

5.2　数据驱动的离散型制造车间运行优化

5.2.1　离散型制造车间调度问题

在制造领域，调度是实现制造业生产高效率、高柔性和高可靠性的关键。有关资料表明，制造过程中 95%的时间消耗在非切削过程中，制造过程中的调度技术直接影响着制造的成本和效益。采用高效的优化调度技术不仅能对客户紧急订单及生产突发事件等做出更迅速和更科学的反应，而且可显著改善企业的生产性能指标，如提高设备利用率、提高准时交单率、降低库存及成本等，从而保证企业的经济目标。随着全球市场竞争的加剧、客户需求越来越多样化和个性化，企业生产正在朝着“品种多样、批量变小、注重交期、减少库存”的方向发展，制造系统的调度问题日益受到广泛的重视。

具体地说，我国花费数十亿美元引进和开发了制造资源计划（MRPII）、企业资源规划

（ERP）等软件，但绝大多数没有得到应用或者发挥功效，主要的原因之一是“生产作业计划”这个技术瓶颈没有得到突破。这是因为 ERP 等以生产为核心，而企业制订生产计划的过程一般分为两个阶段：首先根据订单或市场预测生成“主生产计划”，然后根据主生产计划产生“生产作业计划”。一个主生产计划的生产要求，是要把它自动分解为复杂、具体的生产作业过程，这是 ERP 系统中最关键的一个环节，是 ERP 系统得以实现的核心功能。但是，如果对一些实施 ERP 管理的企业进行考察，就会发现车间里或者产线上的生产作业计划及生产过程的调度管理仍然使用最初级、最原始的那种经验加手工方式，结果 ERP 与企业最关键的运转过程之间发生了断层，从这个断层衍生出来的大量问题成为众家 ERP 难解之死结。为什么众多著名的 ERP 企业都无法提供这种基本的“生产作业计划”功能？这就要从生产调度的基本职能说起。

生产调度是指针对一项可分解的工作（如产品制造），在尽可能满足约束条件（如工艺路线、资源情况、交货期）的前提下，通过下达生产指令，安排其组成部分（操作）所使用的资源、加工时间及加工的先后顺序，以获得产品制造时间或成本等的最优化。一个生产过程可能有无穷多种“可行”的安排方式，但 ERP 的生产调度系统必须从其中找出一个“最优”的计划，即使不能达到最优，起码要比手工计划更优，这样的软件才能真正发挥 ERP 的效能。但是这就凸现了一个关键技术问题：不仅要处理错综复杂的约束条件，还要从无穷多种满足约束的可行方案中找到优化的“生产作业计划”。如何才能找到这种优化的计划？这是 ERP 等系统共同面对的真正瓶颈问题，也是世界性的技术难题。

针对 MRPII/ERP 等在生产执行管理方面的限制和不足，制造执行系统（manufacturing execution system，MES）在 20 世纪 90 年代初被提出，并越来越受到广大企业的重视。MES 位于企业的车间执行层，它强调制造计划的执行，在上层 MRPII/ERP 和底层设备控制系统（device control system，DCS）之间架起了一座桥梁。调度是 MES 的核心功能，优化、合理的作业调度是 MES 在制造业成功应用的关键。目前许多企业把 MRPII/ERP 与制造执行系统（MES）结合，或者直接与先进生产排程（APS）融合，以弥补 ERP 等在生产计划调度方面的不足。对此国外的专家学者已经做出了很多年的努力，其研究成果已形成了多个“MES 生产作业计划”和“APS 先进生产排程”产品，发展出了几十种先进生产调度算法。尽管如此，迄今所取得的成果依然未能彻底解决实际应用中所面临的包括求解速度和求解质量在内的各种问题。

把先进生产调度系统运用到 MES 或传统 MRPII/ERP 中，能给制造业带来以下几点关键的变化：

1）最大限度发挥当前资源能力，提高企业生产能力。

2）优化调度的结果给出了精确的物料使用和产出的时间、品种、数量等信息，应用这些信息可以把相关企业或者分厂、车间联合在一起组成一个“供应链（SCM）”系统，以最大限度减少每个企业的库存量。

3）优化生产调度计划可以用来作为生产决策的依据，并可对客户订单及生产突发事件做出更迅速、更科学的反应。

4）根据自动生成的作业计划还可以自动生成质检、成本、库存、采购、设备维护、销售、运输等计划，带动企业各个不同管理模块围绕生产运转，改进这些模块的运转方式，大大提高这些模块的运转效率，从而提升企业整体管理水平。

调度问题应用如此广泛、地位如此突出，但同时却又性质极其复杂、解决十分困难，也已证明绝大多数的调度问题是NP-hard问题，不可能找到精确求得最优解的多项式时间算法。鉴于此，人们将研究目标转向各种近似/启发式方法。近十几年来，在众多的研究与探索中，通过模拟自然界中生物、物理过程和人类行为过程中所表现出的某些特点而发展的元启发（meta-heuristics）算法，如遗传算法（genetic algorithms，GA）、禁忌搜索（tabu search，TS）算法、模拟退火（simulated annealing，SA）算法、粒子群优化（particle swarm optimization，PSO）算法、蚁群优化（ant colony optimization，ACO）算法、DNA算法等，在包括调度问题在内的组合优化问题求解领域中，受到越来越普遍的关注。这些算法在很大程度上克服了传统解析算法的不足，为解决调度问题提供了新的思路和手段。进一步深入开展对这类技术的研究，使其更好地应用于求解调度问题，无疑会对调度技术及其他带约束的组合优化问题的发展产生积极的影响。

1. 调度问题性能指标

车间调度问题一般可以描述为：n个工件在m台机器上加工。一个工件分为k道工序，每道工序可以在若干台机器上加工，并且必须按一些可行的工艺次序进行加工；每台机器可以加工工件的若干工序，并且在不同的机器上加工的工序集可以不同。调度的目标是将工件合理地安排到各机器，并合理地安排工件的加工次序和加工开始时间，使约束条件被满足，同时优化一些性能指标。在实际制造系统中，还要考虑刀具、托盘和物料搬运系统的调度问题。

一般制造系统调度问题采用“$n/m/A/B$”的简明表示来描述调度问题的类型，其中n、m、A、B所代表的含义为：n为工件数，m为机器数，A表示工件流经机器形态类型，B表示性能指标类型。对于A（以字母表示），常见的工件流经机器类型有：

J：单件车间调度问题（job-shop）

F：流水车间调度问题（flow-shop）

F，perm：置换流水线调度问题（permutation flow-shop）

O：开放式调度问题（open-shop）

K-parallel：K个机器并行加工调度问题

性能指标B（以符号表示）形式多种多样，大体可分为以下几类：

1）基于加工完成时间的性能指标。如$C_{\max}$（最大完工时间）、$\overline{C}$（平均完工时间），$\overline{F}$（平均流经时间）、$F_{\max}$（最大流经时间）等。

2）基于交货期的性能指标。如$\overline{L}$（平均推迟完成时间）、$L_{\max}$（最大推迟完成时间）、$T_{\max}$（最大拖后时间）、$\sum_{i=1}^{n} T_i$（总拖后时间）、n_{T}（拖后工件个数）等。

3）基于库存的性能指标。如$\overline{N}_w$（平均待加工工件数）、$\overline{N}_c$（平均已完工工件数）、$\overline{I}$（平均机器空闲时间）等。

4）多目标综合性能指标。如最大完工时间与总拖后时间的综合，即$C_{\max}+\lambda\sum_{i=1}^{n} T_i$；E/T调度问题，即$\sum_{i=1}^{n}(\alpha_i E_i+\beta_i T_i)$，其中$\alpha_i$和$\beta_i$为权重等。

其中，如果目标函数是完工时间的非减函数，则称为正规性能指标（regular measure），

如 $C_{\max}$、$\overline{C}$、$\overline{F}$、$F_{\max}$、$\overline{L}$、$L_{\max}$、$T_{\max}$、n_T 等；否则称为非正规性能指标，如提前/拖后惩罚代价最小。

此外，制造系统的调度问题还随着实际生产发展而不断扩展，以进一步贴近现实生产。与传统的调度问题不同，这些新扩展的调度问题或者突破了传统调度问题的某些假设，或者引入了由实际需求所决定的新型性能指标，如柔性制造系统（FMS）调度、半导体或集成电路制造中的批处理调度、并行多处理机任务调度等。对这些调度问题的研究构成了当今调度问题领域中一个新的方向。

2. 调度问题特性

生产调度的对象与目标决定了这一问题具有的复杂特性，其突出表现为调度目标的多样性、调度环境的不确定性和问题求解过程的复杂性。具体表现如下：

（1）多目标性　生产调度的总体目标一般是由一系列的调度计划约束条件和评价指标所构成，在不同类型的生产企业和不同的制造环境下，往往种类繁多、形式多样，这在很大程度上决定了调度目标的多样性。对于调度计划评价指标，通常考虑最多的是生产周期最短，其他还包括交货期、设备利用率最高、成本最低、延迟最短、提前最小或者拖期惩罚、在制品库存量最少等。在实际生产中有时不只是单纯考虑某一项要求，由于各项要求可能彼此冲突，因而在调度计划制订过程中必须综合权衡考虑。

（2）不确定性　在实际的生产调度系统中存在种种随机的和不确定的因素，如加工时间波动、机床设备故障、原材料紧缺、紧急订单插入等各种意外因素。调度计划执行期间所面临的制造环境很少与计划制订过程中所考虑的完全一致，其结果即使不会导致既定计划完全作废，也常常需要对其进行不同程度的修改，以便充分适应现场状况的变化，这就使得更为复杂的动态调度成为必要。

（3）复杂性　多目标性和不确定性均在调度问题求解过程的复杂性中得以集中体现，并使这一工作变得更为艰巨。众所周知，经典调度问题本身已经是一类极其复杂的组合优化问题。即使是单纯考虑加工周期最短的单件车间调度问题，当 10 个工件在 10 台机器上加工时，可行的半主动解数量大约为 $k(10!)^{10}$（k 为可行解比例，其值在 0.05~0.1 之间），而大规模生产过程中工件加工的调度总数简直就是天文数字；如果再加入其他评价指标，并考虑环境随机因素，问题的复杂程度可想而知。事实上，在 FMS 等更为复杂的制造系统中，还可能存在诸如混沌现象和不可解性之类的更难处理的问题。

调度问题的复杂特性，制约着相关技术的应用与发展，使得该领域内寻求有效方法的众多努力长期以来显得难以完全满足实际应用的需要；同时，也正是因为存在如此巨大的挑战，多年来，对于这一问题的研究吸引了来自不同领域的大量研究应用人员，提出了若干现行的方法和技术，在不同程度上对实际问题的解决做出了各自的贡献。

3. 调度问题研究方法

高效的调度策略在资源分配中具有非常重要的作用。在制造生产中，企业若想提高自身生产的效率，缩短产品的生产周期，则必须对自身资源进行高效合理的调度。根据车间调度的复杂性，可以将其分为四类：单机调度、并行机床调度、流水车间调度以及作业车间调度。其中，作业车间调度问题是最复杂的问题，也是目前广泛存在于车间生产中的调度问题。在标准的作业车间调度问题（job-shop scheduling problem，JSP）中，每个工件包含有多个不同的工序，每个工序在固定的机器上加工，每个机器只能处理一种操作类型，是一种

NP-hard 的组合优化问题。随着科技的发展，市场上出现了具有柔性的加工中心，并得到了广泛的应用。柔性作业车间调度问题（flexible job-shop scheduling problem，FJSP）是 JSP 的扩展问题，它比 JSP 的柔性更大，广泛存在于离散型制造企业。一般而言，柔性作业车间调度仅仅涉及机器柔性的问题，即不同的工件有不同的工序，每个工序可以在指定的机器集合中任选一台机器进行加工。FJSP 提高了工件加工的柔性，虽然减少了机器约束，但是增大了搜索空间，是一种比 JSP 更复杂的 NP-hard 问题。

求解 FJSP 的方法主要分为两类，一类是精确算法，另一类是近似算法。精确算法主要有分支定界法、整数规划法等，而近似算法主要有元启发式算法和启发式的方法。

Brucker 等在 1990 年首先提出了 FJSP，并采用多项式图形算法（PGA）解决该问题。精确算法主要包括数学建模法、分支定界法以及整数规划法等。例如：Gomes 等提出了一种用于 FJSP 的新的整数线性规划模型，并将该模型应用于 MILP 软件中进行求解；Roshanaei 等为 FJSP 开发了两种新型 MILP 模型。精确算法虽然能获得实例的精确最优解，但是无法在短时间得到中、大规模 FJSP 实例的解，因此研究者开始越来越关注近似算法，特别是元启发式算法，来求解 FJSP 问题。

元启发式算法主要可分为群体智能算法和局部搜索算法，群体智能算法主要有蚁群优化（ACO）算法、粒子群优化（PSO）算法和人工蜂群（ABC）算法等；局部搜索算法包括禁忌搜索（TS）算法、模拟退火（SA）算法和可变邻域搜索（VNS）算法等。Wang 提出了一个有效的 ACO 算法解决 FJSP，其中包括改进的信息素引导搜索和更新机制，以实现最优的全局搜索。Li 等为多目标 FJSP 提出了基于 Pareto 的 ABC 算法。Gao 等提出了一种具有新工作插入的 FJSP 两阶段 ABC 算法。Nouiri 等研究了考虑机器故障约束的 FJSP，提出了两阶段 PSO 算法解决以制造期和稳定性为优化目标的问题。Zhang 等提出了一种改进的 FJSP 遗传算法，并取得了较好的效果。Driss 等提出了一种遗传算法，该遗传算法采用了新的染色体表示形式以及一些不同的 FJSP 交叉和突变策略。Hurink 等应用 TS 技术解决 FJSP。Mastrolilli 和 Gambardella 提出了具有两个有效邻域的 TS 算法来解决 FJSP 并获得了良好结果。

近年来，越来越多的学者倾向于将群智能算法与局部搜索算法相结合。李新宇等提出了一种混合算法求解 FJSP，使用 GA 进行全局搜索，TS 算法进行局部搜索，对基准案例获取了新的解。Nouri 提出了一种完整的多智能体模型，该模型集成了基于邻域的遗传算法和局部搜索技术，以提高解决方案质量。赵诗奎提出了一种新的邻域结构，在同机器工序移动 N7 邻域的基础上将邻域扩大，采用遗传算法作为全局搜索，通过基准实例验证了算法的有效性。通过上述研究可以看出，群体智能算法具有强大的全局搜索能力，但是局部搜索能力不强；与之相反，局部搜索算法具有很强的单点搜索能力。因此，融合群体智能算法与局部搜索算法的各自优势，设计相应的混合优化算法，通常具有更强的搜索能力。

5.2.2 典型制造车间调度优化

典型制造车间调度的柔性作业车间调度问题（FJSP）是传统 JSP 的扩展，该问题广泛存在于机械加工车间。FJSP 不仅需要确定工序加工的顺序，还要给每个工序分配机器，是比 JSP 更复杂的 NP-hard 问题；柔性作业车间调度问题是现实离散型制造车间广泛存在的一类问题。在实际制造车间环境中，该问题不仅存在计算复杂性，还具有多目标、多约束等特点。因此，对该问题的研究具有重要的理论意义和应用价值。

本小节首先对传统 FJSP 进行阐述，建立传统 FJSP 数学模型，提出一种混合殖民竞争算法（hybrid CCA，HCCA）求解该问题。在提出算法中，将帝国殖民竞争算法与禁忌搜索算法结合，提出一种基于离散 Jaya 迭代公式的帝国同化方法，局部搜索中采用 M. G 的变机器邻域以及同机器 N7 邻域，使混合算法在全局搜索与局部搜索之间达到平衡。通过测试著名的 FJSP 基准问题，显示所提算法在质量方面超越当前文献。

1. FJSP 模型

（1）FJSP 描述　柔性作业车间调度问题（FJSP）是一种广泛存在于加工车间的调度问题。经典 FJSP 描述如下：n 个工件 $J=\{J_1, J_2, \cdots, J_n\}$ 在 m 台机器 $M=\{M_1, M_2, \cdots, M_m\}$ 上加工。不同工件 J_i 包含 n_i 道工序 $\{O_{i,1}, O_{i,2}, \cdots, O_{i,n_i}\}$，一个工件上所有工序按照一定的加工顺序进行加工。每道工序有可选加工机器集合 $M_{i,j}$，$M_{i,j}=\{M_{i,j,1}, M_{i,j,2}, \cdots, M_{i,j,k}\}$，$M_{i,j}\subseteq M$，每台机器同一时间只能加工一个工序，每个工件同一时刻只能在一台机器上加工，调度的目标是确定全部工序的加工次序以及所选用的机器，使得最大完工时间等指标最优。一个 $n=3$ 和 $m=4$ 的 FJSP 实例见表 5-7。这里的优化目标为优化最大完工时间 $C_{\max}$（makespan），设 C_i 是工件 J_i 的完工时间，则最大完工时间 $C_{\max}$的目标函数为

$$C_{\max}=\min\{\max(C_i)\}, i=1,2,\cdots,n \tag{5-14}$$

表 5-7　一个 $n=3$ 和 $m=4$ 的 FJSP 实例

工　件	工　序	加工时间/s			
		M_1	M_2	M_3	M_4
J_1	$O_{1,1}$	3	4	7	5
	$O_{1,2}$	5	—	3	6
	$O_{1,3}$	—	3	4	2
J_2	$O_{2,1}$	3	8	5	—
	$O_{2,2}$	4	—	—	6
J_3	$O_{3,1}$	5	2	—	8
	$O_{3,2}$	—	2	—	3
	$O_{3,3}$	3	6	4	2

（2）FJSP 建模　符号定义：

n：加工工件数量；

m：加工机床数量；

M：机床集合；

n_i：工件 i 的工序数量；

$O_{i,j}$：工件 i 的第 j 道工序；

length：工序总数；

$M_{i,j}$：$O_{i,j}$的备选机床集合；

$m_{i,j}$：$O_{i,j}$的备选机床数量；

$M_{i,j,k}$：$O_{i,j}$在所属机器集中第 k 台机床上加工；

$T_{i,j,k}$：$O_{i,j}$在所属机器集中第 k 台机床上加工所需时间；

$\mathrm{SE}_{i,j}$：$O_{i,j}$的最早开始时间；

$\mathrm{CE}_{i,j}$：$O_{i,j}$的最早结束时间；

$\mathrm{SL}_{i,j}$：$O_{i,j}$的最晚开始时间；

$\mathrm{CL}_{i,j}$：$O_{i,j}$的最晚结束时间；

CE_i：工件 i 的最早完工时间；

S_k：机床 k 的开机时间；

F_k：机床 k 的关机时间；

$C_{\max}$：最大完工时间；

L：一个足够大的正数。

决策变量如下：

$$x_{i,j,k}=\begin{cases}1, & \text{若工序 } O_{i,j} \text{ 在机床 } k \text{ 上加工}\\ 0, & \text{否则}\end{cases}$$

$$y_{ghijk}=\begin{cases}1, & \text{若工序 } O_{g,h} \text{ 与工序 } O_{i,j} \text{ 都在机床 } k \text{ 上加工，且工序 } O_{g,h} \text{ 先于 } O_{i,j}\\ 0, & \text{否则}\end{cases}$$

一般 FJSP 的约束如下：

$$\sum_{k\in M_{i,j}} x_{i,j,k}=1,\text{其中 } i\in J, j\in J_i \tag{5-15}$$

式（5-15）表示每一道工序都需要选择一台机器进行加工，并且最多只能选择一台。

$$\mathrm{CE}_{i,j}=\mathrm{SE}_{i,j}+\sum_{k\in M_{i,j}} T_{i,j,k}\cdot x_{i,j,k},\text{其中 } i\in J, j\in J_i \tag{5-16}$$

$$\mathrm{CL}_{i,j}=\mathrm{SL}_{i,j}+\sum_{k\in M_{i,j}} T_{i,j,k}\cdot x_{i,j,k},\text{其中 } i\in J, j\in J_i \tag{5-17}$$

式（5-16）和式（5-17）表示每一道工序最早结束时间以及最晚结束时间。

$$\mathrm{CE}_{i,j}\leqslant \mathrm{SE}_{i,j+1},\text{其中 } i\in J, j\in\{1,2,\cdots,n_i-1\} \tag{5-18}$$

式（5-18）表示一个工件上的工序的先后顺序约束。

$$\mathrm{CE}_{g,h}\leqslant \mathrm{SE}_{i,j}+L(1-y_{ghijk}),\text{其中 } g,i\in J, h\in J_g, j\in J_i, k\in M \tag{5-19}$$

式（5-19）表示机床在任意时刻加工工序数量的约束。

$$S_k\geqslant 0,\text{其中 } k\in M \tag{5-20}$$

式（5-20）表示每一台机器 k 的开机时间约束。

$$S_k\leqslant \mathrm{SE}_{i,j}+L(1-x_{i,j,k}),\text{其中 } k\in M, i\in J, j\in J_i \tag{5-21}$$

式（5-21）表示工序必须在开了机的机器上加工。

2. FJSP 求解算法

本小节结合殖民竞争算法与禁忌搜索算法的各自优势，设计了一种混合殖民竞争算法求解 FJSP。

（1）编码与解码　编码就是解的基因表达，编码好坏直接影响算法解的质量。针对 FJSP 的特点，编码应包含所有工序的加工顺序以及每道工序的机器选择信息，因此这里将其分成两部分编码，如图 5-10 所示。

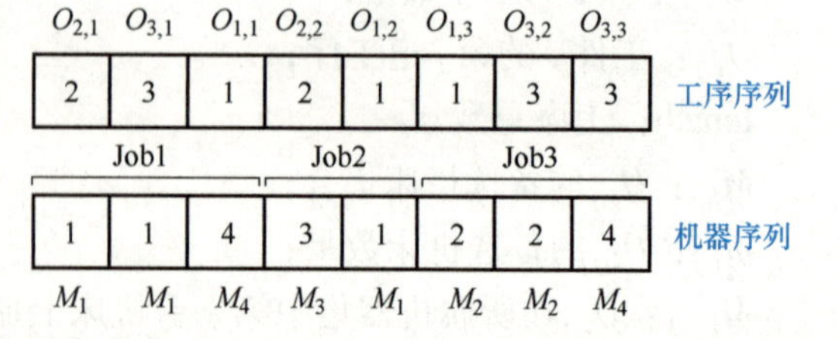

图 5-10　编码方式

一个 3 工件在 4 台机床加工的编码如图

5-10 所示。工序编码和机器编码的长度为各工件加工步之和。对于工件序列，可以表达加工序列为（$O_{2,1}$，$O_{3,1}$，$O_{1,1}$，$O_{2,2}$，$O_{1,2}$，$O_{1,3}$，$O_{3,2}$，$O_{3,3}$），其中 $O_{i,j}$ 表示第 i 个工件的第 j 道工序。对于机器序列，按照工件 1、2、3 顺序，可以解释为 $O_{1,1}$、$O_{1,2}$、$O_{1,3}$ 工序分别对应 M_4、M_1、M_2 机器，$O_{2,1}$、$O_{2,2}$ 工序对应 M_1、M_3 机器，$O_{3,1}$、$O_{3,2}$、$O_{3,3}$ 工序对应 M_1、M_2、M_4 机器。

解码方法，先按照工序序列顺序，将工序一个一个添加到对应的机器分组上，然后再次遍历工序序列，根据工件最高开始时间（即前工序结束时间与机器前工序结束时间之间的最大值）分配到机器上，最后使用主动解码。主动解码就是在半主动解码的基础上，寻找在满足约束并且不干扰其他工序的情况下将当前工序安排更早的空闲时段上。如一个可行序列（3，1，1，3，1，2，2，3），其半主动解码如图 5-11 所示。实际上，半主动解码图中有很多空闲位置可以插入。如半主动解码图中的工序 $O_{2,1}$ 插入到工序 $O_{1,2}$ 之前，将工序 $O_{3,3}$ 插入工序 $O_{1,3}$ 之前，结果如图 5-12 所示，这样将 makespan 从 18s 降低到 15s。

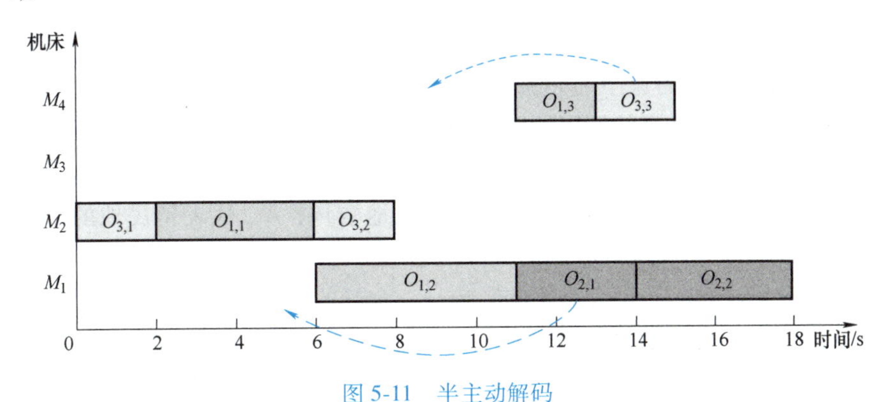

图 5-11　半主动解码

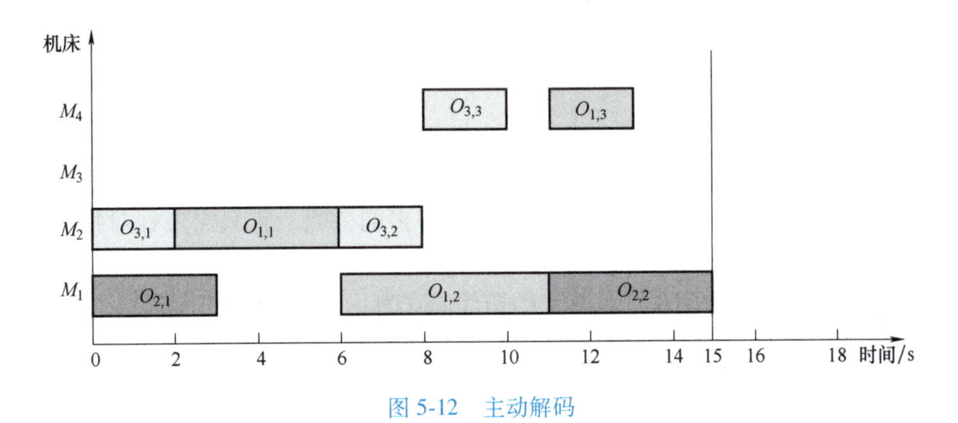

图 5-12　主动解码

（2）帝国初始化　在殖民竞争算法中，初始化的个体都称为国家，所有国家被分为两类，一类是帝国国家，另一类是殖民地。帝国由帝国国家和殖民地构成。帝国国家是有竞争力的国家，因此帝国内的殖民地会不断向帝国国家学习，同时帝国国家也会增强自己对殖民地的控制，即殖民地被帝国国家同化。帝国国家的竞争力也影响了帝国对殖民地的控制力，一旦帝国国家的竞争力不够高，则“边缘”殖民地可能被别的帝国国家控制。因此，帝国初始化中给不同帝国选择合适的帝国国家是很有必要的。

这里的优化目标是最小化加工时间，因此选择帝国国家的标准也是加工时间最短。假设初始定义的个体数量为 N_{pop}，帝国国家的数量为 N_{empire}，则殖民地数量为 $N_{\text{col}}=N_{\text{pop}}-N_{\text{empire}}$。帝国初始化的步骤如下：

步骤 1：对所有个体进行初始化，记录每个个体的 makespan，即 c_n。

步骤 2：对所有个体按 c_n 由小到大排序，将排在前面的 N_{empire} 个个体记作帝国国家，剩下的个体作为殖民地。

步骤 3：按照式（5-22）标准化帝国竞争力：

$$C_n=c_n-\max_i\{c_i\} \tag{5-22}$$

式中，c_n 是第 n 个帝国国家的竞争力值；C_n 是其标准化后的竞争力值。根据标准化后的竞争力值，用式（5-23）计算出各个帝国国家间殖民地数量的比值：

$$p_n=\left|\frac{C_n}{\sum_{i=1}^{N_{\text{imp}}}C_i}\right| \tag{5-23}$$

p_n 越大说明帝国国家的竞争力越强，因此可以拥有的殖民地就越多。按照式（5-24）给每个帝国国家划分应该拥有的殖民地数量。

$$\text{NC}_n=\text{round}\{p_n\times N_{\text{col}}\} \tag{5-24}$$

式中，NC_n 表示第 n 个帝国国家所拥有的初始殖民地数量；N_{col}代表殖民地的总数。根据式（5-24）将各个殖民地随机分配到不同的帝国国家中。

帝国初始化对算法解的质量有重要的影响，一个好的初始化算法对种群多样性、种群子代解有积极的影响。因此，混合算法初始解：对于机器序列，机器选择上，种群中 80%的个体使用 Kacem 等在 2002 年提出的依据全局加工时间最短选择机器的方法，20%的个体采用随机选择的方式产生；对于工序序列，则采用完全随机的方式生成。

（3）帝国殖民策略

1）帝国内同化——基于 Jaya 迭代的同化策略。Jaya 算法是 Rao 等提出的一种元启发式算法，它基于持续改进的原理，将个体不断向优秀个体靠拢，同时不断远离差的个体，进而不断提高解的质量。传统 Jaya 算法主要基于迭代公式（5-25），每次通过该方程迭代进化获取新的解，因此 Jaya 算法不像其他进化算法需要许多的参数，它只需要针对特定问题调整迭代过程的参数，减少了因为调整过多参数而带来的测试上的麻烦。与其他元启发式算法相比，Jaya 算法更容易理解和实现。该算法的迭代公式为

$$X'_{i,j,t}=X_{i,j,t}+r_{\text{best},i,j,t}(X_{\text{best},j,t}-|X_{i,j,t}|)-r_{\text{worst},i,j,t}(X_{\text{worst},j,t}-|X_{i,j,t}|) \tag{5-25}$$

式中，i 代表种群中第 i 个个体，$i=1$，…，n；j 代表个体的第 j 维变量，$j=1$，…，m；t 表示当前迭代的代数；$X_{i,j,t}$、$X'_{i,j,t}$表示第 t 代的第 i 个个体在第 j 维上更新前和经过 Jaya 公式迭代计算后的值；r_{best}、r_{worst}是［0，1］之间的随机数，通过调整这两个参数的大小来调整算法逼近最优解的能力；$X_{\text{best},j,t}$、$X_{\text{worst},j,t}$分别表示第 t 代的最优、最差个体在第 j 维上的值。$r_{\text{best},i,j,t}$（$X_{\text{best},j,t}-|X_{i,j,t}|$）将当前个体朝当代最优解的方向进化，$-r_{\text{worst},i,j,t}$（$X_{\text{worst},j,t}-|X_{i,j,t}|$）将当前个体朝远离当代最差解的方向进化。如果生成的新个体的适应度比原始个体优秀，则用新个体代替原始个体，否则不替换，然后对下一个个体进行 Jaya 迭代。当遍历完所有个体之后，进行下一轮迭代。

传统 Jaya 算法适用于解决连续优化问题，而 FJSP 是一种典型离散优化的问题，需设计一种离散化方法使迭代公式得以实现。因此，本章在 Guo 等的离散化 Jaya 迭代方程基础上，提出一种扩展的离散 Jaya 算法求解 FJSP。Guo 等的离散化 Jaya 迭代方程如下：

$$X'_{i,t}=r_1X_{i,t}+r_2X_{\text{best},t}-r_3X_{\text{worst},t}+r_4X_{\text{random},t},i=1,2,\cdots,N_{\text{pop}}$$

$$r_1,r_2,r_3,r_4\in\{0,1\}\cap\sum_{i=l}^{4}r_i=1 \tag{5-26}$$

式中，t 代表目前迭代的代数；$X_{i,t}$代表种群的第 i 个个体；$X_{\text{best},t}$代表种群中最优的个体；$X_{\text{worst},t}$代表种群中最差的个体；$X_{\text{random},t}$代表种群中随机一个个体；$X'_{i,t}$代表 $X_{i,t}$经过迭代方程计算后的新个体；r_1、r_2、r_3、r_4 取 0 或者 1。该方程在满足靠近最优个体以及远离最差个体的情况下，添加随机个体参与迭代方程，提高了解的多样性。

传统 Jaya 中，从公式可以得知，$r_2X_{\text{best},t}$的作用是让当前解靠近最优解，$-r_3X_{\text{worst},t}$的作用是让当前解远离最差解，但在柔性作业车间调度问题中，并不是每一次通过迭代公式生成的解都能真正满足这个要求，因此本章提出一种迭代候选解解集，它是由迭代公式生成的，通过一定的筛选排序，从解集中获取最优秀的解作为 X'。

根据公式，解集 Set_i 由以下四种方式生成：

第一种方式：将当前解中与差解相同的序列删除，并用最好解来替换，即

$$X'_{i,t}=r_1X_{i,t}-r_3X_{\text{worst},t}+r_2X_{\text{best},t},i=1,2,\cdots,N_{\text{pop}} \tag{5-27}$$

式中，r_1、r_2、r_3 分别是 1、1、1。第一种方式的迭代如图 5-13 和图 5-14 所示，具体步骤如下：

步骤 1：找出 $X_{i,t}$与 $X_{\text{worst},t}$中工序序列相同的点，也找出 $X_{i,t}$与 $X_{\text{worst},t}$中机器序列相同的点。

步骤 2：对在 $X_{i,t}$ 中工序序列相同的点以及机器序列相同的点进行删除，保存在 $X_{\text{new},t}$中。

步骤 3：对于 $X_{\text{new},t}$中空缺的点，使用 $X_{\text{best},t}$相对应的点进行替换。

步骤 4：将 $X_{\text{new},t}$放入 Set {} 中，得到 Set $\{\cdots X_{\text{new},t}\}$。

第二种方式：如图 5-15 和图 5-16 所示，将好解与差解相同的序列删除，并用当前解来替换，即

$$X'_{i,t}=r_2X_{\text{best},t}-r_3X_{\text{worst},t}+r_1X_{i,t},i=1,2,\cdots,N_{\text{pop}} \tag{5-28}$$

式中，r_1、r_2、r_3 分别是 1、1、1。第二种方式的具体步骤如下：

步骤 1：找出 $X_{\text{best},t}$与 $X_{\text{worst},t}$中工序序列相同的点，也找出 $X_{\text{best},t}$与 $X_{\text{worst},t}$中机器序列相同的序列。

步骤 2：对在 $X_{\text{best},t}$ 中工序序列相同的点以及机器序列相同的点进行删除，保存在 $X_{\text{new},t}$中。

步骤 3：对于 $X_{\text{new},t}$中空缺的点，使用 $X_{i,t}$相对应的点进行替换。

步骤 4：将 $X_{\text{new},t}$放入 Set {} 中，得到 Set $\{\cdots X_{\text{new},t}\}$。

第三种方式：将好解与当前解进行交叉操作生成。

$$X'_{i,t}=r_1X_{i,t}+r_2X_{\text{best},t},i=1,2,\cdots,N_{\text{pop}} \tag{5-29}$$

式中，r_1、r_2 分别是 1、1。工序序列采用 IPOX 交叉操作，如图 5-17 所示，具体步骤如下：

步骤 1：将工件集 $J=\{J_1, J_2, \cdots, J_n\}$ 随机分成两个集合 B_1 和 B_2。

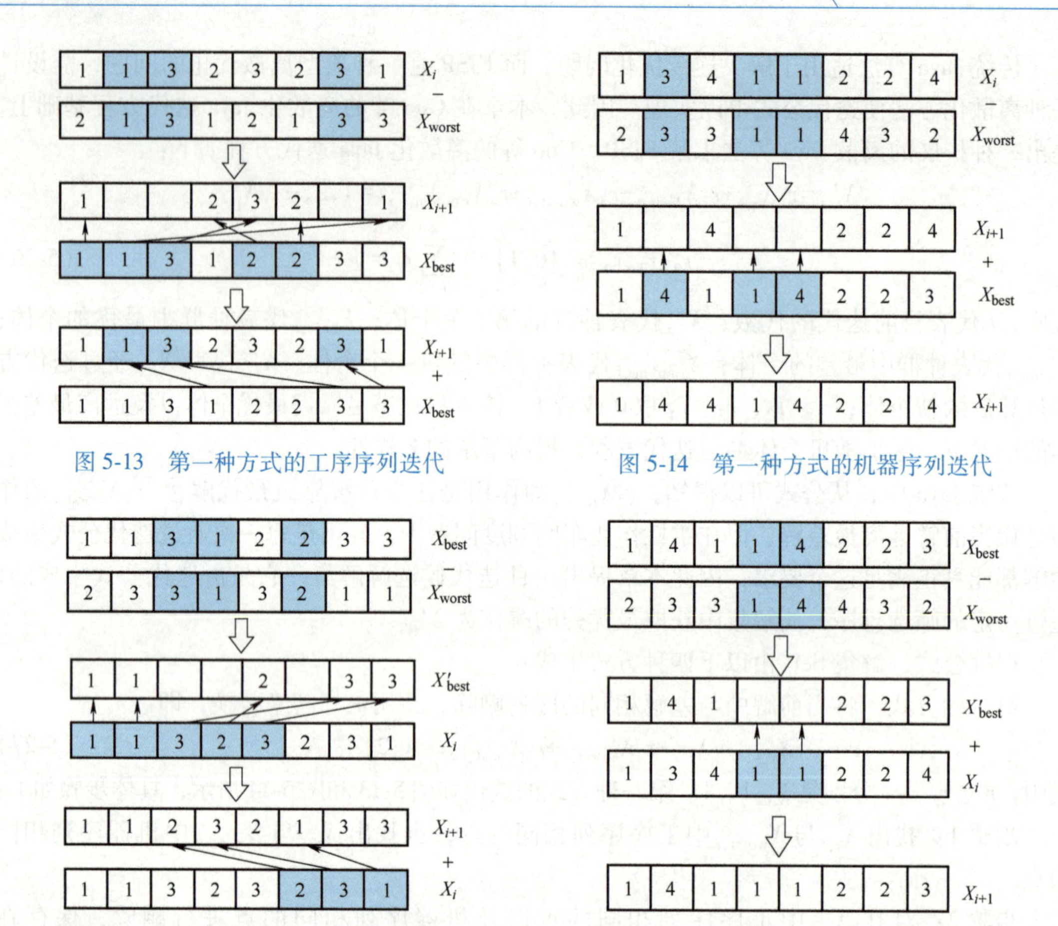

图 5-13　第一种方式的工序序列迭代

图 5-14　第一种方式的机器序列迭代

图 5-15　第二种方式的工序序列迭代

图 5-16　第二种方式的机器序列迭代

步骤 2：将 $X_{\mathrm{best},t}$ 中工序编码属于集合 B_1 的序列替换到 $X_{\mathrm{new},t}$ 的工序序列上。

步骤 3：将 $X_{i,j,t}$ 中工序编码属于集合 B_2 的序列按顺序依次替换到 $X_{\mathrm{new},t}$ 工序序列的空白处。

机器序列采用 MPX 交叉操作，如图 5-18 所示，具体步骤如下：

步骤 1：产生由 0 和 1 组成的数组 R（随机生成），数组长度与编码长度一致。

步骤 2：互换 $X_{\mathrm{best},t}$ 和 $X_{i,j,t}$ 中与数组 R 元素 1 位置相同的元素。

步骤 3：此时 $X_{i,t}$ 的机器序列就是 $X_{\mathrm{new},t}$ 的机器序列。

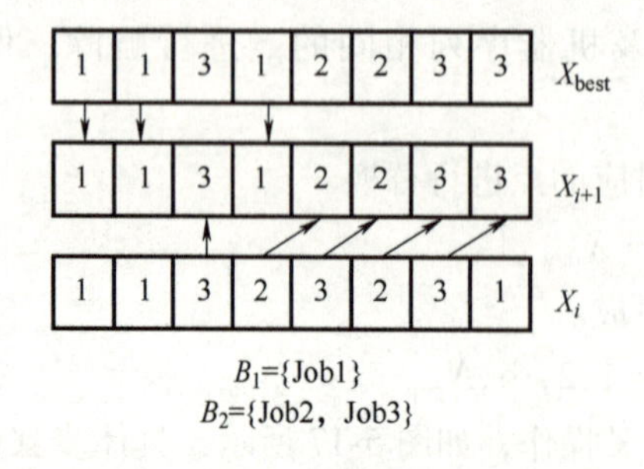

图 5-17　工序 IPOX 交叉迭代

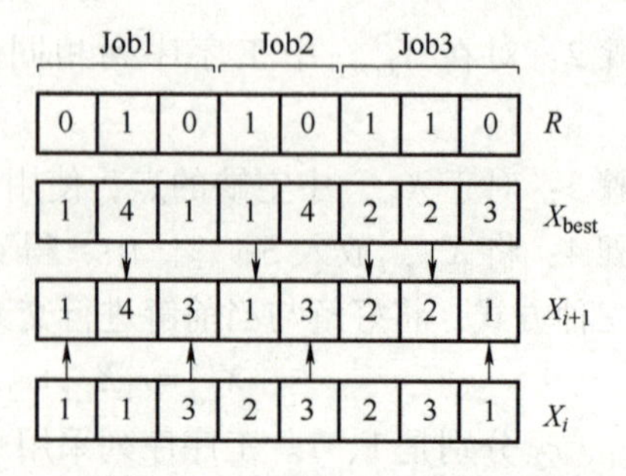

图 5-18　机器 MPX 交叉迭代

第四种方式：将当前解与其他解（非最好解以及最差解）进行交叉操作。

$$X'_{i,t}=r_1X_{i,t}+r_4X_{\text{random},t}, i=1,2,\cdots,N_{\text{pop}} \tag{5-30}$$

式中，r_1、r_4 分别是 1、1。其中交叉操作与第三种方式相似，只是将 X_{best} 替换为 X_{random}。

在解集生成式（5-27）和式（5-28）中，会遇到两种极端情况，第一种是两个个体完全相似，第二种是两个个体完全不相似。这两种情况所带来的结果就是会生成一个重复的个体，这个解可能是 $X_{i,j,t}$，也可能是 $X_{\text{best},j,t}$ 或者 $X_{\text{worst},j,t}$。如果生成重复的解不及时进行处理，则很有可能让种群出现大量重复的解，陷入局部最优。对于完全相似的情况，本章采用丢弃策略，并重新初始化策略生成一个新的个体。对于完全不相似的情况，本章采用式（5-29）的方法解决，在保证不陷入局部最优的同时丰富了种群多样性。

2）帝国内同化——变异操作。采用变异操作来实现帝国内同化。

对于工序序列编码，采用随机插入变异操作，步骤如下：

步骤 1：产生两个大小范围为［0，l］的随机数 r_1、r_2，r_1 大于 r_2。

步骤 2：将位于 r_1 处的工序插入到位置 r_2 之前。

如图 5-19 所示，$r_1=7$，$r_2=3$。

针对机器序列编码，采用多点变异操作，如图 5-20 所示。其步骤如下：

步骤 1：产生由 0 和 1 组成的数组 R（随机生成），数组长度与编码长度一致。

步骤 2：对于对应数组 R 中为 1 的工序位置，从备选机床中随机选择一台机床；对于对应数组 R 中为 0 的工序位置，无须更改。

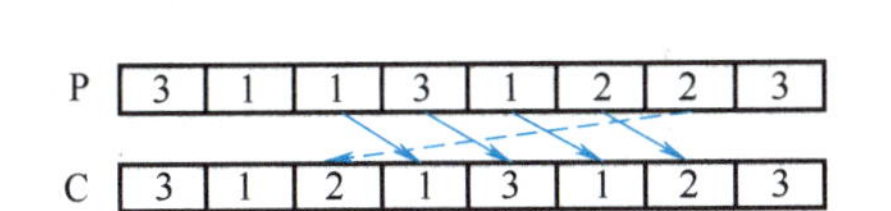

图 5-19　工序序列编码的随机插入变异操作

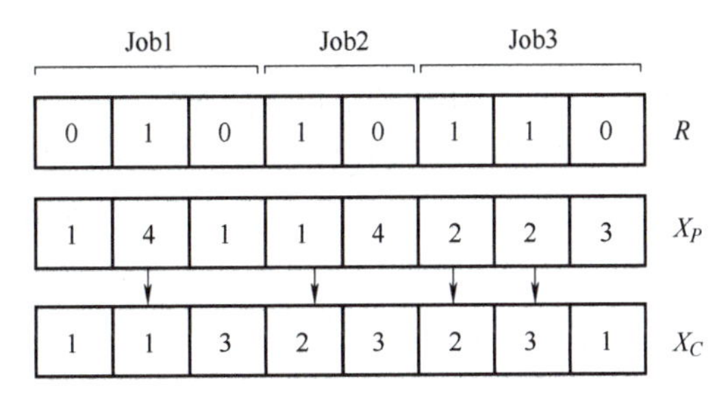

图 5-20　机器序列编码的多点变异操作

（4）禁忌搜索算法　禁忌搜索算法是求解调度问题十分有效的一种局部搜索方法，它通过对已经经过的邻域解进行一定时长禁忌来实现减少无效解的搜索，同时通过特赦准则来跳出局部最优。禁忌搜索主要包括以下几个部分：禁忌对象、禁忌表、禁忌长度、特赦准则、终止准则、邻域结构，其中，邻域结构的好坏直接影响禁忌搜索算法的搜索能力。

本章中的禁忌搜索算法采用两种邻域结构与禁忌表。针对变机器邻域，采纳 Mastrolili 和 Gambardella 提出的邻域结构与快速评价策略。该邻域结构可以极大地缩小解的空间，同时具有连通性。该邻域步骤如下：

1）计算每个工序的最早开始时间 StartTime（O）和最短尾时间 TailTime（O）。

2）选取关键工序 v，并将工序 v 的加工时间置为 0。

3）重新计算每个工序的最早开始时间_ StartTime（O）和最短尾时间_ TailTime（O）。

4）从工序 v 的可选机器集合 $M(J, O)$ 中选择其他机器 k，设 Q_k 为机器 k 上所有加工工序的集合，并计算 Q_k 上的两个集合 R_k 以及 L_k，计算方法如下：

$$\begin{cases} R_k = \{x \in Q_k \mid \text{StartTime}(x)+p_x \geqslant \text{StartTime}(\text{PJ}(v))+p_{\text{PJ}(v)}\} \\ L_k = \{x \in Q_k \mid \text{TailTime}(x)+p_x \geqslant \text{TailTime}(\text{SJ}(v))+p_{\text{SJ}(v)}\} \end{cases} \tag{5-31}$$

1）PJ(v) 代表工序 v 的工序紧前工序，SJ(v) 代表工序 v 的工序紧后工序。

2）当 $R_k \cap L_k = 0$，L_k 中所有工序之后并且在 R_k 中所有工序之前的插入点为最优插入。当 $R_k \cap L_k \neq 0$ 时，对 $L_k \cap \overline{R}_k$ 中所有工序之后以及 $R_k \cap \overline{L}_k$ 中所有工序之前的插入位置进行计算，长度最短的为最优插入。

本章变机器采用的邻域就是以上最优插入的集合，快速评价策略如下列公式所示，其中 $\tilde{L}_P(v, k, i)$ 表示经过工序 v 的最长路径。

情况 1：$R_k \cap L_k \neq 0$

$$\tilde{L}_P(v,k,i) = p_{vk} + \begin{cases} \text{StartTime}(\text{PJ}(v))+p_{\text{PJ}(v)}+p_{\pi(1)}+\text{TailTime}(\pi(1)), i=0 \\ \text{StartTime}(\pi(i))+p_{\pi(i)}+p_{\pi(i+1)}+\text{TailTime}(\pi(i+1)), 1 \leqslant i < l \\ \text{StartTime}(\pi(i))+p_{\pi(i)}+p_{\text{SJ}(v)}+\text{TailTime}(\text{SJ}(v)), i=l \end{cases} \tag{5-32}$$

情况 2：$R_k \cap L_k = 0$

$$\tilde{L}_P(v,k,i) = p_{vk} + \text{StartTime}(\text{PJ}(v)) + \text{TailTime}(\text{SJ}(v)) \tag{5-33}$$

禁忌对象采用（v，k）来表示，其中 v 表示被移动的工序，k 表示工序被移动之前的加工机器，采用 TM 矩阵来记录禁忌对象，其中行代表工序，列代表工序可以插入的机床。移动工序时，TM(v，k) = iter+TabuLength，iter 为当前禁忌搜索迭代次数，TabuLength 为禁忌长度。针对同机器邻域，采用张超勇提出的 N7 邻域与快速评价策略，在给定的禁忌长度内禁止。

禁忌长度的设置与迭代次数有关，禁忌长度的基本长度为 10，禁忌长度 TabuLength = 10+rand((iterMax−iter)/nm)，其中 nm 是工件数与机器数之积，随着迭代次数增大，禁忌表的长度变小，提高了跳出局部最优的能力。当得到的新解优于当前最优解时满足特赦准则，如果不满足特赦准则则在未被禁忌的解中选择最优解。当所有解都被禁忌时，采用 Mastrolili 和 Gambardella 提出的选择策略。当禁忌搜索算法的迭代次数到达最大迭代次数时，算法终止。禁忌搜索算法的流程图如图 5-21 所示。

（5）帝国更新与殖民竞争

1）帝国更新。当执行完帝国内同化、变异、局部搜索等策略之后，需要对帝国内个体进行更新，选择 c_n 最优的个体作为帝国国家。具体更新策略如下：

步骤 1：确定帝国（imp_j）内所有帝国国家以及殖民地的 c_n，即 makespan。

步骤 2：对帝国（imp_j）内所有国家按 c_n 由小到大排序，将第一个个体与殖民地做比较，如果 $c_{\text{col}_i} < c_{\text{imp}_j}$ 则将两者交换，即殖民地变成帝国国家，而此前的帝国国家变成帝国内的殖民地。

步骤 3：更换帝国，从步骤 1 重新执行。

2）殖民竞争。殖民竞争是 CCA 的重要步骤。本章使用标准化 c_n（即 C_n）来计算帝国总竞争力，定义殖民竞争力 $\text{Power} = C_{\text{imp}} + \alpha \cdot \sum_{i=1}^{\text{NC}_{\text{imp}}} C_i$，其中 $\sum_{i}^{\text{NC}_{\text{imp}}} C_i$ 为帝国内所有殖民地的标准化 c_n 之和，这里将 α 设置为 0.4。这种设置方式是在保证帝国国家在控制力上占有主导地位

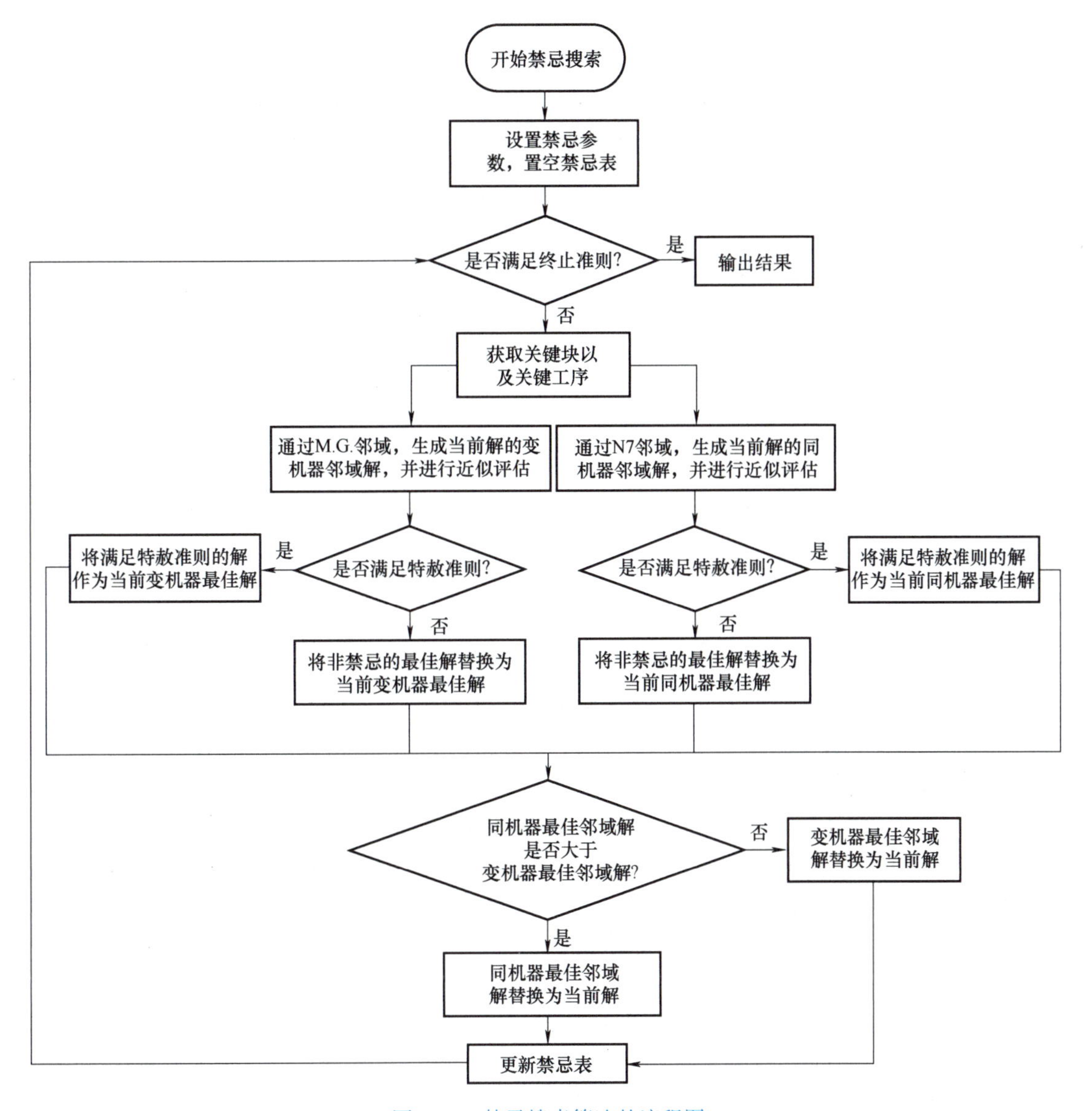

图 5-21　禁忌搜索算法的流程图

的同时不忽略殖民地对帝国的影响。根据这个公式，将竞争力最小的帝国中价值最小的殖民地划分给竞争力最大的帝国，从而实现殖民竞争。具体步骤如下：

步骤 1：获取所有殖民地中适应值最小的殖民地，为 iworst。

步骤 2：计算所有帝国 Power 的和，记为 sumPower。

步骤 3：分别计算不同帝国的 W、R、D，其中 W = EmpPower/sumPower，R = random(0，1)，$D=W-R$。

步骤 4：将 iworst 分配给 D 最大的帝国。

（6）算法主要流程　混合殖民竞争算法求解 FJSP 的流程图如图 5-22 所示。

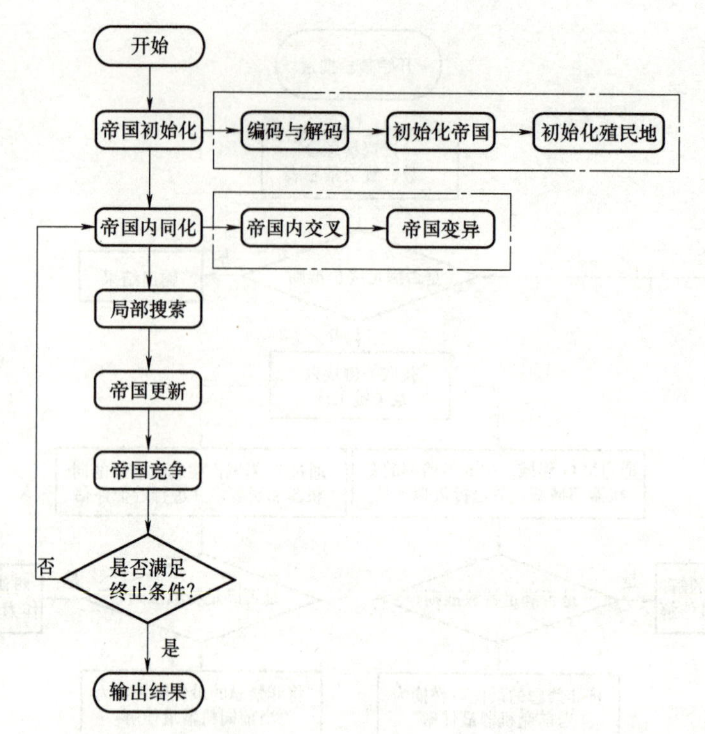

图 5-22　混合殖民竞争算法求解 FJSP 的流程图

3. 计算结果与分析

本章所提混合殖民竞争算法采用 C++语言编程，运行环境为 Intel I7 四代 CPU，主频 2.6GHz，内存 16G，操作系统为 Window8.1 专业版。为了验证该算法的性能，选择 BRdata、DPdata、BCdata 基准问题对算法进行测试。为了突出该算法的优越性，选取其他几类具有代表性的算法做比较，包括提出禁忌搜索求解 FJSP 的 M.G. 的 TS，混合算法中 HA、hA-INS 以及 CROTS。

（1）参数设置　混合殖民竞争算法的参数包括：帝国总数 N_{emp}、殖民地总数 N_{col}、革命概率 P、迭代次数 iter、禁忌搜索迭代次数 $iter_{TS}$ 为 1000。本章测试中，帝国总数 N_{emp} 设置为 5，殖民地总数 N_{col} 设置为 200，迭代次数 iter 设置为 1000，帝国革命概率 P 为 0.2，局部搜索概率为 0.2。终止条件为迭代次数达到上限或全部殖民地属于同一个帝国，若这两个条件中任意一个条件成立，则停止运行，输出结果。

（2）计算结果比较　BRdata、DPdata、BCdata 基准实例集测试结果比较分别见表 5-8、表 5-9、表 5-10。表中 LB 是测试问题目前已知的下界；HA 代表 Li（2016 年）的混合算法，TS 代表 M.G.(2000 年）的禁忌搜索算法，hA-INS 代表赵（2018 年）的混合算法，CROTS 代表肖（2018）的混合算法，IJA 代表 Caldeira（2019 年）的混合算法。C_{max} 为算例求解 10 次得到的最大完工时间的最优值；AVG 是算例求解 10 次得到的平均值；CPU 为迭代过程中运行 500 代的平均时间（如果获得下界值则是获得下界值的时间）。表中带有 * 号表示获得超越他人的最优解。表 5-11 给出了各算法计算不同实例集的 MRE 值比较。MRE 为相对百分比偏差 RE 的平均值，用于衡量算法的整体性能，其中 RE =(C_{max}−LB)/ LB×100%。

表 5-8　BRdata 基准实例集测试结果比较

INS	LB	HA	TS	CROTS	hA-INS	IJA	HCCA		
							C_{max}	AVG	CPU
Mk01	40	40	40	40	40	40	40	40	0. 38
Mk02	26	26	26	26	26	27	26	26	0. 75
Mk03	204	204	204	204	204	204	204	204	0. 278
Mk04	60	60	60	60	60	60	60	60	0. 41
Mk05	172	172	173	172	172	172	172	172	2. 36
Mk06	57	57	58	57	58	57	57	58	81. 63
Mk07	139	139	144	139	139	139	139	139	61. 94
Mk08	523	523	523	523	523	523	523	523	0. 95
Mk09	307	307	307	307	307	307	307	307	1. 12
Mk10	189	197	198	197	199	197	196 *	197	103. 29

表 5-9　DPdata 基准实例集测试结果比较

INS	LB	HA	TS	IJA	HCCA		
					C_{max}	AVG	CPU
01a	2505	2505	2518	2505	2505	2509	81
02a	2228	2230	2231	2230	2229 *	2230	153
03a	2228	2229	2229	2230	2228 *	2229	127
04a	2503	2503	2503	2503	2503	2503	76
05a	2192	2212	2216	2210	2208 *	2212	167
06a	2163	2197	2203	2182 *	2188	2193	201
07a	2216	2279	2283	2270	2267 *	2276	172
08a	2061	2067	2069	2065	2065	2070	229
09a	2061	2065	2066	2065	2064 *	2068	264
10a	2212	2287	2291	2252 *	2260	2273	199
11a	2018	2060	2063	2057	2054 *	2065	212
12a	1969	2027	2034	2020	2025	2030	280
13a	2197	2248	2260	2250	2247 *	2252	193
14a	2161	2167	2167	2164 *	2165	2166	274
15a	2161	2163	2167	2163	2163	2164	361
16a	2193	2249	2255	2250	2248 *	2254	218
17a	2088	2140	2141	2136	2133 *	2137	327
18a	2057	2132	2137	2107 *	2125	2130	377

表 5-10 BCdata 基准实例集测试结果比较

INS	LB	HA	TS	hA-INS	IJA	HCCA		
						C_{max}	AVG	CPU
mt10c1	927	927	928	927	927	927	927	20. 12
mt10cc	908	908	910	910	908	908	908	31. 57
mt10x	918	918	918	918	918	918	918	15. 48
mt10xx	918	918	918	918	918	918	918	2. 18
mt10xxx	918	918	918	918	918	918	918	5. 33
mt10xy	905	905	906	905	905	905	905	51. 17
mt10xyz	847	847	847	847	847	847	849	64. 89
setb4c9	914	914	919	914	914	914	914	9. 37
setb4cc	907	907	909	909	907	907	907	9. 04
setb4x	925	925	925	925*	925	925	925	7. 19
setb4xx	925	925	925	925*	925	925	925	10. 23
setb4xxx	925	925	925	925*	925	925	925	13. 66
setb4xy	910	910	916	912	910	910	910	38. 65
setb4xyz	902	905	905	905	903	903	905	48. 11
seti5c12	1169	1170	1174	1174	1170	1170	1171	64. 56
seti5cc	1136	1136	1136	1136	1135	1135	1136	80. 33
seti5x	1198	1198	1201	1200	1198	1198	1199	47. 15
seti5xx	1194	1197	1199	1198	1197	1197	1197	75. 47
seti5xxx	1194	1197	1197	1198	1194	1194	1197	50. 38
seti5xy	1135	1136	1136	1136	1135	1135	1136	83. 48
seti5xyz	1125	1125	1125	1127	1125	1125	1125	107. 55

表 5-11 各算法计算不同实例集的 MRE 值比较

INS	HA	TS	CROTS	hA-INS	IJA	HCCA
BRdata	0. 42	0. 42	0. 42	0. 70	0. 81	0. 37
DPdata	1. 43	1. 62	—	—	1. 17	1. 22
BCdata	0. 05	0. 18	—	0. 12	0. 02	0. 02
平均值	0. 63	0. 74	—	—	0. 67	0. 54

由表 5-8～表 5-10 可以看出，针对 BRdata 以及 BCdata 实例，HCCA 算法可以求得所有实例的当前最好解，明显优于其他算法。与 IJA 算法比较，在 BRdata 实例中，HCCA 算法获得 9 个实例的下界，IJA 算法只获得 8 个实例的下界；针对 DPdata 实例，HCCA 算法有 9 个

实例的结果好于 IJA 算法；针对 BCdata 实例，HCCA 算法结果与 IJA 算法结果持平。此外，从表 5-11 中可以看出，HCCA 算法测试三个基准问题实例集的平均 MRE 值最小，HCCA 算法的平均 MRE 是 0. 54，HA 算法的平均 MRE 是 0. 63，TS 算法的平均 MRE 是 0. 74，IJA 算法的平均 MRE 是 0. 67，这是因为 HCCA 算法对 Jaya 迭代过程进行了改进，添加迭代候选解解集，改进评价靠近较优解的方法，使 Jaya 算法迭代效果更好，同时采用群体算法增强了种群的多样性。与 TS、HA 算法比较，在 BRdata、DPdata 以及 BCdata 三个基准实例集中，HCCA 算法获得的结果均优于或等于 TS 和 HA 算法的结果。图 5-23 ~ 图 5-25 分别给出了实例 Mk06、Mk10 以及 seti5xxx 最好解的甘特图。

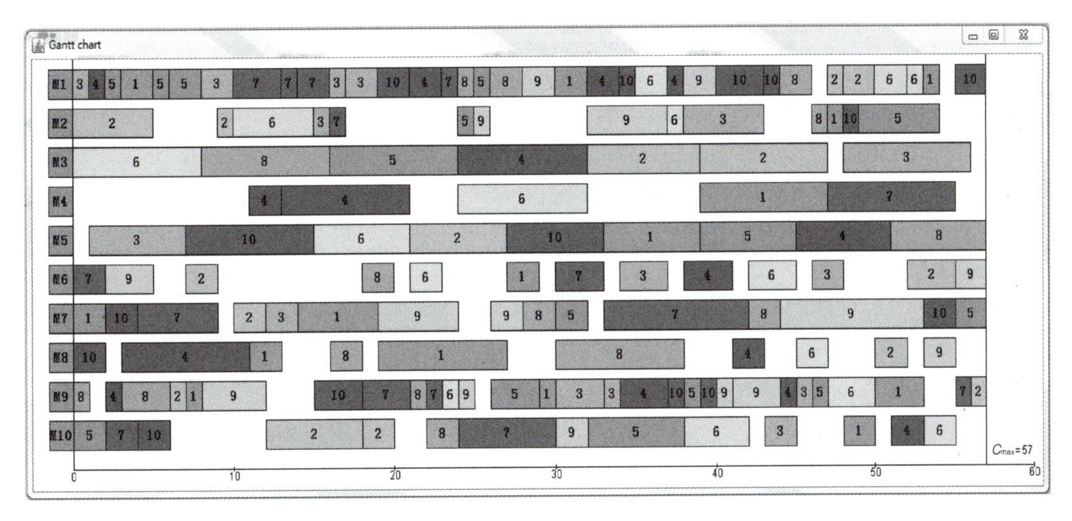

图 5-23　实例 Mk06 最好解（$C_{max}=57$）的甘特图

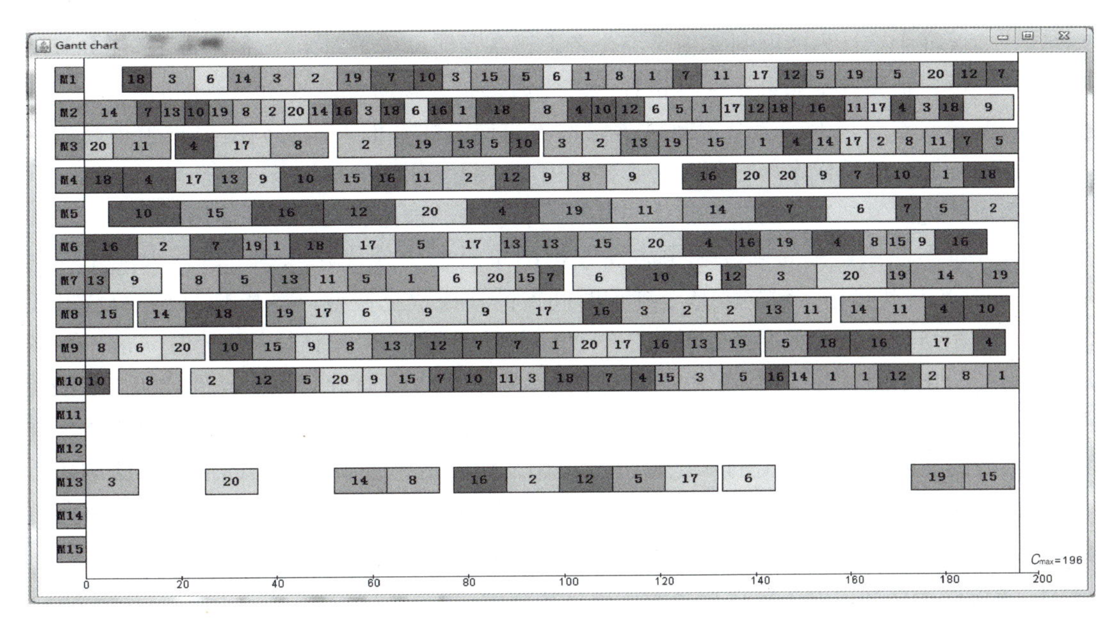

图 5-24　实例 Mk10 最好解（$C_{max}=196$）的甘特图

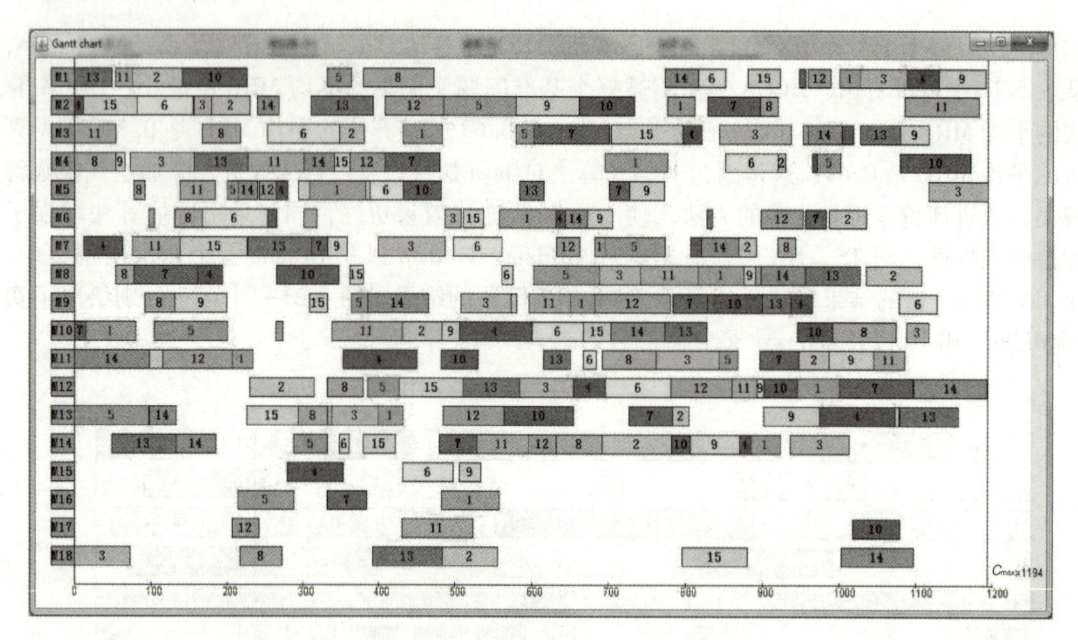

图 5-25　实例 seti5xxx 最好解（$C_{max}=1194$）的甘特图

5.3 数据驱动的离散型制造过程运行维护

设备预防性维护（PM）是保证设备较高的可靠度、降低设备重大故障风险发生率的必要方法。为保证生产计划的顺利实施，综合考虑设备预防性维护对生产周期和生产任务等的重大影响，可以提高设备的可靠度。相对于故障后维护，预防性维护所需要的时间、人工、能耗、资源等成本非常少，所以实施科学、有效的预防性维护策略对调度过程中提高生产率、保证交货期、降低成本等方面尤为必要。因此，将车间调度和设备的预防性维护结合起来进行集成优化研究，对于制造业整体的发展具有重要的理论意义和实际应用价值。

这里针对柔性作业车间调度和预防性维护的单目标集成优化问题，以最大完工时间（makespan）为优化指标，建立了基于维护时间窗的集成优化模型。将基本 TLBO 算法和模拟退火算法相结合，设计了混合“教与学”优化算法。提出“基于工序加工时间最短”的机器序列初始化策略，并运用该方法对部分初始种群进行初始优化，以提高部分初始解的质量，使得算法能够以较短的时间收敛。选择已有文献中基本 FJSP 的基准问题进行求解，并和其他学者的文献研究求解出的优化解进行对比，初步证明了本章提出的混合算法的可行性；进而针对本章的集成优化模型，借鉴其他文献中的数据生成几个实例进行求解，并与其他算法进行对比，证明了本章算法解决集成优化问题的有效性。

1. 考虑维护时间窗的柔性作业车间调度优化模型

（1）问题描述　柔性作业车间调度问题可描述如下：n 个工件在 m 台机器上加工，每个工件分为 k 道工序，每道工序可以在若干台机器上加工，并且必须按一些可行的工艺次序进行加工；每台机器可以加工工件的若干工序，并且在不同的机器上加工的工序集可以不同。调度的目标是将工件合理地安排到各机器，使系统的某些性能指标达到最优。

FJSP 包括两个子问题：确定各个工件的加工机器以及确定各个机器上各工件的加工先后顺序。调度的优化目标是最大完工时间（makespan），即所有工件都被加工完成的时间 $C_{\max}=\max C_i(1\leqslant i\leqslant n)$，其中 C_i 表示工件 J_i 的完工时间。对于本章研究的集成优化问题，假设每台机器在调度过程中均有固定的一个或者多个维护时间窗，所有机器均要在时间窗内进行预防性维护。为了使研究便于求解操作，这里假设以下条件：

1）每台机床一次只能加工一个工件。

2）机器的设置时间和工序间的转移时间可忽略不计。

3）所有工件均不包含可被打断的工序。

4）假定不同工件前后次序没有硬性要求。

5）分属不同工件的工序，其前后次序没有硬性要求。

6）对于隶属同一工件的所有工序，必须依照既定的顺序。

7）工序的加工和 PM 的过程不可重复。

在生产过程中，如果要进行设备的维护，必然要停止生产活动，这就造成了生产调度和设备维护的冲突。在柔性作业车间调度中安排设备维护方法借鉴 Li 等的研究，提出一种“向前偏移”的 PM 方法，如图 5-26 所示，PM 表示预防性维护，O_{ij} 表示工件 i 的第 j 道工序，t'_i 表示机器 i 的 PM 时段的末尾时刻。具体步骤如下：

步骤 1：先按照传统柔性作业车间进行决策，决定不包含 PM，只包含工序的最初调度。

步骤 2：将所有设备的维护安排在各台机器维护时间窗的末尾。

步骤 3：如果某一台机器预防性维护的时间段和其他工序的加工时间不冲突，则将该机器的维护和加工环节合并调度。否则进行步骤 4。

步骤 4：如果某台机器的 PM 和某个工序加工的时间段发生冲突，则将维护环节尽量提前到前一道工序末尾或者机器开始加工的时刻，然后再安排冲突的加工环节和之后的加工环节。

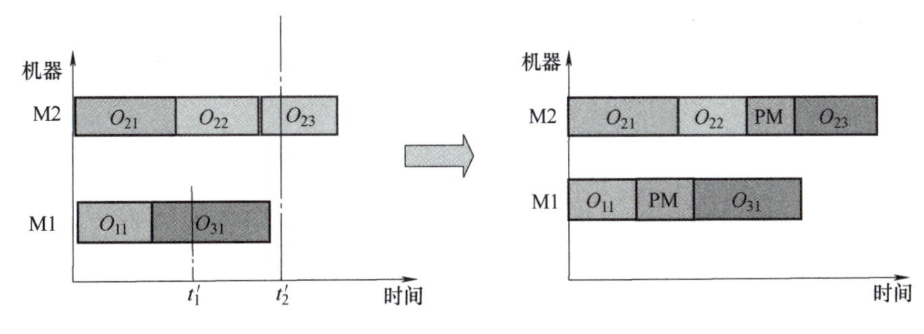

图 5-26　“向前偏移”PM 方法

当然，PM 以后的工件加工顺序如果做某些改变，有可能会减小最大完工时间。但这些会在算法中的“教学”“自学”环节和模拟退火环节中实现，因为这两个环节都对工序的排序情况进行了变更。

（2）数学模型　对设备的预防性维护和生产调度进行有机集成，把设备的维护考虑在作业计划之中，以最小化最大完工时间（makespan）为目标，机器的 PM 尽量安排在既定的时间窗以内，制订设备维护和各个工序的生产计划。符号定义：

M_{jk}：工件 j 的第 k 道工序可用的机器集合，$M_{jk} \subseteq \{1, 2, \cdots, m\}$；

X_{ijk}：工件 j 的第 k 道工序是否在机器 i 上加工，即：

$$X_{ijk}=\begin{cases}1, & \text{工件 } j \text{ 的第 } k \text{ 道工序在机器 } i \text{ 上加工，} i \subseteq M_{jk} \\ 0, & \text{否则}\end{cases}$$

$$y_{ijkhl}=\begin{cases}1, & \text{机器 } i \text{ 上工件 } j \text{ 的第 } k \text{ 道工序先于工件 } h \text{ 的第 } l \text{ 道工序} \\ 0, & \text{否则}\end{cases}$$

t_{ijk}：工件 j 的第 k 道工序在机器 i 上的加工时间，其中 $i \subseteq M_{jk}$；

be_{jk}：工件 j 的第 k 道工序开始时间；

en_{jk}：工件 j 的第 k 道工序完工时间；

t_{pi}：机器 i 预防性维护所需时间；

MC_i：机器 i 的维护结束时间；

L：一个足够大的正数。

建立的数学模型如下：

$$\min f=\max\{\mathrm{en}_{jk} \mid j=1,2,\cdots,n; k=1,2,\cdots,m\} \tag{5-34}$$

$$\mathrm{be}_{jk}+X_{ijk}\times t_{ijk}=\mathrm{en}_{jk} \tag{5-35}$$

$$\mathrm{en}_{jk} \leqslant \mathrm{be}_{j(k+1)} \tag{5-36}$$

$$\sum_{i=1}^{M_{jk}} X_{ijk}=1 \tag{5-37}$$

$$\mathrm{be}_{jk}+t_{ijk} \leqslant \mathrm{en}_{hl}+L(1-y_{ijkhl}) \tag{5-38}$$

$$[(\mathrm{MC}_i-t_{pi}-\mathrm{en}_{jk})\times X_{ijk} \geqslant 0] \vee [(\mathrm{en}_{jk}-\mathrm{MC}_i-t_{ijk})\times X_{ijk} \geqslant 0] \quad \forall (i,j,k,l) \tag{5-39}$$

其中，式（5-34）是模型的目标函数—最大完工时间；式（5-35）和式（5-36）表示每个工件的加工工序的顺序约束；式（5-37）表示机器约束，即同一时刻一台机器能且只能加工一个工件的一道工序；式（5-38）表示在特定的时刻，一台机器只能加工一个工件的一道工序；式（5-39）表示同一台机器上设备预防性维护和工序的加工不能存在冲突。

2. 求解考虑维护时间窗的柔性作业车间调度问题

（1）初始化　对于优化问题，初始化时解的整体质量直接影响算法的收敛速度以及最终求解出的最优解的质量，所以必须选择比较好的编码方式，力求使初始化时产生的解的整体质量比较高。

与 JSP 不同，FJSP 需要将每台机器上的不同工件的工序分配到合理的机器上。因此，柔性作业车间的 TLBO 算法采用两条编码，一条是基于工序的编码，用于说明不同工件的不同工序的加工先后顺序；另一条是基于机器的编码，用来确定具体每个工件的每道工序在哪一台机器上加工。

1）工序序列的编码。在基于工序的编码中，每个数字代表一个工件，数字出现的次数等于该数字对应工序的道数。且第 k 次出现的一个数字代表该数字对应的工件的第 k 道工序，如编码 [1 2 2 1 3 1 2 3]，表明工件 1 有三道工序，工件 2 有三道工序，工件 3 有两道工序。算法对于基于工序的编码采用随机交换的方法，将所有工件的工序按照顺序依次排列，如 [1 1 1 2 2 2 3 3]，然后随机交换工序位置，就产生了该解内基于工序编码的序列，如 [1 3 1 2 2 1 3 2]。

2）机器序列的编码。在基于机器的编码中，将各个工件的工序按照顺序排列下来，然后每个位置上对应的机器就是对应工序所在的机器。例如编码［1 3 1 2 2 1 3 2］表明，工件 1 的三道工序分别在机器 1、3、1 上加工，工件 2 的三道工序分别在机器 2、2、1 上加工，工件 3 的两道工序分别在机器 3、2 上加工。

为每个工序分配机器的时候要考虑该工序在不同可加工机器上的加工时间，最好选择最小值对应的机器来安排，同时又要兼顾考虑每台机器已经分配的负载情况，不能使某台机器的负载过大。因此，为了提高初始解的质量，借鉴了 Kacem 提出的利用时间表的分配方法 AL（approach by locallization）和 Pezzella 的改进分配规则来进行编码，使得编码的鲁棒性比较强，进而得到质量比较好的初始解。Pezzella 的遗传算法的编码在 Kacem 的基础上增加了随机交换工件位置或者机器位置，以及在时间表中优先安排拥有全局最短加工时间的工序及机器。但是他们都没有考虑不同工件以及同一工件的不同工序的加工顺序。

对机器序列的初始化进一步改进，提出“基于工序加工时间最短”的机器序列初始化策略，即将加工时间的表格按照已经确定的工序从上到下对每行重新排序，首先分配排在第一位的工序，选择加工该工序时间最短的某台机器分配给该工序，然后将表中该机器对应的加工时间列在该行之后的所有值均增加该工序的加工时间，表示该机器负载已经增加。接着对剩下的每个工序都按照一样的操作，最终确定对应该工序编码的机器分配方案，过程见表 5-12，对于基于工序编码的序列［1 3 1 2 2 1 3 2］，Mi 为第 i 台机器，首先将工序 O_{11} 安排到最短加工时间的 M3，将 M3 剩余可加工的工序时间增加 4，再安排 O_{31}，最终的安排如表 5-12 最右边三列所示，得到的基于机器编码的序列为［3 1 2 3 1 3 2 1］。

表 5-12　已排序的工序安排加工机器的过程

工　序	机　器								
	M1	M2	M3	M1	M2	M3	M1	M2	M3
O_{11}	7	6	4	/	/	/	7	6	4
O_{31}	4	8	5	4	8	9	4	8	5
O_{12}	9	5	4	9	5	8	9	5	4
O_{21}	2	5	1	2	5	5	2	5	1
O_{22}	4	6	8	4	6	10	4	6	8
O_{13}	9	7	2	9	7	11	9	7	2
O_{32}	8	6	3	8	6	10	8	6	3
O_{23}	3	5	8	3	5	9	3	5	8

由两列编码就可以结合之前描述的动态安排设备预防性维护的方法，在某台机器上安排某工序后，若再安排下一道工序的加工就会使 PM 与下一道工序发生冲突，则在该工序之后进行预防性维护。解码后画出相对应的甘特图，如图 5-27 所示。

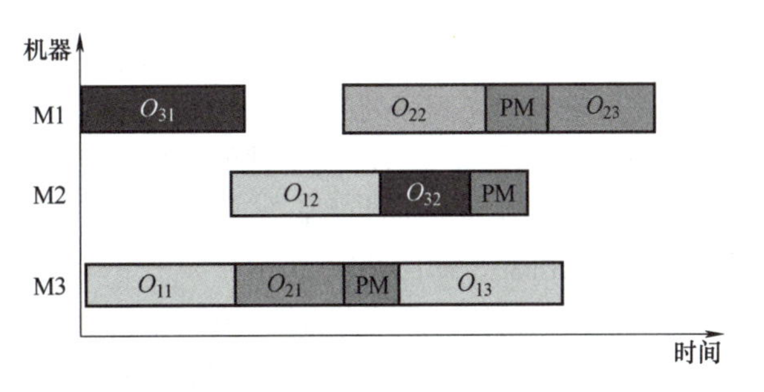

图 5-27　甘特图实例

由于要保证初始解的多样性，算法

中一半初始解的机器编码采用表 5-12 的方法，另一半初始解的机器编码采用在该工序可用机器集合中随机分配机器的编码方法。

（2）“教与学”的过程

1）“教学”阶段。“教学”的过程和“学生”互相学习的过程借鉴遗传算法（GA）的交叉算子，使得新解能从“teacher”或者其他“student”解的序列中“学习”到新知识。

由于要保证交叉变异以后得到的子代都是问题的可行解，一个解内的两条编码所需要的交叉变异方式是不相同的，第一条编码表示工序的序列，采用元素分集合的交叉方法；第二条编码表示加工机器的序列，利用 multi-point cross 方法。交叉操作力求将较优秀序列的元素尽最大可能保留在新工件 3 拥有两个工序得到的序列中。

① 基于工序编码的交叉。该条序列的交叉过程是：首先把需要调度的工件集合 Q 任意分为非空子集 Q_1 和 Q_2，新解内的编码先是继承“teacher”中集合 Q_1 内的工件对应的元素，而后将“学生”中集合 Q_2 内的工件对应的元素分别填充到新解内的编码空缺中。如图 5-28 所示，其中 $Q_1=\{2, 3\}$。

② 基于机器编码的交叉。基于机器的编码采用多点交叉的方式，具体操作是：先随机产生一条和编码等长的 0-1 序列，然后将“教师”中与 0-1 序列中的 0 位置相同的所有元素复制到新解中，再将“学生”中与 0-1 序列中的 1 位置相同的所有元素复制到新解中，如图 5-29所示。

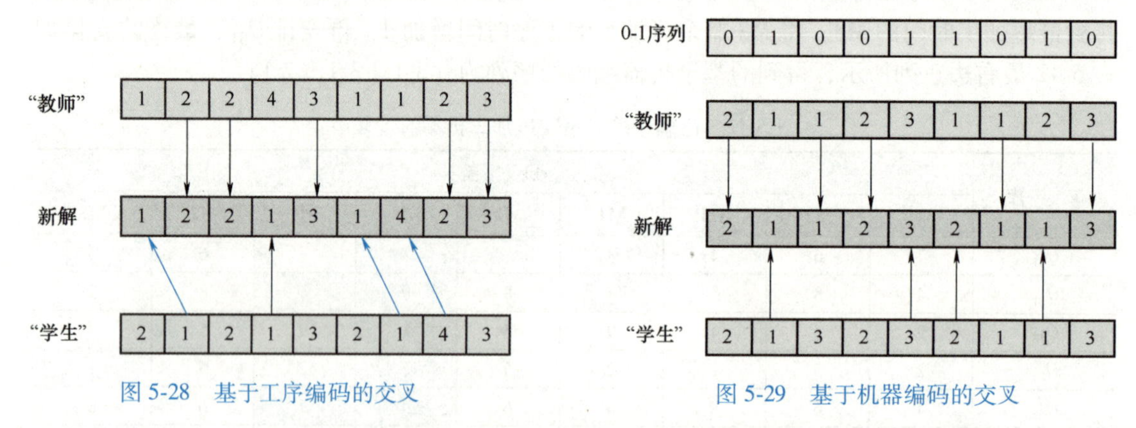

图 5-28　基于工序编码的交叉

图 5-29　基于机器编码的交叉

2）“自学”阶段。算法中除了有“教与学”的过程，还增加了学生“自学”的过程。即通过对“学生”解中的两条序列进行一定的操作，看是否能得到质量更优的解。“自学”的过程借鉴遗传算法（GA）中的变异操作，对已有的序列进行一定的扰动进而通过计算确定得到的解是否是更优解。

① 工序序列的变异。表示工序顺序的序列串采用 insert 变异，即从编码串中任意选取某元素，然后随机调换到序列的其他位置，如图 5-30 所示。

② 机器序列的变异。不同工件的不同工序可选择的机器各不相同，所以这部分编码的变异采用随机选取某个工件的某个工序，将该工序的加工机器随机替换成该工序可选择机器集合中的其他机器，如图 5-31 所示。

在“教学”和“自学”阶段，算法中均会产生新得到的解，如果新得到的解 S' 比原来的解 S 目标函数值更优，则一定用 S' 将 S 替换掉，如果 S' 不比 S 的结果更优，则引入一个选择因子 c，令 $c=\text{rand}(0, 1)$，如果 $c\geqslant 0.5$ 则将 S' 保留在算法解集中，否则丢弃 S'。这样可以使得到的更优解保留下来，选择性地保留非更优解，既可以保证算法中解的分布的多样性，还可以避免算法中解的数量过于庞大，影响算法的空间复杂度。

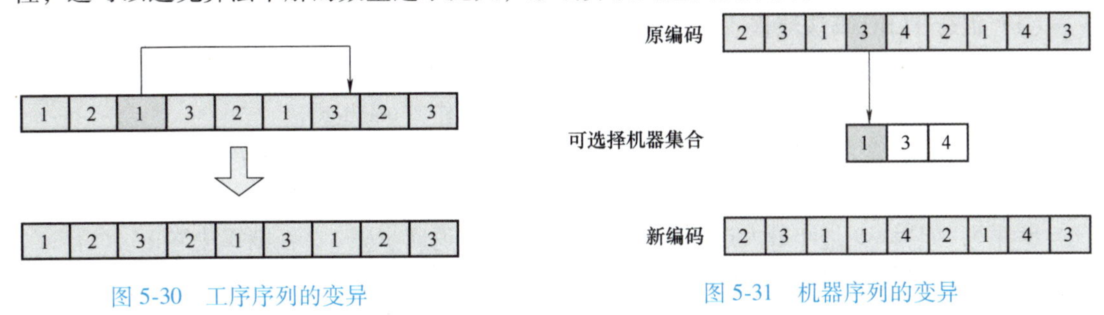

图 5-30　工序序列的变异　　图 5-31　机器序列的变异

（3）局部搜索算法　基本 TLBO 算法求解到一定时间很可能会陷入局部最优不易跳出，所以可以在算法中加入某些采用几种邻域结构的局部搜索算法，以提高算法整体的搜索效率。已有文献中已经采用了很多方法，包括变邻域搜索（variable neighborhood search，VNS）算法、禁忌搜索算法、模拟退火算法等。

在算法中“教学”和“自学”之后，将模拟退火（SA）算法加入到 TLBO 算法中，对得到的解进行局部搜索，搜索对象是原有解集和产生的所有解，这样会导致算法整体时间复杂度有所增加，但可以从很大程度上提高解的质量。

SA 是一种根据热力学统计定律得出的邻域搜索技术，在过去求解组合问题时产生了良好的结果。标准的 SA 首先随机产生初始解，设定初始温度 T_0、终止温度 T_f 以及温度衰减率 α，然后再运用特定的邻域结构对已得到的解进行邻域搜索，如果得到的新解更优，就用新解将旧解替换掉。随着算法的进行，温度也以一定比例进行降低，直到达到设定的终止温度 T_f。

在 SA 环节中，需要对两条编码用不同的邻域结构进行局部搜索。采用两种基于工序编码的邻域结构，分别是反向（inverse）和交换（swap），如图 5-32 所示。inverse 的邻域结构就是在编码中随机选择一段子编码，将所有元素逆转反向排序；swap 的邻域结构就是在编码中随机选择两个元素交换位置。

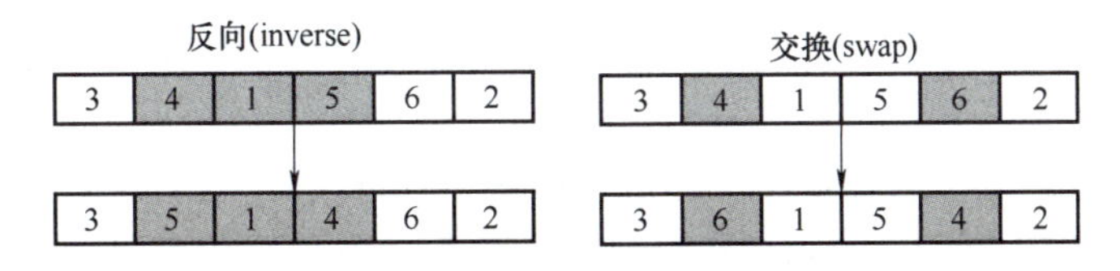

图 5-32　基于工序编码的邻域结构

混合算法中 SA 的步骤如下：

1）设定初始温度 T_0、终止温度 T_f 以及温度衰减率 α 的值。

2）选择已有解 S，运用 SA 的邻域结构对 S 进行局部搜索得到 S'，令 $\Delta S=f(S')-f(S)$。

3）如果 $\Delta S<0$ 将 S 用 S'替换掉，否则令 $P=\exp(-\Delta S/T)$ 决定是否用 S'替换 S。

4）使温度以衰减率 α 缓慢降低，即 $T_{k+1}=\alpha T_k$，其中 $\alpha\in(0, 1)$。

5）重复步骤 2）~4），直至满足停止条件。

由于要保证算法空间和时间复杂度不至于过高，SA 阶段得到的新解 S'只有比之前的解

S 更优，或者 S' 不被已有的 Pareto1 曲面上的所有解支配时，才会得以保留。若 S' 比之前的解 S' 更优则将 S' 替换掉。

（4）混合 TLBO 算法流程

步骤 1：算法的初始化工作，产生初始解集 P_t，此时 $t=0$，令解集规模为 N。

步骤 2：在初始解集中选择 n 个目标值较好的解当作“teacher”。

步骤 3：对解集 P_t 进行“教与学”的过程和“自学”的过程，得到新的解集 Q_t。

步骤 4：运用 SA 算法对 Q_t 中的解进行搜索，得到新的解集 Q_t'。

步骤 5：如果 $t<t_{\max}$（最大迭代次数），则 $t=t+1$，返回步骤 3；否则算法终止。

步骤 6：将算法求得的最终解集的最优解输出。

混合 TLBO 算法的流程图如图 5-33 所示。

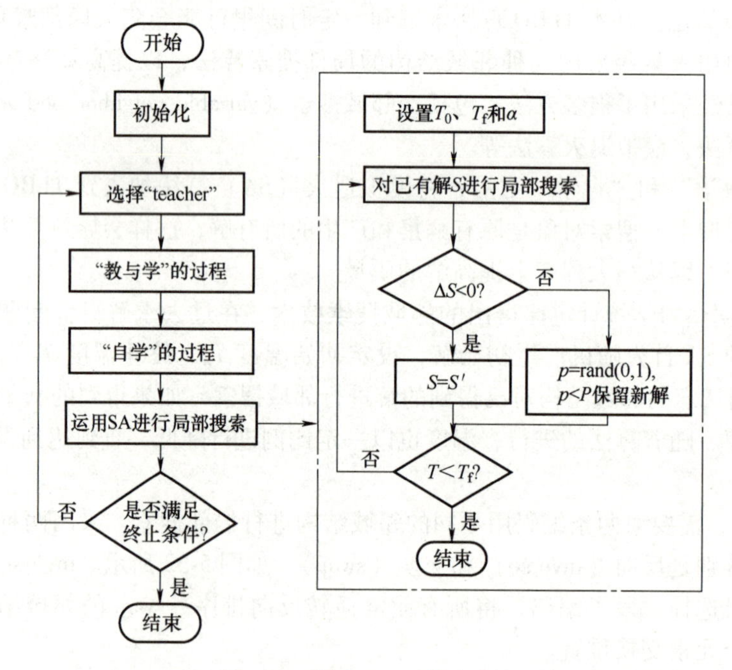

图 5-33　混合 TLBO 算法的流程图

3. 计算结果与分析

为验证混合 TLBO 算法的有效性，首先对 Brandimarte 文献中的 10 个 MK 实例进行测试，均以最小化最大完工时间（makespan）为目标，并与已有文献中的结果进行对比；进而参考其他文献的数据生成三个符合模型的实例进行求解，并与基本 TLBO 算法和遗传算法求解出的结果进行对比。

（1）基准实例计算　混合 TLBO 算法采用 C++语言编程，运行环境为 2. 5GHz Intel Core i5 多核 CPU 和 2GB RAM 的个人计算机，算法的有关参数设置如下：种群大小 = 200，迭代次数 = 100；对于模拟退火环节的参数，取初始温度 $T_0=1000$℃，温度衰减率 $\alpha=0.8$，终止温度 $T_f=1$℃，在温度 T 时，每个已有解进行 $n=5$ 次的扰动。

10 个 MK 实例的测试结果对比见表 5-13，其中 m 和 n 分别表示每个问题中机器和工件的数量；C 表示测试目标 makespan 的值；Div 是最优解的相对偏差，如式（5-40）所示。

表 5-13　10 个 MK 实例的测试结果对比

实例	n	m	HTLBO	GA-Chen		GA-Jia		GA-Pezzella		TSPCB	
				C	Div（%）	C	Div（%）	C	Div（%）	C	Div（%）
MK01	10	6	40	40	0. 00	40	0. 00	40	0. 00	40	0. 00
MK02	10	6	26	29	10. 34	28	7. 14	26	0. 00	26	0. 00
MK03	15	8	204	204	0. 00	204	0. 00	204	0. 00	204	0. 00
MK04	15	8	60	63	4. 76	61	1. 64	60	0. 00	62	3. 22
MK05	15	4	172	181	4. 97	176	2. 27	173	0. 58	172	0. 00
MK06	10	10	60	60	0. 00	62	3. 22	63	4. 76	65	7. 69
MK07	20	5	140	148	5. 41	145	3. 45	139	−0. 72	140	0. 00
MK08	20	10	523	523	0. 00	523	0. 00	523	0. 00	523	0. 00
MK09	20	10	310	308	−0. 65	310	0. 00	311	0. 32	310	0. 00
MK10	20	15	208	212	1. 89	216	3. 70	212	1. 89	214	2. 80

$$\text{Div}=\frac{C_i-C}{C_i}\times 100\%, i=1,2,3,4 \tag{5-40}$$

式中，C_i 是对比算法求得的 makespan 的值；C 是混合 TLBO 算法求得的 makespan 的值。

从表 5-13 中数据可以看出，对于前六个基准问题以及 MK08 问题，算法均求解出了已有文献中得出的最优解；对于 MK10，算法求解出的解比对比的四种算法求解出的解更优；只有 MK07 和 MK09 问题没有求解出对比算法的最优解，但是相差不大。

（2）考虑维护时间窗实例计算　对于具体实例的测试，传统的 FJSP 加工时间数据来自 MK04、MK07 和 MK09 的三组数据，三个实例分别是 15×8、20×5 以及 20×10 的 FJSP。对于三个问题中各台机器的 PM 时间窗和 PM 需要的时间 t_{pi} 分别见表 5-14、表 5-15、表 5-16，w^{bi} 和 w^{ei} 分别表示机器 i 的 PM 时段的开始和结束时刻，PM_{mn} 表示第 m 台机器的第 n 次维护。先用 HTLBO 算法求解得出三个结果，再分别用 GA 算法进行求解对比。

表 5-14　15×8 问题的 PM 时间数据

PM		PM_{11}	PM_{21}	PM_{31}	PM_{41}	PM_{51}	PM_{61}	PM_{71}	PM_{81}
时间窗	w^{bi}	21	13	15	34	22	20	23	19
	w^{ei}	34	29	25	42	28	31	35	26
t_{pi}/s		3	2	4	2	2	4	2	3

表 5-15　20×5 问题的 PM 时间数据

PM		PM_{11}	PM_{21}	PM_{31}	PM_{41}	PM_{51}
时间窗	w^{bi}	20	21	30	20	32
	w^{ei}	34	27	40	31	39
t_{pi}/s		2	1	1	2	1

表 5-16　20×10 问题的 PM 时间数据

PM		PM_{11}	PM_{21}	PM_{31}	PM_{32}	PM_{41}	PM_{51}	PM_{61}	PM_{71}	PM_{81}	PM_{82}	PM_{91}	PM_{101}
时间窗	w^{bi}	21	32	20	53	30	42	30	52	20	66	31	52
	w^{ei}	35	47	33	61	40	58	46	67	35	81	45	68
t_{pi}/s		1	1	1	2	3	2	1	1	1	1	1	1

两种算法对三个实例分别进行求解得到的结果对比见表 5-17，由该表可以看出，针对本章建立的单目标集成优化模型，HTLBO 算法对于三个实例求得的结果均优于对比的 GA 算法。因此，本章提出的 HTLBO 算法求解基于固定维护时间窗的柔性作业车间调度和 PM 的集成优化问题的有效性得到了证明。

表 5-17　三种具体实例的测试结果对比

15×8		20×5		20×10	
HTLBO	GA	HTLBO	GA	HTLBO	GA
74	77	157	160	331	335

其中对于第一个 15×8 的实例，HTLBO 算法求解出的最优解的甘特图如图 5-34 所示，图中，某些工序之后紧跟的黑色小条即是 PM 的环节。Jm 表示第 m 个工件，工序的先后顺序由甘特图中的时间先后来决定。

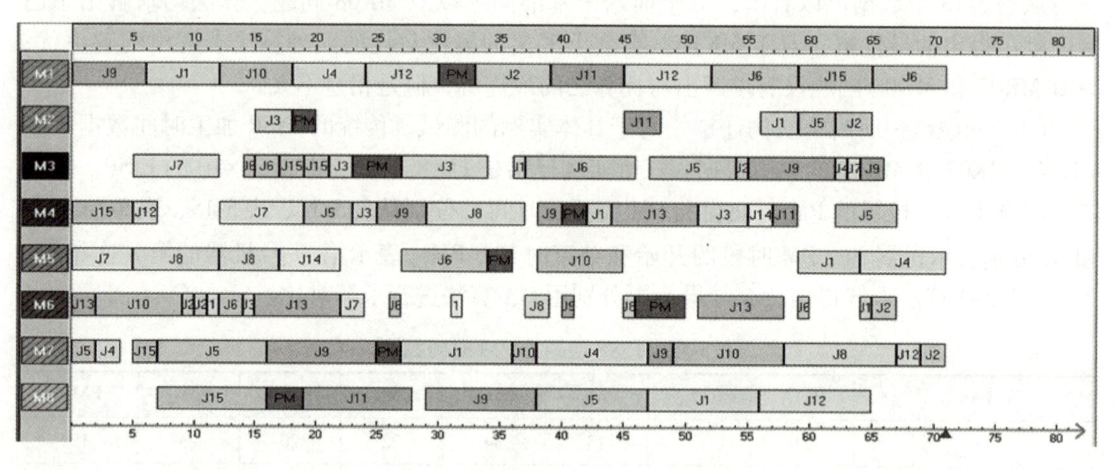

图 5-34　15×8 实例最优解的甘特图

本章小结

本章针对设施面积不等的车间类型，将静态布局中的面积费用指标引入鲁棒性车间布局中，将车间面积费用及车间物料搬运费用作为优化目标求解动态环境下的鲁棒性布局问题，为提高最终布局的鲁棒性，对鲁棒性指标进行改进，设计了一种鲁棒约束。根据模型的特点，设计一种引入 SLP 及差分变异算子的改进蛙跳算法。最后，通过算例验证了所提出的模型和算法的有效性。针对 FJSP 提出了一种融合殖民竞争算法和禁忌搜索算法的混合算法，给出了混合殖民竞争算法的框架。该算法将帝国殖民竞争算法与禁忌搜索算法相结合，详细介绍了殖民竞争算法的操作并提出了一种基于离散 Jaya 迭代公式的帝国内同化方法；同时在禁忌搜索算法中，对于同机器邻域采用张超勇的邻域结构，变机器邻域则采用 M. G. 的邻域结构，进一步提高了算法的局部搜索能力，使得混合算法能充分利用其全局搜索和集中搜索的能力。运用基准问题实例测试所提出的混合算法，并与其他算法的结果进行了比较，给出了一些求得最优解的案例的甘特图，证明了该混合算法的有效性和优越性。针对柔性作业车间调度和 PM 的集成优化问题，建立了基于机器维护时间窗的集成优化模型，提出了新颖的混合“教与学”优化算法（HTLBO），在基本 TLBO 算法中加入了模拟退火（SA）的过程，将 TLBO 全局搜索的优势和模拟退火算法的局部搜索能力相结合。设计了符合模型要求的编码、解码方式；在算法中设计了“基于工序加工时间最短”的机器序列初始化策略的新颖初始化方法，提高了初始解集中解的整体质量的同时，也保证了初始解集中解的多样性；进而设计了相应的“教与学”以及“自学”的过程。将 HTLBO 算法用于求解 10 个 MK 基准测试实例，并与其他文献得到的结果进行了对比，初步证明了该算法的有效性；进而选择其中三个实例，针对这三个实例的特点分别生成了符合本章模型的集成 PM 的具体实例，运用 HTLBO 算法求解得到最优解，并与 GA 算法求解出的最优调度进行了比较，验证了 HTLBO 算法解决基于机器维护时间窗的柔性作业车间调度和 PM 的集成优化问题的有效性。

参 考 文 献

[1] 陈荣秋. 排序的理论与方法［M］. 武汉：华中理工大学出版社，1987.

[2] RODAMMER F A，WHITE K P. A recent survey of production scheduling［J］. IEEE Trans. SMC，1988，18（6）：841-851.

[3] 管在林. 基于局部搜索的单件车间调度方法研究［D］. 武汉：华中理工大学，1997.

[4] 郑大钟，赵千川. 离散事件动态系统［M］. 北京：清华大学出版社，2001.

[5] 童刚. Job-Shop 调度问题理论及方法的应用研究［D］. 天津：天津大学，2000.

[6] 戴绍利，谭跃进，汪浩 . 生产调度方法的系统研究［J］. 系统工程，1999，17（1）：41-45.

[7] GAREY M R，JOHNSON D S. Computers and intractability：a guide to the theory of NP-completeness［M］. San Francisco：Freeman，1979.

[8] HOLAND J H. Adaptation in natural and artificial systems［M］. Ann Arbor：The University of Michigan Press，1975.

[9] 王凌. 车间调度及其遗传算法［M］. 北京：清华大学出版社，2003.

[10] GLOVER F. Future paths for integer programming and links to artificial intelligence［J］. Computers and Operations Research，1986，13（5）：533-549.

[11] KIRKPATRICK S，GELATT C D，VECCHI M P. Optimization by simulated annealing［J］. Science，1983，220（4598）：671-680.

[12] BURKARD R E，RENDL F. A thermodynamically motivated simulation procedure for combinatorial optimization

problems [J]. European Journal of Operational Research, 1984, 17 (2): 169-174.

[13] KENNEDY J, EBERHART R. Particle swarm optimization [C]. Perth: IEEE International Conference on Neutral Networks, 1995.

[14] EBERHART R C, KENNEDY J. A new optimizer using particle swarm theory [C]. Nagoya: The Sixth International Symposium on Micro Machine and Human Science, 1995.

[15] DORIGO M, DI CARO G. Ant colony optimization: a new meta-heuristic [C]. Washington: The 1999 Congress on Evolutionary Computation, 1999.

[16] ADLEMAN L. Molecular computation of solution to combinatorial problems [J]. Science, 1994, 266 (5187): 1021-1024.

[17] ANSARI N, HOU E. 用于最优化的计算智能 [M]. 李军，边肇祺，译. 北京：清华大学出版社，1999.

[18] BONABEAU E, DORIGO M, THERAULAZ G. Inspiration for optimization from social insect behaviour [J]. Nature, 2000, 406: 39-42.

[19] VAESSENS R J M. Generalized job shop scheduling: complexity and local search [D]. Eindhoven: Eindhoven University of Technology, 1995.

[20] VAESSENS R J M, Aarts E H L, Lenstra, J K. Job-shop scheduling by local search [J]. INFORMS Journal on Computing, 1996, 8: 302-317.

[21] BLAZEWICZ J, DOMSCHKE W, PESCH E. The job shop scheduling problem: conventional and new solution techniques [J]. European Journal of Operational Research, 1996, 93 (1): 1-33.

[22] JAIN A S, MEERAN S. Deterministic job-shop scheduling: past, present and future [J]. European Journal of Operational Research, 1999, 113 (2): 390-434.

[23] PARUNAK H V D, ARBOR A. Characterizing the manufacturing scheduling problem [J]. Journal of Manufacturing Systems, 1991, 10 (3): 241-259.

[24] 尹文君，刘民，吴澄. 进化计算在生产线调度研究中的现状与展望 [J]. 计算机集成制造系统，2001，7 (12): 1-6.

[25] 王波，张群，王飞，等. Job Shop 排序问题解空间定量分析 [J]. 控制与决策，2001，16 (1): 33-36.

第6章

6

离散型制造智能工厂

章知识图谱

说课视频

离散型制造智能工厂是随着信息技术和智能化系统的不断发展而崛起的全新生产模式，其核心是通过数字化和自动化技术的应用，实现制造过程的智能化和高效化。在智能工厂中，生产设备和系统之间建立了高度的互联互通，通过传感器和物联网技术实现数据的实时采集和分析，从而为生产决策提供数据支持。离散型制造智能工厂将生产过程中的各个环节进行优化，实现生产的自动化控制和智能化管理，从而提高生产效率和产品质量，降低生产成本，促进企业的可持续发展。通过实现生产过程的数字化和智能化，离散型制造企业能够更好地适应市场需求的变化，提升竞争力，实现可持续发展的目标。

6.1 离散型制造智能工厂的目标与流程

6.1.1 智能工厂管理

智能工厂管理包括智能工厂目标设定、智能工厂自动化系统以及智能工厂的安全管理这三个方面，如图6-1所示。智能工厂目标设定涉及制定工厂的智能化目标、效益目标、质量目标、节能目标、环境目标和社会目标，以确保工厂的整体运营方向和战略规划。智能工厂自动化系统则包括智能装备与控制系统、智能仓储与物流系统和智能制造执行系统，以实现生产自动化和智能化的目标。智能工厂的安全管理涉及对生产安全、人员安全、信息安全、能源安全这四方面进行综合管理和监控，以确保工厂操作的安全性和可靠性，保护员工和工厂资产的安全。通过贯彻执行这三个方面的内容，可以实现智能工厂生产效率的提升、资源的优化利用，以及员工的安全和福利保障。

1. 智能工厂目标设定

智能工厂的目标包括智能化目标、效益目标、质量目标、节能目标、环境目标和社会目标。智能化目标是指通过引入智能技术和系统，提升工厂的自动化程度、生产效率和灵活性，以实现智能化生产和管理。效益目标关注的是在提高生产效率的同时，降低成本、提高利润，并确保可持续发展。质量目标着眼于提高产品和服务的质量，以满足客户需求并增强市场竞争力。节能目标旨在通过有效利用资源，提升能源利用效率来减少生产过程中的能源消耗。环境目标强调保护生态环境和促进可持续发展，包括减少环境污染、实施循环经济和推动绿色生产。社会目标关注企业的社会责任，包括提供良好的工作环境、保护员工权益、推动社会公平和参与社会公益事业。综上所述，智能工厂的目标旨在实现智能化生产、提高效益和质量、节能减排、保护环境和履行社会责任。

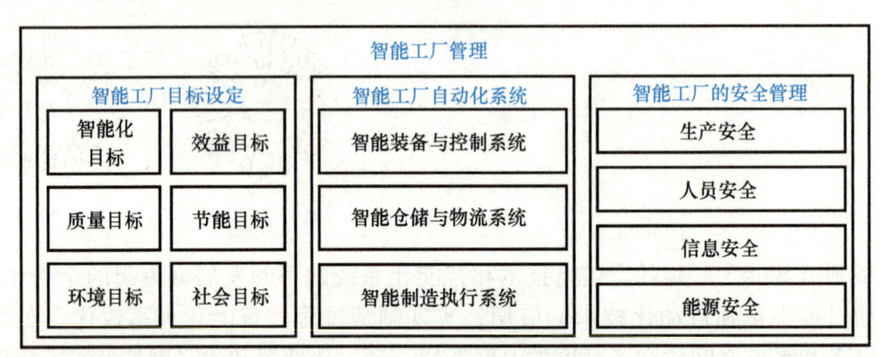

图 6-1 智能工厂管理的总体框架

（1）智能化目标　智能工厂旨在引入高端装备、先进技术和系统，以提升生产效率、质量和灵活性，实现智能制造。在建立智能化工厂时，应将人工智能、大数据分析、自动化和机器人等技术应用于生产过程中。这包括实时自动采集生产过程数据（如生产数据、设备运行数据和能源消耗数据等），实现工厂内部各环节的信息和资源共享，以数据驱动决策，在生产质量、效率和成本之间取得平衡。

（2）效益目标　效益目标旨在通过整合智能装备、智能物流和智能管理等环节，优化车间的资源使用状况，减少生产过程中的浪费，提升生产线的产能和运营效率。同时，提高车间的生产制造能力和综合管理水平，增强企业的竞争力和可持续发展能力，促进生产效益的不断提升。

（3）质量目标　在智能工厂中，质量控制仍以产品为核心。在产线上引入自动化检测设备对产品进行检测，并实时采集生产过程的产品质量数据和设备状态数据，利用大数据分析技术对采集的数据进行深入分析，从中挖掘潜在问题，并采取适当措施，以确保每个工序都符合质量标准要求并规避潜在的质量问题。

（4）节能目标　节能目标通过整合物联网、大数据、云计算等技术，实现对能耗监测点（如变配电、照明、空调、电梯、给排水、热水机组等设备）的能耗及相关数据的采集。通过按照不同区域、不同设备、不同项目对数据进行分析，一方面采取措施消除生产过程中的异常能耗行为，另一方面根据分析结果探索节能途径，提高能源利用效率并避免能源的浪费，进而实现节能目标。

（5）环境目标　环境目标旨在提高资源能源利用效率和控制污染物排放水平。按照环境管理体系标准要求，以生命周期视角为指导，建立环境管理的运行方案，覆盖产品设计、实施、检验、使用和推出等全流程。有助于识别各阶段的环境因素，并在整个生命周期范围内实施治理措施，加强微观主体的环境质量控制责任。同时，在发展过程中综合应用环保技术和环境管理方案，走可持续发展的道路，从而实现环境目标。

（6）社会目标　企业在所有业务活动中应遵循道德规范和法律法规，包括公平竞争、诚信交易、透明管理和反对腐败。确保员工享有公正的劳动条件，包括合理薪酬、安全健康的工作环境、平等机会、职业发展与培训。还应积极参与社会建设，通过捐赠、志愿服务、教育支持等方式回馈社会，为社会经济发展做出贡献。

2. 智能工厂自动化系统

工厂自动化系统在信息物理系统和标准规范的支持下，由智能装备与控制系统、智能仓储与物流系统、智能制造执行系统三部分组成。工厂自动化系统总体框架如图 6-2 所示。

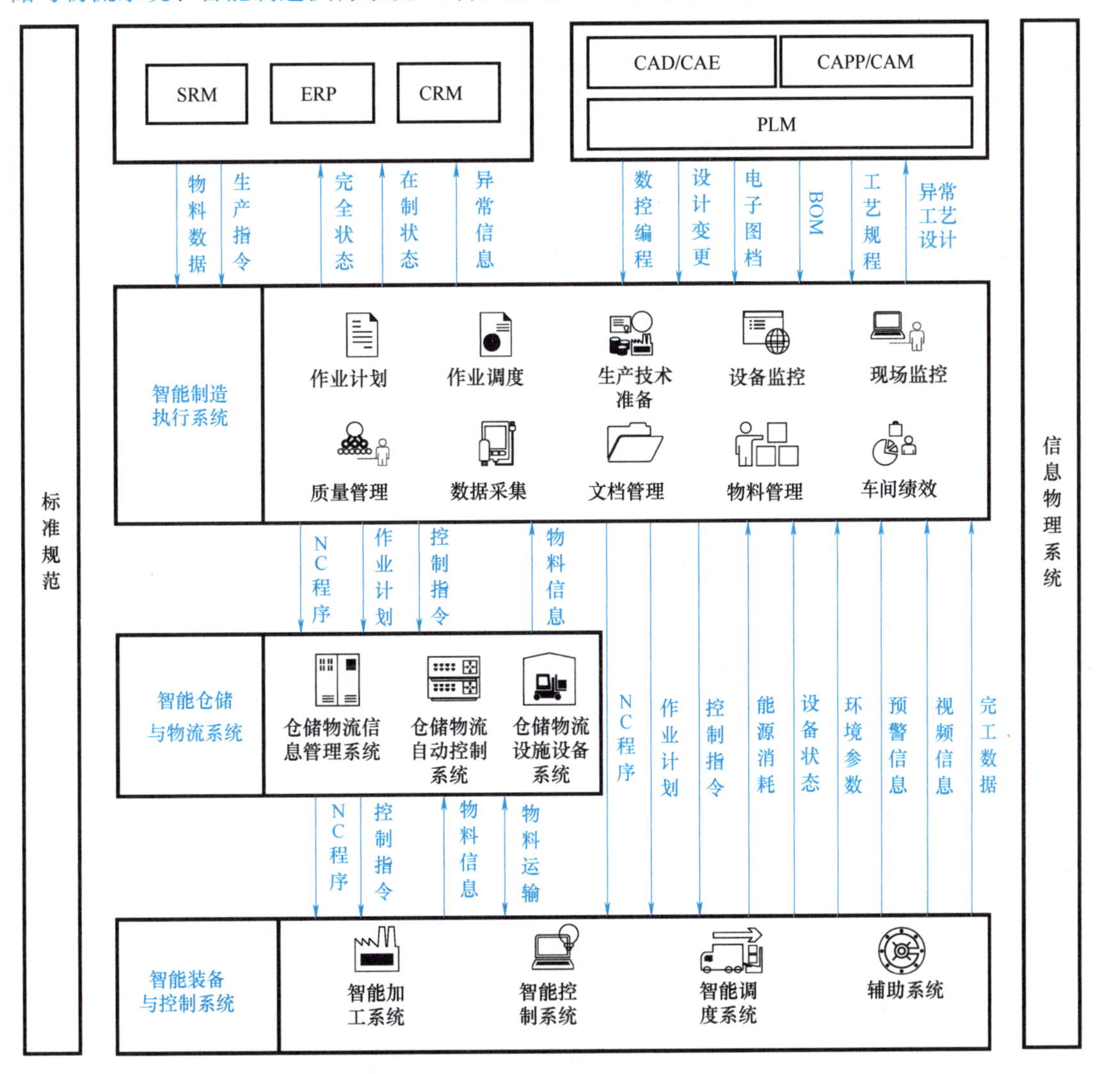

图 6-2　工厂自动化系统总体框架

（1）智能装备与控制系统　智能工厂自动化的基础是智能装备与控制系统，典型的智能装备与控制系统由四部分组成，分别是：智能加工系统、智能控制系统、智能调度系统和辅助系统。

1）智能加工系统。智能加工系统按照生产制造工艺的要求分为不同种类，有进行金属切削的数控加工中心、专用数控机床等高端装备；有完成焊接、装配等工艺的工业机器人；有进行产品质量检测的测量设备等。

设备的配置根据成组工艺的要求，把具有相似形状和加工工艺、相近尺寸的零件依据加工要求配置成一组设备，使得这组零件可以基本上在一条柔性制造系统上完成加工。一个企业可以建设多条柔性制造系统，如钣金、焊接、箱体、回转体、非回转体加工线等。信息物理系统可以实现物与物，物与控制系统、研发设计系统、经营管理系统和制造执行系统的集成，进而达成智能制造的目标。

2）智能控制系统。智能控制系统可以对生产过程进行实时的监控和调节，自动执行任务和操作，包括起停设备、调整参数、自适应变化的环境和需求等。通过自动优化设备和工艺参数，实现生产过程的能效优化，提高资源利用效率，降低能耗和废料产生。结合大数据和机器学习技术，智能控制系统能够对设备状态进行故障诊断和预测性维护。智能控制系统由五级递阶控制系统组成。从上往下依次是工厂层、车间层、单元层、工作站层和设备层，如图 6-3 所示。

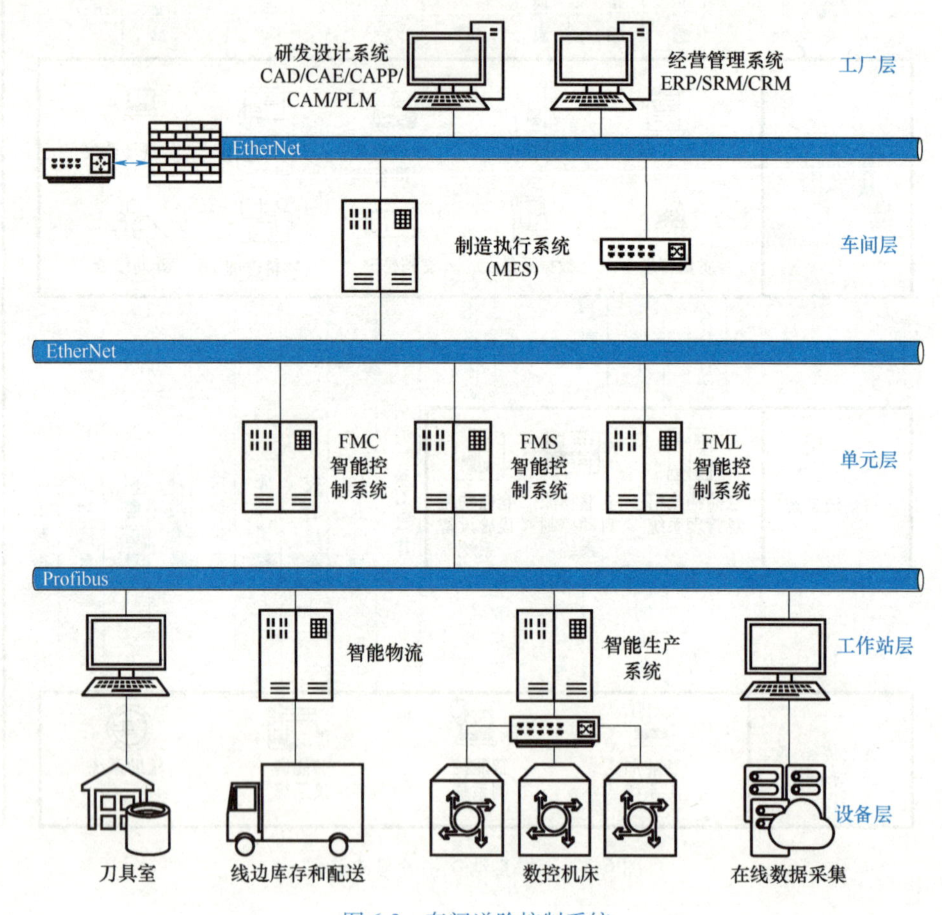

图 6-3　车间递阶控制系统

工厂层：研发设计系统和经营管理系统组成了工厂层。研发设计系统的功能是将物料数据、生产准备需求、数控程序、产品设计图档、加工工艺路线等信息输送到智能生产系统，以实现企业在产品设计和生产阶段的高效工作。经营管理系统则负责将生产计划、采购供应信息、库存信息、计划变更信息等传递给智能生产系统，以维护车间各个部门的系统生产。

车间层：车间的多条柔性制造系统与制造执行系统（MES）进行交互，并且 MES 对整个车间的人机料法环进行管理。MES 会根据车间作业计划的安排，对柔性制造单元发出生产指令，控制其进行生产技术准备工作。

单元层：单元控制器能够对柔性生产线内部进行管理和控制，并且可以按照 MES 发布的生产指令来对工艺路线进行规划和控制，开展刀具、工件与工装的原始准备，调整系统配置和核对数据，并控制加工过程。单元控制器在系统的加工过程中，基于实时系统状态，对生产活动进行动态优化控制。

工作站层：制造工作站控制机床运行，物流工作站控制线边库存和物流传送，刀具工作站管理并控制刀具刃磨及对刀。工作站层是非必须设置的，可以将其功能分配到单元层。

设备层：设备制造器由设备制造商生产制造，可以在设备控制系统上运行，如数控系统和计算机数控系统等。设备控制器可以控制和管理设备，来实现对应的功能。

3）智能调度系统。车间智能调度系统分为两级：第一级是制造执行系统，负责接收物料需求计划的生产指令，并且将生产任务按照车间的生产布局分配到流水生产线或独立的生产单元；第二级为智能装备与控制层，它可以进行智能调度，其体现在一条柔性制造系统内部或一条流水生产线内部，可以对每台机床分配对应的生产任务，并且按照生产任务的需要调度零件的运输、装载、加工和检验的全流程。

4）辅助系统。除了智能加工系统、智能控制系统和智能调度系统，为了保障生产系统的运行，按照不同的加工对象，需配备对应的辅助系统，如刀具的存储及运输系统、夹具和量具的存储及运输系统、切削清理与处理系统等。

（2）智能仓储与物流系统　智能仓储与物流系统的作用是通过自动化和智能化技术提供高效、准确和可靠的仓储和物流管理，实现资源优化和供应链的高效运作。智能仓储与物流系统由仓储物流信息管理系统、仓储物流自动控制系统、仓储物流设施设备系统组成，如图 6-4 所示。

1）仓储物流信息管理系统。仓储物流信息管理系统可以管理整个进出厂和生产过程的物流。入库管理涵盖从企业资源计划（enterprise resource planning，ERP）系统获取采购订单和供应商到货单，进行质检、货位分配和上架，并维护入库记录，通常借助条码或射频识别（RFID）技术进行物流跟踪。出库管理涵盖生产领用出库和销售出库，其中生产领用出库按照生产计划和物料清单开具领料单，通过库房指导堆垛机进行出库操作，经过运输机构发送至分拣台，最终配送至缓冲区或工位并完成签收。销售出库按照销售部门开具的出库单上面的客户订单进行装箱、装车。盘库管理按照不同的盘点策略，通过堆垛机与条码的辅助，实行实物盘点，制定盘亏盘盈表，并通过审批来修改库存数据。同时，系统还负责对仓储物流装置如装载机、运输机和自动运输小车进行管理，下达相应的作业指令实现其运作。此外，目前先进的仓储物流信息管理系统融合了无线定位与追踪系统，可实现实时主动地高精度时空信息采集，进一步提升了物流运作与管理的效率。

2）仓储物流自动控制系统。仓储物流自动控制系统包括堆垛机控制器、输送机控制器、控制网络堆垛机监控调度系统和输送设备监控调度系统等。自动控制系统可以控制并协调仓库内的各种自动化设备，并且根据管理系统的生产指令完成各种物料的管理和调度，包括出库、入库、物料运输分配等，旨在实现仓库和物流操作的自动化和智能化管理。同样地，针对物料运输设备的无线定位与追踪系统也在此发挥重要的作用，促进实时的智能决策。

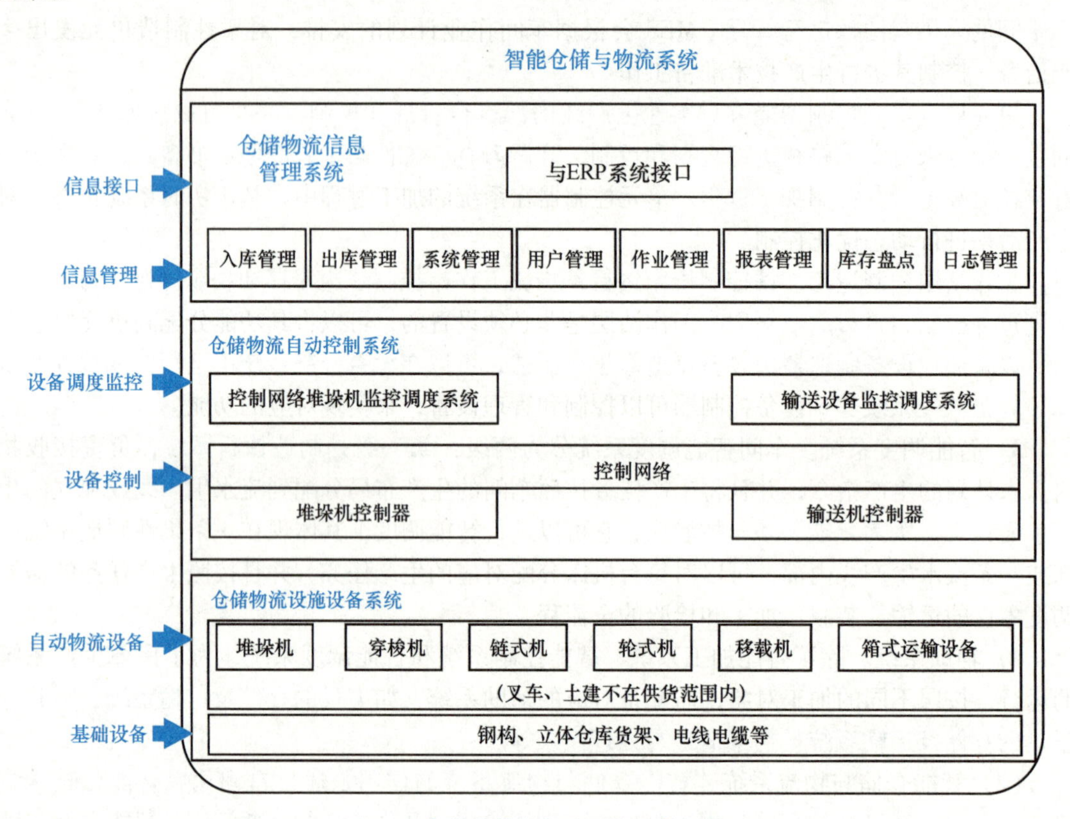

图 6-4　智能仓储与物流系统总体框架

3）仓储物流设施设备系统。仓储物流设施设备系统包括自动物流设备与基础设施。其中，自动物流设备有堆垛机、工件装卸站、物料运送装置（如搬运机器人、自动运输小车、传送带）、出入库输送机（如移载机、穿梭机、链式机、轮式机等）、托盘缓冲站等。基础设备包括钢构、立体仓库货架、电线电缆等。其中，工件装卸站用于自动化装载和搬运物料或工件，包括机床上的上下料、输送载体上的装卸，以及仓库料架上的物料存取。托盘缓冲站则是在自动化制造系统中用于暂存工件，以平衡生产流程，确保各工序之间的产能匹配。自动运输小车能自由运行，无需导轨，灵活配送物料，并适应生产布局的变化。堆垛机是用于高层货架内存取货物的主要起重设备。出入库输送机的功能为将入库货物输送至堆垛机作业原始位置，或将出库货物输运至出库端口。立体仓库货架需要满足强度、刚度和整体稳定性的要求，来存放托盘货物。

（3）智能制造执行系统　制造执行系统协会（manufacturing execution system association，MESA）对制造执行系统所下的定义是："MES 在工厂综合自动化系统中起着中间层的作用，在 ERP 系统产生的长期计划指导下，MES 根据底层控制系统采集的与生产有关的实时数据，对短期生产作业的计划调度、监控、资源配置和生产过程进行优化。"MES 作为制造企业的核心业务系统之一，不是孤立存在的，而是连接了企业的生产计划、车间操作和企业资源管理，以管理和控制生产过程的执行阶段。ISA-95 国际标准为制造执行系统制定的生产业务管理活动模型如图 6-5 所示。

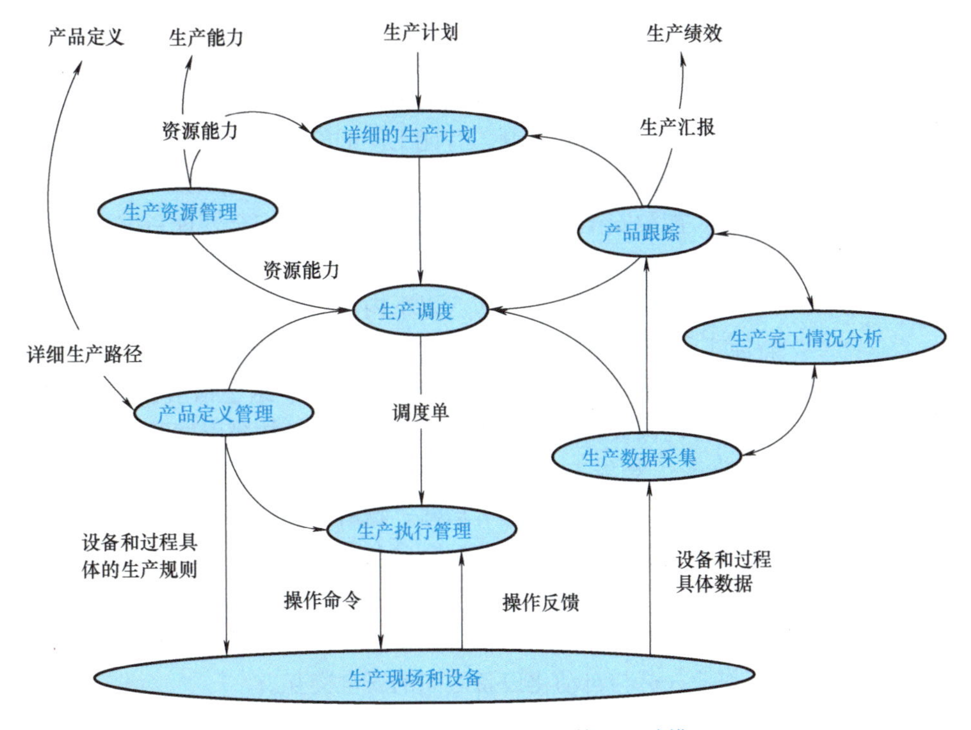

图 6-5　制造执行系统的生产业务管理活动模型

虽然 ISA-95 国际标准提供了一个通用的生产业务管理活动模型作为指导，但企业可以根据自身的需求和特定行业的要求来定制和扩展 MES 的功能。主要可以分为生产过程控制和监控、订单管理和作业调度、质量管理和追溯三个部分。

1）生产过程控制和监控。生产过程控制和监控是 MES 的核心功能之一。它通过数据采集装置（如传感器、可编程逻辑控制器等）实时监测生产过程中的关键数据，如温度、压力、湿度、物料流动等。这些数据被传输到 MES 中进行分析和处理。系统可以对生产过程进行实时监控，并与预定的标准进行比较，以检测异常情况并采取相应的控制措施。例如，如果某个设备温度过高，系统可以自动发送警报并停止设备的运行，以防止设备出现故障和产品质量问题。制造执行系统的生产过程控制和监控可确保生产的顺利执行，并提供了及时的反馈和异常处理能力。

2）订单管理和作业调度。制造执行系统负责管理订单和作业的执行过程。它根据生产计划和订单需求，进行作业的安排和调度，确保按时交付客户订单。制造执行系统能够管理和跟踪订单的进展，监督生产执行进度、物料、设备、质量等信息，做出科学的作业调度。通过优化工序和作业的顺序、物料的供应和调配，提高了生产的效率和资源利用率。

3）质量管理和追溯。制造执行系统在质量管理方面起着重要的作用。它能够监测质量指标和相关参数，并进行质量数据的收集和分析。通过与质检设备、传感器和标识技术的集成，制造执行系统可以实现产品质量的实时监控和管理。此外，制造执行系统还能够追溯产品制造过程中的相关数据，如产品的批次、原材料信息、工艺参数等，支持质量问题的跟踪和分析。

3. 智能工厂的安全管理

制造企业往往以“提高生产效率”为主要目的开展生产活动。安全是关乎效率的重要因素，一旦安全生产管理出现问题，会造成人员伤亡损失、财产损失、生产停滞损失、声誉损失等多方面影响，企业负责人还面临刑事处罚的风险。智能工厂安全管理是指在智能制造环境下，对工厂进行综合的安全管理和控制。智能工厂的安全管理应遵循两大原则，一是充分考虑标准符合性，二是兼顾适用性与可迭代性。在具体的实施过程中，可以通过生产安全、人员安全、信息安全、能源安全这四方面来构建智能工厂安全管理系统。

（1）生产安全　智能工厂生产安全是指在智能制造环境下，保障生产过程中的安全性和防范潜在风险的一系列措施和管理。主要包含以下内容：

1）设备安全。智能工厂中使用各种自动化设备，如工业机器人、立体仓库堆垛机等，特别是在生产期间人工调试设备时，设备安全是至关重要的。这包括对设备的安全性评估、安全设计和安全控制策略，确保设备运行安全可靠，防止设备故障引发意外事故。

2）物料管理和存储安全。智能工厂需要管理和存储大量的原材料、半成品和成品，其中涉及物料的存放、搬运、操作和防尘防爆等措施。物料管理和存储安全包括规范化的物料分类和存储标准，确保物料安全、防止意外泄漏和避免潜在火灾等危险。

3）作业人员安全。智能工厂的作业人员需要与自动化设备协同工作，因此作业人员的安全是关键。这包括操作员必要的安全培训，如设备操作规程、紧急情况处理和个人防护措施。此外，还需要规范作业人员与自动化设备之间的安全交互。

4）生产现场安全和工作环境。智能工厂应提供良好的工作环境和安全保护设施，包括清洁度、通风、照明、防滑等方面。此外，需要正确标记安全标识，指示紧急出口、禁止区域、危险物品等，以及规范化的应急预案和意外事故防护措施。

（2）人员安全　智能工厂中涉及操作员、工程师和管理者等各种人员，他们的安全管理至关重要。为了有效实施智能工厂安全管理，必须进行全员的安全培训，强调安全意识和安全责任，并建立安全文化和报告机制。主要包括以下内容：

1）员工安全培训和意识提升。智能工厂应提供适当的安全培训，包括设备操作规程、紧急情况处理、个人防护装备使用等方面的培训，确保工人能够正确使用设备和工具，并知道如何应对紧急情况和潜在的危险，以确保作业人员在工作时的安全。

2）紧急情况处理与应急预案。智能工厂必须制订和实施紧急情况处理计划和应急预案，包括火灾、泄漏和其他危险事件的处理程序。作业人员需要接受相应的培训，了解紧急情况下的应对措施，如灭火器的使用方式、急救知识等。

3）工作时间和疲劳管理。智能工厂应合理制定工作时间，以避免过度劳累和疲劳导致人员安全事故的发生。需要制定和执行适当的工作时间表和休息时间政策，确保员工有充分的休息和恢复时间。

4）安全监测和报告。一方面，智能工厂应设立监测系统，对工作场所进行实时监测，如监测有害气体、温度、湿度等；另一方面，对人员在工厂中的实时定位与状态监测也有益于安全管理有效性的提升。此外，还需要建立安全报告机制，鼓励员工主动报告安全隐患和事故，并及时采取相应的改进措施。

（3）信息安全　智能工厂信息安全是指保护智能工厂中的信息系统和数据免受未经授

权的访问、损坏、篡改或泄露的措施和实践。随着互联网技术的高速发展，众多企业的信息安全范围不仅仅局限于传统的 IT 系统，也发展到了工业控制系统。工业控制系统自身存在安全漏洞以及物联网技术的广泛应用，使得智能工厂的信息安全问题日益凸显。智能工厂信息安全的关键内容如下：

1）访问控制。确保只有授权人员可以访问智能工厂的计算机系统、网络和关键设备。这通常涉及为每个用户分配独特的身份认证凭据（如用户名和密码），实施多因素身份验证和访问权限管理。企业人员还应定期进行安全审核和漏洞管理，包括进行安全漏洞扫描、渗透测试，及时修补和更新关键系统和应用程序，以确保安全漏洞得到及时修复。

2）数据保护。采取措施保护智能工厂中的敏感数据免受损坏、丢失或盗窃。这包括数据备份、数据加密和灾难恢复计划的实施，在传输和存储过程中确保数据的完整性和保密性。

3）网络安全。确保智能工厂的网络基础设施受到保护，防止未经授权的访问、恶意软件攻击和网络威胁。这包括使用防火墙、入侵检测和预防系统（intrusion detection systems/intrusion prevention systems，IDS/IPS）、虚拟专用网络（virtual private network，VPN）等网络安全工具和技术。

4）物理安全。智能工厂也应该考虑物理安全措施，以防止未经授权的人员进入关键区域和设备。这包括使用安全门禁系统、视频监控和警报系统等来监控和保护工厂设施。

5）员工培训和意识提升。智能工厂应提供员工培训，使他们意识到信息安全的重要性，并了解如何识别和应对潜在的网络威胁和安全漏洞。员工应接受定期的信息安全培训，以保持对最新威胁的认识和了解。

（4）能源安全　智能工厂能源安全是企业进行正常生产时做到供需平衡，避免安全事故发生的重要条件，主要涵盖以下内容：

1）能源供应可靠性。智能工厂需要确保能源供应的可靠性，保证工厂的正常运行。这包括对电力供应的稳定性、供电系统的备份和冗余设计，以及应对停电等突发情况的应急方案。智能工厂需要定期检修和维护能源设备，包括发电机、输电线路、变电设备等。定期维护可以提前发现和修复潜在的故障，保障能源供应的可靠性和安全性。

2）能源使用效率。智能工厂应注重能源的高效利用，可以利用数据监测系统对能源使用进行实时监测和管理。通过数据分析和监控，及时发现能源使用异常，实施调整和优化措施，提高能源的安全性和使用效率。例如，利用智能传感器和自动控制系统监测和调整能源使用，实现能效提升和节能减排。

3）安全设备和设施设计。智能工厂需要合理设计能源设备和设施，确保其符合安全标准和规范。这包括电力系统的接地和绝缘措施、消防设备的设置、高压和高温设备的安全隔离措施等，以最大限度地减少事故和火灾的风险。

4）风险评估和应急预案。智能工厂应进行能源风险评估，并建立相应的紧急预案和应急响应机制。这包括针对能源供应中断、泄漏、火灾等风险的分析，制定相应的预防和应急措施，以减少潜在的人员伤害和生产损失。

综上所述，智能工厂安全管理涉及生产安全、人员安全、信息安全和能源安全。通过综合管理和控制，可以确保智能工厂的安全性和稳定性，最大限度地降低事故发生的风险，营造安全的生产环境，确保工厂在智能制造环境下的正常运行。

6.1.2 智能工厂反馈改进

1. 智能工厂数据在线感知

数字化是工厂实现高端装备智能制造的起点和基础，随着智能制造战略的实施，企业必须依托管理和生产相关的信息系统建设来推进自身数字化转型，将数据作为智能制造的核心驱动力，利用数据去整合产业链及价值链，从而实现信息的采集、管理、流转与应用。智能工厂数据的在线感知是实现数字化的基础，数据感知框架如图 6-6 所示。智能工厂的数据感知主要依赖多样化的采集器和控制模块，从而实现物联网泛在化的末端智能感知功能，能够系统化地管理不同种类的传感器，在异构感应器的基础上，将传感器数据格式化封装，并通过传感器数据的传输协议，实现传感器数据的网络化传输，从而实时获取与感知物理制造资源的数据。

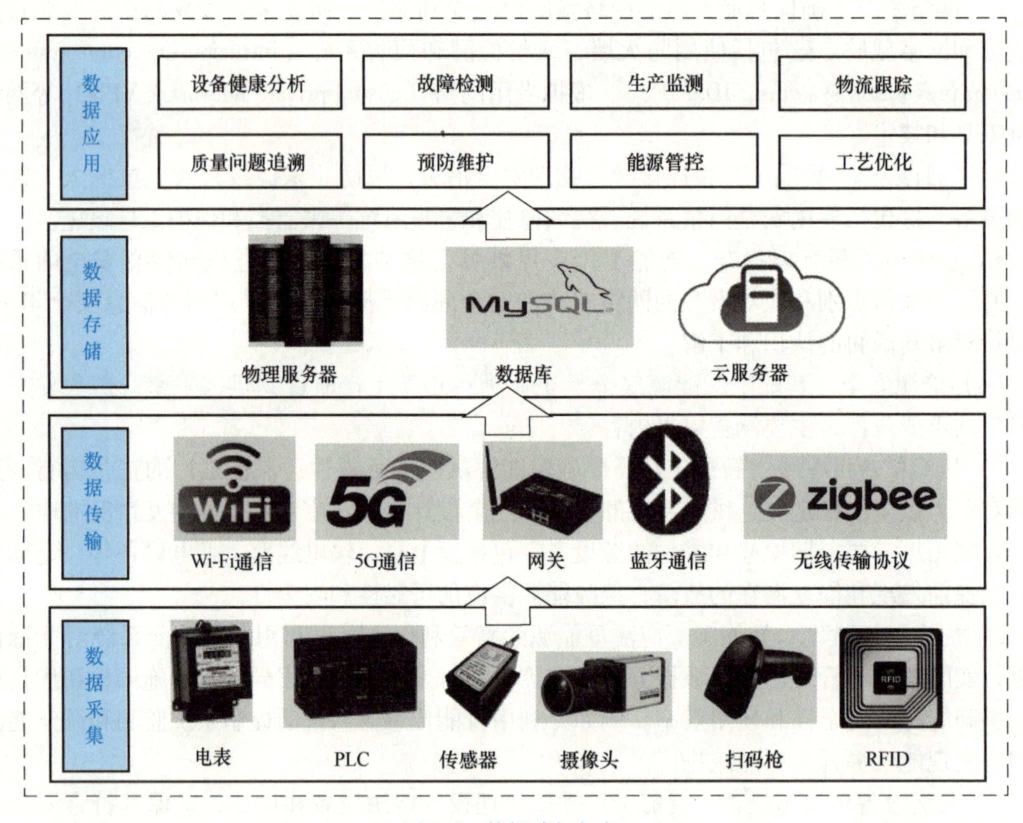

图 6-6 数据感知框架

(1) 智能工厂数据感知方式　工业现场的数据庞大，具有动态、实时、分散的特点，数据获取的方式主要有四种。

1）通过设备的 PLC 进行采集。例如，设备运行状态数据采集，包括设备起停状态数据、设备故障状态数据和设备维护状态数据；设备工艺参数数据采集，包括设备的转速、压力、温度等在不同工艺条件下对产品质量产生影响的参数。

2）通过安装的传感器进行采集。例如，生产能耗数据采集，包括设备用能数据，反应电力质量的电压、电流、频率等；生产环境数据采集，包括温湿度、大气压、尘埃粒子数等；产品检测数据采集，即对产品质量控制的检测数据；工厂排放和环保数据采集，包括水质排放环保检测数据、气体排放环保检测数据、烟尘排放环保检测数据。常见的传感器有压力传感器、温度传感器、光电传感器、激光检测仪、工业照相机等。

3）从各类业务应用信息系统中获取。如从 MES、产品数据管理（product data managemen，PDM）系统中获取物料清单（bill of materials，BOM）数据，从 ERP 系统获取订单数据等。

4）从线下的纸质文件数据转化而来。如工艺卡片电子化、流程卡片电子化、质量检验记录等。纸质文件的电子化既可以通过手动输入，也可以对文件进行扫描识别传入系统或平台。

（2）智能工厂数据传输与存储技术　工业现场数据传输技术实质是用在工业现场的物联网技术。传输技术包括有线传输技术和无线传输技术。有线传输技术主要包括现场总线、工业以太网、工业光纤网络等。常用的无线传输技术主要包括 Wi-Fi（无线局域网）、ZigBee（无线局域网）、NB-IoT（无线广域网）、LoRa（基于基站的无线局域网）、3G/4G/5G（无线广域网）等。

工业现场数据传输过程如图 6-7 所示，在对数据进行采集后，智能传感器模块内部的微处理器（MCU）集成了数据传输所需的通信协议，从而把数据传输到与其连接的数据采集节点控制器或数据采集网关。智能网关可以对数据进行初步的处理和转换，并将数据通过路由器传递给服务器进行存储，还可以与其他设备进行数据交换和命令传递，是现场数据采集的重要设备，它的下位连接着数据采集智能模块，上位则连接了局域网络数据中心服务器，甚至是广域网络的远端或云端服务器。

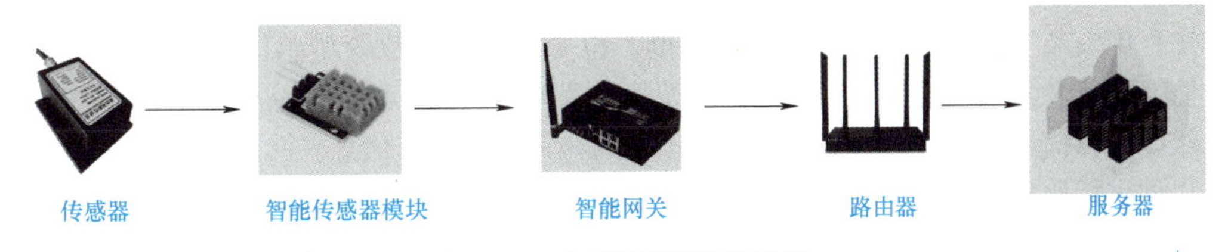

图 6-7　工业现场数据传输过程

工业场景中会产生众多数据源不同、数据结构不同或类型不同的数据，这类数据的集合称之为多源异构数据，其特点使得数据处理过程变得非常复杂，不仅需要高效的存储管理和引擎，还要能够通过数据融合对数据的查询和读取进行优化，实现数据的一体化管理，从而能最大限度地挖掘数据价值。分布式存储和云存储等技术能够将数据进行安全可靠并且高效的存储管理。

分布式存储是一种将数据分布式地存储在多个物理或逻辑位置的存储方式，数据被分散存储在多个节点上，这些节点可以是位于同一数据中心内的不同服务器，也可以是分布在全球范围内的多个数据中心。分布式存储具有可扩展性、高可用性、并行访问和高灵活性等特点，为大规模的数据存储和处理提供了解决方案。

云存储是一种网上在线存储的模式，即将数据存储在远程的虚拟服务器上，这些服务器通常由大型云服务提供商进行管理和维护。云存储提供的功能能够满足海量数据的增长而带来的存储难题，具有低成本、高效率的优点。

（3）数据在线感知实例　智能工厂的能耗监管是数据感知的一个重要应用，通过对电路、用能设备运行状况的24h实时监测，同时分别对生产用电（如各类设备）、环境用电（如空调）、辅助用电（如照明）等进行分类监控、汇总，定期产生各类用电报表，实现用能精细化管理，帮助企业了解实时的能耗情况。如图6-8所示，博世汽车部件（苏州）有限公司对能耗进行了智能化管理，在工厂设施端配备有智能楼宇控制系统，通过在各厂房及办公楼近18000个能耗监控点安装能源计量表和传感器，实时自动采集并存储空调系统、空气压缩机系统、冷水机组、照明系统等各个用能设备的能耗数据，监控各区域电能、温度、湿度等参数的实时状态，实现设备参数动态调节，如新风系统、空调系统自动变频控制等，从而提升能效。

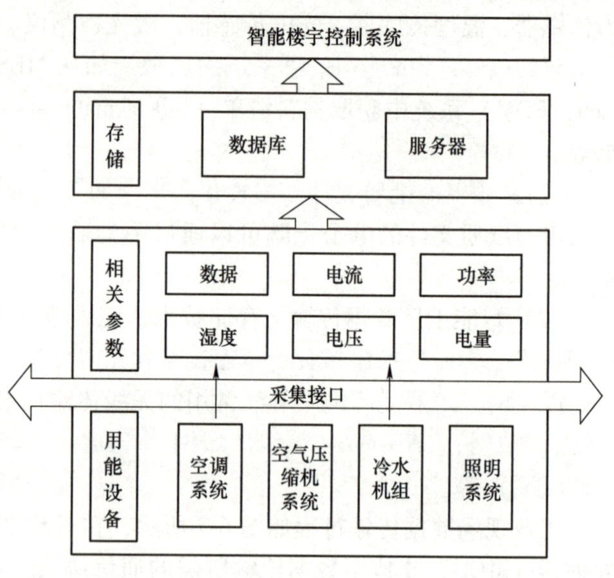

图6-8　博世汽车部件（苏州）有限公司能耗管理

通过数字感知，智能工厂可以实现各环节的数字化管理，提升企业的智能化水平。丹佛斯公司商用压缩机武清工厂在车间、仓库、实验室实施各种物联网识别技术，全方位采集底层基础数据，从而提高效率、优化运营。通过应用信息传感器、射频识别技术、全球定位系统、红外感应器、激光扫描器等技术，实时采集产品生产过程中的信息并整合到数据操控系统。工厂中安装了扭矩、重量、压力、温度、位置、电气参数等传感器，它们与数字化工具、防错装置和互锁系统协同工作，构成智能过程质量控制系统。压缩机的主要零部件均使用二维码，存储了型号、批号等原材料数据，这些数据与生产信息一起连接到压缩机的序列号，以便进行质量跟踪，通过接触式位移传感器、激光传感器和颜色传感器等智能硬件，能够自动在线检测及合格判断，达到了设计、工艺、制造、检验等环节的信息动态协同。

2. 智能工厂数据实时分析

智能工厂中部署的传感器会不断产生海量的数据，对这些数据进行分析，可以实现设备故障的预警和诊断、能耗的优化、生产监控等。智能工厂中对设备的控制与维护、生产过程监控等的判断都要基于数据分析，科学有效的数据分析方法对智能工厂的智能化建设至关重要。

数据分析是基于采集到的制造相关数据，通过提取—转换—装载过程将多源、分散的数据整合处理为全局统一的数据形式，从而构建制造过程的数据库。根据数据之间的属性连接和相关性，可以构建以数据为节点的数据关系网络，通过数据分析方法，从复杂网络模型中推断数据间的耦合作用机理，构建数据演化规律模型，从而能准确描述制造过程的变化规律。

（1）数据实时分析方法　如图6-9所示，按照分析的目的可以将数据分析的方法分为四类：

1）描述型分析。描述型分析是数据分析中最常见的方法，主要关注的是对已有数据的整理、汇总和可视化呈现，通过总结过去的数据来回答“发生了什么”，从而揭示数据的基本特征和概貌。利用可视化工具，能够有效地增强描述型分析所提供的信息，帮助企业了解工厂生产的历史情况，但没有对数据背后的原因或未来趋势进行深入理解。

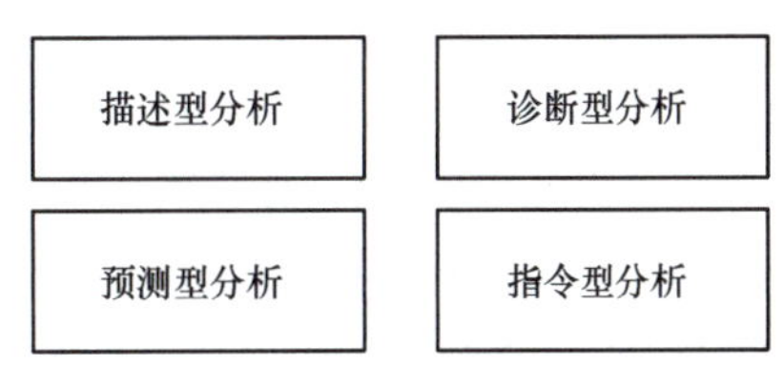

图 6-9　数据实时分析方法

2）诊断型分析。诊断型分析旨在理解数据背后的原因和影响因素，通过比较不同因素之间的关系和影响来回答“为什么会发生”，从而帮助企业识别生产过程潜在的问题根源，并提出改正建议。

3）预测型分析。预测型分析利用历史数据和统计模型来预测未来事件或趋势。通过分析过去的模式和趋势，预测型分析可以生成关于未来可能发生的事件或结果的推测。这种分析通常用于回答“将会发生什么”这样的问题，帮助企业做出规划和决策。

4）指令型分析。指令型分析是基于预测型分析的结果，提供关于如何采取行动的具体建议或指导。它结合了预测性模型和优化算法来回答“需要做什么”这样的问题，帮助企业确定最佳的行动方案，以实现期望的结果，为工厂的生产过程提供行动指导和决策支持。

在工厂运行过程中，会产生大量模糊、无规律、有噪声的数据，单纯利用统计学对这类数据进行分析无法有效地提取潜在的信息。随着人工智能技术的发展，数据挖掘将数据库技术、统计学和机器学习等结合起来，利用先进的智能算法，从更深层次发掘存在于数据内部有效的、新颖的、具有潜在效用的模式。常见的数据挖掘方法如下：

1）预测分析。基于数据的预测分析是一个广义的概念，就工业生产而言，产品质量和生产率的预测、生产操作中的优化、生产装置的故障诊断等都可以归为预测分析的范畴。工业制造过程会产生大量的时序数据，其中的重要信息隐藏在时序模式结构中，对时序数据进行分析能够实现设备故障预警和诊断、能耗优化、生产监控等，因此时序数据的预测分析一直是人们关注的重点。神经网络算法通过模拟生物的神经网络进行信息处理，善于处理多输入多输出问题，有较强的自学习和自适应能力。应用较为成熟的神经网络有反向传播（back propagation，BP）算法、卷积神经网络（convolutional neural network，CNN）算法、生成式对抗网络（generative adversarial network，GAN）算法、长短期记忆（long short term memory，LSTM）算法等。

2）分类与聚类。分类与聚类方法被广泛应用于客户细分、异常检测等需要对数据进行区分的场景中。分类分析是指根据数据集的模式特征或者属性进行划分，通过构造一个分类器对需要分类的样本赋予类别。分类算法有很多种，按照算法的技术特点可以分为贝叶斯分类算法、决策树分类算法、基于关联规则的分类算法和基于数据库技术的分类算法等。每一类算法又存在很多变体，例如决策树分类算法中较早使用 C4.5 算法，为了适应更大规模的数据，开发了快速可伸缩的 SLIQ（supervised learning in quest）算法和 SPRINT（scalable parallelizable induction of classification tree）算法。在基于关联规则的分类算法中，基于关联规则进行分类（classification base of association，CBA）的算法应用较为广泛。

聚类分析通过一定的规则将已有的数据集合划分成新的类别，聚类源于分类，但又不同于分类，分类分析是在确定了分类规则的前提下对数据进行归类，属于监督学习，而聚类分析在归类前没有任何规则，需要通过不断的训练找出数据之间的相似之处，属于无监督学习。聚类算法按照技术特点可以分为基于划分的聚类算法，如 K-means 算法、K-medoid 算法等；基于层次的聚类算法，如 BIRCH（balanced iterative reducing and clustering using hierarchies，利用层次方法的平衡迭代规约和聚类）算法、CURE（clustering using representative，代表性聚类）算法等；基于密度的聚类算法，如 DBSCAN（density-based spatial clustering of applications with noise，基于密度的噪声应用空间聚类）算法、OPTICS（ordering points to identify the clustering structure，对象排序识别聚类结构）算法等；基于网格的聚类算法，如 STING（statistical information grid，统计信息网格）算法、wave cluster（小波聚类）算法等。

3）相关性分析。相关性分析旨在研究数据与数据之间的关联程度，通过对规模庞大的信息进行量化处理，建立各类信息之间的联系，该分析方法一直是统计学中的研究热点，实际生产中可用于寻找对生产能耗或产品质量影响较大的数据，从而对相关设备或工艺进行优化，也可以对订单或客户喜好进行分析，从而提高企业竞争力。相关性是指两个变量之间的关系，是两变量之间密切程度的度量。相关性分析的方法有很多，最传统的方法就是使用 Pearson 相关系数，但该方法仅适用于分析两个变量之间的线性相关程度，无法对不存在强线性关系的工业数据进行处理和分析。目前，常用的多变量相关性分析方法有灰色关联分析、Granger 因果关系分析、典型相关分析、Copula 分析和互信息分析等。

（2）数据实时分析的应用 在漫长的历史时期内，制造企业往往通过手工报表的形式处理数据，这一方式不仅统计不够精细，而且很难对不同数据进行关联分析，也无法找出问题数据背后的原因。数据实时分析的应用如图 6-10 所示，随着信息化的发展，企业可以通过部署数据分析平台，以全生命周期为主线，实现智能工厂各过程各方面的综合管理，在工厂内部建设工业互联网，实现关键设备、测试系统、供应链、业务数据等的集成与分析，支撑智能化生产。

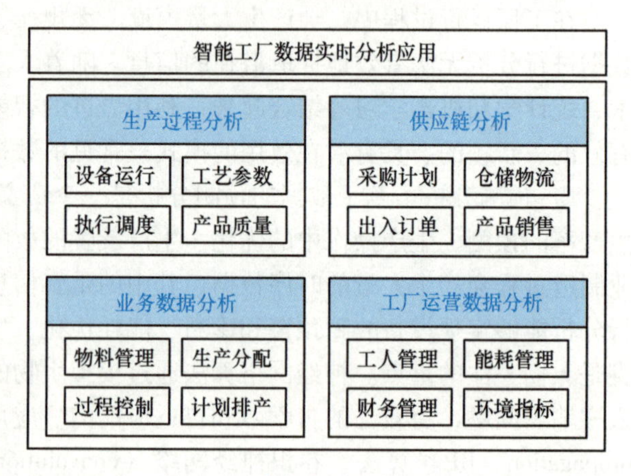

图 6-10 数据实时分析的应用

徐州重型机械有限公司为了加快推动智能制造升级，开展了关键信息平台建设与集成应用，构建工业互联网平台，深度挖掘工业大数据价值，提高运营与决策水平。应用多源异构信息系统数据集成技术，通过综合分析与研究异构数据集成体系结构，集成内部各业务流程信息系统，实现产品全方位信息的综合管理与分析。开展零部件、系统和整机性能检测系统研究，实现产品制造全流程质量在线检测和控制。

中车青岛四方车辆研究所建立了轨道交通装备行业首套运维大数据平台，利用大数据和数据挖掘技术，针对运行故障、检修过程、质检策划实现精细化管理，并为产品设计和工艺技术的改进提供数据支持，从而保障行车安全、降低检修成本。通过将数控加工中心与检测设备联网集成，应用 RFID 技术实现构架型号自动识别，并对主轴负载实时监测，出现异常及时报警，提高了加工设备利用率，生产效率可提高 10%。对轴承检测工序采用激光测试、视觉识别、振动频谱和大数据分析技术，配合智能装备应用，克服了传统人工装配和检测的缺陷，从而将轴承故障诊断精准度提升了 60%，装配效率提升了 30%以上。

3. 智能工厂实时反馈优化

实时反馈优化对于工厂降本增效有着重要的意义，通过监测生产数据，并对其进行实时分析和处理，生产过程中的问题可以迅速被发现和解决，这种快速响应能力有助于减少生产线上的停工时间，提高设备利用率，从而有效地提高生产效率，缩短生产周期，增加产量。通过优化对生产过程关键参数进行调整和修正，能够确保产品的质量，降低能源消耗和原材料浪费，不仅增强了企业的竞争力，也有利于社会和环境的可持续发展。

（1）实时反馈优化方法　智能工厂实时反馈优化是利用先进的信息技术和数据分析手段，对工厂生产过程中产生的各种数据进行实时监测、分析和反馈，并通过调整生产过程、优化资源配置等方式，以达到提高生产效率、降低成本、优化质量和加强竞争力的目的。主要包括以下几种方式。

1）动态调度和资源分配。智能生产调度优化是生产过程优化的重要环节，目的是将可用资源最大限度地利用，实现高产出、低成本的生产效果，一个高效、灵活的生产优化系统可以大大提高制造企业的生产效率和盈利能力。智能工厂利用前沿技术可以更加精准地衡量和记录生产细节，常见的有自适应调度算法、机器学习与深度学习算法等。自适应调度算法是一种基于人工智能技术进行操作和管理的生产调度方法，这种算法依赖强大的计算机系统，可进行多次优化，通过实时平衡资源，机器自适应分配订单和任务，能够与动态的环境、不同工作方式优先级、可用的时间和能量相适应，实现高效配对，提高生产效率。机器学习与深度学习算法为调度优化问题的求解提供了一种灵活且强大的方式，能够从问题本身进行学习从而提高计算效率，常见的算法有遗传算法、禁忌搜索算法、粒子群算法、光谱优化算法、蜘蛛蜂优化算法等，这些方法在离散型车间柔性生产时发挥着越来越重要的作用。

2）数据驱动决策。数据驱动决策通过收集、分析和利用实时生产过程中产生的数据，可以为决策提供更准确、更全面的信息基础，从而实现对生产过程的实时监控和优化。例如，随着我国对节能减排的要求越来越高，能耗优化逐渐成为制造企业的关注重点，数据感知和数据分析技术为节能改造提供了数据依据，通过实时采集电量，识别主要能耗设备及影响能耗的主要参数，使用数据驱动的方式（卷积神经网络、支持向量回归等）建立能耗与相应控制参数的关系，并使用优化算法（遗传算法、模拟退火算法、粒子群优化算法等）优化相应参数，让企业有针对性地进行节能改造工作，以帮助工厂找到使能源消耗最小化或生产效率最大化的最优解。通过数据驱动的决策，企业可以更加精准地了解生产过程的实时状态和变化趋势，及时发现和解决问题，提高生产效率、降低成本，从而实现持续改进和优化。

3）反馈控制系统。反馈控制系统是一种常见的控制系统，其核心思想是通过测量系统的输出，并将其与期望的输出进行比较，然后利用这种比较结果来调整系统的输入，以使系统的输出趋于期望的状态。常见的反馈控制系统有 PID 控制系统、状态反馈控制系统、模型预测控制系统、自适应控制系统和模糊控制系统等，它们在不同的应用领域和场景中发挥着重要作用，可以实现对系统的稳定性、精度和效率等方面的控制和优化。

实时反馈优化是一个持续不断的过程，随着工厂生产环境和市场需求的变化，需要不断地对系统进行优化和升级。

（2）实时反馈优化的应用　对生产过程进行优化能够使企业降低运行成本、提高生产效率。在工业 4.0 时代智能化转型的背景下，充分利用海量数据，挖掘数据中的价值，从而实现过程优化和现场稳定控制是企业需要持续思考、探索的命题。

例如在设备运转率优化方面，传统方法往往依托人工经验，以生产工艺和设备参数等关键数据为基础，对设备运转率进行预测，最后由经验丰富的工程师人工规划优化方案，这种方式不仅费时费力，而且存在较大误差。在智能工厂场景下，可以利用数据挖掘技术对设备运行数据之间的关联关系进行分析，发现生产工艺数据、电气负荷数据对设备缺陷分布数据的影响，从而得到设备生产运行的内在规律，并通过智能算法进行预测和优化，提高了工作效率。如图 6-11 所示，以采集到的海量历史数据为基础，利用深度神经网络等机器学习方法，构建以生产计划数据、生产工艺数据为输入层，设备缺陷分布数据、电气负荷数据和产品质量数据为隐藏层，设备运转率数据为输出层的复杂结构深度神经网络，挖掘设备运行规律，从而对设备运转率进行准确预测，进而使工厂整体生产性能向优化方向发展。通过实时采集设备和车间数据，结合 MES 历史数据分析校验，对相关参数值进行修正，实时迭代，可以保证生产过程中更少的人工干预以及更加稳定的产品质量。

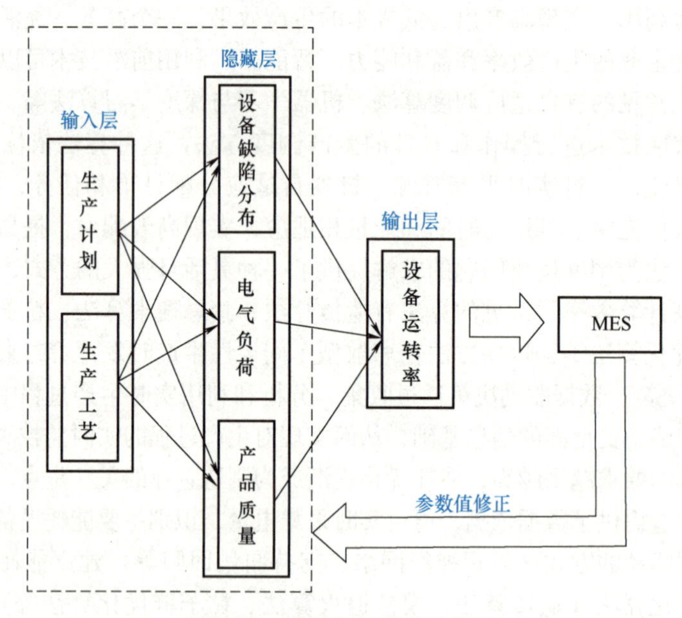

图 6-11　设备运转率反馈优化

4. 智能工厂持续改进

“持续改进”是精益管理的核心理念之一，强调不断地寻找和消除浪费，以实现持续的、渐进式的改进。通过持续改进，企业可以不断地优化生产流程，提高产品质量，增强企业竞争力。

制造企业对“改进”并不陌生，并一直孜孜不倦地寻求优化产品开发、改进生产工艺和供应链的方法。传统的改进通常包含大型的一次性咨询活动，可能会邀请专家团队来分析企业产品开发和制造流程，并推荐改进机会清单。如今，智能工厂采用了物联网、人工智能等先进技术，这些技术使得生产流程实现了数字化和自动化，并且通过实时获取并分析数据以做出智能决策，能够帮助企业不断寻求创新和进步。允许制造企业开展持续的、自主的改进，范围不再局限于单一流程，而是扩大到整个工厂，甚至跨越复杂的供应链。

（1）持续改进的目标与对象　智能工厂持续改进的总体目标是通过不断追求效率、质量、灵活性和数字化转型，实现企业的持续发展和竞争优势，以适应日益变化的市场需求和竞争环境。智能工厂持续改进的主要目标有以下几个方面：

1）提高生产效率。通过优化生产流程、采用自动化和智能化技术，减少生产中的浪费和不必要的环节，提高设备利用率和生产能力，从而实现更快的生产速度和更高的产量。

2）降低生产成本。持续改进的另一个重要目标是降低生产成本。通过减少物料浪费、能源消耗、人力成本等方面的开支，优化资源利用，提高生产效率和质量水平，从而降低产品成本，提高企业的盈利能力。

3）提高产品质量。通过采用智能传感器、数据分析等技术，实时监控生产过程中的质量指标，及时发现和解决问题，减少产品缺陷率，提高产品的质量和可靠性，增强客户信心和满意度。

4）增强生产灵活性。持续改进还旨在增强智能工厂的生产灵活性。通过灵活的生产线配置、快速的生产调整和定制化生产能力，可更快速地响应市场需求变化，提高市场敏捷性，同时降低库存积压和缩短生产周期。

智能工厂持续改进涉及生产流程、设备、人员、技术、数据、质量管理、供应链管理和管理体系等多个方面，需要全方位的优化和升级，以实现智能工厂的持续发展和竞争优势。下面列举了智能工厂需要进行持续改进的对象：

1）生产流程的持续优化。持续改进包括从原材料采购到产品交付的整个生产流程。通过不断优化和精简流程，消除不必要的环节和浪费，可以降低生产成本、提高生产效率、缩短交付周期，并且可以帮助企业更好地适应市场需求的变化，实现更高质量和更快速的生产。

2）设备和技术升级。引入先进的自动化和智能化设备，提高设备的稳定性和可靠性，增强生产线的智能化和自动化水平，降低故障率，提高生产效率和质量水平，从而提升企业竞争力。

3）数据和信息系统优化。对实时监控系统、数据分析平台等进行不断地更新迭代，提升生产过程的可视化水平和数据驱动的决策水平，提高系统处理问题的稳定性和高效性，从而提高生产过程的可控性和透明度。

4）质量管理体系完善。企业要根据智能生产反馈的问题不断完善质量管理体系，包括建立质量标准、制定质量控制措施、实施质量检验和反馈机制等，以确保产品质量和客户满意度的持续提升，增强企业品牌信誉和竞争力。

5）供应链管理完善。包括与供应商、合作伙伴和客户的紧密合作，优化物料采购、供应链协同和物流管理，实现供需匹配，提高供应链效率和透明度。从而降低供应风险、减少库存压力、提高交付可靠性，并且可以降低物流成本和运营成本，增强企业对市场变化的适应能力。

6）人员素养和技能提升。智能工厂持续改进需要员工具备相应的技能和知识。因此，持续培训和技能提升是非常重要的一环，以确保员工能够充分利用和适应智能化生产环境，并能够参与到持续改进的过程中。

（2）持续改进策略　智能工厂的持续改进在原有的概念基础上，更强调基于数据分析洞察找到最佳替代方案，借助数字孪生、深度学习、智能化设备等实现精准执行，其核心为更高效、无人为干预、持续改进的能力。它为制造企业实现多目标优化提供技术解决方案，持续改进有助于识别各制造环节参数关联性并找到最佳工艺参数，灵活安排生产进程，预防供应中断和库存失衡等，解决制造业产品设计开发、生产制造和供应链管理中痛点，进而体现为成本、效率、质量、供应链、ESG 和品牌的持续改进，如图 6-12 所示。

随着社会发展，越来越多的制造企业寻找持续改进的方案。美国 SourceMap 实验室利用大数据分析、机器学习、区块链等技术为BMW公司提供了供应链可视化和追溯性解决方案，包括端到端供应链尽职调查、海关合规、环境和社会可持续性、业务连续性和运营规划等。BMW将分包商和原材料来源与来自卫星、地理信息系统和供应链的数据关联，实时监测选定地区的风险因素，从而实现供应链的持续改进。

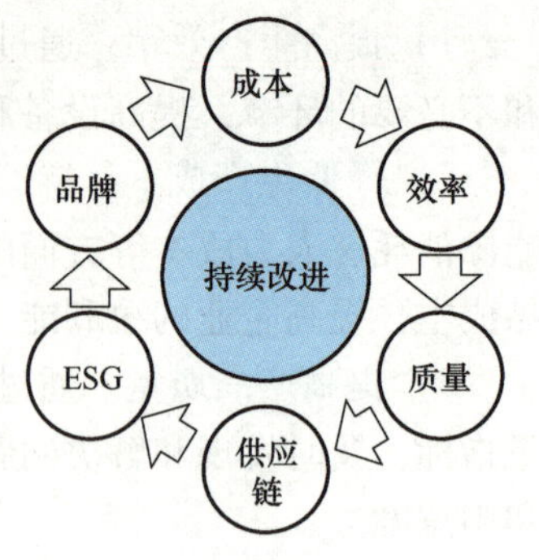

图6-12　智能工厂持续改进

智能制造企业思谋科技有限公司开发了以SMore Light3D工业数字孪生平台为核心的智能工厂解决方案，该平台将车间三维高精度模型、工艺流程、设备属性、设备实时数据，以及工厂运营管理数据等进行融合，通过将生产数据、生产流程进行可视化呈现，实时监测产线设备运行状态，如设备当前生产阶段、设备利用率、产量、产品良率等关键数据信息，为持续效率优化提供数据支撑，实现效率的持续改进。在生产制造过程中，数字孪生与智能算法能实现工艺自动持续优化，随着样本数量增加，产品质量就越稳定，工艺优化能力可以提高5%~10%，实现了质量的持续改进。

6.2 信息物理系统驱动的离散型制造智能工厂建模

6.2.1 信息建模关联

1. 物理信息与语义信息

在高端装备离散型制造智能工厂中，物理信息和语义信息的关联对于实现智能化生产至关重要。物理信息是指从工厂设备和传感器中采集的实际数据，而语义信息则是对这些数据的解释和理解。通过将物理信息与语义信息关联起来，可以实现对生产过程的深入理解和智能化决策支持。本节将探讨物理信息和语义信息的定义、关联方法以及相关的语义模型，为构建智能工厂提供技术支持和理论指导。

（1）物理信息定义　物理信息指的是工厂内部的各种实际物理数据，如在离散型制造智能工厂中通过传感器、设备等实际采集到的数据，这些数据通常是与生产过程相关的、直接可观测的数字化信息。物理信息包括但不限于以下内容：

1）传感器数据。如温度、湿度、压力、速度、位置等各种实时监测数据。

2）设备状态信息。设备的运行状态、运转速度、故障信息等。

3）生产参数。生产线的速率、产量、质量检测数据等。

4）环境信息。如工厂内部的气候状况、光照强度等。

这些物理信息通常以数字形式记录，并通过网络传输至数据存储系统，供后续分析和处理使用。物理信息是离散型制造智能工厂运作的基础，对于实现实时监控、数据分析和智能决策至关重要。

（2）语义信息定义　语义信息是对物理信息的解释和理解，是对生产过程中所涉及的各种数据进行语义化处理和分析得到的结果。语义信息通常包含了对物理信息的描述、解释以及与工艺、生产任务等相关的信息。具体包括：

1）数据标签和描述。对物理信息进行分类和命名，使其易于理解和识别。

2）数据关联与解释。将不同数据之间的关系进行建模和解释，如某一传感器数据与特定设备状态之间的关联。

3）工艺规范和生产任务。对生产过程中的工艺规范、生产任务等进行语义化处理，使其成为可操作的指导性信息。

4）业务规则和约束。包括生产过程中的各种业务规则、安全要求、质量标准等。

语义信息的目的是使得从物理信息中提取出的数据更加具有意义和可操作性，从而为智能决策、优化和控制提供更好的基础。

（3）物理信息与语义信息的关联　将物理信息和语义信息进行关联，意味着要建立起它们之间的映射关系，从而使得物理信息可以被更深入地理解和利用。这包括以下几个方面：

1）语义解析和标注。将物理信息进行语义解析，将其转化为具有特定含义的语义标签或符号。例如，将温度传感器记录的数据解析为设备状态的描述，如“正常”“过热”“故障”。

2）知识图谱建模。建立起物理信息和语义信息之间的关系图谱，形成一个知识图谱或者本体，使得不同的物理信息与其对应的语义信息之间能够建立起关联，并且可以进行推理和查询。

3）语义推理和分析。利用建立的语义关联模型进行推理和分析，根据物理信息推导出相应的语义信息，或者反过来根据语义信息推导出对应的物理信息，以支持工厂的智能决策和优化。

通过建立物理信息与语义信息之间的关联，可以使得工厂管理者和智能系统更加准确地理解和把握生产过程中的各种情况，从而更好地进行生产调度、故障诊断、预测优化等工作。

（4）语义模型　在离散型制造智能工厂的设计与运行中，实时监控被认为是至关重要的一环。随着科技的不断进步，语义模型的应用已经成为实现智能化生产的重要手段之一。

1）本体。本体（ontology）的概念源自于哲学领域，在哲学中的定义为“对世界上客观事物的系统描述，即存在论”。哲学中的本体关心的是客观现实的抽象本质。而在计算机领域，本体可以在语义层次上描述知识，可以看成描述某个学科领域知识的一个通用概念模型。本体是一种用于描述和组织知识的形式化模型，它定义了一组概念以及它们之间的关系，用于表示现实世界中的实体、属性和关系。

领域本体（domain ontology 或者说 domain-specific ontology，即领域特异性本体）所建模的是某个特定领域，或者现实世界的一部分。领域本体所表达的是一些适合于该领域的一些术语的特殊含义。例如，“card”这个英文单词具有多重含义，这取决于它在不同领域的语境下。在扑克领域，本体可能会赋予该词以“打扑克”的意思；而在计算机硬件领域，本体可能赋予“穿孔卡片”或者“视频卡”的意思。这里所谓的领域本体是指专业领域中所定义的概念和它们之间的关系。领域本体提供了该领域中的术语表和这些术语之间的关联，同时也包括该领域中占主导地位的理论。

2）知识图谱。知识图谱（knowledge graph）是一种语义网络，用于表示和组织实体之间的关系。知识图谱本质是一种语义网络，网络由节点和边构成，网络节点表示实体或者概念或属性，边表示它们之间的关联关系。知识图谱中包含的主要几种节点有：

① 实体：实体是指客观世界中具体的事物，如一个人、一座城市、一种植物或一件商品等。世界上的一切都是由具体的事物构成的，这些具体的事物就是实体。在知识图谱中，实体是最基本的元素，不同的实体之间存在着各种不同的关系。

② 概念：实体是指人们在认识世界过程中形成的对客观事物的概念化表示，是具有同种特性的实体构成的集合，如国家、城市、人物等。

③ 属性：用于区分实体的特征，用于描述事物的内在信息，如中国的面积、人口等。

知识图谱能描述节点之间客观存在的关联，如图 6-13 描述了根据用户已有信息（如教育信息、身份信息、联系方式、担保或被担保人信息）关联的多家平台信用记录。

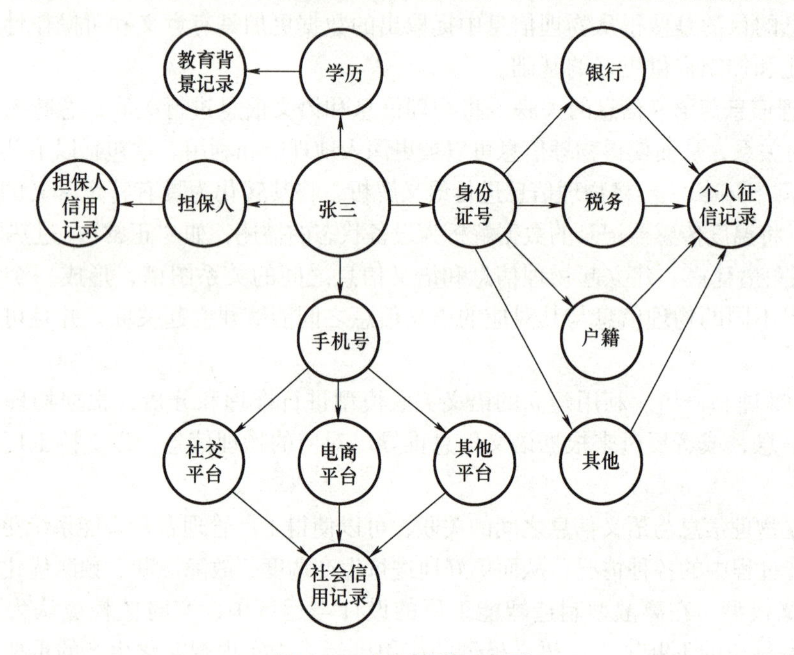

图 6-13　知识图谱示意图

3）大语言模型。大语言模型（large language models，LLMs）是基于海量文本数据训练的深度学习模型。它不仅能够生成自然语言文本，还能够深入理解文本含义，处理各种自然语言任务，如文本摘要、问答、翻译等。大语言模型（如 GPT 系列）是基于深度学习的模型，通过大量文本数据的训练来理解和生成自然语言文本。这些模型能够学习词语、短语、句子甚至段落之间的语义关联，从而能够理解输入的自然语言文本，并生成与之相关的连贯、语义上正确的文本。

虽然大语言模型通常用于自然语言处理任务，如文本生成、文本分类、语言翻译等，但它们的语义理解能力也可以在其他领域中得到应用。在智能工厂等场景中，大语言模型可以用于处理和分析文本数据，帮助理解生产过程中的指令、报告、日志等信息，从而实现对生产过程的语义理解和决策支持。

2. 物理信息数字化

高端装备离散型制造智能工厂是现代制造业发展的重要趋势，其核心理念是通过引入智能化手段，提高生产效率，降低成本，提高产品质量和满足客户需求。实现这一目标的关键在于物理信息数字化，它是离散型制造智能工厂的基础，能够帮助企业建立离散型制造工厂的数学模型，以便更好地管理和控制生产过程。

（1）信息物理系统概念

1）信息物理系统的定义。信息物理系统（cyber-physical systems，CPS）通过集成先进的感知、计算、通信、控制等信息技术和自动控制技术，构建了物理空间与信息空间中人、机、物、环境、信息等要素相互映射、适时交互、高效协同的系统。

2）信息物理系统的本质。基于工业与信息技术的融合，包括硬件、软件、网络以及工业云等要素，构建的智能系统旨在实现资源的优化配置。其核心在于数据的自动流动，这一过程中，数据以不同的形态（如隐性数据、显性数据、信息、知识）在各个环节展现，从而挖掘并释放其潜在价值。这实际上是为物理空间实体"赋予"了在特定范围内实现资源优化的"能力"。因此，CPS 的本质在于构建一套闭环赋能体系，该体系连接信息空间与物理空间，通过数据的自动流动实现状态感知、实时分析、科学决策和精准执行，从而提升资源配置效率，实现资源的优化。《信息物理系统白皮书（2017）》提出的信息物理系统的本质如图 6-14 所示。

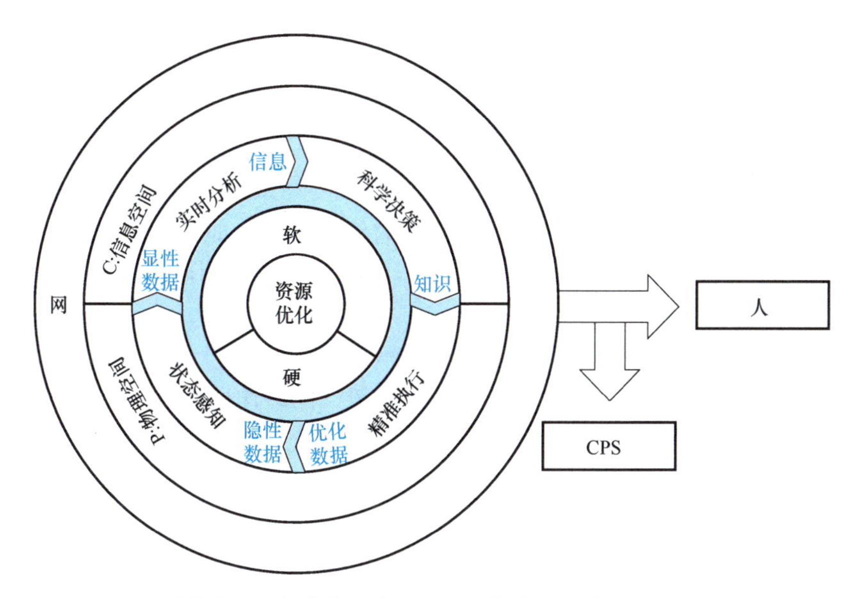

图 6-14　《信息物理系统白皮书（2017）》提出的信息物理系统的本质

状态感知是对外界状态的数据获取。状态感知是获取产品、活动、环境等状态的隐性数据，通过传感器、物联网等技术，使这些数据可见，变为显性数据，是一次数据闭环自动流动的起点。

实时分析是对显性数据的进一步理解。实时分析是深入理解显性数据的关键，将感知数据转化为有意义的信息，揭示物理实体间的内在联系。

科学决策是对信息的综合处理。基于经验、现实评估和未来预测，权衡不同信息形成的最优决策。

精准执行是对决策的精准物理实现。精准执行是将信息空间决策转化为物理实体可执行命令。通过可执行指令或活动对物理空间设备进行智能协同优化。

（2）信息物理系统的层次　CPS 具有鲜明的层次性特点，从单个智能部件到整条智能产线，乃至整个智能工厂，每一层级都可以视作一个独立的 CPS。同时，CPS 也展现出其系统性特质，一个复杂的工厂内部可能包含多条产线，而每条产线又由多台设备共同构成。为了更好地理解和应用 CPS，可以将其划分为三个层次：单元级、系统级以及 SoS（System of Systems，系统之系统）级，如图 6-15 所示。

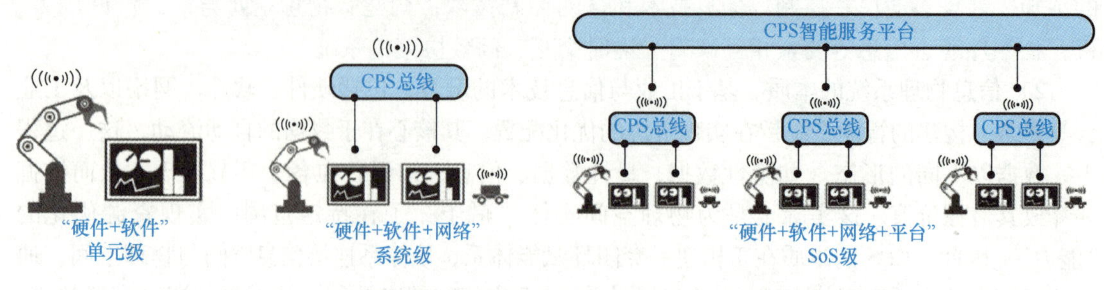

图 6-15　CPS 的层次

1）单元级 CPS。单元级 CPS 是智能系统的基础构建单元，它可能是一个智能轴承这样的单一部件，也可能是像关节机器人这样的完整设备。这些单元级 CPS 具有不可分割的特性，即它们内部无法再细分出更小的 CPS 单元。通过物理硬件（如传动轴承、机械臂和电动机）与其自身内嵌的软件系统及通信模块的紧密结合，单元级 CPS 能够形成一个包含“感知-分析-决策-执行”这一数据自动流动基本流程的闭环系统。这一闭环系统使得单元级 CPS 能够在其设备的工作能力范围内，实现资源的优化配置，如优化机械臂的操作路径或 AGV 小车的行驶路径等。在单元级 CPS 层级上，感知和自动控制硬件、工业软件及基础通信模块主要支撑和定义产品的功能。

2）系统级 CPS。系统级 CPS 是建立在单元级 CPS 的基础之上的，它通过引入网络连接来实现多个单元级 CPS 之间的协同调配。在这一层级，网络连通性（即 CPS 总线）变得尤为关键，它确保了不同单元级 CPS 之间能够进行有效的交互和协作。系统级 CPS 工作流程如下：①多个单元级 CPS 及非 CPS 单元设备的集成构成系统级 CPS，如一条含机械臂和 AGV 小车的智能装配线；②多个单元级 CPS 汇聚到统一的网络（如 CPS 总线），对系统内部的多个单元级 CPS 进行统一指挥，实体管理（如根据机械臂运行效率，优化调度多个 AGV 的运行轨迹）；③提高各设备间协作效率，实现产线范围内的资源优化配置。

3）SoS 级 CPS。SoS 级 CPS 在系统级 CPS 的基础上进一步发展而来，通过构建专门的 CPS 智能服务平台，实现了不同系统级 CPS 之间的协同优化。SoS 级 CPS 工作流程如下：①多个系统级 CPS 构成了 SoS 级 CPS，如多条产线或多个工厂之间的协作，以实现产品生命周期全流程及企业全系统的整合；②CPS 智能服务平台能够将多个系统级 CPS 工作状态统一监测，实时分析，集中管控；③利用数据融合、分布式计算、大数据分析技术对多个系统级 CPS 的生产计划、运行状态、寿命估计统一监管；④实现企业级远程监测诊断、供应链协同、预防性维护，实现更大范围内的资源优化配置，避免资源浪费。

（3）信息物理系统的技术体系与关键技术

1）信息物理系统的技术体系。对于制造业，数据和知识的价值在于提升产品设计、制造和服务。从产品设计建模、制造过程数据应用、服务提升中的知识应用三个维度，解决 CPS 产品复杂度、应用复杂度和业务复杂度的难题，阐述信息物理系统建设的技术支撑体系，如图 6-16 所示。

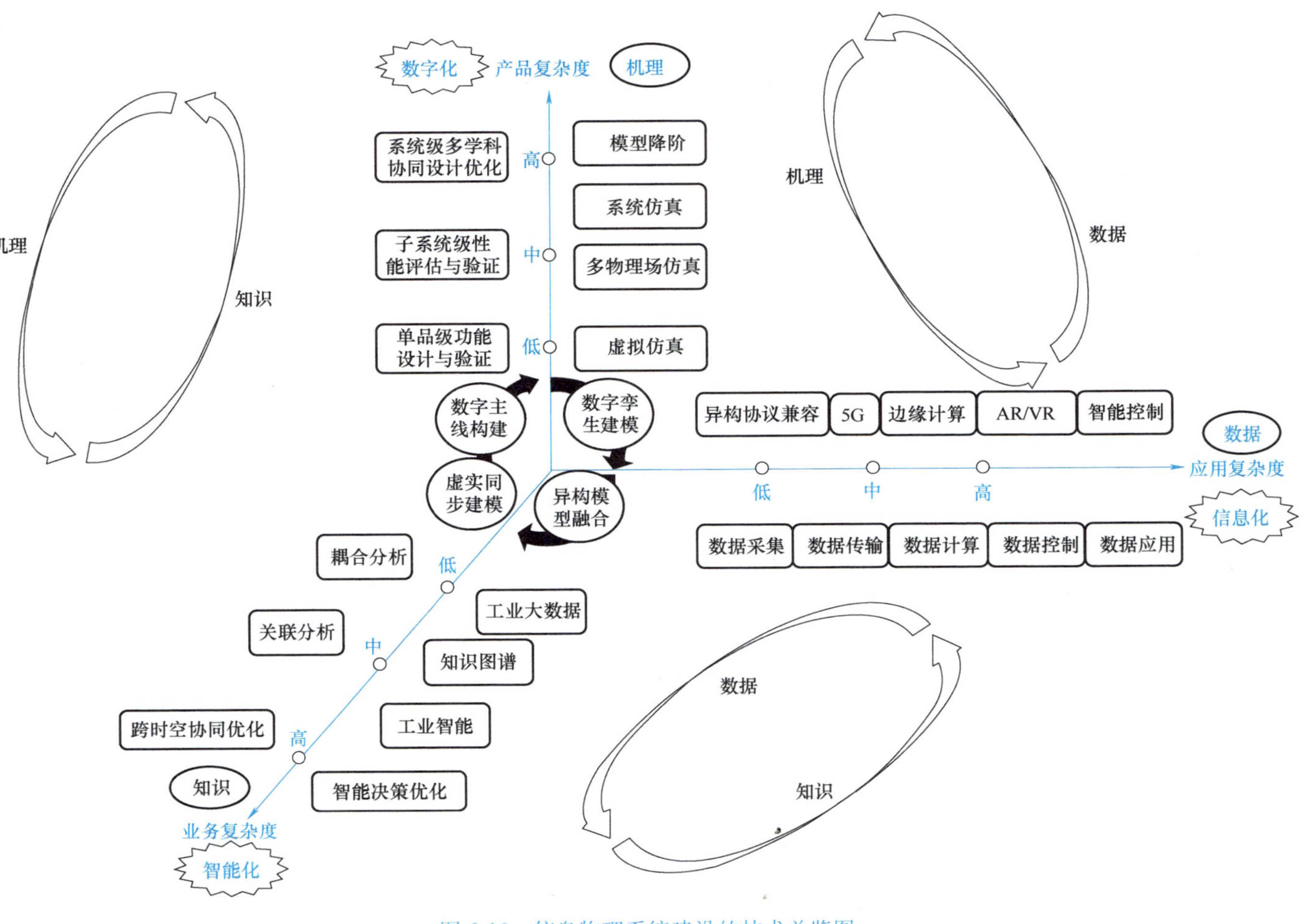

图 6-16　信息物理系统建设的技术总览图

一是产品复杂度维度。产品复杂度涉及产品本身和运营维护的复杂性。产品设计生产涉及多学科协同，建模难且功能性能要求高；运营维护受多样环境影响，特别是在恶劣条件下，产品功能性能监测面临挑战。解决此问题主要依赖 CPS 的仿真技术。

二是应用复杂度维度。应用复杂度维度上，CPS 在制造企业中有多元化应用，包括单元级、系统级和 SoS 级。其核心在于确保数据自由流动，但制造现场面临系统异构、协议多样、网络复杂及数据海量等挑战，需依赖 CPS 的数据产生与应用技术解决。

三是业务复杂度维度。业务复杂度维度涵盖制造业的新兴模式，如个性化定制和智能化生产等，其核心聚焦知识的生成与运用。当前，制造业正面临知识产生与演进规律不清晰、分析挖掘难度大的挑战，这些问题的解决需依赖 CPS 的认知与决策技术。

通过数字孪生技术可以详细解析三个复杂度维度。CPS 作为一个综合体系，融合了虚拟仿真、数据分析、认知决策等关键技术，能够实现“机理-数据-知识”的多模态耦合分析。通过机理、知识与数据模型的协同作用，包括指导、修正、完善、迭代、反馈调控及验证等过程，形成了一套全面且高效的多模态融合方法与机制。

2）信息物理系统的关键技术。

虚拟仿真技术：虚拟仿真技术结合电子计算机、数值计算和图像显示，模拟单物理场并分析工程、物理及自然界问题。它能直观展示产品结构现象，评估设计方案，建模工作场景，支持算法研发并优化操作策略。该技术广泛应用于产品设计与流程改进，提高分析效率。

多物理场仿真技术：处理流、固、电、磁、热等多耦合问题。现实产品常受多物理领域影响，研究多物理场交互机理至关重要。基于单物理场仿真，多物理场耦合仿真能更精确地评估复杂物理现象，应对复杂环境挑战。

系统仿真技术：建立描述系统结构或行为的仿真模型，以获取决策信息。CPS 作为复杂系统，具有信息物理空间融合和实时交互能力。在产品开发中，高精度 3D 物理建模和仿真至关重要。虚拟系统技术的高保真模型能帮助用户理解子系统依赖性和接口，优于传统设计文档。

模型降阶技术：模型降阶技术能优化三维仿真模型，提升系统仿真速度。该技术分为静态降阶和动态降阶，静态降阶成熟但仅适用于无时间相关性的物理现象，动态降阶则通过机器学习拟合工作特性生成降阶模型，提高仿真效率，满足工程需求。

异构协议兼容技术：异构协议兼容技术是实现 CPS 数据互通的关键。由于数据来源广泛、协议繁杂，设备间协议适配和数据互通存在挑战。该技术能安全转换和转发多种硬件接口和通信协议数据包，确保 CPS 的稳固基础。

5G 技术：5G 技术融合多项技术，成为 CPS 关键基础设施。其三大应用场景是增强移动宽带、海量机器类通信和超可靠低时延通信，满足数据传输、节点互联与感知、数字孪生与实时控制需求。5G 为 CPS 提供灵活、可靠、安全、智能的网络，支撑广泛应用，满足低时延、大流量、高可靠、高安全性需求。

边缘计算技术：边缘计算技术是在网络边缘侧融合多项核心能力的分布式平台，提供边缘智能服务，满足行业数字化关键需求。它是连接物理与信息空间的桥梁，将节点运算放到 CPS 端进行，减轻中央处理负荷，实现更实时的工业响应。

智能控制技术：智能控制技术通过自动控制系统完成任务，确保过程符合预期。作为

CPS 虚实融合的关键技术，它涵盖无线控制、模糊控制、神经网络控制等多种技术。

AR/VR 技术：AR/VR 技术让虚拟世界更直观，降低 CPS 操作难度。VR 涉及图形、显示、跟踪、语音、感知技术，AR 则包括跟踪注册、显示和智能交互技术。这些技术提升了数字孪生表达效果，降低了使用成本。

工业大数据技术：工业大数据涵盖工业企业及其生态系统的全生命周期数据，基于数据分析挖掘内在知识，结合工业机理模型，实现双驱动分析，为工业场景提供科学决策支持。

知识图谱技术：知识图谱技术可以便捷地表达、积累和沉淀工业知识，丰富大数据背景知识。作为 CPS 智能化升级的支撑，它可以满足智能化需求，赋能机器认知，推动行业智能化升级。

工业智能技术：工业智能技术可以结合机器学习、深度学习等挖掘数据线索，将知识转为模型，高效产生、利用和传承行业知识。它处理海量非结构化及时序数据，提升 CPS 的挖掘、分析、诊断与预测能力，解决工业领域碎片化知识处理难题。

智能决策优化技术：智能决策优化技术是 CPS 的核心技术，利用工业数据发现知识，生成管理与控制策略。该技术建立知识驱动的流程工业智能优化决策机制，实现领域知识挖掘与重组，推动工业生产绿色化、智能化和高效化。

（4）信息物理系统的应用场景

1）生产线/工厂设计。在生产线或工厂规划阶段，首先，构建初步的产品制造流程和产线布局方案。其次，收集实际与试验中的工时、物流运输、工装工具配送等数据，利用软件工具基于工艺路线建立生产线/工厂中人、机械、物料等生产要素与产能之间的信息模型。在此过程中，要全面考虑不同设备、软件系统和网络通信协议的集成需求，结合现有环境、能源条件，通过数据分析来优化设备、人员、工装工具物料及车间运输的布局。基于这些分析，构建并仿真生产线/工厂的生产模型，依据仿真结果持续改进设计方案。最后，生产线/工厂的管理系统设计需与企业管理系统、行业云平台及服务平台进行集成，从而实现生产线/工厂设计与企业、行业的协同。CPS 在生产线设计的场景如图 6-17 所示。

2）生产管理。CPS 是连接制造业企业物理空间与信息空间的关键工具，在生产管理过程中通过集成工业软件和构建工业云平台，实现对生产过程数据的集中管理。这种集成使得生产管理人员和设备之间能够无缝通信，实时捕获车间人员、设备的运行状态和现场管理行为，并转化为实时数据信息。对这些信息进行实时分析处理，有助于实现生产制造环节的智能化决策。基于这些决策信息和领导层的指导，可以灵活调整制造过程，从而优化整个供应链的运作，从资源管理、生产计划和生产调度等方面实现对生产制造的全面管理、控制及科学决策，确保整个生产流程的资源有序可控。CPS 在生产管理的场景如图 6-18 所示。

3. 智能工厂实时监控

传统制造企业存在着消息滞后、信息孤岛、生产与计划脱节、过程管理混乱、生产效率低等问题，为了提升智能工厂水平，更好地适应未来工业的需求，智能工厂的出现为智能制造提供了解决方案，提升了智能化水平，实现智能工厂中现场实时数据的自动采集和监控，成为现代工业生产的重点研究方向。在工业控制领域若要实现对系统的监控，首先需要对现场产生的各种数据信号进行采集，也称作数据获取，然后对采集到的数据进行监测和分析处理，利用可编程控制器数据采集技术和设备监控技术，增强信息管理技术和应用服务，提高企业质量水平，能够建立一个相对完善的自动化智能工厂监控系统。

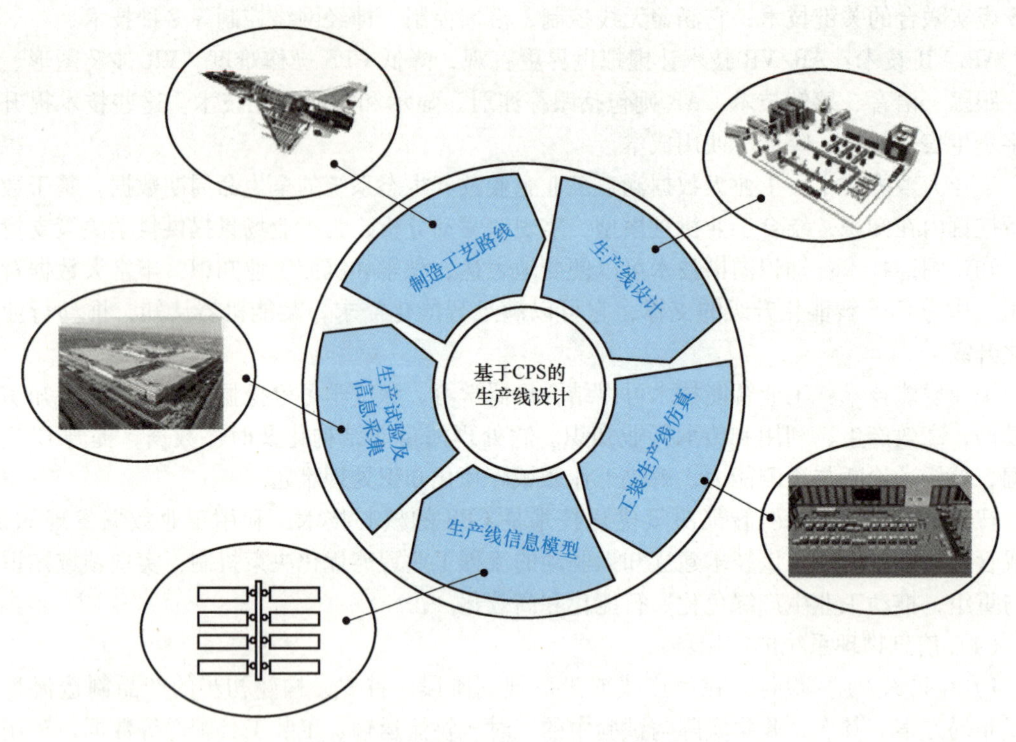

图 6-17 CPS 在生产线设计的场景

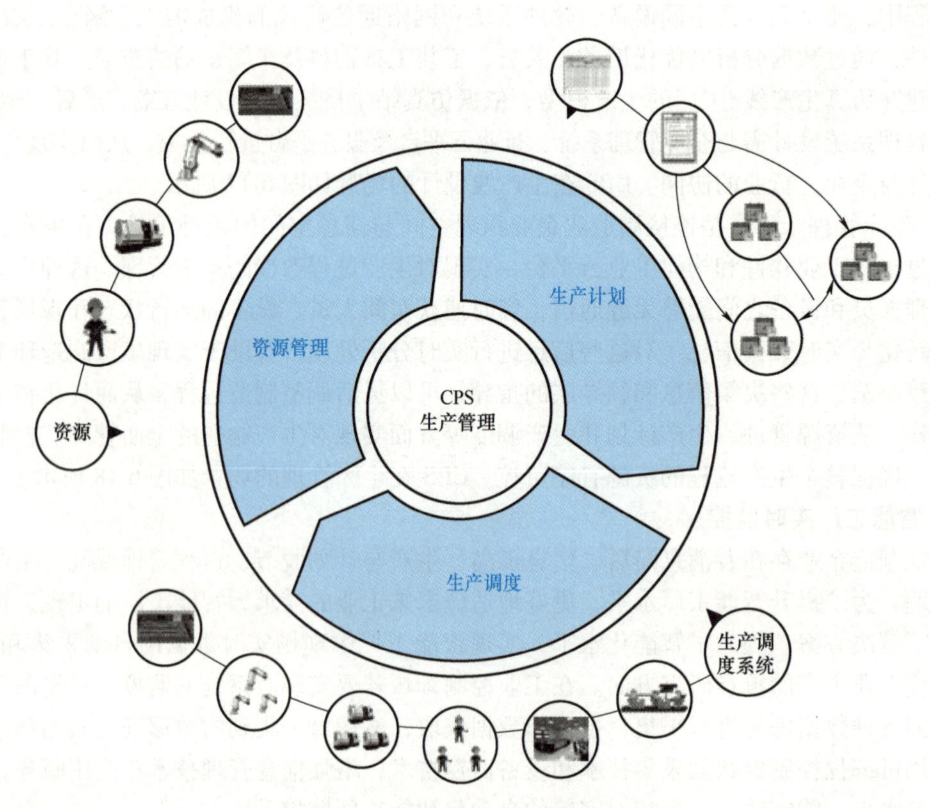

图 6-18 CPS 在生产管理的场景

（1）实时监控的关键技术　智能工厂监控系统融合了工业物联网、云计算与边缘计算、大数据分析以及人工智能与机器学习等先进技术。通过数据采集、设备监控、数据传输和设备管理等方式，系统实时捕获智能工厂中的数据，深入分析并预测制造过程中的异常情况。这一系统不仅实现了远程控制的精细化、信息化和智能化管理，还显著提升了制造生产过程的自动化水平。

1）工业物联网技术。工业物联网是集成了感知、监控能力的传感器或控制器，以及移动通信和智能分析等技术，融入工业生产的各个环节，从而显著提升制造效率，优化产品质量，降低成本和资源消耗，推动了传统工业向智能化阶段迈进。从应用层面看，工业物联网的特点包括实时性、自动化、嵌入式软件集成、高安全性和信息互通互联等。在智能工厂中，工业物联网技术可应用于生产资源定位与追踪、设备检测与维护、生产过程优化、质量控制与追溯、资源优化与节能减排等多方面。

2）云计算与边缘计算技术。云计算是一种分布式计算模式，它通过网络“云”将大型数据处理任务拆分成多个小程序，随后利用由多台服务器构成的系统对这些小程序进行并行处理和分析，最后将结果汇总并返回给用户。云计算技术将数据处理和存储从本地服务器转移到云端的大型数据中心，以实现弹性伸缩、高可用性和成本效益。在智能工厂实时监控中，云计算技术发挥着关键作用。它提供可扩展存储、安全备份，支持深度数据分析以发现优化空间，并具备即时响应能力。同时，云计算技术打破了地域限制，让管理人员能远程监控全球工厂，实现高效管理与监控。

边缘计算技术指的是在靠近物或数据源头的一侧，采用网络、计算、存储、应用核心能力为一体的开放平台，就近提供最近端服务。其应用程序在边缘侧发起，产生更快的网络服务响应，满足行业在实时业务、应用智能、安全与隐私保护等方面的基本需求。边缘计算处于物理实体和工业连接之间，或处于物理实体的顶端。在智能工厂实时监控中，边缘计算技术可实现数据实时处理，减少延迟，保障快速响应与决策。它本地处理存储数据，保护隐私，降低风险。边缘设备离线操作能力强，可确保网络不稳定时仍能处理数据。

云计算与边缘计算技术并非孤立存在，它们通常会相互结合，发挥各自的优势。边缘计算可以在本地对数据进行初步处理和过滤，将处理后的精简数据传输到云端进行进一步的深度分析和处理，从而减轻了云端的负载压力。边缘计算保证了实时数据的快速处理和反馈，而云计算则提供了强大的存储和计算能力，使得数据可以长期存储和深度分析，实现更全面的监控和决策支持。同时，云计算提供了大规模的计算和存储资源，能够应对突发性和大规模的数据处理需求，而边缘计算则保证了在本地就近进行实时处理，减少了数据传输延迟和带宽压力。

3）大数据分析技术。大数据分析是指用于从不同的大量、高速数据集中收集、处理和得出见解的方法、工具和应用程序。这些数据集可能来自各种来源，如 Web、移动应用、电子邮件、社交媒体和联网智能设备。它们通常表示以高速生成、形式各样的数据，从结构化（数据库表、Excel 表）到半结构化（XML 文件、网页），再到非结构化（图像、音频文件）应有尽有。智能工厂中的大数据包括生产过程数据、质量数据、设备健康数据、能源数据、供应链数据等多个方面的数据，这些数据可以通过分析和挖掘，为工厂的运营管理和决策提供重要参考，实现生产过程的优化和智能化发展。

4）人工智能与机器学习技术。机器学习是人工智能的一个子领域，是一门涉及统计学、系统辨识、逼近理论、神经网络、优化理论、计算机科学、脑科学等诸多领域的交叉学科，研究计算机如何模拟和实现人类的学习过程，以获取新的知识和技能，并优化已有的知识结构，从而不断提升自身性能，是人工智能技术的核心。数据驱动的机器学习是现代智能技术中的重要方法之一，它通过分析观测数据（样本）来发现潜在规律，并利用这些规律来预测未来或预测无法直接观测的数据。机器学习技术在智能工厂中发挥着关键作用，通过对大量数据进行学习和分析，实现生产过程的智能化和优化。机器学习技术的优势在于其数据驱动、自动化和持续学习的特点，能够帮助智能工厂实现生产过程的智能化、个性化和持续改进，提高生产效率、降低成本，并增强竞争力。

（2）实时监控的应用场景

1）设备状态监测与预测。实时监控设备状态是智能工厂中至关重要的一环。通过使用各种传感器和监测设备，智能工厂能够实时地获取设备的运行数据，如振动、温度、电流等参数。这些数据传输到监控系统后，经过实时分析，工厂管理人员能够准确了解设备的运行状况，并及时发现异常情况，从而采取相应措施，例如进行预测性维护，避免设备故障造成的生产中断和损失。

2）生产过程实时监控与优化。实时监控生产过程是确保产品质量和生产效率的关键。借助传感器和数据采集设备，智能工厂能够实时地采集生产线上的数据，如温度、压力、流量等参数。这些数据通过实时监控系统进行分析，工厂管理人员能够及时调整生产参数和流程，以优化生产效率和产品质量，并且迅速应对任何潜在的生产问题。

3）质量控制与缺陷检测。实时监控产品质量是确保产品符合标准和客户需求的重要手段。通过视觉检测系统、传感器等设备，智能工厂能够实时地监测产品的尺寸、外观、颜色等关键质量指标。这些数据传输到实时监控系统后，经过数据分析，工厂管理人员能够及时发现产品质量异常情况，并采取措施进行调整，以保障产品质量和客户满意度。

4）能源消耗监控与优化。实时监控能源消耗是实现能源节约和环保生产的关键。借助智能电表、能源监测系统等设备，智能工厂能够实时地监测电力、水、气等能源的使用情况。这些数据通过实时监控系统进行分析，工厂管理人员能够及时发现能源消耗异常情况，并采取节能措施，以降低能源成本和减少对环境的影响。

5）安全监控与预防。实时监控环境安全是保障员工健康和工厂环境安全的关键。通过环境监测设备、传感器等设备，智能工厂能够实时地监测空气质量、噪声水平、有害气体浓度等环境参数。这些数据通过实时监控系统进行分析，工厂管理人员能够及时发现环境安全异常情况，并采取相应措施，如停止相关生产线或开启通风设备，以保障员工健康和工厂环境安全。

6.2.2 智能预测优化

智能预测优化在高端装备离散型制造工厂的运营中占据核心地位。凭借数据分析与算法技术，精确预测设备状态、生产线产能及潜在故障风险，确保生产的高效、灵活、可靠，这不仅能提升生产效率，降低运营成本，还能减少资源浪费与环境污染，有效增强企业市场竞争力。而信息物理系统为工厂运行状态的预测与智能优化提供了坚实的技术基础。CPS 能实时采集并处理工厂运行中的多元化异构数据，运用先进算法与模型深度挖掘所收集的数据，使工厂能更精确地预测运行状态。此外，CPS 的实时性与交互性使工厂能迅速响应生产环境的变化，动态调整生产规划与资源配置，实现生产过程的持续优化。这种灵活性对于快速适应市场需求变化具有至关重要的作用。

1. 工厂运行状态预测

（1）工厂运行状态预测概述　工厂的运行状态直接影响产品的质量和生产效率，因此对工厂运行状态的预测显得尤为重要。工厂运行状态预测是利用各种技术手段，如传感器、监控系统等，对工厂的运行状态进行实时监测和分析，从而预测工厂可能出现的问题和风险。工厂运行状态预测的目标是提高工厂的运行效率，减少故障和停机时间，降低生产成本，提高产品质量。预测的依据是历史数据和实时数据，通过对这些数据的分析和处理，得出工厂运行状态的预测结果。

工厂运行状态预测的应用场景非常广泛，包括生产制造、设备维护、供应链管理、质量管理、能源管理等领域。例如，在生产制造领域，可以通过预测工厂的运行状态，及时调整生产计划，避免生产过剩或不足；在设备维护领域，可以通过预测设备的运行状态，提前进行维护保养，降低设备的故障率和维修成本；在供应链管理领域，可以通过预测工厂的运行状态，优化供应链管理，提高供应链的效率和灵活性。

实现工厂运行状态预测的方法有很多种，如基于规则的方法、基于统计学的方法、基于机器学习的方法等。这些方法各有优缺点，需要根据具体的应用场景和数据特点进行选择。在实现工厂运行状态预测的过程中，数据的质量和数量至关重要。因此，如何有效地获取和处理数据是工厂运行状态预测的关键。此外，预测模型的建立和优化也是工厂运行状态预测的重要环节。

智能预测数据预处理方法、特征工程和预测模型如图 6-19 所示。

（2）数据预处理与特征工程　数据预处理与特征工程是智能预测优化的基础，对于任何预测模型来说，其预测的准确性很大程度上取决于特征的提取和选择的优劣。数据预处理的主要目的是去除数据中的噪声和异常值，提高数据的质量，这个过程包括数据清洗、数据变换、数据降维和数据离散化等步骤。特征工程的目标是提取出数据中的有用信息，以便模型可以更好地理解和预测。以下将简述数据预处理方法和特征提取技术。

1）数据预处理。

① 数据清洗。数据清洗是处理原始数据的第一步，主要涉及错误值、缺失值和异常值的识别与处理。

缺失值处理是指对数据集中的缺失值进行处理，以便于后续的分析和建模。对于缺失值，其产生原因多样，包括数据录入疏漏、样本自然缺失或数据异常等。针对这类问题，常用的处理方法有删除法、填充法和插值法。删除法虽简单易行，但会导致信息丢失和数据不完整性；填充法依据数据分布情况选择填充策略，如均值、中位数或众数等，需确保填充值具有良好的代表性，防止数据分布失真；插值法则通过已知数据点推算缺失值，算法选择关乎处理效果，如线性插值、多项式插值等。

异常检测与处理旨在识别和处置那些显著偏离整体数据分布的数据点，因这些点对模型的训练和预测有显著影响。异常检测方法包括统计方法（如 Z-score、IQR）和机器学习方法（如决策树、聚类）。Z-score 基于标准正态分布原理，通过计算偏离均值的程度来判断异常；IQR 则通过四分位数间距来判断数据点的异常性。在机器学习方法中，决策树通过对数据集的分拆和选择来检测异常值，而聚类算法则能将相似数据点归为一类，进而识别和处理异常。

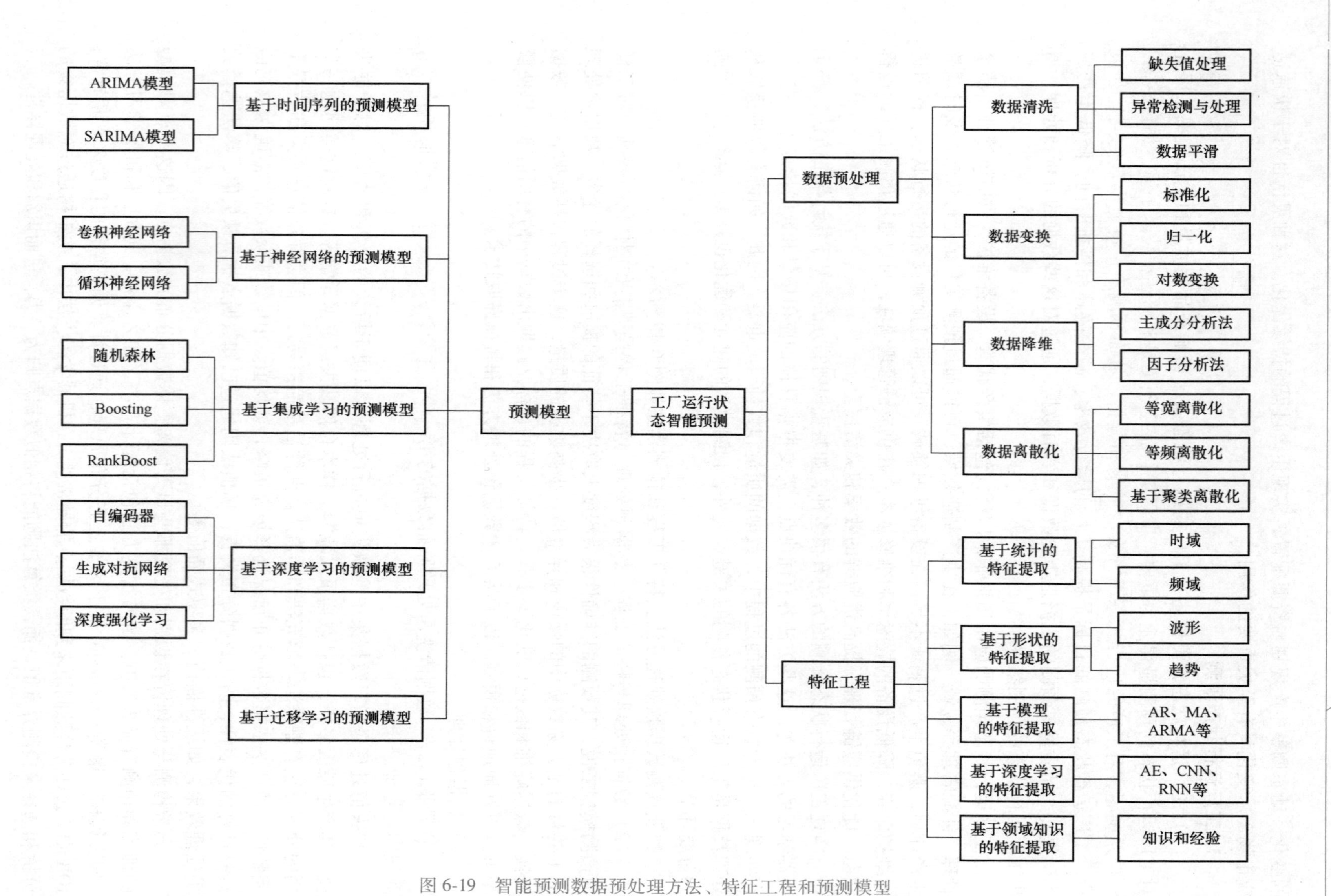

图 6-19 智能预测数据预处理方法、特征工程和预测模型

数据平滑是另一项重要的数据处理技术，通过加权平均等方法对数据点周围的值进行平滑处理，以消除噪声、提升数据稳定性并改善预测精度。常见的数据平滑方法包括滑动窗口法、局部平均法和指数加权法等。滑动窗口法通过设置固定大小的窗口对数据点进行加权平均；局部平均法则是对数据点邻域内的值进行简单平均；而指数加权法则通过指数函数对数据进行加权处理，以反映不同数据点对当前点的影响程度。这些平滑方法各有特点，应根据实际应用需求选择适合的方法。

② 数据变换。数据变换是将原始数据转换为更适合机器学习的表示形式，包括对数据的标准化、归一化、对数变换。

标准化是将数据映射到一个均值为 0、方差为 1 的分布上。具体来说，对于每个特征，可以使用式（6-1）来将其标准化：

$$z=(x-\mu)/\sigma \tag{6-1}$$

式中，x 是原始数据；μ 是特征的均值；σ 是特征的标准差；z 是标准化后的数据，它满足均值为 0、方差为 1 的条件。因为不同的特征之间可能存在很大的差异，如果不对这些特征进行标准化，那么模型就很难学习到特征之间的关系。而标准化可以将这些特征映射到一个共同的尺度上，使得模型可以更容易地学习到特征之间的关系。

归一化是一种将原始数据映射至［0，1］区间的技术。在机器学习中，模型训练涉及的计算复杂度和参数调整高度依赖数据的表达形式。若原始数据分布不均，模型训练效果可能大打折扣。因此，归一化通过降低数据间的差异性，为模型训练带来更高的稳定性和效率。当数据集中某些特征值显著偏离其他特征时，这些特征的权重在模型中将极度失衡，导致训练的不均衡性。归一化则能均衡各特征权重，进而提升模型的泛化能力和鲁棒性。

对数变换通过将数据中的小数点向右移动一位，使得数据的取值范围在 1～10 之间。对于时间序列数据，即按时间顺序排列的数据集，其中常含随机波动、异常值和缺失值等噪声，这些噪声对模型训练和预测构成干扰，降低预测准确性。对数变换能有效抑制这些噪声，从而提高对时间序列数据的预测精度。

③ 数据降维。数据降维旨在将高维数据映射至低维空间，以减少计算复杂性并增强模型的可解释性。两种主要方法包括主成分分析（PCA）法和因子分析（FA）法。

主成分分析法通过提取原始数据中的线性无关特征并进行线性变换，生成具有高方差和可解释性的新特征，实现降维。其过程涉及计算原始数据的协方差矩阵，进行特征值分解，得到特征值和相应的特征向量。这些特征向量代表原始数据中的线性无关特征，而特征值则反映其方差大小。经过特征值归一化，PCA 将原始数据映射至新的低维空间，广泛应用于数据预处理，以提高后续分析的效率。

因子分析法是将原始数据中的各个变量表示为这些不可观测的因子的线性组合，从而实现降维。其核心步骤是确定因子和因子载荷。因子是原始数据中的不可观测的因子，可以通过因子分析模型来确定。因子载荷是因子与原始数据之间的关系，可以通过因子分析模型来计算。因子载荷反映了原始数据中的各个变量与因子之间的关系，因此因子载荷的计算结果可以直接用于特征提取和数据分析。

④ 数据离散化。数据离散化是将连续数据转换为离散数据，以提高模型的可处理性，主要包含等宽离散化、等频离散化和基于聚类的离散化。

等宽离散化将数据按照一定的间隔进行离散化，使得每个区间内的数据数量大致相等。

等宽离散化的优点在于可以使数据更加均匀地分布在不同的区间内，从而提高模型的泛化能力和准确性。

等频离散化是将数据按照频率等分为若干区间，每个区间内的数据数量相同。这样简化了数据处理过程，并有助于减少噪声和冗余信息。在实施时，需首先根据数据分布和类型确定区间数量与宽度，再对原始数据进行分组并计算每组的数据量，最终将原始数据转换为离散形式。

基于聚类的离散化利用聚类算法将数据集划分为多个相似特征的组或簇。具体方法包括分位数法、密度法和规则法等。分位数法将数据分为若干分区间并离散化为相应类别，密度法依据数据密度进行类别划分，而规则法则依据业务规则和专家经验进行离散化。选择离散化方法时需考虑数据分布特征、业务需求以及聚类算法的性能和效率。例如，在数据分布均匀时，分位数法可能更合适；而在数据离散度高时，密度法或规则法可能更为适用。此外，还需确保所选方法能使聚类算法快速准确地完成任务。

2）特征工程。特征工程专注于从原始数据中提炼、选择和构筑有价值的信息，以优化模型的理解和预测能力。以下是五大类核心特征提取技术的概述：

① 基于统计的特征提取涵盖时域和频域两大方面。时域特征用于刻画时间序列数据的核心属性，包括均值、方差、自相关函数等，这些特征能够全面揭示数据的分布和变化趋势。频域特征则专注于数据的频率构成，功率谱密度作为关键统计量，能够精确映射数据在不同频率上的能量分布和振幅信息。通过傅里叶变换，时域信号可高效转换为频域信号，实现频率成分的精准分离。

② 基于形状的特征提取主要包括波形和趋势两大类别。波形特征，诸如波峰、波谷和拐点，能有效捕捉音频信号的核心特性，如频率、幅度和谐波结构。而趋势特征则专注于数据的长期演变趋势，常见的有线性、指数型和周期性，这些特征对于未来趋势的预测具有重要价值。通过综合运用这两类特征，能更全面、深入地理解和分析数据的内在规律。

③ 基于模型的特征提取主要运用自回归模型（autoregressive model，AR）、移动平均模型（moving average model，MA）、自回归移动平均模型（autoregressive moving average model，ARMA）及自回归整合移动平均模型（autoregressive integrated moving average model，ARIMA）。AR 是线性模型，通过历史数据预测未来；MA 则侧重非线性关系，以历史数据的加权平均来预测当前值；ARMA 模型结合了自回归和移动平均的特点，适用于平稳时间序列；而 ARIMA 作为 ARMA 的扩展，额外考虑了数据的自相关性，能够更全面地处理时间序列数据中的长期依赖关系。

④ 基于深度学习的特征提取的核心在于利用神经网络模型从数据中提取关键信息。自编码器（autoencoder，AE）通过编码和解码过程学习数据的低维表示，有效捕捉输入数据的重要特征。卷积神经网络（CNN）凭借局部感知和空间不变性，在处理时序数据时表现出色，能够捕捉局部和全局模式。循环神经网络（recurrent neural network，RNN）及其变体（long short-term memory，LSTM；gated recurrent unit，GRU）则专为序列数据设计，通过隐藏层编码时序信息，实现数据建模和预测。这些深度学习技术共同构成了强大的特征提取工具集，为智能制造和人工智能领域的应用提供了有力支持。

⑤ 基于领域知识的特征提取是根据自身的知识和经验，手动设计与问题相关的特征。首先需要对问题有深入的理解，然后根据领域知识进行特征设计，最后对特征进行评估和

选择。

（3）工厂运行状态智能预测模型　针对离散型制造，工厂运行状态预测是确保生产效率、质量和设备可靠性的关键环节。智能预测模型利用先进的数据分析、机器学习和人工智能技术，从工厂的运行数据中提取有价值的信息，并预测未来的状态。以下是一些常用的工厂运行状态智能预测模型。

1）基于时间序列的预测模型。ARIMA 在时间序列数据的预测中表现出高准确性和稳定性，特别适用于工厂运行状态的预测，如设备故障和生产线运行状态的预估。通过该模型，能及早察觉设备潜在故障，实现及时维修、降低故障率，并提升生产效率。而 SARIMA 作为 ARIMA 的特殊形式，具有固定的 p 和 q 值以及差分次数 d，对非平稳时间序列数据的处理更为精准和稳定。在工厂环境下，SARIMA 同样适用于设备故障和生产线运行状态的预测。当数据序列趋势和季节性明显时，SARIMA 效果更佳；反之，若数据平稳，则 ARIMA 更为合适。

2）基于神经网络的预测模型。循环神经网络专为序列数据设计，能有效捕捉长期依赖关系。在工厂运行状态预测中，RNN 利用这一特性，通过分析历史运行数据，预测设备故障及生产线状态，从而及时应对异常情况，避免生产中断。

卷积神经网络（CNN）是一种层次化的特征提取器，由卷积层、池化层和全连接层构成。卷积层负责增强并提取图像中的特定特征，同时抑制噪声；池化层通过下采样降低数据维度，增强特征的变换不变性。在工厂环境中，CNN 广泛应用于运行状态预测，能够自动处理传感器采集的温度、压力、流量等多元数据，实现特征提取和分类，进而准确预测工厂状态。此外，CNN 还可应用于产品质量预测，如预测产品合格率等关键指标。

3）基于集成学习的预测模型。基于集成学习的预测模型通过组合多个基础模型来提升预测性能。在工厂运行状态预测中，此类模型能显著提高预测准确性，减小误差。常用的基础模型包括随机森林、Boosting 和 RankBoost 等，它们通过集成学习得以优化。在训练阶段，数据被随机划分为 N 份，其中 $N-1$ 份用于训练，1 份用于验证模型性能。通过 N 次轮换训练和验证，计算预测误差的均值来评估模型的泛化能力。最终选择预测误差均值最小的模型，即为泛化能力最强的模型。

4）基于深度学习的预测模型。自编码器作为无监督学习模型，通过压缩输入数据至低维表示并重构原始数据，有效预测工厂设备故障及生产线状态。例如，对设备状态编码后输入自编码器解码，可得出故障预测结果；对生产线状态同样操作，可得其运行状态预测。

生成对抗网络（GAN）是先进的生成模型，通过博弈训练生成器和鉴别器，生成与原始数据分布相似的新数据，增强预测准确性。在工厂预测中，GAN 可生成设备故障、生产线状态等相似数据，以辅助预测。尽管 GAN 存在样本多样性不足、训练不稳定及缺乏潜在空间编码器等问题，但其仍具有应用价值。

深度强化学习结合深度学习和强化学习，通过模拟人类学习过程，从数据中自主学习最优预测和维修策略。与传统方法相比，其自适应性和学习能力更强，可有效解决复杂工业装备的预测和维修问题。在工厂预测中，深度强化学习可学习设备和生产线的历史数据，自主掌握故障模式和预测策略，实现自动诊断和预测，同时学习最优生产调度和维修策略，实现自动化监控和故障预警。

5）基于迁移学习的预测模型。迁移学习旨在将源域知识有效迁移至目标域，以增强学习模型性能。在工厂运行状态预测中，此方法可利用既有知识，将源域经验高效应用于目标域，显著提升预测准确性。通过迁移学习，现有模型和算法能快速适应新任务，无须从零构建新模型。这不仅提高了设备故障预测的准确性，减小了误差，还优化了工厂工作效率。例如，实时监测设备状态，及时发现并预防故障，可避免生产中断。同时，迁移学习也有助于优化生产流程，提升整体生产效率。

（4）工厂运行状态智能预测实施　在高端装备离散型制造中，精准预测工厂整体能耗对能源管理和优化至关重要。某电车制造厂为应对激增的能源成本，通过预测工厂运行中的能耗来优化能源使用、降低成本并减轻环境影响。

在数据预处理方面，进行数据清洗去重并确保每条数据的唯一性。对缺失的能耗数据采用插值法（如线性、多项式）或基于机器学习的填充方法（如K近邻、回归填充）进行补全。同时，利用统计方法（如Z-score、IQR）或机器学习异常检测算法（如孤立森林、DB-SCAN）来识别和处理异常能耗数据。随后，将不同监测点的能耗数据整合到统一数据集中，确保时间戳一致，并对不同来源的数据进行标准化和归一化，以消除量纲和量级差异。为描述能耗数据的分布情况，计算了统计特征，如平均值、中位数、标准差等。

在特征工程方面，提取了与工厂整体能耗相关的有用特征，包括生产计划（如订单量、产品类型、生产批次大小等反映生产负荷和能耗需求）、设备状态（如开关状态、运行时间、维护记录等直接影响能耗）、环境因素（如室内温湿度、外部天气条件等影响空调和照明系统能耗）以及时间特征（如周期性特征和特殊时间点特征，有助于捕捉能耗的季节性和周期性变化）。

在预测模型方面，采用了基于集成学习的智能预测模型。首先选择了适合处理多维特征和复杂非线性关系的模型，如随机森林或梯度提升树，这些模型通过组合多个弱学习器的预测结果来提高准确性和稳定性。然后，使用历史能耗数据和相应特征集进行模型训练，并通过调整参数和超参数来优化性能。模型性能的评估采用了交叉验证等方法，评估指标包括均方误差（MSE）、均方根误差（RMSE）和平均绝对误差（MAE）等。最后，将训练好的模型部署到实时系统中，接收实时数据和特征输入，并输出未来一段时间内的能耗预测结果。这些结果有助于工厂管理人员制定更合理的能源管理策略和优化措施。

通过综合运用这些技术和方法，该电车制造厂实现了对整体能耗的精准预测，为能源管理和节能降耗提供了有力支持。这不仅有助于降低能源成本、提高利用效率，还有助于减少环境污染并推动可持续发展。

2. 工厂智能运行优化

（1）工厂智能运行优化目标和策略　在离散型制造智能工厂中，工厂运行状态的智能预测优化旨在通过先进的技术手段和智能化的管理方法，实现工厂运行的高效性、稳定性、灵活性和可持续性。具体优化目标主要包括以下几个方面：

1）提高生产效率和资源利用率。运用智能预测技术精确管理和优化生产设备及流程，减少浪费和无效作业，进而提升生产效率和资源使用效率。

2）降低生产成本和风险。通过预测设备故障、物料需求和能源消耗等关键指标，实现预防性维护和资源优化配置，降低生产成本和风险。同时，预测市场趋势和客户需求，调整生产策略，降低库存和产品滞销风险。

3）提升产品质量和客户满意度。智能监控和预测产品质量及生产过程，及时发现并解决潜在质量问题，确保产品质量的稳定性和一致性。同时，满足客户的个性化需求，提供优质服务，以提升客户满意度和忠诚度。

4）增强工厂的灵活性和适应性。面对复杂多变的市场环境和客户需求，智能工厂需具备快速响应和灵活调整的能力。通过智能预测技术，动态调整生产计划和快速重构生产流程，以增强工厂的灵活性和适应性。

为实现上述优化目标，可采取以下主要优化策略：

1）数据驱动的预测模型构建与应用。基于大数据技术，整合设备状态、生产进度、质量参数等工厂运行数据。利用先进的机器学习和深度学习算法构建精准预测模型，实现工厂运行状态的智能预测，并持续优化模型的准确性和可靠性。

2）实时监控与动态反馈机制。建立实时监控系统，对工厂运行状态进行实时监控和反馈。通过分析关键数据指标，及时发现并处理异常情况。结合预测模型，全面掌握和优化工厂运行状态。

3）引入智能化决策支持系统。结合预测模型和实时监控数据，开发智能化决策支持系统，为管理人员提供科学的决策建议和优化方案，提高决策效率和准确性。

4）强化跨部门协同与信息共享。打破信息壁垒，实现信息共享和协同工作。建立统一的信息平台和数据交换标准，促进各部门紧密合作和协同创新，同时加强与供应链上下游的沟通和合作。

（2）工厂智能运行优化技术　在智能制造领域，针对工厂运行状态的智能优化涉及多种算法和技术，它们协同工作以实现生产效率的提升、成本的降低、质量的改善等目标，如图 6-20 所示。

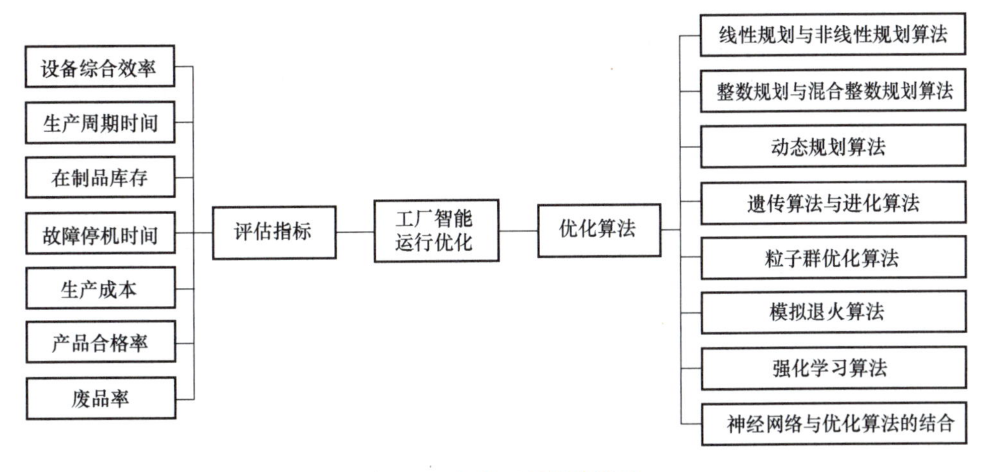

图 6-20　智能运行优化算法

1）线性规划与非线性规划算法。线性规划（linear programming，LP）在智能制造中发挥着重要作用。它可以帮助解决资源受限下的最大化或最小化问题，如最大化利润、最小化成本等。LP 通过线性不等式和等式来描述系统的约束条件，并使用线性目标函数来量化优化目标。在生产计划中，LP 可以确保原材料、机器时间和人力资源的最佳分配。

相比之下，非线性规划（nonlinear programming，NLP）能够处理更复杂的问题，其中目标函数和约束条件可能是非线性的。在工厂优化中，NLP 特别适用于那些涉及非线性成本函数、产品合格率曲线或设备效率变化的情况。通过 NLP，可以找到在满足一系列非线性约束条件下，使得非线性目标函数达到最优的解。

2）整数规划与混合整数规划算法。在智能制造中，许多问题要求决策变量必须是整数，如机器的开启数量、生产批次的大小等。整数规划（integer programming，IP）就是用来解决这类问题的优化方法。IP 可确保求解的决策变量为整数，从而满足实际操作的约束。

当问题中既有整数变量又有连续变量时，就需要使用混合整数规划（mixed-integer programming，MIP）。MIP 结合了整数规划和线性规划的特点，可以同时处理整数和实数决策变量。它在生产调度、库存管理等问题中非常有用，可以确保解决实际可行性和最优性。

3）遗传算法与进化算法。遗传算法（genetic algorithms，GA）是受自然选择和遗传机制启发的搜索和优化算法。它通过编码解空间中的候选解作为"染色体"，并通过选择、交叉和变异操作来生成新的候选解。GA 特别适用于处理大规模、非线性、多峰值和复杂约束的优化问题。在智能制造中，GA 可以用于生产流程优化、作业调度和设备配置等问题。

进化算法（evolutionary algorithms，EA）是遗传算法的扩展和泛化。它们包括一系列受自然进化启发的算法，如进化策略、进化规划和遗传规划等。EA 通过模拟自然进化过程，在候选解空间中搜索最优解。它们在处理高维度、复杂非线性问题以及多目标优化方面具有优势。

4）动态规划算法。动态规划（dynamic programming，DP）是一种解决多阶段决策过程最优化问题的算法。它将问题分解为一系列相互关联的子问题，并存储子问题的最优解以避免重复计算。DP 通过利用子问题的最优解来构建原问题的最优解，从而提高了求解效率。在生产控制、库存管理、设备维护等问题中，DP 可以帮助制定最优策略并最大化整体效益。

5）强化学习算法。强化学习（reinforcement learning，RL）是一种通过与环境交互学习最佳行为策略的机器学习方法。在智能制造中，RL 可以用于设备维护决策、生产调度优化等问题。通过与生产环境的交互，RL 算法可以学习并优化决策策略，以实现最大化生产效率、降低维护成本和减少故障停机时间等目标。RL 在处理复杂动态系统和不确定性问题时具有独特的优势。

6）神经网络与优化算法的结合。近年来，神经网络与优化算法的结合在智能制造领域取得了显著进展。神经网络具有强大的学习和逼近能力，可以用于预测、分类和模式识别等任务。与优化算法结合后，神经网络可以用于生成预测模型或逼近复杂系统的行为，并在此基础上应用优化算法进行决策和优化。这种结合方法可以处理高复杂度、非线性和不确定性的问题，为智能制造提供更强大和灵活的工具。

这些算法通常不是孤立使用的，而是根据具体问题的性质和需求进行组合和调整。在实际应用中，还需要考虑数据质量、算法复杂度、计算资源等多方面因素。

（3）工厂智能运行优化效果评估　针对工厂智能运行优化的效果评估是确保优化措施有效性和持续改进的关键环节。对优化效果评估的重要步骤如下：

1）评估指标确定。在进行优化效果评估时，首先需要选择合适的评估指标。这些指标应该能够直接反映工厂运行状态和生产效率，如设备综合效率（OEE）、生产周期时间、在制品库存（WIP）、故障停机时间、生产成本等。此外，还可以考虑质量指标，如产品合格率、废品率等。

2）数据收集与处理。评估的基石是全面、准确的数据。这包括优化措施实施前后的运行数据、生产日志、设备状态监控记录等。数据的采集须确保时效性和可对比性，同时经过清洗、去重和标准化等预处理步骤，以维持数据的高质量和一致性。

3）效果对比分析。对比分析是揭示优化成效的关键。它要求建立清晰的对比基线，通常是优化前的工厂运行数据，并确保数据的可靠性和代表性。在对比分析中，数据的对齐、标准化及统计显著性检验至关重要。这涉及运用 t 检验、方差分析等统计手段，来验证优化措施是否带来了显著改进。此外，多维度比较（如生产效率、成本节约、质量提升和设备可靠性）和趋势分析能够更全面地展现优化措施的综合成效及其持久性。对于异常值或离群点，需要适当处理以确保分析的准确性。

4）效果量化评估。效果量化是将优化成效转化为可衡量指标的过程。它要求选择与优化目标紧密相关的量化指标，如生产效率提升百分比和成本节约额。计算改善程度和经济效益分析（如成本节约和收益增加）能够更直观地展示优化措施的经济价值。敏感性分析则有助于评估外部因素对量化结果的影响，并为调整优化策略提供依据。最终，量化结果应以图表、报告等形式直观呈现，并与预期目标进行对比分析。

5）综合评估与持续改进。在综合评估阶段，需要考虑不确定性因素（如数据误差、模型误差和外部干扰）对评估结果的影响，并采用敏感性分析和鲁棒性优化等方法进行处理。评估结果应综合分析和判断，为决策层提供全面、准确的支持信息。同时，优化效果评估是一个持续的过程，需要定期评估以发现新的改进机会，并将评估结果反馈给相关人员和部门，促进持续改进和工厂运行状态的持续优化。

（4）工厂智能运行优化应用　某高端装备离散型制造工厂面临着复杂多变的生产环境和严格的交货期要求。为确保按时交付高质量的产品，工厂需要准确预测生产进度，并及时调整生产计划以应对各种不确定因素。遗传算法作为一种模拟生物进化过程的搜索优化算法，被应用于该工厂的生产进度智能预测优化中。

首先，将生产进度计划表示为一组编码，每个编码对应一种可能的生产计划方案。编码可以包括生产顺序、批量大小、设备分配等信息。然后，随机生成一组初始编码作为遗传算法的初始种群。接着，为评估每种生产计划方案的优劣，定义一个适应度函数。该函数考虑多个目标，如生产周期、设备利用率、成本等，并根据这些目标计算每个编码的适应度值。适应度值越高，表示对应的生产计划方案越优秀，则根据适应度值选择优秀的编码进入下一代种群。选择操作可以采用轮盘赌、锦标赛等策略，以确保优秀编码有更多的机会被保留和传承。为增加种群的多样性，引入交叉和变异操作。交叉操作是指将两个编码的部分基因进行交换，生成新的编码；变异操作是指随机改变某个编码中的某些基因值。这些操作有助于算法跳出局部最优解，寻找全局最优解。最后，重复执行选择、交叉、变异等操作，直到满足终止条件（如达到最大迭代次数或找到满意解）。在迭代过程中，不断更新种群并记录当前最优解。

优化后的生产计划使得生产周期明显缩短，确保了按时交付订单，提高了客户满意度。通过合理分配设备和调整生产顺序，提高了设备利用率，减少了设备闲置时间。优化后的生产计划还考虑了成本因素，通过减少生产切换次数、降低库存水平等方式降低了生产成本。应对不确定性能力增强：遗传算法能够快速调整生产计划以应对生产环境中的不确定因素，如设备故障、订单变更等。这使得工厂能够更加灵活地应对各种挑战。

6.3 信息物理系统驱动的离散型制造智能工厂优化

6.3.1 智能生产决策

1. 生产智能化决策

(1) 智能决策的定义　智能工厂环境中产生丰富的数据资源，包括产品技术、生产经营、设备运行、设计、工艺、管理和产品运维等多方面数据。利用 CPS 和大数据分析工具，搭建智能决策系统，对数据进行搜集、过滤、存储和分析，为各级决策者提供关键知识和深刻洞察，以提升决策的科学性和效果。

(2) 智能决策的技术特征

1) 数据驱动技术。数据驱动是指一种决策或策略制定的方式，主要依赖大量的数据和数据分析来指导决策过程。这种方法强调对数据的收集、分析和解释，以便从中提取有价值的信息和洞察力，从而帮助组织或个人做出更明智的决策。

2) 决策支持技术。决策支持技术主要用于解决非结构化和半结构化问题。非结构化和半结构化决策通常涉及组织的中高层管理，决策者需要结合经验进行分析判断，并依赖计算机提供各种辅助信息，以便及时做出有效的决策。

3) 知识推理技术。知识推理是指利用形式化的知识，在计算机或智能系统中模拟人类的智能推理方式，并依据推理控制策略进行机器思维和问题求解的过程。

智能系统的知识推理过程是由推理机完成的。推理机即智能系统中的程序，用于实现推理。推理机的主要任务是在特定的控制策略指导下，搜索知识库中的可用知识，并与数据库进行匹配，从而生成或论证新的事实。搜索和匹配是推理机的两项基本任务。智能系统的知识推理涵盖两个核心问题：推理方法与推理的控制策略。推理方法研究前提与结论之间的逻辑关系及其信度传递规律。控制策略的采用旨在限制和缩小搜索空间，以使原本指数型困难问题能在多项式时间内得到解决。

4) 人机交互技术。所谓人机协作或人机交互，指的是机器人执行精确而重复性高的任务，同时辅助工人从事创造性工作。利用人机协作机器人，企业的生产布局和配置具有更大的灵活性，同时提高产品的质量。人机协作可以体现为人机分工或共同工作。此外，智能制造的发展要求人机关系发生深刻变革，人与机器需相互理解、感知和协助，以实现紧密协调、自然交互，并确保彼此安全。

(3) 典型智能决策

1) 智能生产调度。生产调度是根据特定时间段内的生产任务、现有资源和工艺限制，确定各工序在何时、何地由何人执行作业，以达到预定性能指标的最佳化过程。当前，调度问题的研究主要聚焦生产调度问题的建模方法和优化策略。针对以下四种典型问题，已有较多研究成果，它们分别是单机、并行机、流水车间和作业车间调度问题。

① 单机调度。有 N 个工件需要在一台设备上进行加工，各工件的加工时间已知，要求

合理安排各工件的加工顺序，使得达到指定性能指标的最优。

② 并行机调度。有 N 个工件需要加工，现有 M 台设备可供选择，要求合理安排各工件的加工顺序，使得达到指定性能指标的最优。

③ 流水车间调度。对于一组需要经过 M 个工序加工的 N 个工件，它们依次在 M 台不同的机器上进行加工，加工顺序相同。已知每个工件的每个工序的加工时间，需要合理安排各工件在各机器上的加工顺序，以达到预设的性能指标的最优化目标。

④ 作业车间调度。一批包括 N 个工件，需要经过 M 个工序，这些工件将分别在 M 台不同的机器上进行加工。不同工件的加工顺序都不相同，已知每个工件的每个工序的加工时间，目标是合理安排每个工件在每台机器上的加工顺序，以实现预先设定的性能指标的最优化。

生产调度问题的复杂性取决于其对象和目标，主要体现在调度目标的多样性、调度环境的不确定性以及问题解决过程的复杂性。具体表现如下：

① 多目标性。在生产调度中，总体目标通常由一系列调度计划约束条件和评价指标构成。在各种类型的生产企业和不同的制造环境中，这些约束条件和指标多种多样，从而导致调度目标的多样性。在评价调度计划时，最常考虑的是缩短生产周期，其他还包括交货期最短、设备利用率最高、成本最低、延迟最短、提前最小或者拖期惩罚、在制品库存量最少等。在实际生产中有时由于各项要求可能彼此冲突，因而在调度计划制定过程中必须综合权衡考虑。

② 不确定性。在实际的生产调度系统中，存在多种随机和不确定因素，如加工时间波动、机床设备故障、原材料短缺以及突发订单。制造环境在调度计划执行期间往往与制订计划时考虑的情况不完全相符，因此需要进行更为复杂的动态调度。

③ 复杂性。调度问题的复杂性主要集中体现在多目标性和不确定性方面。经典调度问题属于一类极其复杂的组合优化问题，其中涉及大规模生产过程中工件加工的大量调度任务。如果考虑其他评价指标和环境随机因素，问题的复杂性将进一步加剧。在更为复杂的制造系统中，可能会出现诸如混沌现象和不可解性等更难处理的问题。

生产调度问题十分复杂，尤其是现代制造系统的运行环境充满了不确定性。制造任务经常出现动态变化，包括不可预知任务的增减、某些制造资源的紧缺或引入，以及制造任务处理时间的变化。同时，因实际问题所需，在调度问题中目前有为数众多的优化性能指标。这些不确定性、动态性和复杂性的综合使得规划与调度变得更加困难。为了应对不断增长的不确定性和复杂性，制造车间的控制系统必须具备适应性、鲁棒性和可伸缩性。因此，研究智能生产调度方法对于提升制造系统的实际效能具有重要意义。

调度问题的研究与运筹学的发展应用基本同步。早在 20 世纪 50 年代，欧美国家工厂的生产线调度和管理对调度问题的研究提出了迫切的要求。随着计算机技术、生命科学和工程科学等领域的交叉和渗透，智能算法开始应用于求解调度问题。这些算法模仿自然现象的运行机制，展现了解决大规模调度问题的潜力。早期的遗传算法、神经网络算法、模拟退火算法和禁忌搜索算法，以及 20 世纪 90 年代以后的约束满足算法、粒子群优化算法、蚁群算法和 DNA 算法等，都在此过程中得到了广泛应用。目前人工智能算法不断发展和涌现，使得它们的实用性和效率得到更大的提高。常用的智能调度方法包括群体进化类算法、禁忌搜索算法、人工神经网络算法以及专家系统。

群体进化类算法包括遗传算法、蚁群算法、粒子群算法、差分进化算法、蜂群算法和鱼群算法等。以遗传算法为代表的群体进化类算法因为对各种搜索问题的通用性，求解的非线性、鲁棒性、隐含并行性等特点，得到广泛的研究与应用。

人工神经网络算法是模拟人类大脑结构和功能的一种算法，它是由大量连接起来的神经元构成的。

专家系统是一个智能程序，其数据库或者计算逻辑中包括了大量某一领域的经验和知识，第一个专家系统于1968年出现，它能够根据这些专家的经验和知识，模拟专家决策的过程，解决只有这些领域内的专家才能解决的问题。其在实际应用中存在的问题是：不同行业甚至不同车间的生产过程具有不同的领域知识，故特定的专家系统不具通用性；生产过程中的知识难以收集，而且是随着生产环境动态变化的，故专家系统的知识库需要频繁地更新。

随着机器学习相关技术的不断发展，大量机器学习的技术方法被应用到各类车间调度问题中。除此之外，通过强化学习模型描述决策体与生产环境的交互模型，进而在动态环境变化时自动选择相应的调度策略也是一个新的研究热点。强化学习方法可通过学习经验获得解决问题的能力，其首先与环境交互来获取经验，然后通过最大化奖励从经验中学习状态到动作的映射函数。上述研究的动作集均由数条调度规则组成，人为降低了解空间的复杂度，会丢失大量较优解。为了解决这一问题，研究人员开始尝试将数据与调度问题机理相结合，国内滴滴出行的 AI Labs 团队提出基于强化学习的网约车派单解决方案，通过将业务规则集成到强化学习中有效地解决了网约车派单这类复杂大规模问题。数据与机理融合的方法为解决复杂调度问题提供了新的思路。

2）质量精确控制。近年来，国内外学者不断地探索基于数据驱动的方法在产品质量控制与改进中的应用，并取得了丰硕的成果。而对于产品质量的控制业务，主要从多阶段制造过程的特点出发，分析此类过程质量控制与改进的数据分析方法，或者从机器学习角度，利用数据挖掘分析方法在制造业中的应用。尽管大多数制造企业近年来的信息化程度逐步提高，但制造业仍然存在质量数据分散、信息孤岛、数据利用率不高的问题。很多企业的质量控制与改进仍主要依赖人工经验进行管理决策。因此，尽管企业拥有数据，但却面临着不知如何使用的困境。而在大数据环境下，亟须一种综合的指导理念和操作框架，以全局、动态、发展的观点来研究解决生产运营管理中的各种问题。这样可以充分挖掘数据的价值，并将其转化为可重复利用和传承的知识。同时，需要将企业的产品质量控制方法从以往依赖人工经验的模式转向依靠数据分析获取调控依据的产品质量智能控制方法。

质量智能控制方法不需要根据系统的运行机理建立系统描述模型，其通过大量数据间的关联分析，来实现优化控制。在控制理论中，确定系统的状态参数与响应参数、辨识系统模型、优化设计控制算法是实现优化控制的重要内容。与传统方法不同，该方法通过数据间的关联分析，从海量的潜在影响参数中，识别影响质量波动的关键参数。在系统模型辨识中，刻画系统状态参数与目标的作用规律。在控制算法设计中，依据数据间的作用机理，根据调控策略的反馈，实现对产品的控制优化。因此，质量智能控制通过量化数据间的关联关系来识别影响产品质量波动的关键参数；通过性能预测来揭示不同系统状态下，产品质量的演化规律；通过对系统建立反馈调节控制策略，实现产品质量的精确控制。质量智能控制方法示意图如图6-21所示。

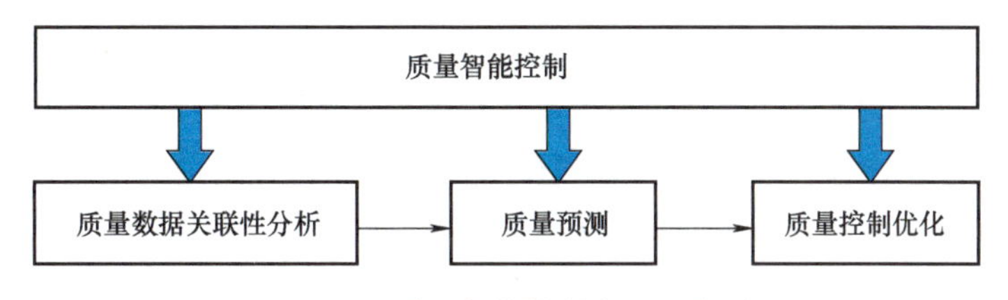

图 6-21　质量智能控制方法示意图

质量控制会面临较为复杂的优化问题，实质是多目标、多约束条件下的优化问题，需要结合实际工程背景构建目标体系，在满足一定约束条件的情况下，通过相关技术理论寻求最优解或满意解，使得待研究的目标系统能够达到期望极值。智能优化算法模拟自然界的生物系统运行机制，通过一定的演进策略推动系统状态的转变，从而进行优化求解，最为典型的智能优化算法为遗传算法和粒子群算法。智能优化算法具有不依赖模型数值性态、分布式并行搜索模式、多个体协作迭代等技术特点。

基于统计原理的质量稳定性分析主要从对比给定的若干样本序列的标准差来进行衡量，若有较为明显的改变，则说明所对比的样本母体质量稳定性有显著差异。为了更好地对样本进行分析，一般先需要确定样本的分布性态，常用的连续分布有正态分布、均匀分布、指数分布等。质量稳定性分析也可以归结为评价问题，由于产品关键质量特性大多为望目特性，即该值越接近设计时的某个值时当前质量水平越高，也可以将质量数据看作时间序列，基于设计指标构建标准序列，考察当前质量数据序列对标准序列的贴合程度，如贴合程度高则说明当前序列具有更好的质量水平。该类方法主要有模糊关联分析法和灰色关联分析法。当研究对象有多个质量属性需要比对时，可以采用多属性评价方法进行分析，主要有投影寻踪、物元理论、数据包络分析、TOPSIS 法等方法。

2. 生产灵活性改进

（1）灵活生产对企业竞争力的影响　灵活性使得智能工厂能够快速响应市场变化，调整生产策略，满足顾客需求；使得智能工厂能够根据不同任务需求，灵活配置生产资源，提高生产效率；有助于降低库存成本、减少浪费和提高设备利用率，从而降低运营成本；灵活性鼓励企业不断尝试新的生产方法和技术，增强企业的创新能力和竞争力。

（2）灵活性改进策略

1）模块化设计。自 20 世纪 80 年代以来，随着市场竞争的加剧和产品更新速度的加快，传统的产品开发制造模式已经无法满足新的需求。在这种情况下，模块化设计逐渐成为一种备受青睐的选择，并得到了广泛的应用和发展。各个工业发达国家纷纷开发系列模块化的机电工业产品，大量模块化产品已经进入实用化阶段。

模块化设计是一种设计方法，通过对产品内部的不同功能或性能的分析，划分并设计出一系列功能模块。这些模块可以通过不同的选择和组合来构建出不同的产品，以满足市场的多样化需求。

模块化设计的主要方式有以下几种：

① 横系列模块化设计。不改变产品主参数，利用模块发展变型产品。这种方法实现起来最为简便，应用范围也最广泛，常是在基型品种上更换或添加模块，形成新的变型品种。

② 纵系列模块化设计。对于同一产品类别中不同规格的基础型产品，需要进行设计。

由于主要参数的差异，动力参数也常常不同，这导致了结构型式和尺寸的差异，因此纵系列模块化设计的复杂度相对较高。在设计与动力参数相关的零部件时，若采用相同的通用模块，可能会导致强度或刚度不足，同时也存在结构冗余和材料浪费的问题。为了避免这种情况，可以首先合理划分区段，确保同一区段内的模块通用性，而对于与动力或尺寸无关的模块，则可以在更广泛的范围内通用。

③ 横系列和跨系列模块化设计。除发展横系列产品之外，改变某些模块还能得到其他系列产品者，便属于横系列和跨系列模块化设计。

④ 全系列模块化设计。全系列包括纵系列和横系列。全系列模块化设计与跨系列模块化设计之间存在明显差异。跨系列模块化设计只是横系列兼顾部分纵系列或是纵系列兼顾部分横系列的模块化设计，而全系列模块化设计涵盖了某一类产品的所有横向和纵向范围内的模块化设计。仅当跨系列模块化设计覆盖了整个产品范围时，方可称之为全系列模块化设计。由此可见，跨系列模块化设计可视为全系列模块化设计的一种特例。因此，全系列模块化设计的复杂性和挑战性较大，并需要更多种类的模块支持。

⑤ 全系列和跨系列模块化设计。主要是在全系列基础上用于结构比较类似的跨系列产品的模块化设计上。

传统设计以产品为主要对象，而模块化设计则可产生产品或模块两种形式的成果。这实际上导致了两种专业化的设计和制造体系：一些工厂专注于设计和制造模块，而另一些则专注于设计和制造产品（通常称为整机厂）。

模块化设计可分为两个层次。首先，系列模块化产品研制过程将模块化系统总体设计和模块系统设计合并为第一个层次，需要根据市场调研结果对整个系列进行模块化设计，本质上是系列产品研制的过程；其次，单个产品的模块化设计构成第二个层次，需要根据用户的具体要求对模块进行选择和组合，并进行必要的设计和校核计算，本质上是选择和组合的过程。

总的来说，模块化设计遵循一般技术系统的设计步骤，但比后者更复杂，成本更高，要求每个组件能够实现更广泛的功能，如图 6-22 所示。

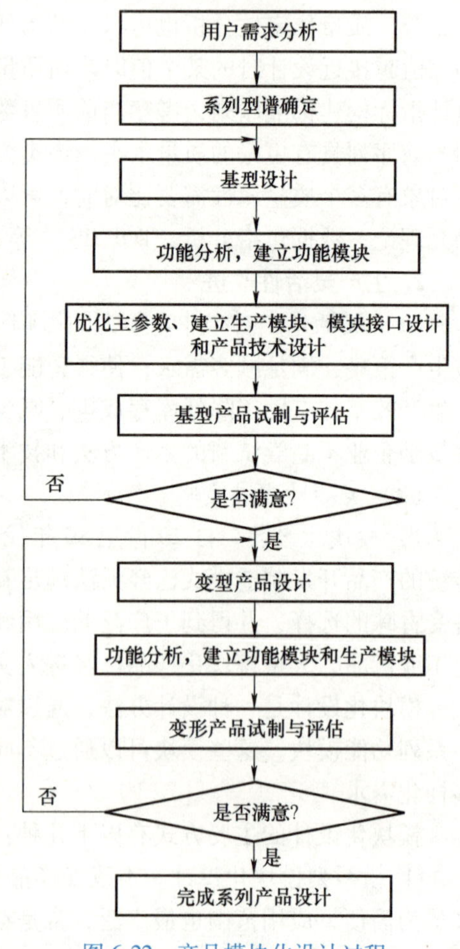

图 6-22　产品模块化设计过程

模块化设计应遵循的设计步骤如下：

① 市场调查与分析。这被视为模块化设计成功的前提条件。需考虑市场对同类产品的需求量、同类产品基型及各种变型的需求比例，以及用户的要求，并分析模块化设计的可行性。对于市场需求量较低，但设计与制造成本较高的产品，不应纳入模块化系统设计的整体功能范畴中。

② 产品功能分析。拟定产品系列型谱，合理确

定模块化设计所覆盖的产品品种和规格。产品种类和规格过多，虽然有利于灵活应对市场需求，有助于占领市场，但设计难度和工作量都会增加；相反，产品种类和规格较少，虽然市场应变能力降低，但设计相对容易，有利于提高成品性能和针对性。

③ 确定参数范围和主参数。产品参数包括主参数、运动参数和动力参数（如功率、转矩、电压等），必须经过合理确定，过高或过宽会导致资源浪费，过低或过窄则无法满足需求。此外，参数数值的大小和在参数范围内的分布也至关重要，其最大和最小值应根据实际使用要求来确定。主参数是用于表示产品主要性能和规格大小的参数，其数值分布通常采用等比或等差数列的方式。

④ 确定模块化设计类型，划分模块。特殊功能仅在少数方案中使用，可采用非模块化方法实现；而多个功能相结合的部分，可以整合成一个模块来实现（特别是对于调整功能而言）。

⑤ 模块结构设计，形成模块库。考虑到模块具有多种可能的组合方式，设计时应着重考虑单个模块的多个接合部位，确保加工和装配合理。推荐采用标准化的结构，并尽量利用多工位组合机床进行同时加工，以降低加工成本。此外，需确保模块具有相近的寿命，并且易于维修和更换。

⑥ 编写技术文件。因为模块化设计的模块通常不直接与产品相关联，所以必须重视技术文件的编制，以确保不同功能的模块能够有机联系，从而指导制造、检验和使用过程。

2）模块化生产。模块化生产是一种生产方式，它将产品或系统分解为一系列独立且可互换的模块，这些模块可以按照特定的规则和标准进行组合，以实现不同的功能和用途。模块化生产的核心思想是标准化、互换性和组合性，它通过将产品或系统划分为一系列标准化的模块，提高了生产效率，降低了成本，提高了产品质量和可靠性。模块化生产的优势包括：①提高生产效率。通过将产品或系统划分为一系列标准化的模块，可以减少生产过程中的重复劳动和浪费，提高生产效率。②降低成本。模块化生产可以降低采购成本、库存成本、运输成本等，同时也可以降低生产过程中的废品率和次品率，进一步降低成本。③提高产品质量和可靠性。通过将产品或系统划分为一系列标准化的模块，可以减少生产过程中的错误和缺陷，提高产品质量和可靠性。④增强可维护性和可扩展性。模块化生产可以使产品或系统的维护和扩展更加容易，因为模块之间的互换性和组合性可以使产品或系统的功能更加灵活和多样化。

在智能工厂中，传统的固定生产线概念已经被智能设备所取代，这些设备采用了可以动态、有机地重新构成的模块化生产方式。举例来说，生产模块可以被视为一个“信息物理系统”，而正在装配的汽车则可以在这些生产模块之间穿梭，接受所需的装配作业。其中，如果在生产或零部件供给环节遇到瓶颈，应能及时调配其他车型的生产资源或零部件，以确保生产的持续进行。也就是说，为每个车型的自律性选择适合的生产模块，进行动态的装配作业。通过这种动态配置的生产方式，MES 的综合管理功能得以充分发挥，能够动态管理设计、装配、测试等整个生产流程。这既确保了生产设备的运转效率，也实现了生产种类的多样化。动态配置的生产流程如图 6-23 所示。

按照某公司的测算，这种模块化生产预计可提升生产效率 20%。新的模块化生产的特点和价值主要体现在以下四个方面：

① 独立。每一个工作站都是一个单独的模块。传统生产线的顺序限制不复存在，在需要的时候，模块可以随时加入或退出，而不会相互影响。

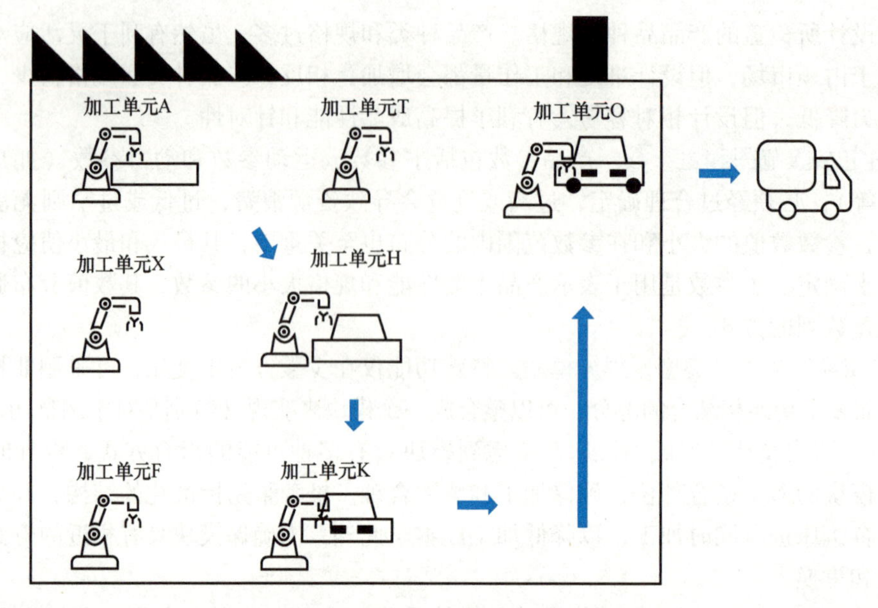

图 6-23　动态配置的生产流程

② 可变。每个产品能够配置其自身的虚拟可变加工流程顺序，在离开各工作站时，都能够做出对下一工作站目的地的最优决策。

③ 智能。利用 AGV 在车间实现自动运输，确保产品和物料仅在需要时发出，以减少在制品数量并提升生产效率。

④ 灵活。模块化提升了生产系统的扩展性，同时增强了产品在形状和尺寸上的适应性，使得根据需求进行调整变得更加便捷。

这种模块化生产是“基于算法的生产”（algorithmic production），基于算法意味着：实时处理复杂性和动态配置的灵活生产方式。

3）自动化与机器人技术的应用。

① 自动化技术。自动化是指在没有人或较少人直接参与的情况下，机器设备、系统或过程（如生产和管理过程）按照人类的要求进行自动检测、信息处理、分析判断和操纵控制，以实现预期目标的过程。

采用自动化技术可以大大减轻操作者的劳动强度，提高劳动生产率和产品质量，降低制造成本，增强企业市场竞争力。自动化技术的不断进步加速了制造业向技术密集和知识密集型产业的转型，标志着制造业技术水平的提升。制造自动化技术已经成为各国经济发展和满足人民日益增长需要的主要技术支撑，成为高新技术发展的关键技术。

② 机器人技术。众所周知，使用工业机器人生产具有很多优势。除了降低成本，使用机器人进行工业生产还具有显著提高生产效率、提升产品质量和一致性、增强生产柔性、节省生产空间、满足安全生产法规等一系列优势。

4）柔性制造系统。刚性自动生产线适合大批量生产，而不适合需求多样化、个性化的市场，其产品转产或换型调整困难、时间长，甚至无法调整。随着市场竞争加剧和用户需求变化，柔性制造系统成为智慧工厂的核心配置。

柔性制造是指利用可编程、多功能的数字控制设备取代刚性自动化设备，采用易编程、易修改、易更换的软件控制替代刚性连接的工序过程，从而使刚性生产线实现软性化和柔性化。这样，生产线能够迅速响应市场需求，高效完成多品种、中小批量的生产任务。

柔性制造系统中的柔性包括：①加工柔性。智慧工厂的 FMS 加工柔性较高，可以适应多品种、中小批量生产。②设备柔性。指系统易于实现加工不同类型的零件所需转换的能力。③工艺柔性。在产品设计阶段就将柔性制造纳入考量。根据企业的制造能力和柔性程度，结合市场供应链的水平和成本，对产品进行模块化设计，将产品的各功能部件独立成模块，这些模块相互兼容、可替换，其接口标准通用，而且不同模块的生产流程成本也是柔性和可控的，这样模块化设计才能实现后续产品定制和销售。例如，不同颜色的产品设计，可以设定色系和选择范围等。④产品柔性。产品柔性指系统能经济而迅速地转向生产新产品的能力，即转产能力，也称为“反应柔性”，即指系统为适应新环境而采取新行动的能力。⑤流程柔性。流程柔性指的是柔性制造系统可以处理其故障并维持生产持续进行的能力。这种能力包含两个方面，一是零件可以采用不同的工艺路线进行加工，二是能够完成加工某工序的机床不止一台。⑥批量柔性。批量柔性是指系统在不同批量下的盈利能力。通过提高自动化水平，机床的调整费用降低，与直接劳动有关的可变成本下降，系统的批量柔性随之提高，批量越小，系统的柔性越高。⑦扩展柔性。扩展柔性指系统能够根据需要通过模块进行重组和扩展的能力。⑧工序柔性。工序柔性指的是可以变换零件加工工序的能力。⑨生产柔性。生产柔性是指系统具备生产各种类型零件的综合能力，其衡量指标为当前技术水平。⑩人的因素。在柔性制造系统的发展历程中，“人”一直是需要考虑的重要因素，为了尽可能解放人力资源，柔性制造系统的研究致力于将人与制造技术、加工设备相集成，最终实现“人机一体化”目标。允许在有规则和方法的前提下使人与自动生产线协同工作，不能单纯追求无人化和自动化。例如，在德国的某条自动生产线上，可以实现数十种产品的兼容性生产。如果在其中某个关键工序引入人工协作，甚至可以实现数百种产品的兼容性生产。因此，人、机合理地分配、协作，非常重要。

一般柔性制造系统的组成如图 6-24 所示。

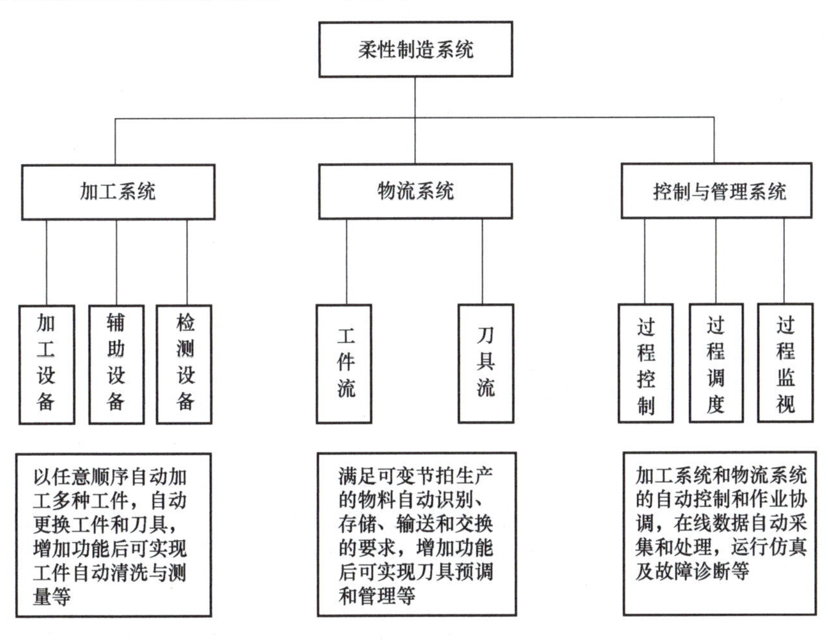

图 6-24　柔性制造系统的组成

6.3.2 工厂智能运维

1. 历史维护数据分析

（1）维护数据分析的意义 由于数据来源不同，数据面临多源异构感知的多样性和复杂性、生产过程主动感知的及时精确性、数据存储应用过程的物理和逻辑安全性等要求和挑战。通过数据驱动的高端制造装备的智能化运维，可为制造业生产、管理过程提供大数据支撑与服务，促进创新链、供应链、产业链的形成与优化，为高端装备的预测性维护、智能管理提供支撑。

（2）维护数据来源途径 维护数据来源途径主要是制造车间的高端装备历史维护记录数据、使用过程的故障记录等。现代设计制造过程中各种软件系统（PDM、MES、ERP、CRM、SCM、CAD/CAM/CAE/CAPP 等）记录的相关维护数据，互联网/工业物联网、RFID、传感器、电子标签等在高端装备运维过程中产生的数据等，都是维护数据的直接来源。

（3）维护数据分析应用流程 维护数据分析应用流程如图 6-25 所示，主要包含六个步骤。

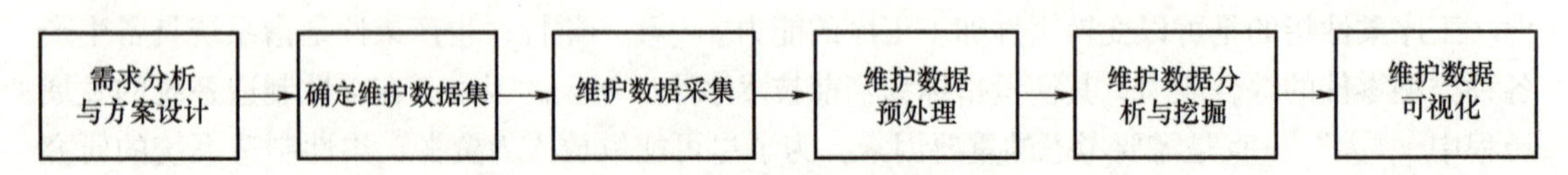

图 6-25 维护数据分析应用流程

步骤一：需求分析与方案设计。根据待分析的具体问题背景和需求，针对问题提出进行大数据分析的任务和目标，确定解决问题所需的软硬件资源、边界条件（假设和约束）和评价标准，制定工作内容、分析步骤和技术路线，设计形成总体实施方案。

步骤二：确定维护数据集。选取并确定待分析问题的数据集及其特性。数据集的分类方法有多种，常用的数据集可分为记录数据、基于图形的数据和有序数据三类。数据集的特性则包括维度、稀疏性和分辨率。

步骤三：维护数据采集。这一步骤采集并存储足够的、未经任何加工处理的原始数据。采集的途径通常有传感器、智能运维系统等。

步骤四：维护数据预处理。数据采集获取的原始数据通常体量大且存在噪声、失真、缺失、错误和样本不当等问题，必须预先进行整理和预处理，以获得高质量的数据。

步骤五：维护数据分析与挖掘。采用适当的统计分析算法或数据挖掘方法，从大量数据中提取得到有用信息，或揭示出隐含的、先前未知的有用信息。

步骤六：维护数据可视化是以可见的图形、图像或图表等形式，有效地展示数据分析和挖掘的信息，以使人们更直观形象地理解这些信息，为高端装备智能运维提供支持。

（4）维护数据分析方法

1）预测性分析。最普遍的数据分析应用是预测性分析，它从大数据中发掘有价值的知识和规则，并通过科学建模呈现结果。这样，人们可以将新数据代入模型，预测高端装备的未来运行情况。

2）可视化分析。无论是数据分析专家还是普通用户，对于大数据分析的基本要求都是可视化分析。可视化分析能够直观地展示大数据的特征，同时也更容易被用户接受。数据可视化是数据分析最基本的要求。

3）大数据挖掘算法。通过让机器学习算法按人的指令工作，从而呈现给用户隐藏在维护数据之中有价值的结果。大数据分析的理论核心就是数据挖掘算法，该算法不仅要考虑数据的量，也要考虑处理的速度，目前在许多领域的研究都是在分布式计算框架上对现有的数据挖掘理论加以改进，进行并行化、分布处理。

4）语义引擎。数据的含义就是语义。语义技术是通过理解和处理用户检索请求中的语义层面来实现的。语义引擎通过对网络资源对象进行语义标注，并对用户查询表达进行语义处理，使自然语言具有逻辑关系。这样就能在网络环境下进行广泛有效的语义推理，更准确、全面地实现检索需求。

5）数据质量和数据管理。数据质量和数据管理指的是为了满足信息利用的要求，对信息系统中的各个信息采集点进行规范化处理。这包括建立标准化的操作流程、对原始信息进行校验、及时反馈和纠正错误信息等一系列过程。数据质量和数据管理对于大数据分析很重要，因为高质量的数据和有效的管理可确保分析结果的真实性和价值。

2. 工厂预测性维护

（1）预测性维护的意义　随着基于状态的维护和人工智能技术的发展，预测性维护逐步得到发展。与基于状态的维护相比，预测性维护更具有前瞻性，维护策略的制定不仅与设备当前的状态有关，还与设备未来的状态有关。预测性维护策略是否合理，主要取决于对设备未来状态的趋势预测是否准确。预测性维护被誉为工业数字化领域的潜在爆发点，对制造业的重要性已经被充分认识和广泛接受。确保设备未来高效、可持续服务的关键在于预测性维护。

（2）预测性维护的应用场景　虽然预测性维护有众多的好处，但是在实施预测性维护前要选好应用场景。须知实施预测性维护需要一定的软硬件成本，并不是所有的设备或零部件都适合采取预测性维护策略，设备的维护策略的制定要结合其故障频率和故障影响。对于故障频率低且故障影响小的部件来说，传统的维护方式就可以满足维护需求；对于故障频率高且故障影响大的部件来说，应当考虑改进部件的设计；对于故障频率高且故障影响小的部件，可以适当增加备件的数量；对于故障频率低且故障影响大的部件，才适合采用预测性维护。维护方式的选择如图 6-26 所示。

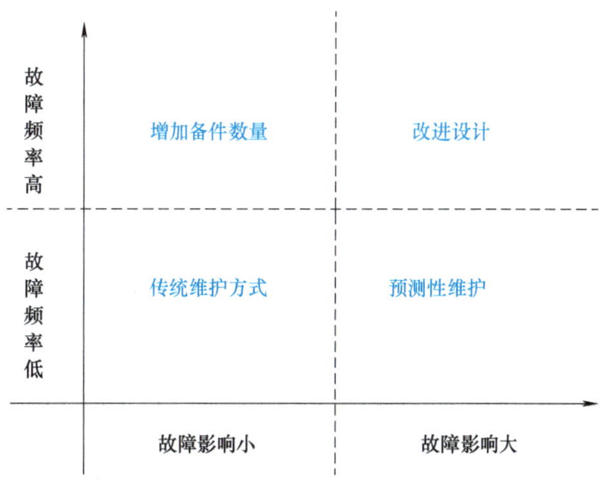

图 6-26　维护方式的选择

（3）预测性维护实施步骤　连续收集和智能分析运行数据，数字化开启了新的维护方式。这种洞察力使得预测维护机器和工厂部件的最佳时机成为可能，并提供了多种方式来提升机器和工厂的生产力。预测性服务能够将大数据转化为智能数据。通过企业利用数字化技术洞察机器和工厂的状态，能够在实际问题发生之前快速响应异常情况和超出阈值的情形。预测性维护模型的建模过程如图 6-27 所示。

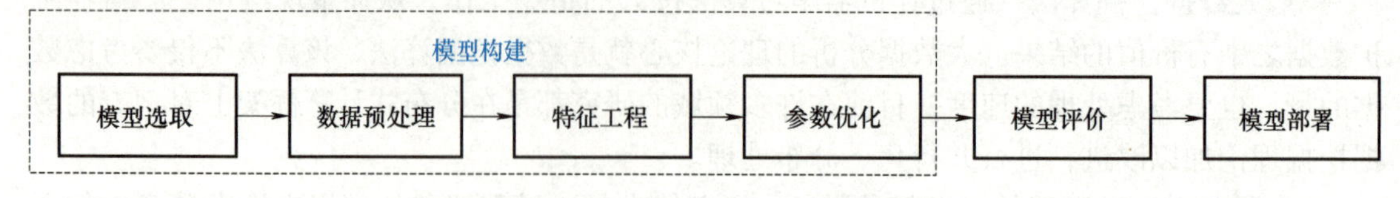

图 6-27 预测性维护模型的建模过程

能够为设备制定预测性维护的数据大多是通过状态监测得到的。设备状态监测是对机械设备整体或零部件在运行过程中的工作状态进行监测。这种监测旨在确定设备是否正常运行，是否存在异常情况或征兆，并且能够实时跟踪和监测异常情况，以确定设备故障的程度。

当建立了相应的状态监测网络，收集了状态监测数据时，就可以尝试建立预测性维护模型。需注意的是，模型选取、数据预处理、特征工程、参数优化这四个步骤并不是瀑布式进行的，而是迭代进行的，最初选定的模型可能在后期发生改变。

数据预处理的工作目的是将原始数据转换成模型输入所需要的数据格式以及做一些简单的处理工作。常见的预处理主要包括工况分割、数据清洗、数据平滑、数据质量检测、数据的归一化、数据样本集平衡和数据分割。

3. 安全、合规性检测

安全、合规性检测是指在生产过程中检测出危险与有害因素，保障人身安全健康、设备完好无损及生产顺利进行。人身安全、合规性检测是指通过发现可能危及员工安全和健康，以及不符合规定的因素和区域，来确保员工能够在安全、健康、舒适的工作环境中进行工作；检测损坏设备、产品等的危险因素与不合规因素，保证生产正常进行，称之为设备安全、合规性检测。

总之，安全、合规性检测旨在及时发现生产过程中存在的安全与合规性问题，以预防人身伤亡、设备事故和其他潜在危险的发生。这样做可以保障劳动者的安全与健康，同时促进劳动生产率的提高。

（1）工厂安全、合规性检测基本原理　安全、合规性检测从生产管理的通用角度出发，对安全与合规工作的实质内容进行科学分析、综合、抽象与概括，以揭示安全隐患规律和不合规性。安全、合规性检测原则是指导生产活动的通用规则。

系统原理是现代管理学中的基本原则之一，指的是在管理实践中运用系统理论、观点和方法对管理活动进行全面系统的分析，以实现管理的最佳化目标。其核心在于通过系统化的管理理论和方法来认知和解决管理中的问题。

安全、合规性检测是为预防提供基础，通过有效的技术手段，提前发现安全与不合规问题，以减少和防止工厂存在的安全与不合规因素，从而使工厂顺利、安全生产。

1）安全检测作为企业安全生产中的一项预防措施，其执行可以显著降低事故发生的可能性。安全检测需要由专业技术人员负责，并需要员工积极配合，包括对检测工作的监督和发现隐患后的及时报告等。

2）合规性检测是指对智能工厂设备、系统和流程进行全面审查和评估，以确保其符合相关法规、标准和规范的要求，保障生产过程的安全、环保和可持续发展。在当今数字化和智能化的生产环境中，智能工厂合规性检测越发显得重要，以确保生产运营的合法性、高效性和可持续性。

（2）工厂安全、合规性检测技术及应用 20世纪50年代末，美国工程师海因里希调查了75000起工伤事故，发现88%的事故是由人为原因引起的，10%是由物的不安全状态造成的，仅有2%是由不可控因素引起的。值得注意的是，物的不安全状态往往也是人为错误所致。国际劳工组织的研究显示，在工业事故中，人为原因导致的不安全因素占比超过80%。

1）人因安全、合规性检测。事故案例研究和企业走访显示，安全知识、可知觉到的控制感以及安全态度的缺失是由“人”的原因导致违章行为和事故发生的三个主要原因。

原因一：安全知识缺失。在安全知识缺失的情况下，作业者不知道正确的、安全的作业方式和方法极具危险性。安全知识涵盖了传统概念下的知识与技能，还有特殊环境下执行安全操作和识别安全隐患所需的技能。这包括了对不安全物品和环境的识别，以及在发现隐患时做出正确决策和采取适当措施的能力。根据一项澳大利亚的研究，缺乏安全知识的工作人员面临着更大的工作压力，并且受伤的可能性明显增加，相比之下，具备丰富安全知识的员工则风险较低。

原因二：可知觉到的控制感缺失。“可知觉到的控制感”指的是作业者对工作的知觉和体力上的驾驭能力。在缺乏这种感觉的情况下，作业者无法正常地掌控工作，包括在知觉、意识和体力上。通常情况下，当作业者处于饮酒、生病、吸毒、疲劳、极度饥饿或极端愤怒等状态时，他们的“可知觉到的控制感”会显著降低，导致反应能力减弱，严重时可能完全失去控制感。

原因三：安全态度缺失。安全态度缺失指的是在拥有安全知识和可知觉到的控制感的情况下，未能按照安全规程和要求进行作业，从而导致违章行为。例如，许多人在过马路时，如果他们认为对面来车距离较远，并且判断没有危险，可能会选择闯红灯。

因此，针对上述人因导致安全事故的三个主要原因，需要从强化企业安全管理、人员身体状态和心理状态三方面，加大对员工安全知识、可知觉到的控制感和安全态度要素的管理。

2）基于危险源监测的安全、合规性检测。针对由“物”导致的安全事故，则需要对重大危险源实时监控预警，从而有效降低危险事故发生率。

危险源对象是指工业生产过程中必需的各类设施或设备，如罐区、库区、生产场所等。可通过各种传感器对危险源对象进行监测，从而做出相应安全管控措施。

6.4 离散型制造过程智能决策平台

在离散型制造过程中，智能决策平台是不可或缺的一环。智能决策平台利用人工智能、大数据分析、物联网等先进技术，为离散型制造企业提供智能化的生产决策支持。该平台可以实现实时监测生产过程中的各项指标，包括设备运行状态、生产效率、产品质量等，通过数据分析和算法模型，提供智能化的生产调度和优化方案。智能决策平台也可以根据实时数据和预测模型，实现生产计划的智能调整，提高生产效率和降低生产成本。

此外，智能决策平台还可以实现对客户的需求进行分析，分析客户对产品功能、性能、数量以及交货周期等的要求，同时通过分析历史数据帮助企业了解市场发展趋势，辅助企业生产排程、管理物料及库存等，实现更优的生产决策。

离散型制造过程智能决策平台业务集成逻辑如图 6-28 所示。

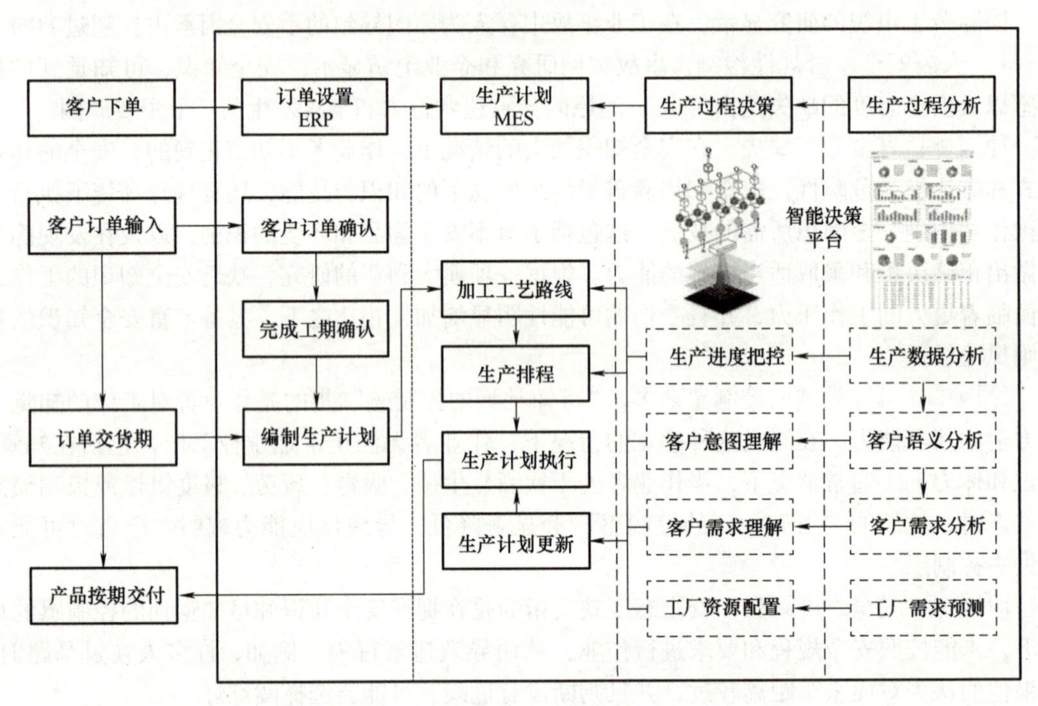

图 6-28　离散型制造过程智能决策平台业务集成逻辑

6.4.1　工厂需求智能分析与预测

智能分析需求与预测是离散型制造过程智能决策平台的主要功能之一。智能分析需求将生产过程数据、市场信息、经营策划、订单与成本信息等作为分析对象，对其进行收集和整合，并通过数据挖掘、深度学习等先进技术处理与分析，获取到数据背后蕴含的深层次信息，辅助企业进行发展规划、生产决策、供应链管理等；智能预测则是利用大数据和机器学习等技术实现对未来工厂情况的预测，需求预测以客户和市场为基础，主要体现在物料需求预测、设备需求预测、能源需求预测等。通过这些预测，帮助工厂更好地规划生产计划、资源配置和供应链优化，合理安排资源调度和采购计划，避免资源浪费和库存积压，提高资源利用效率，降低生产成本，增加利润空间。

1. 生产数据分析

生产制造是离散型制造企业的核心任务，每批加工任务、每道加工工序的执行都将持续生成海量数据流。这些数据涵盖了从生产状态监控、生产效率评估、生产质量控制到生产计划调度、库存优化管理，乃至成本效益分析的广泛维度，共同构成了制造业信息化、网络化及智能化转型的数据基石。生产数据的智能化分析可以揭示产品制造过程的规律性，发现生产过程中遇到的问题与瓶颈，并及时调整生产计划，推动效率与质量的双重提升。在此背景下，生产数据的深度分析与有效运用，成为离散型制造企业通往智能制造时代不可或缺的桥梁。

（1）生产状态分析　生产状态分析专注于全面审视和评估生产活动的当前表现与潜在趋势。这一过程涉及系统化地收集、整理、分析生产过程中产生的多维度数据，旨在揭示生产效率、质量、资源利用率等方面的内在模式，为决策支持提供坚实依据。生产状态分析涵盖多维度指标，包括但不限于生产设备、产线与车间环境、人力资源及物料流动的实时状况。具体而言，设备与产线运行参数（如运行时长、故障频次）直接影响生产状态和生产效率；车间层面聚焦于生产进度与订单执行情况，如订单完成率与生产周期；人员活动及物料状态则涵盖工时记录、任务分配、物料消耗速率与库存水平。通过融合信息技术、物联网（IoT）、云计算及大数据分析的综合技术框架，依靠高效的数据采集系统、稳定的数据传输机制以及先进的分布式存储技术，对离散型制造智能工厂的设备、产线、车间以及工厂运行产生的多维度生产状态数据进行收集，实现离散型智能工厂数据的全链路覆盖。在此基础上，通过统计分析、数据挖掘、机器学习等技术处理所获得的数据集合，挖掘数据背后的生产状态信息，实现生产过程高度透明化，有助于快速响应生产变动，及时调整策略，避免信息滞后导致的决策失误；通过识别数据中的异常模式与趋势，及时发现生产中的异常现象，保证生产的连续性。

（2）生产效率分析　生产效率作为制造企业竞争力的重要体现，直接关联着成本控制与市场份额，开展生产效率分析是企业实现效率提升的前提。在离散型制造环境下，评估与提升生产效率需关注多个维度，其中设备综合效率（overall equipment effectiveness，OEE）、工厂整体效率（overall factory effectiveness，OFE）与总体吞吐量效率（overall throughput effectiveness，OTE）是至关重要的衡量标准。

1）设备综合效率（OEE）。OEE 是考量设备开动率（生产设备处于可用状态的时间比例）、性能率（生产设备在运行过程中达到的标准生产速率与实际生产速率之比）、合格率（合格产品数量与生产数量之比）的关键指标，可指示生产设备或整条生产线的整体有效性。OEE 通常通过以下三个指标的乘积来计算，即 OEE = 设备开动率×性能率×合格率。在实际生产中，分析 OEE 可以帮助识别生产过程中存在的主要瓶颈，无论是由于设备故障、低效运行还是质量问题，辅助企业更好地获悉生产现状，都能为提升生产效率提供切入点。

2）工厂整体效率（OFE）。相较于 OEE，OFE 评估范畴更广，不仅涵盖设备效率，还融入人员效率、设备互联性、物流顺畅度等工厂全局性要素。该指标通过定制化组合生产、人力及物料管理关键指标，提供全面的工厂效能概览，指导多维度的效率改进策略。

3）总体吞吐量效率（OTE）。作为更宏观的效率评价体系，OTE 侧重于工厂级生产能力的综合评价，涵盖原材料流通至产品分销的全过程。通过整合物料使用效率、生产周期、交付周期等多方面数据，OTE 为生产链整体效率的深入分析与策略制定提供依据。

生产效率分析是实现离散型制造过程优化、成本控制、质量提升的关键内容，通过精准识别效率瓶颈与改进机会，推动企业向高效、智能转型。

（3）生产质量分析　生产质量分析是一种系统性的质量管理活动，也是生产数据分析的重要方面，是对生产过程中涉及的产品质量特性进行全面、深入的评估与审查，这一过程围绕人、机、料、法、环、测六大影响产品质量的要素展开，即5M1E分析框架，确保生产活动遵循预定的质量标准和客户要求。具体而言，质量数据主要包括原材料数据、生产工艺数据、产品检验数据等。在加工过程中实时监控并分析离散生产车间的质量数据，实现生产链的透明化质量管理。生产质量分析通常包括以下几方面：

1）缺陷分析。依托大量实证数据，揭示产品瑕疵模式与频次，借助报废率、返工指标等关键性能指标（KPIs），查找缺陷根源。

2）过程能力评估。运用统计学工具如CP/CPK指标及控制图分析，确保生产工艺既符合稳定性要求，也能满足规格标准，强化过程控制的有效性。

3）质量控制图分析。质量控制图的动态监测机制有助于识别偏差趋势与异常波动，在此基础上，结合5W1H与鱼骨图等根因分析法，系统性地挖掘并解决质量问题，构建从质量异常发现到根源矫正的闭环管理体系。

产品质量是企业核心竞争力的关键体现，控制生产质量是离散型制造过程的核心要点，依托数据分析技术，实现精准质量控制与持续改进，是现代智能制造不可或缺的一环。

（4）生产计划与库存管理分析　生产计划与库存管理作为离散型制造企业生产管理的重要环节，体现着企业协调资源配置、开展生产调度的前瞻性。其中，生产计划是企业对未来生产任务进行规划和决策的过程，旨在确保企业能够按时、按量、按质完成生产任务，响应市场需求；库存管理分析则聚焦于维护最优库存水平，以降低存储成本、避免库存积压导致的资金占用，并确保生产原料与成品供应的及时性。

实际生产中，生产计划可辅助设定合理的库存目标和订购策略，而库存管理的执行则为生产计划的灵活调整提供了物质保障，避免生产活动不受库存短缺或过剩制约，由此形成了对离散型制造工厂生产活动的双轮驱动。

涉及生产计划与库存管理的重要信息包括以下内容：

1）订单信息。记录客户的具体需求，包括订单数量、产品规格、交货期限等，这些信息是生产计划的起始点，确保生产活动与市场导向一致。

2）工单信息。每笔订单的生产任务详情，即工单编号、生产批次和数量、工艺路线、生产优先级等，直接指导生产任务高效有序进行。

3）生产资源信息。包括设备、人力资源配置、生产线状况等信息，如设备状态、加工能力、人员熟练度等，是生产计划制订的现实约束条件。

4）库存数量。库存数量表征着产品实际的生产和销售情况，包括可用库存、预留库存等指标数据，制订生产计划时应着重关注，避免库存不足或过剩。

5）库存周转率。库存周转率是评估库存管理效率的重要指标，代表着单位时间内产品或物料的销售或使用频率，高库存周转率意味着企业能够快速将产品转化为资金收入，反之则意味着产品销售不畅，增加资金占用和风险。

通过分析上述数据，可评估生产计划制订和库存管理的有效性，结合时间序列预测、线性规划与优化算法、高级库存管理技术（如ABC分析、经济订货批量模型）进一步调整管理策略，提升供应链响应速度，降低库存成本和提升客户满意度，增强企业在当前高度定制化、多变市场环境下的竞争力。

（5）生产成本分析　生产成本分析是离散型制造工厂重要的管理活动，涉及对生产过程中所有成本因素的深入量化和评估，以识别成本结构、监控成本变动趋势，在此基础上制定成本控制策略，实现生产成本精细化管理，达到最小生产耗费取得最大生产成果的目的。智能决策平台生产成本分析主要包括成本分类管理、成本计算等方面。

1）成本分类管理。按照成本的性质原则，生产成本可分为直接成本与间接成本。其中，直接成本为与产品生产直接相关的成本，如原材料成本、设备加工成本、直接人工成本等；间接成本则是与产品生产间接相关的成本，如设备折旧、厂房租金、管理人员成本等。上述成本中，原材料与人工成本通常在产品成本中占比最大，随着市场行情变化，原材料价格、人力资源价格随之波动，利用智能决策平台可分析价格数据的波动趋势，根据市场变化及时调整采购计划和人员安排计划，降低原材料采购成本。此外，通过平台的数据分析和模型预测，优化原材料库存管理，减少库存积压，降低资金占用成本。

2）成本计算。离散型制造通常涉及多种材料、零部件和工序的组合，产品结构复杂，存在多层级的物料清单和工艺路线，对于每种产品的成本计算需要考虑各种不同的组成部分，计算过程复杂。此外，离散型制造通常要求定制生产，其生产过程多样化，针对不同的订单需要制订不同的生产计划和工艺路线，这导致了成本计算需要考虑不同生产批次和产品类型的成本差异。这些因素都会影响成本计算的准确性和可靠性。针对上述痛点，可基于离散型智能决策平台建立适应性强、灵活性高的成本计算体系，基于平台的数据分析与处理能力，结合相关数据模型和优化算法，开发成本核算、成本分析等功能模块，针对不同产品、生产批次和订单做定制化修改，实现成本计算的准确性，使得生产成本管理更为科学化。

准确的生产成本分析可以为企业管理者提供重要的决策参考，帮助他们做出关于生产规模、产品定价、投资等方面的决策。通过对工厂生产成本的分析，企业可以及时掌握生产经营状况，发现问题并及时调整策略，确保企业的可持续发展。随着人工智能技术的不断进步，离散型制造工厂智能决策平台将在降低生产成本、提高生产效率方面发挥更大的作用，为工厂的可持续发展提供有力支持。

2. 客户语义与需求分析

（1）语义分析　随着人工智能技术的迅速发展，自然语言处理（natural language processing，NLP）作为连接人类语言和机器理解之间的桥梁，其重要性与日俱增，吸引了学术界和工业界的广泛关注。语义分析作为 NLP 的关键技术之一，旨在通过算法和模型解析自然语言的深层意义，实现从自然语言的模糊表达向计算机可操作的知识结构转换，是实现人机有效沟通的关键环节。

1）语义分析的内涵和作用。自然语言是人类用于沟通交流的语言，如中文、英语等，由一系列抽象符号组成。自然语言语义分析是指将自然语言的抽象符号进行结构化处理，提取其中的语义特征，将其转换为计算机可理解的数据，以促进人机之间的信息交流。在离散型制造场景下，语义分析具体表现为理解客户的真实意图，离散型制造产品种类多，定制化程度高，企业需多次与客户沟通才能厘清产品的设计要素与市场定位，借助语义分析，可从海量非结构化的抽象序列中提出相关信息，针对包括传感器数据、质量报告、生产信息记录等进行理解，辅助企业有针对性地按照客户意图开展生产计划安排、产品研发与改进等，达到事半功倍的效果。

2）语义分析的主要内容。

① 关键词抽取技术。离散型制造过程涉及物料运输、产品设计、生产调度等多个方面，大量行业术语、数据标准等信息被高频使用，同时也是文本信息的关键组成。利用关键词抽

取技术可准确把握此类信息含义，在训练过程中更关注此类文本信息的学习，提升语义分析的专业程度。常用的关键词抽取技术包括词频-逆文档频率（term frequency-inverse document frequency，TF-IDF）模型、轻量的梯度提升机（light gradient boosting machine，lightGBM）模型等。

TF-IDF 模型是一种常用于自然语言处理的统计模型，其旨在评估词语对于文档集合或语义分析知识库的重要性。TF-IDF 的核心思想是通过计算词语在不同数据组中的关键度来确定其在文本中的权重。具体而言，如果某个词在特定数据组中频繁出现而 TF（term frequency，词语频率）在其余数据组较小，那么该词被视为关键内容，其权重会相应提高。相反地，IDF（inverse document frequency，逆文档频率）则用来衡量词语在文档集合中的普遍程度，如果某词在一类文档中频繁出现，则说明该词能够有效地代表该类别文本的特征。通过选择这类特征词，可以更好地区分不同类型的文档。

lightGBM 模型是微软亚洲研究院开发的基于 GBDT 框架的轻量级梯度提升机模型，该模型训练效率高、内存小、准确率高。其主要特点如下：lightGBM 采用梯度提升，以迭代的方式不断拟合模型的残差（即实际值与预测值之间的差异），从而逐步提高模型的预测能力；lightGBM 使用基于树的模型作为弱学习器，其中每棵树由多个结点组成，每个结点都包含一个特征和一个阈值，通过比较样本的特征值与阈值的大小，将样本分配到左子树或右子树，从而实现对样本的分类或回归；lightGBM 采用叶子结点分裂的特征分裂策略，在每次分裂时选择对当前样本集贡献最大的特征和阈值，减少了树的深度，提高了训练速度。

② 文本匹配技术。BM25（best matching 25）算法是检索领域中备受推崇的一种经典算法，主要用于衡量两个词之间的相关性，在比较文本信息相似度方面具有重要意义。该算法通过对用户提出的问题进行解析、标准化处理，并计算其与语义分析知识库中已有问题的匹配程度得分来实现。在实际应用中，BM25 算法评估所有词语与文档之间的相关性，采用加权求和的方法计算其权重值。由于该算法的灵活性，常见词语对检索结果的影响较小，而不常见词语则具有更高的区分度，这有助于减少常见词语的干扰。然而，BM25 算法也存在一些缺点，如无法准确理解语义，导致在短句匹配答案方面表现欠佳。

Word2vec 模型是一种由谷歌引入的静态词向量模型，它并非单一的算法，而是一个模型架构和优化的家族，可以从大规模数据集中学习词嵌入。该模型首先通过文本构建空间向量，然后将词汇映射为 N 维向量空间中的向量，最后利用余弦相似度计算这些向量，以表示文本相似度的相关程度。Word2vec 模型的主要优势在于能够学习词的分布式表示，这意味着每个词不仅受其直接上下文的影响，而且应通过整个语料库进行学习。这种分布式表示使得词与词之间的关系可以通过向量计算进行量化，从而支持更为复杂的自然语言处理任务。

③ 语义分析知识库存储。语义分析知识库的存储方式通常分为两种主要类型：SQL 和 NoSQL。SQL（structured query language，结构化查询语言）是一种用于管理关系数据库的查询语言，通过语法树解析实现对大多数数据库进行增删改查操作，并根据数据集的共同特征来匹配数据。NoSQL 数据库是自描述的，不是基于关系表的，因此无须强制执行表之间的关系，其文档类型为 JSON 格式，易于阅读和理解完整实体。SQL 和 NoSQL 的区别在于：SQL 数据库使用结构化查询语言来定义和操作数据，具有广泛适用性，但也有一定限制性；NoSQL 采用非结构化数据的动态架构，可以以不同形式，如图形、文档和 Key-Value 等进行

存储。在离散制造过程中，结合使用这两种知识库，可以分别存储表信息、图数据等信息，以提高系统整体性能。

3）语义分析的主要流程。面向离散型制造工厂客户，语义分析流程主要包括：语义信息录入、规范化处理、语义检索和结果返回四个步骤，如图 6-29 所示。

① 语义信息录入。首先客户向智能决策平台发送请求，平台生成一个界面供客户与之交互。客户在录入需求信息时不受知识结构和表达方式的限制，可以根据自己的语言习惯自由表达需求。录入的客户语义信息可以是词组或自然语言形式的语句，涵盖产品各个方面的范围。

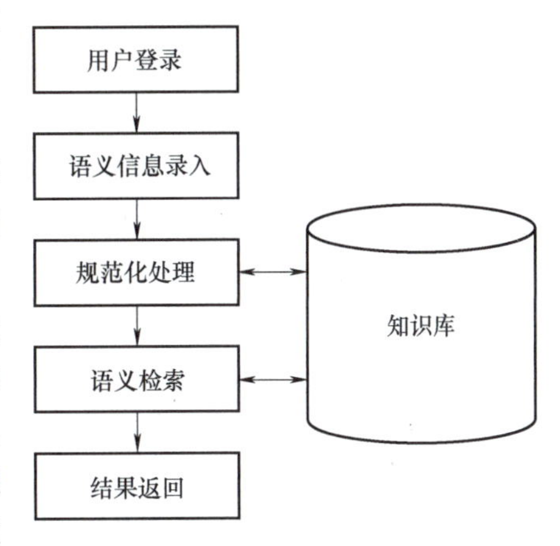

图 6-29　语义分析流程

② 规范化处理。对于使用平台的大部分非专业客户倾向于使用自然语言进行需求表达，其录入的语义信息具有复杂性、模糊性、不规范性等特点，需要对原始语句进行文本预处理。客户语义信息规范化处理的目的就是从客户录入的原始语句中提取出其需求，并以系统可处理的形式予以表达。具体地说，就是从连续的词语串中抽取出能够表达其需求信息主题的有效词以及词间关系，并以此为基础构成系统内部的匹配形式。

③ 语义检索。语义检索过程采用模式匹配技术，即将经过规范化处理的逻辑表达式与知识库中的短语进行比较，以找出所有匹配的信息。随后，根据匹配的信息反查被标注的实例。模式匹配具有速度快、简单易行等优点，但若仅机械地采用简单的模式匹配处理，可能会影响检索的全面性和准确性。为解决不同客户表达方式的差异，在检索过程中引入概念控制，将信息检索从目前基于关键词层面提升至概念检索层面，使检索能够从概念意义的层面认知和处理客户请求。

④ 结果返回。最后，根据相似性算法、有向图算法等计算出相关实例与查询词组的匹配度，将匹配度超过设定阈值的实例推荐给客户。

（2）需求分析

1）需求分析的内涵和作用。客户需求是指客户的目标、需要、愿望以及期望，这些需求构成了产品的最初信息来源。在离散型制造工厂中，客户需求通常体现为对已有产品的下单购买或以定制的方式表达产品需求。客户需求具有以下特征：

① 模糊性。客户需求通常表现出模糊性，因为客户在描述产品功能和性能期望时使用的语言往往不够准确，如“一般”“大概”等词语。企业希望客户能够使用精确专业的语言表达需求，但实际情况是客户难以清晰表达需求，导致信息传递模糊。

② 阶段多变性。客户需求受季节和社会经济发展影响而变化。不同时期客户对产品需求不同，购买力有限时可能只需基本使用功能，购买力提升时可能对产品提出更高期望。季节性购买品企业需在适当季节提供产品以满足需求。

③ 多样性。客户对产品需求多样化，不同客户群体表现出各异需求，企业需考虑差异化营销策略和产品定位，以满足不同需求。

④ 相似性。市场需求由客户主导，客户对产品需求个性化，但需求间存在相似性，即

使同一客户需求也会随时间变化。

⑤ 产品生命周期。产品生命周期包括原材料获取、加工生产、销售和使用体现产品价值，最终产品结束的完整生命周期过程。

2）客户需求分析的方法理论。当前常用的客户需求分析方法包括层次分析法、模糊集理论、粗糙集理论、灰色理论等。具体内容如下：

① 层次分析法。层次分析法（analytic hierarchy process，AHP）是 Saaty 于 1977 年提出的多准则决策方法，被广泛应用于客户需求分析领域。该方法结合定性和定量分析，通过“先分解后综合”的核心思想处理各种决策因素。AHP 的主要步骤包括建立清晰的层次结构、量化指标重要程度、构建判断矩阵以及对权重进行求解和综合权重计算。AHP 具有结构清晰、权重确定容易、适用性广泛以及支持多准则决策等优点，成为一种有效的决策分析工具。

② 模糊集理论。模糊集理论用于定量描述模糊概念和现象，通过扩展隶属度到［0，1］的数值实现对模糊概念或现象的描述。在客户需求分析中，模糊集理论可用于处理定性和定量指标。三角模糊数的客户群聚类方法将客户需求指标转换为模糊数，采用模糊传递动态聚类法划分客户群体，核心思想是对需求属性指标进行预处理和聚类分析。

③ 粗糙集理论。基于粗糙集的客户需求分析利用数据仓库和数据挖掘技术处理客户需求数据，采用启发式粗糙集算法约简需求项目以减少设计调整。方法包括建立决策系统、约简条件属性和输出决策规则。粗糙集方法简洁实施，通过数据约简减少设计调整，但对决策表和客户评分数据要求较高，可能增加数据收集和处理复杂性。

④ 灰色理论。灰色理论用于处理小样本、贫信息和不确定性问题，适合用于客户需求分析。在客户需求分析中，常结合质量功能部署实现。流程包括灰色关联聚类、工程特性关联矩阵建立、需求排序和数值化处理。灰色理论思路清晰、工作量少、对数据要求不高，能减少因不对称信息造成的损失。然而，过于依赖主观性和需确定指标最优值，可能存在困难。

3. 工厂需求预测

（1）工厂需求预测的内涵和作用　工厂需求预测是指通过分析历史数据、市场趋势、客户需求以及其他相关因素，预测未来一段时间内工厂的原材料、零部件、资源等方面的需求情况，可以帮助工厂合理地制订生产计划、库存管理和资源分配，以满足市场需求，提高生产效率和降低成本。

（2）工厂需求预测的基础

1）客户订单。客户订单作为离散型制造工厂重要的生产依据，无论是历史订单还是正在完成的订单都是工厂需求预测的重要数据。历史订单记录了过去的生产情况和客户需求。通过分析历史订单，工厂可以了解客户的购买习惯、产品销售情况、季节性需求变化等信息。这些数据为工厂提供了宝贵的经验教训，可以帮助工厂更好地制订生产计划，避免过剩和欠货情况的发生。历史订单还可以帮助工厂评估产品的热度和市场潜力，指导工厂未来的产品开发和市场推广策略。通过不断地分析和总结历史订单，工厂可以不断改进生产流程，提高生产效率，降低生产成本，提升市场竞争力。

与历史订单相比，正在进行的订单更具有实时性和紧迫性，正在进行的订单是工厂当前的生产任务，是工厂生产计划的核心。通过及时跟踪订单进度，工厂可以了解订单的生产状态，及时发现和解决问题，确保订单按时交付。同时，正在进行的订单也可以为工厂提供更具体和准确的需求信息，帮助工厂灵活调整生产计划，优化生产资源配置。

2）市场分析。市场分析主要是指对市场进行系统性的研究和评估，目的是发现市场中的问题或机遇，并提出有效的对策，旨在为企业增强竞争力、获取持续的生存和发展能力而服务。市场分析的任务是有效地判断、筛选和整合信息，并向管理层提供相关、准确、可靠、有效和及时的信息。因此市场分析所提供的信息应该具有系统性和客观性。当今竞争激烈的市场环境和决策失误代价的不断上升，正确决策不能单纯依靠直觉，因此要求市场分析提供可靠的信息以辅助提高决策的正确性。

市场分析的目的是使离散型企业能够客观地了解其所处的环境，主要分为可控的环境因素与不可控的环境因素。其中，可控的环境因素是指企业可以通过自身努力和决策来改变或影响的因素，通常包括企业内部的因素，如产品、价格、企业内部资源和能力组合等。不可控的环境因素是指企业无法直接改变或控制的因素，包括政治法律环境、社会文化环境、科技环境以及行业环境等，它们对企业的发展和运营具有重要影响。因此，企业需要通过深入的市场分析来了解和适应这些不可控因素，制定相应的应对策略，降低不确定性带来的风险，保持竞争优势。

市场分析作为系统化的工程，具有一套科学的执行步骤，首先需要明确分析目的，确定需要关注的市场细分、产品或服务等内容；其次通过多种渠道收集相关数据，包括市场报告、行业研究、统计数据、消费者调查、竞争对手信息等；然后基于收集到的数据，估算市场的总体规模和增长趋势，了解市场的潜在容量和增长动力；最后根据市场分析结果，制定相应的营销策略、产品开发计划、品牌推广方案等，以实现企业的长期发展目标。整体来看，市场分析主要包含信息整理、信息判断、信息筛选、信息分析等，整体结构如图 6-30 所示。

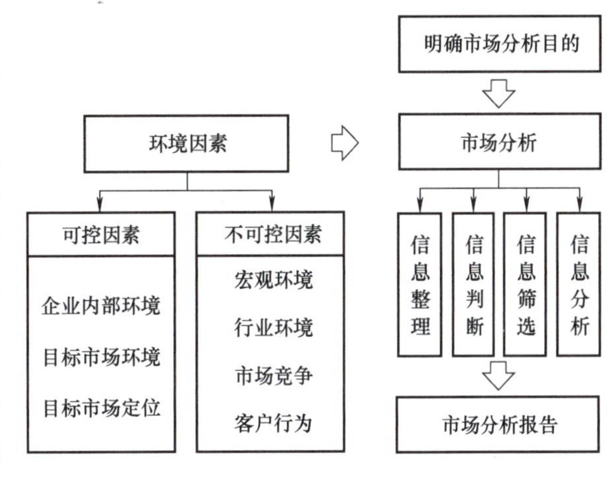

图 6-30　市场分析整体结构

市场分析对离散型制造企业至关重要，通过市场分析深入了解市场需求和竞争情况，指导产品定位、开发创新、销售策略和供应链管理，从而提升企业竞争力，降低生产过程中的风险，实现企业的可持续发展。

（3）工厂需求预测的主要内容

1）物料需求预测。物料需求预测是指根据工厂已有的销售数据或者是物料消耗数据对工厂未来一段时间内生产运营所需要的物料种类以及数量进行分析研究。物料需求预测是工厂需求预测最核心的内容，可以为工厂的生产、库存等战略的制定提供辅助支持。物料需求预测的作用如下：

① 减少安全库存。安全库存的概念源自于订货点法（又称为安全库存法），旨在避免物料库存出现意外情况。随着物料需求预测研究的深入，不断提出各种物料需求预测方法，提高了物料预测的准确性，同时减少了库存量，确保企业生产正常进行。有效地防止了因供应商生产事故或采购意外等原因导致的物料短缺情况。

② 提高供货的准确性。随着客户需求的频繁变化，制造企业的采购方式由原来的大批量、少频次，向小批量、多频次转变，通过需求预测可准确判断物料供应的时机，以降低物料短缺事件的出现频率。

③ 降低采购成本。为了适应需求的动态变化，制造企业常常会临时增加零部件的供应量，这可能导致供应商需要加班，进而导致零部件价格上涨。相反，如果临时减少零部件的供应量，则会导致供应商库存积压，并可能引发供应商向制造企业提出索赔，增加企业的采购成本。通过进行需求预测，制造企业可以降低因需求变动而带来的采购成本增加，从而成为采购计划的基础。

④ 提高整个供应链的效率及竞争力。客户需求变化的频率和幅度使许多企业难以应对。而准确的预测可以帮助供应链上的企业更快地应对需求变化，提高企业对需求变化的反应速度，进而增强供应链的竞争力。

以联纲光电科技股份有限公司为例，该公司以光电信号传输技术为核心，主要从事信号传输连接产品、电声产品及3C配套产品的研发、生产和销售。在生产制造过程中，利用先进技术实现物料智能规划。以生产计划为主要依据，根据工单进行物料需求计算，确保每张工单开立都有源可溯，减少库存呆滞，缩减工作耗时，提高发料速度，保证物料计划有序进行，使得物料与生产之间形成计划性联动。

2）设备需求预测。设备需求预测是离散型制造工厂在制订生产计划后，基于设备相关历史数据，利用统计分析、数据驱动的方法对完成生产目标所需要的设备进行预测，包括对生产所需的设备数量、设备类型、设备利用率以及维修备件的需求量等进行预测和规划。设备需求预测的作用如下：

① 优化生产计划。通过提前规划设备需求，提前了解未来一段时间内的设备需求量和类型，工厂可以避免因设备短缺而导致的生产停滞和生产效率下降，减少因紧急采购或设备租赁而增加的成本，同时降低延期交货的风险，保证企业在市场中维持较高的市场占有率和竞争力。

② 提高设备利用率。设备需求预测可以帮助工厂合理安排设备使用，避免设备闲置或过度使用。基于历史数据获悉设备使用时间和维护周期，对未来设备的使用需求进行预测，可以最大限度地提高设备的利用率，减少生产中的资源浪费，同时可根据预测结果提前采购、维护和安排设备，储备合适数量的维修备件，确保在生产过程中各种设备的充足供应和正常运行，从而保证生产计划的顺利进行。

③ 支撑生产决策。设备需求预测为工厂管理者提供了重要的数据支持和参考依据，有助于制定生产策略、设备投资计划和市场营销策略，通过分析设备需求的不确定性和变化情况，管理者可以及时发现潜在的风险和挑战，制定相应的风险管理策略，降低风险对企业生产的影响，保证企业生产决策的可靠性。

设备需求预测对于企业的经营管理至关重要。准确的预测可以帮助企业避免因为设备需求不足或者过剩而导致的生产延误或者资源浪费。同时，通过设备需求预测，企业可以更好地规划生产计划、控制成本、提高生产效率，从而提升企业的竞争力和盈利能力。

3）能源需求预测。对于离散型制造工厂而言，能源是生产的重要支撑，是保障生产运行的重要条件。能源需求预测是实现企业精细化能源管理、生产效率最大化与成本最小化的有效手段之一。能源需求预测指运用统计学、机器学习等方法，结合工厂的历史能耗数据、生产计划、设备效率、季节性变化及市场趋势等多维度信息，对未来特定时段内的能源需求量进行量化估计。能源需求预测有助于管理层了解未来能源消耗的趋势，从而采取精准的能源供给措施，合理管理工厂的能源储备。能源需求预测的作用体现在以下几方面：

① 优化能源采购计划。通过能源需求预测，获得工厂未来一段时间内能源需求量和需求模式，可结合能源市场的价格变动，评估长期合同与短期采购的经济效益，同时考虑能源供应中断、价格剧烈波动等风险，制定出最经济、高效的能源采购策略，通过优化采购时机和选择最具成本效益的能源方案，直接减少企业的能源支出。

② 合理调配能源资源。能源需求预测有助于工厂在不同生产任务间合理安排能源资源供应，特别是在高峰与低谷时期，通过调整生产班次、优化设备使用率来平衡能源需求，减少尖峰负荷，例如将能源密集型的生产任务安排在能源成本较低或产能过剩的时段进行，减少电力费用支出，同时，避免所有高能耗设备同时运行，减少对电网的瞬时压力，平衡电网负荷，降低企业能源成本。

③ 降低环境影响。有效的能源需求预测有助于辅助企业判断能源的使用状况，通过比较实际值和预测值的差距，可明确是否存在能耗异常问题，降低工厂可能存在的潜在能源消耗，同时减少生产三废的排放和污染，从而降低工厂对环境的负面影响，实现企业绿色可持续发展。在制定能源规划时，企业需要考虑多种因素，如生产规模、生产计划、生产工艺、生产设备等。通过对这些因素进行综合分析和研究，使用时间序列分析、回归分析、神经网络等方法建立能源需求的预测模型，从而精准地预测未来能源消耗的趋势，制定科学合理的能源规划，为工厂的生产提供可靠的能源保障。此外，通过引入节能技术和设备，优化生产工艺，提高能源利用效率，企业还可以进一步减少能源浪费，提高生产效率，降低生产成本。

某制造企业利用智能决策平台对企业的能源利用情况进行统计分析，准确把握企业生产情况，展示企业级统计数据，并与历史能耗数据进行对比分析，统计生产时长，获悉生产情况。通过多维度对比分析，辅助管理人员掌握整个工厂能源消耗、成本情况，界面如图 6-31 所示。

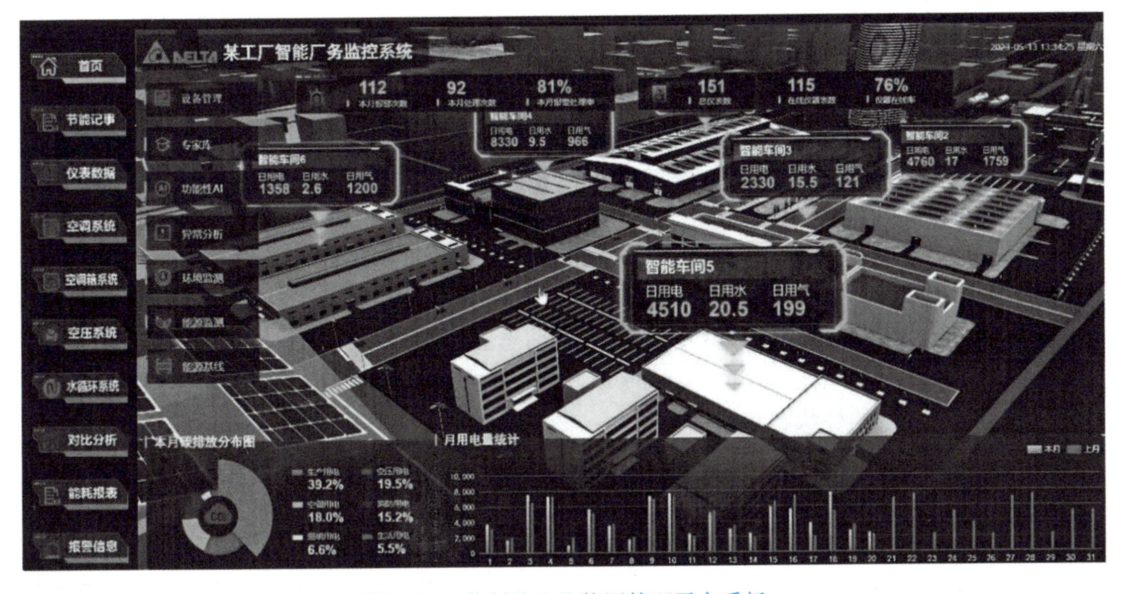

图 6-31　某制造企业能源管理平台看板

6.4.2 平台信息优化

信息可视化是将数据转化为图形化的形式，使得数据更容易被理解和分析。在现代工业生产中，大量的数据需要被管理和分析，智能决策平台的信息可视化成为一种必要的工具。工厂生产数据可视化和智能决策过程可视化，为工厂管理带来了许多便利和优势，更重要的是可以帮助管理人员更好地理解和分析数据，发现问题并加以解决。通过可视化展示，复杂的数据和模型可以被简化为直观的图形和图表，使得管理人员可以更容易地理解和解释数据的含义。管理人员可以通过可视化展示直观地了解数据之间的关联和趋势，发现问题所在并及时做出决策。此外，信息可视化还可以帮助管理人员进行数据分析和预测。通过对大量的历史数据进行可视化分析，可以发现数据之间的规律和趋势，预测未来的发展方向，帮助做出更准确的决策。

1. 工厂生产数据可视化

（1）工厂生产数据可视化的内涵　在离散型制造工厂中，生产过程中会涉及各种数据，如设备运行情况、物料库存情况、质量指标等数据。而工厂生产数据可视化就是将工厂生产过程中产生的大量数据通过图表、图形等方式展示出来，以便工厂管理人员和工作人员更直观地了解生产情况、识别问题、优化生产过程，从而提高生产效率和质量。

（2）工厂生产数据可视化关键技术　离散型制造工厂生产过程中产生的数据一般数据量庞大，针对大规模数据集，现有的数据可视化可分为并行可视化、原位可视化和时序数据可视化三种处理方式。其中，并行可视化是一种将大规模数据集分割成多个子集，然后并行地对每个子集进行可视化分析的方法。这种方法通过将数据分布到不同的处理单元或计算节点上，并行地进行可视化计算和显示，以加速可视化过程和提高交互性。常见的并行可视化方法包括并行坐标、平行坐标、多维投影等。原位可视化是一种直接在数据生成或处理过程中进行可视化分析的方法。与传统的离线数据可视化不同，原位可视化将可视化计算与数据处理过程集成在一起，可以在计算过程中实时地生成和更新可视化结果，减少数据传输和存储开销，提高可视化的效率和实时性。时序数据可视化是一种针对时间序列数据进行分析和展示的方法。它通常用于分析和预测具有时间相关性的数据，如气象数据、金融数据、生产数据等。时序数据可视化可以帮助用户发现数据中的趋势、周期性和异常变化，并进行有效的数据探索和决策支持。

常用的数据可视化工具有 Apache ECharts、Google Charts、Datawrapper、RAW 及 Infogram 等。Apache ECharts 是一个使用 TypeScript 实现的可视化图表库，前身是百度 ECharts。Apache ECharts 不仅内置了折线图、柱状图、散点图、热力图、线图、关系图、树状图及旭日图等丰富功能的图表，还提供了自定义系列的图表，实现自定义系列组件与已有交互组件的结合使用。最新的 Apache ECharts 5 着力增强了数据可视化的信息表达能力。例如，通过动态排序图和自定义系列动画，ECharts 提供了动态叙事功能。通过默认设计、标签、时间轴、提示框、仪表盘和扇形圆角，Apache ECharts 5 提供了更美观的视觉设计效果，图 6-32 所示为 ECharts 绘制的柱状图和饼图。

Google Charts 是由 Google 提供的一款免费的数据可视化工具，它基于 HTML5 技术，可以帮助用户快速创建各种类型的图表和图形，包括折线图、柱状图、饼图、散点图等。通过 Google Charts，用户可以利用简单的 JavaScript 代码将数据转换成可视化图表，轻松地嵌入到网页中。Google Charts 提供了丰富的功能和定制选项，可以满足不同用户的需求。用户可以自定义图表的样式、颜色、标签、动画效果等，以及添加交互功能，使得图表更加生动和易于理解。

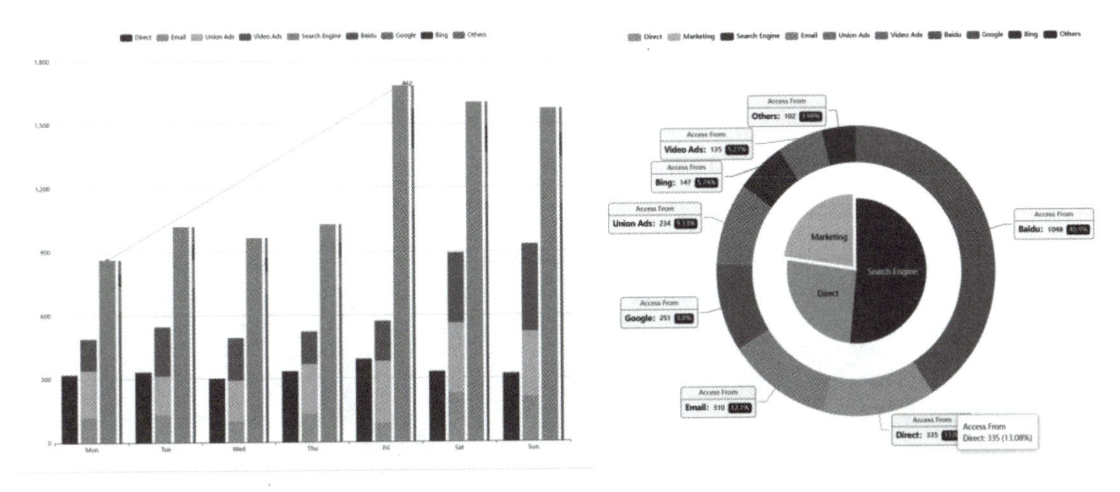

图 6-32　ECharts 绘制的柱状图和饼图

（3）工厂生产数据可视化应用　工厂生产数据的可视化主要应用在设备、物料、生产情况、产品质量、能源消耗等方面，图 6-33～图 6-38 为现有企业部署的部分可视化系统界面，通过数据可视化，工厂管理人员可以快速准确地了解生产情况，分析生产数据，发现问题和优化生产流程。

1）设备运行状态可视化（图 6-33）。设备运行状态可视化可以通过智能决策平台展示设备运行状态，如设备开关机状态、是否处于待料状态、整体产线的设备稼动率等信息。在智能决策平台上展示设备的实时数据，管理人员可以迅速发现设备的异常情况，及时做出决策。例如，当设备出现计划外的停机时，管理人员可以立即采取措施，检修设备或调整生产计划，以避免生产中断和损失。

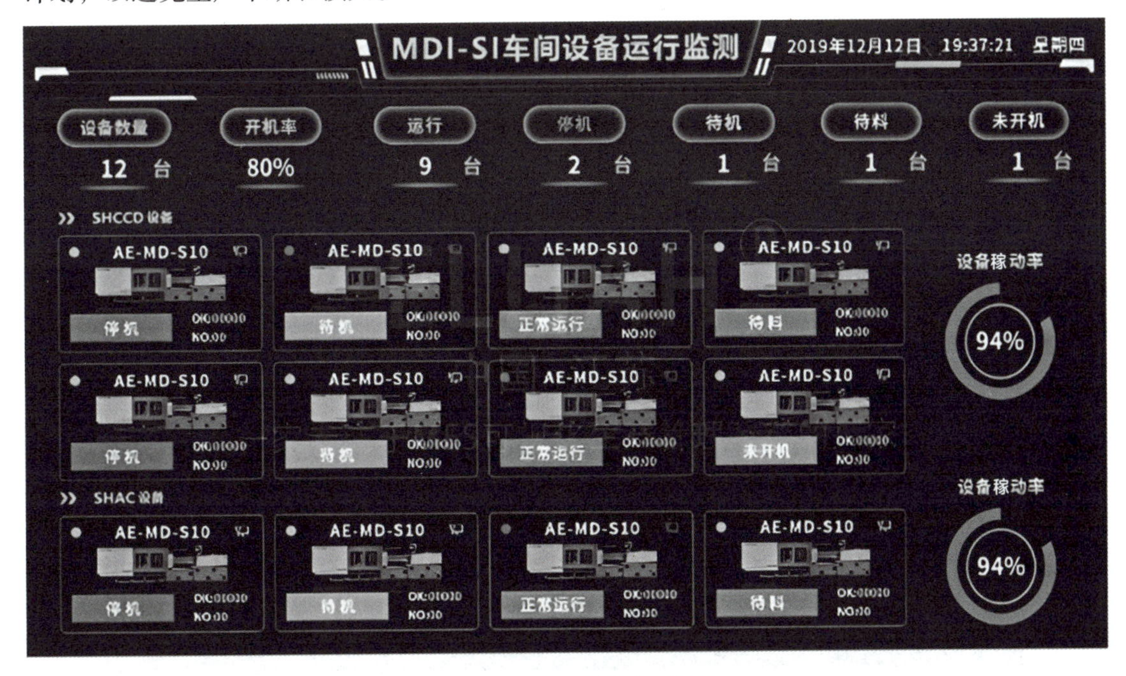

图 6-33　设备运行状态可视化

2）生产效率可视化（图 6-34）。生产效率可视化是指利用图表、图形等可视化方式展示与生产相关的数据和信息，帮助企业管理人员更直观地了解生产效率、监控生产过程，管理人员可以通过仪表盘或实时数据图表来查看设备综合效率（OEE）、工厂整体效率（OFE）、总体吞吐量效率（OTE）等关键指标，了解工厂运转效率情况，找到生产过程中的瓶颈和问题，优化生产流程。

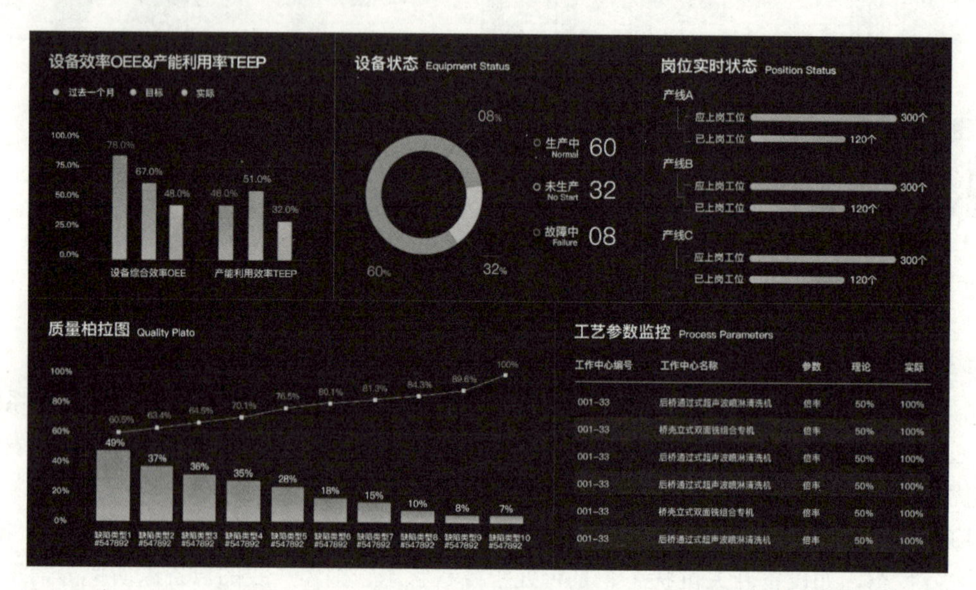

图 6-34　生产效率可视化

3）质量管理可视化（图 6-35）。质量管理可视化是指以图表等可视化的形式来展示质量管理过程、指标和结果，以便企业管理者和相关人员直观地了解和监控质量管理的情况，通过直方图、饼图等图表展示产品的合格率、不良率等质量指标，可以辅助分析不同产品批次、不同生产线的质量情况，及时发现质量问题，采取措施改进生产工艺、保证产品质量。

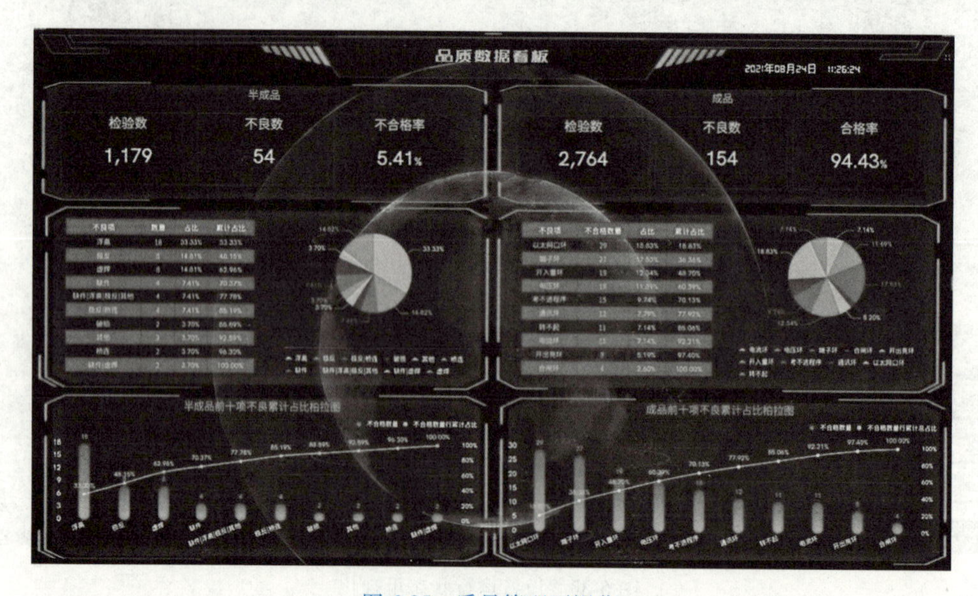

图 6-35　质量管理可视化

4）物料信息可视化（图 6-36）。物料信息可视化是通过展示与物料相关的数据和信息，帮助管理人员更直观地了解物料的状态、流动情况和利用情况，从而优化物料管理和提高生产效率。物料信息可视化可以通过仪表盘等展示物料库存情况。管理人员可以从看板获悉各种物料的实时库存量、入库、出库情况，通过直观的图表展示，管理人员可以及时了解物料的库存状况，预测库存需求，避免物料短缺或过剩，优化库存管理，降低库存成本。

今　明　后

仓库物料管理系统

2019年12月18日　11:25:30

库号	物料名称	物料代码	入库数	入库日期	出库数	出库日期	当前库存	物料状态
A-001	数码管	YSY-191217-SW	5000	2019-12-17 10:30	3000	2019-12-17 10:30	2000	正常
A-002	数码管	YSY-191217-SW	5000	2019-12-17 12:23	4500	2019-12-17 12:23	500	补料
A-003	数码管	YSY-191217-SW	5000	2019-12-17 12:23	4900	2019-12-17 12:23	100	缺料
B-001	数码管	YSY-191217-SW	5000	2019-12-17 12:23	3000	2019-12-17 12:23	2000	正常
B-002	数码管	YSY-191217-SW	5000	2019-12-17 12:23	3000	2019-12-17 12:23	2000	正常
B-003	数码管	YSY-191217-SW	5000	2019-12-17 12:23	3000	2019-12-17 12:23	2000	正常
B-004	数码管	YSY-191217-SW	5000	2019-12-17 12:23	3000	2019-12-17 12:23	2000	正常
B-005	数码管	YSY-191217-SW	5000	2019-12-17 12:23	3000	2019-12-17 12:23	2000	正常

入库数　40000
出库数　68.5%　27400
库存数　31.5%　12600

仓库当班人
联系电话

图 6-36　物料信息可视化

5）生产排程可视化（图 6-37）。生产排程可视化用于展示生产计划和排程信息，帮助企业生产管理人员更直观地了解生产进度、资源利用情况等，以优化生产排程、提高生产效率和降低生产成本。通过智能决策平台展示每个生产订单或工序的开始时间、结束时间和持续时间，清晰地展示生产进度和任务分配情况，帮助管理人员实时监控生产进度，及时调整生产计划，确保产品按时交付。

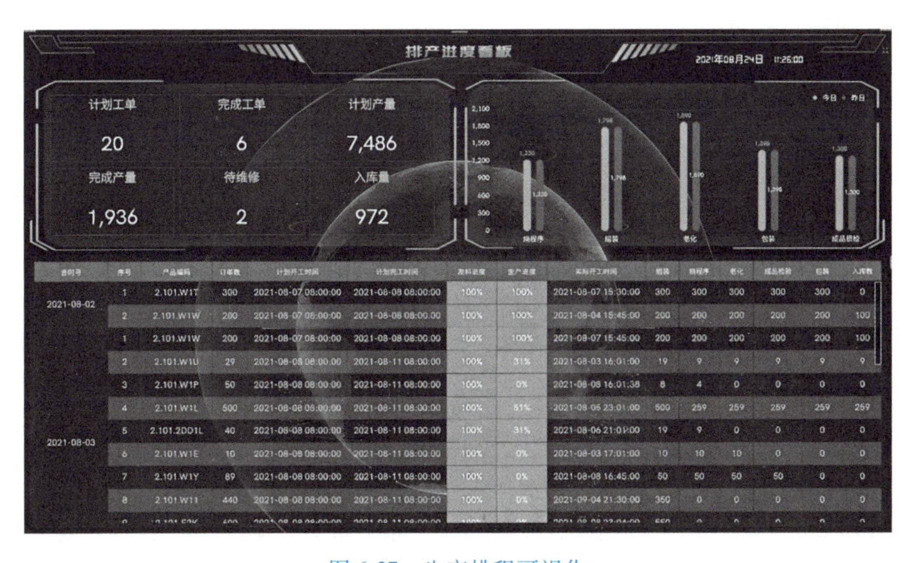

图 6-37　生产排程可视化

6）能源消耗可视化（图 6-38）。能源消耗可视化是指利用可视化技术和工具展示工厂的能源消耗情况，帮助管理人员更直观地了解能源使用情况、发现能源浪费和节能潜力，从而制定有效的节能措施，降低能源消耗和成本。

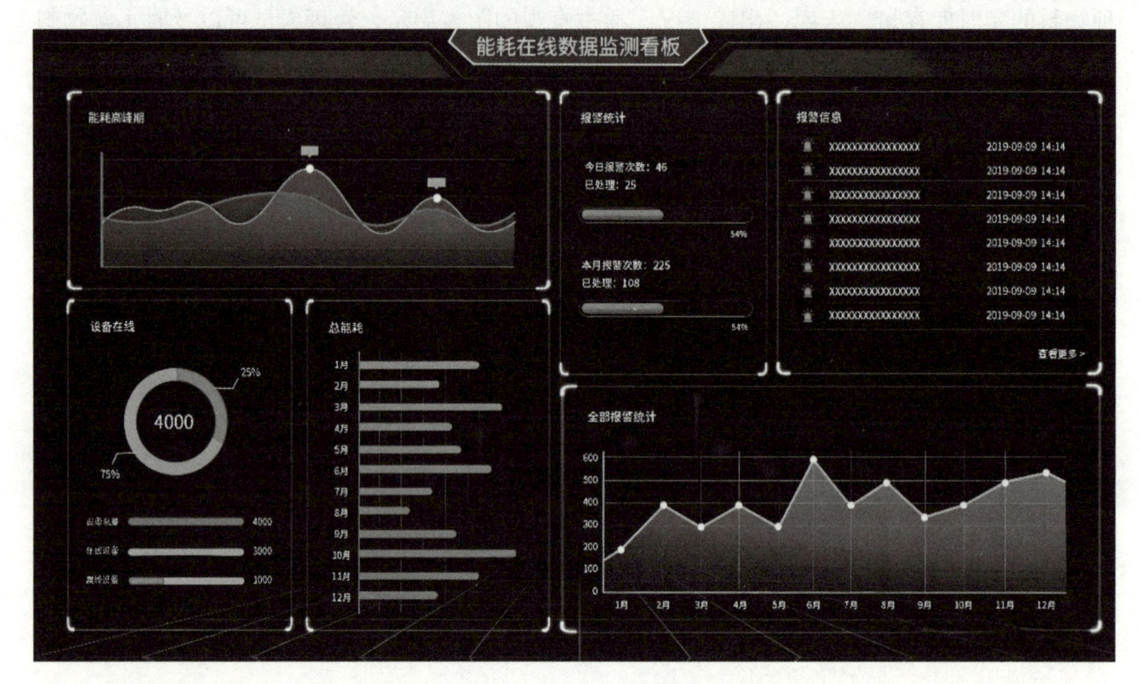

图 6-38　能源消耗可视化

常见的能源消耗可视化方式是能源消耗实时监控系统。通过安装传感器、智能电表等，将实时的能源消耗数据收集并显示在监控平台上，例如展示每个设备或系统的能源消耗情况、能源消耗趋势及预警信息。管理人员可以通过能源消耗实时监控系统随时查看能源消耗情况，发现异常情况并及时采取措施进行调整，以降低能源消耗和提高能源利用效率。

2. 智能决策过程可视化

（1）智能决策过程可视化的内涵　智能决策可视化是利用先进的可视化技术，将智能决策过程中使用的各种数据、模型、知识和推理等转化为直观、易于理解、可交互分析和控制的静态和动态画面的过程。通过可视化，决策者可以直观地了解数据特性、模型特征和推理机制，从而基于科学可靠的基础做出决策。在智能支持决策过程中，需要将决策者的知识经验和计算机系统相结合，了解系统的数据特性和决策方法。可视化界面能够提供正确的用户导向，帮助用户识别问题、选择模式、链接和触发模型。通过可视化方法了解历史数据趋势和当前外部数据变化，是做出正确决策的基础。因此，智能决策过程的可视化程度对其应用性和实用性起着决定性作用。

（2）智能决策过程可视化关键技术　在离散型制造智能工厂中，数字孪生技术在智能决策过程可视化中扮演着十分重要的角色。通过建立虚拟的数字化模型模拟现实生产过程，以便可视化展示生产状态、设备运行情况等关键信息，将实时监测生产数据并与模型进行对比，帮助管理人员直观了解生产情况并及时做出决策。此外，数字孪生技术还能利用数据驱动模型进行风险分析与预测，识别潜在风险并预测可能出现的故障，可视化展示风险热图、趋势预测等信息，帮助管理人员及时采取措施降低生产风险。通过优化生产过程，数字孪生技术可以模拟不同参数、方案的影响，找到最佳解决方案，并利用可视化展示不同方案的效果，帮助管理人员选择最佳决策，实现智能化决策，提高生产效率和质量，使管理人员能够更直观地理解信息，更准确地做出决策，从而推动企业发展和创新。

在智能决策中，人工智能和机器学习技术也起着至关重要的作用。人工智能技术通过模拟人类智能的思维过程，使计算机系统能够自动学习、推理和决策，从而在决策过程中提供更加智能化的支持。机器学习作为人工智能的一个重要分支，通过让计算机系统从数据中学习规律和模式，不断优化和改进自身的算法和模型，以实现更加精准的决策。

人工智能和机器学习技术可以帮助用户从大量的数据中提取有价值的信息，并将其转化为直观易懂的可视化图形。通过深度学习等技术，人工智能系统可以在海量数据中自动发现隐藏的模式和规律，帮助用户更好地理解数据之间的关系和趋势。同时，机器学习技术可以对数据进行分类、预测和优化，为决策者提供更准确和科学的决策支持。

人工智能和机器学习技术还可以实现数据的实时监控和动态更新，及时反映数据的变化和趋势，帮助决策者做出及时的决策调整。通过与智能决策系统的结合，人工智能和机器学习技术可以实现数据的智能分析和决策的智能推荐，提高决策的科学性和准确性。决策者可以根据可视化的数据结果，了解数据的含义和关系，更容易发现数据之间的规律和趋势，从而做出更加明智和有效的决策。

（3）离散型制造工厂多层级决策过程可视化应用　在离散型工厂中，智能决策过程可视化是一种重要的工具，可以帮助管理者实现数据的实时监控、智能分析和决策支持。智能决策贯穿了离散型制造全过程，从设备、产线、车间到工厂等不同层次，智能决策都发挥着重要作用。

在设备层次上，智能决策过程可视化技术可以帮助监测设备的运行状态、生产效率、故障预警等信息。通过传感器、监控系统等技术，设备的运行数据实时采集并以可视化形式展示出来，管理者可以直观地了解设备的运行情况。例如，设备的运行时间、产量、能耗等数据可以通过可视化图表展示，帮助管理者及时发现异常情况，进行设备调整和维护，从而提高设备利用率和生产效率。

从产线层次来看，离散型工厂通常由多条生产线组成，每条生产线负责不同的生产环节。在产线层次上，智能决策过程可视化技术可以帮助监控每条生产线的生产进度、质量指标、产量等信息。通过生产数据的实时采集和分析，管理者可以直观地了解每条生产线的生产情况。例如，生产线的生产速度、产品质量、故障率等数据可以通过可视化图表呈现，管理者可以及时调整生产计划、优化生产排程，以提高生产效率和降低生产成本。

从车间层次来看，离散型工厂的生产通常分布在多个车间中，每个车间负责不同的生产环节或工序。在车间层次上，智能决策过程可视化技术可以帮助监控车间的生产状况、人员配备、设备利用率等信息。通过车间数据的实时监控和分析，管理者可以直观地了解车间的生产效率和品质情况。例如，车间的生产产能、生产工时、物料库存等数据可以通过可视化图表展示，帮助管理者优化车间生产流程，提高生产效率和产品质量。

从工厂层次来看，工厂是离散型制造的核心，整合和协调设备、产线、车间等资源实现生产运营。工厂层次的智能决策过程可视化技术是对整个生产过程的综合监控和管理，通过整合各个层次的数据和信息，形成全局性的生产监控和决策支持系统，为管理者提供更加全面和深入的洞察。在工厂层次上，智能决策过程可视化技术可以帮助管理者实现以下几个方面的优化和提升：

1）生产计划与调度。智能决策过程可视化技术可以让管理者直观地了解整个工厂的生产情况，包括各个车间的生产进度、设备利用率、人员配备等信息。基于这些数据，管理者可以进行实时调度，合理分配生产资源，优化生产计划，提高生产效率。

2）质量管理。智能决策过程可视化技术可以帮助管理者监控产品质量数据，及时发现质量异常和问题。通过可视化图表展示产品质量数据的趋势和变化，管理者可以快速做出反应，解决质量问题，提高产品质量。

3）资源配置与成本控制。智能决策过程可视化技术可以帮助管理者直观地了解工厂的资源利用情况，包括设备故障、人力成本、能源消耗等信息。基于这些数据，管理者可以进行资源配置和成本控制，降低生产成本，提高生产效率。

4）预测分析与优化决策。智能决策过程可视化技术可以帮助管理者进行数据分析和预测，发现潜在问题和机会。通过机器学习算法和数据挖掘技术分析历史数据和实时数据，管理者可以预测生产趋势，制定合理的生产策略，优化决策过程。

智能决策在离散型工厂中发挥着重要作用，可以帮助管理者实现生产运营的优化和提升。通过可视化技术，管理者可以直观地了解工厂的生产情况，发现问题并做出调整，从而提高生产效率、降低成本、提升产品质量。随着人工智能和大数据技术的不断发展，离散型工厂将迎来更加智能化和数字化的生产模式，为工业生产带来新的发展机遇。

本章小结

离散型制造智能工厂的核心特征是数字化、智能化生产，这种数字化、智能化转型为离散型制造企业带来了巨大的机遇和挑战。数字化技术的发展使得企业能够实现生产过程的数字化建模，通过虚拟仿真技术预先模拟和优化生产流程，从而降低实际生产中的试错成本。不仅如此，数字化和智能化技术能够实现生产计划的智能优化，通过数据分析和算法优化，实现生产资源的合理配置和生产计划的最佳化，提高生产效率和降低成本。此外，数字化、智能化技术还能够实现生产过程的实时监测和控制，通过传感器和物联网技术实时采集生产数据，通过数据分析和人工智能技术实时监控生产过程，及时发现和解决问题，确保生产质量和效率。

离散型制造智能工厂的建设是离散型制造企业实现数字化转型和智能化升级的必然选择。随着市场竞争的日益激烈和消费需求的不断变化，传统的生产模式已经无法满足企业发展的需求。数字化转型和智能化升级成为企业提升竞争力和可持续发展的重要途径。通过引入先进技术和优化管理流程，离散型制造智能工厂能够实现高效、灵活和可持续的生产运营。数字化技术的应用不仅提高了生产效率和产品质量，还带来了更多的商业机会和增长空间。通过不断创新和改进，离散型制造智能工厂为企业的发展注入新的动力，推动企业实现可持续发展和长期成功。

思考题

1. 当前数字化和智能化技术在离散型制造企业的应用得到了快速的发展，那么数字化和智能化技术的实际应用实施过程存在哪些难点？如何去解决这些难点？

2. 引入智能化技术会给离散型制造企业带来哪些挑战和机会？如何去平衡这些挑战和机会？

3. 不同离散型制造企业之间差异化较大，怎么对智能工厂管理系统进行个性化改进？为适应不同的需求，可以从哪些方面进行改进？

4. 在高端装备离散型制造工厂中，如何利用机器学习和大数据技术实现对工厂能耗状况的实时预测？请考虑数据收集、特征提取、模型构建和评估等方面，并提出可能的优化策略。

5. 针对高端装备离散型制造工厂的生产流程，如何结合智能优化算法来提高生产效率和降低运营成本？请考虑生产调度、资源分配、质量管理等方面，并给出具体的实施步骤。

6. 在当下AI大模型的背景下，如何在离散型制造工厂智能决策中应用AI大模型，以实现自主决策？

7. 客户语义与需求分析对于离散型制造企业有什么应用价值？

8. 离散型制造工厂生产数据可视化可以实现什么效果？为实现更好的可视化呈现效果，有哪些关键指标？

参考文献

[1] 蒋明炜. 机械制造业智能工厂规划设计［M］. 北京：机械工业出版社，2017.

[2] 张礼立. 智能制造创新与转型之路［M］. 北京：机械工业出版社，2017.

[3] 应露瑶，戴闻杰，汪中亨. “工厂智能安全防护系统构建”系列连载之二：工厂智能安全防护系统构建之物理隔离方案［J］. 物流技术与应用，2023，28（7）：152-156.

[4] 应露瑶，戴闻杰，潘虹蜓. “工厂智能安全防护系统构建”系列连载之三：工厂智能安全防护系统构建之联锁保护方案［J］. 物流技术与应用，2023，28（9）：160-164.

[5] 应露瑶，戴闻杰，汪中亨. “工厂智能安全防护系统构建”系列连载之四：工厂智能安全防护系统构建之权限管理方案［J］. 物流技术与应用，2023，28（10）：194-198.

[6] 应露瑶，戴闻杰，汪中亨. “工厂智能安全防护系统构建”系列连载之五：工厂智能安全防护系统构建之安全预警方案［J］. 物流技术与应用，2023，28（11）：154-158.

[7] 白睿. 赋能质量体系演进　助力制造强国建设［J］. 质量与认证，2024（3）：75-77.

[8] 伍光灿. 工厂供电安全管理研究［J］. 机电信息，2013（21）：179-180.

[9] 薛皓文. 浅谈天然气生产运行中安全环保管理措施［J］. 清洗世界，2024，40（2）：193-195.

[10] 王宏志，梁志宇，李建中，等. 工业大数据分析综述：模型与算法［J］. 大数据，2018，4（5）：62-79.

[11] 杨建军，郭楠，韦莎. 物联网与智能制造 [M]. 北京：电子工业出版社，2020.
[12] QIU J，WU Q，DING G，et al. A survey of machine learning for big data processing [J]. EURASIP Journal on Advances in Signal Processing，2016 (1)：67.
[13] 陈国华，江惠民. 基于大数据的智慧工厂生产系统研究 [M]. 南京：南京大学出版社，2019.
[14] 白辛雨，杨朝雯，杨国朝，等. 基于大数据的智慧工厂制造优化技术 [J]. 电子技术与软件工程，2020 (12)：137-139.
[15] SONG L，ZHANG C H，ZHAO L，et al. Pre-trained large language models for industrial control [J]. arXiv preprint arXiv，2308，03028，2023.
[16] WU W，SHEN L，ZHAO Z，et al. Industrial IoT and long short-term memory network-enabled genetic indoor-tracking for factory logistics [J]. IEEE Transactions on Industrial Informatics，2022，18 (11)：7537-7548.
[17] 王衍虎，郭帅帅. 基于大语言模型的语义通信：现状，挑战与展望 [J]. 移动通信，2024，48 (2)：16-21.
[18] 蔡敏. 数字化工厂 [M]. 北京：清华大学出版社，2023.
[19] 周济，李培根. 智能制造导论 [M]. 北京：高等教育出版社，2021.
[20] 中国电子技术标准化研究院. 信息物理系统建设指南 (2020) [R/OL]. (2020-08-28) [2024-06-10]. https：//www. cesi. cn/202008/6748. html.
[21] 中国电子技术标准化研究院. 信息物理系统白皮书 (2017) [R/OL]. (2017-03-02) [2024-06-10]. https：//www. cesi. cn/201703/2251. html.
[22] 付晓燕. 基于物联网的工厂智能监控系统设计 [J]. 现代工业经济和信息化，2022，12 (8)：51-53.
[23] 方伟光，郭宇，黄少华，等. 大数据驱动的离散制造车间生产过程智能管控方法研究 [J]. 机械工程学报，2021，57 (20)：277-291.
[24] 徐炜，曾九孙，蔡晋辉. 离散制造业计划执行和控制方法 [J]. 组合机床与自动化加工技术，2018 (7)：93-96.
[25] KUSIAK A. Smart manufacturing must embrace big data [J]. Nature，2017，544 (7648)：23-25.
[26] BAO Y G，ZHANG X Y，WANG C J，et al. Further expansion from smart manufacturing system (SMS) to social smart manufacturing system (SSMS) based on industrial internet [J]. Computers & Industrial Engineering，2024，191：110119. 1-110119. 26.
[27] TAO F，QI Q，LIU A，et al. Data-driven smart manufacturing [J]. Journal of Manufacturing Systems，2018，48 (2)：157-169.
[28] KUSIAK A. Smart manufacturing [J]. International Journal of Production Research，2018，56 (1-2)：508-517.
[29] ZHONG R Y，XU X，KLOTZ E，et al. Intelligent manufacturing in the context of industry 4. 0：a review [J]. Engineering，2017，3 (5)：616-630.
[30] ZHOU L P，JIANG Z B，GENG N，et al. Production and operations management for intelligent manufacturing：a systematic literature review [J]. International Journal of Production Research，2022，60 (2)：808-846.
[31] WANG W，ZHANG Y，GU J，et al. A proactive manufacturing resources assignment method based on production performance prediction for the smart factory [J]. IEEE Transactions on Industrial Informatics，2021，18 (1)：46-55.
[32] WANG B，TAO F，FENG X，et al. Smart manufacturing and intelligent manufacturing：a comparative review [J]. Engineering，2021，7 (6)：738-757.

[33] 张洁，汪俊亮，吕佑龙，等. 大数据驱动的智能制造［J］. 中国机械工程，2019，30（2）：127-133.
[34] SCHUH G，REUTER C，PROTE J P，et al. Increasing data integrity for improving decision making in production planning and control［J］. CIRP Annals，2017，66（1）：425-428.
[35] 郝青松，卢冬晖，谭奥成，等. 产品订单分析与需求预测［J］. 数学建模及其应用，2023，12（4）：84-94.
[36] WU X，HONG Z X，FENG Y X，et al. A semantic analysis-driven customer requirements mining method for product conceptual design［J］. Scientific Reports，2022，12（1）：10139.
[37] 栗仕强，臧阳阳，梁昭磊，等. 产品制造过程质量数据集构建流程与方法［J］. 制造业自动化，2022，44（7）：46-49.
[38] 王子烨，邱枫，刘治红，等. 基于实时数据采存分析的数字孪生车间研究及实现［J］. 兵工自动化，2023，42（12）：34-37.
[39] 戚浩，李晓月，陶强，等. 数字孪生驱动的机械工艺系统研究进展［J/OL］.（2023-09-07）［2024-03-27］. http：//kns. cnki. net/kcms/detail/11. 1929. V. 20230906. 1127. 010. html.
[40] 李新宇，李昭甫，高亮. 离散制造行业数字化转型与智能化升级路径研究［J］. 中国工程科学，2022，24（2）：64-74.
[41] 程运建. 物联网与智能制造融合系统在锂电池安全生产中的应用分析［J］. 中国机械，2023（33）：57-60.
[42] 陈水侠，刘勤明，李佳翔. 需求随机波动下多设备批量生产系统的视情维护策略研究［J］. 计算机应用研究，2022，39（12）：3713-3719.

7

第7章

离散型制造智能物流

章知识图谱

随着制造业的发展和技术的进步，离散型制造领域面临着越来越多的挑战和机遇。在现代制造业中，物流作为连接生产各个环节的重要纽带，对于提高生产效率、降低成本、增强竞争力具有至关重要的作用。随着市场对产品个性化需求的不断增长，以及供应链的复杂性日益加深，离散型制造企业在物流管理方面面临诸多挑战。传统的物流管理方式已经难以满足快速变化的市场需求和生产环境的复杂性。因此，引入智能物流技术成为提升离散型制造业竞争力的必然选择。本章将探讨离散型制造智能物流的概念、关键技术以及应用实践，旨在引领读者深入了解离散型制造物流领域的发展现状和未来趋势。

7.1 离散型制造的材料仓储控制

离散型制造的材料仓储控制是指在离散型制造过程中，对原材料、半成品和成品等物料的仓储和管理进行控制和优化。它涉及材料的入库、出库、库存管理、材料生产调控以及仓储监控分析等方面。

离散型制造进行材料仓储控制是为了确保生产的连续性和稳定性，控制库存成本，提高供应链效率，降低风险和错误率。通过仓储控制，企业可以确保所需的材料及时到达生产线，避免生产线因为材料短缺而停工或延误；同时，合理的库存管理策略可以减少库存积压，降低库存成本；优化材料的供应和调配可以缩短供应链的响应时间，提高供应链的灵活性和适应能力；严格的仓储管理和监控可以减少材料损失和错误率，提高生产质量和可靠性。综上所述，材料仓储控制是离散型制造的重要环节，有助于提升生产效率、降低成本，并保持企业的竞争力。

7.1.1 库存管理优化

库存管理优化是通过合理的策略和方法，对库存进行管理，以实现最佳的库存水平和成本效益。它的重要性在于可以帮助企业减少库存成本、降低库存风险，并提高供应链的灵活性和响应能力。通过准确的需求预测、合理设置安全库存、实现供应链协同、优化库存周转率以及分析和优化等措施，离散型制造企业能够提升生产效率、降低成本，并确保及时满足客户需求，从而增强竞争力和获得更好的经济效益。

1. 库存数据整合

离散型制造的材料仓储控制中，库存数据整合具有重要意义。它指的是将分散的库存数据集中整合，形成统一的库存管理系统或平台，以便实时监控和管理企业的库存情况。这样的整合有以下几个重要性：

1）库存数据整合可以提供全面的库存视图和准确的库存信息。通过集中管理和整合库存数据，企业可以获得实时的库存状态、数量、位置和价值等信息，从而具备全面的库存视图。这有助于企业更好地了解库存情况，进行有效的库存分析和决策。

2）库存数据整合可以提高数据的准确性和一致性。通过集中整合库存数据，可以减少数据输入、输出和传递过程中的错误和重复，避免因数据不一致而导致的库存管理混乱和错误。准确和一致的库存数据可以提供可靠的依据，支持企业的库存规划和决策。

3）库存数据整合可以实现库存管理的自动化和优化。通过整合库存数据，可以实现自动化的库存监控、预警和调配。基于整合的库存数据，企业可以利用先进的算法和工具进行库存优化，以实现最佳的库存水平、降低库存风险和成本。

库存数据整合为企业提供了更好的业务集成和决策支持。通过与其他业务系统（如采购、销售和生产系统）的数据整合，可以实现跨部门和跨系统的数据共享和协同，提高业务流程的集成性和效率。同时，基于整合的库存数据，可以提供准确的商业智能和报表，为企业决策提供有力支持。

要实现库存数据的整合，离散型制造企业可以采用信息技术系统，将不同来源和部门的库存数据进行集成和统一管理。同时，确保数据的准确性和一致性，建立良好的数据采集、处理和更新机制，以确保库存数据整合的有效性和可靠性。

随着现代工业 4.0 和数字化转型的迅速发展，供应链与物流行业面临着前所未有的挑战与机遇。为满足消费者对物流快速、准确及透明化的需求，仓储管理必须采用先进的技术来提升效率及响应速度，在此介绍一种基于射频识别（RFID）技术的自动化及智能化仓储的方法。RFID 技术在航天、物流、装备等智能仓储及库存管理方面展现出了巨大的优势，其优于传统的条形码或手工系统能够实时、准确地获取并分析仓储数据，为企业提供决策信息。目前，基于 RFID 的智能仓储管理系统，实现了自动化、智能化出入库管理，显著提升了效益，将其与现有的仓储系统有效集成，能更好地实现技术管理，是未来研究的重点。RFID 的基本原理和功能如下：

射频识别是一种无线通信技术，通过无线电信号识别特定目标并读写相关数据，无须建立机械或光学接触。射频识别系统主要由三部分组成，即 RFID 电子标签、RFID 读写器和中央信息处理系统，它们通过耦合元件实现无接触的射频信号耦合，并在耦合通道内传递能量及交换数据，如图 7-1 所示。

RFID 电子标签包含一个小型的射频芯片和一个天线，芯片用于存储与该标签相关的特定信息，如产品 ID、序列号等，这些标签可以是被动的、有源的或半主动的。被动标签没有内部电源，由读写器的射频（RF）信号激活。有源标签有自己的电源，可以主动发送信号。半主动标签结合了这两种属性，由于 RFID 使用无线电波进行通信，因此需考虑物理环境和其他电磁设备的干扰。为了确保数据的准确传输，RFID 技术必须考虑并克服这些干扰。读写器是一种用于读取和写入电子标签内存信息的设备，由射频模块、控制处理模块和天线三部分组成，通过无线通信与电子标签进行交互，连接中央信息处理系统，进行数据存储和管理。

读写器通过天线发送一个无线电波信号，激活附近的 RFID 标签，一旦标签被激活就会回传存储到射频芯片中的信息，读写器接收到标签信号，将其传送到中央处理系统进行处理分析。此系统可与其他应用或管理系统（如仓储管理系统或供应链管理系统）集成。RFID 标签可在不同的频率下工作，如低频（LF）、高频（HF）及超高频（UHF）。不同的频率有其特定的应用、传输距离及能量需求。

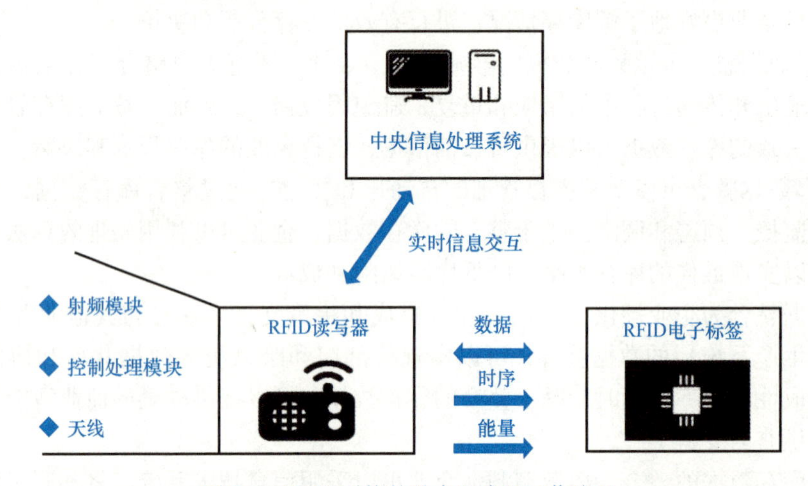

图 7-1　RFID 系统的基本组成和工作流程

在智能仓储系统中，传统的人工管理、条形码技术及 RFID 技术各具优势，但 RFID 技术的优势更为突出。RFID 技术具有自动化优势，传统的人工管理需要大量的人力投入来执行库存跟踪、出入库操作及物品追踪，而 RFID 技术能够自动完成这些任务，不仅提高了效率，还减少了人为错误的可能性。与条形码技术相比，RFID 技术在数据收集速度及准确性方面更出色。条形码需要一个接一个地扫描，而 RFID 可同时读取多个标签，实现了更快速的数据获取。RFID 标签不需要直接对准读写器，可在不同方向和位置读取，提高了数据的准确性及可靠性。RFID 技术可实时监控并进行物品追踪定位。传统的人工管理和条形码技术难以实时监控库存水平或追踪物品的准确位置。RFID 技术能够提供即时、精确的库存信息和物品定位，帮助管理人员快速响应需求变化。RFID 具有防盗和安全管理优势，可提高仓库安全性。

RFID 技术在智能仓储系统中具有明显的应用优势，如自动化、数据准确性、实时监控、安全管理及库存优化，可为仓储管理带来高效、智能、可持续的解决方案，是未来智能仓储系统的关键技术。

2. 库存管理

离散型制造的材料仓储控制中，库存管理指的是对材料库存进行有效的监控、调配和优化，以确保生产连续性、降低成本、提高供应链效率和减少风险。首先，库存管理可以确保生产连续性。通过合理的库存管理，企业可以确保所需的材料及时到达生产线，避免因材料短缺而导致的生产线停工或延误。这有助于保持生产的连续性，满足客户需求，维持企业的声誉和竞争力。其次，库存管理可以降低库存成本。过高的库存水平会导致资金占用、仓储费用和物料过期损失等成本增加。通过合理的库存管理策略，如安全库存设置、优化订货策略和库存周转率管理，企业可以降低库存水平，减少库存成本，提高资金利用效率。再次，库存管理可以提高供应链效率。通过优化材料的供应和调配，企业可以缩短供应链的响应时间，降低物流成本，并提高供应链的灵活性和适应能力。最后，良好的库存管理有助于减少库存积压、准确预测需求、优化供应计划，并与供应商和分销商建立紧密的合作关系。

要进行库存管理，企业可以采用合适的库存管理方法和工具，如 ABC 分类法、定期盘点法、先进的计划与调度系统等。同时，建立清晰的库存管理政策和流程，加强供应链合作与协同，利用信息技术系统来支持库存数据的监控、分析和决策。通过有效的库存管理，企业可以提高生产效率、降低成本，并保持竞争优势。

公司库存管理方面存在以下两个问题：①库存水平偏高：为保证产线不缺料，库房订货量常常超出实际用量，由于需求层级放大出现“牛鞭效应”，导致库房的库存水平高、资金占用量大；②物料缺货情况频发：企业物料管理水平有待提高，部分物料库存满足率较低，产线缺料的现象有时会发生。分析其原因主要是公司对提前期较长的物料采用单一的库存管理办法，缺乏对原材料需求特点、采购特点的分析与分类，缺乏对不同类型原材料的库存管理的针对性。

因此为了解决此类问题，可以利用上述 RFID 技术在库存控制方面的应用，在每个物品上附加 RFID 标签来实现实时库存跟踪。RFID 读写器可快速扫描标签，记录物品的类型、数量及位置等信息。仓库管理人员通过 RFID 系统实时监控库存水平，了解库存的准确状态，避免库存缺货或过剩。传统的库存盘点通常需要耗费大量的时间和人力资源，利用 RFID 技术可实现自动化库存盘点。使用 RFID 读写器，可快速扫描整个仓库中的 RFID 标签，准确记录每个物品的数量和位置，大大提高盘点效率及准确性，减少盘点过程中的人为错误。RFID 技术可用于防止库存丢失和盗窃。将 RFID 标签与安全装置相结合，可实现对库存的实时监控。当有未经授权的物品离开仓库时，RFID 系统会立即发出警报，提醒仓库管理人员采取相应的措施，从而有效防止库存丢失和盗窃。利用 RFID 技术可实现库存优化及补货管理。通过实时监测库存水平和销售情况，及时了解哪些物品需要补货及需要补充的数量，避免库存过多或过少，提高库存管理效率，加强成本控制。

此外，在离散型制造智能物流大型仓库中，快速定位和检索特定物品是重要的任务。利用 RFID 技术可准确追踪每个物品的位置。当需要某个物品时，RFID 系统可提供物品的准确位置信息，实现高效、准确的定位及检索。将电子标签附加到叉车、AGV（自动导引车）等设备上，可实现仓库物品定位和导航，有助于提高仓库操作的精确性及效率，减少潜在的碰撞和误操作。

如图 7-2 所示，针对无源电子标签设计了一种圆形天线方案，产生随时间变化的磁场，可匹配各种形式的电子标签，防止电子标签的出入库信息丢失，通过 3 个读写器的空间部署来保证货物在出入仓库时均处于无线射频的覆盖范围，从而保证仓储系统的正常运行。

相对于人工仓储管理，基于 RFID 的智能化仓储管理系统在一定程度上提高了仓储系统的单位时间吞吐量，在出入库时间上，相对于人工管理提高达 40% 以上，有效提高了仓储系统效率。

基于 RFID 的仓储自动化与智能化技术在仓储管理中具有广阔的应用前景。利用 RFID 技术可实现库存跟踪与管理、入库及出库管理、路径优化与物流调度、防盗与安全管理以及仓库布局和空间利用优化，提高仓储效率、准确性及安全性，为物流和供应链管理提供有力支持。

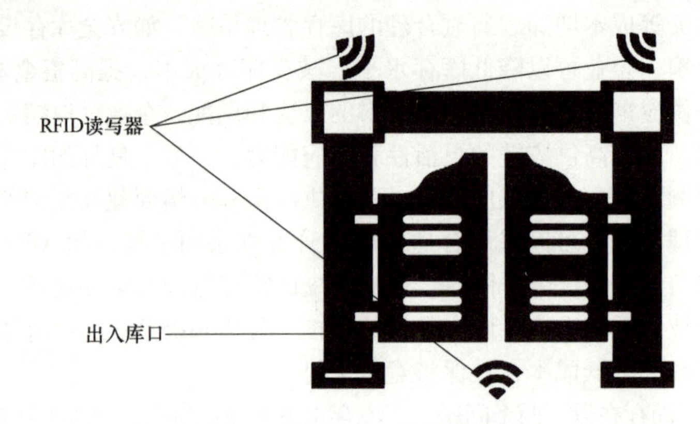

图 7-2　仓库出入口读写器设置

3. 智能库存优化

离散型制造的材料仓储控制中，智能库存优化是指利用先进的技术和算法，对库存进行智能化管理和优化的过程。它包括基于数据分析和预测算法的库存需求预测、库存水平优化、补货策略优化以及库存调配和配送的智能决策。智能库存优化的意义在于提高库存管理的效率和准确性，降低库存成本，优化供应链的流程和响应能力，以及降低风险和提升决策质量。

通过智能库存优化提高物流仓储管理水平，库存分布优化是降低运输和储存成本的重要手段。不均衡的库存分布可能会导致运输成本增加、储存费用上涨、货物直通时间延长，从而影响客户满意度并可能错失销售机会。为解决这些问题，可以采取以下措施：第一，引入企业资源规划（ERP）或供应链管理（SCM）系统等先进的库存管理系统，实时监控并预测客户需求，进行精准的库存管理，指导物流调度，这一手段可以有效管理库存流动，确保库存在各地点的均衡分布；第二，强化管理与运营之间的协同工作，制定有效的内部沟通机制，这一策略可以确保信息的及时传递和准确理解，通过信息和数据共享，准确判断市场需求并及时调整库存分布；第三，创建多点储备策略，物流企业应综合考虑市场需求和物流成本，在全国范围内设立多个储备中心，构建分布式的库存体系，以降低运输成本、提高货物交付速度，从而提升客户满意度。

提高仓库利用率以减少资源浪费，低效的仓库利用率可能会导致资金浪费、设备和设施成本上升、运营效率降低，以及存储费用增加，这一系列后果都可能对供应链效率产生负面影响。离散型制造物流企业可以通过以下策略来提高仓库利用率。第一，通过优化仓库设计和管理来提高空间利用效率。例如，改善仓库布局和货物分类管理，采用如 ABC 分类法等策略，将需求量大的产品放在便于取用的位置。此外，保持仓库的清洁和有序，并采用科学的货位管理及物料搬运方法，以进一步提高仓库利用率。第二，引入自动存储和检索系统（AS/RS）与无人叉车等自动化、智能化技术可以降低人工成本，减少错误的发生，提高仓库操作效率。同时，利用物联网、大数据等技术，实现对仓库运营的实时监控和智能决策，以进一步提升仓库利用率。第三，实行灵活的仓库租赁策略，如按需租赁或短期租赁，可以应对业务的不确定性，避免仓库长期闲置造成资源浪费。这种策略可以使仓库利用率达到最大，从而提高物流企业的经营效率和盈利能力。

7.1.2　材料生产调控

离散型制造中的材料生产调控是指通过合理的规划、控制和监控，对材料生产过程进行管理和调节的过程。它涵盖了从原材料采购到生产加工，再到最终产品的制造全过程。材料生产调控的目标是实现生产计划的准时交付，确保生产过程的高效运行，优化资源利用，提高产品质量，并适应市场需求的变化。

材料生产调控是离散型制造中关键的管理活动之一，它涉及整个生产过程中的供需配给、生产计划调控、智能仓储管理等方面。

1. 供需配给

在离散型制造企业的材料生产调控中，供需配给是指在生产过程中，根据材料需求和供应的情况，进行合理的资源分配和协调，以实现供需之间的平衡。

供需配给的平衡实现需要考虑以下几个方面：

（1）需求预测与计划　准确的需求预测是供需配给平衡的基础。通过分析市场需求、历史销售数据等信息，进行需求预测并相应地制订生产计划。这有助于明确所需材料的种类、数量和交付时间，为供需配给提供依据。

（2）供应链管理　供应链管理涉及与供应商的合作和协调。与供应商建立良好的合作关系，确保供应商能够按时交付所需材料，同时进行供应链可视化和信息共享，以便及时调整供应计划和配给。

（3）库存管理　库存管理对于供需配给的平衡至关重要。通过合理的库存控制和优化，确保所需材料的存货水平满足生产需求，同时避免库存过高或过低。库存管理需要综合考虑需求波动、供应不确定性和库存成本等因素，以保持供需平衡。

（4）生产调度与优化　通过合理的生产调度和优化，确保生产线的平稳运行和资源的合理利用。通过优化生产流程、提高设备利用率、减少生产等待时间等手段，实现供需之间的匹配和平衡。

（5）协同沟通与信息共享　供需配给平衡需要各个环节之间的协同沟通和信息共享。及时的沟通和信息共享能够帮助各方了解需求和供应的变化，以便及时调整配给计划和资源分配。

实现供需配给之间的平衡需要综合考虑需求预测与计划、供应链管理、库存管理、生产调度与优化等因素，并通过协同沟通和信息共享来实现各环节之间的协调和平衡。通过精细的调控和科学的管理，企业可以实现材料生产过程中的供需平衡，提高生产效率和产品质量，降低成本，并满足客户需求。

2. 生产计划调控

材料生产调控中的生产计划调控是指通过制订、监控和调整生产计划，以实现生产过程的有效管理和优化。它包括制订合理的生产计划，监控生产进度和生产数据，根据需求变化进行调整和优化，并通过协调和沟通确保生产计划与市场需求的匹配，以提高生产效率、降低成本，并满足客户需求。

生产计划调控的第一步是制订合理的生产计划。这需要综合考虑市场需求、销售预测、资源可用性以及生产能力等因素。通过合理的计划制订，可以确保生产计划与市场需求相匹配，避免生产过剩或缺货的情况。生产计划调控也需要对生产进度进行实时监控。通过采集和分析生产数据，包括生产数量、生产速度、设备利用率等指标，可以了解生产进展情况，并及时发现潜在的问题或延迟。这有助于保持生产进度与计划的一致，并及时采取措施进行调整。其次，市场需求和生产环境都是动态变化的，因此生产计划调控需要及时进行调整和优化。根据需求变化和生产实际情况，可以对生产计划进行灵活调整，包括调整生产顺序、资源分配、工艺流程等，以适应变化，并优化生产效率和质量。此外，生产计划调控需要各个部门之间的协同合作和信息共享。通过建立良好的沟通渠道和信息系统，可以实现及时的协调和信息共享，促进各环节之间的协同作业，避免信息断层和误解，提高生产计划的准确性和执行效率。通过以上的措施和方法，生产计划调控可以确保生产过程的有效管理和优化，实现生产计划与市场需求的匹配，提高生产效率、降低成本，并满足客户需求。

生产计划调控也要对仓库采购进行预测，可采用基于库存 AI 技术的智慧物流仓库采购预测系统架构，如图 7-3 所示。

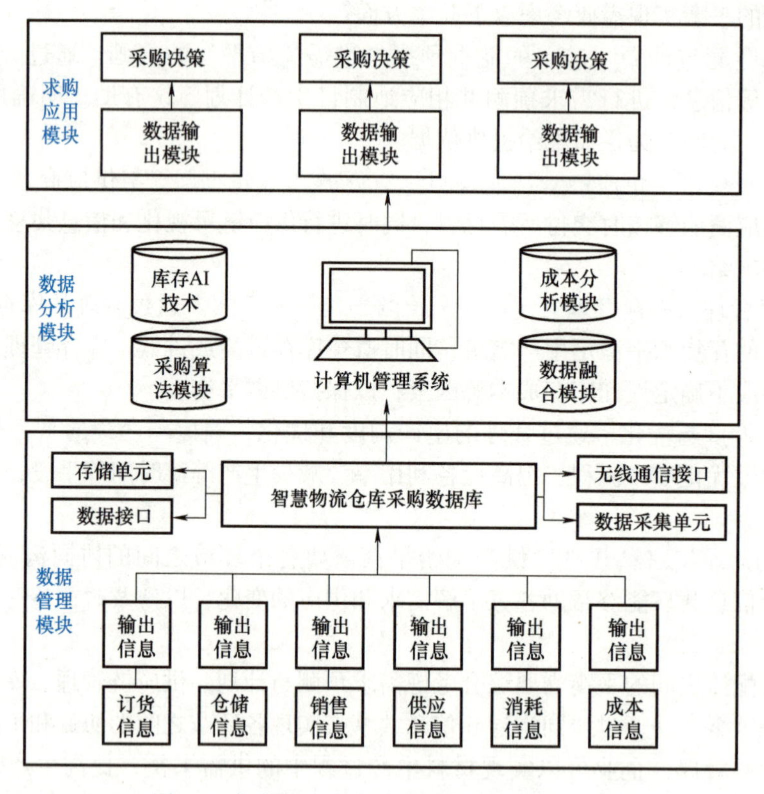

图 7-3　智慧物流仓库采购预测系统架构示意

在图 7-3 所示的方案中，库存 AI 技术使智慧物流仓库采购预测系统架构包括数据管理模块、数据分析模块和求购应用模块。数据管理模块主要包括采购信息数据的采集，通常通过在订货信息、仓储信息、销售信息、供应信息、消耗信息及成本信息等综合数据信息中获取物流仓储信息，由于数据种类繁多，可以应用数据融合模块实现数据的融合，采用库存 AI 技术来实现智慧化物流可更好地调节供给和需求两端的平衡问题。在数据分析模块中，采用采购供需分析方法通过定性和定量分析相结合的方法进行研究，通过对物品供给端的生产产能数据进行预测，并针对物品的不同性质和需求端的销售预测数据分析、仓储园区的最优化决策模型、供应需求端的调控、门店和供应商共享库存等4个方面进行设计。利用“以销定储”的采购策略来设计智能仓储和采购方案，或通过预测各种商品未来的销售情况和仓库储备能力来设计采购方案。在求购应用模块中，设置了数据输出模块和求购应用需求分析数学模型，将供求关系通过数学表达式的方法表示出来，将宏观的数据转化为微观数据分析，根据采购供需分析方法计算的结果实现求购信息的输出，供求购决策者应用。

在离散型制造智能物流中，材料仓储控制可实现生产计划调控，因此应根据生产计划和材料需求，合理规划和优化仓储布局。将常用的材料放置在易于取用和操作的位置，以减少物料的寻找时间和处理时间，提高物料的流转效率。这就需要智能仓储管理的参与。

3. 智能仓储管理

智能仓储管理是指运用先进的技术和系统，对材料仓储进行智能化、自动化的管理和控制。它结合物联网、自动化设备、传感器、大数据分析等技术，实现对仓储作业的监控、优化和调度，以提高仓储效率、准确性和可靠性。

随着智能时代的到来，传统仓库效率低、浪费大、管理难等问题越发突出。即使企业有完善的库存管理系统的组织结构，缺货、爆仓等情况也时有发生。因此，智能仓库的规划管理成为仓库转型的主流方向，库存管理更加依赖以自动化和人工智能技术为核心的智能仓库。仓库的管理已经成为供应链运营的核心命脉。长期以来，虽然企业在不断地完善库存管理系统的组织结构，但传统仓库仍然存在效率低下、规划不明、缺乏时效性等诸多问题。

近年来，随着自动化和人工智能技术的不断发展，传统仓库的管理也迎来了智能化转型的契机。目前，我国正处于仓库管理升级的阶段（由机械化向信息化与智能化不断升级）。所谓智能仓库，其实是多套智能化设备和系统的集成，如自动化立体仓库、立体货架、高速分拣系统、出入库输送系统、物流机器人系统、信息识别系统、自动控制系统、计算机监控系统及其他辅助设备。

基于各个离散型制造企业的情况，企业推进智能仓库升级的手段各有不同。但究其本质，智能仓库的规划目标有以下五个方面：

（1）高度智能化　智能化是智能时代下的智能仓库最显著的特征。智能仓库绝不只是自动化，更不局限于存储、输送、分拣等作业环节，而是仓储全流程的智能化，包括应用大量的机器人、RFID标签、MES、WMS等智能化设备与软件，以及物联网、人工智能、云计算等技术。

（2）完全数字化　新零售时代的一个突出特征就是海量的个性化需求，如果要对这些需求进行快速响应，就需要实现完全的数字化管理，将仓储与物流、制造、销售等供应链环节结合，在智慧供应链的框架体系下，实现仓储网络全透明的实时控制。

（3）仓储信息化　无论是智能化还是数字化，其基础都是仓储信息化的实现，而这也离不开强大的信息系统的支持。

1）互联互通。如果要信息系统有效运作，就要将之与更多的设备、系统互联互通，以实现各环节信息的无缝对接，尤其是WMS、MES等，从而确保供应链的流畅运作。

2）安全准确。在网络全透明和实时控制的仓储环节中，想要推动仓储信息化的发展，就要依托信息物理系统（CPS）、大数据等技术，解决数据的安全性和准确性问题。

（4）布局网络化　在仓储信息化与智能化的过程中，任何设备或系统都不再孤立地运行，而是通过物联网、互联网技术智能地连接在一起，在全方位、全局化的连接下，形成一个覆盖整个仓储环境的网络，并能够与外部网络无缝对接。基于这样的网络化布局，仓储系统可以与整个供应链快速地进行信息交换，并实现自主决策，从而确保整个系统的高效率运转。

（5）仓储柔性化　在“大规模定制”的新零售时代，柔性化构成了制造企业的核心竞争力。只有依靠更强的柔性能力，企业才能应对高度个性化的需求，并缩短产品创新周期、加快生产制造节奏。而企业想要将这一竞争力传导至市场终端，同样需要仓储环节的柔性能力作为支撑。仓储管理必须根据上下游的个性化需求进行灵活调整，扮演好“商品配送服务中心”的角色。

通过智能仓储管理，离散型制造企业可以实现仓储作业的自动化、智能化和高效化，提高物料流转效率、减少人为错误和损失，并优化生产计划调控，提升整体供应链的灵活性和竞争力。

7.1.3　仓储监控分析

在离散型制造智能物流中，仓储监控分析是指对材料仓储过程和数据进行实时监控和分析，以获取关键指标、识别问题和优化仓储操作的过程。

仓储监控分析的主要目标是实时跟踪仓储活动，确保仓储流程的顺利进行，并提供数据支持，以优化仓储管理和决策。

1. 实时监控

实时监控是指对仓储活动和相关数据进行连续、即时的监测和记录，以实现对仓储过程的实时掌握和反馈。设计实时监控通常涉及以下几个方面：

（1）仓储设备监测　通过传感器、监控摄像头等设备，实时监测仓储设备的状态和运行情况。例如，监测货架的负载、机器人的运行状态、自动存储和检索系统的操作等。

（2）库存监控　实时监测仓库内的库存状况，包括库存数量、货物位置、货架利用率等。通过实时更新的库存信息，可以及时了解库存水平，避免库存过高或过低的情况。

（3）操作监控　监测仓储操作的执行情况。例如，入库、出库、拣选等操作的开始时间、完成时间和准确性。通过实时监控操作的执行情况，可以及时发现操作异常或错误，并采取纠正措施。

（4）环境监测　监测仓储环境的温度、湿度、气体浓度等参数。特别是对于需要特殊环境条件的物料，实时监测环境参数可以确保物料的质量和安全。

（5）异常监测和报警　通过设定阈值和规则，实时监测仓储活动中的异常情况，并触发相应的报警。例如，货物短缺、库存偏差、设备故障等。及时的异常报警可以帮助管理人员快速响应并采取适当的措施。

实时监控可以通过物联网技术、传感器、实时数据采集和处理系统等实现。通过实时监控，离散型制造企业可以及时掌握仓储活动的动态情况，发现问题并迅速采取措施，提高仓储效率、准确性和安全性。同时，实时监控也可为管理人员提供及时的数据和指标，支持决策和优化仓储流程。传统生产过程中，往往是出现错误结果后再去处理。而在这里能够实现预警功能，一旦预测到可能出现的错误，就在事情发生之前去处理。智能生产的要求非常复杂，监控也是处在动态波动中的，灵活监控需要适应实际变化。

2. 预测性分析

在离散型智能制造企业中，根据材料仓储实时监控系统得到预测性分析是指利用历史数据和先进的分析技术，对未来的仓储需求、库存水平、仓储活动等进行预测和分析的过程。

预测性分析的主要目标是基于过去的数据和模式，寻找趋势和模式，预测未来的仓储情况，并提供决策支持和优化建议。通过实时监控得到的预测性分析可以采用时间序列分析、预测模型、数据挖掘、智能算法等方法，结合人工智能和优化算法，利用实时监控数据，进行实时的仓储需求预测和优化。

通过实时监控数据的采集和分析，可以起到以下作用：

（1）实时预警　基于实时监控数据的分析结果，可以及时发现仓储活动中的异常情况和潜在问题，并触发预警机制。这有助于及早采取纠正措施，避免潜在的仓储风险和延误。

（2）及时调整　通过实时监控和预测性分析，可以实时了解未来的仓储需求和库存水平，以及仓储活动的变化趋势。这使得企业能够及时调整仓储资源、库存策略和运输计划，以适应需求的变化。

（3）优化决策　基于实时监控和预测性分析的结果，管理人员可以做出更准确的决策，包括仓储设备的调度、库存的采购和分配、人员的调配等。这有助于提高仓储效率、降低成本，并提供更好的客户服务。

（4）持续改进　通过实时监控和预测性分析，不断收集和分析仓储数据，可以发现仓储流程中的改进机会和潜在问题。这有助于持续改进仓储操作和管理，提高整体物流效果和竞争力。

综上所述，通过实时监控得到的预测性分析可以帮助离散型制造企业实现精细化的仓储控制和管理，提高仓储效率、准确性和灵活性，以应对不断变化的市场需求和供应链挑战。

7.2 离散型制造的产品仓储控制

离散型制造的产品仓储控制是指在离散型制造企业中，对成品或已完成的产品进行仓储管理和控制的过程。其目的是确保成品的安全存储、准确跟踪和高效分配，以满足市场需求并支持供应链的正常运作。

产品仓储控制与材料仓储控制有一些区别，主要体现在以下几个方面：

（1）物料类型　材料仓储控制主要关注原材料、零部件和半成品等物料的仓储管理。而产品仓储控制则专注于已完成的产品，即成品的仓储管理。

（2）库存管理　材料仓储控制的库存管理主要关注物料的供应和需求平衡，以避免库存过高或过低。而产品仓储控制的库存管理则更关注成品的销售和分配，以确保及时满足市场需求，同时尽量避免过高的库存水平。

（3）追溯性和质量控制　产品仓储控制在追溯性和质量控制方面的要求更为重要。由于产品的成品状态，需要确保每个产品都能够追溯到其生产和供应链的来源，以便在需要时进行召回或质量问题的追查。

离散型制造的产品仓储控制专注于成品的仓储管理，着重考虑产品特征、库存管理、追溯性和质量控制等方面的要求。与材料仓储控制相比，其重点和特点有所不同。

7.2.1 仓储管理

产品仓储管理需要确保成品的安全存储和保护，有效跟踪和管理成品的库存水平，实施适当的库存控制策略，综合考虑安全性、库存管理、库存控制策略、追溯性和质量控制、仓储布局和操作流程优化，以及仓储效率与自动化等多个方面，以实现高效、准确和可靠的产品仓储管理。

1. 库存数据整合与管理

在离散型制造产品的仓储管理中，库存数据的整合与管理是至关重要的。库存数据整合与管理的一般步骤如下：

（1）数据收集　建立一个数据收集系统，记录每个成品的数量、批次号、序列号、存储位置以及其他相关信息。这可以通过使用条码、RFID 标签或其他自动识别技术来实现。当成品进入或离开仓库时，确保及时更新库存数据。

（2）库存跟踪　使用库存管理系统（WMS）或其他软件工具来跟踪和记录库存数据。这些系统可以帮助实时监控库存水平、库存变动和库存位置，同时提供准确的库存报告和分析。

（3）定期盘点　定期盘点可以验证实际库存与系统记录的库存之间的一致性。这可以通过全面盘点或部分盘点的方式进行。盘点结果应及时更新库存数据，并进行适当的调整。

（4）库存调整　在库存发生变动时，如销售出库、退货、报废、返工或补充进货时，必须及时更新库存数据。确保及时记录这些变动并进行相应的库存调整，以保持库存数据的准确性。

（5）数据分析和报告　定期进行库存数据的分析和报告，以评估库存水平、周转率、滞留库存、库龄等指标。这有助于优化库存管理策略，避免过度库存或缺货，并支持更有效的供应链决策。

（6）库存优化　基于库存数据和分析结果，优化库存管理策略。根据需求预测和销售趋势，调整订货点、安全库存、经济批量等参数，以最大限度地降低库存成本，同时保持足够的库存以满足市场需求。

在进行库存数据的管理时，还需要注意以下几点：

（1）数据准确性　确保库存数据的准确性和实时性，以避免由于错误的库存数据导致的供应链问题。

（2）数据保密性　对库存数据进行适当的保密，以防止未经授权的访问和信息泄露。

（3）数据备份和恢复　定期备份库存数据，并确保有恢复数据的计划和措施，以防止数据丢失或损坏。

（4）培训和培养人员　为负责库存数据整合与管理的人员提供培训和指导，以确保他们理解和掌握正确的数据管理流程和技术工具。

通过有效的库存数据整合与管理，企业可以更好地掌握库存情况，优化库存管理，提高供应链的可见性和响应能力。

2. 库存布局优化

库存布局优化在离散型制造产品的仓储管理中非常重要。通过合理规划和优化仓库内部的库存布局，可以最大限度地提高仓储空间的利用率，优化物料流动和作业流程，减少行走距离和时间浪费，提高仓储操作的效率和准确性，从而降低成本并提高客户满意度。

根据不同制造企业经营目标及需求，仓库功能区在布局优化过程中会进行不同布置设计，合理有效的布局方案能够提高企业仓库作业效率，给企业带来更高的收益。因此，有必要对仓库布局优化的原则进行概括。在对仓库功能区进行布局规划时，需要根据布局原则开展规划作业，相关布局原则如下：

（1）距离最小原则 在仓库布局的实际过程中，要将关联性较强的功能区尽量靠近，减少货物的搬运次数和在仓库中移动的距离，以此避免不必要的搬运环节，也要确保各功能区之间的信息互通。

（2）单一的物流流向原则 仓库布局要避免搬运或移动路线发生迂回、交叉、逆向作业等影响物流效率的情况，在仓库布局中强调单一的仓库入库与出库，便于管理与监督。

（3）柔性化原则 为了最大限度地利用平面与空间，在规划过程中要充分利用各个空间，同时也要预留一定的空间以便适应未来需求变化，并节省建设投资成本。

（4）安全性原则 在仓库布局过程中要充分考虑仓库的安全性和消防措施，应根据不同的产品特性划分不同区域进行存储，同时制定严格规章制度确保人与货物的安全。

（5）靠近出入口原则 仓库在布局优化过程中要考虑货物或主要功能区离仓库出入口的距离，可以根据仓库内货物订单量的大小将出入口的货物进行排序，并根据订单量排序结果，优先考虑将订单量大的货物安排在距离出入口较近的区域，同时根据订单量的多少将货物安排在不同的区域内。对于仓库主要功能区布置，应该根据功能区间综合物流关系进行等级划分，关系等级密切强的优先布置在仓库进出口位置。靠近出入口原则对仓库进行规划不仅方便货物出入库，也能有效提高仓库运作效率。

（6）产品统一性原则 产品统一性原则是根据存储货物的特性进行分类分区域存储，将仓库功能间物流强度大或同一类型的货物就近存储，方便工作人员对货物进行分拣货作业，以该原则对仓库进行布局优化可以减少货物搬运距离，提高仓库的周转率。

为更好地进行管理，仓库管理系统可将产品的出、入设计一套应用型的操作系统，它所包含的方法和技术为流通中心的仓库完成流通功能提供了强大的支持和保证。仓库管理系统的基本软件及构成情况见表 7-1。

表 7-1 仓库管理系统的基本软件及构成情况

管理子系统	具体项目
入库管理子系统	1. 入库单数据处理（录入） 2. 条形码打印及管理 3. 货物装盘及托盘数据整录（录入） 4. 货位分配及入库指令发出 5. 占用的货位重断分配 6. 入库成功确认 7. 入库单据打印

（续）

管理子系统	具体项目	
出库管理子系统	1. 出库单数据处理（录入） 2. 出库项内容生成及出库指令发出 3. 错误货物或倒空的货位重新分配 4. 出库成功确认 5. 出库单据打印	
数据管理子系统	1. 库存管理	（1）货位管理查询 （2）货物编码查询库存 （3）入库时间查询库存 （4）盘点作业
	2. 数据管理	（1）货物编码管理 （2）安全库存量管理 （3）供应商数据管理 （4）使用部门数据管理 （5）未被确认操作的查询和处理 （6）数据库与实际不符记录的查询和处理
系统管理子系统	1. 使用者及其权限设置 2. 数据库备份 3. 系统开始和结束 4. 系统的登入和退出	

定义入库出库原则，寻求最优库存（包括布局）方案作为控制手段，使仓库管理实现物流流程的整合。这样的一个仓库信息管理系统协调解决了现有流程中信息技术运用不足所产生的总体效率不高、物流信息不一致造成的仓储、配送不协调、水平不高的问题。

3. 自动化设备

物流技术与装备是离散型制造智能物流中的重要组成部分。物流技术与装备为物流系统的正常运转提供了保障，随着生产的发展和科学技术的进步，物流活动的诸多环节在各自的领域中不断提高技术水平。一个完善的物流系统离不开现代先进物流技术的应用。例如：托盘、集装箱技术的发展和应用以及各种运输方式之间联运的发展，促进了搬运装卸的机械化、自动化，提高了装卸效率和运行质量；现代计算机技术、网络技术的发展以及物流管理应用软件的开发，促进了物流的高效化。物流技术与自动化设备的发展趋势如下：

（1）信息集成化　越来越多的物流设备供应商已从单纯提供硬件设备，转向提供包括控制软件在内的总体物流系统，并且在越来越多的物流装备上加装计算机控制装置，实现了对物流设备的实时监控，大大提高了其运作效率。物流装备与信息技术的结合，运用无线数据终端，可以把货物接收、存储、提取、补货等信息及时传递给控制系统，实现对库存的准确掌控，通过联网计算机指挥物流装备准确操作。

（2）技术自动化　离散型制造企业开发全自动仓储系统，将使用智能仓储机器人，开展无人机配送，充分利用仓储信息，优化订单管理，大幅提高仓储作业机械化、自动化和信息化水平。

（3）设备标准化　标准化包括硬件设备的标准化与软件接口的标准化，标准化可以实现不同物流系统的对接，使客户对系统同时有多种选择，为客户提供了便利。通过实现标准化，可以轻松地与其他企业生产的物流装备或控制系统对接，为客户提供多种选择和系统实施的便利性。模块化可以满足客户的多样化需求，可按不同的需要自由选择不同的功能模块，灵活组合，以增强系统的适应性。

（4）发展绿色化　由于对全球气候的考虑，世界各国对节能减排都异常关注。因此应顺应生态文明建设的新要求，主动推进绿色低碳和可持续物流发展。推广使用清洁能源，推行绿色运输、绿色仓储、绿色包装和绿色配送，做好资源循环利用，努力减轻物流运作的资源和环境负担。制定与绿色物流相关的标准规范，发挥对国际环境治理的影响力。

基于以上考虑，在离散型制造产品的仓储管理中，应多利用各种自动化设备来提高仓储效率和准确性。如自动存储和检索系统（AS/RS）、自动导引车（AGV）、自动拣选系统、自动包装机、智能物流机器人等。选择适合特定需求的自动化设备可以提高仓储操作的效率、准确性和可靠性，从而优化供应链管理。

7.2.2　需求追踪

1. 需求预测与库存追踪

在离散型制造产品的仓储控制中，需求追踪包括需求预测和库存追踪两个方面。需求预测是指通过数据分析和统计方法，对未来一段时间内的产品需求进行预测和估计，以便制定适当的库存管理策略。它可以帮助企业合理安排生产计划、采购计划和库存水平，以满足市场需求并避免过度库存或缺货的问题。任何企业都有必要对目标市场未来的需求状况做出预测，需求预测是企业制定战略规划的依据，生产标准产品的企业会根据预测，生产一定量随时可供应市场的产品。

需求预测的五个一般步骤如下：

1）明确预测对象和目的。包括预测结果的用途、预测的时间跨度等。据此可确定预测所用信息、需要做的投入。

2）选择合适的预测方法和预测模型。这里要充分考虑预测的目的、时间的跨度、需求的特征等因素对预测方法的影响。

3）收集、分析相关的资料数据。

4）预测不仅靠某一理论模型，还要综合考虑各种复杂状况和影响因素，借助经验判断、逻辑推理、统计分析进行预测。

5）预测结果评价，分析预测精度和误差。将预测结果进行实际应用，根据实际发生的需求对预测进行监控。必要的时候，还需要对某些环节做出调整后重新进行预测。

这些步骤总结了开始、设计和应用一项预测的各个环节。如果是定期做预测，则应该定期收集数据。实际运算可以用计算机来完成。

库存追踪是指对实际库存情况进行监控和追踪，包括库存数量、位置、状态等信息的记录和更新。通过及时准确地追踪和管理库存，企业可以实时了解库存水平、库存变动和存货周转情况，以便做出及时的决策和调整，确保供应链的顺畅运作，并提供高效的客户服务。综合而言，需求追踪是通过需求预测和库存追踪来优化仓储控制，以满足市场需求、降低库存成本和提高运营效率的关键过程。

2. 产品批次管理

在离散型制造产品的仓储控制中，产品批次管理是指对产品的批次信息进行跟踪、记录和管理的过程。每个批次可以根据生产时间、供应商、原材料来源等因素进行标识和区分。通过产品批次管理，可以实现对产品生命周期的追溯，当发现质量问题或召回需求时，可以迅速定位受影响的批次，减少受损产品的数量并提高质量管理的效率。同时可以帮助仓储控制中的库存管理。通过追踪每个批次的库存情况，可以更好地管理库存水平、控制库龄、避免过期和滞销库存，从而降低库存成本并提高资金回收速度。

在离散型制造产品的仓储控制中，产品批次管理有以下方法：

（1）批次属性管理　除了基本的批次标识信息，还可以管理和记录与批次相关的属性。这些属性一般包括产品规格、质量检验结果、生产工艺参数等。通过跟踪和管理这些属性，可以更好地了解每个批次的特征和质量状况。

（2）批次追踪与回溯　产品批次管理的一个重要方面是批次的追踪和回溯能力。通过记录每个批次的生命周期、流向和操作过程，可以追踪产品的来源、去向以及与之相关的供应商和客户。在出现质量问题或召回需求时，可以快速定位受影响的批次，采取相应的措施。

（3）FIFO（先进先出）原则　对于具有保质期限制或易过期的产品，采用 FIFO 原则是一种常用的批次管理方法。按照先进先出的原则，优先使用最早到达的批次，以确保库存中的产品保持新鲜和符合质量要求。

（4）LIFO（后进先出）原则　与 FIFO 相反，LIFO 原则是后进先出的管理方法。它适用于某些特定情况，例如在产品价格上涨的情况下，优先消耗最新到达的批次，以节省成本。

（5）批次合并与拆分　在仓储控制中，有时可能需要将多个批次进行合并或拆分。批次合并是将相同产品或原材料的多个批次合并为一个批次，以减少库存数量或简化管理。批次拆分则是将一个批次分成多个小批次，以满足特定需求或分配给不同的客户。

（6）自动化技术支持　现代的仓储控制和产品批次管理越来越倚重于自动化技术的支持。例如，使用自动存储和检索系统（AS/RS）、自动导引车（AGV）和自动拣选系统等设备，可以实现批次的自动化搬运、存储和拣选，提高操作效率和准确性。

（7）数据分析和预测　利用数据分析和预测方法，可以根据历史销售数据、市场趋势和需求模型建立准确的需求预测模型。这有助于制定合理的库存策略和生产计划，避免库存短缺或过剩。

综合运用这些方法和技术，产品批次管理可以帮助企业实现更精确的库存控制、质量管理和供应链协调，提高生产效率、降低库存成本，并满足客户需求和期望。

3. 客户需求匹配

在离散型制造产品的仓储控制中，客户需求匹配是指将实际的客户需求与仓储管理中的产品供应进行有效匹配的过程。它旨在确保产品的准时交付、满足客户需求，并最大限度地减少库存和缺货的风险。

客户需求匹配的定义可以概括为以下几点：

（1）理解客户需求　通过市场调研、客户反馈和需求分析等手段，准确了解客户的需求、偏好和期望。这涉及了解客户对产品规格、交付时间、质量标准等方面的要求。

（2）需求预测　基于已有的需求数据、市场趋势和预测模型，进行需求预测，得出未来一段时间内的产品需求量和需求变化趋势。这有助于制订合理的生产计划和库存策略。

（3）供应调整和生产计划　根据客户需求的变化和预测结果，及时调整供应链中的生产计划和采购计划，以满足客户需求的波动和变化。这包括增加或减少生产数量、调整供应关系、优化生产调度等。

（4）交付时间管理　客户需求匹配还涉及准确管理产品的交付时间。确保产品按照客户要求的时间节点进行生产和交付，以满足客户的紧急需求和交付承诺。

客户需求匹配的常用方法和策略包括：

（1）客户关系管理（CRM）系统　利用 CRM 系统记录和管理客户需求、订单信息、交付时间等关键数据。通过系统化的管理和分析，可以更好地了解客户需求，进行需求预测和供应调整。

（2）敏捷供应链管理　采用敏捷供应链管理的方法，如快速反应制造（QRM）和快速交付（QFD），以实现快速响应客户需求的能力。这包括缩短生产周期、提高供应链灵活性、加强与供应商和物流合作伙伴的协调等。

（3）合作伙伴协同　与关键供应商和合作伙伴建立紧密的协作关系，共享信息、规划和风险管理，以实现供应链的协同运作。这有助于更好地满足客户需求，并通过供应链的整合和优化来提高客户满意度。

（4）数据分析和业务智能　利用数据分析和业务智能工具，对需求数据、销售数据和市场趋势进行深入分析。通过识别需求模式、产品偏好和需求波动等关键因素，可以更准确地预测客户需求，并制定相应的供应链策略。

通过有效的客户需求匹配，企业可以满足客户需求、提高客户满意度，并在供应链中实现库存的最优化管理。

4. 订单管理

在离散型制造产品的仓储控制中，订单管理是指对客户订单进行有效追踪、处理和管理的过程。包括从订单接收到订单交付的全过程管理，以确保订单准确、及时地满足客户需求，并优化仓储和供应链操作。

订单管理流程如图 7-4 所示。①订单接收和录入，将客户的订单信息准确地录入系统，包括产品型号、数量、交付时间、收货地址等关键信息。这是订单管理的起点，可确保订单数据的准确性和完整性。②订单追踪和监控，通过订单管理系统或其他工具，对订单的状态和进度进行追踪和监控。这包括订单接收、备货、生产、装运和交付等环节，以确保订单按时交付并及时处理潜在的问题。③库存管理和调配，订单管理还涉及对库存的管理和调配。根据接收的订单和库存状况，进行库存分配、调拨和补充，以确保订单能够得到及时满足，并避免库存过剩或缺货的情况。④交付时间管理，与客户协商并设定合理的交付时间，确保产品按时交付，满足客户的需求和期望。

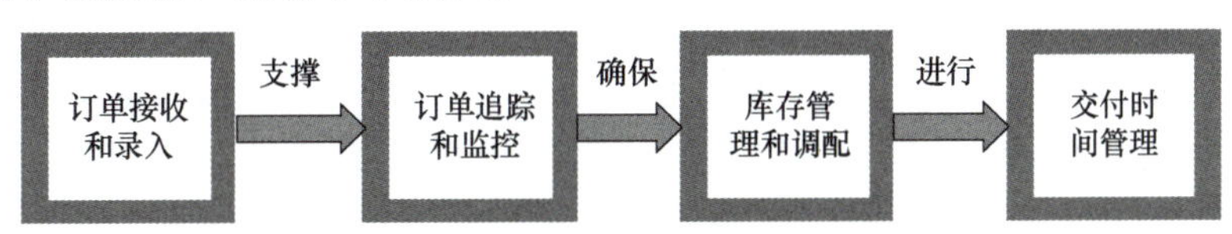

图 7-4　订单管理流程

通过有效的订单管理，能够及时响应客户订单，确保产品准时交付。①优化库存和资源利用。订单管理可帮助企业准确预测和规划需求，避免库存积压或缺货的情况，优化库存和资源利用效率。②提高供应链协调性。订单管理涉及与供应商、物流合作伙伴和其他相关方的协调，促进供应链的协同运作，降低交付风险。③生产计划的有效执行。通过订单管理，将订单和生产计划紧密结合，可以确保生产按订单需求进行，提高生产计划的准确性和执行效率。

进行订单管理可以采取以下一些常用的方法和步骤：

(1) 使用订单管理系统　利用现代化的订单管理系统，对订单进行自动化处理和跟踪。这样可以提高订单管理的准确性、效率和可追溯性。

(2) 设定清晰的订单处理流程　制定明确的订单处理流程和操作规范，包括订单接收、审核、分配、备货、生产和交付等环节，确保每个环节的责任和流程清晰可行。

(3) 实时更新订单状态　及时更新订单状态，确保订单的实时可视化追踪。这有助于及时发现和解决订单处理中的问题，并提供准确的信息给客户。

(4) 建立供应链合作关系　与供应商、物流合作伙伴和其他相关方建立紧密的合作关系，共享订单信息、协调供应链活动，确保订单处理的顺畅和准时交付。

(5) 风险管理和问题解决　识别和管理订单处理中的潜在风险和问题。采取预防措施、建立应急预案，以应对订单延迟、异常和变更等情况。

通过有效的订单管理，企业可以提高客户满意度、降低运营成本，并优化供应链和仓储控制的效率。

7.2.3　质量安全

产品仓储的质量安全是确保仓库中存储的产品在存放、保管、处理和分发过程中不受到损坏、丢失、污染或出现其他质量问题。它包括存储环境、包装和标识、质量控制、安全措施、库存跟踪与追溯等方面。

1. 仓储安全

仓库应采取必要的安全措施，防止产品被盗窃、损坏或其他形式的损失。这可能包括使用安全设备（如监控摄像头、安全锁等）、限制仓库访问权限、制定安全政策和程序等。

基于大数据处理技术实现智能决策与柔性制造。智能仓储设备作为车间生产中的关键设备，现在大多数离散型制造企业主要利用数据库识别技术，结合仓储功能，提供物料实时存储与高效管理功能，保障从接收到待存储物料开始，到将物料准确无误地运送到车间的全部过程顺利执行。因此，智能仓储设备如何保证正常运转，故障报警信息及时响应，是智能仓储设备仓储安全的迫切需要。

这里介绍一种智能仓储告警系统在云端利用卷积神经网络进行目标识别检测气阀仪表盘数据，通过采集设备运行关键数据，同时通过部署日志读取设备告警日志信息。最后，将仪表盘数据、设备报警及告警日志信息对接云平台，经由工业网关通过网络传输至智能仓储监测系统，设备运行异常时可触发告警规则，对设备运行状态进行实时监控。

智能仓储告警系统主要由设备层、网关层及云平台三大部分组成，其总体架构如图 7-5 所示。

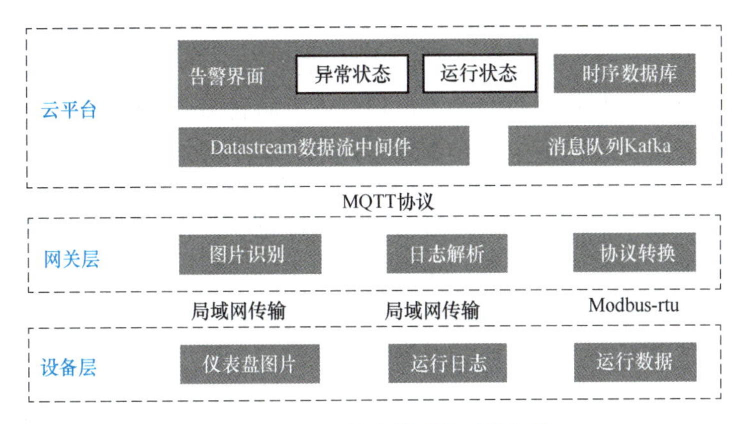

图 7-5　智能仓储告警系统总体架构

（1）设备层　设备层主要提供底层数据，智能仓储监测系统底层对接数据主要由生产日志告警数据、气源压力数据及设备运行关键数据组成，将气源压力数据和采集到的设备运行关键数据统称为设备状态数据。

（2）网关层　日志读取数据部署在智能仓储主机上，由主机通过企业内部网络传输至工业网关，由工业网关对日志进行解析并上传至云平台；仪表盘数据读取程序直接部署在工业网关上面，基于卷积神经网络算法进行图片数据读取并上传至云平台；对通过 Modbus 协议采集设备运行关键数据进行协议转换，转换为 MQTT 协议后上传至云平台。

（3）云平台　经工业网关汇总后的数据以 MQTT 协议传输到平台的 Datastream 进行数据清洗，并触发对应告警；Kafka 接收 Datastream 清洗后的数据；处理后的数据经 Kafka 传送到 TSDB 数据库进行保存；TSDB 消费 Kafka 的实时数据进行存储并对外提供查询服务。云平台提供智能仓储告警系统人机交互界面，可以对 TSDB 数据进行实时展示，提供告警界面，可以实时查看设备告警异常数据和运行数据。

通过此种方法可以实时监控设备健康状况，保证设备运行稳定，具有应用价值。综上所述，产品仓储的质量安全是确保仓库中产品在存储和处理过程中不受到质量问题影响的一系列管理和控制措施。这些措施旨在保护产品的完整性、质量和价值，确保产品按照规定的标准和要求进行储存和分发。

2. 可靠性检测

在离散型制造智能物流中，可靠性检测是指对产品仓储过程中的操作、设备、系统或流程进行评估和分析，以确定其在实际应用中是否能够稳定、可靠地运行，并满足预期的质量安全标准和要求。

可靠性检测的目的是发现潜在的问题、缺陷或风险，以便采取相应的措施来提高产品仓储的质量安全性。可靠性检测的一般步骤如下：

（1）确定可靠性指标　可靠性的评估指标可以根据产品仓储的具体要求和行业标准来确定。例如，可靠性指标可以包括产品的损坏率、误放率、存储时间等。

（2）收集数据　收集与产品仓储过程相关的数据，包括操作记录、设备运行数据、产品检验结果等。这些数据可以来自现场观察、记录表格、传感器、监控系统等。

（3）进行分析　对收集到的数据进行分析，以评估产品仓储过程的可靠性。常用的分析方法包括统计分析、故障模式与影响分析（FMEA）、故障树分析（FTA）等。通过分析，可以识别潜在的问题和风险，并确定其严重性和影响程度。

（4）识别改进措施　根据分析结果，识别改进产品仓储过程的措施。这可能包括改进操作流程、提升设备维护与保养、加强培训与人员素质、改进环境条件等。目标是减少潜在故障点和风险源，提高产品仓储的可靠性和质量安全性。

（5）实施改进措施　根据识别的改进措施，制订实施计划并落实到实际操作中。确保改进措施得到有效执行，并监测其效果和影响。

（6）持续监测和评估　可靠性检测是一个持续的过程。应定期监测产品仓储过程，并进行评估，以确保改进措施的有效性和持续性，并根据实际情况，对可靠性指标和评估方法进行调整和改进。

通过可靠性检测，可以识别和解决产品仓储过程中的潜在问题，提高产品仓储的质量安全性和可靠性，减少损失和风险。

7.3 离散型制造的物料传送装置控制

离散型制造企业是指由多个零件经过一系列并不连续的工序的加工最终装备而成的产品的企业。其代表行业多为火箭、飞机、电子设备、机床等制造业。而离散型制造企业智能物流是一种面向订单生产的模式，与常见的流程性制造企业物流相比更加复杂。离散型制造企业具有多品种、小批量的行业特点，其产能较为分散。产品是由多个零件经过一系列并不连续的工序的加工最终装配而成，产线按工艺布置设备，工艺变更频繁。各生产要素之间处于一种看似松散、无序的状态，从而导致物流需求处于一种无序状态，导致整个物流作业需求的无序和效率低下。这就需要物流信息系统的信息及时交互，以保证精密、有序的秩序，大幅提升此类企业的运营效率。

7.3.1 装置设计

离散型制造中的物料传送装置扮演着至关重要的角色，它们负责将物料从一个工作站传送到另一个，以支持生产流程的顺利进行。离散型制造中常见的物料传送装置包括传送带、输送机、自动导引车、传感器控制系统等。这些装置各具特点，在不同的生产场景中扮演着不同的角色。例如，传送带适用于大批量物料的输送，而传感器控制系统则能实现高精度的物料定位和搬运。本节将深入探讨离散型制造中物料传送装置设计的关键问题，旨在帮助读者更好地理解和应用相关技术。

1. 传送带设计

传送带是生产流水线中用来传输产品、零件等物质不可缺少的设备，如图 7-6 所示，该设备的应用领域非常广泛，如机械行业、食品行业、包装行业等。生产流水线中运用传送带后能够降低工作人员的工作量，缩短整个生产的周期，减少误差等，这能在很大程度上也提升运输自动化水平，便于工作人员管理，提升物流效率等。

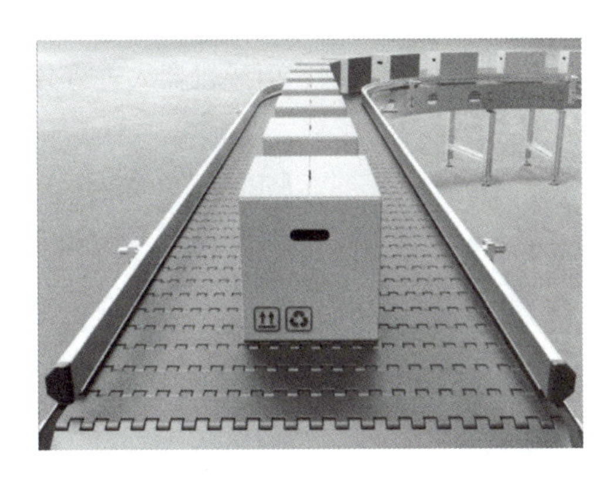

图 7-6　传送带装置

传送带设计是工业生产中至关重要的一环，其设计需要综合考虑多个因素，以确保其效率、安全和耐用性。关键考虑因素包括：

（1）物品类型和重量　不同类型的物品可能有不同的形状、尺寸和重量，因此需要根据实际情况选择适合的传送带类型和规格。例如，对于重型物品，需要选择承载能力强的传送带。

（2）传送带的长度和宽度　传送带的长度和宽度应该根据物品的尺寸和生产线布局来确定，以确保能够有效地运输物品，并且适应生产过程中的布局要求。

（3）传送速度　传送带的速度应该根据生产需求和物品的特性来确定。过快的传送速度可能导致物品损坏或堆积，而过慢则会影响生产效率。

（4）环境条件　应考虑传送带所处的环境条件，包括温度、湿度、粉尘等因素。例如，在潮湿的环境中，需要选择防水材料并进行防锈设计以延长传送带的使用寿命。

（5）安全性要求　传送带的设计应符合安全标准，并考虑到员工的安全。这包括安全护栏、急停装置以及避免夹手等安全隐患的设计。

（6）传送带的结构和材料选择　结构设计应考虑到传送带的稳定性和平整度，以确保物品在运输过程中不会受到颠簸和摩擦损坏。材料选择应根据传送带的使用环境和运输物品的特性来确定，常见的材料包括橡胶、塑料、金属等。例如，对于食品行业，需要选择符合食品安全标准的材料。

综上所述，传送带设计需要综合考虑物品特性、生产需求、环境条件和安全性要求，以确保传送带在生产过程中能够稳定、高效地运输物品，同时保障员工的安全。

而随着“中国制造 2025”的稳步推进以及机器人技术的不断发展，制造业物流正不断朝着智能化的方向发展。传送带上的货物拣选是智能物流场景中的重要环节，其智能化程度直接影响仓储系统的运行效率。因此，智能、稳定和高效的传送带拣选系统对智能物流的发展有十分重要的意义。

例如，在工业生产中，流水线上的产品分拣主要依靠机器人，传统的分拣只能靠离线编程实现一些固定的动作路线，即固定了机器人的抓取姿态、工件抓取和放置的位置，一旦工件位置出现偏差，就会导致意想不到的事故发生。当需要同时分拣多种类型工件时，机器人自身无法判断工件类型，此时就需要人工来分拣，而长时间的劳动会分散人的注意力，导致分拣效率下降，不可避免地出现错误，给企业带来不必要的损失。当分拣系统使用机器视觉技术之后，这些问题都会迎刃而解，通过工业相机拍摄传送带上的图像，对图像进行处理和分析，能够稳定而准确地识别工件坐标和类型，引导机器人进行分拣工作，如图 7-7 所示。

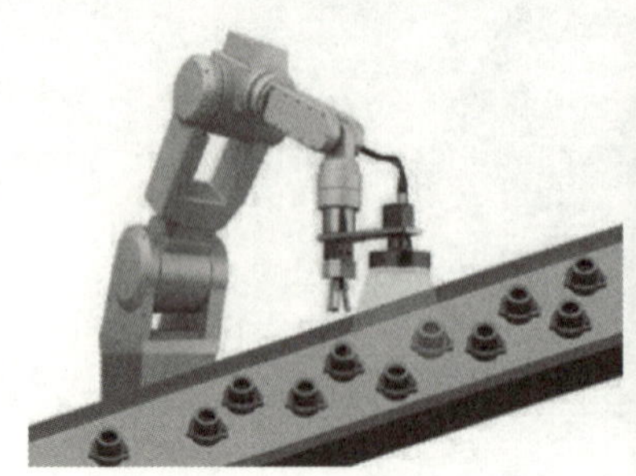

图 7-7　视觉引导机器人分拣流水线

传送带上工件运动速度快，对视觉识别的稳定性和快速性要求高，且工作环境恶劣，干扰严重，容易受噪声和光源的影响，稳健而鲁棒的图像处理算法显得非常关键。显然，机器视觉技术的合理应用是整个分拣系统的难点，研究一套能满足上述要求的算法处理流程具有十分重要的意义。

2. 输送线路设计

在离散型制造中，输送线路是至关重要的一部分。它们用于将原材料、半成品和成品从一个工作站输送到另一个工作站，以实现生产流程的连续性和高效性。输送线路的设计和运行对于生产效率和产品质量都有着重要的影响。它直接关系到生产线的布局、物料传送效率和生产流程的顺畅进行。

带式输送机输送线路的适应能力较强，可适应 18° 坡度，特殊情况也可满足 30° 上运工况。输送线路可适应地形，在高度和水平面上均可设置转弯，从而可避开村庄、工厂等现有建筑，并可方便穿越铁路、公路、高压线、河流、山脉等自然障碍，输送线路十分灵活，而且其长度可根据需要延长或者采用中部卸载。所谓线路走向，是指自受料点至卸料点，输送机所经过的几何路程。线路设置的原则是，在满足工艺要求的情况下，考虑现有建筑和地形，在空间上综合分析线路在高度和平面的具体障碍，并结合技术经济，从初期投资和运营成本上进行经济评价，以便确定线路的最优化。而传统带式输送机设计往往只注重工艺和设备选型计算，忽略线路选择中的综合因素，因此设计的输送系统虽能满足物料运输的要求，但无法保证初期投资和后期运营成本的最优化，从而造成设计的不合理或者难实施。如何从总体出发，结合输送机设计深入优化输送线路方案，是关系到整个输送系统是否技术合理、安全可靠、经济可行的关键。在进行输送线路设计时，需要考虑以下几个关键因素：

（1）生产布局和工艺流程　确定生产设备和工作站的布局以及工艺流程是设计输送线路的基础。根据生产线的特点，确定传送带的走向、长度和连接方式，以确保物料或产品在生产过程中流畅传输。

（2）物料流量和流速　根据生产需求和物料的运输特性，确定输送线路的流量和流速。考虑生产过程中物料的供应量、产量和加工速度，以确保输送线路能够满足生产需求。

（3）转运点和转弯设计　在输送线路中，可能需要设置转运点和转弯处，以实现物料的转移和方向变换。合理设计转运点和转弯处的结构及角度，可避免物料堆积和传输阻力，确保输送线路的顺畅运行。

(4) 安全设施和紧急停机系统　在输送线路设计中，需要考虑安全设施和紧急停机系统，以确保生产过程中的安全。设置安全护栏、紧急停机按钮和安全传感器，及时发现并处理潜在的安全风险，保障员工和设备的安全。

(5) 环境因素和材料选择　考虑输送线路所处的环境条件，选择适合的材料和防护措施。例如，在潮湿或腐蚀性环境中，需要选择耐腐蚀的材料，并采取防水防锈措施，以延长输送线路的使用寿命。

(6) 维护和保养需求　考虑输送线路的维护和保养需求，设计易于清洁和维护的结构。定期检查输送线路的运行状态，及时清理和修复损坏部件，以确保输送线路的正常运行。

输送机线路布置是一项复杂的设计工程。线路的选择不仅能影响初期投资，而且会影响运营成本。在带式输送机设计中，为保证输送系统的最优化，并在最低成本下保证物料输送，应在空间上、平面上综合考虑线路走向，根据周边环境和工程条件选取中间转载形式，以最大限度地降低输送成本。

3. 传感器设计

在离散型制造中，传感器作为一种关键的技术装备，扮演着至关重要的角色。它们不仅仅是简单的设备，更是生产线上的“眼睛”和“耳朵”，通过实时监测各种参数和状态，确保生产过程的稳定性和产品质量。传感器的应用可以追溯到工业革命时期，但随着科技的不断进步和发展，传感器的功能和性能也得到了极大的提升。

在现代离散型制造中，传感器的种类多种多样，涵盖了温度、压力、湿度、速度、位置等多个方面，满足了生产过程中各种参数的监测需求。通过传感器实时监测生产线上的各项参数，生产管理人员可以获得准确的数据信息，及时了解生产线的运行状态。例如，温度传感器可以监测设备的工作温度，压力传感器可以监测管道的工作压力，加速度传感器可以监测设备的振动情况等。这些数据的采集和分析，有助于发现潜在问题并及时进行调整，保证生产过程的稳定性和安全性。传感器的应用不仅可以提高生产效率，还可以有效保障产品质量。此外，传感器的应用也为生产线的智能化和自动化提供了重要支持。通过将传感器与控制系统相连接，可以实现生产线的自动监测和调节，减少人为干预，提高生产效率和品质一致性。传感器技术的不断创新和发展，也为离散型制造注入了新的活力和动力。

在离散型制造工厂中，传感器设计是实现自动化和智能化生产的核心。在进行传感器设计之前，首先，需要进行充分的准备工作，包括：

(1) 监测对象分析　分析需要监测的物理量或参数，如温度、压力、流量、位置等。

(2) 监测范围评估　确定需要监测的物理量的范围和变化范围，以选择合适的传感器类型和规格。

(3) 环境条件考虑　考虑传感器所处环境的温度、湿度、腐蚀性等因素，选择适用的传感器材料和防护措施。

其次，根据需要监测的物理量和工作环境的特点，选择合适的传感器类型，常见的传感器类型包括：

(1) 温度传感器　用于监测物体的温度变化，包括热电偶、热敏电阻、红外线传感器等。

(2) 压力传感器　用于监测液体或气体的压力变化，包括压电传感器、压阻传感器、压电容传感器等。

（3）流量传感器　用于监测液体或气体的流动速度，包括涡轮流量传感器、超声波流量传感器、电磁流量传感器等。

再次，传感器的布局位置直接影响数据采集的准确性和全面性。在进行传感器设计时，需要考虑以下因素：

（1）关键监测点　确定关键的监测点，确保覆盖全面。

（2）传感器位置　合理选择传感器安装位置，避免受到干扰或损坏。

（3）数据采集频率　根据生产过程的特点和需求，确定数据采集的频率。

最后，传感器设计不仅包括传感器硬件的选择和布局，还需要考虑数据处理和利用。传感器采集到的数据需要进行处理和分析，以便实现以下目标：

（1）实时监测　建立实时监控系统，及时发现问题并采取措施。

（2）数据分析　利用数据分析技术，发现生产过程中的规律和问题，并提出改进方案。

（3）自动控制　将传感器采集的数据与控制系统结合，实现自动化生产。

传感器设计是离散型制造中的关键环节，合理的设计能够确保生产过程的稳定性和质量，提高生产效率和产品品质。在设计过程中需要充分考虑监测对象、环境条件、传感器类型、性能参数、安装布置以及数据处理与传输等多个方面的因素，通过合理的传感器设计，离散型制造工厂可以实现智能化生产，提高生产效率，降低人工成本，保证产品质量。

7.3.2　自动化控制系统

在离散型制造工厂中，自动化控制系统扮演着至关重要的角色。首先，它们大幅提升了生产效率。自动化控制系统可以持续高速地执行任务，消除了人为操作中的疲劳和误差，从而提高了生产线的运行速度和稳定性。其次，自动化控制系统提升了产品质量的一致性和稳定性。通过精准的控制和监测，系统确保产品符合规格要求，并可根据需要实时调整参数以适应不同的工艺条件。此外，自动化控制系统还增强了生产过程的安全性，实时监测设备状态，及时发现异常情况并采取相应措施，降低了人为操作中的意外风险。

1. 智能运行控制

智能运行控制是指利用先进的智能技术和算法，对生产过程进行智能化监测、分析和控制的方法。通过整合人工智能、机器学习、大数据分析等技术，实现对生产系统的自适应性、自学习性和自优化性，从而提高生产效率和产品质量。

智能控制技术的应用范围具有差异性，一般可分为局部控制与全局控制，其中，局部控制往往针对工业生产的某一工艺环节，在机电一体化系统的支持下，主要应用的控制单元为PID控制器。PID控制器通过不断地调整控制参数，使得系统的反馈信号与设定值之间的误差最小，从而实现对局部过程的稳定控制。全局控制涉及整个生产系统或多个工艺环节之间的综合协调和优化控制。全局控制旨在实现整个生产系统的高效运行和资源优化利用。在全局控制中，智能控制技术可以通过集成各种传感器、执行器和控制器，实现对整个生产过程的实时监测、分析和调节。通过智能算法和模型预测，全局控制系统可以优化生产计划、调整生产参数，并实现整个生产系统的高效运行。

智能运行控制系统的设计方法涉及多个方面，包括系统需求分析、算法选择、系统架构设计等。以下是一些常见的设计方法：

（1）系统需求分析　确定系统设计的目标和功能需求。分析离散型制造工厂的特点和实际应用场景，调研用户的需求和期望，以确保设计的系统能够满足实际生产中的需求。

（2）算法选择　对不同的智能控制算法进行评估和比较，选择适合特定应用场景的算法。考虑算法的复杂度、实时性、准确性等因素，以及对系统资源的需求。

（3）系统架构设计　定义系统的整体架构，包括硬件和软件组成部分。确定传感器、执行器、控制器等各个组成部分的类型和数量。设计系统的通信和数据传输机制，以确保各个组成部分之间可以实现信息的实时交换和协作。

（4）数据采集与预处理　确定需要采集的数据类型和来源，如生产过程中的传感器数据、设备状态信息等。对采集的数据进行预处理和清洗，以减少噪声和提高数据质量。设计数据采集的频率和时间间隔，以满足系统对实时性和准确性的要求。

（5）算法实现与调优　将选定的智能控制算法实现到系统中，并进行调试和验证。对算法进行参数调优和性能优化，以提高系统的控制效果和稳定性。使用仿真平台或实验平台进行算法的测试和验证，确保其在实际生产环境中的有效性。

（6）系统集成与部署　将各个组成部分集成到统一的系统中，并进行系统级别的测试和验证。针对特定的生产环境进行系统部署和调试，确保系统能够稳定运行并满足生产需求。提供培训和技术支持，确保用户能够正确地使用和维护智能运行控制系统。

智能运行控制系统是制造工厂中非常重要的一部分，它能够帮助工厂实现自动化生产和提高生产效率。在设计智能运行控制系统时，需要遵循模块化设计、可扩展性、安全性和实时性等原则，并使用数据采集技术、数据分析技术、人机交互技术和控制算法技术等关键技术进行实现。

2. 实时监控

实时监控是离散型制造工厂中至关重要的环节之一。通过实时监控系统，工厂管理人员可以实时了解生产线上的运行状态、设备运行情况以及产品质量等关键信息。

（1）实时监控系统的关键功能和优势

1）设备状态监控。实时监控系统可以追踪并记录每台设备的运行状态，包括开机时间、生产效率、故障次数等。这有助于及时发现并解决设备故障，最大限度地减少生产线停机时间。

2）生产进度跟踪。通过实时监控系统，管理人员可以随时了解生产进度，包括订单完成情况、产品批次数量、预计交货日期等。这有助于调整生产计划，确保按时交付客户订单。

3）质量控制。实时监控系统可以监测生产过程中的关键质量指标，如产品尺寸、重量、外观等。一旦发现质量异常，系统可以立即发出警报，帮助工厂人员及时调整生产参数，确保产品符合质量标准。

4）资源利用优化。实时监控系统可以分析生产线上的资源利用情况，包括能耗、原材料消耗等。通过及时监控和分析，工厂管理人员可以找到优化生产流程的方法，提高资源利用效率，降低生产成本。

5）远程监控与管理。部分实时监控系统支持远程监控和管理功能，允许管理人员通过互联网远程访问监控系统，随时随地监控生产线运行情况，并进行必要的调整和控制。

（2）实时监控系统的应用　实时监控系统在离散型制造工厂中有广泛的应用场景，其中一些主要的应用场景包括：

1）生产线监控。实时监控系统可以监测生产线上各个环节的运行状态、设备运行情况以及生产进度。通过实时监控，管理人员可以随时了解生产线的运行情况，并及时发现并解决潜在问题，以保证生产线的稳定运行和生产进度的顺利推进。

2）设备状态监控。实时监控系统可以实时监测生产设备的运行状态，包括设备的开机时间、运行速度、负载情况等。这有助于及时发现设备故障和异常情况，并采取相应的措施，以减少生产线停机时间和生产成本。

3）质量控制。实时监控系统可以监测生产过程中的关键质量指标，如产品尺寸、重量、外观等。通过实时监控，可以及时发现产品质量问题，并采取相应的控制措施，以保证产品质量的稳定性和一致性。

4）能耗监控。实时监控系统可以监测生产过程中的能耗情况，包括电力、水、气等能源的消耗情况。通过实时监控，可以发现能源消耗过高的问题，并采取相应的节能措施，以降低生产成本和环境负担。

5）订单跟踪。实时监控系统可以实时跟踪订单的生产进度和交付状态。管理人员可以随时了解订单的生产情况，并及时调整生产计划，以保证订单按时交付客户。

6）安全监控。实时监控系统可以监控生产现场的安全状况，包括工人的安全行为、设备的安全运行等。通过实时监控，可以及时发现安全隐患，并采取相应的措施，以保障工人的生命安全和生产设备的正常运行。

（3）实时监控系统的组成　一个实时监控系统通常包括以下组成部分：

1）数据采集设备。数据采集设备用于采集各种传感器、探头等设备获取的实时数据，如温度、压力、流量、电流、电压等。

2）数据传输设备。数据传输设备用于将采集到的数据传输到监控系统中进行处理和分析。数据传输方式包括有线和无线两种。

3）监控系统。监控系统用于对采集到的数据进行处理和分析，通过预警和报警等机制实现对生产过程的实时监控，及时发现问题和异常情况。

4）控制设备。控制设备用于对检测到的异常情况进行控制，如扭矩控制、温度控制等。

5）数据存储设备。用于存储采集到的数据，方便日后进行数据分析和处理。

综上所述，实时监控系统设计需要综合考虑工厂的需求、系统架构、数据采集与传输、数据存储与处理、用户界面、安全性与可靠性等多个方面，以实现对生产过程的准确监控和及时反馈，它不仅可以提高生产效率和产品质量，还可以帮助工厂管理人员实现精细化管理和优化资源利用。因此，在建立离散型制造工厂时，应充分重视实时监控系统的建设与应用。

3. 故障监测

在离散型制造工厂中，故障监测是一个至关重要的环节，它能够及时识别设备或系统中的异常情况，从而避免生产中断和设备损坏，提高生产效率和产品质量，同时也有助于延长设备的寿命和降低维护成本。其重要性体现在以下几个方面：

（1）生产连续性　故障监测可以帮助工厂确保设备的稳定运行，从而确保生产连续性。及时发现和解决设备故障可以减少生产中断的时间，避免产生不必要的停工损失。

（2）产品质量　故障监测有助于提高产品质量。通过监测设备运行状态，工厂可以及时发现潜在的问题，并采取措施防止不良品的生产。这有助于降低不合格品率，提高客户满意度。

（3）维护成本降低　故障监测可以实现预测性维护，即在设备故障发生之前就对其进行维护。这可以降低维护成本，因为预防性维护往往比紧急维修更经济。

（4）安全性　及时发现设备故障可以减少安全风险。某些故障可能会导致设备突然停止或产生危险条件，如漏电、火灾等。通过故障监测，工厂可以提前采取措施，确保员工和设备的安全。

（5）生产效率　故障监测有助于提高生产效率。通过及时识别并解决设备故障，工厂可以减少生产中断和停机时间，提高设备利用率，从而实现更高的生产效率和产量。

由于故障监测的重要性，所以故障监测方法也各种各样，通常结合使用，以提供更全面、准确的设备健康状态评估，从而帮助工厂及时发现和解决潜在的故障，确保生产的连续性和稳定性。故障监测方法包括但不限于以下几种：

1）传感器监测。使用各种传感器（如温度传感器、压力传感器、振动传感器等）来监测设备运行状态的各种参数。传感器数据可以通过有线或无线方式传输到监控系统进行实时监测和分析。

2）振动分析。通过监测设备振动的频率、幅度和模式，识别设备中的故障，如轴承磨损、不平衡、对中问题等。振动分析通常使用加速度传感器或振动传感器来采集数据，并通过频谱分析或时域分析来诊断问题。

3）红外热像技术。使用红外热像摄像头来检测设备表面的温度分布情况。异常的温度分布可能表明设备存在故障或潜在的问题，如电路过载、接触不良或润滑不足。

4）声音分析。通过监测设备发出的声音来识别异常情况。异常的声音模式可能表明设备存在机械问题或部件松动。声音分析通常使用传声器或声音传感器来采集数据，并通过频谱分析或时域分析来诊断问题。

5）电流分析。监测设备的电流波形和电流特性，以识别电气故障、电路故障或电器部件的问题。电流分析通常使用电流传感器或电流检测器来采集数据，并通过频谱分析或时域分析来诊断问题。

6）机器学习和人工智能。运用机器学习和人工智能技术，对大量的监测数据进行分析和建模，可识别出隐藏的故障模式，并提供更准确的预测和建议。机器学习技术可以帮助发现设备运行中的异常行为，并预测设备可能发生的故障。

总的来说，故障监测在离散型制造工厂中具有不可替代的重要性。它不仅可以保证生产的连续性和稳定性，还可以提高产品质量、降低维护成本、确保安全性，并提高生产效率，从而为工厂的持续发展和竞争优势奠定坚实基础。

7.3.3　资源调度优化

离散型制造业资源调度是在面对有限的资源和复杂的生产环境下，有效地组织和安排生产活动以满足订单需求的过程。这涉及对生产线上的设备、人力和原材料等资源进行合理分配和利用，以最大限度地提高生产效率和降低成本。离散型制造业资源调度优化是一个综合性、系统性的工作，需要综合运用多种手段和方法，持续改进和创新，才能实现最优的生产效率和企业绩效。通过优化资源调度，企业可以实现资源的最大化利用，提高生产效率和产品质量，从而赢得市场竞争优势。

1. 路径优化

路径优化是指在资源有限的情况下，通过合理规划和调度，找到最佳路径或方案来实现特定的目标。在制造业中，路径优化涉及生产流程、物料运输、设备维护等方面。以下是关于路径优化在制造业中的一些应用：

（1）生产流程路径优化　生产流程路径优化是指在离散型制造业中，通过调整和优化生产流程中物料、工件或信息流动的路径，以达到提高生产效率、降低成本和缩短生产周期的目标。在进行生产流程路径优化时，可以采取以下几种方法：①价值流映射（VSM）分析：通过绘制当前生产流程的价值流图，识别出生产中的瓶颈和浪费，然后提出改进方案，优化流程路径，以减少不必要的等待时间和运输时间。②精益生产（lean manufacturing）工具应用：运用精益生产的原则和工具，如5S、单品流、小批量生产等，来优化生产流程路径，减少非增值活动和浪费，提高生产效率和质量。③工艺改进和布局优化：通过改进工艺流程和优化车间布局，设计更合理的物料流动路径和生产流程，以减少物料搬运和处理时间，提高生产效率和生产能力利用率。④自动化和数字化技术应用：引入自动化设备和数字化技术，如物联网、人工智能、实时监控系统等，以实现生产流程的智能化和自动化管理，提高生产过程中的灵活性和响应能力。⑤供应链协同优化：与供应商和客户建立紧密的合作关系，实现信息共享和协同规划，优化供应链中的物流路径和生产流程，以提高整体供应链的效率和反应速度。

（2）物料运输路径优化　物料运输路径优化是指在离散型制造业中，通过调整和优化物料在生产过程中的运输路径，以提高物料运输效率、降低成本和减少生产时间。在进行物料运输路径优化时，可以采取以下几种方法：①物料流分析：通过对物料流动的分析，了解物料在生产过程中的运输路径、运输量和运输时间，识别出潜在的瓶颈和浪费，为优化提供依据。②最优路径规划：利用最短路径算法、网络流算法或其他优化算法，计算出物料在生产过程中的最优运输路径，以减少运输距离和运输时间，提高物料运输效率。③车间布局优化：优化车间布局，将物料存放位置和生产设备之间的距离缩短，以减少物料运输的距离和时间，提高生产效率和物料利用率。④自动化运输系统：引入自动化物料运输系统，如AGV（自动导引车）、输送带、自动堆垛机等，以实现物料的自动化运输和处理，减少人工搬运，提高运输效率和准确性。⑤优化供应链管理：与供应商和客户建立紧密的合作关系，优化供应链中的物流路径和信息流，以实现物料的及时供应和配送，减少物料的库存和运输成本。

（3）设备维护路径优化　设备维护路径优化是指在离散型制造业中，通过调整和优化设备维护的路径和计划，以提高设备可靠性、降低维护成本和减少生产中断。以下是实现设备维护路径优化的一些方法：①预防性维护计划：建立合理的预防性维护计划，根据设备的运行情况和维护需求，制定定期维护的时间表和频率。通过定期维护，可以预防设备故障的发生，保证设备的稳定运行。②故障诊断和预测：利用先进的监测技术和数据分析工具，对设备进行实时监测和故障诊断，预测设备可能出现的故障并提前进行维护，以避免设备突发故障造成的生产中断。③优化维护路径：分析设备之间的关联性和维护需求，确定设备维护的最优路径和顺序，以最大限度地减少维护时间和成本。例如，可以采用巡检法确定维护顺序，避免设备之间的重复停机和维护。④备件管理优化：建立合理的备件库存管理系统，根据设备的维护需求和使用频率，确定合适的备件库存水平和补充策略，以确保设备维护所需备件的及时供应。⑤培训和技能提升：对维护人员进行培训和技能提升，提高其维护技能和知识水平，使其能够熟练地进行设备维护和故障排除，提高维护效率和质量。

通过路径优化的实施，制造业企业可以提高生产效率，降低成本，缩短交付周期，提升客户满意度，从而在激烈的市场竞争中脱颖而出，实现持续发展和增长。

2. 智能调度和调度优化

智能调度和调度优化是指利用先进的技术和算法，对资源进行智能规划和调度，以实现最佳的生产计划和资源利用效率。在制造业中，智能调度和调度优化可以帮助企业提高生产效率、降低成本、缩短交付周期，从而增强市场竞争力。

（1）智能调度　智能调度是指利用人工智能、数据分析和优化算法等先进技术，对生产、运输、资源分配等过程进行智能化管理和优化。通过智能调度系统，可以实现自动化的任务分配、动态的资源调配以及实时的决策支持，以提高生产效率、降低成本、提升服务质量和灵活性。智能调度具有以下几个特点：

1）自动化和智能化。智能调度系统利用先进的算法和技术，能够自动化地分析生产数据和需求，智能地生成最优的生产计划和调度方案，减少人工干预和决策的需要。

2）实时性。智能调度系统能够实时监控生产过程中的各种数据和指标，及时响应生产环境的变化和需求的变动，调整生产计划和排程，以最大限度地满足订单需求。

3）多目标优化。智能调度系统能够综合考虑生产效率、成本、质量和交货时间等多个目标，通过优化算法和技术，找到最优的生产方案，平衡各项指标之间的矛盾。

4）灵活性和适应性。智能调度系统具有很强的灵活性和适应性，能够根据不同的生产环境和需求，调整生产计划和调度方案，以适应市场变化和生产变动。

5）数据驱动。智能调度系统依托大数据和人工智能技术，能够对海量的生产数据进行分析和挖掘，以发现潜在的规律和趋势，为决策提供科学依据。

6）整体优化。智能调度系统不仅能够优化单个生产环节或单个资源的利用，还能够整体优化生产流程和资源配置，实现全局最优化。

（2）调度优化　调度优化是指利用技术手段对生产、运输、资源分配等方面进行合理安排和优化，以提高效率、降低成本、缩短周期等目标为导向的管理方法。在离散型制造业中，调度优化具有以下几个关键方面的应用：

1）生产作业调度优化。将生产作业进行合理排程和调度，以避免瓶颈和空闲，提高生产效率。根据订单需求、生产能力和资源限制等因素，制订生产计划和排程方案，确保生产过程的顺畅进行。

2）设备调度优化。对生产设备进行智能调度，避免设备闲置或过载，提高设备利用率。通过优化设备的使用顺序、维护计划和故障排除方案，以确保设备能够按时投入生产，并保持良好的运行状态。

3）物料运输路径优化。优化物料在生产过程中的运输路径，可以减少物料搬运和等待时间，提高物料运输效率。应根据生产作业和设备运行情况，动态调整物料运输路径，确保物料及时供应到达生产现场。

4）人力调度优化。根据生产计划和工作需求，合理安排人员的工作时间和岗位，可以提高人力资源的利用效率。应考虑员工的技能和经验，将其分配到最适合的岗位，提高工作效率和生产质量。

5）库存管理优化。通过优化库存管理策略和订单配送规划，可以降低库存成本和订单处理时间，提高库存周转率。利用智能调度系统对库存水平和需求预测进行分析，动态调整库存水平和订单配送计划，在满足客户需求的同时最大限度地减少库存占用。

调度优化可以带来诸多好处，例如提高生产效率、降低成本、缩短生产周期、提高产品质量、增强供应链协同性、提升员工满意度和提高资源利用率。这不仅可以提高企业的生产效率和盈利能力，还可以增强企业的竞争力和可持续发展能力。

3. 设备写作

设备写作是指对于工厂中的各种设备进行详细的描述和分析，这种写作旨在让工人深入了解工厂中使用的设备，包括其功能、特性、技术参数、工作原理等方面的信息。在设备写作中，通常包括以下内容：

（1）设备基本信息　这包括设备的名称、型号、制造商、生产日期等基本信息。这些信息可用于唯一标识和识别设备。

（2）设备分类与功能描述　对工厂中使用的各种设备进行分类，并描述它们的功能和作用。例如，加工设备可以包括车床、铣床、压力机等，装配设备可以包括装配线、工作站等。针对每种设备，详细介绍其主要功能和工作原理。

（3）技术参数与性能分析　对于每种设备，可以列举其重要的技术参数，如加工速度、精度、功率等，并对这些参数进行分析。通过比较不同设备的技术参数，可以帮助读者了解它们在不同应用场景下的适用性和性能优劣。

（4）结构与组成部件　描述设备的结构和组成部件，包括机床的主体结构、传动系统、控制系统等。通过对设备内部结构的分析，读者可以更好地理解设备的工作原理和运行机制。

（5）设备操作和控制方式　描述设备的操作界面、控制方式以及操作人员与设备的交互方式。这有助于操作人员了解设备的操作流程和注意事项。

（6）设备维护和保养　包括设备的维护计划、保养方法和周期，以及常见故障处理方法。这有助于确保设备的正常运行和延长设备寿命。

（7）设备安全　描述设备的安全特性和使用安全注意事项，以确保操作人员和周围环境的安全。

（8）设备升级和改进　介绍设备的可升级性和改进潜力，包括软件更新、硬件升级等。这有助于提高设备的性能和适应性。

（9）应用案例与实践经验　结合实际案例和经验分享，展示设备在离散型制造工厂中的应用和效果。通过案例分析，可以了解设备在实际生产中的应用场景和优劣势，从而更好地选择和使用设备。

通过设备写作，工厂管理者和操作人员可以更好地了解设备的特点和性能，为设备的选购、操作和维护提供参考依据。此外，设备写作还有助于设备之间的比较和评估，以优化设备布局和生产流程。需要注意的是，在设备写作过程中要准确、全面地描述设备，并遵守相关标准和规范。同时，定期更新设备写作内容，以反映设备的最新状态和改进措施。

7.4 AGV 智能控制系统设计与运行

AGV 智能控制系统设计与运行涉及多个方面的技术和工程，需要综合考虑车辆控制、路径规划、环境感知、通信等多个模块的设计和协同工作。通过合理设计和优化，可以提高 AGV 系统的运行效率和可靠性，从而更好地满足离散型制造工厂的物流需求。

7.4.1　智能路径规划

AGV（自动导引车）智能控制系统设计与运行是离散型制造工厂中一个非常重要的主题，它涉及自动化技术在物流和生产过程中的应用。AGV 是一种能够自主移动、载货的无人驾驶车辆，它可以根据预设的路线和任务自动行驶，具有提高物流效率、降低劳动强度的优点。常见的工业 AGV 如图 7-8 所示。

图 7-8　常见的工业 AGV

1. 路径规划

AGV（自动导引车）路径规划与导航技术是指在 AGV 系统中，通过算法和技术确定车辆的行驶路径，并实现车辆沿着规划路径安全、高效地导航到目标位置的过程。这项技术在离散型制造工厂中起着至关重要的作用，可以帮助提高物流效率、降低成本、提高生产灵活性等。AGV 的运输作业模型如图 7-9 所示。

路径规划是 AGV 系统中的一个核心问题，主要包括静态路径规划和动态路径规划两种类型。

（1）静态路径规划　静态路径规划是在车辆起动前就确定好整个行驶路径的规划方式。这种方式适用于环境相对固定不变的情况，例如在工厂车间中的长期布局不会发生太大变化的情况下。静态路径规划可以提前规划好车辆的行驶路线，避免了在运行过程中频繁重新规划路径的需求，节省了计算和时间成本。但是，静态路径规划对于环境变化频繁的场景可能不太适用，因为一旦环境发生变化，就需要重新规划路径。

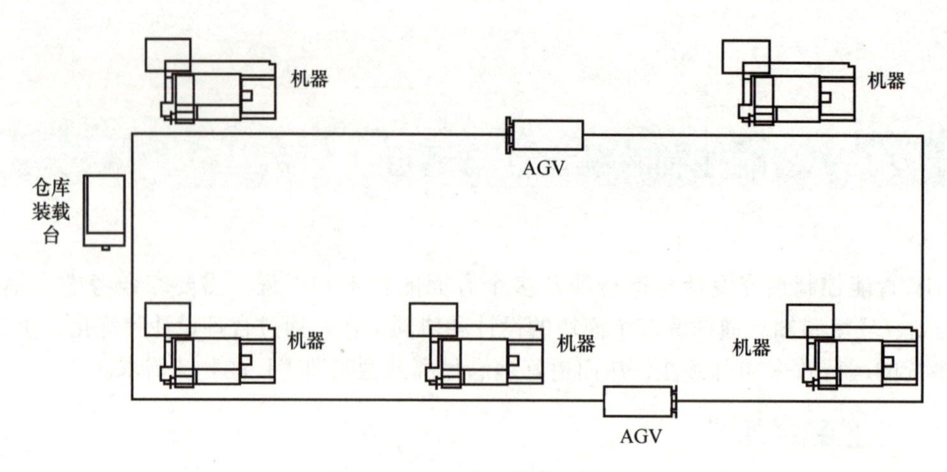

图 7-9　AGV 的运输作业模型

（2）动态路径规划　动态路径规划是根据车辆当前的位置、目标位置和环境信息等动态调整路径的规划方式。这种方式适用于环境变化频繁的情况，例如在工厂车间中存在移动障碍物或者工作站位置经常变动的情况下。动态路径规划可以根据实时的环境信息和任务需求，及时调整车辆的行驶路径，保证车辆安全、高效地到达目标位置。动态路径规划需要车辆具备实时感知和决策能力，通常会结合传感器、地图信息和路径规划算法来实现。

在路径规划过程中，需要考虑多个因素，如路径长度、时间、能耗、安全性等。常用的路径规划算法包括最短路径算法（如 Dijkstra 算法、A＊算法）、最小生成树算法（如 Prim 算法、Kruskal 算法）、人工势场算法、遗传算法等。这些算法可以根据具体的场景和要求进行选择和组合，以实现最优的路径规划效果。

（1）最短路径算法　最短路径算法是指在图中找到两个顶点之间最短路径的算法。其中，Dijkstra 算法是一种常用的最短路径算法，它通过逐步扩展路径长度来找到最短路径，如图 7-10 所示。A＊算法是另一种常用的最短路径算法，它在 Dijkstra 算法的基础上引入了启发式搜索，可以更快地找到最短路径。

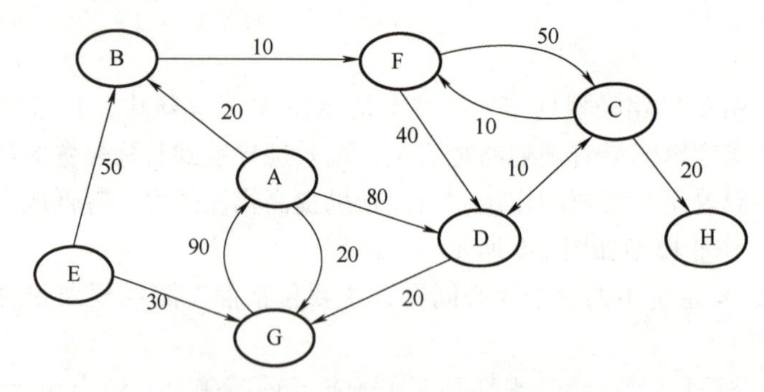

图 7-10　Dijkstra 算法演示图表

（2）最小生成树算法　最小生成树算法是指在一个连通的无向图中找到一个子图，该子图包含图中所有顶点，且边的权值之和最小。Prim 算法和 Kruskal 算法是两种常用的最小生成树算法，它们可以用于路径规划中的环路优化和资源利用最大化。

（3）人工势场算法　人工势场算法是一种基于物理模型的路径规划算法，它模拟了物体在势场中的运动过程。在人工势场中，障碍物会产生斥力，目标位置会产生引力，车辆根据斥力和引力的作用来选择最优路径。人工势场算法在动态环境下具有一定的适应性和实时性。

（4）遗传算法　遗传算法是一种基于自然选择和遗传机制的优化算法，它通过模拟生物进化过程来寻找最优解。在路径规划中，可以使用遗传算法来搜索最优路径，尤其适用于复杂环境和多目标优化问题。

综上所述，路径规划算法的选择取决于具体的场景和要求，需要综合考虑路径长度、时间、能耗、安全性等因素，以实现最优的路径规划效果。在实际应用中，可以根据需要选择合适的算法或组合多种算法来进行路径规划。

2. 实时调度和任务分配

实时调度和任务分配是 AGV 系统中非常重要的环节，它们直接影响系统的运行效率和生产线的整体性能。因此，通过合理设计实时调度算法和任务分配策略，可以使 AGV 系统更加智能化和高效化，提高生产线的整体性能，为工厂的数字化转型和智能制造提供有力支持。AGV 多任务调度模型如图 7-11 所示。

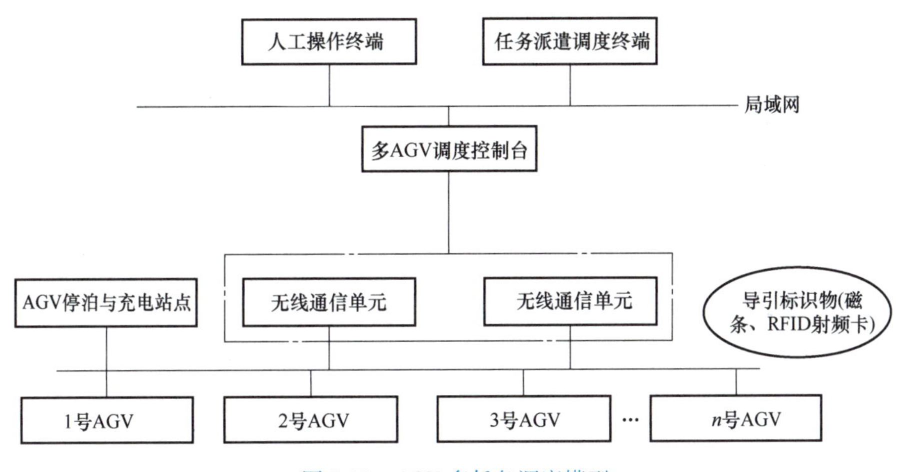

图 7-11　AGV 多任务调度模型

（1）实时调度　实时调度是指根据当前系统状态和任务需求，动态地调整 AGV 的任务执行顺序和路径规划，以适应环境的变化，以最大限度地提高生产效率和资源利用率。在实时调度过程中，需要考虑以下几个方面：

1）生产任务优先级。根据生产计划和紧急程度，确定各个任务的优先级，确保关键任务能够及时完成。

2）AGV 状态监控。实时监控 AGV 的位置、电量、空闲状态等信息，以便及时调度空闲的 AGV 执行新任务。

3）路径规划。根据生产线布局和实际情况，规划最优的路径，避免拥堵和碰撞，同时考虑节约时间和能源消耗。

4）异常处理。及时处理 AGV 遇到的异常情况，如交通阻塞、设备故障等，调整任务分配和路线规划。

（2）任务分配　任务分配是指将待执行的任务合理地分配给可用的 AGV，以提高任务的完成效率。通过合理的任务分配，可以避免 AGV 之间的冲突和重复工作，提高系统的整体运行效率。在任务分配过程中，需要考虑以下几个方面：

1）任务匹配。根据任务类型、距离、优先级等因素，选择最适合的 AGV 执行任务，以提高任务执行效率。

2）任务调度。合理安排任务的执行顺序，避免 AGV 之间相互影响和冲突，以提高整体运输效率。

3）资源优化。根据 AGV 的位置和状态，合理利用空闲 AGV，避免资源浪费和任务延迟。

4）任务反馈。及时收集 AGV 执行任务的数据和反馈，分析任务执行效率和问题，优化任务分配策略。

在实践中，实时调度和任务分配通常结合使用，通过实时监控和数据分析，及时调整 AGV 的任务执行顺序和路径规划，使系统能够更加灵活、高效地运行。这种实时调度和任务分配的机制可以帮助 AGV 系统应对复杂的工厂环境和多变的任务需求，提高系统的运行效率和应用范围。

3. 检测系统与传感器设计

AGV 的检测系统是指用于感知和识别周围环境的系统，通常包括传感器、处理器和软件等组成部分。AGV 的检测系统通常包括多种传感器，如激光雷达、摄像头、红外传感器、超声波传感器等。这些传感器可以检测障碍物、测量距离、识别标志和路标，以及监测 AGV 的运行状态。传感器获取的数据需要经过处理才能变成有用的信息。处理器负责对传感器数据进行处理和分析，实现环境感知、路径规划和导航控制等功能。软件是 AGV 检测系统的核心，它包括了实时调度算法、路径规划算法、避障算法等。这些算法可以根据传感器数据和系统状态，做出相应的决策，保证 AGV 安全、高效地运行。检测系统可以帮助 AGV 实现自主导航、避障和安全运行。环境信息获取框架如图 7-12 所示。

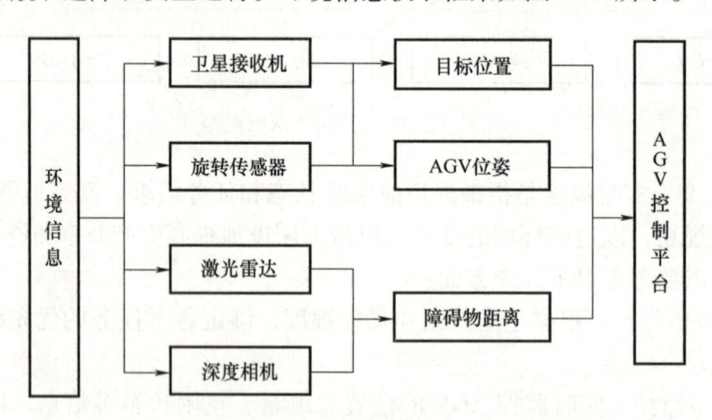

图 7-12　环境信息获取框架

而 AGV 的传感器是用于感知周围环境、定位导航和确保安全运行的重要组件，是实现 AGV 智能化运行的关键。通过合理选择和集成各种传感器，可以使 AGV 能够准确地感知周围环境，实现自主导航、避障和安全运行。

（1）传感器类型　AGV 常用的传感器包括激光雷达、摄像头、红外传感器、超声波传感器等。激光雷达可以用于精确测量距离和检测障碍物，摄像头可以用于识别标志和路标，红外传感器可以用于检测物体的距离和温度，超声波传感器可以用于短距离测距和避障。

（2）传感器集成　在集成传感器时，需要考虑传感器的位置、数量和覆盖范围。合理的传感器布局可以提高 AGV 的环境感知能力，减少盲区和误判，提高导航和避障的准确性。

（3）环境感知　通过传感器获取的环境信息，AGV 可以实现对环境的感知和理解。环境感知包括地图构建、定位、障碍物检测和路径规划等功能，可以帮助 AGV 准确地识别和避开障碍物，安全地完成任务。

（4）实时处理　传感器获取的数据需要经过实时处理和分析，以提取有用的信息并做出相应的决策。实时处理算法可以根据传感器数据和预设规则，对 AGV 的行为进行调整和优化，保证其安全、高效地运行。

综上所述，AGV 传感器集成和环境感知是 AGV 检测系统的重要技术。通过合理选择和集成传感器，并配合有效的环境感知算法，可以使 AGV 具备更强的自主导航和避障能力，实现在复杂环境下的安全高效运行。

7.4.2　自动化

自动化技术在离散型工厂中扮演着至关重要的角色，它通过自动控制系统、机器人、AGV 等设备的应用，实现了生产线的智能化和高效化。从原材料处理到成品包装，自动化系统可以实现生产过程的无人值守，提高了生产效率，减少了人为错误，并且使得工厂能够更灵活地应对市场需求的变化。

在离散型工厂中，自主决策、远程监控、安全与紧急停止机制、数据分析和通信联网等关键技术发挥着至关重要的作用。通过自主决策能力的提升，工厂内的自动化设备如 AGV 能够灵活应对生产任务，并实现智能化的生产调度；同时，安全与紧急停止机制确保了生产过程中人员和设备的安全；远程监控和通信联网技术使得管理人员可以实时获取生产数据和设备状态信息，从而做出及时决策；而数据分析则为工厂生产提供了有力支持，通过对数据的深度挖掘和分析，优化生产流程和提升生产效率成为可能。这些关键技术的整合应用，为离散型工厂的智能化、高效化生产提供了有力支持。

1. 自主决策

自主决策在离散型工厂中扮演着重要角色。这些工厂通常依赖先进的自动化系统和智能设备，以提高生产效率和质量。自主决策使得这些设备能够根据实时数据和预设规则进行操作，如调整生产速度、排程任务、检测异常等，从而实现更灵活和高效的生产流程。这种自主性不仅可以降低人为错误，提高生产线的稳定性，还能够适应快速变化的生产需求，为离散型工厂带来了新的发展机遇。

在离散型工厂中，自主决策的应用范围非常广泛，涉及生产过程中的多个环节和方面。以下是一些自主决策在离散型工厂中的应用：

（1）生产调度和排程　自主决策系统可以根据实时的订单情况、设备状态和原材料库存等信息，自动进行生产任务的调度和排程，以优化生产效率和资源利用率。智能排程系统可以根据预设的规则和优化算法，自主地进行任务分配和调整，以适应生产变化和提高生产线的运行效率。

（2）质量控制和异常处理　自主决策系统能够通过传感器和监控设备实时监测生产过程中的关键参数和质量指标，对产品质量进行实时控制和调整。当系统检测到异常情况时，可以自主触发相应的处理程序，如停机、报警、自动调整参数等，以最大限度地减少不合格品的产生。

（3）库存管理　自主决策系统可以基于订单需求和供应链信息，实时管理原材料和成品库存水平，避免库存积压或断货情况发生。

（4）设备维护和故障诊断　智能设备可以通过自主决策系统进行设备状态的监测和分析，预测设备的维护需求，并自主制订维护计划和执行维护操作。当设备发生故障或异常时，自主决策系统可以进行快速的故障诊断，并采取相应的措施，如自动切换备用设备、发送维修请求等，以最大限度地减少停机时间。

（5）能源管理和环保　自主决策系统可以根据能源消耗情况和生产需求，自动调整设备的能源利用模式和运行参数，以降低能源成本和减少环境影响。通过智能节能系统和环保监测设备，自主决策系统可以实现对排放物的监测和控制，以确保工厂生产符合环保要求。

自主决策系统的应用能够使离散型工厂实现更加智能化、灵活化和高效化的生产运作，为工厂的可持续发展和竞争力提供有力支持。这些技术的应用不仅可以提升工厂的生产效率和产品质量，还可以为员工创造更安全、舒适的工作环境，推动工业生产方式的转型升级。

2. 远程监控

远程监控在离散型工厂中扮演着至关重要的角色。通过远程监控系统，工厂管理者可以实时监视生产线的运行情况、设备的工作状态和生产数据，而无须亲临现场。这种实时监控不仅可以帮助管理者及时发现和解决潜在问题，提高生产效率和质量，还可以降低人力成本和安全风险。远程监控还能够支持远程诊断和维护，使得工厂能够更快速地应对突发情况，保持生产线的稳定运行。

远程监控在离散型工厂中的应用对于提高生产效率、降低成本、增强安全性和优化资源利用是至关重要的。以下是一些远程监控在离散型工厂中的主要应用领域：

（1）设备监控与维护　通过远程监控系统，工厂可以实时监测设备的运行状态、工作参数和性能指标，及时发现设备异常并进行预防性维护。远程监控还可以帮助工厂管理人员远程诊断设备故障，指导现场工作人员进行维修，从而减少停机时间和维修成本。

（2）生产过程监控　远程监控系统可以实时监测生产线上的生产过程，包括生产速度、温度、压力等关键参数，以确保生产过程稳定运行。工厂管理人员可以通过远程监控系统随时查看生产线的运行情况，及时发现问题并采取措施，保障生产进度和产品质量。

（3）安全监控　远程监控系统可以监测工厂内部和周边环境的安全状况，如火灾、泄漏、入侵等，及时报警并采取紧急措施，确保员工和设备的安全。通过远程监控系统，工厂管理人员可以随时监视工厂的安全情况，及时处理突发事件，减少安全事故的发生。

（4）能源管理　通过远程监控系统监测能源使用情况，工厂可以实时了解能源消耗情况，优化能源利用方式，降低能源成本，提高能源利用效率。远程监控系统还可以帮助工厂管理人员监测能源设备的运行状态，及时发现问题并进行调整，以确保设备正常运行，减少能源浪费。

（5）远程故障诊断与维护　当设备出现故障时，远程监控系统可以帮助工厂管理人员迅速定位问题所在，并通过远程控制或远程协助维修人员进行故障排除和维护，缩短停机时间。

（6）生产数据分析　远程监控系统可以收集和分析大量的生产数据，帮助工厂管理人员优化生产过程，提高生产效率和产品质量。

通过远程监控系统的应用，离散型工厂可以实现远程管理和实时监控，提高生产效率、降低成本、增强安全性，并为工厂的持续改进和发展提供有力支持。

3. 安全与紧急停止机制

安全与紧急停止机制在离散型工厂中是非常关键的。这些机制旨在保护员工、设备和环境免受潜在危险。安全机制包括但不限于安全传感器、紧急停止按钮、安全门等设备，能够及时检测到危险情况并采取必要的措施，如停止机器运行或通知相关人员。紧急停止机制则是在发生紧急情况时迅速停止设备运行，以防止事故进一步扩大。这些机制的设计和实施可以有效降低工厂事故发生的可能性，保障生产环境的安全和稳定。

基于车间生产要素，针对离散型车间生产过程，运用人、机、料、法、环（man，machine，material，method，environments；4M1E）法对生产车间异常事件进行分类。按离散型车间实际生产过程，将生产车间异常事件分为六种主要类型，包括人员异常事件、设备异常事件、物料异常事件、方法异常事件、环境异常事件和其他异常事件，如图 7-13 所示。人员异常事件包括人员操作异常、出勤异常、新增人员、人员安全问题和身体异常；设备异常事件分为一般异常、重要异常、严重异常和新增设备；物料异常事件包括物料配送异常、库存异常、物料质量异常和供给异常；方法异常事件包括操作异常、培训异常、处理异常和信息异常；环境异常事件包括噪声过大、温度异常、照明异常；其他异常事件包括突发事件和安全异常。

针对生产车间异常事件，安全与紧急停止机制在离散型工厂中显得非常重要，它们可以帮助确保工人和设备的安全，并减少生产中的意外事件。以下是安全与紧急停止机制在离散型工厂中的应用：

（1）安全监控系统　离散型工厂可以安装监控摄像头和传感器，监测生产环境中的安全情况，如工人位置、设备运行状态等，及时发现潜在的安全隐患。

（2）紧急停止按钮　在工厂设备和生产线的关键位置安装紧急停止按钮，一旦发生紧急情况，操作人员可以立即按下按钮停止相关设备的运行，以防止事故发生。

（3）安全培训与教育　定期对工人进行安全培训和教育，提高他们的安全意识和应急反应能力，规范生产流程和行为，减少事故发生的可能性。

（4）自动化紧急停止系统　利用自动化技术，实现对设备运行状态的实时监测和控制，当发现异常情况时，自动停止设备运行，保障工人和设备的安全。

（5）安全标志和警示灯　在工厂内设置安全标志和警示灯，提醒工人注意安全，指示紧急情况下的应急措施。

（6）定期维护和检查　定期对安全设备和系统进行维护和检查，确保其正常运行和有效性，及时发现并修复潜在的安全隐患。

通过合理应用安全与紧急停止机制，离散型工厂可以最大限度地保障员工和设备的安全，同时提高工厂的应急响应能力，减少事故损失，并为持续稳定的生产提供重要保障。

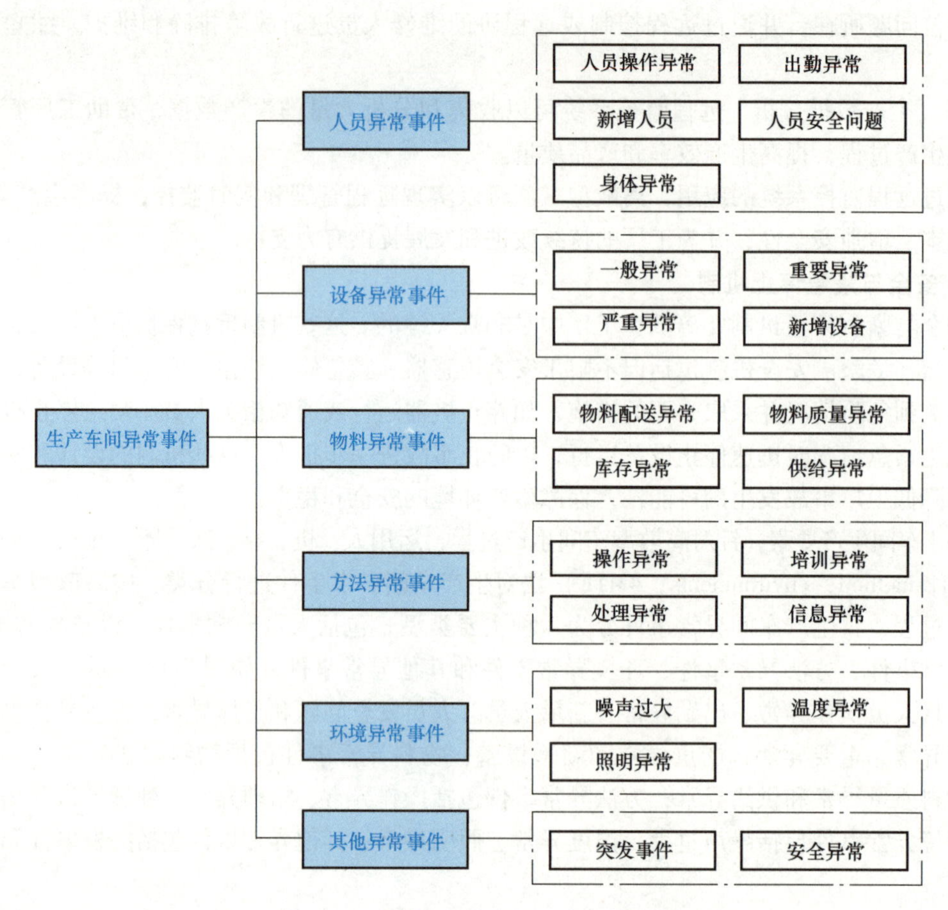

图 7-13　离散型生产车间异常事件分类

4. 数据分析和通信联网

数据分析和通信联网在离散型工厂的紧急停止机制中发挥着关键作用。通过实时监测设备和生产线的运行状态，数据分析可以帮助预测潜在的故障，并及时采取措施进行修复，从而减少突发停机的可能性。通信联网技术则可以实现设备之间的信息交流和远程监控，使得紧急停止指令可以快速传达给相关设备，实现快速、准确的停机。这些技术的应用不仅提高了工厂的安全性和生产效率，还为工厂管理者提供了更多的数据支持，帮助他们更好地优化生产流程和资源调配。

数据分析和通信联网在离散型工厂中应用广泛，对于提高生产效率、优化资源利用、实现智能化管理具有重要作用。以下是数据分析和通信联网在离散型工厂中的主要应用：

（1）生产数据监控与分析　通过监测生产过程中的各种数据，如设备运行状态、生产速率、原材料消耗等，利用数据分析技术实时分析生产效率，发现潜在问题并提出改进建议。

（2）预测性维护　通过监测设备传感器数据，利用数据分析技术预测设备可能出现的故障，并提前进行维护，避免设备故障导致的生产中断。

（3）质量控制　利用数据分析技术对生产过程中的质量数据进行分析，及时发现产品质量问题，并采取措施进行调整，确保产品质量符合标准。

（4）供应链管理　通过与供应商和客户的通信联网，实现供应链信息的实时共享和协调，优化供应链管理，减少库存和运输成本。

(5) 智能仓储管理　利用数据分析和通信联网技术，实现对仓库库存和货物流动的实时监控和管理，提高仓储效率，减少误差和损失。

(6) 物联网应用　通过物联网技术实现设备之间的互联互通，实现设备状态的实时监控和远程控制，提高生产线的自动化程度和灵活性。

数据分析和通信联网的应用可以帮助离散型工厂实现智能化生产和管理，提高生产效率、降低成本、优化资源利用，并为工厂的持续改进和发展提供有力支持。

本章小结

本章介绍了离散型制造智能物流的关键技术和应用，包括材料仓储控制、产品仓储控制、物料传送装置控制以及 AGV 智能控制系统设计与运行。在材料仓储控制方面，讨论了智能化仓储系统设计和 RFID 技术的应用；在产品仓储控制方面，介绍了智能化产品仓储设计和自动化仓储系统；在物料传送装置控制方面，重点探讨了传送带和输送机等的控制系统；最后，详细讨论了 AGV 智能控制系统的设计原理和智能路径规划。这些内容全面展示了离散型制造智能物流领域的重要技术和应用，为提升制造业物流效率和智能化水平提供了重要参考和指导。

思考题

1. 简要描述 RFID 技术在智能仓储系统中相较于传统管理方法的优势，并列举至少三点。
2. 如何利用智能仓储管理提高离散型制造企业的生产效率和供应链灵活性？
3. 如何利用实时监控和预测性分析来优化离散型制造企业的仓储管理和决策？
4. 如何利用自动化设备和信息集成化来优化离散型制造企业的仓储管理和物流运作？
5. 如何进行产品的需求预测？列举至少两种方法并说明其优缺点。
6. 仓库的质量安全包括哪些方面？简要描述每个方面的内容。
7. 智能仓储告警系统的架构包括哪三个部分？请简要说明每个部分的功能。
8. 可靠性检测的步骤是什么？简要描述每个步骤的主要内容。

参考文献

[1] 陈艳. 基于 RFID 的仓储自动化与智能化技术应用 [J]. 黑龙江科学，2024，15 (4)：66-69.
[2] 盛强，张佳，孙军艳. 制造企业物料库存控制策略研究 [J]. 机械设计与制造，2020 (11)：301-304.

[3] 李洪. 浅析智能制造背景下的库存管理：以电梯行业精细化管理为例［J］. 中国设备工程，2023（9）：42-44.
[4] 刘海金. 基于虚拟仿真实验的物流企业仓储与运输优化策略研究［J］. 物流科技，2023，46（22）：158-162；169.
[5] 李蔚田，神会存. 智能物流［M］. 北京：北京大学出版社，2013.
[6] 王传平，梁桥，陈立君，等. 仓储智能化管理的发展路径探索［J］. 信息系统工程，2023（11）：117-120.
[7] 钱昇，蒋晓华，丁宏琳，等. 基于AI技术的物流仓储园区库存需求和采购预测［J］. 微型电脑应用，2023，39（6）：86-89.
[8] 杜安锋，史欣蕊. 物资仓储安全信息智能化管理现状及防控措施分析［J］. 信息记录材料，2019，20（7）：56-57.
[9] 郝雪. 自动化仓储传输监控系统与货位优化研究［D］. 北京：北京邮电大学，2019.
[10] 李文然. 面向密集库的数字化仓储作业监控技术研究［D］. 上海：东华大学，2023.
[11] 王一斌，项前，李红琴，等. 支持精益物流的仓储实时监控系统设计［J］. 东华大学学报（自然科学版），2016，42（4）：566-571；581.
[12] 何学萍. 关于综合仓储管理方案的探究［J］. 物流工程与管理，2011，33（5）：41-42.
[13] 刘凌，付福兴. 智能制造［M］. 北京：电子工业出版社，2020.
[14] 张永泽，马骏. 流程制造业与离散制造业物流特点［J］. 北京邮电大学学报（社会科学版），2010，12（6）：72-76.
[15] 任倩，汤少珍. 物流公司智慧仓储管理研究：以家具企业仓储管理为例［J］. 林产工业，2021，58（2）：106-108.
[16] 王海天，徐慧，汪灵瑶，等. 基于FlexSim的电商产品包装及仓库布局仿真优化［J］. 制造业自动化，2022，44（3）：162-166；170.
[17] 张梦得，戴明强. 海军装备仓库存储优化方法研究［J］. 兵工自动化，2017，36（1）：71-75.
[18] 任强. 基于动线型SLP的仓库布局优化实现研究：以W连锁超市一号仓库为例［D］. 成都：成都理工大学，2021.
[19] 丁华燕，王梓. 人工智能在智能仓储设备中的应用与发展趋势分析［J］. 智慧中国，2024（1）：52-53.
[20] 沈航，段茹茹，陈超，等. 基于云平台的智能仓储告警系统［J］. 智能制造，2023（6）：94-97.
[21] 姜天. 基于安全监控的智能仓储作业管理系统［J］. 物流技术，2019，38（4）：105-108.
[22] 甄学平，李勇建. 运营中断风险管理研究：基于供应链合作和风险转移的视角［M］. 北京：科学出版社，2020.
[23] 唐四元，马静. 现代物流技术与装备［M］. 北京：清华大学出版社，2018.
[24] 刘宝红，赵玲. 供应链的三道防线：需求预测、库存计划、供应链执行［M］. 北京：机械工业出版社，2018.
[25] 赵苏. 物流管理工具箱［M］. 北京：机械工业出版社，2010.
[26] 唐纳德，鲍尔索克斯. 供应链物流管理［M］. 马士华，黄爽，赵婷婷，译. 北京：机械工业出版社，2010.
[27] 柳容. 智能仓储物流、配送精细化管理实务［M］. 北京：人民邮电出版社，2020.
[28] 赵嘉俊，马晨，方忠民. 离散型制造企业智能物流升级与发展［J］. 起重运输机械，2022（9）：8-10.
[29] 张伟. 试论生产线传送带及立体仓库控制系统设计［J］. 黑龙江科技信息，2016（18）：65.
[30] 史龙尧. 基于机器视觉的传送带分拣系统设计［D］. 杭州：浙江工业大学，2020.
[31] 马鹏飞. 长距离带式输送机线路布置探讨［J］. 煤炭技术，2022，41（1）：229-230.
[32] 江茹，李国超，郑浩，等. 基于多传感器的加工过程智能监测系统设计［J］. 光学与光电技术，2024，22（1）：67-76.

[33] 金从兵. 面向散状物料特性的带式输送系统传感器选择与数据融合 [J]. 中国设备工程，2023 (S2)：214-216.

[34] 刘薇. 自动化系统中的控制技术应用 [J]. 集成电路应用，2024，41 (1)：258-259.

[35] 高欢，王少华，张亮星，等. 离散型车间生产过程实时监控系统研究 [J]. 机械设计与制造，2018 (1)：111-113；117.

[36] 屈力刚，黎鑫，张丹雅，等. 离散型车间检测过程实时监控系统研究 [J]. 机床与液压，2023，51 (6)：31-35.

[37] 周寅鹏. 离散型车间制造过程状态监控管理系统研究 [D]. 武汉：武汉理工大学，2013.

[38] 张靖. 智能 AGV 小车在物流系统应用的常见故障及维修策略 [J]. 物流技术与应用，2022，27 (7)：139-141.

[39] 姜国仙. 机械设备自动化制造过程资源优化调度方法设计 [J]. 制造业自动化，2022，44 (1)：10-13；26.

[40] 樊梁华. 机械加工车间现场人力资源优化配置研究 [D]. 重庆：重庆大学，2020.

[41] 刘禹岑. 机械设备维修区域资源优化调度仿真 [J]. 计算机仿真，2017，34 (6)：204-207.

[42] 司明，邬伯藩，胡灿，等. 智能仓储交通信号与多 AGV 路径规划协同控制方法 [J]. 计算机工程与应用，2024，60 (11)：290-297.

[43] 吴若. 智能制造车间 AGV 交通控制系统研究与应用 [D]. 合肥：安徽大学，2022.

[44] 张世清. 自动化工厂的多 AGV 系统路径规划及调度机制研究 [D]. 西安：西京学院，2022.

[45] 孙怀义，莫斌，杨璟，等. 工厂自动化未来发展的思考 [J]. 自动化与仪器仪表，2019 (9)：92-96.

[46] 黄志强，刘召杰. 智能制造工程离散行业自动化生产线设计方案 [J]. 科技创新与应用，2022，12 (32)：132-134；138.

[47] 吴占军. 工业设备远程监控系统关键技术 [J]. 电子世界，2018 (18)：202；204.

[48] 陈保安. 离散型制造车间生产调度优化研究 [D]. 成都：电子科技大学，2020.

[49] 高欢，王少华，张亮星. 离散型车间生产过程中的物料实时跟踪与管理 [J]. 机械设计与制造，2018 (5)：269-272.

[50] 孙书伟. 基于 RFID 的离散型车间物料输送系统研究 [D]. 广州：华南理工大学，2015.

[51] 李妍. 离散型生产车间异常事件预测与管控方法研究 [D]. 西安：西安科技大学，2022.

[52] 蔡煜颖，田艳，王二威，等. 离散型生产车间数据采集与分析系统设计 [J]. 电子设计工程，2013，21 (8)：58-60；64.

[53] 刘永新. 离散型制造过程工时数据处理与优化调度方法研究 [D]. 哈尔滨：哈尔滨工业大学，2010.

8

第 8 章

离散型智能制造工厂典型案例

章知识图谱

说课视频

本章将聚焦于离散型智能制造工厂的典型案例，通过具体实例展示智能制造在离散型生产中的应用与成效。离散型制造工厂是以单件或小批量生产为特点的制造模式，其产品种类多样、生产工艺复杂，对灵活性和响应速度有较高要求。在智能制造理念的引领下，越来越多的离散型工厂通过引入物联网、人工智能、大数据等先进技术，实现了生产过程的高度个性化、自动化和智能化。本章将通过多个典型案例，详细解析这些技术在实际生产中的应用场景、解决方案以及取得的成果，旨在为读者提供有价值的借鉴和启示，推动智能制造在离散型工厂的进一步发展。

8.1 个性化服务

8.1.1 政企服务

目前，为了响应国家政策的号召和满足市场需求，家电和工程机械等行业正在积极推进数字化转型和服务创新，以实现产业的可持续发展和竞争力提升。具体如下：

1. 家电行业相关政策

（1）商务部等 13 部门关于促进绿色智能家电消费若干措施的通知　为了响应国家的战略规划和政策导向，家电行业正在努力克服市场发展中的不足，解决消费者在家电购买和使用过程中遇到的难题。当前的目标是满足人们对环保、节能、智能化以及时尚家电的追求，同时推动整个家电产业链的发展，为宏观经济的稳定做出贡献，并支持新发展模式的构建。具体措施包括：①开展全国家电“以旧换新”活动；②推进绿色智能家电下乡；③鼓励基本装修交房和家电租赁；④拓展消费场景提升消费体验；⑤优化绿色智能家电供给；⑥实施家电售后服务提升行动；⑦加强废旧家电回收利用；⑧加强基础设施支撑；⑨落实财税金融政策。

(2) 政企同心，家电产业加“数”升级，高质量发展镇街行　智能家电是广东省 20 个战略性产业集群之一，容桂街道创新构建数字化转型服务体系，推出一揽子扶持政策托底转型，政企凝心聚力，共促家电产业数字化行稳致远。2021 年，容桂率先出台镇街一级的工业数字化发展政策，连续 3 年投入 2000 万元专项资金做扶持转型，2022 年又创新构建“一库、一平台、一服务站、一集聚区、一批生态服务商”的数字化转型服务体系，激励企业“想转型”“敢转型”“会转型”，成效凸显。下半年阶段，容桂围绕市、区“制造业当家”与建立最友好的制造业强区的要求，通过加强政策引领，打造转型标杆、深化技术扶持、招引专业人才、紧密高校合作、加强金融配套等一系列举措，护航企业数智化转型走得快、走得稳。

2. 工程机械行业相关政策

一直以来，工程机械都是国家政策重视的对象。各大部门近年来也颁布了不少相关方案与指导意见，持续引导以及鼓励我国工程机械行业的发展。工程机械行业相关政策见表 8-1。

表 8-1　工程机械行业相关政策

发布时间	发布机构	政策名称	政策内容
2022. 12	国家发展改革委	《“十四五”扩大内需战略实施方案》	推动船舶与海洋工程装备、先进轨道交通装备、先进电力装备、工程机械、高端数控机床、医药及医疗设备等产业创新发展
2022. 11	工业和信息化部、国家发展改革委、国务院国资委	《关于巩固回升向好趋势加力振作工业经济的通知》	实施重大技术装备创新发展工程，做优做强信息通信设备、先进轨道交通装备、工程机械、电力装备、船舶等优势产业，促进数控机床、通用航空及新能源飞行器、海洋工程装备、高端医疗器械、邮轮游艇装备等产业创新发展
2022. 7	国家发展改革委、工业和信息化部、农业农村部、商务部、国务院国资委、市场监管总局、国家知识产权局	《关于新时代推进品牌建设的指导意见》	引导装备制造业加快提质升级，推动产品供给向“产品+服务”转型，在轨道交通、电力、船舶及海洋工程、工程机械、医疗器械、特种设备等装备领域，培育一批科研开发与技术创新能力强、质量管理优秀的系统集成方案领军品牌和智能制造、服务型制造标杆品牌
2022. 1	国家发展改革委、商务部、工业和信息化部、财政部、自然资源部、生态环境部、住房和城乡建设部	《关于加快废旧物资循环利用体系建设的指导意见》	提升汽车零部件、工程机械、机床、文办设备等再制造水平，推动盾构机、航空发动机、工业机器人等新兴领域再制造产业发展，推广应用无损检测、增材制造、柔性加工等再制造共性关键技术。结合工业智能化改造和数字化转型，大力推广工业装备再制造
2021. 10	国务院	《2030 年前碳达峰行动方案的通知》	推进退役动力电池、光伏组件、风电机组叶片等新兴产业废物循环利用。促进汽车零部件、工程机械、文办设备等再制造产业高质量发展

（续）

发布时间	发布机构	政策名称	政策内容
2019.12	国务院	《长江三角洲区域一体化发展规划纲要》	推动中心区重化工业和工程机械、轻工食品、纺织服装等传统产业向具备承接能力的中心区以外城市和部分沿海地区升级转移，建立与产业转移承接地间利益分享机制，加大对产业转移重大项目的土地、融资等政策支持力度

随着新技术与数字经济的蓬勃发展，产业数字化转型已成为经济高质量发展的重要支撑。2020年5月13日，国家发展改革委官网发布“数字化转型伙伴行动”倡议。倡议提出，政府和社会各界联合起来，共同构建“政府引导—平台赋能—龙头引领—机构支撑—多元服务”的联合推进机制，加速数字化转型的节奏。2021年7月8日，受工业和信息化部装备工业司委托，中国工程机械工业协会正式发布《工程机械行业“十四五”发展规划》（简称《规划》）。《规划》中明确了“坚持创新驱动发展战略，科学把握新发展阶段，深入贯彻新发展理念，加快构建新发展格局，以推动高质量发展为主题，以深化供给侧结构改革为主线，实现工程机械产业基础高端化、产业链现代化”的指导思想，并将“加快互联网+工程机械产业的融合，推进行业数字化发展”列为发展重点和关键任务。

8.1.2 设备互联

目前，为了实现设备间的高效协同和智能化管理，各个行业陆续开展了设备互联技术的研究与应用，具体如下：

1. 智能家电

（1）基本概念　智能家电是将微处理器、传感器技术、网络通信技术引入家电设备后形成的家电产品，如图8-1所示，具有自动感知住宅空间状态和家电自身状态、家电服务状态，能够自动控制及接收住宅用户在住宅内或远程的控制指令。同时，智能家电作为智能家居的组成部分，能够与住宅内其他家电和家居、设施互联组成系统，实现智能家居功能。

图8-1　智能家电

（2）智能家电的特点　家电行业智能化离不开大数据、互联网、机器学习等人工智能技术的运用，使得其具有网络功能化、智能化、开放、兼容、易用性、节能化等特点。清华大学人工智能研究院提出，第三代人工智能的发展是融合第一代知识驱动和第二代数据驱动的人工智能，同时利用知识、数据、算法和算力等要素。第一、二代人工智能如图 8-2 所示，第三代人工智能如图 8-3 所示。

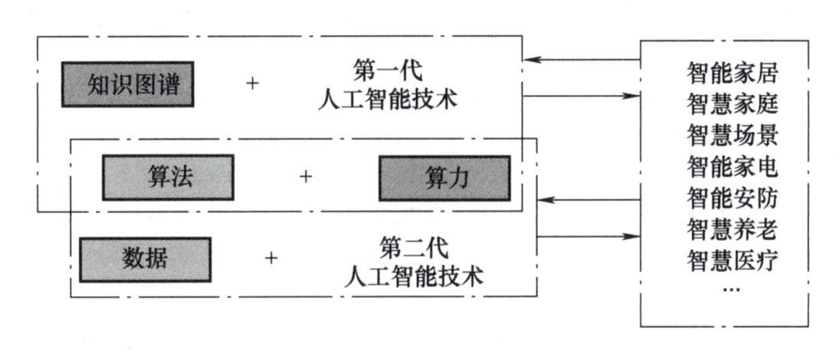

图 8-2　第一、二代人工智能

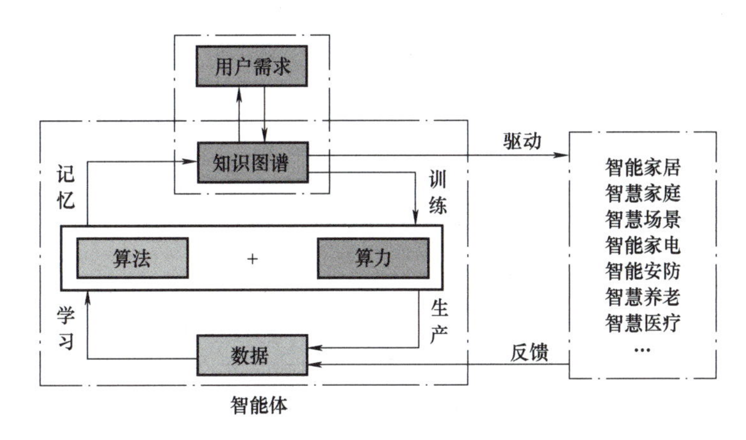

图 8-3　第三代人工智能

家电行业的发展经历了四个阶段，目前已经进入到智能化发展阶段，智能电视、智能冰箱、智能洗衣机出现，并且开始从智能单品向智能服务转变，智能家居逐步得到消费者认可。家电智能化技术架构如图 8-4 所示。

（3）智能家电控制系统　主要包括智能家电、服务平台和控制终端，如图 8-5 所示。用户通过控制终端把控制命令发送到家电厂商的服务平台，服务平台再把控制命令发送到智能家电，使其执行命令。执行智能化的功能时，智能家电将其设备状态发送到服务平台后，服务平台会将数据进行计算分析，得到计算结果后自动把控制命令发送到智能家电执行。

（4）家电智能化物联技术架构　家电物联网技术如图 8-6 所示。

（5）家电智能化网域架构（图 8-7）　通过接口将各个域的数据关联到对应的实体中。华为率先提出 1+2+*N* 全屋智能方案（图 8-8），其中“1”为升级鸿蒙框架的智能主机，“2”重新定义为两个核心交互产品，一套中控屏全家族+一个智慧生活 App，一空间一屏，全场景交互，“*N*”个场景则升级为 4 个全屋子系统和 6 个空间子系统。

全屋智能全系采用鸿蒙生态，家电厂家接入鸿蒙系统，通过不断丰富的鸿蒙智联生态，可以让鸿蒙智慧场景常用常新。整个全屋智能搭载 HarmonyOS AI 引擎，让家拥有集学习、计算、决策、控制于一体的智慧大脑。鸿蒙生态的搭建如图 8-9 所示。

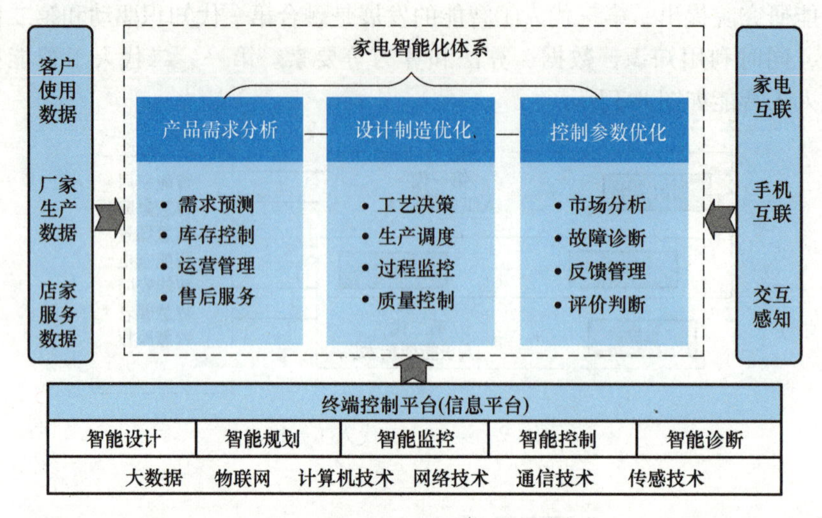

图 8-4 家电智能化技术架构

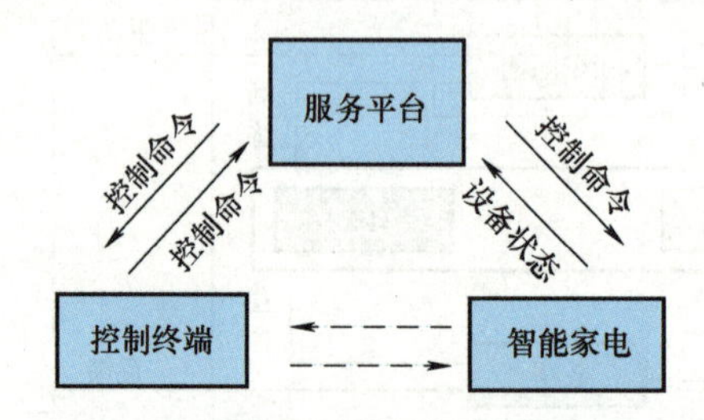

图 8-5 智能家电控制系统拓扑图

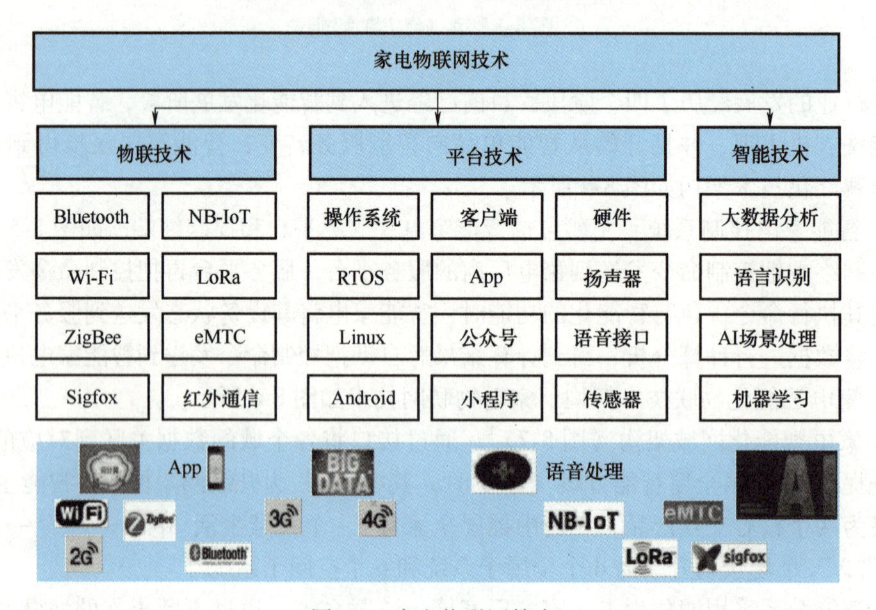

图 8-6 家电物联网技术

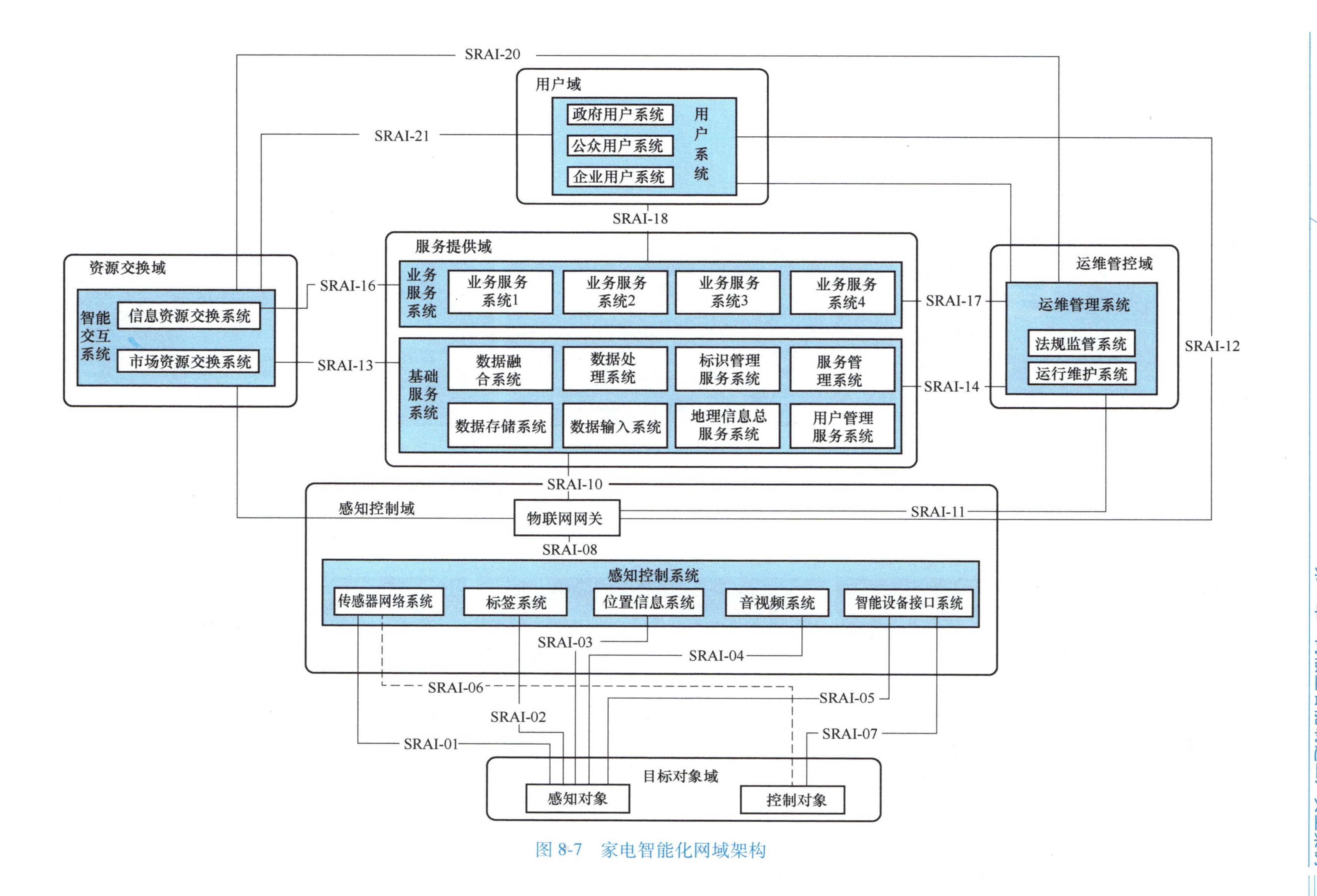

图 8-7　家电智能化网域架构

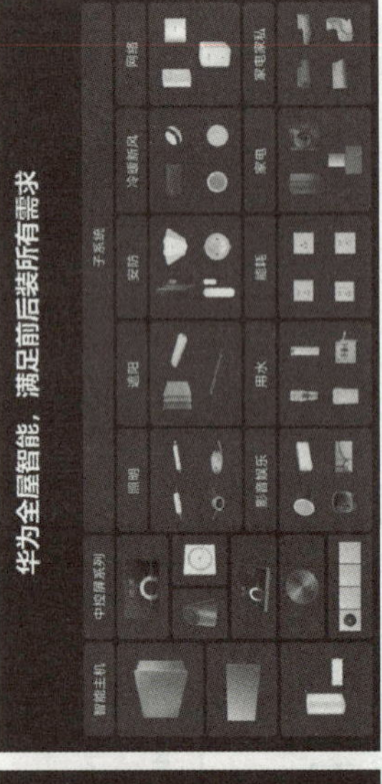
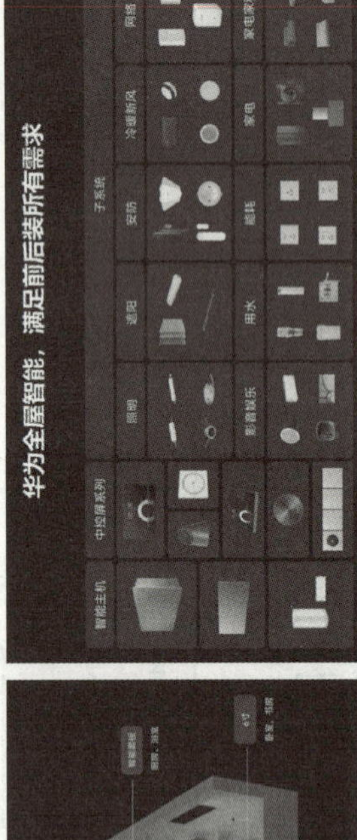

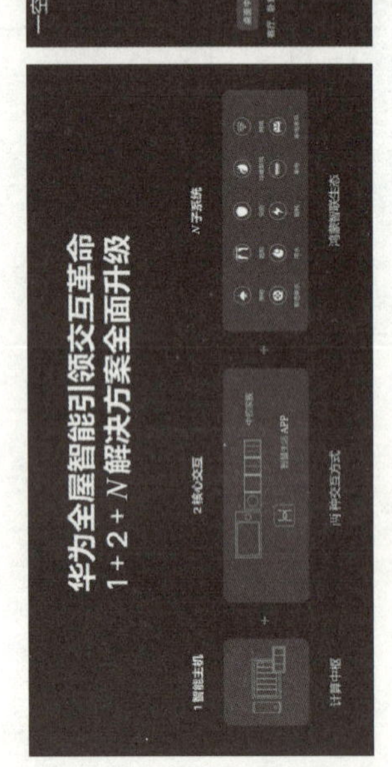

图 8-8　华为 1+2+N 全屋智能方案

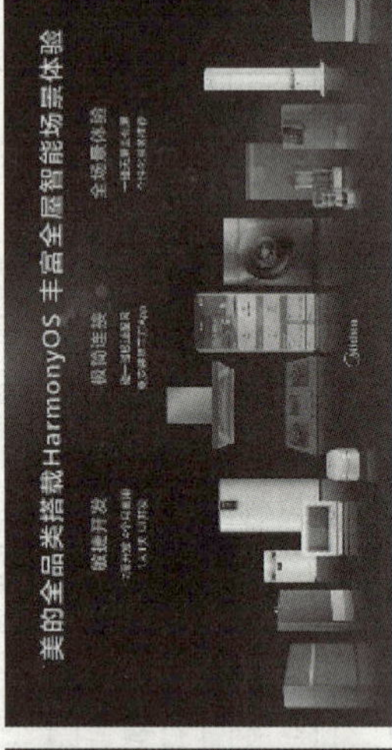
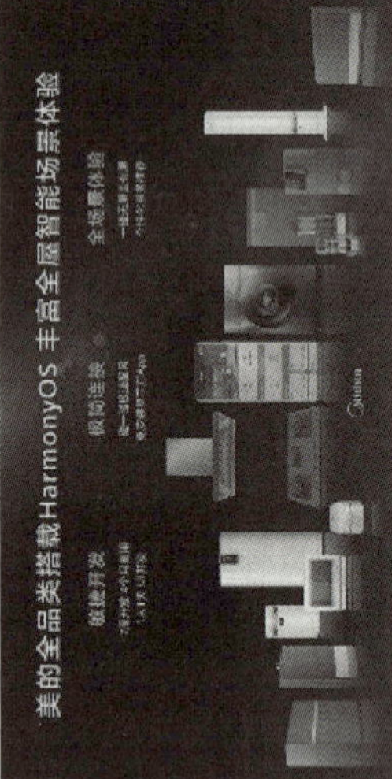

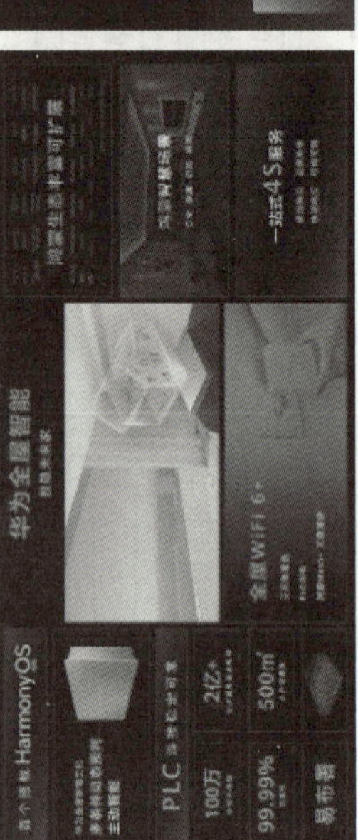

图 8-9　鸿蒙生态的搭建

除此之外，小米、西门子、TCL、海尔等也展示了他们在这一领域的创新成果，其中小米全屋智能的超前规划，生态链的完善和品类的丰富程度，以及软件层面的自动化和标准化，给了用户独一无二的体验，小米从互联互通体系的功用、互用性、牢靠性、服从、宁静等多个维度考量，制定了行业抢先的智能单品互联互通的尺度和标准。西门子全套智能家居系统可智能控制整体房间 HVAC（空调系统）和感知家电系统。TCL 全套智能家电系统可以为新型家庭住户提供智能服务。海尔冰箱“多维融合感知和智能交互关键技术及在冰箱中的应用”被中国人工智能学会认定为达到国际先进水平，智慧场景已覆盖智慧感知、智能交互、智慧健康等核心场景。由此可见，家电行业发展整体趋势显示智能家电/家居时代到来，由单品智能指向不同产品联动，从而实现系统智能。智能家电的相关创新成果如图 8-10~图 8-16 所示。

2. 工程机械

（1）工程机械行业定义及分类　工程机械是指用于工程建设施工机械的总称。目前，我国工程机械主要分为土方机械（挖掘机、装载机、推土机）、起重机械（起重机、履带吊、塔机）、混凝土机械（混凝土泵车、搅拌车）、路面机械（平地机、压路机、摊铺机）、高空作业机械（高空作业平台、高空作业平台车）、工业车辆（叉车、牵引车）六大类。

（2）工程机械智能化　工程机械在资源开采、工业生产、建设施工和抢险救灾等方面一直发挥着重要作用。随着全球科技的发展和人工智能技术的普及，工程机械领域的企业也迎来技术创新的浪潮，以美国、日本企业为代表的工程机械强手们已围绕“无人化”和“智能化”展开竞争。

国内在新型基础设施建设（新基建）政策推动和“中国制造 2025”号召之下，技术创新已成为行业发展共识，工程机械无人化的重要性愈发明显；同时，工程机械行业的传统痛点，如恶劣的作业环境、频发的安全事故、企业降本增效的要求，进一步凸显出其必要性，不断推动着工程机械向无人化发展。

1）百度。百度基于行业发展方向和企业客户需求，推出“盘古工程机械无人作业平台”（简称“盘古”），助力工程机械行业向无人化作业迈出关键一步。盘古由百度研究院机器人与自动驾驶实验室（RAL）联合百度智能云事业部开发，并和徐工等工程机械头部主机厂打磨合作，是国内首个基于智能云平台、软硬一体、技术全球领先的工程机械无人作业平台。盘古赋能的挖掘机在没有驾驶人员操作的情况下，自主感知作业环境、规划任务并完成作业，帮助企业提升生产安全性、降本增效，推动工业生产向数字化、智能化、安全化、绿色化的目标迈进。盘古赋能的工程机械示例如图 8-17 所示。

具体而言，在核心算法方面，盘古开发了一套以三维环境建模、智能感知识别、实时运动规划、鲁棒运动控制为核心的 AI 算法，能够高精度、高可靠性地完成常见的作业任务。三维环境感知算法利用低成本相机和激光雷达，实时生成高精度的三维环境地图；通过计算机视觉和深度学习等算法，盘古能检测作业环境中的运输货车、障碍物、石块、标识和人员等，也能对作业物料材质进行识别，及时调整作业动作；基于 3D 环境地图和高层次任务信息，盘古能够快速进行多自由度的作业规划和运动路径规划，在提升作业效率的同时降低能耗和机械损耗；通过高精度运动闭环控制算法，能够实现工程机械各机构的精准运动控制，解决了传统工程机械中运动控制无法闭环、轨迹难以跟踪、跟踪精度差等难题。百度盘古和其他相关工作研究成果已入选机器人、计算机视觉和自动驾驶等领域中的国际顶级会议和期刊，如 Science Robotics、IJRR、RAL、ICRA、IROS 和 CVPR 等。

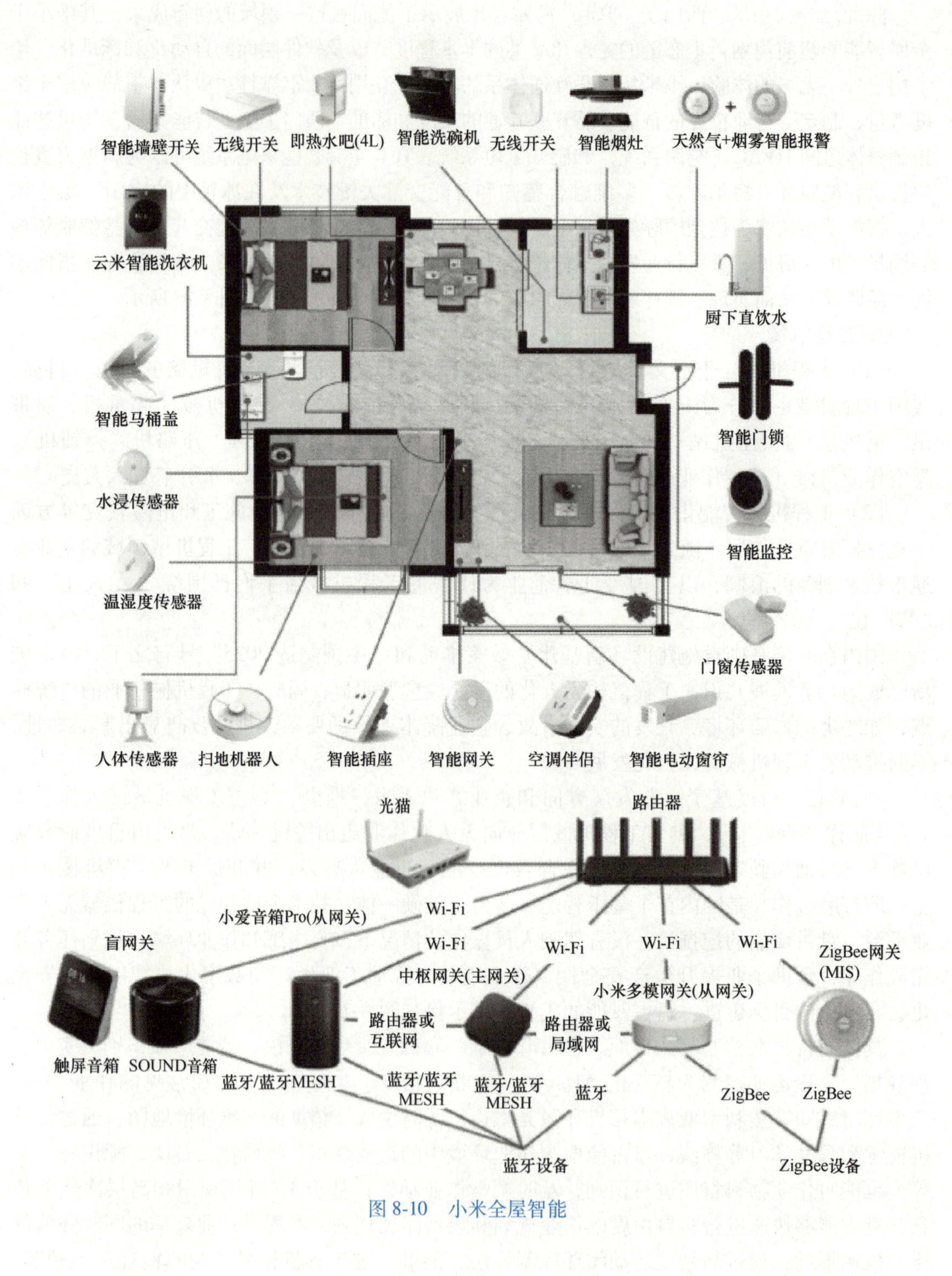

智能墙壁开关
无线开关
即热水吧(4L)
智能洗碗机
无线开关
智能烟灶
天然气+烟雾智能报警
云米智能洗衣机
厨下直饮水
智能马桶盖
智能门锁
水浸传感器
智能监控
温湿度传感器
门窗传感器
人体传感器
扫地机器人
智能插座
智能网关
空调伴侣
智能电动窗帘
光猫
路由器
Wi-Fi
小爱音箱Pro(从网关)
盲网关
Wi-Fi
Wi-Fi
Wi-Fi
Wi-Fi
ZigBee网关
(MIS)
中枢网关(主网关)
小米多模网关(从网关)
路由器或
互联网
路由器或
局域网
触屏音箱
SOUND音箱
蓝牙/蓝牙MESH
蓝牙/蓝牙
MESH
蓝牙/蓝牙
MESH
蓝牙
ZigBee
ZigBee
蓝牙设备
ZigBee设备

图 8-10　小米全屋智能

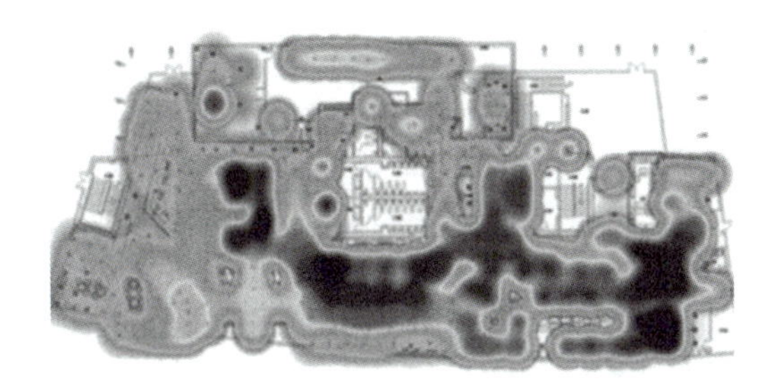

图 8-11　温控监视

图 8-12　新型智能控制器

图 8-13　智能家居物联网

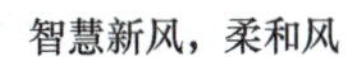

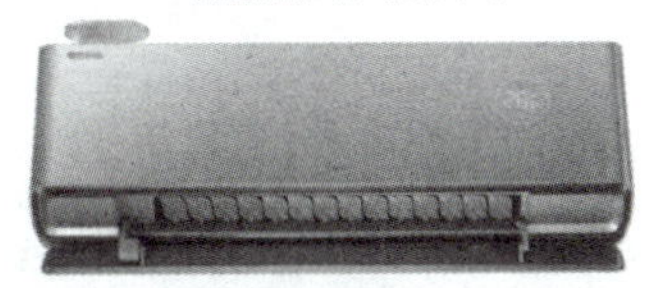

图 8-14　TCL 全套智能家电系统

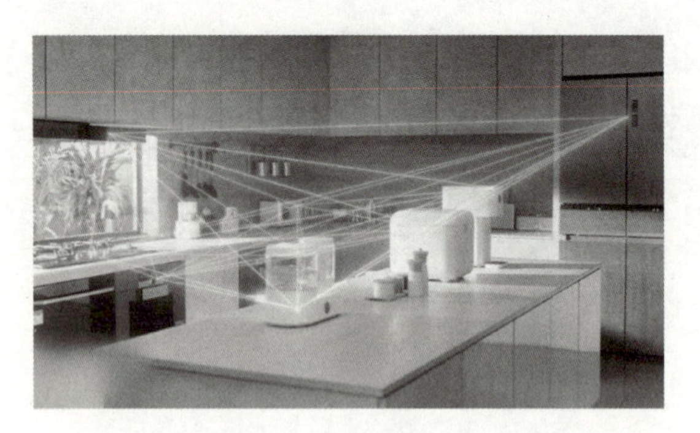

图 8-15　多维融合感知和智能交互技术

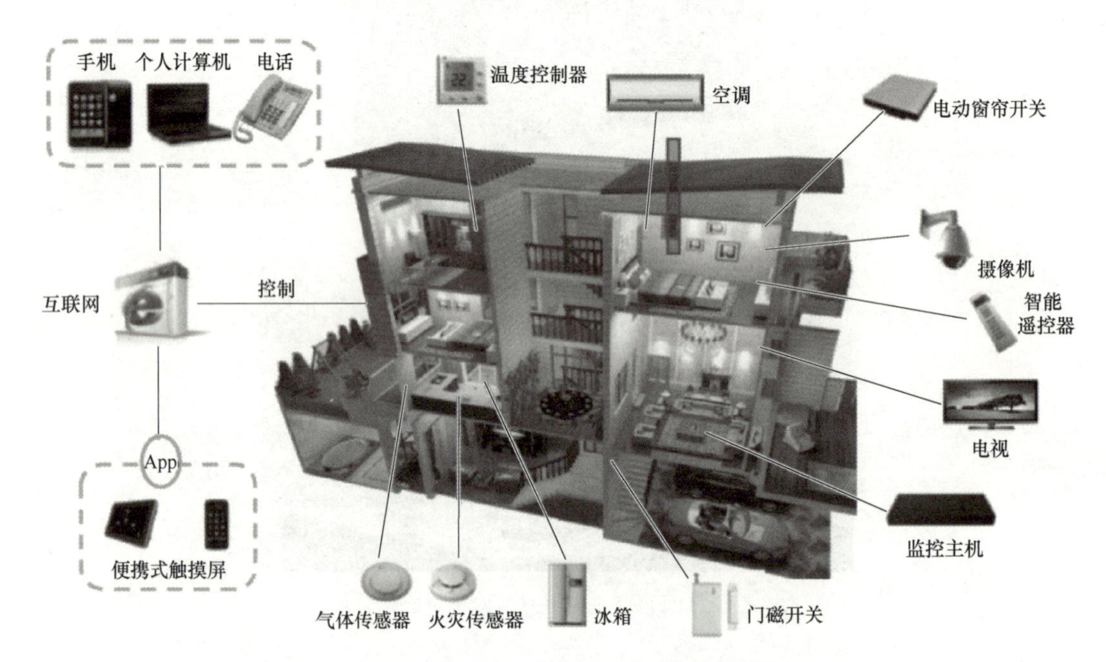

图 8-16　智能家电各场景元素定义示意图

图 8-17　盘古赋能的工程机械示例

技术方案方面，盘古采用云边端一体化解决方案，既能为工程机械行业提供完整的智能作业，也能作为一个智能作业单元无缝集成到客户已有的生产作业平台中，落地应用更加高效便捷。

技术方案的搭建，离不开百度大脑、飞桨深度学习平台和百度智能云在算法、算力层面的有力支撑。其中“AI 新型基础设施”百度大脑输出核心的感知、规划和控制技术（图 8-18），飞桨为深度学习算法提供便捷的核心框架和超大规模深度学习模型训练的支持，百度智能云则提供了算力支持和云基础设施服务。

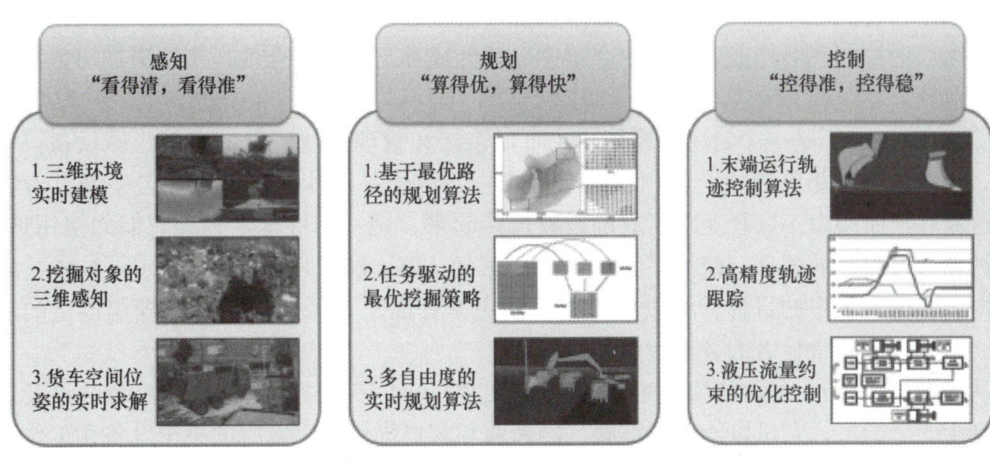

图 8-18　智能学习

面对人口红利的减退，无人施工作业的需求日益增长。人工智能、云计算、大数据等新兴技术正在快速发展，并助推工程机械行业向无人化、智能化方向发展。百度盘古通过先进的 AI 技术和完整的解决方案，实现了工程机械无人化作业从 0 到 1 的产品跨越，赋能工程机械行业智能化升级。未来，百度将持续发挥在 AI 技术领域多年积累的优势，以人工智能为抓手、云计算为基础，助推新基建浪潮，加速产业智能化进程。

2）徐工。徐工在智能制造建设中关注设备“治哑”，让人、机、料、法、环五个层面通过网络互连、数据共享，融合并形成一个完整的网络系统。徐工在行业率先实施数据采集与分析 SCADA 系统，实时采集各类生产设备关键运行数据，对设备进行智能化管理及预测性维护，实现加工程序自动调用和识别补偿。徐工关键设备联网数量超过 2000 台，接入数据点数近 18 万个，每天产生的数据已经有 5 亿多条，这些数据已成为驱动智造的血液。通过与生产现场的信息集成和数据分析，产线、设备的利用率、能耗、运转参数、报警情况等做到了实时监测，并对产品工件加工过程质量、检测信息实时采集、分析，真正实现让设备“开口说真话”，使工匠“眼里看明白”，一目了然。

模式创新具体体现在基于徐工智能产品所积累的大数据，截至目前已经形成了产品市场数据 1TB，累计积累 71 亿 h 的工业大数据，通过对这些数据的分析可以有效支撑徐工产品全生命周期监测，包含精准定位、远程遥控、实时监测设备工况信息、远程故障诊断、设备作业日历，从而为徐工精准营销服务备件、改进产品研发以及优化工艺制造参数等提供支撑。

同时，借助徐工汉云工业互联网平台积累的数据能指导客户进行科学运维和智能施工，降低总使用成本。工业互联网平台在工程机械研发数字化、售后服务智能化、终端客户增值等领域的扩展应用，能最大限度地发挥工业云平台的优势，全面降低客户全生命周期成本。

3）卡特彼勒。卡特彼勒多年来积极研发无人驾驶的运输货车。正是得益于这种前瞻性投入，卡特彼勒为客户提供的无人驾驶货车已经突破500辆。卡特彼勒还运用数字技术开发多种创新工具，如设备管理与状况监控工具，把实体产品和直观数字体验相结合。把数据转化为有意义的决策参考意见，从而在产品的整个生命周期为客户提供足以改变行业规则的价值。

卡特彼勒建立了CAT Connect（卡特智能）系统。它通过在出厂设备上安装传感器，采集设备数据，智能运用各种技术与服务来监控、管理和加强设备的运行状况，从而让客户更好、更深入地控制现场作业，提高生产效率、降低成本、增强安全性，实现更加绿色和可持续性的业务。

CAT Connect不是一个封闭的系统，它可以连接和管理其他厂家的工程机械设备。举例来说，卡特彼勒在北美的一个客户，拥有大约一万台设备，其中只有三分之一来自卡特彼勒。这家客户希望由一家企业将所有的设备连接起来，用一个屏幕来管理它们的使用情况。卡特彼勒通过自己的硬件，使用了其他设备厂家的API，加上自己的Telematics技术，在一年之内，实现了客户的目标，将设备的整体使用率提高了15%。对于这种规模体量的客户来说，这是一个非常显著的管理提升。

从2017年开始，卡特彼勒开始使用AT&T的物联网4G服务，将CAT Connect这套服务推广到155个国家。它可以给卡特彼勒、经销商和客户提供近乎实时的关于设备在工作现场的性能信息。

尽管CAT Connect在帮助客户提高设备管理水平上发挥重要的作用，但这并不意味着卡特彼勒的186家经销商被排除在这场数字化转型之外。事实上，在经过数字化技术改造过的服务流程中，经销商发挥着更加重要的作用。通过物联网，将数据从分散的设备采集并集中到一个地点之后，就可以获得大量的洞察，例如对设备故障进行预测分析，从而为客户提供更多有价值的服务，改变了经销商过去“等服务上门”的业务模式。

数字化技术在帮助卡特彼勒建设这样一个业务经营系统的过程中扮演了重要的角色。最重要的环节就是打造一个将卡特彼勒整个价值链上的各个业务要素和业务单元进行快速连接和精准管理的数字化经营系统（图8-19），这包括了三大基石：

一是神经。基于物联网技术，连接所有的产品和设备。无论这些产品和设备的地点是在上游的供应链，还是在企业的工厂，或是下游的渠道和客户，卡特彼勒将感知的触角延伸到企业上下游的每一个角落，让企业拥有四通八达的神经系统。

二是骨骼和肌肉。基于支撑大数据的商业应用系统，吸纳来自数字神经系统的数据，推动上下游的业务流程的运转，让卡特彼勒拥有高效敏捷的骨骼和肌肉。

三是大脑。在上述两项基石的基础上，建立起集产品数据、设备数据和业务数据（包括客户数据在内）于一体的经营驾驶舱，这里称之为“数字化行情室（digital board room）”，从而让企业拥有可以快速决策的大脑。

无人驾驶设备的管理与状况监控如图8-20所示，卡特彼勒云端数据中心如图8-21所示。

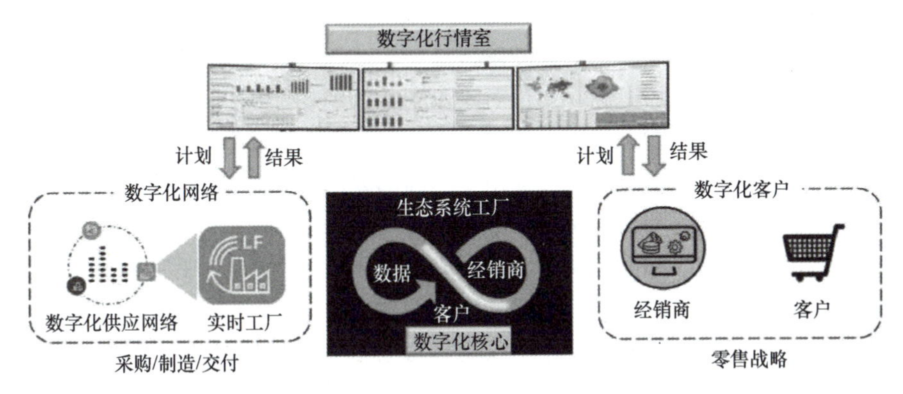

图 8-19　卡特彼勒的数字化经营系统

图 8-20　无人驾驶设备的管理与状况监控

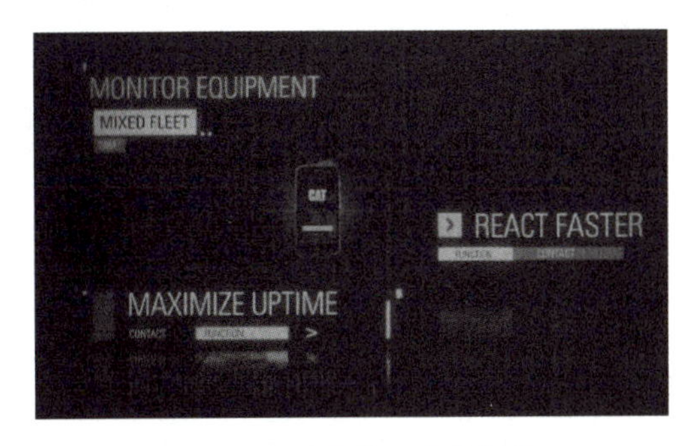

图 8-21　卡特彼勒云端数据中心

8.1.3　场景赋能

目前，为了更好地满足消费者对智慧生活的追求和提升用户体验，各个行业陆续开展了场景赋能的创新实践，具体如下：

1. 场景化加速发展

场景化是对家电套系的家居化升华，家电和家居环境、用户的居家活动形成有机互动，以产品功能为基础，又能对消费者不断成长变化的需求提供即时的解决方案，家电和家居、家装之间的壁垒被破除，形成一个为消费者提供智慧生活的整体。

2. 场景构建家电语境

家电企业转型过程中，面临的挑战不仅是创新模式的调整，市场区域与用户发声已表明家电行业创新内容的更迭。家电的智能化、套系化、家居化、个性化等趋势日益鲜明，传统的单产品服务体系已无法完全覆盖边缘交叉的家电体验需求。

数糖科技在互联网数据资讯网发布的“2021 年家居生活及消费趋势报告”指出，随着家电场景语境的演变，消费人群的生活观与价值观同步在关联变化。“客餐厨一体化”“无主体家电”“社交西厨”“餐吧花园阳台”等概念的提出表明，消费关注点正逐步由单一的产品本身转变到以使用环境为核心的场景语境。好好住发布的“2022 中国家庭家居生活消费新趋势”也指出了中国家庭的消费偏好，在全民审美提升的当下，仅研究产品设计简洁、耐用的企业很难持续与用户产生共鸣，如单纯追求性价比的产品，已很难成为企业的增长点；美的推出的火锅电磁炉、摩飞电器的砧板套装、三星的可移动壁画电视等，都是对传统产品的重新定义，打造爆品的案例。用户对于不同空间的功能提出了更符合自己使用习惯或未来生活愿景的需求，如花园景观阳台的场景变化，进一步推动了干衣机品类的发展，同时对洗烘套装的外观匹配性、功能协同性提出了更高的要求。这种语境下的变化给家电产品带来了挑战和机遇，企业需要利用意义创新整合场景功能的易用性、产品的社交性、生活方式的适配性以及智能家居的通用性，让设计朝向人与产品、人与人、产品与产品、家庭与家庭之间的覆盖。

家电设计由产品转向场景的创新，不仅是对家电意义创新载体的再思考，也是对意义创新的语境的再构建——场景是人群意义的语境，同时，场景也是承载新意义的平台。

3. 场景是意义产生和评价的具体语境

家电的设计意义无法脱离用户的使用场景单独存在，意义的产生与评价需要服务于该场景下用户的需求，很多意义的产生来自原本场景中用户需求的不满足或是行为路径过长等。例如厨房水槽本身是一个前装属性非常强的产品，它的安装、使用与前装的厨房橱柜具有非常强的关联性，同时在功能使用上，厨下又是很多厨房电器的安装空间和排污管道的集中区，这就非常容易导致用户在厨下安装场景中出现橱柜、水电、电器安装的相互矛盾。用户常常会抱怨各品牌电器产品互相不兼容、排污管道下水困难、空间利用率低、反复安装等。基于厨下安装的场景，美的推出了集成厨房水槽（图 8-22），抓住这个场景中用户需要“省时省力装修”的初衷，提供功能强、空间利用率高的一站式安装方案，实现此场景中用户洗菜、洗碗、厨余垃圾处理、净水出口、污水排出等需求，最终通过集成式、嵌入式的外观解决方案来解决场景问题，将原来的前装、电器安装、水电安装的场景进行转换，通过一次性安装的方式，实现场景目的。

图 8-22　美的集成水槽 XQ02

如果单独分析集成式水槽本身的意义，更像是对空间与功能的集成，满足小户型家庭的需求，但如果结合到厨房安装本身的场景中，则成为前装水电安装—橱柜安装—多电器安装—水电收尾等多流程的整合。因此，产品本身是需要通过场景来实现意义并基于此产生意义评价。

从认知学而言，场景通过界面与用户产生主要的互动。界面包含产品的主体对象、交互信息及服务流程等。界面的重要特性是把人的感官、行为调和，与产品的反应编织成一个动态的整体。该整体中，人的能动性是意义评价的重要参照。因为设计赋能的功能并非能完全展现在物理层面上，但可以通过观察其对用户交互活动的影响，来判断意义对行为的影响力，并判断是否需要修正与优化意义的发展方向。

家电场景交互主体流程图如图 8-23 所示，可以看出用户携带外部与自身的因素，并表现出差异化的行为目的，而目的会影响用户与界面交互的行为习惯及功能内容的选择，这样一段“个性化”的行为会以体验的反思重新作用于用户，产生新的意义，从而影响新的目的，也映照了上文所述的人群目标的转移发展新的意义的规律。

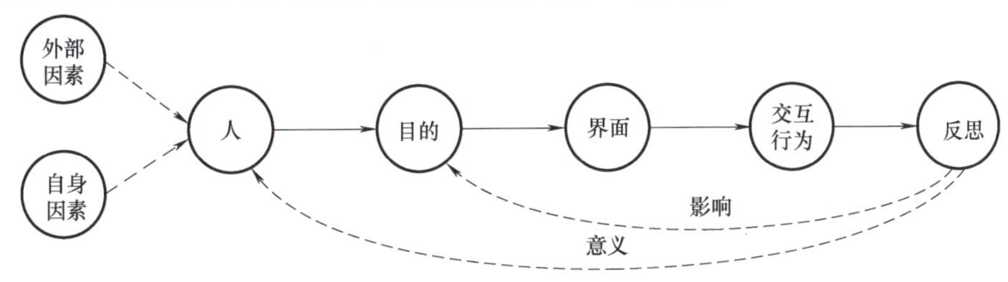

图 8-23 家电场景交互主体流程图

从服务角度而言，不限于用户本身，伴随社会属性的融入，也不仅有传统家电服务系统中的利益相关者，如设计师、工程师等，该场景将涌入更多跨行业、跨领域的知识体系人员，如材料学家、社会学家、家电极限用户、未来学家、行业领导者、技术创新小说家等，他们携带的不同知识体系，为场景的物理要素、关系框架、合作模式提供新意义发展的途径。同样的使用环境、交互手段、社会背景、生态领域都会影响新意义的产生，并以此找到新的设计诠释方向。

（1）COLMO　COLMO 推出了 AIR NEXT 立式空调（图 8-24），也推出了场景进化概念，在常规空调的基础上，推出了可选配的除甲醛模块、除味模块、除菌模块、加湿模块、除尘模块等，并通过组合打造孕婴套餐、新婚套餐、爱宠套餐、三代同堂套餐等，将传统的空调产品赋了全新的具有更多联想的故事场景，也诠释出了新的产品意义。可见，新意义的发展与建立需要整合进故事场景中，故事场景的创建与发展，则更有利于企业决策者、用户感知到新的产品意义，因此场景是新意义发展的关键平台。

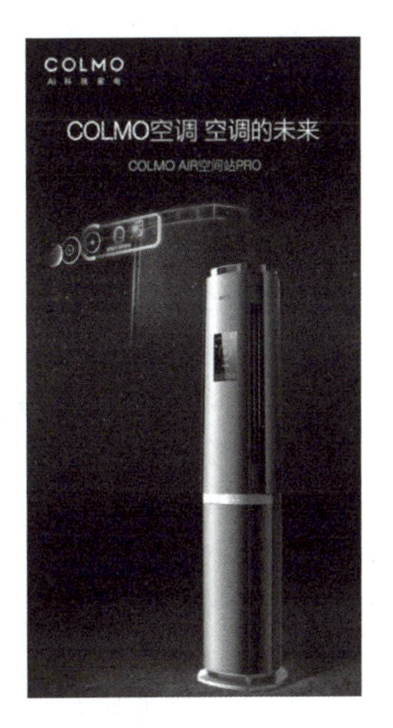

图 8-24　COLMO 的 AIR NEXT 立式空调

（2）美的　在美的集团洗衣机事业部与江南大学设计学院的合作中，双方共同创建了“用户体验实验室”，参与产品的开发。区别于市场端用户研究公司对用户纯客观的记录，“用户体验实验室”根据产品“问题”直接进行问题的批判、探讨与意义的诠释，如图 8-25 所示。其中，为了提高洗烘产品的体验细节，设计学院提出“产品五感设计维度”以补充用户在使用传统家电时的体验缺失，加强套装产品间的体验串联。该方向为美的旗下四大品牌的创新提出了有别于传统 PI 的品牌形象价值，更加利于设计端做出差异化创新。

Activity	Environment	
下班后，用户把待洗衣物放入洗衣机内，抽出洗涤分配盒，放入适量洗衣粉，在操作面板处调整洗涤模式，按下“开始”按钮	滚筒洗衣机放置于阳台上，紧挨墙壁，阳台上堆放了较多杂物，包括绿植、梯子、工具箱、各种清洗剂等，洗衣机和家庭装修风格能够互相适应	

Interactions	Objects	Users
用户弯下腰，握住滚筒部分的隐藏把手并拉开。将衣物从洗衣筐中依次拿出并放入洗衣机内。用户旋转模式按钮到快洗模式，按下“开始”按钮。洗衣结束后，用户拉开滚筒盖，部分衣物缠绕在一起，在分离的过程中掉落了几件小衣物	洗衣机整体统一和谐，主要用色为黑色、白色和银色。造型简洁，采用高质量塑料材质，时尚大方。 操作台倾角为5°~10°，使手感舒适和方便阅读。操作按钮从左到右依次是洗涤盒、模式按钮、操作屏幕和开关 洗涤盒简洁实用，开口处具有卡扣，以防止弹出；金属色模式按钮每个刻度对应一种模式；显示屏和按钮对应，可以调整转速、启动时间等，颜色及文字清晰可见；开关位置独立且明显；滚筒部分包括亚克力板、透明玻璃以及连接部分的黑色内衬	用户反映操作台上的功能很多，但按键和文字过于拥挤，实际调整起来也会很麻烦，因此很少使用。洗衣机在运作的时候，很难从远处判断衣物情况

图 8-25 用户体验研究

8.2 智能生产设备

8.2.1 智能制造

智能制造是《中国制造 2025》实施的关键，标志着信息化与工业化的深入融合，已成为我国制造业发展的核心，通过发展智能制造，不仅能够加速建设制造强国的进程，还能促进汽车产业从追求规模和速度向追求质量和效益的转型。

在当前阶段，我国汽车工业在推进智能制造方面已经取得了显著的进展和成效。工业和信息化部已开展了一项针对智能制造的试点示范专项行动。该行动通过创新驱动，强化了智能制造核心装备的自主供应能力，并持续优化智能制造的标准体系。此外，该行动还逐步加固了工业软件等基础支撑能力，并通过示范项目，推动了集成服务能力的构建，以及新模式应用水平的提升。自实施这项专项行动三年来，已有 33 个汽车行业的智能制造试点示范项目得到了支持，占到了全部支持项目的 16%。这些项目覆盖了传统汽车、新能源汽车的乘用车、商用车、客车以及智能网联汽车等多个领域，也涉及了发动机、变速器、底盘系统、动力电池、汽车电子、轮毂、轮胎、汽车玻璃等关键汽车零部件。这些项目不仅成果丰硕，而且在示范带动和集成应用方面产生了广泛的辐射效应，其影响力非常显著。

以广汽传祺杭州工厂（图 8-26）为例，广汽传祺杭州工厂秉承“工业 4.0”的智能制造理念，历时 13 个月建设，遵循“一次规划、分步实施”的原则，采用独创的 VIDM（可视化、信息化、数字化、智能制造）系统，全新打造高效率、高质量、节能环保型世界级智能制造标杆工厂。其中，冲压车间采用全自动伺服高速生产线及直线 7 轴高速机器人，实现了深拉延、高品质、高柔性、低噪环保的完美结合；焊装车间首次采用 CO_2 机器人自动弧焊工艺，配备全球领先的机器人及机器视觉 AI 技术，可实现高精度、多车型柔性共线生产；涂装车间采用世界领先的 Ro-Dip 360°翻转前处理电泳线，壁挂式机器人喷涂系统采用紧凑型两道色漆绿色环保喷涂技术，充分体现了“绿色工厂”理念；总装车间采用 L 形布局，自主设计底盘自动合装设备，实现玻璃自动涂胶、安装及座椅自动抓取安装等技术，构建了具备世界水平的标杆工厂。

图 8-26　广汽传祺杭州工厂

8.2.2　设备互联

智慧车联产业生态联盟（ICCE）评审通过并正式发布了标准《移动终端与车载设备互联　技术规范　第 2 部分：发现连接》，是国内首个跨移动终端、跨汽车的统一互联标准，旨在为移动终端和汽车的共同演进发展打造“高速公路”。汽车行业和信息通信（ICT）行业在加速融合发展，汽车除了自身逐渐智能化和数字化，还通过有线或无线等近场连接方式与移动终端进行互联。这种方式可以融合汽车和移动终端两者的技术优势，共享生态资源，共同将汽车打造成一个多场景协同与无缝衔接的智能移动空间，为消费者带来了更加智能、更加安全的体验。行业上各种互联解决方案百花齐放，为消费者带来丰富的选择。但与此同时也呈现出普遍问题，如汽车方面硬件型号多、OS 版本差异大、软件协议定制多，手机方面 OS 版本多、更新频次不统一、各家互联方案互异。由此造成了行业开发对接周期长、效率低以及兼容性差等诸多痛点问题，行业碎片化日益严重。为促进移动终端和汽车之间的互联互通，智慧车联产业生态联盟成立了手机—汽车互联工作组，通过制定跨手机、跨汽车的统一互联标准，最大限度地解决上述问题，进而减少行业定制化开发、降低行业整体成本、提高行业开发效率。

以华为智能网联汽车（图 8-27）为例，华为聚焦智能电动领域，坚持“平台+生态”发展战略。华为聚焦智能网联汽车增量部件，产品线包括智能驾驶、智能座舱、智能电动、智能车载光、智能车云等智能汽车解决方案以及 30 多款智能汽车零部件，具备智能汽车全栈解决方案配套能力；在此基础上，华为围绕 iDVP 智能汽车数字平台、MDC 智能驾驶计算平台和 HarmonyOS 智能座舱三大平台构建生态圈，为合作伙伴开放完善的开发工具链以及丰富的 API，并提供全面技术支持，降低智能驾驶、智能座舱等系统的集成与开发难度，帮助合作伙伴实现快速开发，为消费者提供持续进化的驾驶体验。

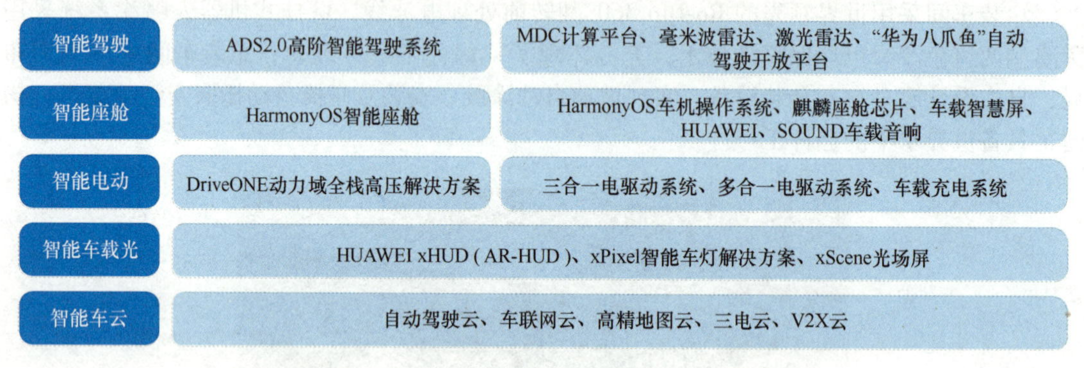

图 8-27　华为智能网联汽车

8.2.3　技术革新

100 年前，福特以流水线作业开启了汽车产业第一次重塑，美国成为全球汽车产业的领头羊；50 年前，欧洲车企以多品类产品开启了汽车产业的第二次重塑，全球汽车产业重心从美国转向欧洲；今天，在新一轮科技革命的催动下，中国正在成为汽车产业新一轮重塑的主阵地。在互联网已步入下半场，数字技术与实体产业的深度融合成为大势所趋的背景下，互联网科技企业也已注意到了汽车这一产业互联网最大的入口。2021 年 11 月，腾讯在发布的《汽车产业数字化转型白皮书》中指出，汽车产业正在经历着由传统工业时代向数字时代的巨变，随着云计算、大数据和以自动驾驶为代表的人工智能等数字技术的发展，汽车产业正在从传统工业时代向数字化时代迈进，汽车成为人流、物流、信息流、能源流、资金流相互汇合、碰撞的载体，也是数字化、智能化和网联化变革的前沿阵地。

以奥迪智能工厂（图 8-28）为例，在奥迪智能工厂中，人们熟悉的生产线消失不见了，零件运输由自动驾驶小车甚至是无人机完成，3D 打印技术也得到了普及，零件物流运输全部由无人驾驶系统完成，转移物资的叉车也实现了自动驾驶，实现了真正的自动化工厂。小型化、轻型化的机器人取代了人工来实现琐碎零件的安装固定，柔性装配车将取代人工进行螺钉拧紧。在装配小车中布置有若干机械臂，这些机械臂可以按照既定程序进行位置识别、螺钉拧紧。装配辅助系统可以提示工人何处需要进行装配，并可对最终装配结果进行检测。在一些线束装配任务中还需要人工的参与，装配辅助系统可以提示工人哪些位置需要人工装配，并在显示屏上显示最终装配是否合格，防止出现残次品。

8.2.4　效率提升

智能制造装备技术的不断进步和发展给汽车领域带来了新的发展机遇，云计算、大数据

图 8-28　奥迪智能工厂

等数字技术的飞速发展更是给汽车产业带来了新的动力，大大提高了汽车产业的自动化、智能化水平与生产效率。

以陕西法士特汽车传动集团有限责任公司（简称“法士特”）为例，该公司是全球最大的商用车变速器生产基地和世界高品质汽车传动系统供应商，为国内外 150 多家主机厂的上千种车型提供产品配套与解决方案，变速器市场保有量突破 1100 万台，国内市场占有率超过 70%。作为制造型企业，法士特以智能制造推进企业数字化转型，以沉淀多年的核心工艺和先进制造为基础，沿着自动化、数字化、智能化的路径，实现了先进制造与新一代信息技术的融合，摸索出了智能制造框架和实施路径，形成了适合法士特自己的智能制造之路，如图 8-29 所示。与其他企业外包或外购智能生产系统不同，法士特智能化生产车间完全由自己编程、制造而成，在生产线上引入模块化的理念，实现了控制器、气动门等部件的标准化运作和生产线的灵活运用。

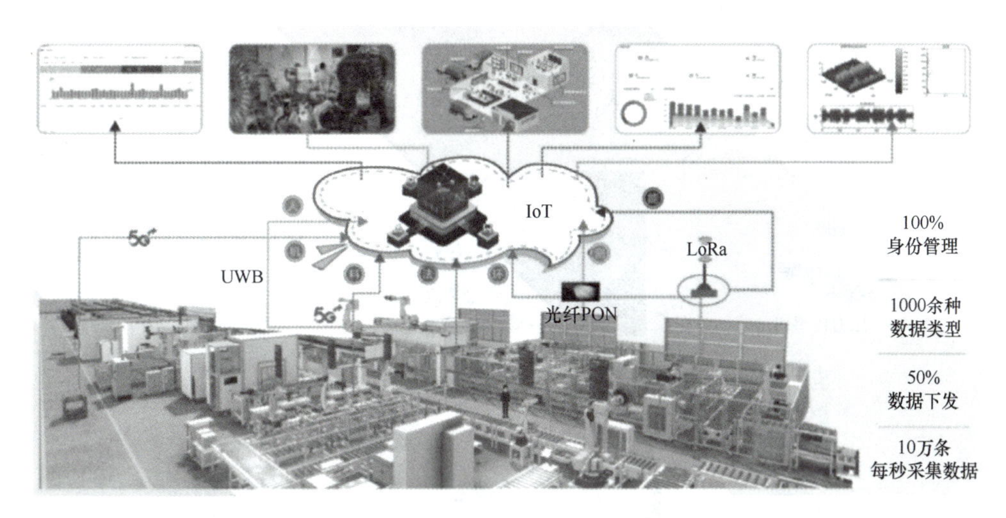

图 8-29　法士特智能化建设

最新投入使用的自动装配悬臂线，将工业自动控制、通信、智能机器人、定扭紧固、信息控制、测试等多项技术结合应用，多工位实现自动化装配。基于云端技术，将所有智能机器人和生产线数据进行网络监控和管理，实现后台操作、调整机器人工况数据，进行跨厂之间的信息对比。首条智能生产线投入使用后，线上工作人员从17人减少到7人，从每天最多生产450套产品提升至750套；不仅生产效率提高40%，产品一致性也得到进一步保证。此外，法士特自动装配悬臂线投入使用后，一次装箱合格率提高3%，装配线产能提高25%，占地面积节约27%，有效降低了工人的劳动强度，大幅提升了产品装配自动化和智能化水平。

8.3 数据管理

8.3.1 数据采集

1. 津发科技GPS道路环境与车辆数据采集系统

津发科技的GPS道路环境与车辆数据采集系统（图8-30）是基于新一代高性能卫星接收器的具有强大功能的仪器。其中，主机用于测量汽车移动过程中的速度与距离，并能够提供横向和纵向的加、减速度值，时间和制动、滑行、加速等距离的准确测量值；外接的多种模块和传感器可以采集油耗、加速度、角速度、转向力矩、制动踏板力、车辆CAN接口信息等数据。由于该系统具有体积较小、安装便捷等优点，可应用于汽车的综合测试。此外，该系统本身还带有标准的模拟及数字模式的CAN总线接口，用户可根据实际情况对该系统进行功能扩充。

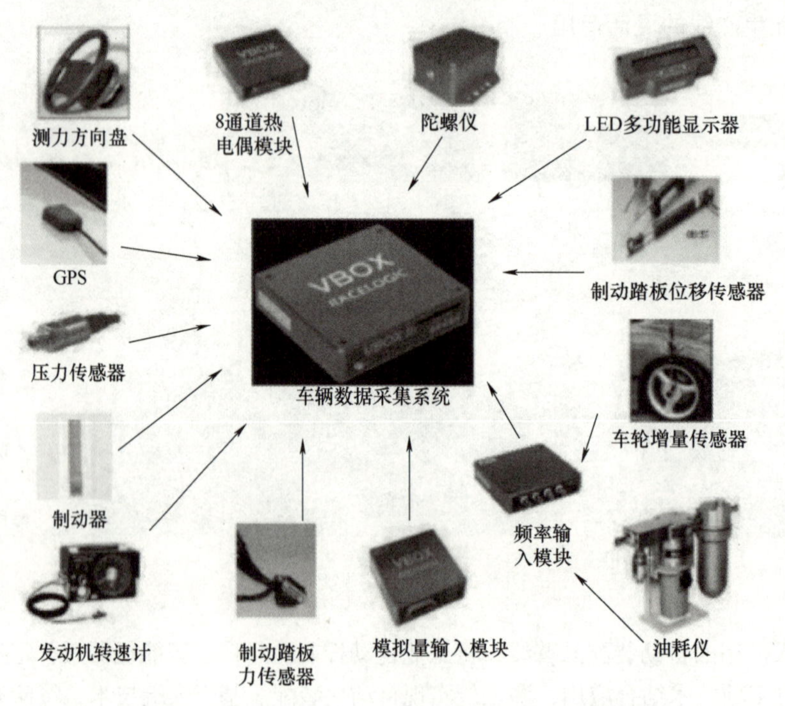

图8-30 津发科技的GPS道路环境与车辆数据采集系统

2. 比亚迪 e5 智能数据采集系统

比亚迪 e5 智能数据采集系统网络版（图 8-31）是一种将数据采集、诊断、故障设置等功能融合为一体的教学终端，该系统通过 CAN 总线来连接比亚迪 e5 版本新能源汽车 OBD，从而实现整车的数据采集、故障设置、故障码读取与清除等功能；整车内部详细数据基于计算机软件来显示；智能数据采集器与计算机之间的通信有 USB 有线、蓝牙无线、Wi-Fi 通信三种传输模式。

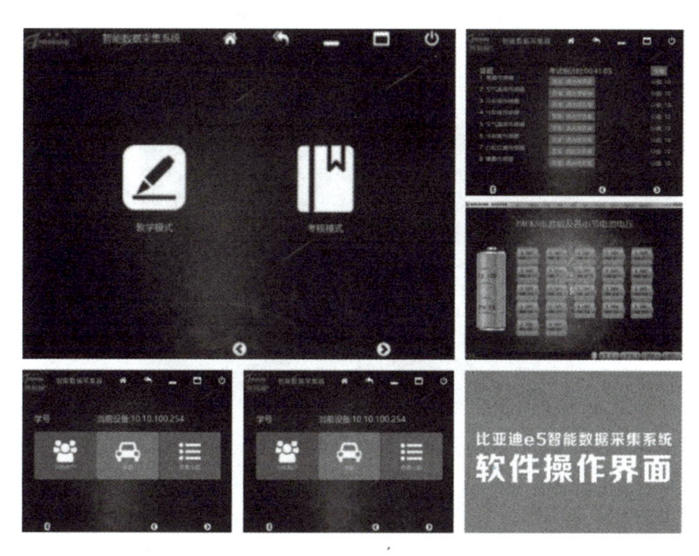

图 8-31　比亚迪 e5 智能数据采集系统网络版

3. 比亚迪数字化工厂

比亚迪数字化工厂（图 8-32）以工厂设备联机监控、生产过程监控、品质 SPC 分析、生产实时报工等为手段，实现了产品质量提升、工厂投入成本减少、工厂数字化管理效率提升等核心目标。

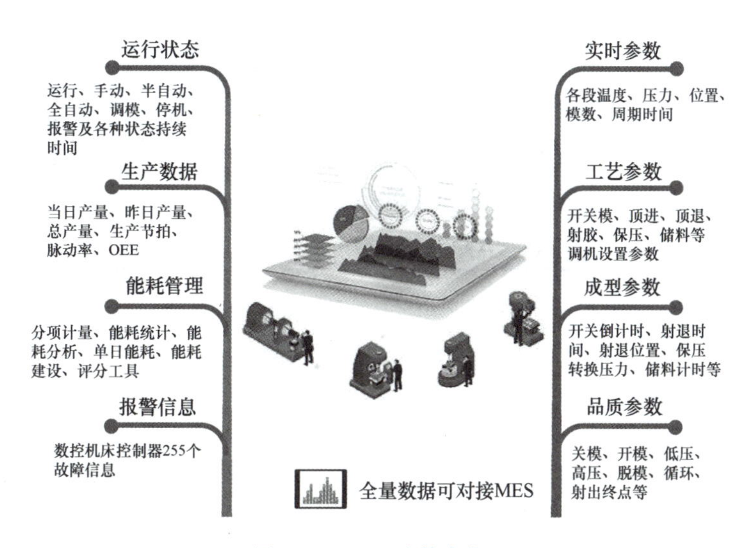

图 8-32　比亚迪数字化工厂

8.3.2 过程监控

1. 上汽大众生产服务总线平台

为了能够根据上汽大众车间现场的实际情况进行有针对性的接口开发及数据转换工作，上汽大众的MEB智能工厂搭建了生产服务总线（plant service bus，PSB）平台，如图8-33所示。该平台可帮助上汽大众实现工业设备互联、采集与分析关键设备和生产全过程数据、监控生产过程与处理异常数据等目标，从而为上汽大众的智能制造、生产模式创新提供关键支撑。

图8-33 PSB平台

2. 小鹏汽车ZABBIX平台

小鹏汽车在总结汽车监控行业内较为专业的工具后，二次开发了符合自己公司实际情况的监控平台。目前，较为优秀的一款基于服务器维度的监控产品是ZABBIX，如图8-34所示。

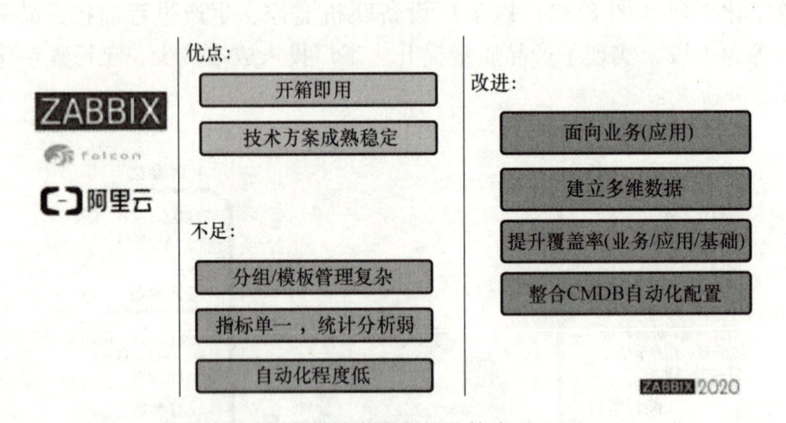

图8-34 基于服务器维度的监控产品ZABBIX

8.3.3 上下游数据交互

目前，大多数汽车企业都推出了人机交互系统，系统的交互通常以触摸显示屏、语音控制、物理按键/旋钮等方式为主，由于各企业的设计理念、操作流程、控制方式和控制区等因素不同，使得各企业的人机交互系统各有特色，如图8-35所示。

a) 宝马iDrive系统

b) 奔驰COMAND系统

c) 奥迪MMI系统

d) 安吉星系统

e) 福特MyFordTouch系统

f) 沃尔沃SENSUS系统

g) 日产CARWINGS系统

h) 丰田G-book系统

图 8-35　国内外部分汽车人机交互系统

其中，宝马公司的 iDrive 系统（intelligent-Drive system）是智能驾驶控制系统，其外显装置包含位于轿车档杆处的旋钮控制器和仪表板中部的显示屏。通过旋钮控制器的推拉、旋转和下拉等动作可以控制显示屏菜单，从而实现众多功能的选控。

奔驰 COMAND 系统是由奔驰公司所研发的独立影音控制系统，该系统是由前台液晶屏下方的按键和中央扶手箱上的旋钮来控制的。通过旋钮的向下按、旋转及前后左右的四向移动控制来实现菜单功能的选择与控制。

奥迪 MMI（multi media interface）系统是由奥迪公司所研发的多媒体交互系统，该系统通常将所有信息娱乐系统的操作融合在一个显示屏和操作系统中。该系统采用统一的逻辑，可通过精简控制器的几个按键来完成所有功能的设置和操作，快速而直观地使用相应的功能。

安吉星系统是广泛应用于凯迪拉克、雪佛兰、别克等多种车型的汽车安全信息服务系统。该系统有路边救援协助、全音控免提电话、碰撞自动求助、实时按需检测和全程音控领航等十多项安全服务。

福特 MyFordTouch 系统是福特公司所开发的车载多媒体互动系统，该系统主要包含一个可触摸的显示屏，系统中的界面和图像由新一代福特 SYNC 支持。该平台在微软 Windows Embedded Auto 平台上集成了三维彩色导航、无线网络、多媒体娱乐、空调控制等功能，驾驶人可通过显示屏和语音来控制各种功能。

沃尔沃 SENSUS 系统包括“智能在线（sensus connect）”和“随车管家（volvo on call）”两大核心部分。该系统采用人性化设计的控制系统来控制车载互联功能（互联、娱乐、服务、导航等），屏幕由多个可以交互展开的“功能模块”构成，方向盘上增加了集成式语音控制、自适应巡航等功能的功能快捷键。

日产 CARWINGS 系统是日产公司所开发的车载信息服务系统，该系统的中央屏幕包含触摸和旋钮两种操作方式，方向盘右手侧有能够对电话、导航、音响进行简单控制的一键语音快捷键，娱乐系统可支持多种音源，人工后台可为驾驶人及车辆提供电话、网络、人工导航等服务。

丰田 G-book 系统是由雷克萨斯所推出的车载智能通信系统。该系统主要由位于变速杆右侧的操作摇杆进行操控。用户可以通过该系统获得包括防盗追踪、保养通知、道路救援、话务员服务、路径检索、高速公路安全驾驶提醒及图形交通信息服务等 15 大智能通信服务。

8.3.4 分析预警

以理想汽车为例，理想汽车从诞生之日开始，就将产品质量极致追求的基因流通在血液里。在分析预警方面，其自主研发的工艺质量智能预警系统可实时采集与监控整车的 4894 个自制焊点、137750mm 自制涂胶、226 个自制螺柱、616 个拧紧点、349 个自制铆点等工艺数据，其覆盖了超过 1 万个全流程工艺点、超过 100 万个制造数据点位。该系统每天可以上传上亿条制造数据，并实时监控和智能预警关键制造工艺及设备，从而为生产线产能的优化与提升提供全面的数据基础。同时，该系统可以对汽车产品制造过程中的工艺数据实现 100%的在线监控及历史追溯，并形成一车一档的车身数据档案。图 8-36 所示为工艺质量智能预警系统。

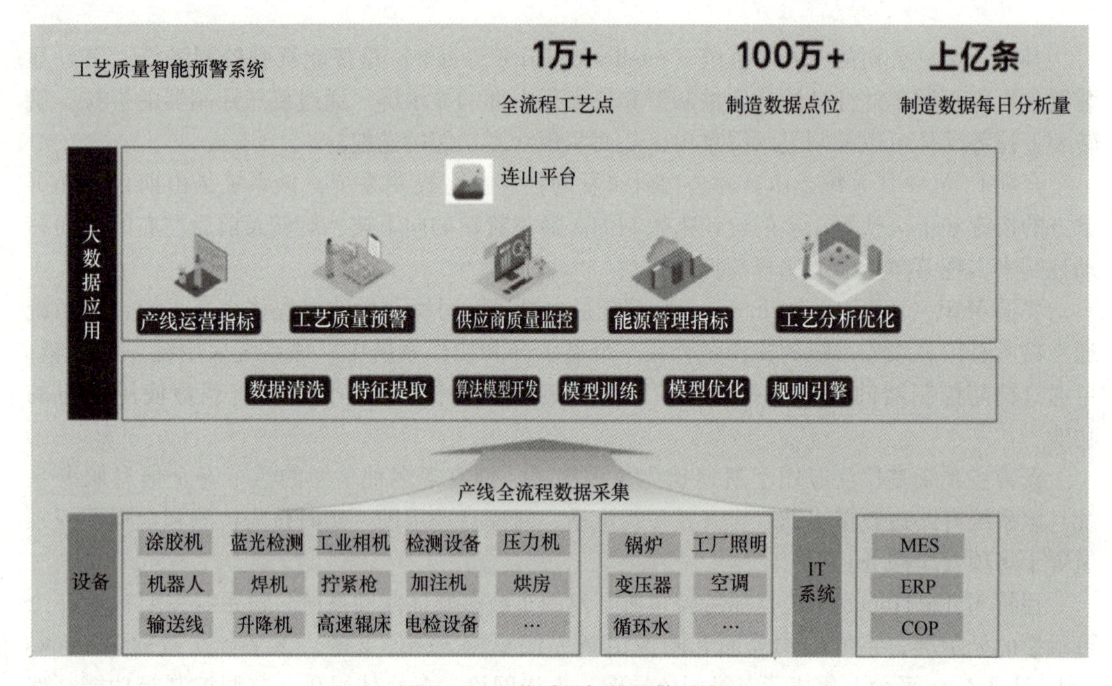

图 8-36 工艺质量智能预警系统

由图 8-36 可知，工艺质量智能预警系统主要包括四个功能模块：

（1）数据采集模块　该模块可采集产品生产过程中的产品性能参数、关键工艺参数、关键质量要素、生产过程数据、产品质检结果等重要数据。

（2）模型建立模块　在深入了解与学习不同场景的物理化学机理后，该模块可在所采集的关键数据基础上，通过统计学或者机器学习的方式建立模型。此外，该模块还可在训练历史数据集的基础上找出 x（制造过程数据、工艺参数数据）与 y（产品质量结果）之间的映射关系（f），以实现对制造过程中所产生的质量问题的识别、监控与预警等。

（3）模型部署模块　根据不同的业务需求来将模型部署到相应的服务器或者边缘端上，如将大数据的离线模型布置于云端服务器上，将拧紧曲线分析布置于工厂线边的边缘端上。

（4）质量预警模块　该模块通过打通连山应用层（图 8-37）和飞书平台之间的数据链

路，从而利用飞书实现质量预警信息定向为特定人员或群体推送；打通边缘端与 MES 之间的数据链路，实现质量预警信息实时推送。

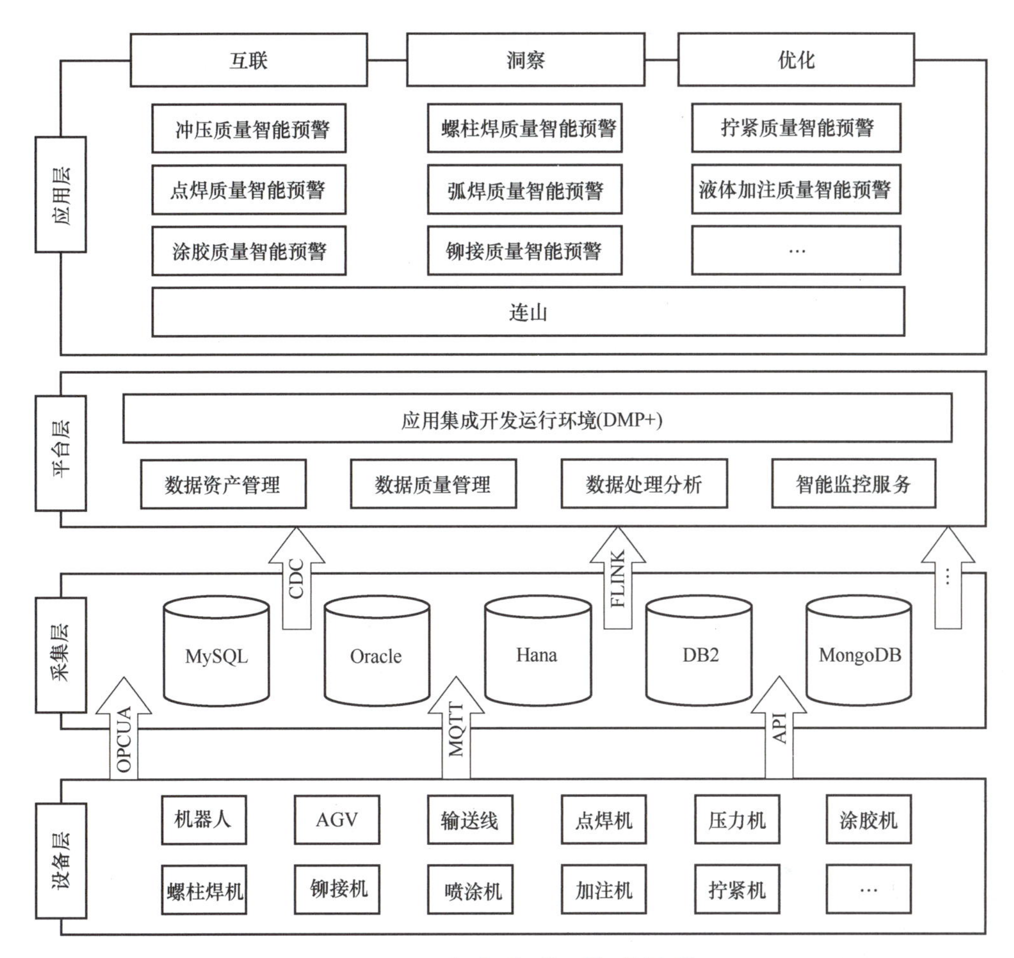

图 8-37　工艺质量智能预警系统架构

8.4　生产管理

8.4.1　宝沃中德智造示范工厂

北京市密云区的宝沃汽车工业 4.0 智能工厂（图 8-38）作为中德两国在制造领域的合作成果，入选了工业和信息化部“2017 年中德智能制造合作试点示范项目”，其为承载了世界首条 8 车型智能生产系统的智能工厂。在与工业机器人制造商 KUKA、成形设备生产商 SCHULER 开展合作的基础上，引入工业 4.0 的生产模式。该工厂集成了冲压、焊装、涂装、总装、检测和物流工艺流程，使得该工厂在具备强大灵活生产性能的同时可实现多车型共线生产，并打造个性定制化车型的生产及开发。

工厂设置了 222 套柔性 NC 机器人定位系统，支持对一条生产线内的不同车身的定位。同时该工厂拥有 17 套颜色供应系统，结合汽油、混合动力、纯电、左右舵不同车型需求，可针对客户的定制化需求进行生产。结合定制任务，工厂的柔性生产可实现整体生产网络的自适应优化，以应对生产环境与需求的变化。

此外，工厂配置了近 550 台机器人进行冲压、传输、车身点焊、油漆喷涂等工艺的作业。在该智能化生产体系的支持下，结合生产设施的物联网化，可实现企业供应链、制造等环节数据化、智能化，最终达到高效生产及满足客户个性化需求的目标。

8.4.2 上汽通用汽车凯迪拉克工厂

上汽通用汽车凯迪拉克工厂（图 8-39）位于上海浦东金桥，是上海市首批 20 家智能制造示范工厂之一。该工厂是一座集柔性、智能、科技于一体的世界级绿色豪华车制造工厂。

在生产运营过程中，基于一网到底的全覆盖工业以太网和智能基础硬件，可实现包括安全、质量、成本、响应等各类生产数据的自动采集和汇总。基于生产运营管理系统和数字化运作系统，结合刀具大数据管理、高自动化率白车身制造工效智能管理、总装 Free Flow 防错、能源智能管理监控等系统，实现了对整个工厂安全、生产、设备、物流、质量、人员等多维生产要素的全方位覆盖。通过对这些系统进行数据互联、数据集成和数据可视化、移动化，来满足工厂不同管理层级的运营管理需求。依托大数据分析管理平台，对生产数据进行挖掘分析，实现数据横向对比、趋势分析、自主判断和前馈预警等，大幅提升了生产运营的综合运作效率。

图 8-38 宝沃汽车智能工厂

图 8-39 上汽通用汽车凯迪拉克工厂

8.4.3 上汽乘用车临港智能工厂

上汽乘用车临港智能工厂初建于 2007 年，总占地面积超过 120 万 m^2，整车年产能达 32 万台，拥有冲压、车身、油漆、总装 4 大工艺车间和 1 个发动机工厂，是国内率先达到传统技术和新能源技术全覆盖的高柔性化制造基地。同时也是上海市经信委认定授牌的首批 20 家上海市智能工厂之一，还入选了《上海市 100 家智能工厂名单》《上海市 10 家标杆性智能工厂名单》。该工厂聚焦制造全业务链数字化运作，构建了完善的数字化平台并落地应用，通过建设“智工艺、智生产、智物流、智品质、智运营”的应用生态圈，为打造高端数字化新能源专属基地全方位赋能。

1. 工艺虚拟仿真

借助虚拟仿真技术针对工艺与设备设计、生产布局规划等进行模拟分析、量化评价、优化设计及可行性验证，在全面提升研发效率、生产效率、工作效率的同时，保证了项目交付质量，极大地缩短了项目验证周期，并降低了验证成本。

2. 智能生产决策

结合 IT 与 OT 技术，构建以制造执行系统为主的跨界互联平台，形成感知事实分析、科学决策、精准执行的闭环生产赋能体系。借助 PMC 生产管理系统，对全流程生产状态进行全面实时监控，并输出涵盖多维度、多层级的分类报表，以支持各层级生产与决策人员追踪生产问题根源进行有效及时的生产决策，不断优化生产环节，保证并提高整体生产效率。

3. 生产质量管理

构建在线化、数据化和实时化质量管控体系，形成了基于质量检测、防错预警、质量分析和质量管理一体化的质量管理系统。通过数字化检测技术确保高清影像成型、自动泊车、自适应巡航雷达等功能标定 100% 合格。此外，将图像识别技术和 AI 算法相结合，对全系车型选装件的自动化选取进行在线自动判断与错误报警，可有效预防生产质量缺陷。图 8-40 所示为图像识别外饰件智能防错。

4. 智能决策与运营

研发了覆盖生产运营全业务链的大数据互联平台，实现了生产运营各个业务系统的互联互通。在数字化信息的推动下，实现了生产现场数据共享透明化、互动更新及时化、业务执行信息化、分析决策智能化，从而不断提升生产协同效率与质量，赋能工厂的智慧运营。全域可视化如图 8-41 所示。

图 8-40 图像识别外饰件智能防错

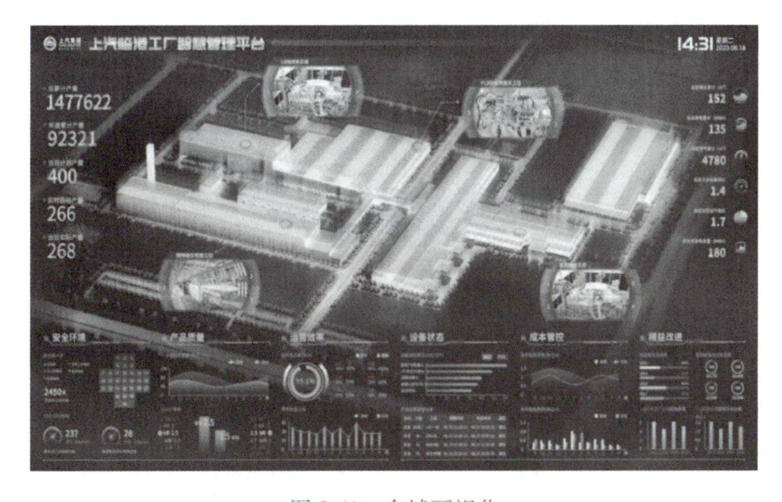

图 8-41 全域可视化

8.5 物流管理

8.5.1 在线化

物流管理在线化主要是指将物流管理过程通过网络平台实现，使得信息流通更加迅速和便捷。通常使用互联网技术来支持物流活动的规划、执行和监控，如在线订单处理、电子货运市场以及实时追踪和报告系统。在线化强调的是流程的互联网化，使得相关各方可以不受地域限制地参与到物流管理中来。通过采用高级的仓库管理系统（WMS）和运输管理系统（TMS），如50WMS、50TMS，实现任务的线上化、标准化和智能化。通过在线管理，有助于减少人工干预，提高作业效率和管理效率。

以东风物流集团为例，根据公司战略，以打造平台型生态系统为中长期规划方向，建立一个面向未来的具有先进、互联和智能三大特征的供应链，通过感应器、RFID 标签、GPS 和其他设备及系统生成实时信息。智慧物流将物联网、传感网与现有的互联网整合起来，通过精细、动态、科学的管理，实现物流的自动化、可视化、可控化、智能化、网络化，从而提高资源利用率和生产力水平，创造更丰富的社会价值。以东风车城物流平台为核心的生态系统如图 8-42 所示。

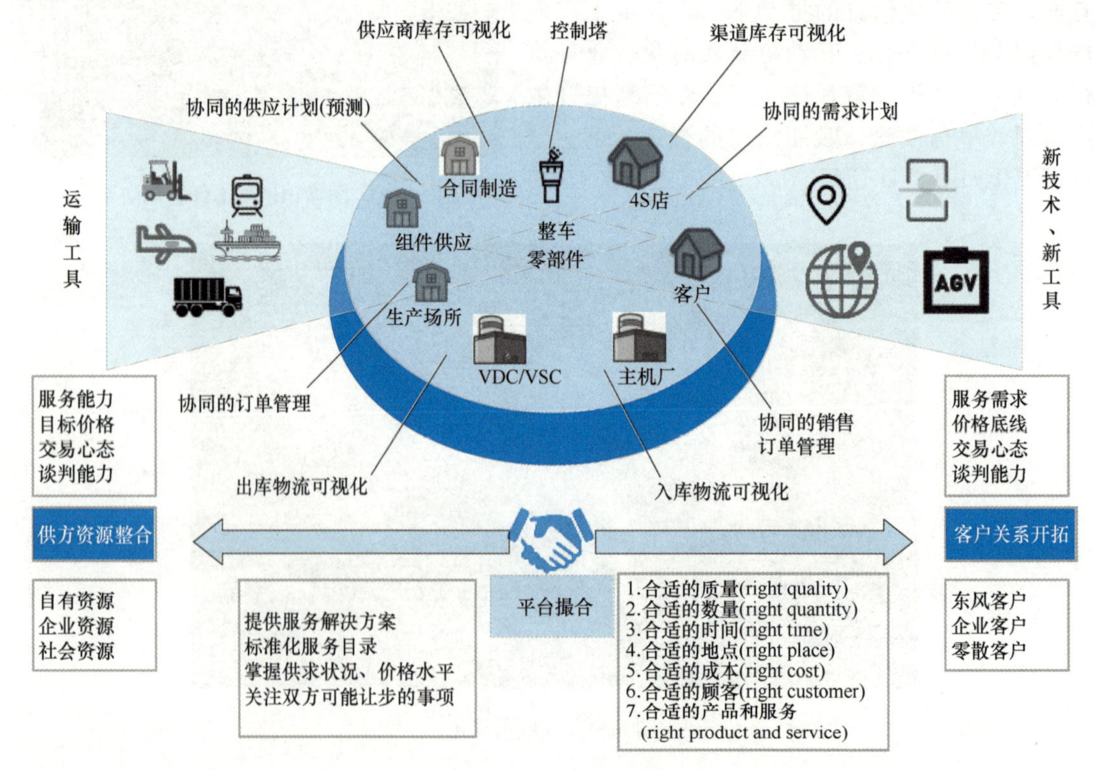

图 8-42　以东风车城物流平台为核心的生态系统

整车物流是以整车作为物流服务的对象，按照客户订单对交货期、交货地点、品质保证等的要求进行快速响应和准时配送。整车物流从简单的商品车运输转变为以运输为主体，仓储、配送、末端增值服务为辅的新型物流。整车物流是东风车城物流有限公司最重要的核心业务，整车业务框架如图 8-43 所示，其中 VDC 为车辆行驶动态控制系统，VSC 为车身稳定控制系统。

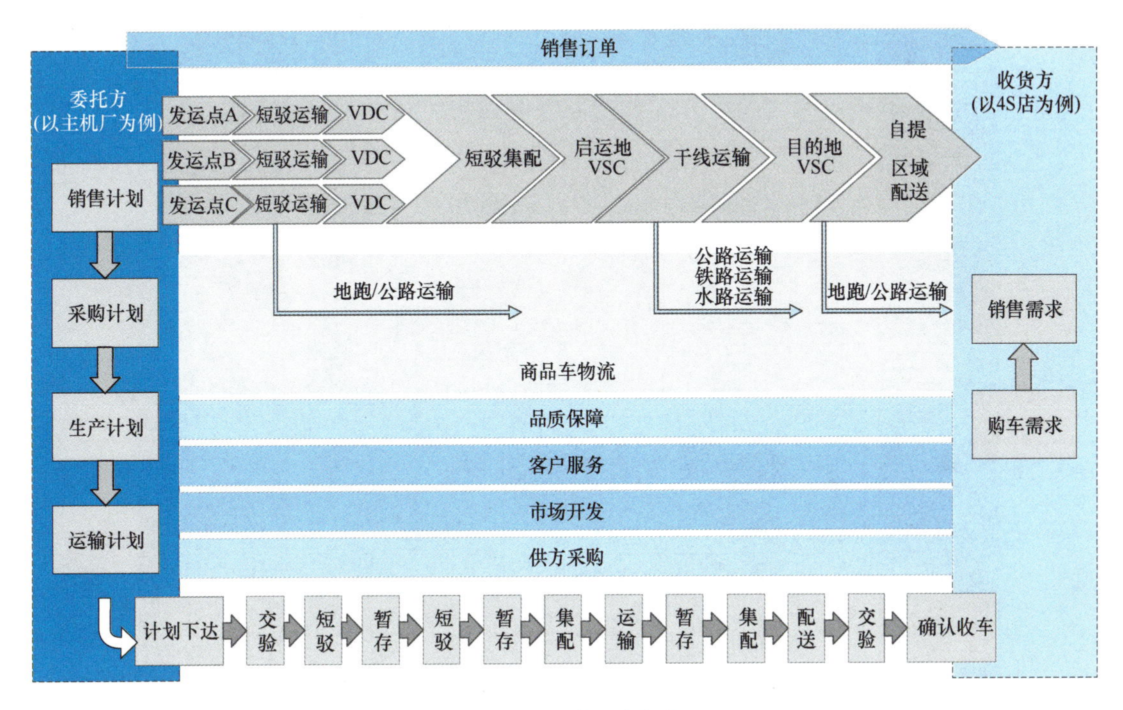

图 8-43　整车业务框架

为了进一步加强整车物流管理，公司通过信息化手段，将整车物流管理流程固化为整车物流管理系统，提供多个功能模块，实现职能管理、物流作业管理、终端应用平台、门户管理等，如图 8-44 所示。

多维度自动计划（图 8-45）全面覆盖，满足不同计划类型的要求：通过计划粒度配置，实现周、日、时点计划；通过计划连接，配置各段计划的上下游关系；通过计划粒度，配置各计划的生成最小单元；通过策略组，配置各计划使用哪些规则，规则集包含业务的多种计算方法；通过多个维度配置计划模型，满足车城当前及未来的计划编制。

8.5.2　数据化与实时化

物流管理的数据化与实时化是现代供应链管理中不可或缺的一环，它们在当今快节奏、高效率的商业环境中扮演着至关重要的角色。数据化指的是通过信息技术手段收集、存储和分析物流活动中产生的大量数据，从而实现对物流过程的精确控制和智能优化。实时化则是指利用先进的通信技术和数据处理能力，确保物流信息能够即时传递和反馈，让管理者能够实时监控物流状态，快速响应各种突发情况。

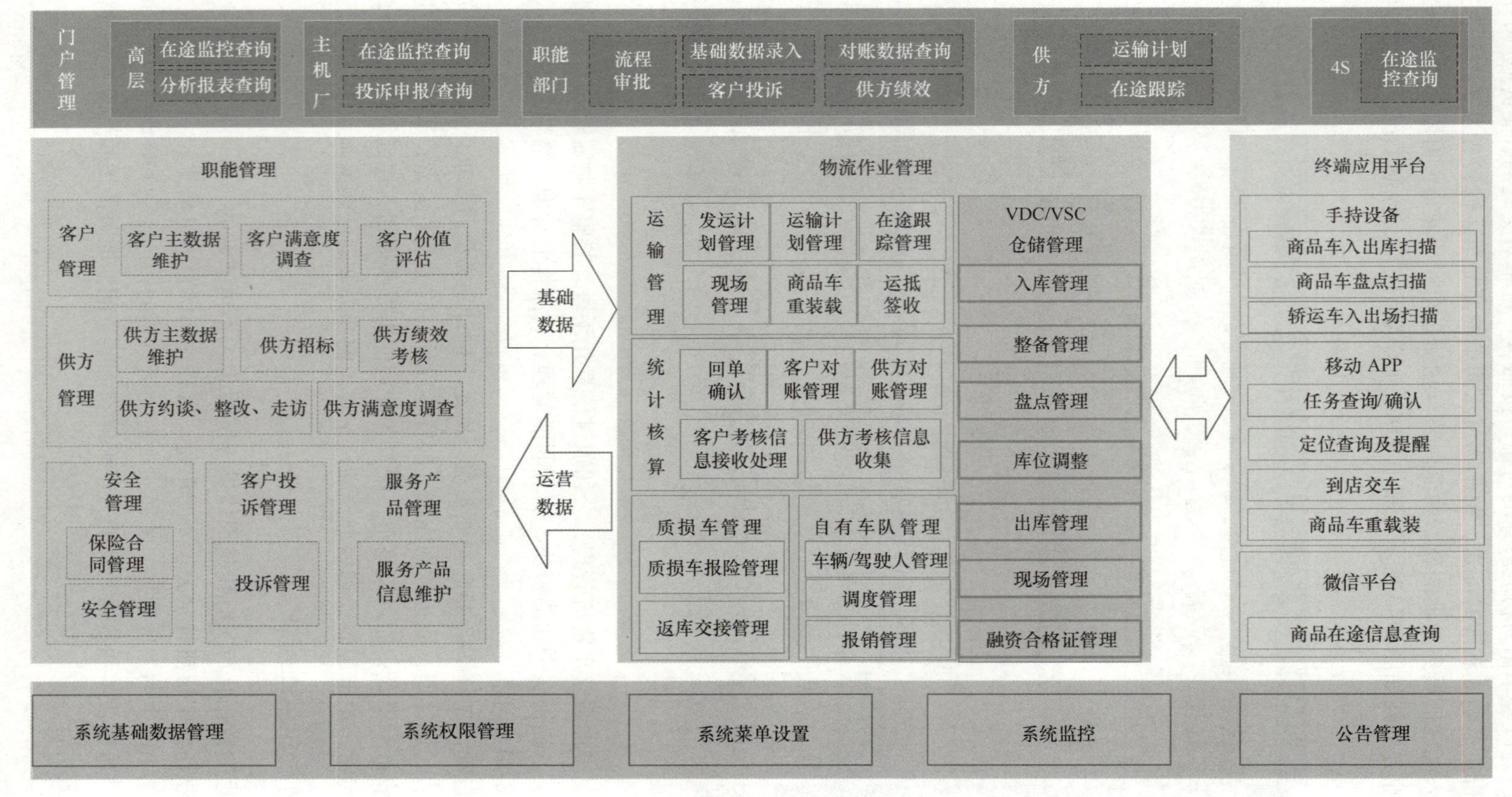
门户管理
高层
在途监控查询
分析报表查询
主机厂
在途监控查询
投诉申报/查询
职能部门
流程审批
基础数据录入
客户投诉
对账数据查询
供方绩效
供方
运输计划
在途跟踪
4S
在途监控查询
职能管理
客户管理
客户主数据维护
客户满意度调查
客户价值评估
供方管理
供方主数据维护
供方招标
供方绩效考核
供方约谈、整改、走访
供方满意度调查
安全管理
保险合同管理
安全管理
客户投诉管理
投诉管理
服务产品管理
服务产品信息维护
基础数据
运营数据
物流作业管理
运输管理
发运计划管理
运输计划管理
在途跟踪管理
现场管理
商品车重装载
运抵签收
统计核算
回单确认
客户对账管理
供方对账管理
客户考核信息接收处理
供方考核信息收集
质损车管理
质损车报险管理
返库交接管理
自有车队管理
车辆/驾驶人管理
调度管理
报销管理
VDC/VSC仓储管理
入库管理
整备管理
盘点管理
库位调整
出库管理
现场管理
融资合格证管理
终端应用平台
手持设备
商品车入出库扫描
商品车盘点扫描
轿运车入出场扫描
移动APP
任务查询/确认
定位查询及提醒
到店交车
商品车重载装
微信平台
商品在途信息查询
系统基础数据管理
系统权限管理
系统菜单设置
系统监控
公告管理

图 8-44　整车物流平台

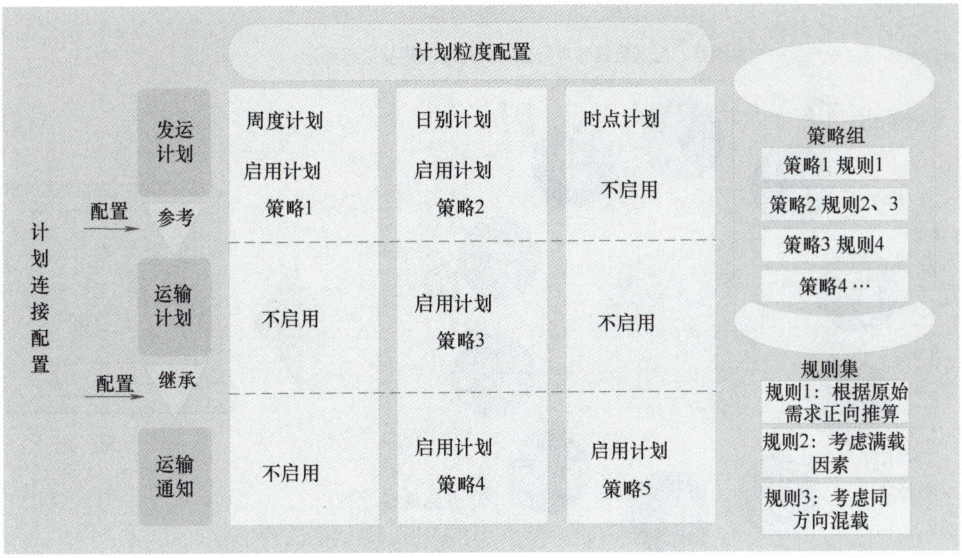

计划粒度配置
计划连接配置
发运计划
配置 参考
运输计划
配置 继承
运输通知
周度计划
启用计划
策略1
不启用
不启用
日别计划
启用计划
策略2
启用计划
策略3
启用计划
策略4
时点计划
不启用
不启用
启用计划
策略5
策略组
策略1 规则1
策略2 规则2、3
策略3 规则4
策略4 …
规则集
规则1：根据原始需求正向推算
规则2：考虑满载因素
规则3：考虑同方向混载

图 8-45 多维度自动计划

以吉利汽车物流数智化转型实践为例，作为中国自主汽车品牌领军者，吉利汽车制定了明确的智能制造战略规划与总体思路，在物流数智化转型升级方面走在了众多自主品牌前列。在“由分步试点到广泛推广”的探索发展路径指引下，自主研发智慧车间、数字化工厂，打造 OTWB 一体化物流信息平台，探索多样化智慧物流场景的落地等，系列举措正在驱动吉利汽车数智化物流体系加速形成。

在智能制造方面，吉利汽车建立了国际级专业型工业互联网平台“Geega”，该平台通过构建集资源能效、安全可信、数据智能、智能物联于一体的数字化基座，为企业数字化转型提供自主研发、安全可控、系统可行的全链路解决方案。用户可以直接参与设计，通过平台下单，实现零距离交互。在智慧物流方面，吉利汽车以仓网统筹为基础，以信息化平台和智能设备为两大产品的战略思路，建立建设智慧物流体系。吉利汽车集团物流中心于 2019 年 1 月正式成立，智慧物流部于 2021 年 4 月正式组建，在汲取物流发展先进企业的经验基础上，规划完成了全国 10+19 仓点布局，并不断尝试和应用各类智慧物流技术和手段，加速试点应用与复制推广，形成了多样化的智慧物流场景。

在汽车工厂超市区，拣料人员多，走动距离产生大量非增值动作，吉利汽车利用 AGV 实现了自动化物流收发存，提高了运营效率。“货到人”IWM 系统及吉利 GLE 系统建立接口，以箱二维码承载和传递物料信息，在服务器高速运算逻辑下，大幅提升物料入库、出库效率。利用二维码导航技术，“货到人”区域的出入库准确率达到 100%，上线后整体效率水平提升 20%以上。图 8-46 所示为吉利汽车零部件出口海外业务智慧物流体系。

2021 年，吉利汽车自主研发的 OTWB 一体化物流信息平台落地应用，这一平台在覆盖吉利汽车所有整车及零部件工厂、售后备件厂，以及上千家 4S 店的订单需求，并且细化到物流运输、仓储、分拣、包装、配送等环节基础上，将物流订单整合并统筹下发到对应的运输、仓储、配送等系统，最后与结算系统联通，形成了闭环，让吉利汽车集团下所有零部件和整车的信息流与实物流合一，做到对每一个个体产品、零部件在生产的全流程中可以实时监控和管理，事前预测、事中操作和事后追踪。

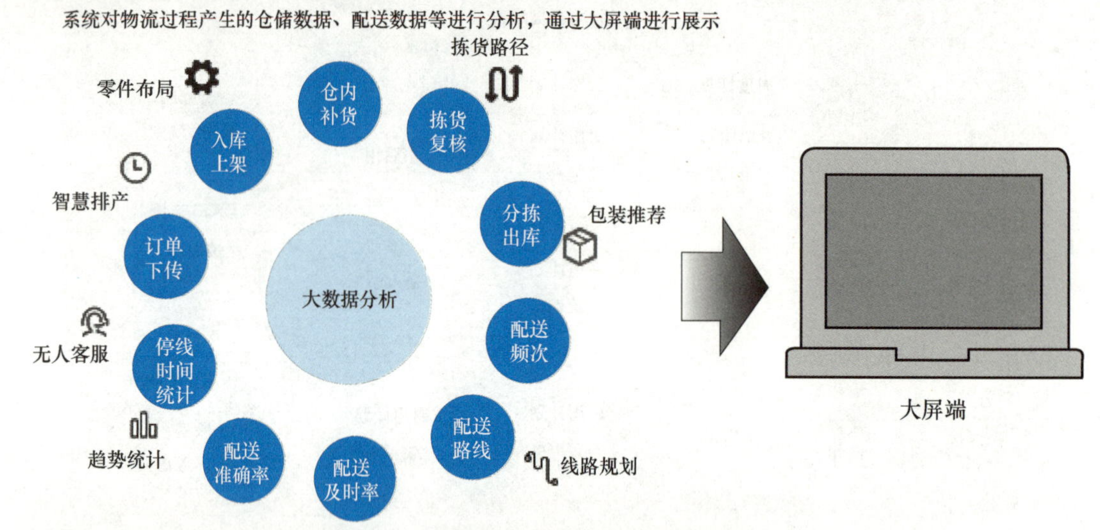

图 8-46　吉利汽车零部件出口海外业务智慧物流体系

8.5.3　联动销售与生产

汽车联动销售与生产是指汽车制造商和销售商之间建立紧密合作关系，通过信息共享、协同合作和资源整合，实现销售和生产之间的协调与联动。这种模式旨在提高汽车产业的运作效率、降低成本、增强市场竞争力，同时也能更好地满足消费者需求。

以上汽通用五菱“卓越运营+精益智造”为例，2002 年 11 月 18 日，上汽通用五菱挂牌成立；2002 年年底设立信息技术部，进行统筹规划，开启了信息化建设的道路。早在 1999 年，上汽通用五菱就开始在研发领域全面使用产品协同设计系统；2001 年，又创新利用校企合作的模式共同开发并启用生产执行系统。

在合资的 20 年（2002—2022 年）间，上汽通用五菱不断摸索实践，逐步形成五菱特有的产销存供平衡模式，相应的管理信息化建设逻辑也在探索中沉淀下来，凝练为产销存供平衡“1.0”系统，经过与时俱进的迭代，形成了现在的“2.0”系统——卓越运营数字化平台（excellent operation digital platform，EODP），如图 8-47 所示。

EODP 是以市场和用户为导向，通过全链路关键业务数字化的“数据闭环”驱动生产和经营，实现营销数字化、工厂数字化、物流数字化、管控数字化及决策数字化；对实销、库存、生产进行动态分析管理，及时预警销产存计划的合理性、科学性，实时分析并调整；实现精益管理、卓越运营。EODP 平台共包括“5 大服务”和“1 个 APP 管理模块”：销量预测、生产需求、物料齐套、智能排产、运行监控等服务，以及 SGMW-EODPAPP，用以支持管理层随时掌握产销存各方的数据报告，构建“算无遗策、决策有数”的数字化空间。

为推动“双碳”目标的实现，上汽通用五菱提出“一二五”工程，即“一个实验室，两个百万，五个百亿”新能源发展战略，旨在以政产学研用协同创新平台（即广西新能源汽车实验室）为策源地，带动构建纯电、混动两个百万级产品群，以及能源系统、智慧电驱、电子电控、智能移动机器人、科技商贸五个百亿级新兴产业集群，实现产业链向新、技术向新、产品向新、服务向新。目前“一二五”工程已成为柳州市乃至广西壮族自治区汽车产业转型的重要战略。

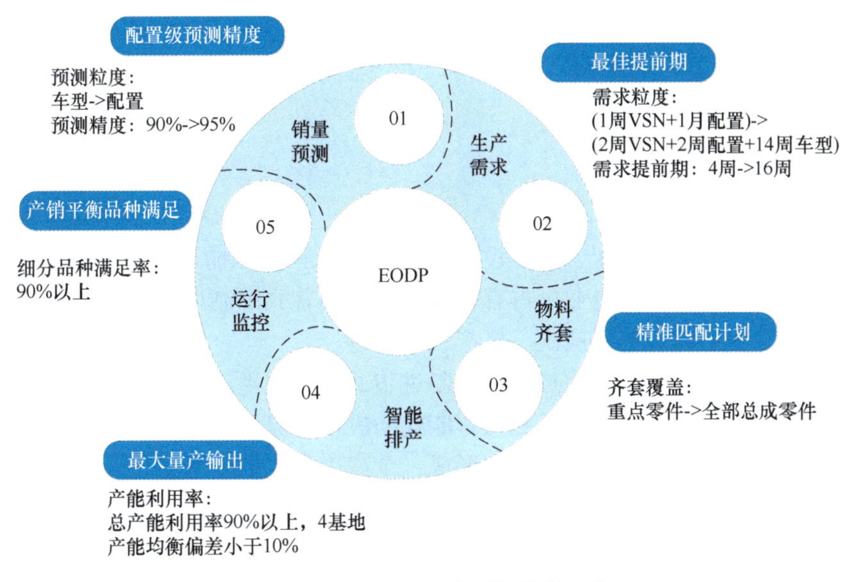

图 8-47 EODP 的五个关键控制要素

思考题

1. 我国的离散型制造智能工厂的发展方向是什么？
2. 不同离散型制造行业的智能工厂有什么不同？

参考文献

[1] 舒文琼. 海尔 5G 智慧工厂 传统工厂转型升级的样板范例［J］. 通信世界，2023，(22)：23.
[2] 卢梦琪. 家电企业要当智能制造“排头兵”［N］. 中国电子报，2023-11-14（001）.
[3] 孙志恒. 基于数字化转型的价值链成本管理研究［D］. 广州：广州大学，2023.
[4] 李海花，逯天凤，景浩盟. 工业互联网零碳园区的新发展机遇［J］. 智能制造，2023（01）：18-21.
[5] 江民圣，鲁效平，张维杰，等. 数字孪生技术在家电领域的模型架构与应用［J］. 制造业自动化，2023，45（3）：183-187.

总结与展望

离散型制造涉及汽车、机床、电子设备、火箭、飞机、国防装备、船舶、家电、家居、纺织、食品等行业，在我国制造业中占有较大比重。随着我国制造业的发展，离散型制造智能工厂的智能化进程正朝着更高层次、更广领域迈进。

随着数字化、网络化和智能化技术的不断进步，尤其是生成式人工智能、工业大模型等新一代技术的突破，制造工厂将实现更为智能化的决策与流程管理，从而推动产品个性化定制和柔性生产的落地。未来，智能制造将形成一个高度集成的生态系统，各类新装备、新产品和新商业模式将相互连接，构建出完整的智能制造链条。这不仅颠覆传统生产方式，更将重新定义人类的生活方式，助力经济高质量发展。制造企业必须把握这一历史机遇，积极探索智能化技术的深度融合和应用，推动离散型制造工厂向高端化、智能化和绿色化转型，为制造业的可持续发展和转型升级注入强大动力与活力。

离散型制造智能工厂架构的底层是生产资源层，涉及产品的生产过程与质量检测过程，智能制造装备、工业机器人、智能感知仪器装备是生产资源层的重要构成要素。智能制造装备融合了计算机控制、人工智能和传感器技术等新兴技术，可实现高效、精确的制造任务；搬运机器人、焊接机器人、装配机器人、洁净机器人、分拣机器人等各种类型的工业机器人在汽车制造、电子产业、机械加工、食品加工、医疗器械、物流仓储等行业得到持续引入，并逐渐具备更高的自主学习和自适应能力，以提高生产效率和安全性；智能感知仪器装备以及相应的技术，可实现高效智能感知离散型制造中的大量生产相关数据，是推动离散制造业智能化转型升级的重要支柱。

产线是离散型制造智能工厂的执行载体。数字孪生技术与制造大数据的发展对离散型智能制造产线的设计与运行产生了根本影响。数字孪生对于产线要素和逻辑关系等的高保真建模与基于离散事件系统等的仿真机制使得生产模拟、故障预测、数据驱动等技术能够实时开展并与实际运行状态相结合，为产线的运动与决策提供支持。基于面向加工与装配两个制造阶段的离散制造工艺智能规划，离散制造线体的设计需要从制造工艺流程分析、工位设计原则、产能分析、工序平衡与优化、产线资源配置与优化和产线的布局设计角度进行全面平衡。基于产线运行数据的采集与通信架构，产线运行过程的制造大数据分析、制造过程统计分析、产线动风险预测、看板可视化等技术进一步推进智能产线的集成管控、智能运行、数据智能分析与使能。

离散型制造智能工厂是对智能装备与技术的大规模、集成化应用。离散型制造工厂所包含的设备种类多样、数量庞大，相互之间蕴含着复杂的关联关系，应用智能化技术可以高效处理这种复杂关系，从而集成优化工厂设备群的运行，提高生产效率并降低成本。当前，智能化技术的发展日新月异，对离散型制造工厂会产生极其深刻的影响，并有可能赋能离散型制造工厂新的生产管控方法。例如：人工智能技术能够赋予工厂更强大的自主决策能力，通过海量数据分析，精确识别工厂生产过程中存在的低效问题，优化工厂设备群的集中管控方式，从而实现离散型制造工厂的高效、灵活和可持续生产运营；能够通过传感器和物联网技术实时采集生产数据，并利用人工智能技术实时监控生产过程，及时发现和解决生产问题。

离散型制造产品、制造、工厂、供应链及企业生态等环节的信息平台通过高度集成化与智能化的设计，可以实现对离散型制造过程的全面监控与优化，并显著提升离散型制造的生产效率与产品质量。同时，借助先进的人工智能、大数据分析等前沿技术，信息平台能够实时收集并处理生产数据，智能识别并解决生产过程中遇到的问题，为离散型制造智能工厂的精益生产与持续改进提供了有力支持。在促进供应链协同、优化资源配置等方面信息平台起着重要作用，为构建高效、绿色、可持续的离散型智能制造体系奠定了坚实基础。

家用电器、工程机械、电子电器、汽车产业是智能制造的先锋应用领域。在数字化、网络化、智能化技术以及生成式人工智能等新一代人工智能技术的支撑下，这些领域中头部企业的智能制造工作已取得了积极进展和成效。这些企业开展智能制造工厂建设的案例，包含智能设备、数据管理、生产管理、物流管理等方面的解决方案，以及设备互联、技术革新、智能制造、效率提升、数据采集、过程监控、上下游数据交互、分析预警、数字解析、透明管理、智慧决策、在线化、数据化和实时化、联动销售与生产等丰富内容，对智能制造的实施与推广起到了重要的示范作用。在发展过程中，仍存在很多问题需要我们进一步深入思考。

1. 离散型制造工厂智能化的困境与挑战。

在离散型制造智能化进程中，关键技术的落地面临诸多困难，包括数据孤岛、系统集成困难以及人机协作的不成熟等。数据孤岛现象使得不同设备和系统之间的信息共享受限，导致生产决策效率低下。如何快速实现各环节间的无缝连接，促进实时数据流动？许多企业在引入智能制造技术时面临不同设备、软件和平台的兼容性问题。如何克服这一挑战，构建可扩展的智能制造系统？新技术能够更容易地融入现有生产环境，提升数据处理速度，提高系统的灵活性和适应性。未来的生产场景中，人机协同不仅是分工合作，更应形成相互补充的智能生态。如何确保操作员能高效且安全地与智能设备沟通？企业需要重视人机交互界面的设计，通过增强现实（AR）和虚拟现实（VR）技术，可以为操作员提供更加直观的指导，从而提升整体生产效率。

2. 离散型制造智能工厂中如何用智能装备解决不确定性问题？

离散型制造具有种类繁多、需求个性化、生产工艺链长、协作和管理复杂等特点。离散型制造不同企业的数控系统不同、传感器型号不同、手工作业数据繁杂等导致数据的采集方式不同，且产品结构复杂、生产过程不连续、单件混合生产等特征使得离散型制造的生产调度困难。因此，在离散型制造智能工厂设计或运行过程中，制造系统集成困难、数据结构差异大，难以用同一管理系统管理不同公司、不同型号的设备，MES与底层控制系统集成接口实现较为困难。智能装备属于离散型智能制造架构的底层——生产资源层，对于离散型智能制造工厂，如何从底层智能装备的角度考虑工厂的设计与运行？如何使用智能装备解决生产中的不确定性问题？

3. 数字孪生与制造大数据如何推进智能制造产线的变革？

制造数据的合理深度应用是推进智能制造产线变革的主要体现。随着制造信息化、网络化、传感技术的深度应用，产线生产状态、设备状态、产品状态的数据获取、存储与识别成为可能，但如何应用以上数据，如何使其成为推进智能制造产线变革的源发动力，成为智能制造需要进一步思考的问题。在此过程中，数字孪生、元宇宙等基于数据推演、虚实交互的技术的发展，为以上数据的深度使用提供了使能技术。以此为契机，如何从智能制造产线的组成要素、运动逻辑、实体空间设计与布局角度，借助数字孪生技术开展系统性建模、仿真与决策闭环以涵盖其设计、制造与运维等周期，是实现数字孪生与智能制造产线深度融合的关键。面向产线运行过程数据所蕴含的隐式制造信息，伴随高性能计算、深度学习与大模型的发展，基于制造大数据的深度挖掘与语义模式表征成为有效利用制造过程数据的一种技术手段。如何充分利用离散制造工艺与智能制造产线等显式知识，以提升产线运行数据在小样本、动态工况下的对隐含信息的高效、深层解析与潜在规律的表征，将为产线以及复杂制造系统的智能化提升奠定基础。

4. 离散型制造智能工厂和先进技术深度融合发展

在人工智能和机器学习技术持续发展的浪潮中，离散型制造智能工厂将迎来自动化与智能化水平的新飞跃。深度融合先进的AI算法，工厂能够实现对生产调度和决策过程的精准优化，从而大幅提高生产效率。同时，机器学习技术的应用将使设备故障预测与预防性维护成为可能，有效减少停机时间和维修成本。在此基础上，工厂将进一步升级自动化设备，增强生产线的灵活性和响应速度，以更好地适应多品种、小批量的生产需求。此外，加强数据收集、分析与利用，智能工厂将获得实时的生产反馈，并据此提出优化建议，实现持续改进。最后，物联网技术的全面整合将促进设备、物料和人员之间的无缝连接与协同，为离散型制造智能工厂打造一个更高效、智能的生产环境。离散型制造智能工厂在近年按此路线发展的过程中，会如何进一步与不断出现的先进技术进行深度融合？融合发展的过程中会遇到哪些困难或变化？

5. 如何理解信息系统技术在离散型智能制造技术创新中的作用？

离散型智能制造的技术创新就是在数字化、网络化、智能化赋能下的智能设计技术、生产管理技术、智能运维技术等方面的新发展。而信息系统技术在离散型智能制造技术创新中扮演着至关重要的角色。它不仅将产品、制造、工厂、供应链及企业生态等各个关键环节的信息进行了深度整合，形成了一个高效协同的信息网络，而且通过智能化的管理手段，实现了对整个制造流程的实时监控与优化。这种全面集成与智能化管理的实现，离不开先进的信息技术支持，如人工智能、大数据分析、物联网等。这些技术的应用，使得信息平台能够实时收集并分析生产数据，智能识别生产过程中的问题，并自动调整生产计划与资源配置，从而提高生产效率与产品质量。如何深层次理解信息系统技术的作用及其实现机制，对持续推动离散型智能制造的发展具有重要意义。

6. 我国离散制造企业内智能制造技术应用路径

家用电器、工程机械、电子电器、汽车等离散型制造产品，具备多样性和个性化的产品类型、高柔性的生产模式、对经济增长的显著贡献、持续的技术创新需求等典型特征，在我国制造业国际竞争中占据重要地位。但是，目前我国上述产业的自主创新能力不强、高端化产品竞争力不足，智能化制造装备及配套软件系统匮乏，关键技术、核心部件及元器件对外依赖度高，全生命周期内资源利用率低等问题日益突出。为了推广智能制造技术在离散型制造行业内的应用，推动离散型制造智能工厂建设，就需要理清我国相关制造产业发展规划和国际智能制造技术演变趋势，明确我国离散型制造企业及其代表性产品的国际产业分工及行业地位，思考我国离散型制造企业面临的国际竞争压力及制造技术需求，例如，如何实现家电、汽车等代表性产品的迭代创新，如何解决离散型制造的绿色低碳、个性服务等需求，如何构建适配我国制造业发展目标的离散型制造智能工厂及其产业生态等问题。